JN087530

Object Oriented
Property
Method
Event
Class
Instance
Variable
Function
Argument
Subroutine
Interface
LINQ
WPF

Project
Solution
Compile
Architecture
Implement
Coding
Application
Programming
Framework
Class Library
Windows Form
Conditional Branch
Exception Handling
Integrated Development Environment
IntelliSense
Debug

荻原裕之 宮崎昭世●著

秀和システム

■注意

■商標

はじめに

米国時間の2018年12月4日に、シアトルでMicrosoft社の開発者イベント「Microsoft Connect(); 2018」が開催され、新しい製品・サービスが併せて発表されました。また、**Visual Studio 2019**についても発表されています。このあたりの最新情報を見ていると、2020年は想像しているより先に進んでいそうなことが実感できます。Visual BasicやC#を勉強すると、その世界を自分で体験できるようになると思うと楽しみで仕方がありません。

Visual Studio 2019は、プログラミング言語の特性と、.NET Frameworkの機能を最大限に利用できる開発環境です。昔はプログラミングに興味があっても、開発環境を手に入れるには費用が掛かったり、専門的な知識が必要だったりしました。しかし、Visual Studio 2019の**学習・評価用エディションとして無償でリリースされたVisual Studio Community 2019**を使えば、最新のプログラミング言語を使って簡単にアプリケーションが作成できます。こういったことから、プログラミングを始めたいと思っていても、なにかしらの障壁があって先に進めないと思っていた方には、今が最適な時期であるとも言えます。

教科書的な文法きっちりの本ではなく、もっと柔らかい感じの、**作りながら楽しく自然にコードや文法を学ぶことができるような本。**私もマニュアルを触らずにとりあえず使ってみたい派ですので、そんな本があると楽しいな、というコンセプトで本書を書き上げました。

本書で作成するアプリケーションは、それほど高機能なものではありませんが、「アプリケーションをどう作っていくか？」「どう機能を追加していくか？」「エラーをどう見つけるか？」についても解説しており、これから主流となる.NETアプリケーションの開発の基礎を学ぶのにも最適ではないかと考えております。

さらに、筆者自身が.NET開発の講師をして得た初心者の方がわからないポイントを丁寧に解説しました。特に用語でつまずく方が多いため、**難しい用語は極力避け、イメージで理解いただけるように工夫しました。**理解できたことを確認できるように、章末にドリルも用意しています。

今回でシリーズ18作目ですが、現場からの意見などを聞いて内容も一部ブラッシュアップしました。どのように学習したらよいのかという方のために、学習のロードマップを作成し、また実際の開発現場でどのように応用されるかという部分については、コラムなどで解説しています。

さらに本書『作って覚えるVisual Basic 2019 デスクトップアプリ入門』を読んだ後、**どのような本を読むといいのか**ということも追加しました。著者の目線ですが、各出版社の枠を取り払って記載していますので、参考になればと思います。

また、3部作として「Visual C#」「Visual Basic」「Visual C++」で同じ内容を扱っております。このため、言語による違いを比較していただくこともできるかと思います。ぜひ、この機会に本書で、Windowsでのアプリケーション開発を体験していただければと思います。

最後になりましたが、読者の目線でさまざまなアイディアをいただいた佐々木さん、程さん、まつつさんに感謝いたします！

著者記す

学習のロードマップ

	準備編		初級編	
章	Chapter 1 **プログラミングの基礎**	Chapter 2 **Visual Studio Community 2019 の基本操作**	Chapter 3 **オブジェクト指向プログラミングの考え方**	Chapter 4 **プログラム作成の基本を覚える**
内容	プログラミングの概念	開発用ソフトの基本的な操作方法	オブジェクト指向プログラミングの概要	Visual Basic の記述方法と開発環境の使い方
料理にたとえると	そもそも料理って、どういうことでしょう？料理をするための準備には何が必要？ 	料理をするための準備です。料理をするのに必要な道具を準備します。 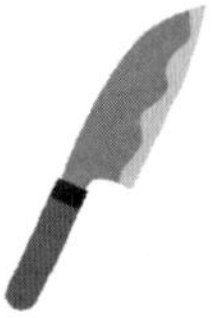	料理をする上でのコツを説明します。先人の知恵の紹介です。 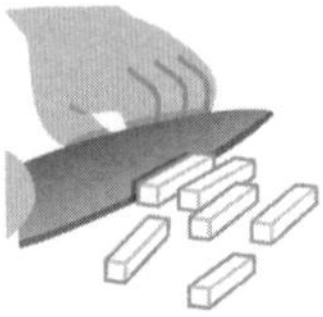	買ってきた具材をそのまま並べるだけの簡単な料理を作りながら、環境になれていきます。 
作れるもの			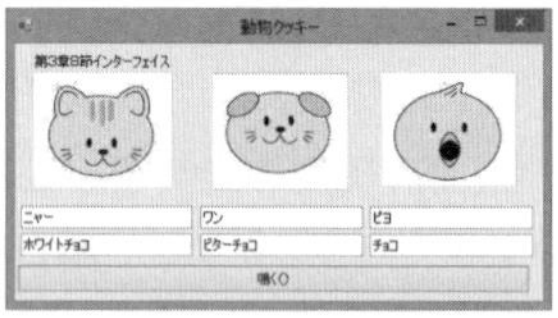	
節	1.1 1.2 1.3 1.4 1.5 1.6	2.1 2.2 2.3 2.4 2.5 2.6	3.1 3.2 3.3 3.4 3.5 3.6 3.7 3.8	4.1 4.2 4.3 4.4 4.5 4.6 4.7

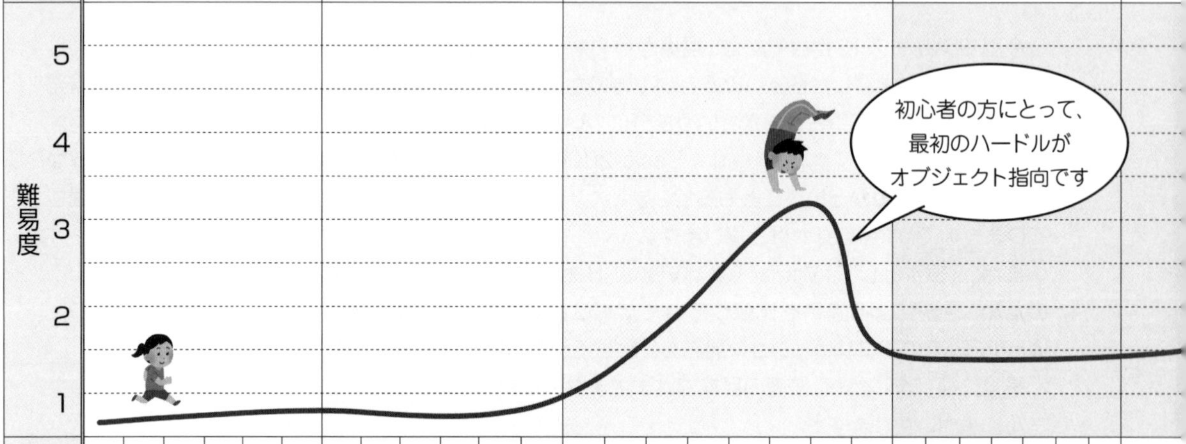

難易度
5
4
3
2
1

初心者の方にとって、
最初のハードルが
オブジェクト指向です

近道ルート
まずプログラムを作ってみたい人は Chapter3 を飛ばしても OK です

中級編		上級編			
Chapter 5 **簡単なアプリケーションを作成する**	Chapter 6 **デバッグモードで動作を確認する**	Chapter 7 **「簡易家計簿」を作成する（前編）**	Chapter 8 **「簡易家計簿」を作成する（後編）**	Chapter 9 **「簡易家計簿」を作成する（応用編）**	Chapter 10 **最後に**
7種類の簡単なアプリの作成	プログラムのデバッグ方法	いろいろなデータを管理する本格的なアプリケーションの作成	いろいろなデータの処理方法	新しい機能の追加方法	開発に役立つ情報の入手
簡単な手順でできる料理を作ってみましょう。	料理の出来栄えをチェック！味見が重要ですね。	ある程度慣れてきたので、本格的な料理をしましょう。いろんな具材を活かせるレシピを作ります。	料理の仕上げです。最後まで頑張りましょう！	さらに一工夫してみましょう。	困ったときはここを見ましょう。
 今日の運勢は…		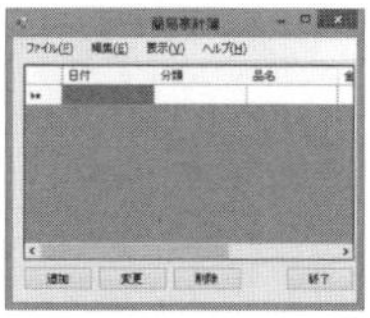 簡易家計簿 日付 分類 品名 追加 変更 削除 終了	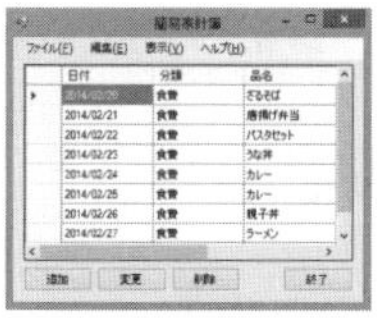 簡易家計簿 日付 分類 品名 追加 変更 削除 終了	 簡易家計簿 日付 分類 品名 追加 変更 削除 終了	

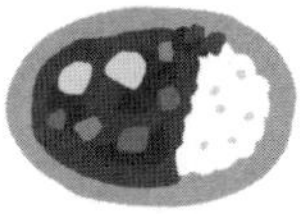

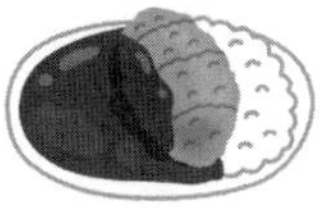

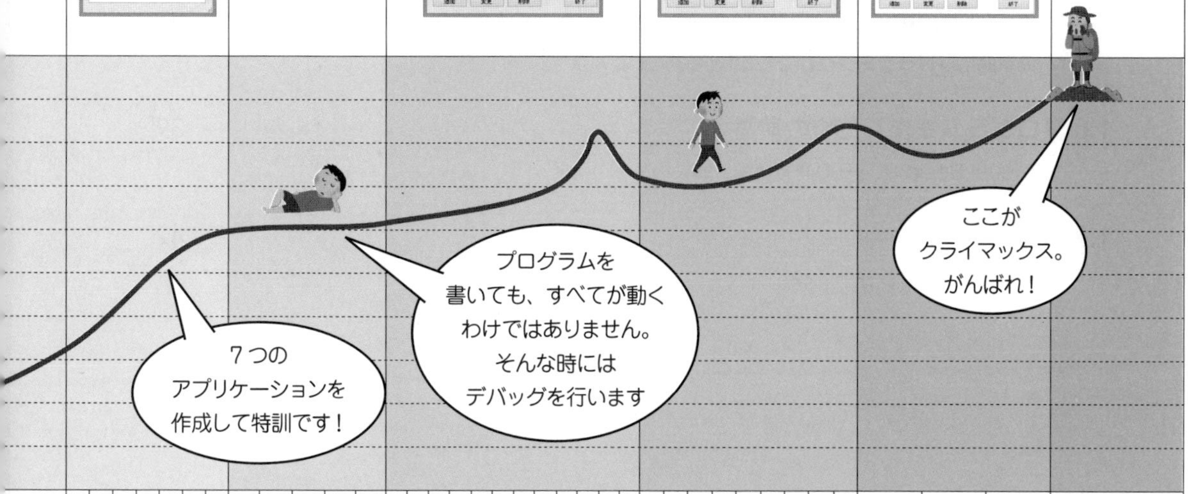

7つの
アプリケーションを
作成して特訓です！

プログラムを
書いても、すべてが動く
わけではありません。
そんな時には
デバッグを行います

ここが
クライマックス。
がんばれ！

5.1	5.2	5.3	5.4	5.5	5.6	5.7	6.1	6.2	6.3	6.4	6.5	7.1	7.2	7.3	7.4	7.5	7.6	7.7	7.8	7.9	7.10	7.11	7.12	8.1	8.2	8.3	8.4	8.5	8.6	8.7	8.8	8.9	9.1	9.2	9.3	10.1

Contents

目次

Chapter 2 Visual Studio Community 2019の基本操作 43

Chapter 4　プログラム作成の基本を覚える　125

中級編　開発環境を使いこなそう！

Column目次

●サンプルプログラムのダウンロード

本書で使用しているいくつかのプログラムは、秀和システムのホームページからダウンロードすることができます（なお、本書は自分で「作って覚える」ことを目的としているため、プログラムはすべて完成版のみになっています）。

以下の方法でデータをダウンロードしてください。

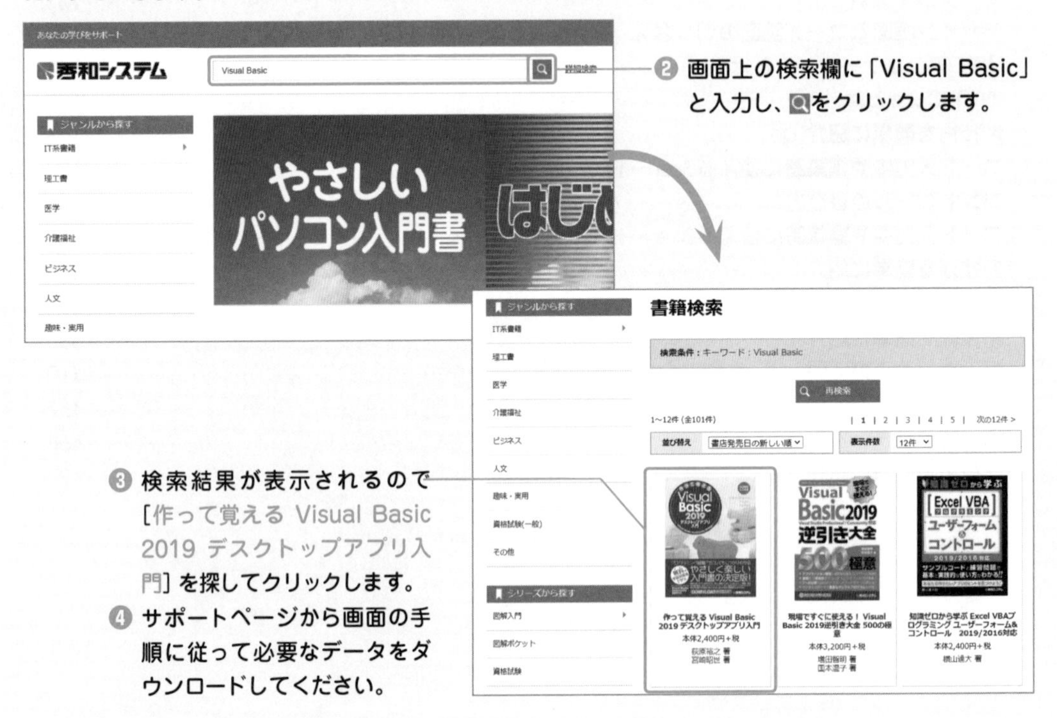

※サポートページが見つからない場合、以下のホームページからでもデータがダウンロードできます。
https://www.shuwasystem.co.jp/support/7980html/5900.html

> **■注意**
> ダウンロードできるデータは著作権法により保護されており、個人の練習目的のためにのみ使用できます。著作者の許可なくネットワークなどへの配布はできません。
> また、ホームページ内の内容やデザインは予告なく変更されることがあります。

Chapter 1

プログラミングの基礎

最初に、このChapterでプログラミングの経験のない方に向けて、プログラミングの概念を解説します。

このChapterの目標

- ✓ アプリケーションが動作する仕組みを理解する。
- ✓ プログラミング言語について理解する。
- ✓ Windows用アプリケーションの特徴と、.NETの特徴を理解する。
- ✓ 開発環境について理解する。

プログラムは、なぜ動くのか

まずは、アプリケーションが動作する仕組みを考えます。そこから、プログラムはなぜ動くのかを考えていきます。アプリケーションの動作の仕組みを考えることによって、自分でアプリケーションを作る際に、何が必要なのかを理解しましょう。

●アプリケーションが動作する仕組み

みなさんは普段、パソコンでどのようなアプリケーションを使っていますか？

アプリケーションとは、「アプリケーションプログラム*（Application Program）」の略で、簡単に言ってしまえば、人間の代わりにコンピューターを使って仕事を処理するために作られたプログラムのことです。

文章を作るためには、Wordなどに代表される「文章作成アプリケーション」、表計算を行うためにはExcelなどに代表される「表計算アプリケーション」など、様々なアプリケーションがあります。

では、そのアプリケーションは、どのように動作しているのでしょうか？ 「文章作成アプリケーションを起動して、文章を書いて保存する」という一連の操作の流れと、アプリケーション内部の動作を順番に書くと、下の図のようになります。

図1-1：ユーザーの操作とアプリケーション内部の動作

* **アプリケーションプログラム**　似たような用語に「ソフトウェア（Software）」があるが、パソコン本体など物理的な装置を意味する「ハードウェア」に対比させた用語で、ソフトウェアの意味する範囲は、アプリケーションよりも広くなる。

ユーザーの操作に応じて、アプリケーションの内部では、保存処理などの決められた処理が行われ、コンピューターに指示を与えています。

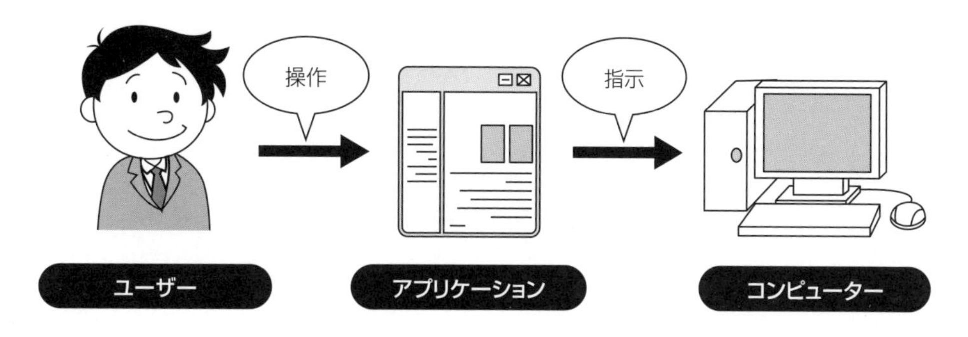

図1-2：ユーザーからコンピューターへの指示の流れ

このように、コンピューターに与える指示を順番に記述したものを**プログラム**と呼びます。アプリケーションは、プログラムによって指示された通りに動くというわけです。

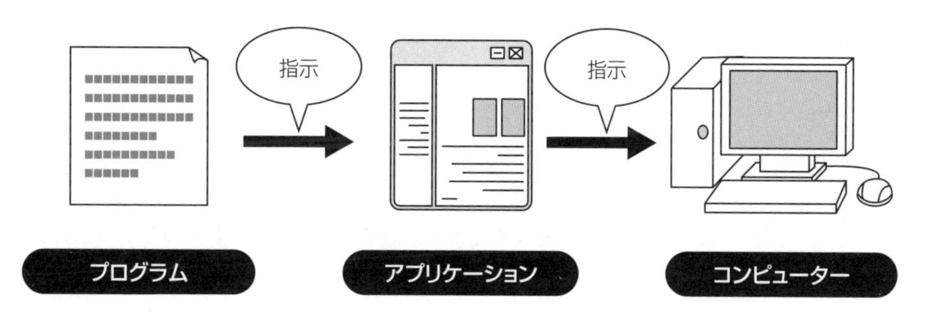

図1-3：プログラムからコンピューターへの指示の流れ

まとめ

◉ **アプリケーションは、プログラムによって指示された通りに動く。**

用語のまとめ

用語	意味
アプリケーション	アプリケーションプログラム（application program）の略。人間の代わりにコンピューターを使って仕事を処理するために作られたプログラムのこと
プログラム	コンピューターに与える指示を順番に記述したもの

Column アプリケーションの種類

アプリケーションには、本書で扱うWindows向けのアプリケーションのほかにも、Windows StoreやiPhone、Android向けのアプリケーションなどがあり、使用するパソコン（OS）ごとに異なります。しかし、基本的な考え方は、そんなに大きくは変わりません。

また、多くのパソコンで使えるWebブラウザーを使ったWebアプリケーションというものもありますが、こちらは、インターネットのあちら側で動くものとなり、今回説明しているアプリケーションの考え方とは大きく異なりますので注意してください。

2 プログラミングとは何か

この節では、「プログラミング」が何かを理解し、アプリケーションを作るためには、何が必要かを学びましょう。

●アプリケーションとプログラムの関係

アプリケーションは結局のところ、データと処理の集まりでできています。

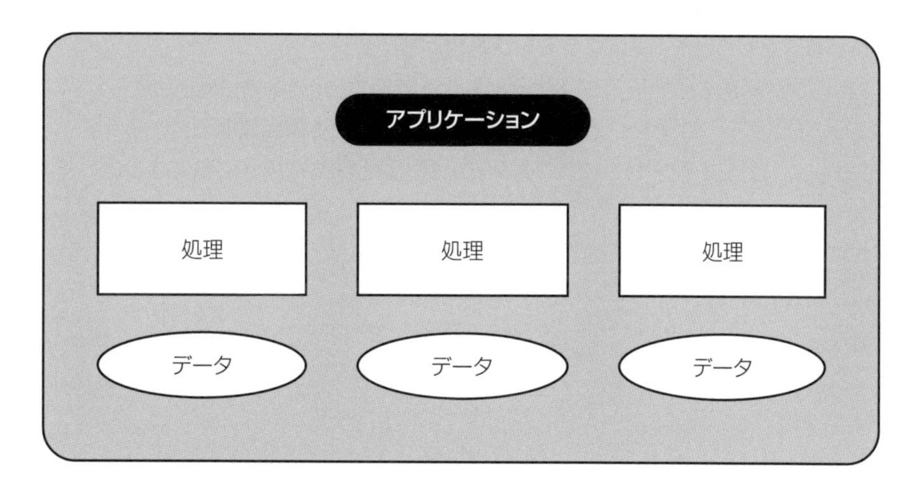

図1-4：アプリケーションを構成する要素

この処理の順番を考えて指示を与えること、つまりコンピューターに指示を与えることをプログラムと呼びましたが、その指示を与えるプログラムを作ることは**プログラミング**と言います。

私たちユーザーの意図することを、コンピューターに理解できる言葉で伝えることがプログラミングの目的になります。

そうなると、アプリケーションを作るためにはプログラミングができればよい、ということになります。

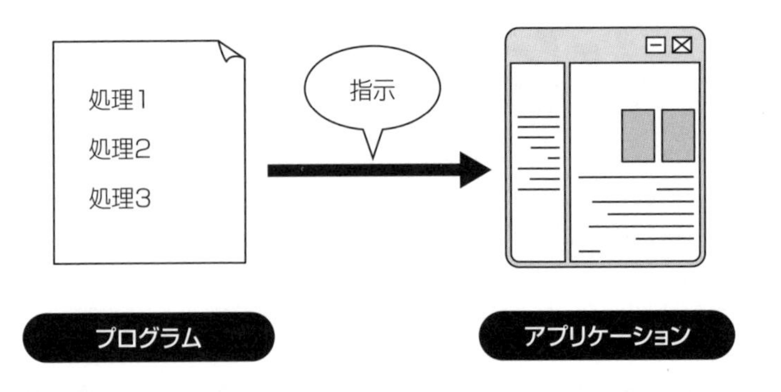

図1-5：プログラムで処理を伝える

プログラミングをするためには何が必要でしょうか？　アプリケーションを実行する、つまりコンピューターに指示を与えるためには、コンピューターがわかる言葉で指示を与える必要があります。このコンピューターがわかる言葉のことを、**プログラミング言語**と言います。

また、プログラミング言語を用いてアプリケーションを作るためには、専用の設備があった方が効率が良いですよね。このアプリケーションを作るための専用の設備のことを**開発環境**と言います。

つまり、プログラミングをするためにはプログラミング言語と開発環境が必要になるのです。

次節では、まずプログラミング言語の種類から見ていきましょう。

まとめ

- **アプリケーションを作るためには、プログラミングができればよい。**
- **プログラミングするためには、プログラミング言語と開発環境が必要。**

用語のまとめ

用語	意味
プログラミング	プログラムを作ること
プログラミング言語	コンピューターがわかる言葉。プログラムを記述するための言語
開発環境	アプリケーションを作るための専用の設備・環境

3 プログラミング言語の種類

この節では、プログラミング言語の種類や特徴などを説明します。本書では、特にVisual Basic（ヴィジュアルベーシックについて詳しく解説します。

●プログラミング言語の種類と特徴

人に用事を頼む場合、その人がわかるように言葉で説明します。

それと同じで、コンピューターに用事を頼む場合も「コンピューターが理解できる言葉」で「処理の流れ」を説明します。

図1-6：用事を頼むには理解できる言葉で

コンピューターは、電気的な信号で動いています。真空管を使った初期のコンピューターは、配線を組み替えて使っていましたが、変更があった場合に、配線を手動で組み替える作業がとても大変でした。

そこで、コンピューターがわかる言葉で指示を与えるという工夫が生まれました。それが**プログラミング言語**です。

ただ、コンピューターがわかる言葉も結局のところ、人間が指示を与えるわけですから、プログラミング言語も人間にとってもわかりやすいように、時代背景とともに進化しています。私たちが話す言葉には、日本語や英語、中国語、フランス語、ドイツ語など様々な種類がありますが、それと同様にプログラミング言語も数多く存在します。

以下の図は、プログラミング言語の歴史を表したものです。

まず最初に、コンピューターが直接理解できる**機械語**（マシン語）が登場し、その後、より人間にわかりやすいように工夫されたプログラミング言語が次々と登場していきます。

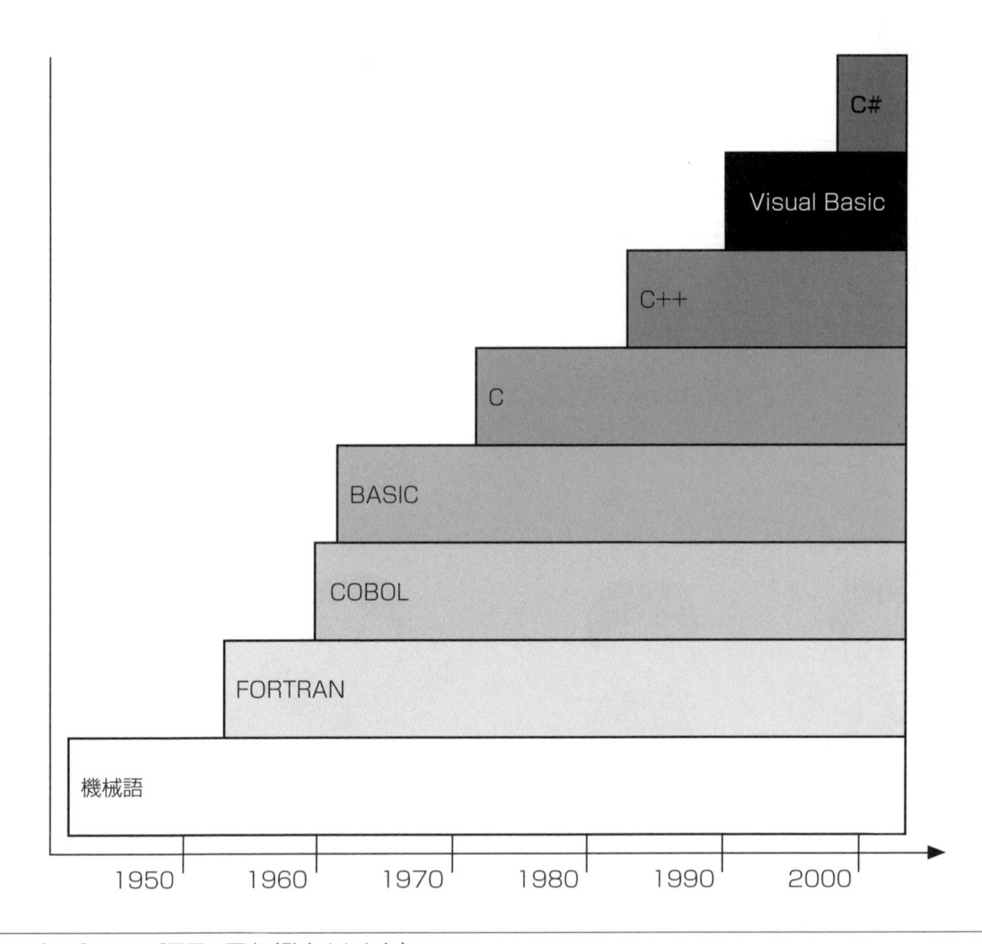

図1-7：**プログラミング言語の歴史（発表された年）**

以下の表に、主なプログラミング言語とその特徴を整理しておきます。プログラム例は、「Helloを画面に表示せよ」を書いた例です（機械語とアセンブリ言語を除く）。

表1-1：主なプログラミング言語とその特徴

言語	特徴	プログラム例
機械語	コンピューターが直接理解できる＋－の電気信号の集まりからできている言語	10110000 00000001 (ALレジスタに1を格納せよ)
アセンブリ言語	人間にわかりやすいように、機械語の意味を表す命令文をキーワードに置き換えた言語	MOV AL, 1 (ALレジスタに1を格納せよ)
FORTRAN (フォートラン)	1954年に考案された科学技術計算向けの言語	WRITE(6,*) 'Hello'
COBOL (コボル)	1959年に事務処理用として考案された言語	01 HELLO PIC X(11) VALUE 'Hello' DISPLAY HELLO UPON CONSOLE. (かなり省略しています)
BASIC (ベーシック)	1960年代にFORTRANを元に初心者用として開発された言語	10 PRINT "Hello"
C言語	1973年に考案された言語。移植性を高めることを目的に開発された。文章の区切りを「;」(セミコロン)で表すフリーフォーマット形式になっている。構造化設計*をサポート	printf("Hello¥n");
C++ (シープラスプラス)	1983年にC言語を拡張した言語。クラスの採用などオブジェクト指向*技術の機能を強化している	cout << "Hello" << endl;
Visual Basic (ヴィジュアルベーシック)	1991年にMicrosoft社が発表。BASICを元にした、Quick Basicをさらに拡張	Console.WriteLine("Hello")
Java (ジャバ)	1995年にSun Microsystems社が発表。組み込み用プログラミング言語。オブジェクト指向技術の機能をさらに強化している。様々な環境で動作する	System.out.println("Hello");
C# (シーシャープ)	2000年にMicrosoft社が発表した、.NET環境用の言語。C言語、C++を元に拡張。.NET Framework*自体もC#で作成されている	Console.WriteLine("Hello");

機械語とアセンブリ言語に関しては、1をレジスタ(CPU内に設けられた記憶装置)に格納するだけで1行かかっています。ですから、Helloを格納しようとすると、数十行もの処理が必要になってしまいます。

* **構造化設計** プログラムをいくつかの塊(かたまり)に分けて設計していくソフトウェア開発手法。3.1節を参照。
* **オブジェクト指向** 「データ」と「処理」の集まりを人間が利用するモノになぞらえた考え方。3.1節を参照。
* **.NET Framework** 異なるOSやハードウェアでも動作する環境を提供するソフトウェア技術のこと。

●進化するVisual Basic

このようにプログラミング言語は数多くありますが、その中でも本書に関係のあるBASIC（ベーシック）について見ていきましょう。

BASICは、1960年代にFORTRAN（フォートラン）という科学技術計算のためのプログラミング言語をお手本にして、初心者向けプログラミング言語として誕生しました。

その後、そのBASICをお手本にして、現在まで進化をとげた言語が、**Visual Basic 2019**（略称、VB 2019）というプログラミング言語です。

表1-2：BASICの歴史

西暦	キーワード	内容
1960年後半	BASIC	コンピューター教育のための初心者向けのプログラミング言語として開発される
1970～1980代	N88-BASIC等	パソコンの普及とともに各社がBASICを拡張し、パソコンにも添付され身近になった
1985年	Quick Basic	Pascal（パスカル）、C言語といった構造化言語の流れを意識したQuick BasicをMicrosoft社が発表
1991年	Visual Basic 1.0	BASICを元に、Quick Basicをさらに拡張したVisual BasicをMicrosoft社が発表
1993年	Visual Basic 2.0	Accessデータベースにアクセスするための Visual Basic 3.0 DAO（Data Access Object）強化、Excel・Word 連携技術のOLEに対応
1994年	Visual Basic 2.0 Edition	汎用的なデータベースアクセスが可能なProfessional ODBC（Open DataBase Connectivity）に対応
1995年	Visual Basic 4.0	32bitOS 対応アプリケーションを作成可能。OCXと呼ばれるコントロールを作成可能
1997年	Visual Basic 5.0	ネイティブコード*を作成可能。ActiveX*に対応したプログラムを作成可能
1998年	Visual Basic 6.0	ADO（ActiveX Data Object）、OLE DB（OLE DataBase）対応。データベースアクセス機能の強化。COMコンポーネントを作成可能
2002年	Visual Basic .NET	.NET Framework上で動作する言語となる。オブジェクト指向に完全対応。Webアプリケーションも作成可能。また、インターネット時代を意識したデータベースアクセス技術のADO.NETが誕生。対応する.NETのバージョンは「.NET Framework 1.0」
2005年	Visual Basic 2005	言語機能を強化。より少ないコードでアプリケーションの作成が可能になる。対応する.NETのバージョンは「.NET Framework2.0」
2008年	Visual Basic 2008	言語機能をさらに強化。対応する.NETのバージョンは「.NET Framework 3.5」

＊**ネイティブコード**　コンピューターに理解できる機械語で記述されたプログラムのこと。
＊**ActiveX**　Microsoft社のインターネットに関連したコンピューター技術の総称。

2010年	Visual Basic 2010	NUI(Windows タッチ)アプリケーションの作成、並列プログラミングが可能。対応する.NETのバージョンは「.NET Framework 4」。2012年Visual Basic2012。Windows 8用アプリケーションであるWindows Storeアプリケーションの作成が可能。対応する.NETのバージョンは「.NET Framework 4.5」
2013年	Visual Basic 2013	Windows 8.1 用アプリケーションである Windows Storeアプリケーションの作成が可能。対応する.NETのバージョンは「.NET Framework 4.5.1」
2015年	Visual Basic 2015	Windows 10用アプリケーションであるユニバーサル Windows プラットフォーム(UWP)アプリの作成が可能。対応する .NETのバージョンは「.NET Framework 4.6」
2017年	Visual Basic 2017	Windows 10(Anniversary Update/Creators Update)の新機能に対応。対応する.NETのバージョンは「.NET Framework 4.7」
2019年	Visual Basic 2019	本書発売時点の最新バージョン。Windows 10(Anniversary Update/Creators Update)の新機能に対応。対応する.NETのバージョンは「.NET Framework 4.8」

Visual Basic 4.0までは、いわゆるインタプリタと呼ばれる形式の言語でした。

インタプリタとは、プログラムを実行時に、1行1行コンピューターにわかる言葉に翻訳していく言語です。1行ごとに翻訳するので、実行速度もかなり遅く、実行してはじめて間違いがわかるという問題点がありました。

Visual Basic 5.0より、コンピューターに理解できる機械語で記述された**ネイティブコード**が作成可能となり、コンパイラ言語の仲間入りをします。**コンパイラ**とは、プログラムをまとめて翻訳する形式の言語のことです。

Visual Basic 7.0にあたる、Visual Basic. NETより、**オブジェクト指向**に完全に対応しました。Visual Basic 2005、2008では、さらに使いやすく機能拡張され、より少ないコードでアプリケーションの作成ができるようになります。そして本書発売時点の最新版が、**Visual Basic 2019**となります。

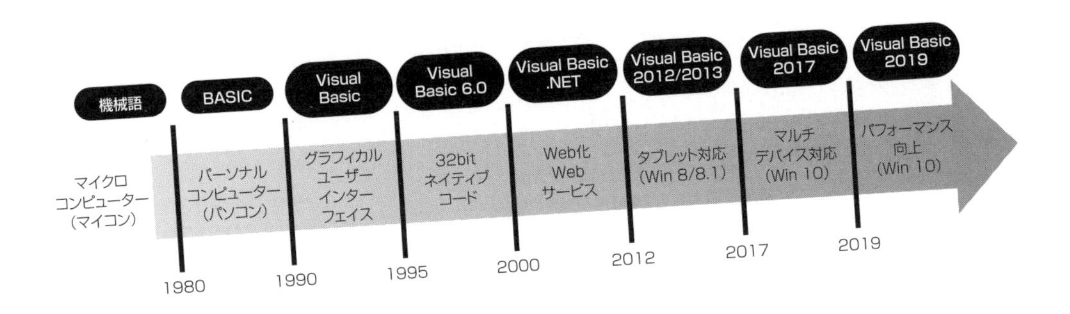

図1-8：BASICの進化

現在のVisual Basic 2019は、**Visual Basic 16**とも言われます。

Visual Basic 2019の特徴として、まず挙げられるのは、初心者にもやさしいプログラミング用語であることです。

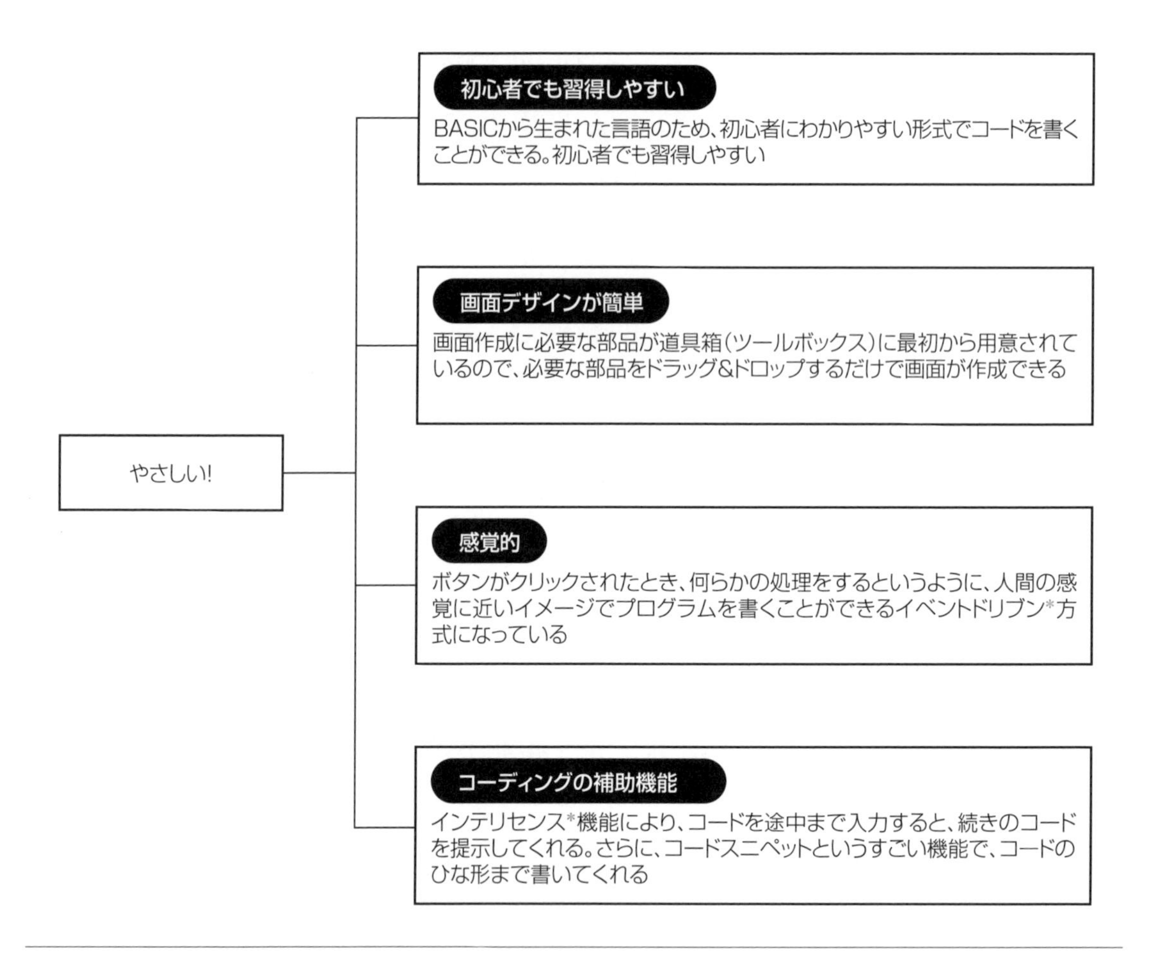

図1-9：Visual Basic 2019は、やさしいプログラミング言語

また、その一方で、Visual Basic 2019は、オブジェクト指向にも完全対応し、大規模開発も可能な本格的なプログラミング言語でもあります。

＊**イベントドリブン**　通知されるメッセージに応じて処理を行うプログラムの実行形式のこと。
＊**インテリセンス**　プログラムで使うキーワードを候補表示したり、タイプミスを自動的に修正してくれる入力支援機能のこと。4.5節を参照。

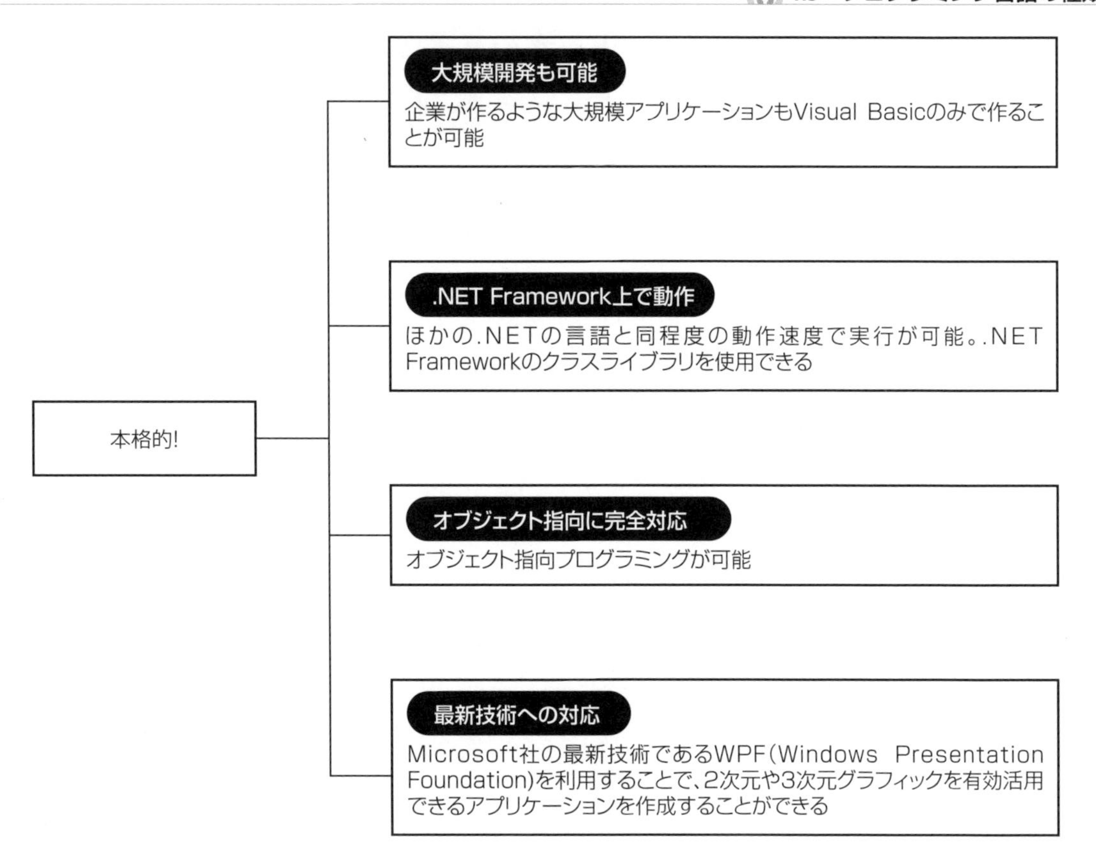

図1-10：Visual Basic 2019は、本格的なプログラミング言語

では、プログラミング言語は、どのように使うのでしょうか？　実際にプログラミング言語を用いてアプリケーションを作るためには、専用の環境（開発環境）があるとプログラムを書く効率が良くなります。

次の1.4節では、プログラミング言語を使うための環境について見ていきます。

まとめ

- **プログラミング言語とは、人間がわかりやすいように進化した、コンピューターに処理の流れを伝えるための言葉である。**
- **プログラミング言語には様々な種類があり、本書で取り扱うVisual Basicも日々進化してきた。**

Windows用アプリケーションの特徴

この節では、Windows用アプリケーションの特徴を説明します。さらに、.NET（ドットネット）の環境の仕組みもあわせて理解しましょう。

●Windows用アプリケーションの特徴

Windows OS上で動くアプリケーションをよく見てみると、いろいろと共通した特徴があることがわかります。

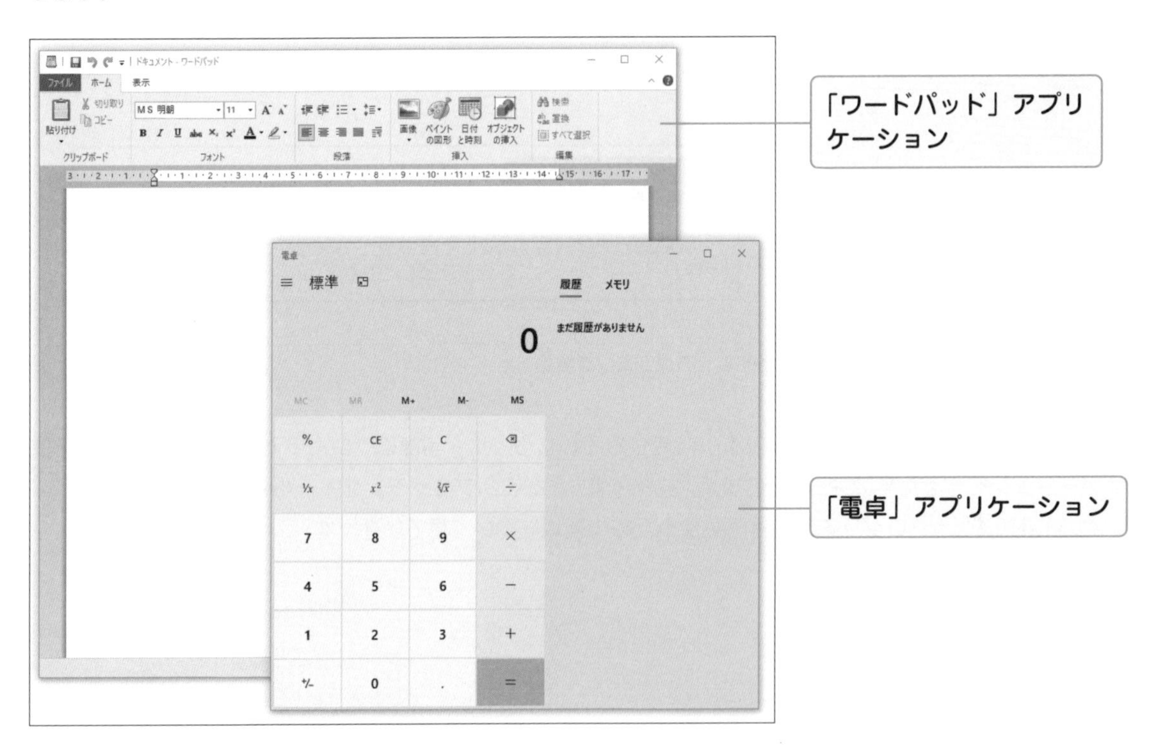

いかがでしょうか。何か共通点は見つかりましたでしょうか？　次の表でまとめてみます。

表1-3：Windows用アプリケーションの特徴

アプリケーションの操作など	共通した特徴
アプリケーションの起動	・メニューから起動する ・アイコンをダブルクリックする
アプリケーションの終了	・メニューから終了する ・画面右上の × ボタンをクリックする ・[Alt] キー+ [F4] キーを押す
外観	・左上にアイコンがある ・右上に3つのボタン - □ × がある ・Windowsのテーマに合わせた画面に変化する
画面の操作	・画面の最大化、縮小、最小化ができる
アプリケーションの起動中	・タスクマネージャーのプロセス一覧にリストされている ・タスクバーにアイコンがある

このように、Windows OS上で動作するアプリケーションの動作を共通化させて、一貫した操作を実現するための画面のことを**Windowsフォーム**と言います。

ただ、これらの特徴を満たすように毎回プログラミングしていると、とても大変です。

料理を作ることに例えると、以下のようになります。

ご飯を食べるために、稲を栽培したり、おかずになる野菜を栽培したり、狩りに出かけたりと、大昔は大変だったかと思います。

現代では、お米を買ってきて、おかずはスーパーマーケットですでに完成したカット野菜や、お惣菜を使うと、少ない労力で短時間にご飯を作ることができますね。

図1-11：材料が用意されていると作業が早い

アプリケーションを作る場合も同じように進化しています。現代のアプリケーションは、まさに少ない労力で、短時間にアプリケーションが作れる仕組みが用意されているというわけです。

この仕組みを提供するのが、**Microsoft .NET**（マイクロソフト・ドットネット）です。

●.NETの環境の仕組み

Microsoft .NETは、簡単に言ってしまうと、2000年6月に発表されたMicrosoft社のビジョンと戦略に名前を付けたものです。Microsoft社は、1900年代まではWindows 95に代表されるOSや、WordやExcelといった単体で動くアプリケーションを提供し、「すべてのデスクトップにPC（パソコン）を」という企業ビジョンを掲げていました。

しかし、インターネットの爆発的な普及を背景に、パソコンという閉じられた世界からインターネットを意識した「いつでも、どこでも、どんなデバイス（装置）でも優れたソフトウェアで人々の可能性を広げる」というビジョンを発表しました。この新しいビジョンを実現するために考え出されたものが、Microsoft.NETなのです。

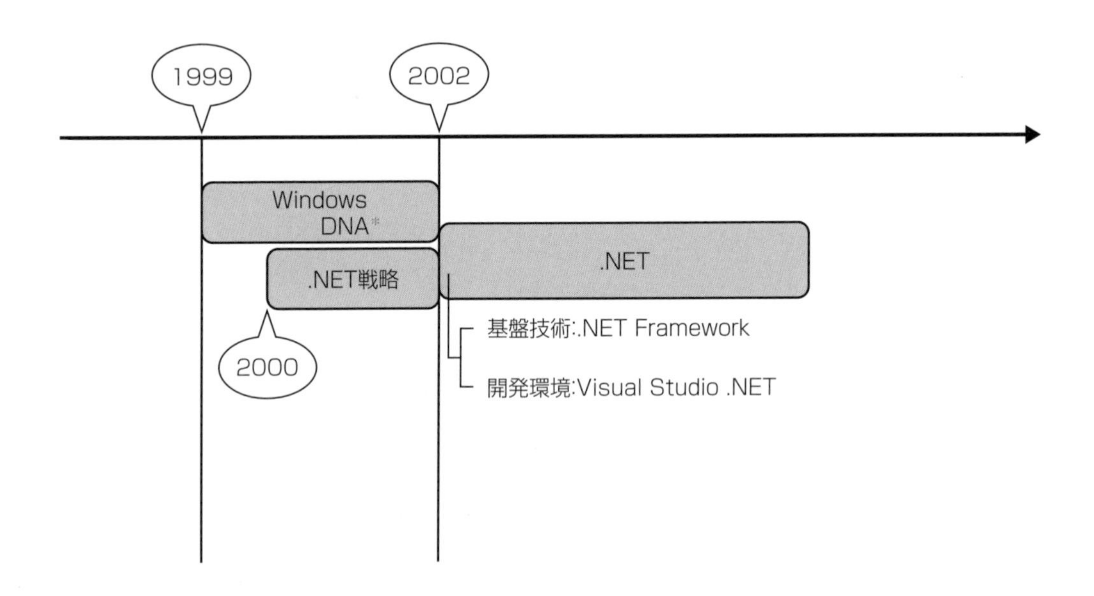

図1-12：Microsoft社のビジョンと戦略

Microsoft.NETの構想の中で生まれたものの中に、**.NET Framework**（ドットネット・フレームワーク）と呼ばれるものがあります。.NET Frameworkには、様々な技術が組み込まれています。

＊**Windows DNA**　Windows Distributed interNet Applicationの略で、昔のWindowsを使った開発方法のこと。

アプリケーション開発という観点から見ると、この.NET FrameworkがOSの違いや、.NETに対応したプログラミング言語の違いを吸収し、少ない労力で短時間にアプリケーションが完成する仕組みを提供します。

表1-4：.NET Frameworkに組み込まれた技術

項目	.NET Frameworkとの関係
OS	Windows 7、Windows 8.1、Windows 10、Windows Server 2012、Windows Server 2016、Windows Server 2019といったOSの種類を問わず、アプリケーションを動作させることができる
開発環境	.NET Frameworkの良いところを最大限に引き出すために工夫されたプログラム開発を行うための環境がVisual Studio（ヴィジュアル・スタジオ）
プログラミング言語	C#、Visual Basic、C++/CLIなど.NETに対応する言語が数十あり、その言語でプログラムを書くことができる
実行環境	.NET対応アプリケーションを動作させるための環境。.NETに対応する言語であれば、共通の言語基盤（CLI）という仕組みにより、言語の種類を問わず動作させることができる
クラスライブラリ	料理に例えると巨大な冷蔵庫の食材群にあたるもの。アプリケーションを作成するためにあると便利な部品群。.NET Framework 4.8には、数千を超えるクラスライブラリがある。Windowsアプリケーション用のクラスライブラリも用意されている
フレームワーク	アプリケーションを作るための機能がワンセットになったもの。アプリケーションを作成する際、ある特定の処理をルールに基づいて自動で行ってくれる枠組みにあたる。メモリ管理や例外といった複雑な処理を代わりに行ってくれる
アーキテクチャー	アプリケーションを作るための考え方、思想にあたるもの
セキュリティ	アプリケーションを安全に動作させるための工夫がされている
相互運用	Webサービスという技術を使って、.NET Framework以外の技術で作成されたアプリケーションと連携させることができる。データはXMLという形式にも対応

また、実行する際にも、アプリケーションの不具合により、OSが破壊されないような「例外処理」といった仕組みや、アプリケーションが内部で使用した「メモリの管理や後片付け」といったことを代わりに行ってくれます。

次ページに、イラストを使って.NET Frameworkに組み込まれた技術を簡単にまとめます。

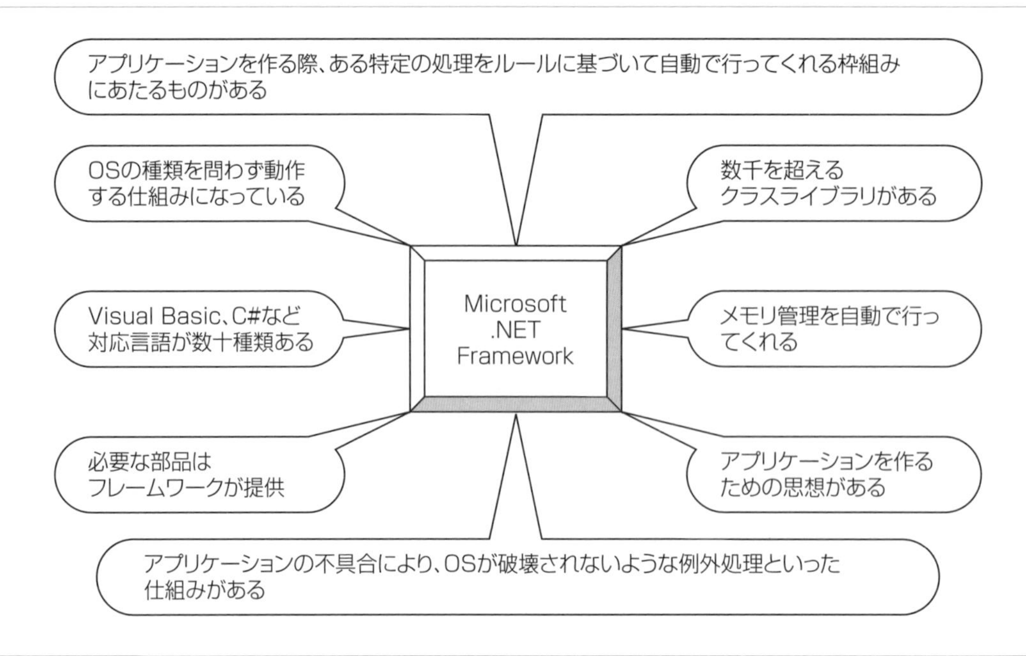

図1-13：.NET Frameworkに組み込まれた技術

概念が難しいので、.NET Frameworkの役割について「おでんセット」を使って料理を作ることに当てはめて考えてみます。

図1-14：おでんセットから考える.NET Frameworkの役割

いかがでしょうか？ .NET Frameworkを用いることで、アプリケーションの作成が簡単にできることが想像できましたでしょうか。

詳しくは後述しますが、様々な機能がワンセットになった.NET Frameworkというフレームワークを用いたプログラミングのコツは、何でもかんでも自分で作らずに、あらかじめ用意されている「**クラスライブラリを探して使う**」という開発のスタイルになります。

さらに、Windows用アプリケーションを作る場合は、.NET Frameworkが用意している**Windowsフォーム**と言われるクラスライブラリを用いることで、必要最小限のプログラムを書くだけでよいということになります。

●.NET Frameworkの進化

「おでんセット」は、20年前、10年前、現在、そして10年後で比べてみると、同じ材料ではなく、その時代のニーズに合わせて変化しています。

実は、.NET Frameworkも同じように、時代のニーズに合わせて進化しています。現時点で最新の.NET Frameworkのバージョンは、**.NET Framework 4.8**と呼ばれるものになっています。

.NET Frameworkの場合、ちょっとややこしい進化をとげていますので、.NET Frameworkのバージョンと進化の流れを以下の図とともに解説します。

まずは、ざっくりと「いろいろ増えたなぁ！」と感じていただければと思います。

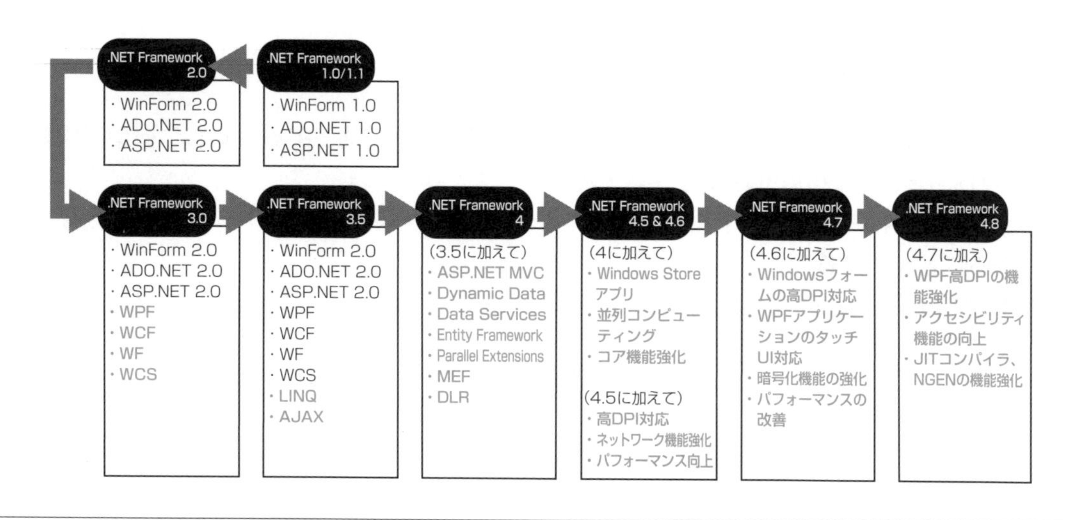

図1-15：.NET Frameworkの進化

NET Framework 4.8
.NET Framework 4.7
.NET Framework 4.5 & 4.6
.NET Framework 4
.NET Framework 3.5
.NET Framework 3.0
.NET Framework 2.0

WinForm	ASP.NET	WPF	WF	AJAX	ASP.NET MVC	Parallel Extensions	MEF	Windows Storeアプリ	高DPI対応	WPF高DPIの機能強化
ADO.NET		WCF	WCS	LINQ	Dynamic Data	Data Services	Entity Framework	並列コンピューティング	暗号化機能強化	アクセシビリティ向上
					DLR			コア機能強化	パフォーマンス改善	JIT、NGENの機能強化

図1-16：.NET Frameworkの機能の拡張

こんなことができたら便利だな、といったことが次々と盛り込まれています。

まとめ

- Windows OS上で動くアプリケーションの共通的な動作と、あると嬉しい機能が満載されたものが、Windowsフォームである。
- 便利な.NET Frameworkによって、Windowsフォームのアプリケーションを簡単に作ることができる。
- .NET Frameworkも進化していて、最新バージョンは、.NET Framework 4.8である。

用語のまとめ

用語	意味
フレームワーク	アプリケーションを作るための機能がワンセットになったもの
クラスライブラリ	アプリケーションを作るためにあると便利な部品群
Windowsフォーム	Windows OS上で動くアプリケーションの動作を共通化させて、一貫した操作を実現するための操作画面

Visual Studio 2019の概要

プログラミングするために必要な統合開発環境、Visual Studio(ヴィジュアル・スタジオ)の特徴を説明します。

●効率的にプログラミングができる統合開発環境

これまでの説明で、プログラミングとは、どういったものかを理解していただけましたでしょうか。次に、そのプログラミングをどのような方法で行えばよいのかを考えてみましょう。

まず、単純にプログラミングしただけでは、アプリケーションは動きません。コンピューターが理解できるようにするために、**プログラミング言語**で書いたプログラムを**機械語**に翻訳してあげる必要があります。さらに、機械語に翻訳した後は、実際に動作させてみて、プログラムに間違いがあった場合は修正する必要があります。

このような、アプリケーションを作るために必要な操作を効率的に行うことができる道具箱があらかじめ用意されています。それが**統合開発環境(IDE)**＊です。文章を書くならワープロソフトが便利、プログラムを書いてアプリケーションを作るなら統合開発環境が便利というわけです。

これまでは、プログラミング言語ごとに専用の開発環境を各社が提供してきましたが、Microsoft社が提供する最新の統合開発環境、**Visual Studio 2019**ではすべての言語で同じ操作ができるようになっています。Visual Studio 2019の特徴を以下にまとめてみましょう。

ソースコード記述 専用のエディタがある	**画面作成** アプリケーションの画面をドラッグ&ドロップで作成できる
フレームワーク連携 プログラム記述時に、インテリセンスというお助け機能があり、入力ミスを事前に防ぐことができる	**ビルド** 記述したソースコードをコンピューターがわかるように変換する
ファイル管理 プログラムを作るために必要なファイルを管理する	**デバッグ** プログラムの間違ったコードを修正する。実行中の値の変化などがわかりやすい

図1-17：Visual Studio 2019の特徴

＊**統合開発環境(IDE)**　プログラミングに必要なツールがひとまとめになった開発環境のこと。IDEはIntegrated Development Environmentの略称。

Visual Studio 2019には目的に合わせて機能が制限されており、その違いを**エディション**（Edition）と言います。以下に、各エディションの機能*についてまとめます。

表1-5：Visual Studio 2019のエディション

	Community	Professional	Enterprise
利用可能ユーザータイプ	・個人開発者 ・クラスルーム学習 ・アカデミックな研究 ・オープンソースプロジェクトへの貢献 ・非エンタープライズ組織 最大5ユーザーまで*	あらゆるユーザー	あらゆるユーザー
価格	無料	有料	有料
開発プラットフォームのサポート	☆☆☆☆	☆☆☆☆	☆☆☆☆
統合開発環境	☆☆☆	☆☆☆☆	☆☆☆☆
詳細なデバッグと診断	☆☆	☆☆	☆☆☆☆
テストツール	☆	☆	☆☆☆☆
クロスプラットフォーム開発	☆☆	☆☆	☆☆☆☆
コラボレーションツールと機能	☆☆☆☆	☆☆☆☆	☆☆☆☆

入門者にとって最適な開発環境は、**Community**（コミュニティ）になります。Communityは、誰でも無料で使用できますが、商用での利用に制限があります。

まとめ

◉ **Visual Studio 2019は、プログラミング言語の特性と.NET Frameworkの機能を最大限に利用できる統合開発環境である（Visual Studio Community 2019は、商用での利用に制限があるものの、誰でも無料で使用できる）。**

＊**各エディションの機能**　詳細は、Microsoft社の以下のWebサイトを参考にしてください。
https://www.visualstudio.com/ja/vs/compare/

＊**エンタープライズ組織**　エンタープライズ組織とは、PC250台超、または年間収入100万米ドル超の組織です。

6 プログラムを作るための準備

この節では、Visual Basic 2019でプログラムを作るために何が必要かを理解しましょう。

●Visual Basic 2019の開発環境

プログラムを作るためには何が必要でしょうか。これまでの話から**プログラミング言語**と**プログラムを開発する環境**が必要だということは理解いただけたかと思います。

これを料理を作ることに置き換えて考えてみましょう。料理を作るには何をしますか？　献立を考えて、レシピを見て、食材を使って台所で料理をしますね。

プログラムを作るときも同じです。献立にあたるものが**設計図**です。どんなアプリケーションを作るのか、どんな画面でどんな機能を持たせて、どんな処理をするのか、どんなデータを扱うのかを考えます。

レシピにあたるものが、**設計思想**（アーキテクチャー）になります。

料理する食材は、**クラスライブラリ**と呼ばれる部品群から必要なものを探して使います。

台所にあたるものは、**統合開発環境（IDE）**ですね。

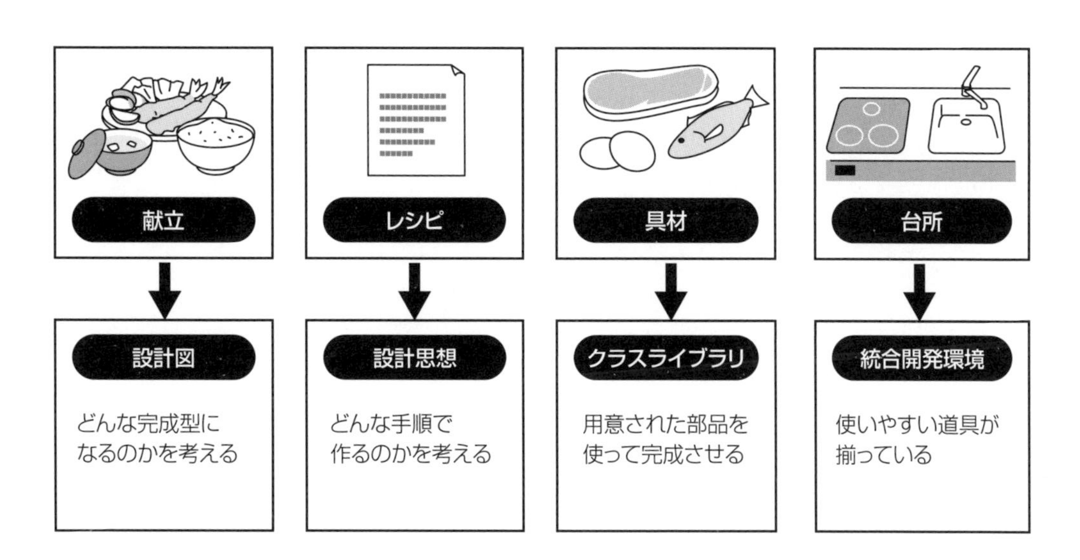

図1-18：プログラミングを料理に例えてみると…

プログラミング言語とプログラムを開発する環境が1つにまとまっていると便利です。

その点、**Visual Studio Community 2019**は、最新のVisual Basic 2019と開発環境が1つになり、Windowsアプリケーションが簡単に作成できる無料のツールが集まった統合開発環境になっています。

もちろん、Windowsフォームを作るのに便利な.NET Frameworkのクラスライブラリも無料で利用できます。

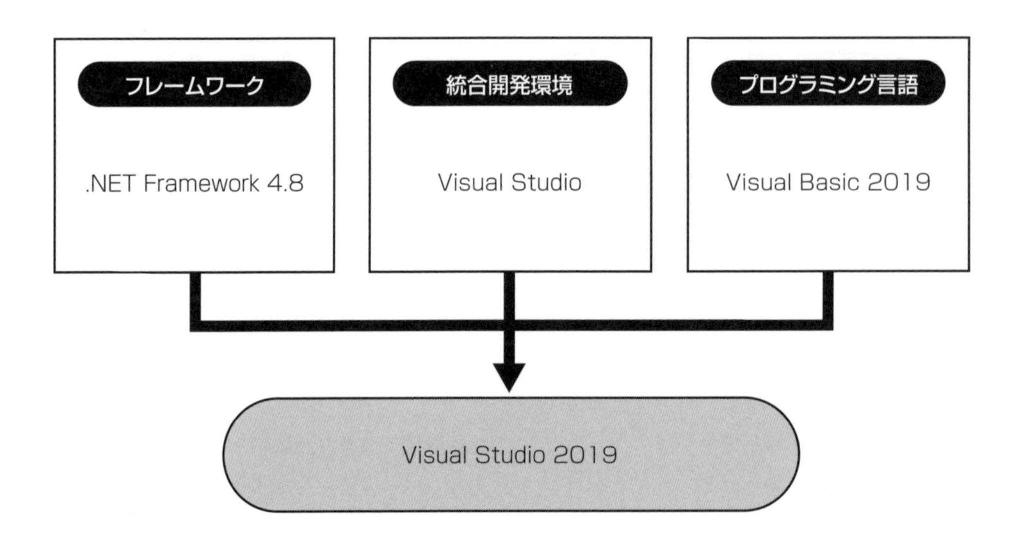

図1-19：Visual Studio Community 2019の要素

料理がうまく作れるようになるためには、慣れが必要です。同様にアプリケーションを開発する際も慣れが必要です。次のChapter2では、Visual Studio Community 2019にまず慣れ親しむことを目標にします。

Visual Studio Community 2019をお持ちでない方も、次のChapter2で入手方法とインストール方法を説明しますのでご安心ください。

まとめ

- **プログラムを効率よく作るためには、自分にあったプログラミング言語と統合開発環境が必要になる。**
- **最新のプログラミング言語（Visual Basic 2019）と統合開発環境（Visual Studio）が1つになったツールが、Visual Studio Community 2019である。**

Column Visual Basicは人気の言語？

PYPL（PopularitY of Programming Language index）は、Google検索エンジンでプログラミング言語のチュートリアルが検索された回数から、対象となるプログラミング言語がどれだけ話題になっているかをインデックス化したものです。

PYPLの調査結果*によると、2020年4月におけるインデックスは以下のようになっており、Visual Basicは17位になっています。

順位	プログラミング言語	インデックス
1	Python	30.61%
2	Java	18.45%
3	Javascript	7.91%
4	C#	7.27%
5	PHP	6.07%
6	C/C++	5.76%
7	R	3.80%
8	Objective-C	2.40%
9	Swift	2.23%
10	TypeScript	1.85%
11	Matlab	1.77%
12	Kotlin	1.63%
13	VBA	1.33%
14	Go	1.26%
15	Ruby	1.23%
16	Scala	0.99%
17	Visual Basic	0.92%
18	Rust	0.67%
19	Abap	0.51%
20	Perl	0.50%

＊ **PYPLの調査結果**　http://pypl.github.io/PYPL.htmlを参照。

復習ドリル

いかがでしたでしょうか？　Chapter1を読み終えたところで、プログラムがどういったものかの理解を深めるために、ドリルを用意しました。

●ドリルにチャレンジ！

以下の1～7までの空白部分を埋めてください。

1 コンピューターに与える指示を記述したものを［　　　　　］と呼ぶ。

2 コンピューターに指示を与えるための言葉のことを［　　　　　］と呼ぶ。

3 アプリケーションを作るための専用の設備のことを［　　　　　］と呼ぶ。

4 BASICをお手本にして、現在まで進化をとげたプログラミング言語が［　　　　　］である。

5 Windows用アプリケーションを作る場合は、［　　　　　］が用意しているWindowsフォームと言われるクラスライブラリを用いることで、必要最小限のプログラムを書くだけでよい。

6 2019年12月時点で最新の.NET Frameworkのバージョンは［　　　　　］である。

7 ［　　　　　］は、プログラミング言語の特性と.NET Frameworkの機能を最大限に利用できる最新の統合開発環境である。

Visual Basicも
進化してるんだね！

復習ドリルの答え

1 プログラム
2 プログラミング言語
3 開発環境
4 Visual Basic 2019
5 .NET Framework
6 4.8
7 Visual Studio 2019

準備編　開発環境を使ってみよう！

Chapter 2

Visual Studio Community 2019の基本操作

このChapter2では、プログラムを開発するための環境、Visual Studio Community 2019の基本的な操作をマスターします。

このChapterの目標

- ✓ Visual Studio Community 2019がインストールできる。
- ✓ Visual Studio Community 2019が起動できる。
- ✓ プロジェクトを作成し、保存できる。

Visual Studio Community 2019のインストール

まず最初に、MicrosoftのWebサイトからVisual Studio Community 2019をダウンロードしてパソコンにインストールする方法を説明します。また、起動する方法についても説明します。

●VS Community 2019のインストール手順

Visual Studio Community 2019（本章では以降、VS Community 2019と表記します）は、以下の手順でインストールします（VS Community 2019をすでにインストールされている方は、ここを飛ばしていただいて構いません）。

手順❶　インストールが可能かどうかのチェックをします。
手順❷　VS Community 2019をダウンロードしてインストールします。
手順❸　VS Community 2019をセットアップします。

以下のページでは、Windows 10を例にとって、インストールの手順を説明します。Windows 8.1やWindows 7などでも若干画面が異なりますが、大まかな手順はほぼ一緒です。

●システム要件のチェック

まずは、インストールができるかどうかのチェックです。

表2-1：システム要件

チェック	項目	値
□	プロセッサ	1.8GHz以上 クアッドコア以上を推奨
□	OS	（すべて64ビットを推奨。ARMはサポートされていません）
		Windows 10 バージョン 1703 以降：Home、Professional、Education、Enterprise
		Windows Server 2019：Standard、Datacenter
		Windows Server 2016：Standard、Datacenter
		Windows 8.1（更新プログラム 2919355を適用）：Core、Professional、Enterprise

		Windows Server 2012 R2(更新プログラム 2919355を適用):Essentials、Standard、Datacenter
		Windows 7 SP1(最新のWindows Updateを適用):Home Premium、Professional、Enterprise、Ultimate
□	メモリ	2GBRAM(8GBのRAMを推奨)(仮想マシン上で実行される場合は最小2.5GB)
□	ハードディスク容量	最小800MB、最大210 GBの空き領域
□	グラフィック	720p(720x1280) 以上のディスプレイ解像度をサポートするビデオカード
□	ディスプレイ	WXGA(768 x 1366) 以上の解像度で最適に動作します

詳しく知りたい方はこちらをご覧ください。

▼参照URL:VS Community 2019のシステム要件

https://docs.microsoft.com/ja-jp/visualstudio/releases/2019/system-requirements

いかがでしょうか? システム要件はクリアできましたか? それではさっそくWebサイトからVS Community 2019をダウンロードしてインストールを始めましょう。

●VS Community 2019をダウンロードしてインストールする

VS Community 2019は、Microsoft社のWebサイトから無料*でダウンロードしてインストールすることができます。

まず、以下のURLにアクセスしてください。

▼Visual Studio - ホーム

https://www.visualstudio.com/ja

Webサイトが表示されたら、以下の手順に従ってください。

1 Webサイトが表示される

2 エディションの選択画面が表示される

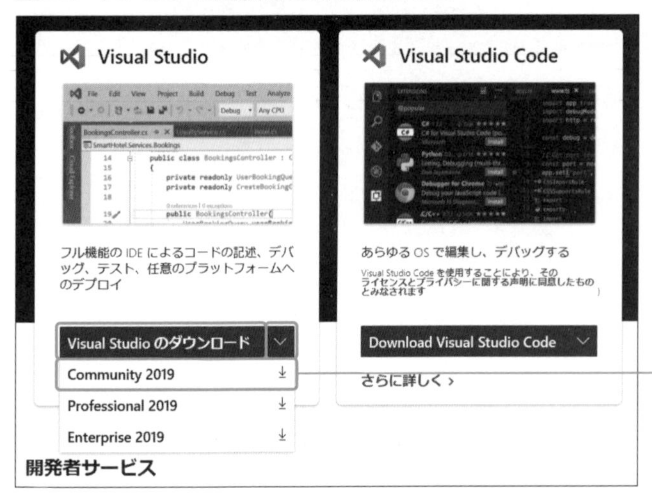

3 ダウンロードのメッセージが表示される

ヒント ［保存］ボタンをクリックして「vs_community__1141763205.1555288791.exe」（ファイル名は、マイナーバージョンアップなど、定期的に変わるようです）を任意のフォルダにダウンロードした後、ダブルクリックで実行しても同じです。

4 デバイス変更のメッセージが表示される

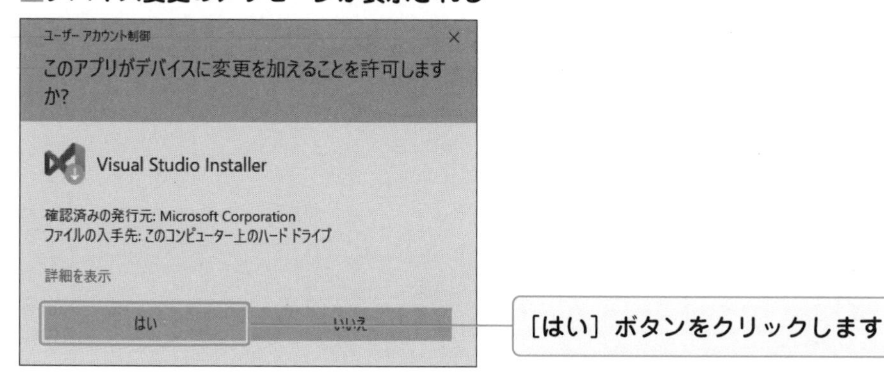

●VS Community 2019をセットアップする

インストールを始めると、セットアップ画面が自動で起動されます。この画面の指示に従ってインストールを続ければ、インストールができます。

5 Visual Studio Installerの確認ポップアップが表示される

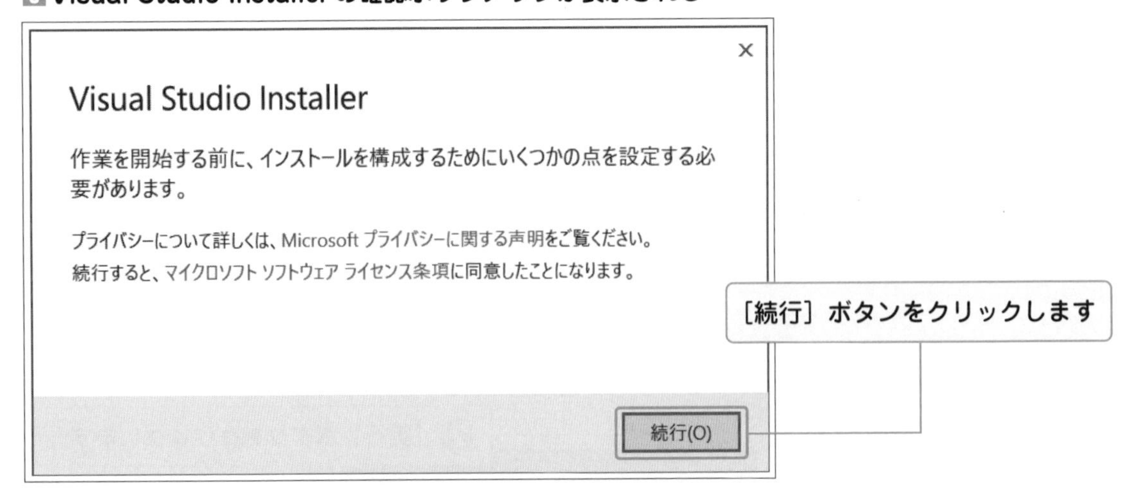

Visual Studioは様々な種類の開発ができますが、必要なコンポーネント（部品）だけに絞ってインストールすることができます。本テキストでは、本テキストを実行するための最低限必要な環境を選びます。

6 インストールするコンポーネント（部品）を選択する

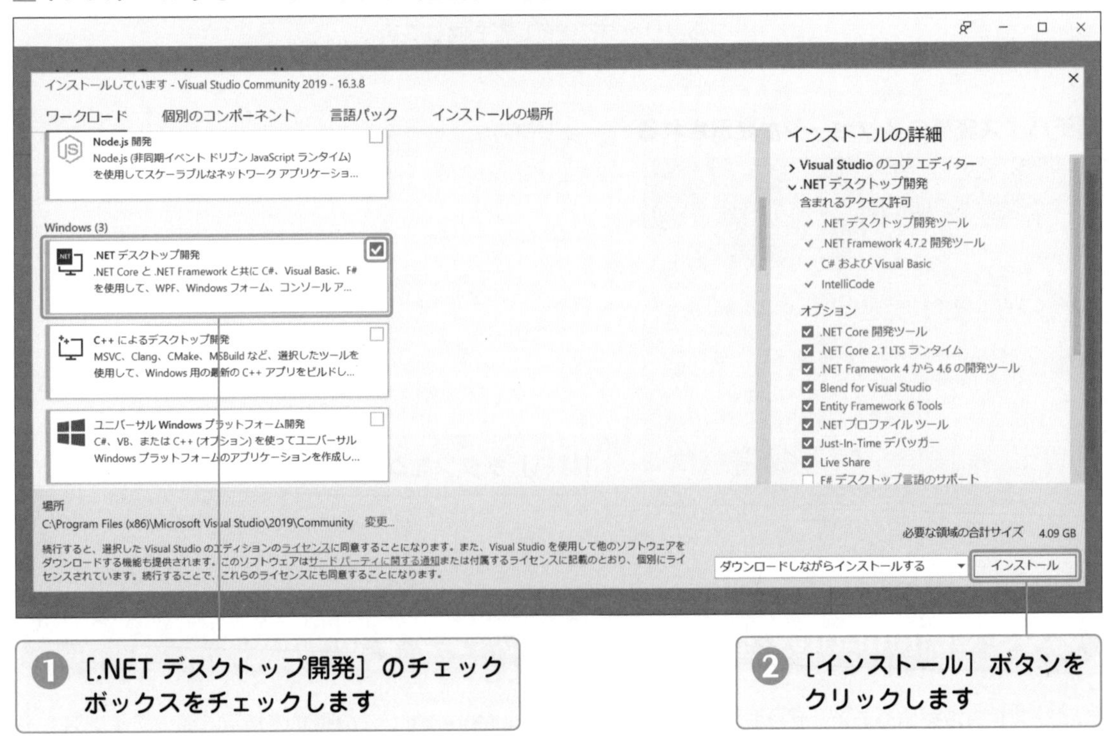

ワークロードのWeb&クラウドの次のカテゴリにあります。左側のオプションに関しては、もともと選択されている（デフォルトで選択されている）ものをそのまま選びます。

7 インストールが始まる

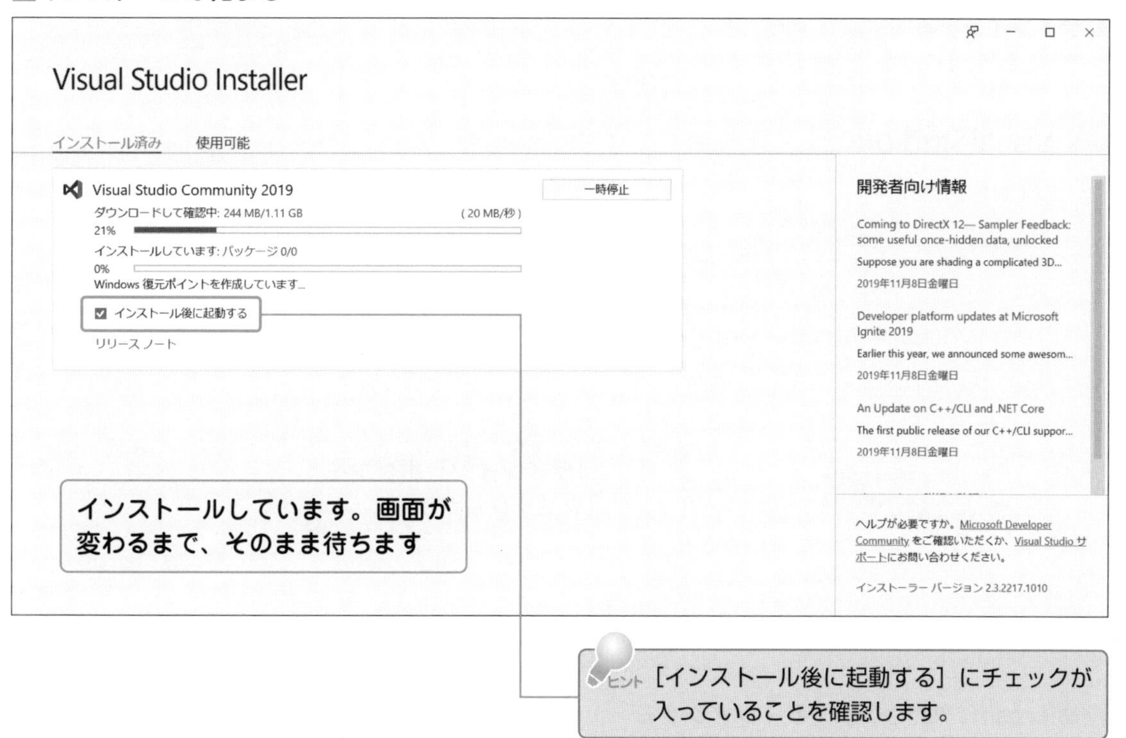

インストールが完了すると、Visual Studio 2019が自動的に起動されます。インストールは、以上で完了です。

●VS Community 2019を起動する

インストールが完了すると、Visual Studio 2019が自動的に起動されます。

1 サインインする

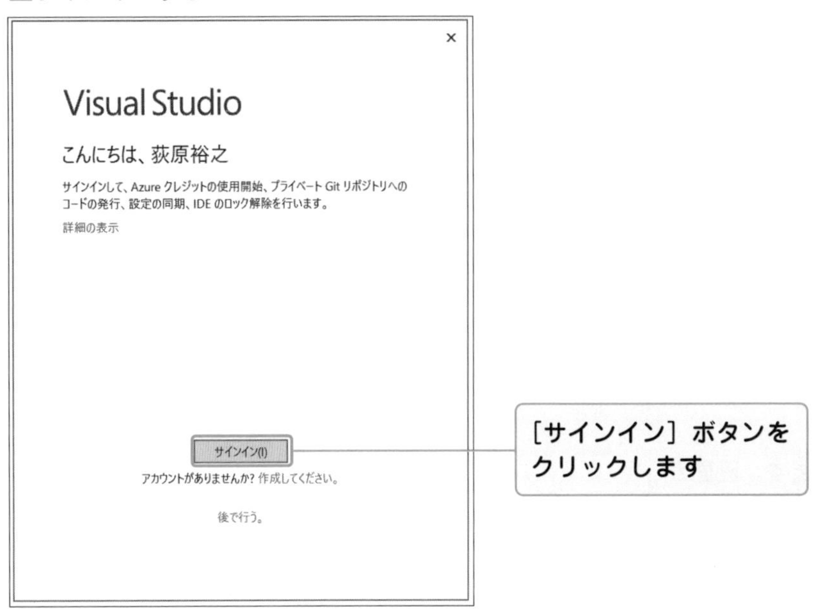

2 Microsoftアカウントでサインインする

3 Visual Studio 2019の最近開いた項目画面が起動する

4 起動する

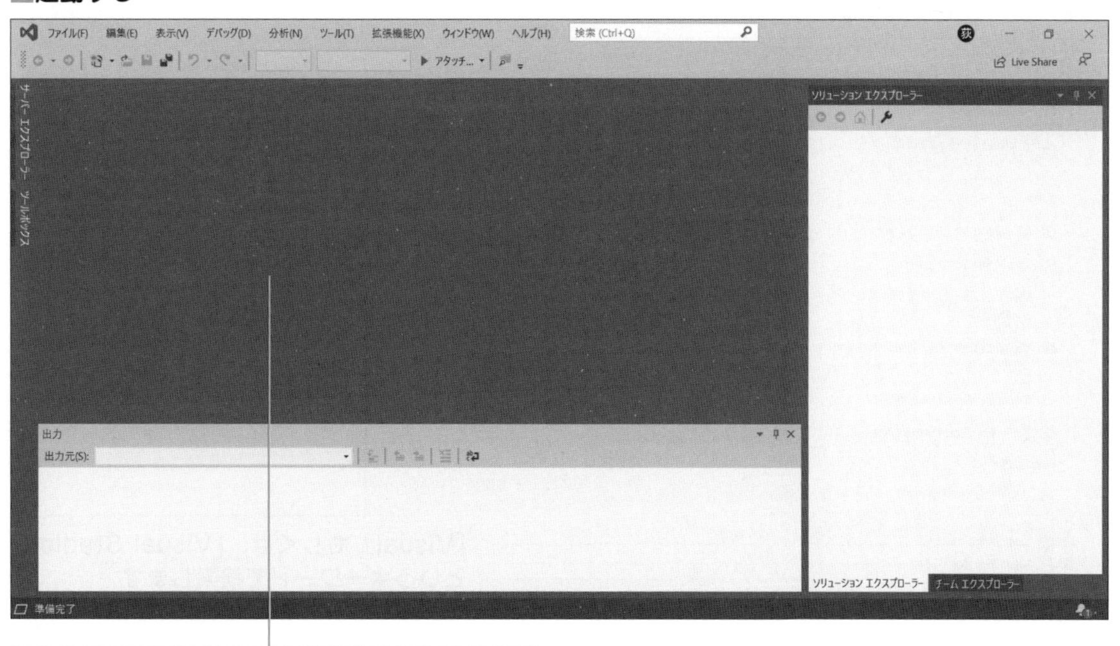

また、Windows 10のメニュー画面から起動する方法もあります。

1スタートメニューの検索ボックスで検索する

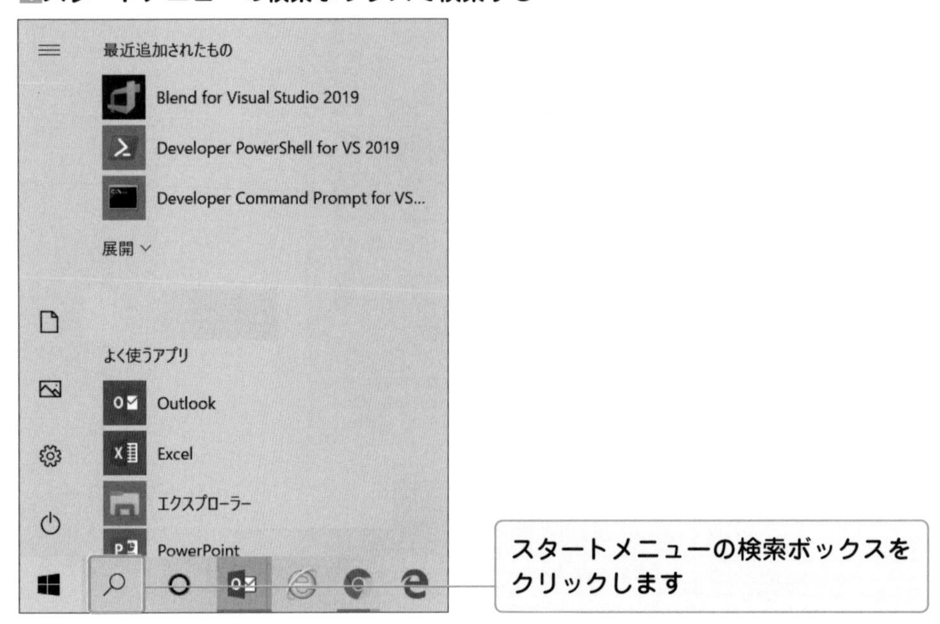

2キーワードで検索する

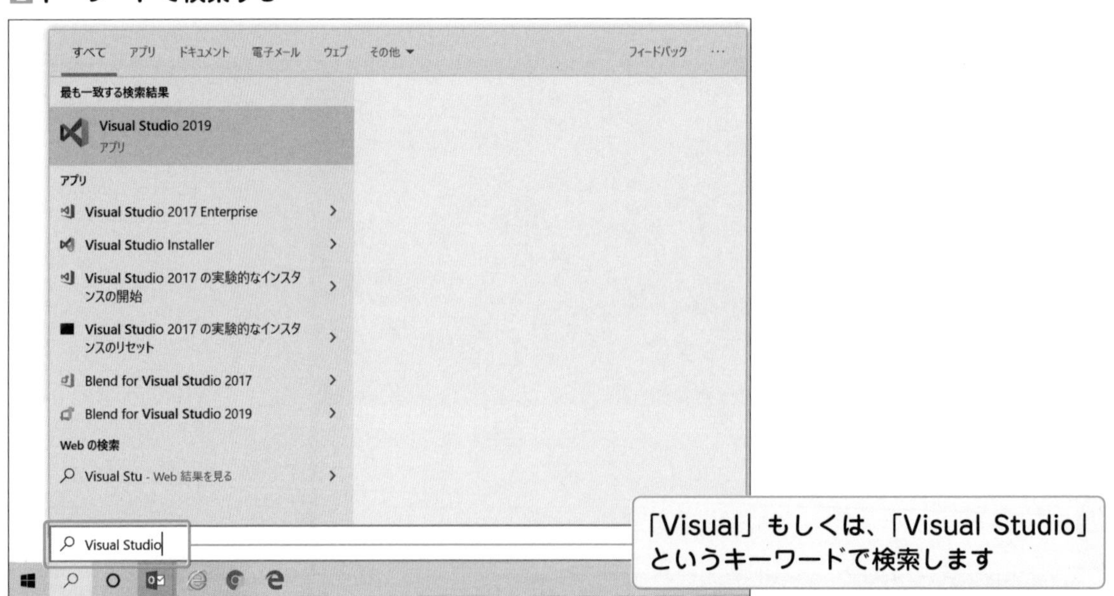

3 検索結果をクリックする

4 Visual Studio 2019の最近開いた項目画面が起動する

5 Visual Studio 2019が起動する

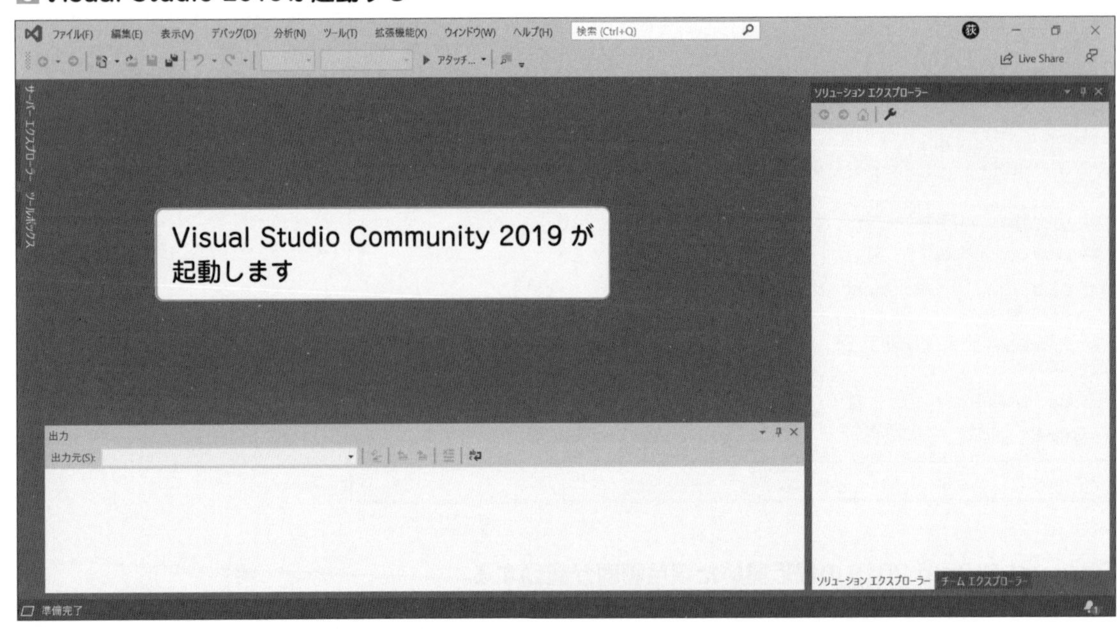

▼スタート画面にピン止めした例

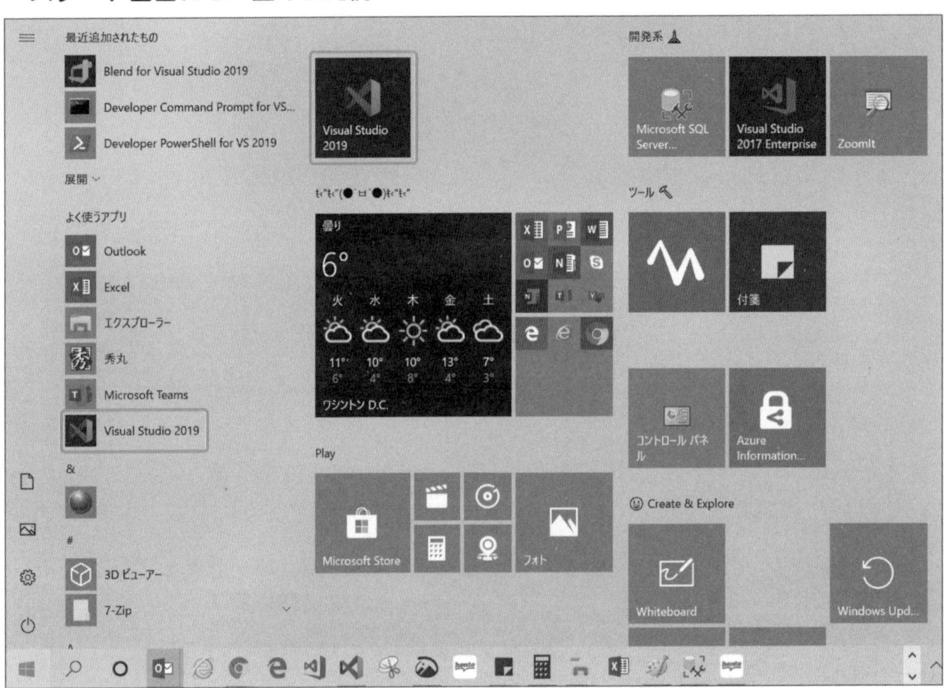

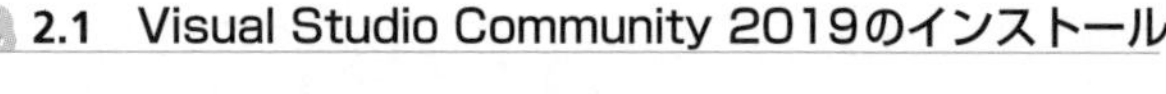

ヒント 3の検索結果が表れたとき、右クリックをして、[スタート画面にピン留めする] や [タスクバーにピン留め] を設定おくと、次回から楽に起動できます。

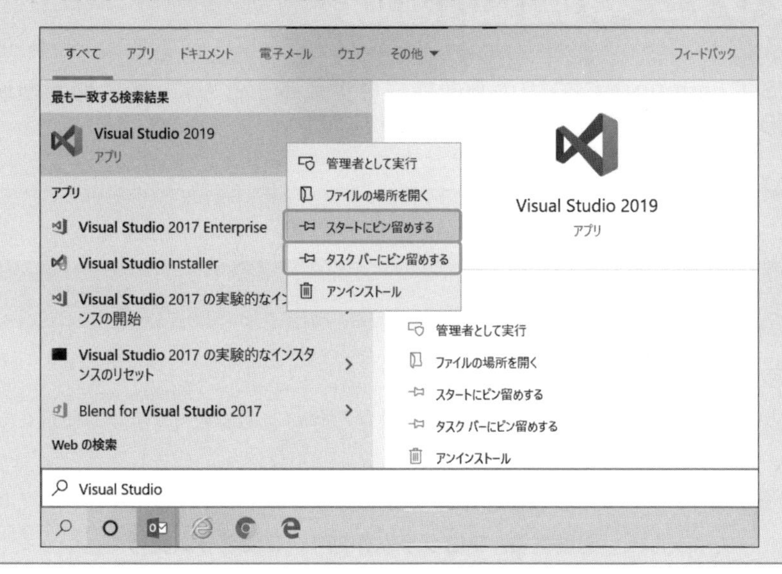

まとめ

◉ Visual Studio Community 2019は、無料で使用できる統合開発環境で、Webサイトからのダウンロードでパソコンにインストールできる。

用語のまとめ

用語	意味
Visual Studio Community 2019	無料で使用できる統合開発環境

Visual Studio Community 2019の画面構成

VS Community 2019の画面構成を覚えるとともに、統合開発環境（IDE）としての特徴を理解しましょう。

●画面の構成

VS Community 2019をうまく起動できましたでしょうか？

ただし、起動した画面を見ても、最初は何をどうすればよいか分からないと思います。まずは画面の構成に慣れましょう。

VS Community 2019の操作画面には、プログラムを作成する作業の効率が良くなる工夫がされています。画面は、いくつかの領域に分かれていて、**起動直後**、**プログラム作成中**、**プログラム実行中**といった状態ごとに効率が良くなるように画面構成が変わります。

●起動直後の画面構成

起動直後の画面構成は、このようになります。

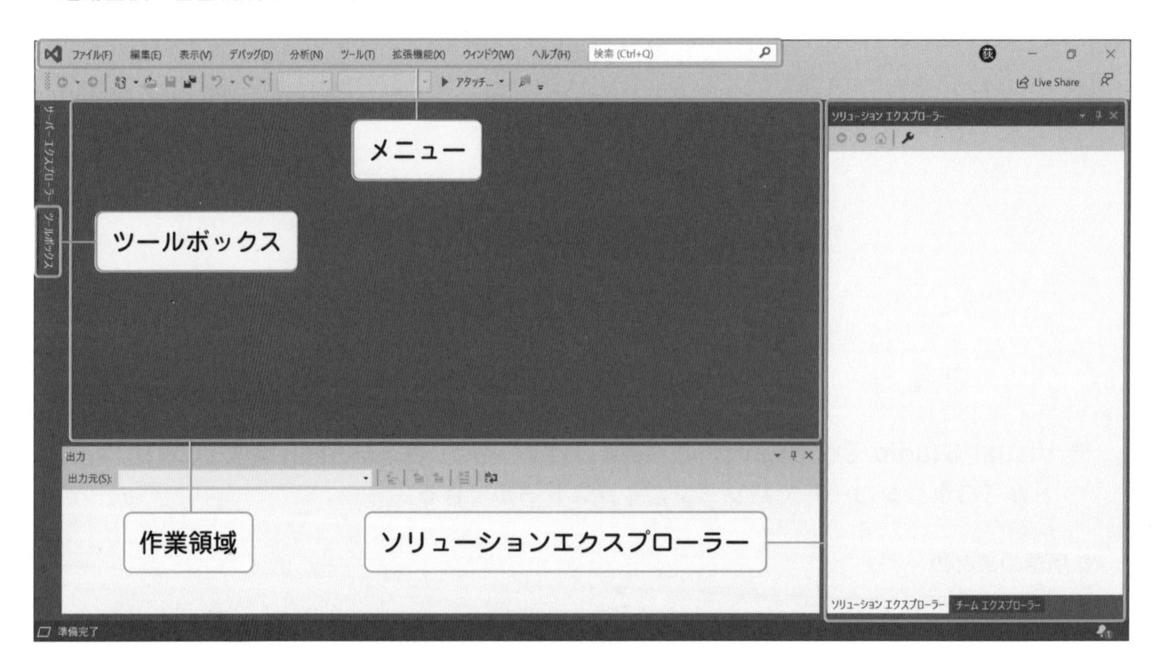

下の表に、VS Community 2019の画面の各領域の機能についてまとめます。

表2-2：各領域の機能（起動直後）

領域	機能
メニュー	VS Community 2019を操作するためのメニューです。起動時、プログラム作成時、プログラム実行時で必要なメニューが表示されます
ソリューションエクスプローラー	プログラムを作成するとき、必要なファイルの情報が表示されます。エクスプローラー風に表示して、ファイルを管理します
作業領域	プログラムを記述する領域です。画面デザインもこの領域で行うことができます
ツールボックス	プログラム作成時や、画面デザイン時にVS Community 2019が用意した便利な部品をここからドラッグして使います

●プログラム作成中の画面構成

プログラム作成中の画面構成は、このようになります。メニューには新たな項目が増えています。プロパティウィンドウとコンポーネントトレイも表示されました。

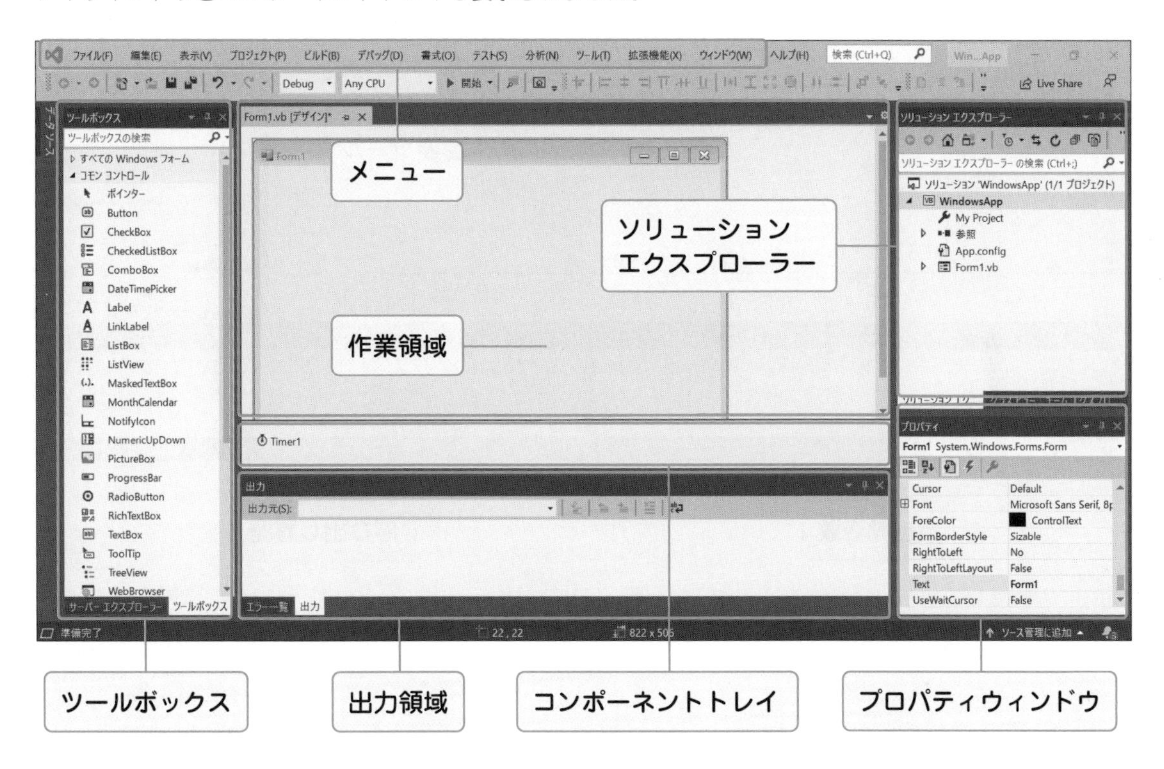

下の表に、新しく表示された画面の各領域の機能をまとめます。

表2-3：**各領域の機能（プログラム作成中）**

領域	機能
プロパティウィンドウ	画面に貼り付けた部品の値を設定・変更する領域です。プログラム作成時にコードを書かなくても部品の値を変更できます
コンポーネントトレイ	画面がない部品はこの領域に表示されます。画面がない部品を使用していない場合は表示されません
出力領域	ビルド*の状況などが表示される領域です

●プログラム実行・修正時の画面構成

プログラム実行・修正時の画面構成は、このようになります。

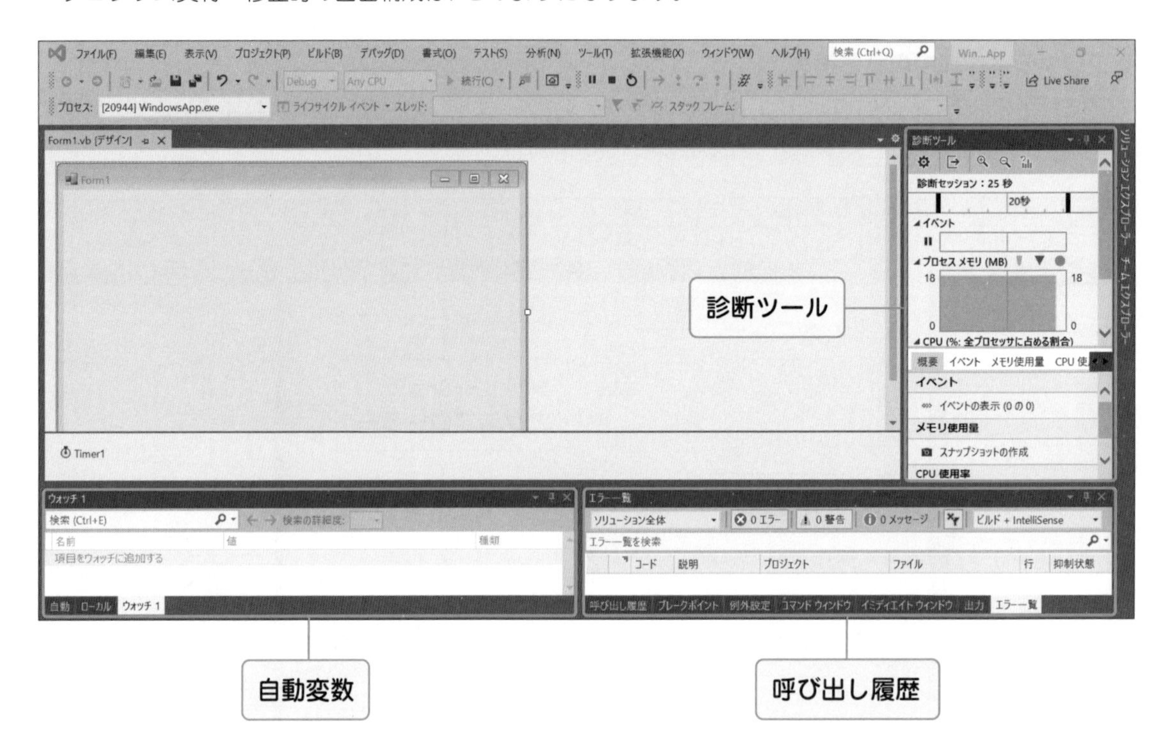

＊**ビルド**　この後の2.5節で説明します。

下の表に、まだ紹介していない画面の領域の機能についてまとめます。

表2-4：各領域の機能（プログラム実行・修正時）

領域	機能
自動変数	プログラムの中の変数*の値を確認できる領域です。デバッグ時に便利な情報で、一部機能については、第6章で解説します
呼び出し履歴	プログラムの中のファンクション*の呼び出し履歴（呼び出し順）の情報を確認できる領域です
診断ツール	プログラムがどれくらいCPUやメモリを使っているかを確認できる領域です

●画面をカスタマイズする

プログラムしやすいように、画面の構成を自分の好きなようにカスタマイズできます。最後に元の状態に戻す方法も説明していますので、いろいろ試してみてください。

●ピン止め

ピンのマークのアイコンをクリックすると、ツールボックスを画面に常に表示することができます。

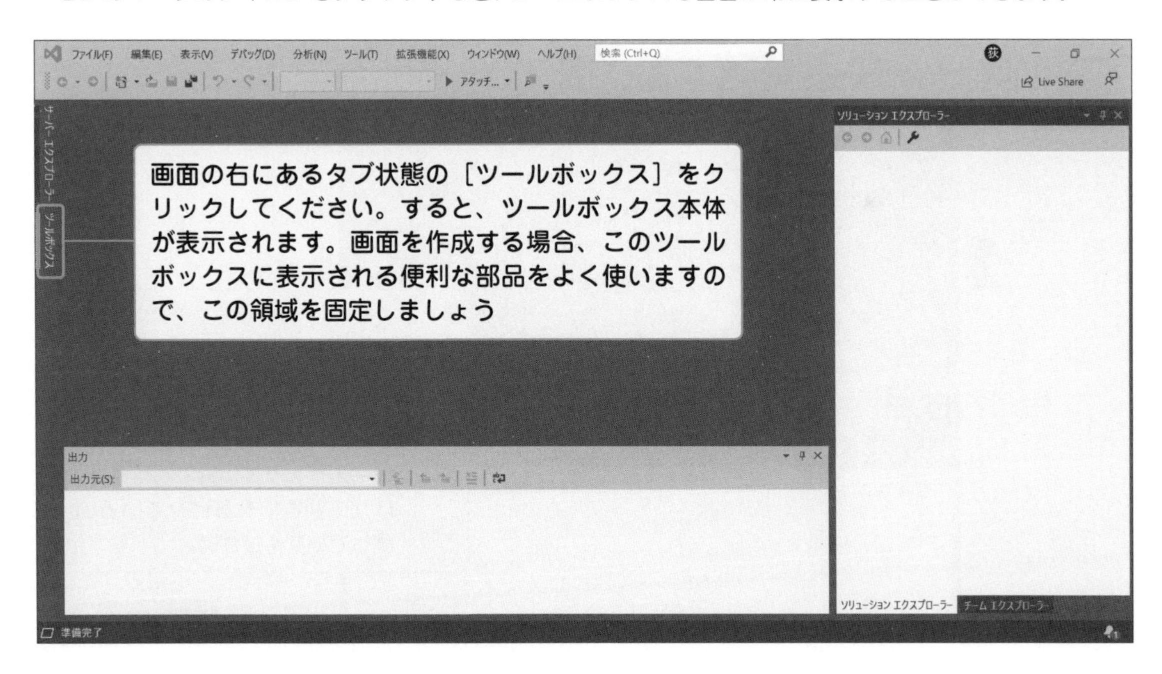

＊**変数**　4.4節で説明します。
＊**ファンクション**　4.7節で説明します。

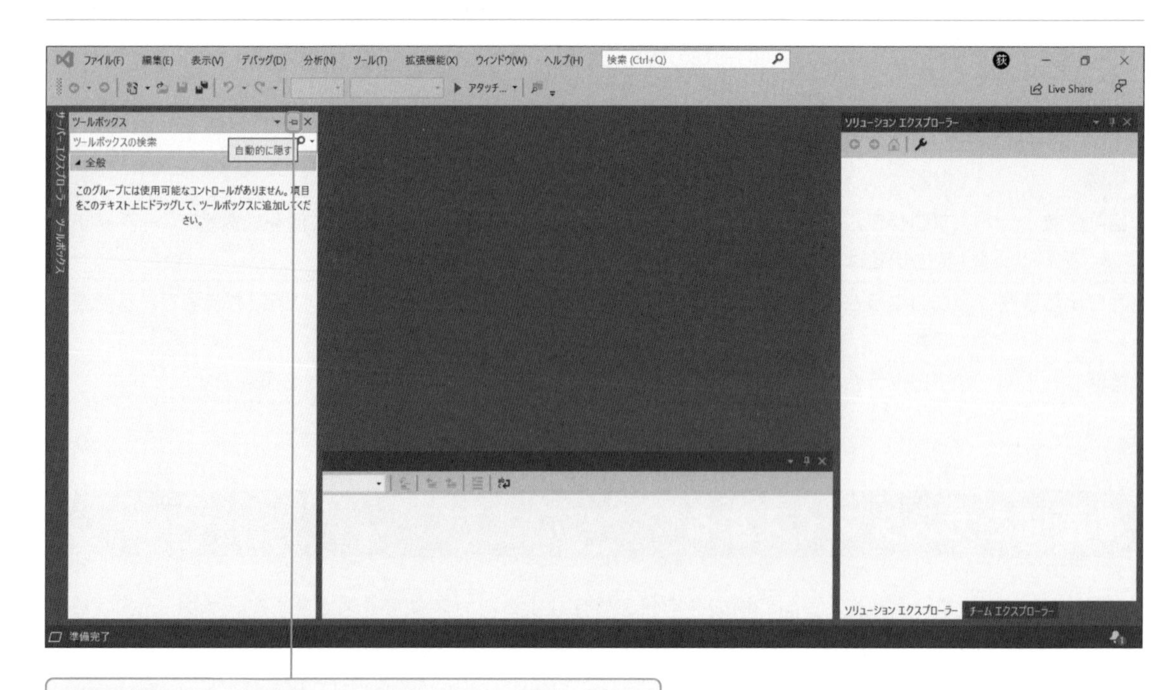

普段は隠れていますが、タブ状態の［ツールボックス］をクリックすると表示されます

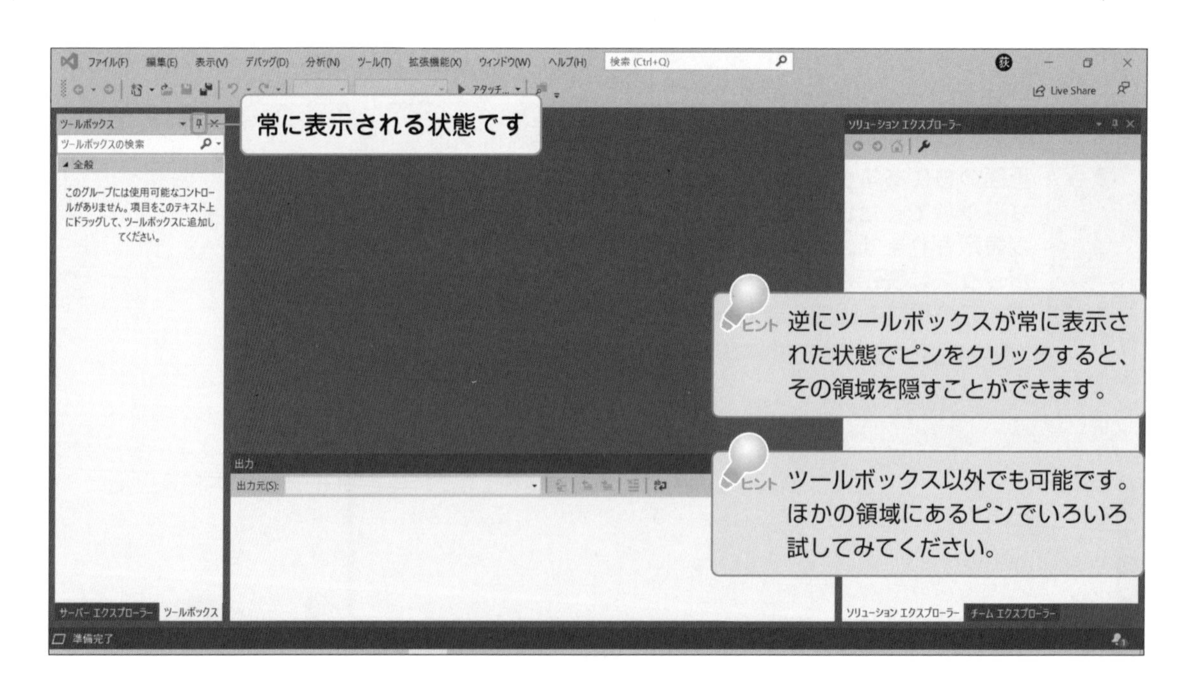

本書では、ツールボックスをピン止めした状態の画面構成で説明します。

●ウィンドウの移動

VS Community 2019のそれぞれの領域にあるウィンドウは、移動させることができます。

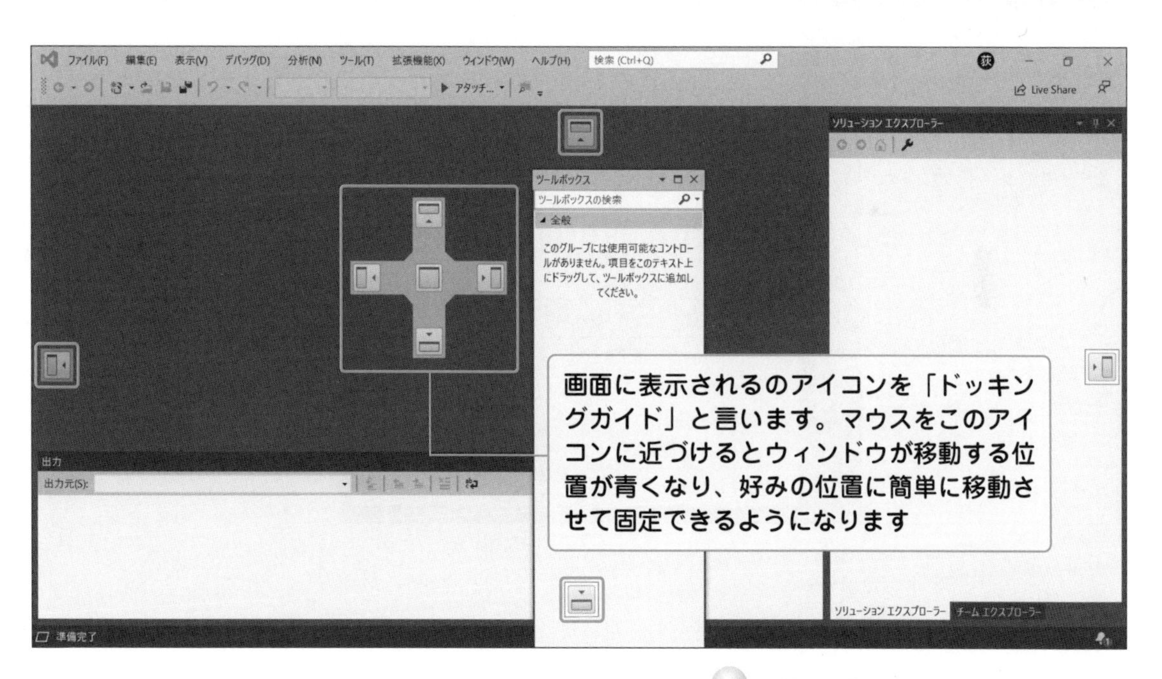

ヒント 後でツールボックスは元の位置に戻しておきましょう。

●ウィンドウの表示・非表示

作業に合わせてウィンドウを表示させたり、非表示にしたりできます。

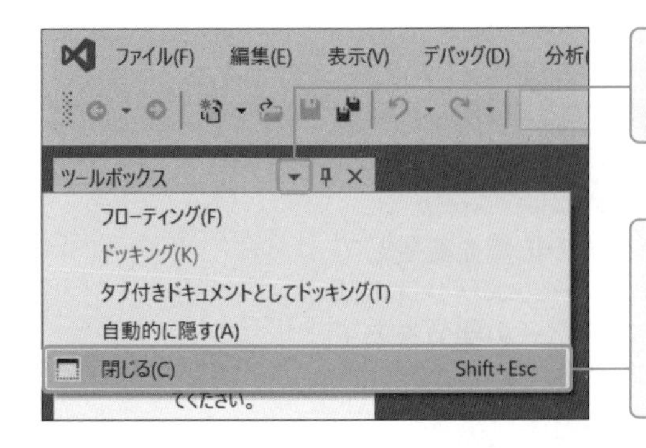

●ウィンドウレイアウトのリセット

いろいろ触って取り返しがつかなくなってしまった方、大丈夫です。画面のレイアウトを初期状態に戻すことができます。

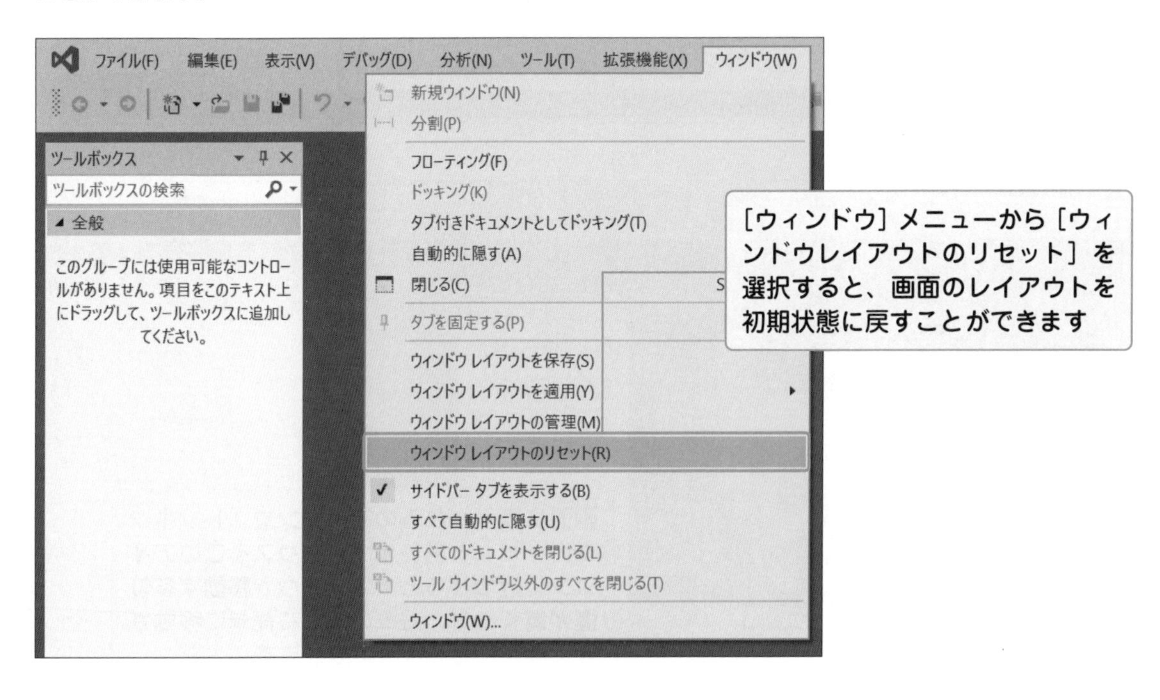

●実行中のウィンドウの一覧

実行中のウィンドウの一覧を表示させせることができます。開発中に複数のファイルを編集している場合などに便利な機能です。

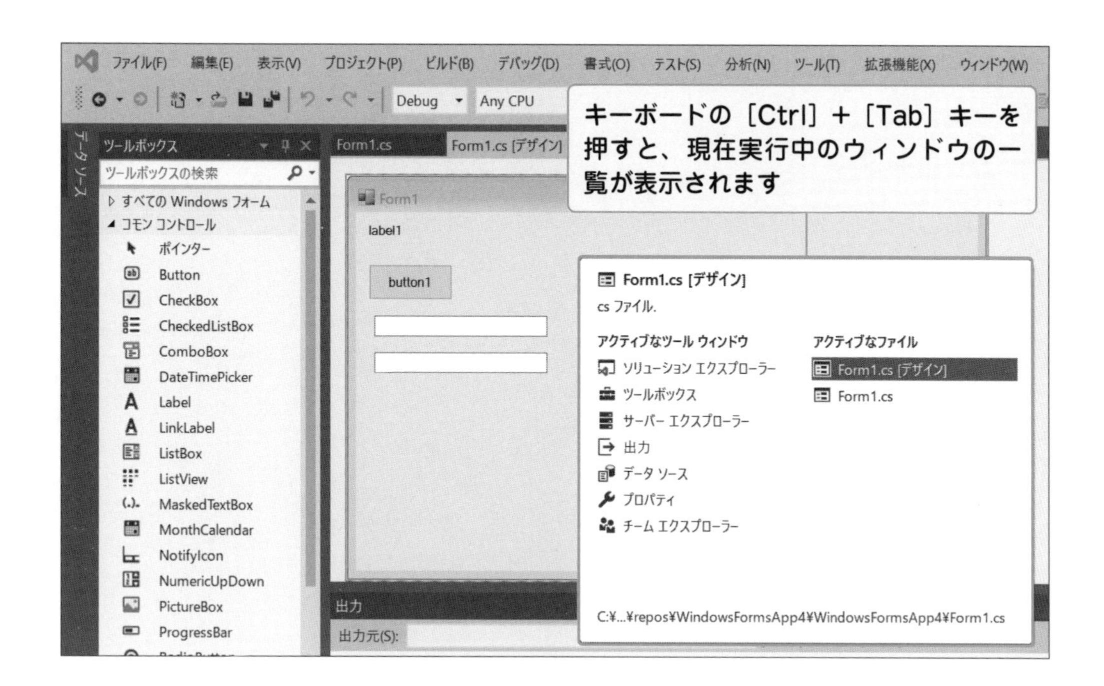

いかがでしたでしょうか？　はじめての開発環境に慣れていただけましたでしょうか？　次は、いよいよ、プログラムを記述していきます。

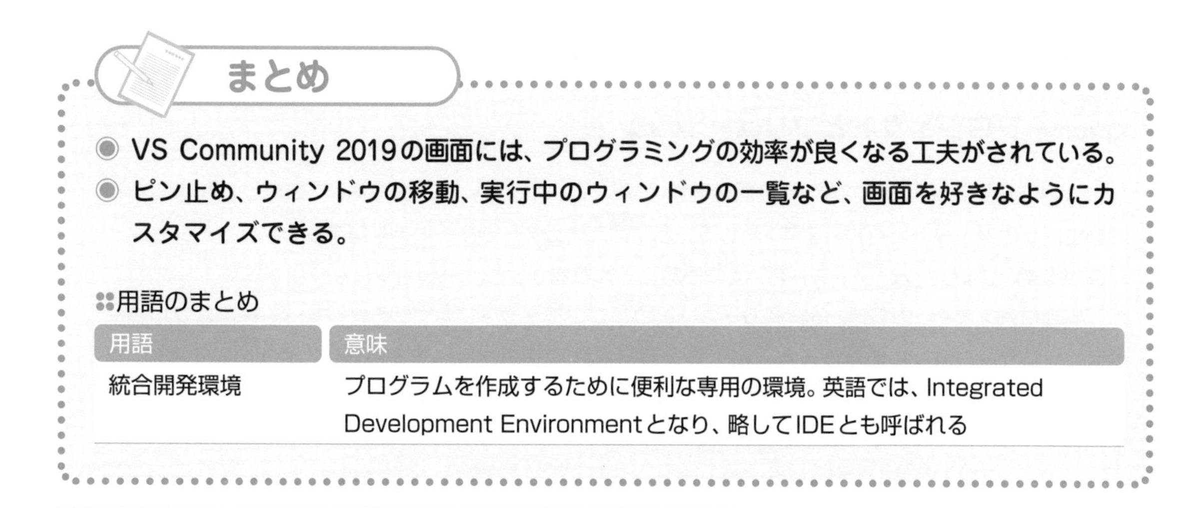

まとめ

- ◎ VS Community 2019の画面には、プログラミングの効率が良くなる工夫がされている。
- ◎ ピン止め、ウィンドウの移動、実行中のウィンドウの一覧など、画面を好きなようにカスタマイズできる。

用語のまとめ

用語	意味
統合開発環境	プログラムを作成するために便利な専用の環境。英語では、Integrated Development Environmentとなり、略してIDEとも呼ばれる

Column プロジェクトとソリューション

次の2.3節で説明しますが、統合開発環境のVS Community 2019では、プログラムを作成する単位はプロジェクトで行われます。そして、そのプロジェクトよりも大きな集まりをソリューションと言います。つまり、プロジェクトをいくつも集める入れ物がソリューションになります。

料理に例えると、肉料理、魚料理の一つひとつがプロジェクトになり、それらすべてを含むフルコースがソリューションにあたります。肉料理に必要な材料、道具だけにすると管理しやすいですよね。プロジェクトもまとまった単位で分けると、アプリケーションの開発がやりやすくなるというわけです。

3 プロジェクトの作成

いよいよVS Community 2019を用いて簡単なアプリケーションの作成を行います。アプリケーションを作成する「お作法」を学びましょう。

●アプリケーションの種類を選ぶ

VS Community 2019では、**プロジェクト**という単位でアプリケーションを作成します。

プロジェクトとは、プログラムファイルの集まりを開発環境でまとめて管理する単位のことです。簡単に言えば、アプリケーションを開発するために必要なものの集まりです。

ただし、VS Community 2019が、このあたりの管理作業を自動的に行ってくれますので、あまり深く考えなくても問題ありません。

アプリケーションを作成するには、プロジェクトを作成する必要があります。プロジェクトを作成する手順は以下のようになります。

●OSのメニューからVisual Studioを起動して作成する場合

Windowsメニューの検索ウィンドウから「Visual Studio 2019」を検索し、結果を選択すると、Visual Studioが起動します。

また、スタートにピン止めした場合は、スタートメニューから直接「Visual Studio 2019」を選択できます。

1 ［スタートメニュー］から［Visual Studio 2019］を選択する

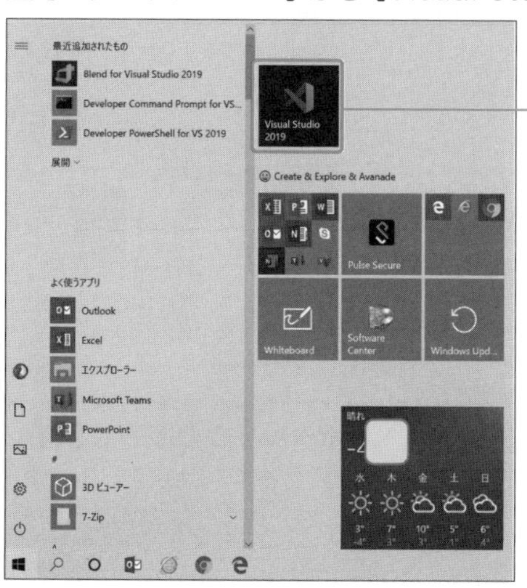

［スタートメニュー］から［Visual Studio 2019］を選択します

2 [新しいプロジェクトの作成] を選択する

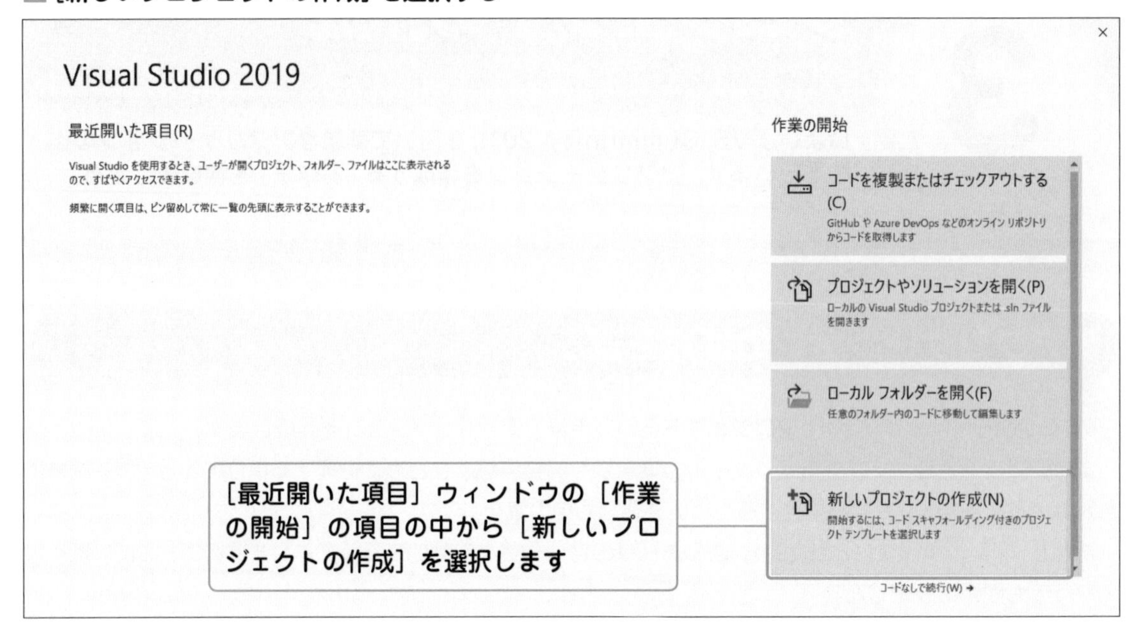

Visual Studio 2019で作成可能なプロジェクトのひな形が**テンプレート**として用意されているので、作成したいアプリケーションの種類に応じたテンプレートを選択します。このテンプレートはインストールした項目によって増減します。

3 テンプレートを選択する

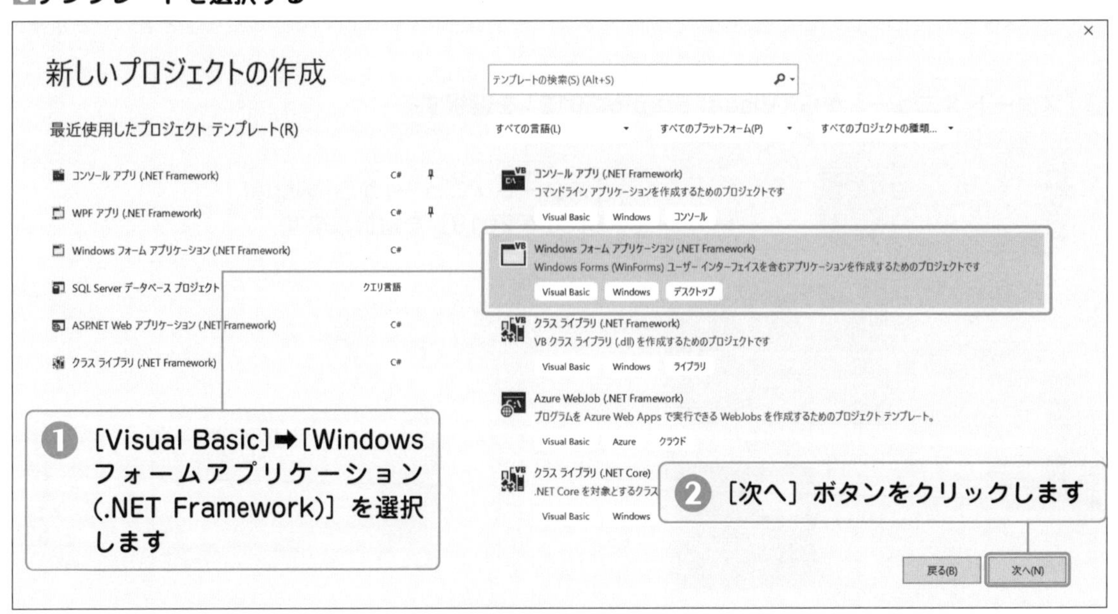

ヒント テンプレートの種類が多いので、言語、プラットフォーム、プロジェクトの種類で絞り込むことができます。言語は［Visual Basic］、プラットフォームは［Windows］、プロジェクトの種類は［デスクトップ］を選択して絞り込むと楽に見つかります。

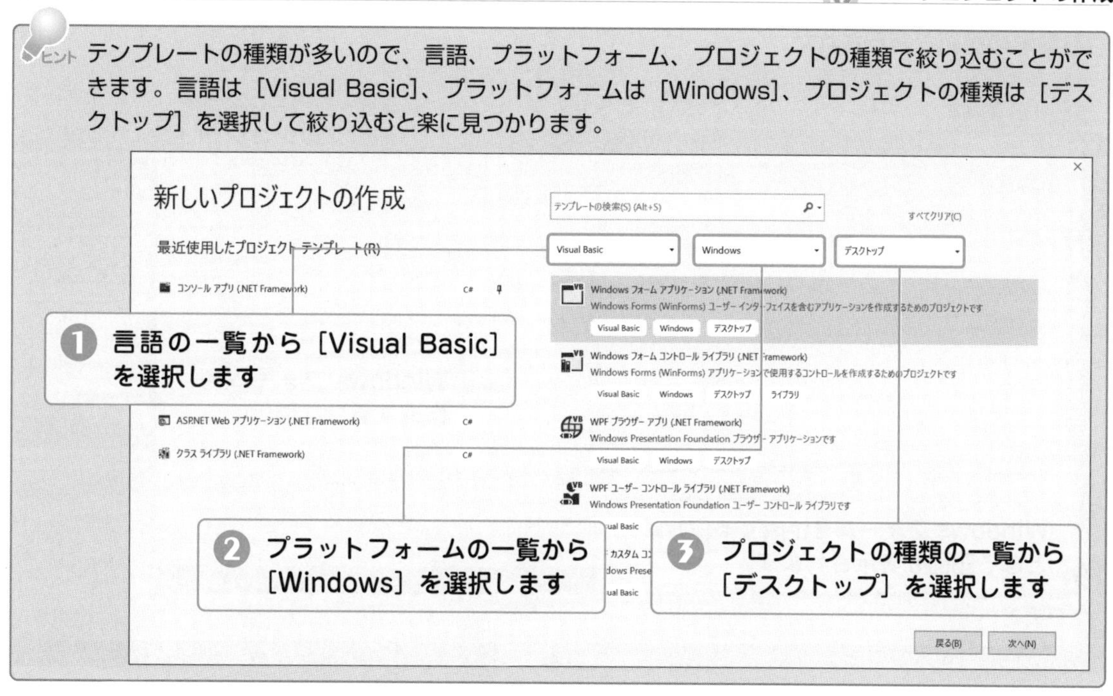

プロジェクトの名前、場所（保存するフォルダの位置）、.NET Frameworkの種類を細かくしていすることができます。今回は表示されたものをそのまま使用してみましょう。

4 新しいプロジェクトを構成する

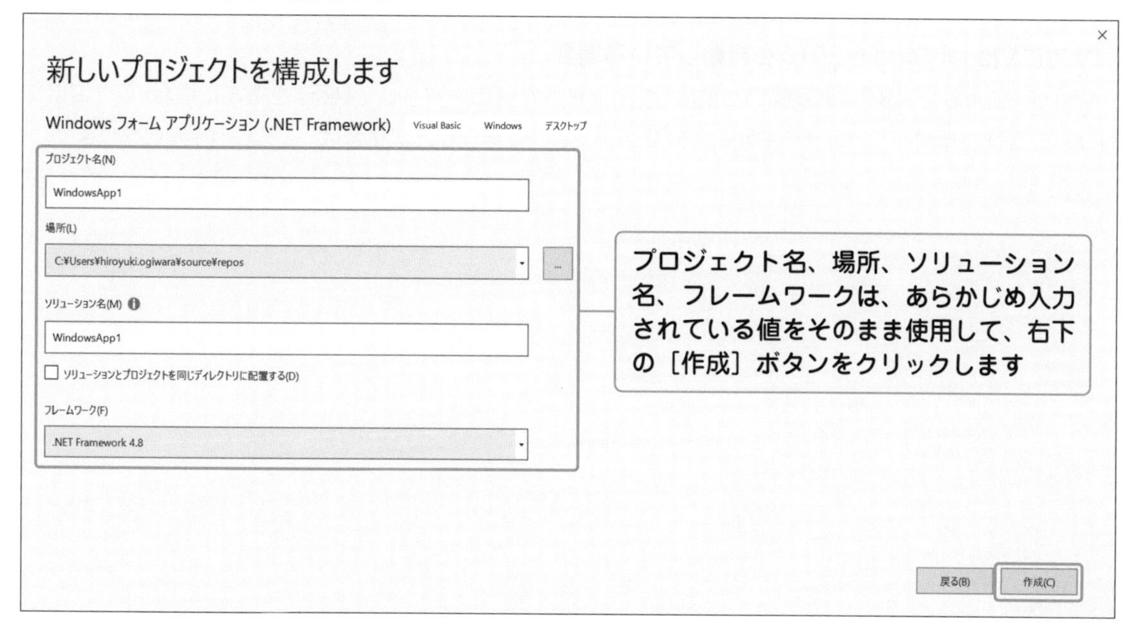

5 ひな形の画面が表示された

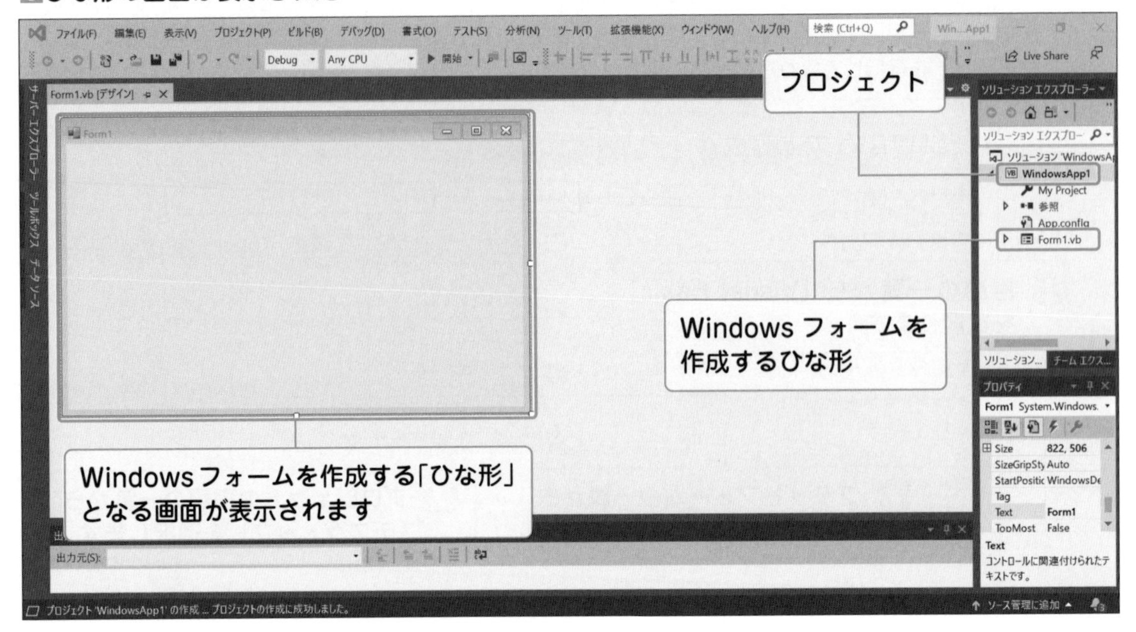

ソリューションエクスプローラーに表示されている情報を確認してみましょう。

手順4で入力した「WindowsApp1」という名前が付いたプロジェクトの下に、Windowsフォームを作成するひな形の「Form1.vb」というファイルがぶら下がっているという構造になっています。

VS Community 2019では、プログラム作成に必要なファイルをこのようにして管理しています。

●すでにVisual Studio 2019を起動している場合

Visual Studio 2019の［最近開いた項目］ウィンドウで、［コードなしで続行］を選んだ場合や、すでにソリューションを作成している状態で別のアプリケーションを作成したい場合は、こちらの手順になります。

1 [ファイル] メニューを表示する

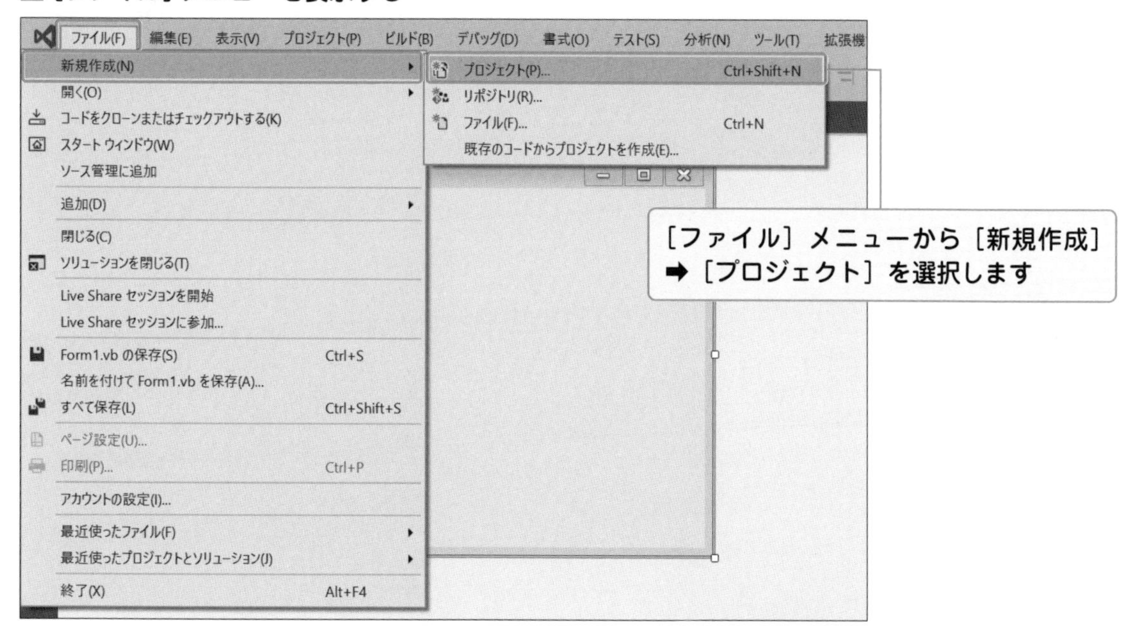

ヒント 同じように、ツールバーの [新しいプロジェクト] アイコンからでも新しいプロジェクトが作成可能です。

[新しいプロジェクト] ダイアログボックスが表示されたら、プロジェクト作成に必要な情報を入力します。以降は、「OSのメニューからVisual Studioを起動して作成する場合」の手順3と同じです。

ソリューションエクスプローラーに表示されている情報を確認してみましょう。

手順2の❷であらかじめ指定されていた「WindowsApp」という名前が付いたプロジェクトの下に、Windowsフォームを作成するひな形の「Form1.vb」というファイルがぶら下がっているという構造になっています。

VS Community 2019では、プログラム作成に必要なファイルをこのようにして管理しています。

まとめ

- VS Community 2019の環境からプログラムを作成するためには、新しいプロジェクトを作成する。
- 新しいプロジェクトを作成するには、メニューから選択する方法とアイコンをクリックする方法がある。

用語のまとめ

用語	意味
プロジェクト	プログラムファイルの集まりを開発環境でまとめて管理する単位
ソリューション	1つ以上の複数のプロジェクトを集めて管理する単位。VS Community 2019では「.sln」という拡張子で管理する。「*.sln」ファイルをダブルクリックするとVS Community 2019が起動する

プログラムの記述

アプリケーションを作る場合、アプリケーションの画面をまず先に作ります。そして、画面に見えている値を設定します。デザイン画面で値を設定することもできます。ここでは、雰囲気だけつかんでください。

●デザイン画面で値を設定する

いよいよ**プログラム**を書く*作業に入ります。まずは準備です。VS Community 2019を起動した後、ツールボックスを常にピン止めして表示する状態にしておき、見やすくします。以降、本書ではこの設定で画面の説明を行います。

1 [Label] コントロールをドラッグ&ドロップする

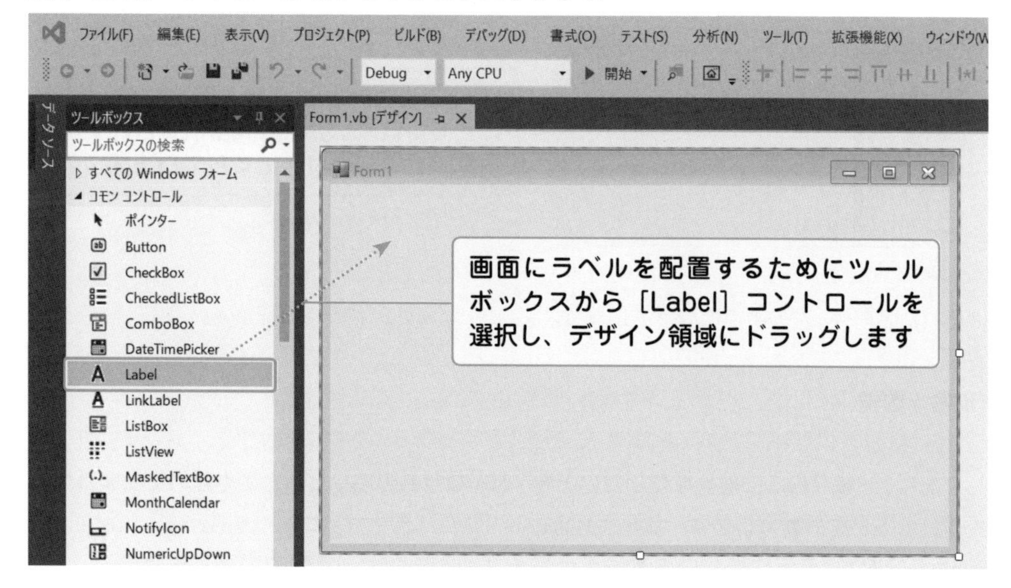

* **プログラムを書く**　プログラムを書くことを「コーディング」と言う。

2 ガイド線が表示される

3 名前が自動的に付けられる

自動的に付けられた名前は、次のようになっています。

コントロール名＋数値

このままにしておくと、後からこの部品を使いたいとき、どんな目的の部品だったのか忘れてしまうのでご自分で名前を付けることをお勧めします。名前は画面右下のプロパティウィンドウを使って、[Label] コントロールの(Name)プロパティに新しい名前を入力します。詳しくは、4.3節で説明しますので、今は「Label1」のままにしておきます。

次に、新しくできた「Label1」に表示する値をプロパティウィンドウで設定します。

1 Textプロパティの値を設定する

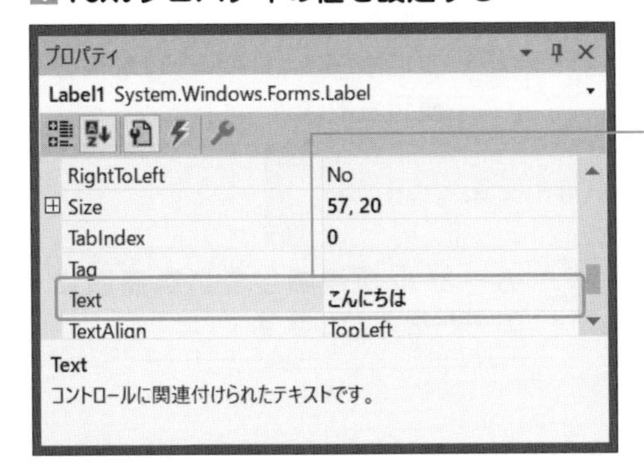

「Label1」の Text プロパティの値を［こんにちは］に設定します

ヒント Text の値が直接変更できない場合は、入力エリア右側の をクリックして入力領域を拡張してください。

2「Label1」の値が変更された

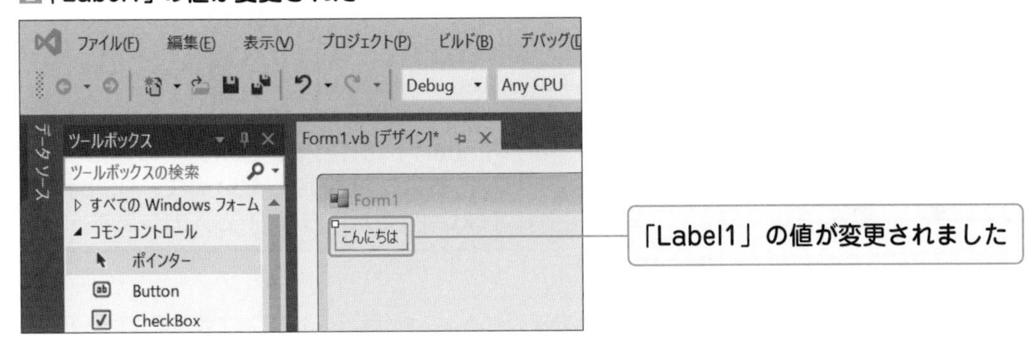

これでプログラムはひとまず完成です。あれ？　ちょっと物足りないですか？　ここまでですと、ほとんどVS Community 2019の便利な機能が行ってくれてしまうため、プログラムコードを書く必要がありません。

●プログラムコードで値を設定する

今度は、プログラムコードで値を設定してみます。まずプログラムコードを表示させます。

1 Windowsフォームをダブルクリックする

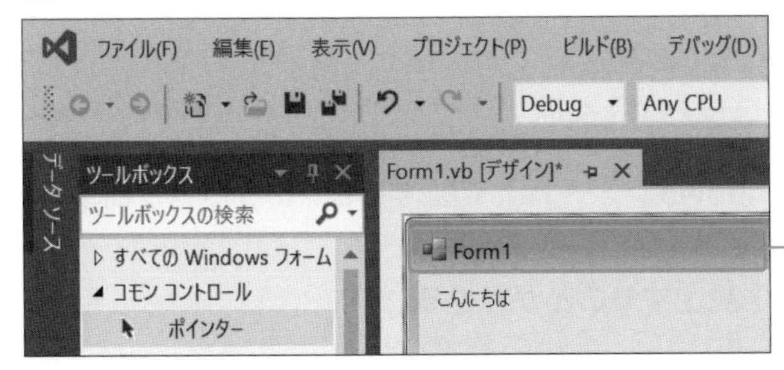

Form1 と表示されているタイトルバーをダブルクリックします

2 プログラムコードが表示される

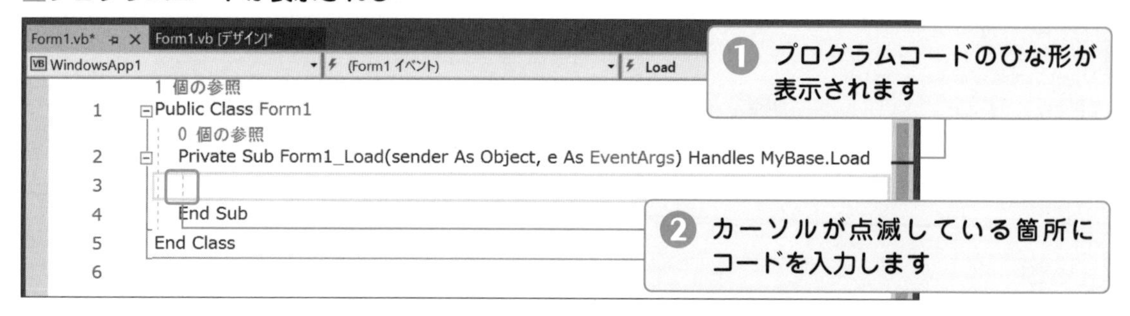

3 [Text] プロパティの値を設定する

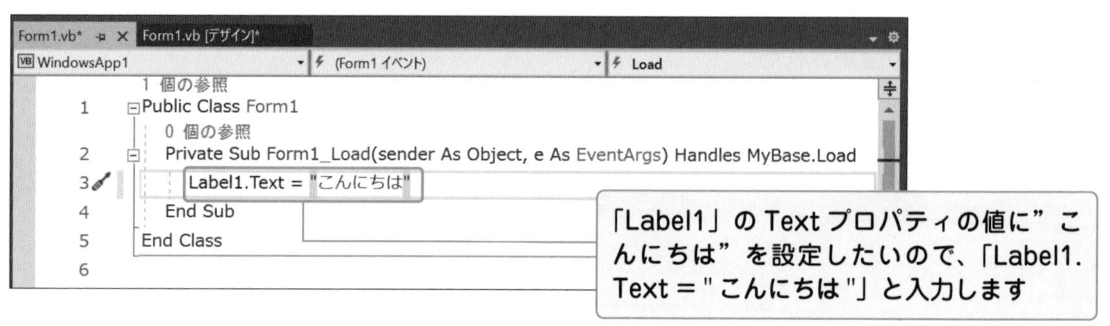

英数字は、必ず**半角**で入力してください。全角で入力すると正しく動作しないので、注意してください。いかがでしょうか、入力できましたか？　ここまでできれば、プログラムの完成です。

まとめ

- VS Community 2019を使うと、Windowsフォーム上で動作するプログラムが簡単に書ける。
- デザイン画面やプログラムコードで値を設定することができる。

5 プログラムのコンパイルと実行

この節では、プログラムをコンパイルしてアプリケーションで実行する方法とコンパイル、ビルドの概念を説明します。

●プログラムをコンパイルする

画面の作成は終わりました。今度は実際にプログラムを動かしてみたいですね。プログラムを動かすためには、コンピューターに分かる言葉の機械語*に翻訳する必要があることを前に説明しましたが、この翻訳作業のことを**コンパイル**と言います。

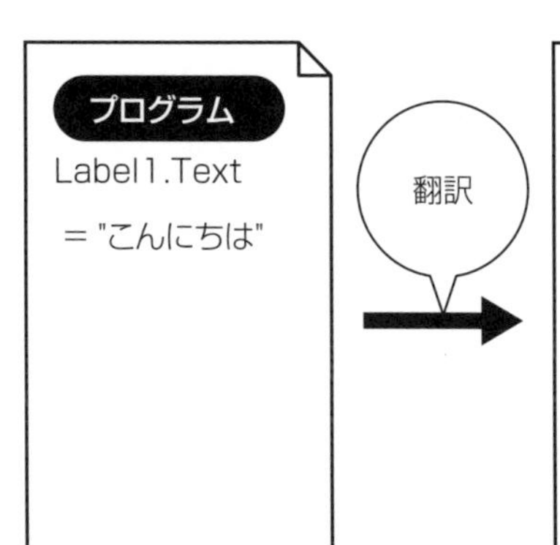

図2-1：コンパイルのイメージ

コンパイルでは、1つのプログラムファイルを機械語に翻訳する作業だけになります。実際に動くようにするには、関連する様々な情報をくっつけてあげなくてはいけません。関連する様々な情報をくっつけることを**リンク**と言います。

Windowsアプリケーションの場合は、.NET Frameworkという便利な仕組みがあるため、直接、機械語に翻訳されず、**中間言語**に変換されます。

＊**機械語**　機械語は、コンピューターが直接理解できる言語となるため、正確には25ページの表1-1の説明のように、0と1だけの2進数で表現されます。ただし、図2-1、図2-2では、0と1だけだと雰囲気がわからないため、書いたコードをコンピューターに伝える形式に変換されている様子がイメージできるように、アセンブリ言語のコードにしてしています（.NETの場合は、中間言語になります）。

このようなコンパイル、リンク、中間言語の生成までの一連の作業をまとめて行ってくれるVS Community 2019の便利な機能のことを**ビルド**と言います。

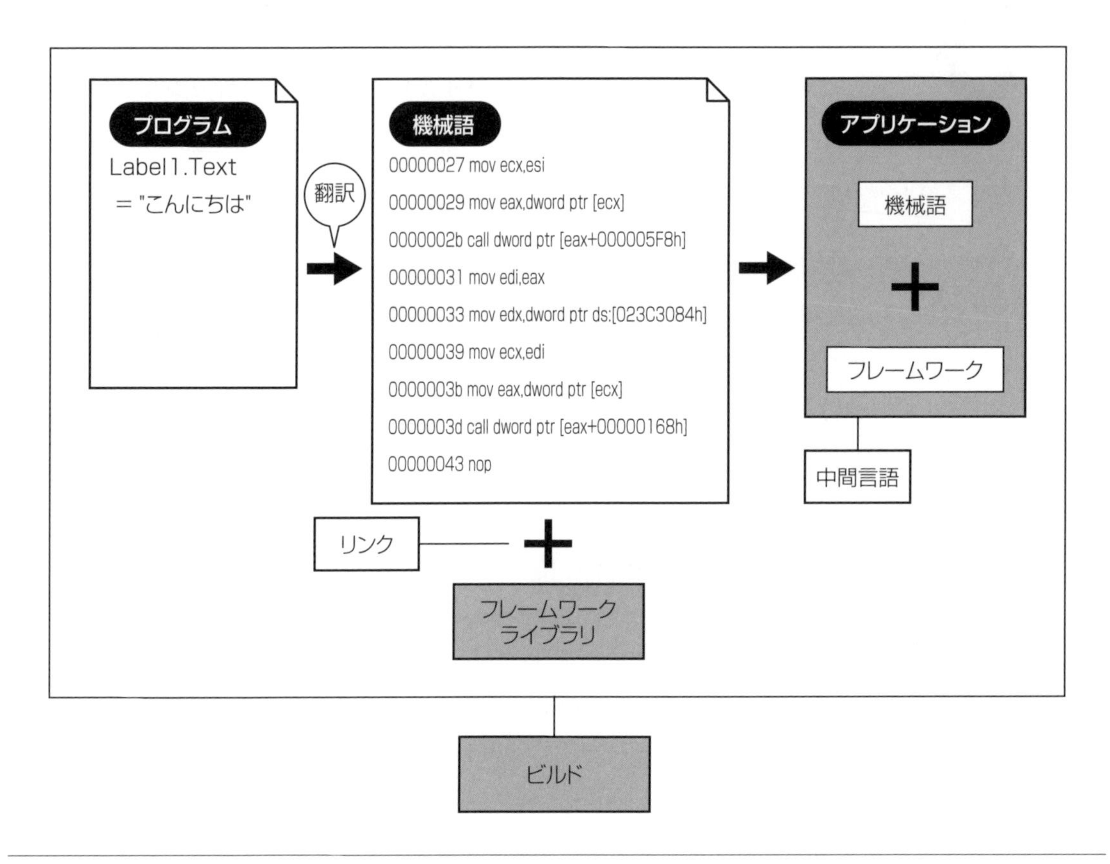

図2-2：ビルドのイメージ

VS Community 2019を用いて作成されたプログラムはビルドをすると、実行できるようになります。

●アプリケーションを実行する

VS Community 2019で作成されたアプリケーションを実行するためには、[開始] ボタンをクリックします。

間違いを修正する作業のことを**デバッグ**と言いますが、[開始] ボタンをクリックすると、ビルドとともにプログラムの間違いを修正しながらアプリケーションを実行し始めます。

1 ［開始］ボタンをクリックする

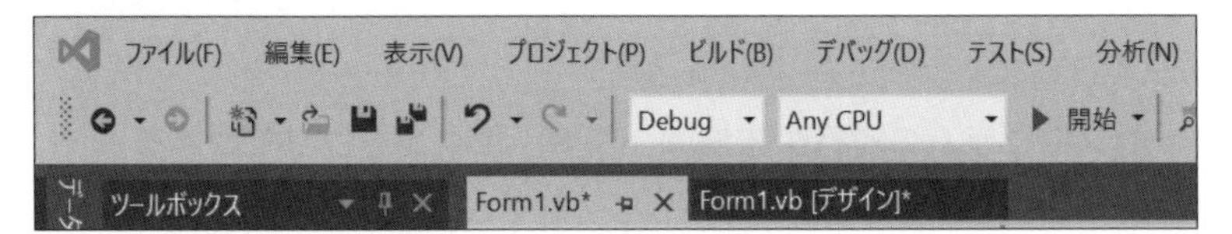

▶の［開始］ボタンをクリックすると、自動的にビルドが実行されます

2 Form1が起動する

以上の操作で、プログラムのビルドと実行が完了しました！

練習1

表示される文字を“○○さん、こんにちは”にしてみましょう。
○○は任意の人の名前です。

練習2

ツールボックスから、Label以外のコントロールをドラッグして、文字を表示させてみてください。
TextBoxコントロールとButtonコントロールがお勧めです。

まとめ

◉ **統合開発環境（IDE）を用いたプログラムの実行の方法は、［開始］ボタンをクリックする。**

::用語のまとめ

用語	意味
コンパイル	プログラミング言語で書いたプログラムをコンピューターに分かる言葉である機械語に翻訳すること
リンク	実際に動くものを作るために、必要な情報をくっつけること
中間言語	.NETの仕組みの1つ。.NETに対応する言語で作成されたプログラムは、ビルドされた後、いったん中間言語に翻訳され、さらにアプリケーションの実行時に機械語に翻訳される
実行	コンパイル、リンクが終わったプログラムを動作させること

Column 実行可能ファイルの「.exe」ファイルはどこにできるか？

作成したアプリケーションは、「.exe」という拡張子になります。このファイルは、実際にはどこにできるのでしょうか？　次の2.6節で解説する、プロジェクトを保存する際に指定したフォルダ以下は、下の画面のようにbinの下にDebugのフォルダがあり、さらにその下に「.exe」があるという構造になっています。

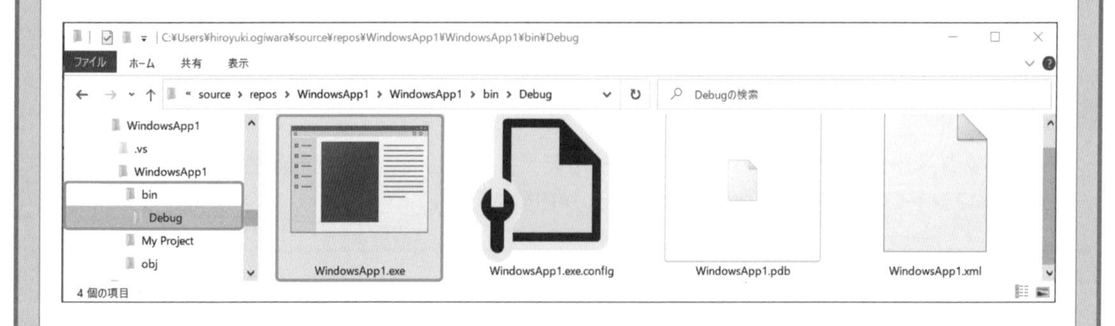

この「.exe」ファイルをコピーすれば、別の場所でも動かすことができます（ただし、動作環境として、.NET Framework 4.8がインストールされている必要があります）。

6 プログラム（プロジェクト）の保存

文章作成アプリケーションなどのアプリケーションでは、作成途中のデータを保存しておくことができますね。統合開発環境であるVS Community 2019も同様に、作成途中のプロジェクトを保存しておくことができます。

●プロジェクトを保存する

それでは、現在作成中のアプリケーションを保存してみましょう。

保存される単位は、ソリューションエクスプローラーで管理されている**ソリューション**の単位で保存されます。

1 ［ファイル］メニューを表示する

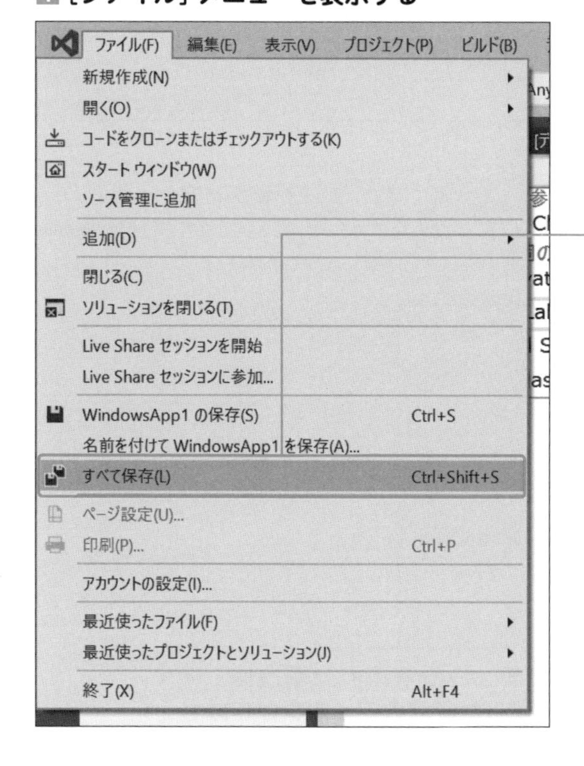

❶［ファイル］メニューから［すべて保存］を選択します

❷画面の左下に「アイテムが保存されました」というメッセージが表示されます

ヒント ［すべて保存］ボタンをクリックしても同じです。

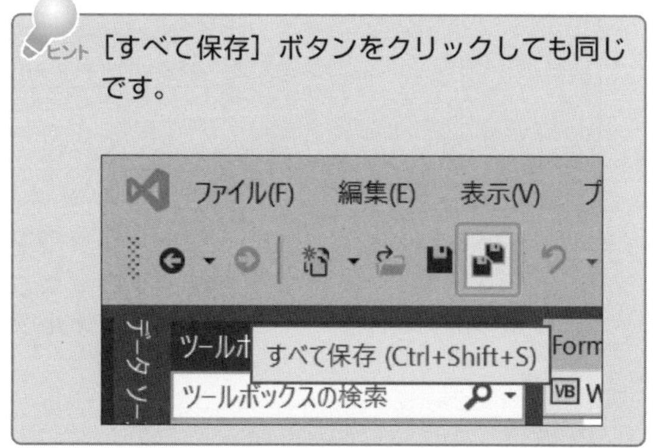

ソリューションのディレクトリ

[新しいプロジェクト] ダイアログボックスに [ソリューションとプロジェクトを同じディレクトリに配置する] のチェックボックスがあります。

このチェックボックスにチェックを入れた場合と入れない場合では、プロジェクトファイル (*.vbproj) とソースコードファイルの保存先が異なります。

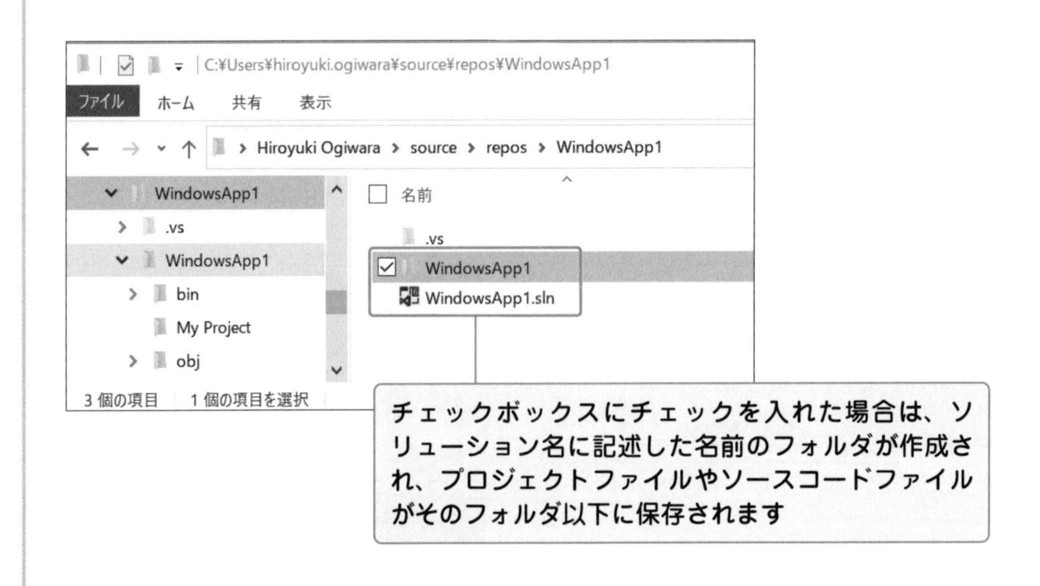

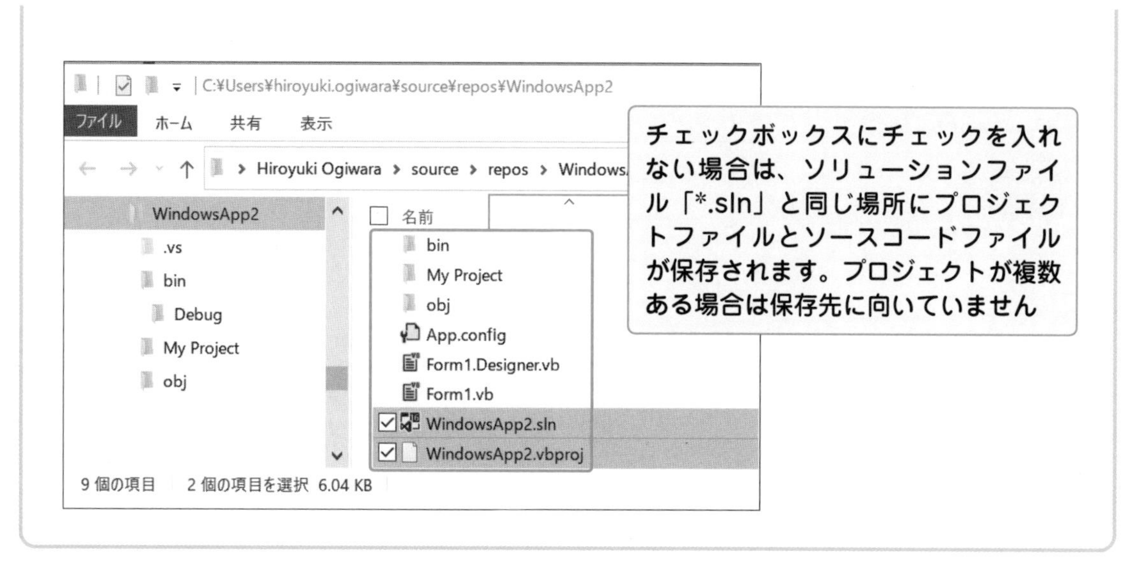

●その他の保存方法

アプリケーションの作成中、保存せずにVS Community 2019を閉じた場合、変更の保存を確認するダイアログボックスが表示され、そこからでも保存できます。

1 プロジェクトを保存せずに終了する

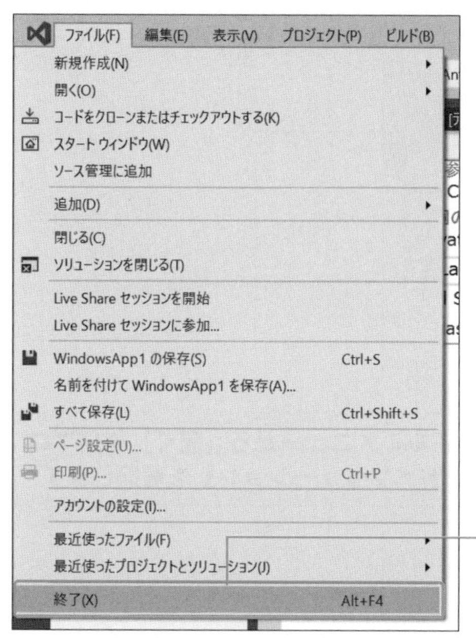

2 変更の保存を確認するダイアログが表示された

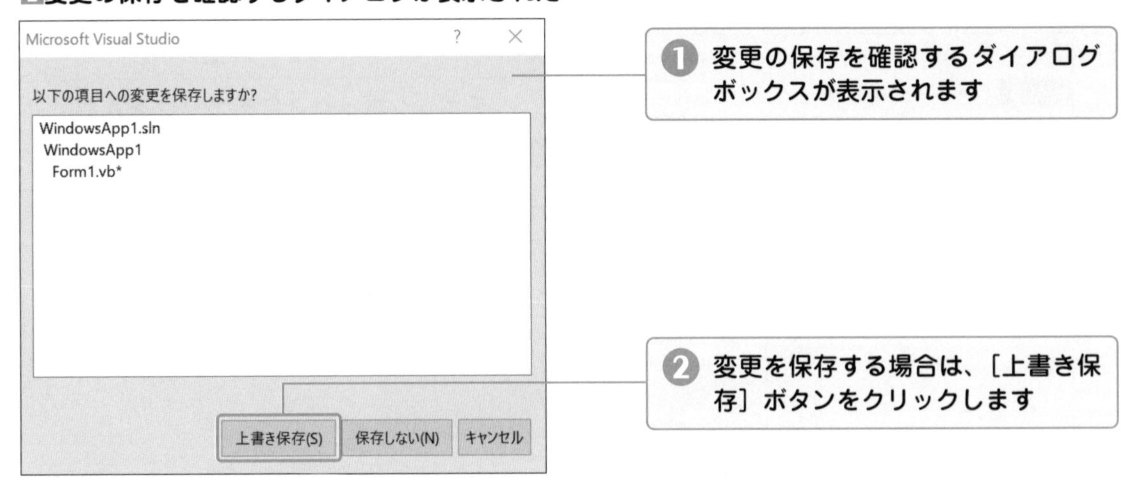

その後は、ソリューションが保存されます。

●プロジェクトを開く

保存されたプロジェクトを開く方法を3つ説明します。

●メニューから選ぶ方法

1 [ファイル] メニューを表示する

2［プロジェクトを開く］ダイアログが表示される

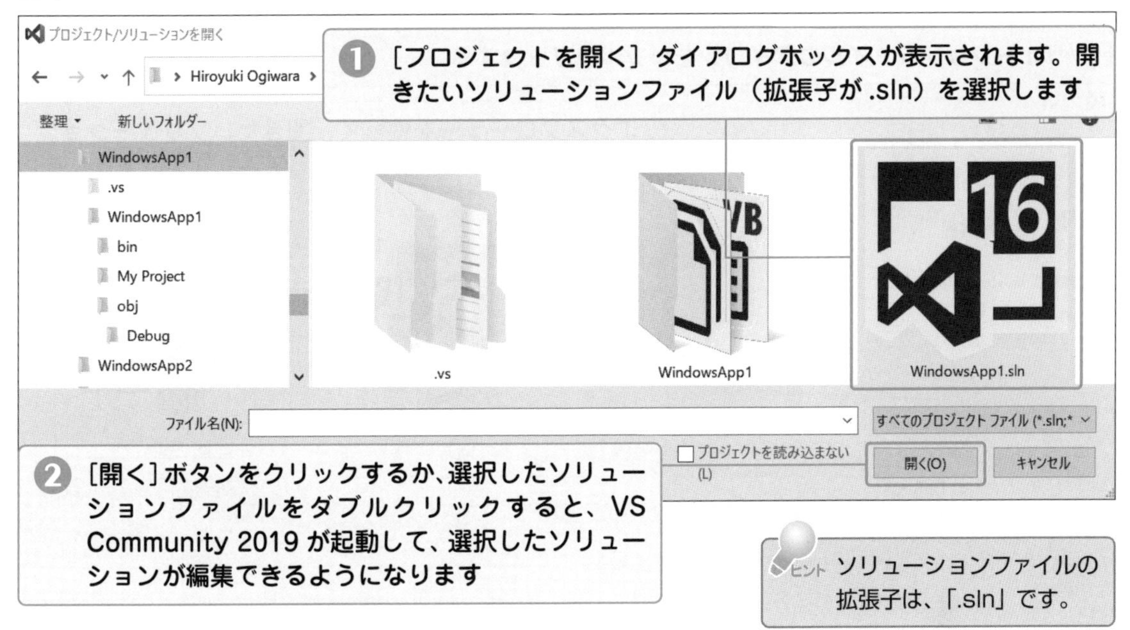

ヒント ソリューションファイルの拡張子は、「.sln」です。

●最近使ったプロジェクトから選択する方法

1［スタートページ］を表示させる

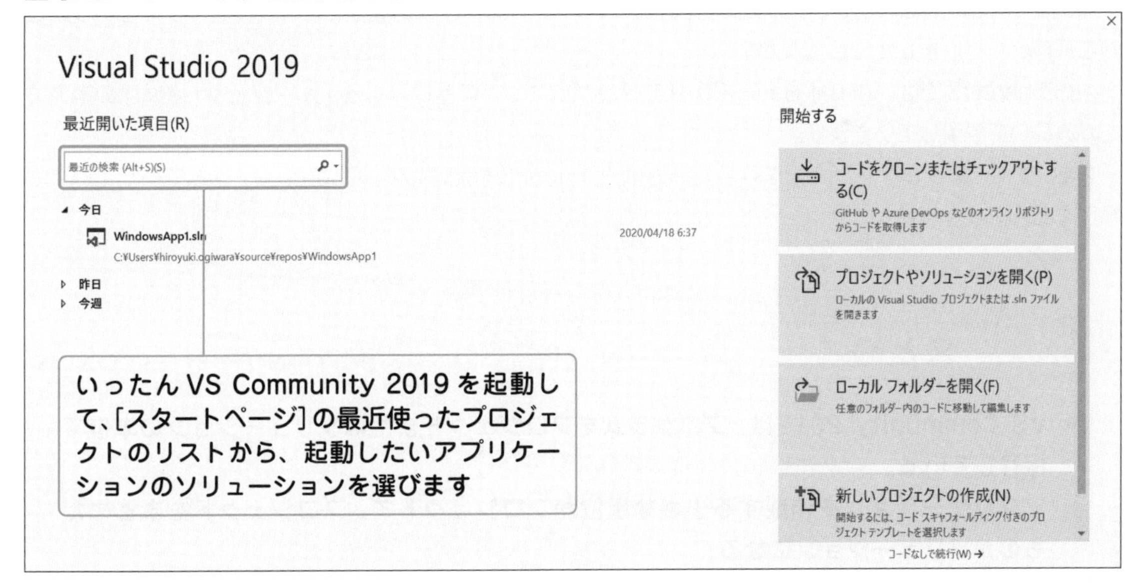

●アイコンをダブルクリックする方法

1 ソリューションファイルのアイコンをダブルクリックする

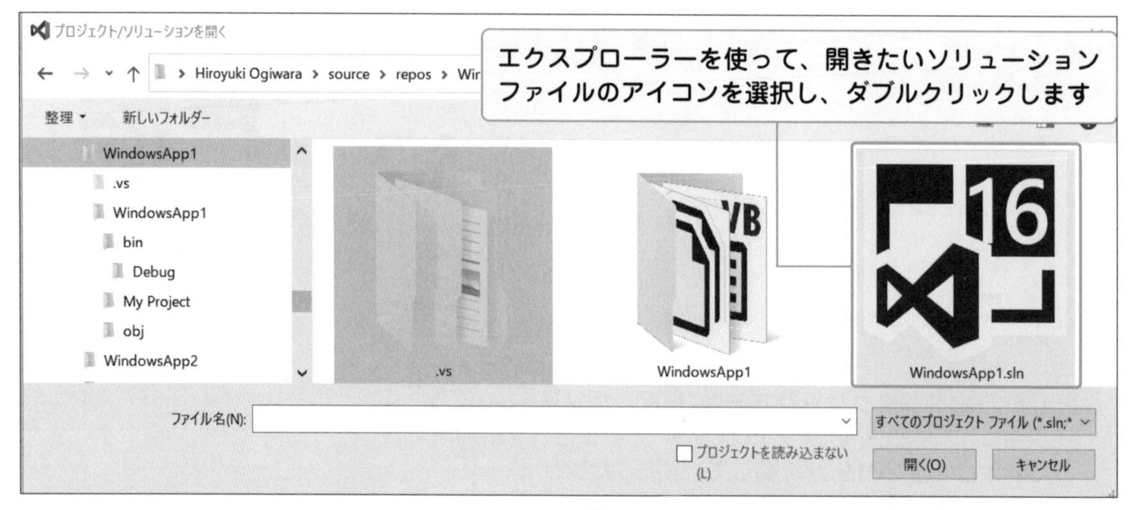

ヒント ソリューションファイルのアイコンをVS Community 2019の画面にドラッグ＆ドロップしてもプロジェクトを開くことができます。

以上でChapter2は、終了です。統合開発環境のVS Community 2019が何となく便利そうだということがご理解いただけましたでしょうか？

次のChapter3では、Visual Basic 2019のプログラミングの基礎となる「オブジェクト指向」の考え方をかみ砕いて説明していきます。

なお、すぐにアプリケーションを作りたい方は、Chapter3を飛ばして、Chapter4に進んでいただいても構いません。

まとめ

- VS Community 2019は、プログラムをプロジェクトまたはソリューションの単位で保存している。
- アプリケーションを作成する小さな単位がプロジェクトで、プロジェクトをまとめたものがソリューションになる。
- 保存したソリューションを開く場合、ソリューションのアイコンをダブルクリックしても開くことができる。

初級編　プログラムを作ってみよう！

Chapter 3

オブジェクト指向プログラミングの考え方

Visual Basicは、オブジェクト指向言語です。このChapter3では、難しい理論よりも「知っておくと便利です」といった視点からオブジェクト指向プログラミングをやさしく説明します。

このChapterの目標

- ✔「オブジェクト指向プログラミングは便利だな」ということが理解できる。

1 オブジェクト指向の概要

最初に、ほかのプログラム設計手法と比較しながら、オブジェクト指向の概要をやさしく説明します。

●オブジェクト指向が生まれた背景

オブジェクト指向という言葉をいきなり耳にすると、少しハードルが高いように感じます。

しかし、このオブジェクト指向が**どうして生まれたのか**、また**どういった点が便利なのか**を見ていくと、誰もが使いたくなると思います。まずは、オブジェクト指向がどのような背景から生まれたかを見ていくことにしましょう。

最初のプログラミング言語が生まれた頃は、1人のものすごいプログラマーがいれば、アプリケーションができていました。そして、この時代に「プログラムは順番に実行される」ことから、実行の順番をある程度まとめて大きな塊（かたまり）にする設計手法が生まれました。それが**構造化設計**と言われるものです。

ある程度まとまった単位でプログラマーを割り当てて、アプリケーションを開発できるため、大規模アプリケーションが開発できるようになります。

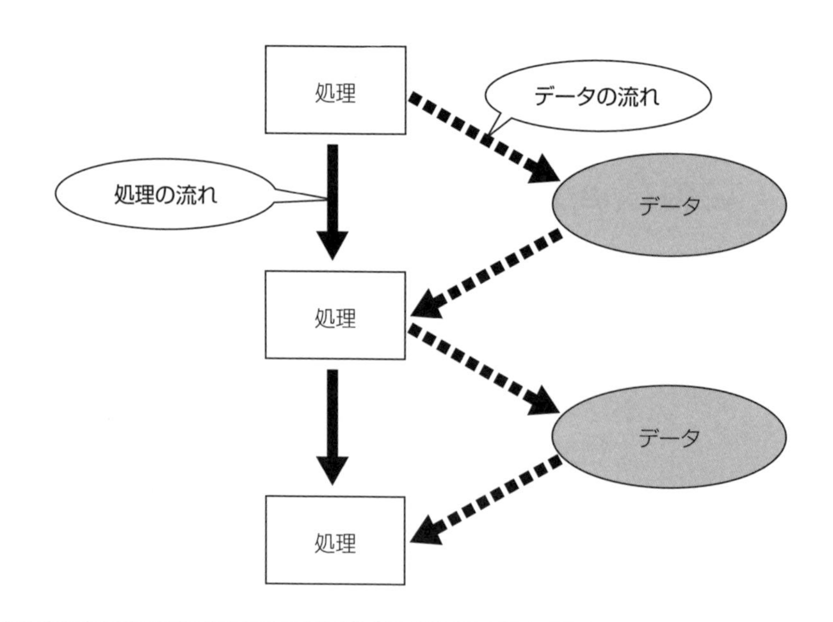

図3-1：構造化設計のデータ処理

しかしながら、構造化設計には問題点がありました。ほかのアプリケーションを作る場合、すでに作成したプログラムの再利用が難しかったのです。データはアプリケーション固有のものが多く、処理にも影響が大きかったことがその理由です。

やがて時代が進み、ハードウェアの容量や処理スピードが劇的に増加するようになります。それに伴って**データベース**も誕生しました。

アプリケーションはもともとデータを扱うものですから、データに着目した考え方が生まれます。それが**データ中心アプローチ**と言われる設計手法です。これによってデータに関して、見通しの良い設計ができるようになりました。

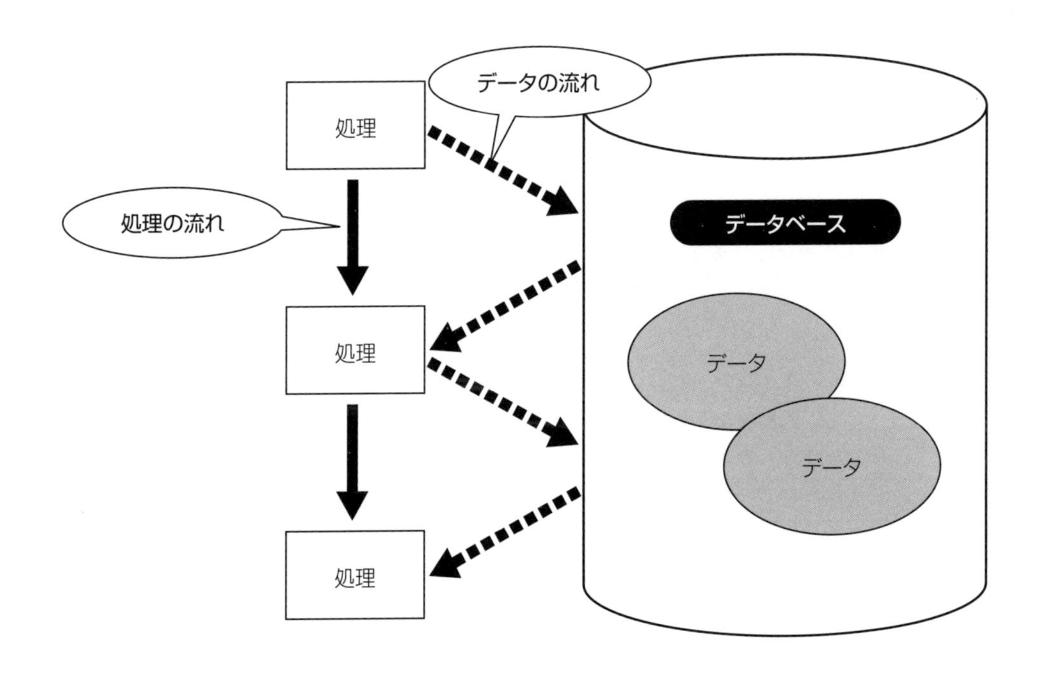

図3-2：データ中心アプローチのデータ処理

しかし、処理の部分は依然として変化がありません。処理に関しては、やはりほかのアプリケーションから再利用することが難しいという問題が残りました。

アプリケーションは結局のところ、**処理**と**データ**の集まりです。そこで、この処理とデータをひとくくりにする考え方が生まれました。処理の手順ではなく、処理の対象に注目したのです。

この1つのまとまりを**オブジェクト**と言います。このオブジェクトの考え方が人間の発想に近く、処理とデータの集まりを人間が利用する「モノ（=Object）」になぞらえた考え方ができることから、**オブジェクト指向**と言われます。

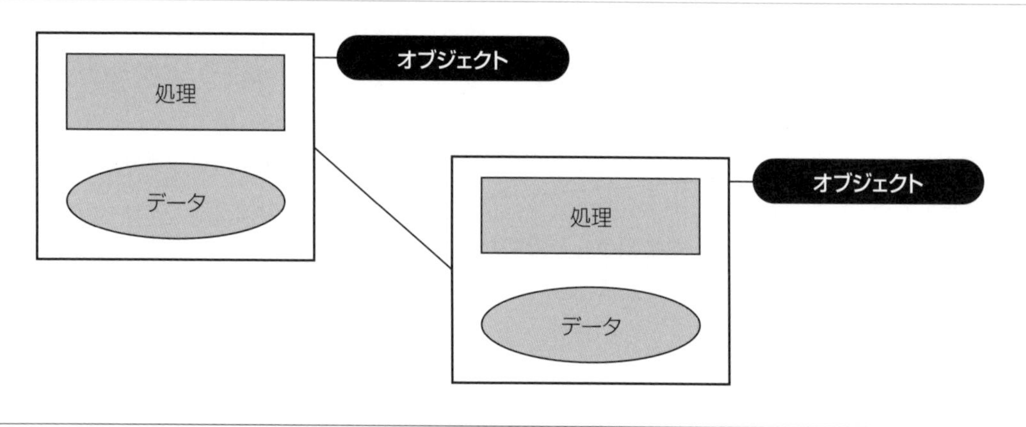

図3-3：オブジェクト指向のデータ処理

また、処理とデータを1つのまとまりとして扱うと、ほかのアプリケーションを作る際にも再利用しやすいという利点が生まれました。

それぞれの設計手法のポイントを下の表にまとめます。

表3-1：設計手法の種類と概要

設計手法	ポイント	利点	欠点
構造化設計	処理をまとめたもの	大規模アプリケーションが開発可能	処理の再利用が難しい
データ中心アプローチ	データに着目	見通しの良い設計が可能	処理の再利用が難しい
オブジェクト指向	処理とデータをまとめたもの	処理の再利用がしやすい	用語が難解でハードルが高い

オブジェクト指向には、多様で複雑な部分もあります。そのため、オブジェクト指向を極めたい方は専門の本を読むことをお勧めします。本書では、はじめてプログラムをする人の視点に立って、必要なこと、便利なことを中心に解説していきたいと思います。

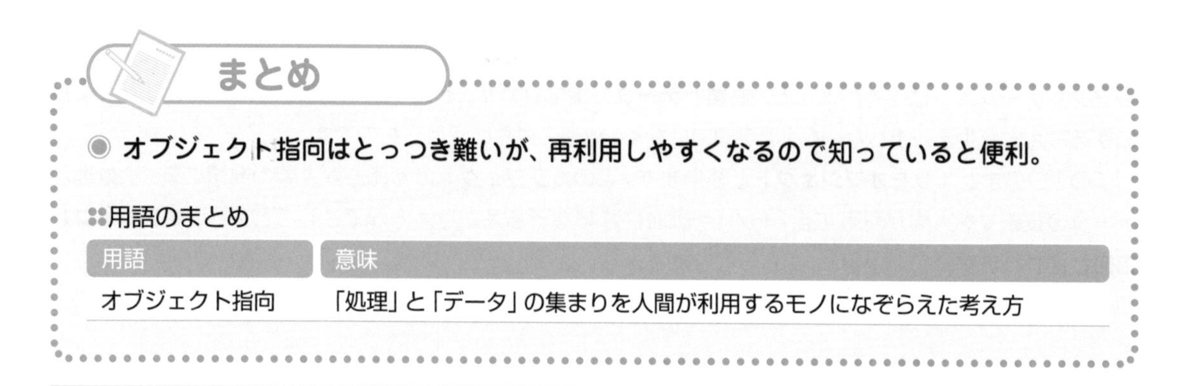

まとめ

◉ **オブジェクト指向はとっつき難いが、再利用しやすくなるので知っていると便利。**

用語のまとめ

用語	意味
オブジェクト指向	「処理」と「データ」の集まりを人間が利用するモノになぞらえた考え方

プロパティ、メソッド、イベント、イベントハンドラ

まずは、オブジェクト指向の中でも身近な用語から入っていきましょう。プロパティ、メソッド、イベント、イベントハンドラの話です。

●プロパティって何だろう？

プロパティは、オブジェクトの中の「データ」にあたる部分です。オブジェクトが持っている、そのオブジェクトの「性質」を表すデータです。

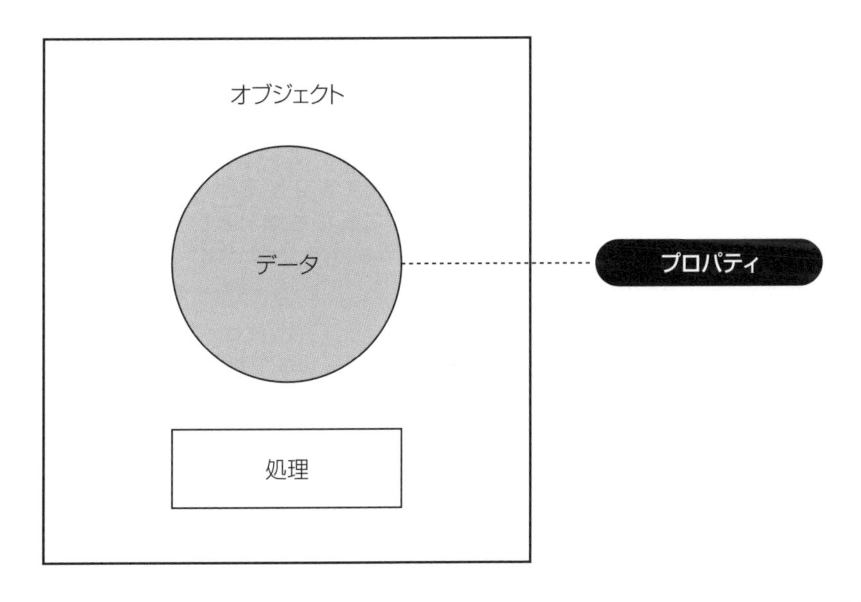

図3-4：プロパティの仕組み

オブジェクト指向の用語では、**属性**とも言います。難しい話よりも、身近な例を見ていきましょう。
下のデザイン画面で、Form1に「こんにちは」と表示されています。

　このForm1をVisual Studio Community 2019（本章では、これ以降、VS Community 2019と略します）の**プロパティウィンドウ**で見てみましょう。プロパティウィンドウは、画面に貼り付けた部品の値を設定、変更する領域です。

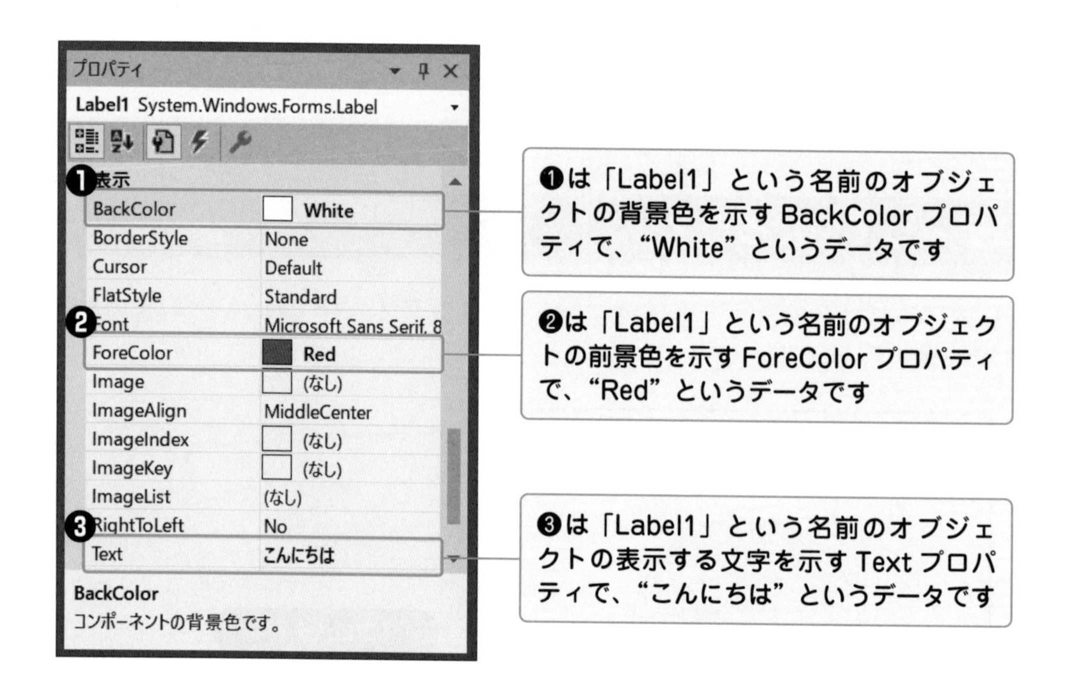

　このようにプロパティの値は、デザイン画面の「Label1」オブジェクトのプロパティウィンドウで設定できます。また、次のサンプルコードのように、プログラムコードでも値を設定できます。

List 1 サンプルコード（Label1の設定）

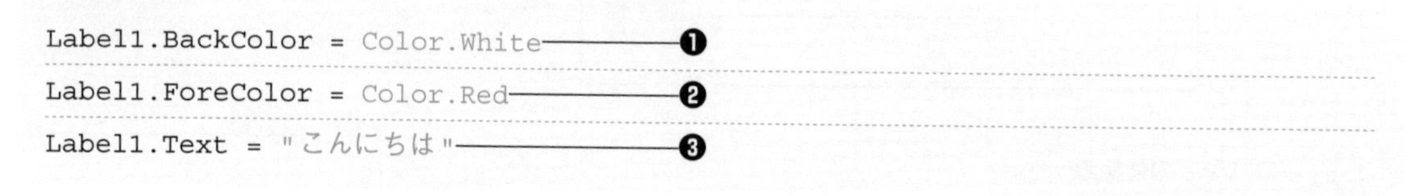

```
Label1.BackColor = Color.White ――❶
Label1.ForeColor = Color.Red ――❷
Label1.Text = "こんにちは" ――❸
```

　なお、サンプルコードの文法は、4.4節で解説します。ここではざっくり雰囲気だけ眺めてみてください。

Tips デザイン画面とプログラムコード、どっちで書けばいいの？

　❶〜❸は、デザイン画面でもプログラムコードでも表現できます。はじめて表示される場合のデータはデザイン画面で、後から値を変える場合はプログラムコードを使うとよいでしょう。

●メソッドって何だろう？

前述したように、オブジェクトは、「処理」と「データ」からできていますが、その「処理」にあたるものが**メソッド**です。

データを操作する処理は、データとともにオブジェクトの内部にあるため、外部から処理内容を隠せます。また、処理を開始させるには、外部や内部から処理を呼び出します。

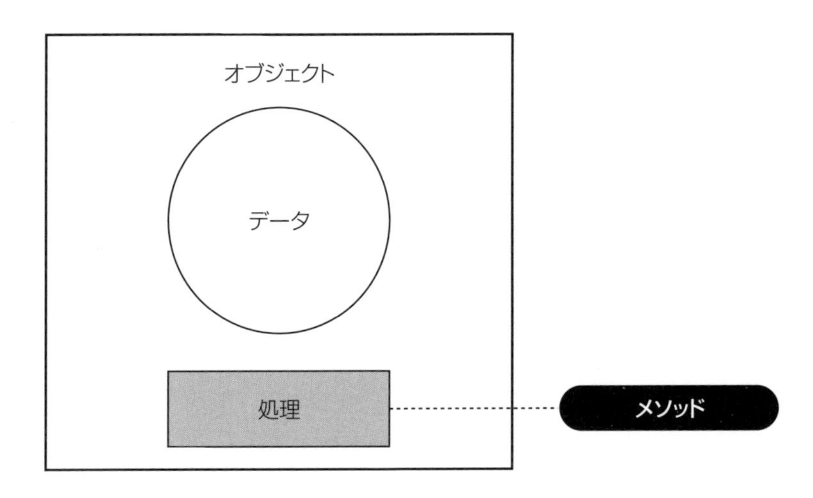

図3-5：メソッドの仕組み

例を見てみましょう。下の例では、［メソッド呼び出し］ボタンをクリックすると、「こんにちは」を非表示にして、「こんにちは」と書かれたメッセージボックスを表示しています。

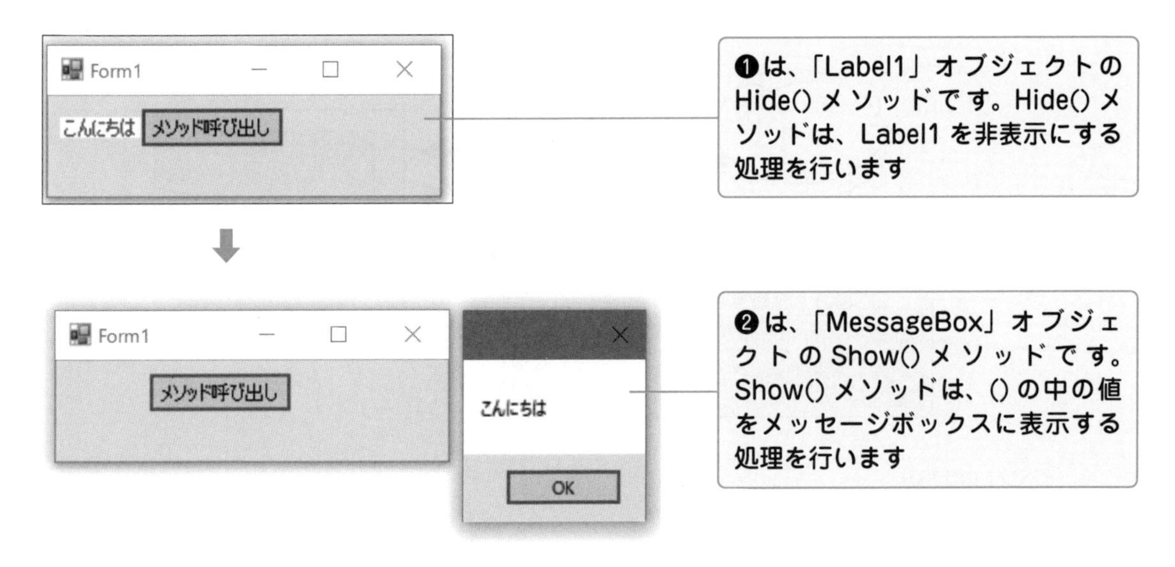

List 1 サンプルコード（メソッドを呼び出す場合の記述例）

```
'ボタンがクリックされた時に以下のメソッド呼び出し
Label1.Hide()                              ❶
MessageBox.Show("こんにちは")               ❷
```

各コントロールもオブジェクトでできているので、メソッドを持っています。その場合は以下のように、

コントロール名.メソッド名()

で呼び出すことができます。

また、自分で**メソッドを作る**こともできます。メソッドの中には、処理を順番に書きます。

List 2 サンプルコード（自分でMyMethod()というメソッドを新しく作成する場合の記述例）

```
' 自分で作成したMyMethodを書く例
Public Sub MyMethod()
    ' 処理
End Sub
```

●イベントって何だろう？

イベントは、オブジェクトの処理を行うきっかけにあたるものです。

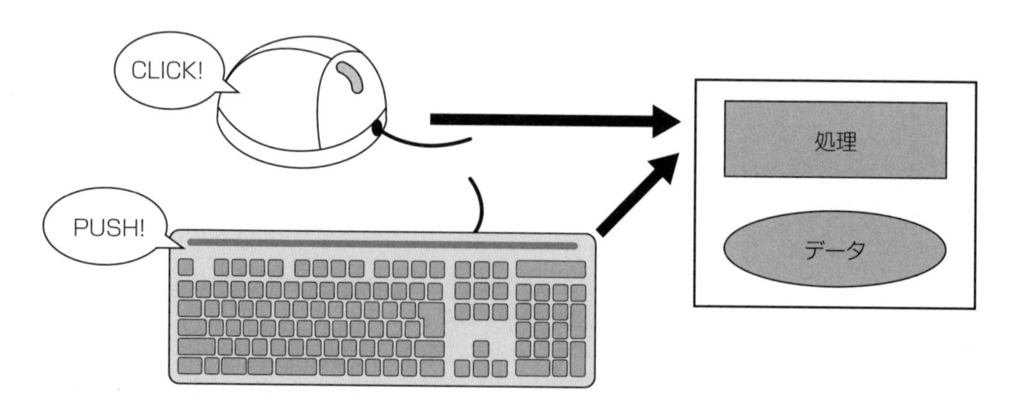

図3-6：イベントの仕組み

「マウスで画面上のボタンをクリックする」「キーボードで特定の文字を入力する」などのきっかけが起こると、対応したメソッドが処理を行います。例を見てみましょう。

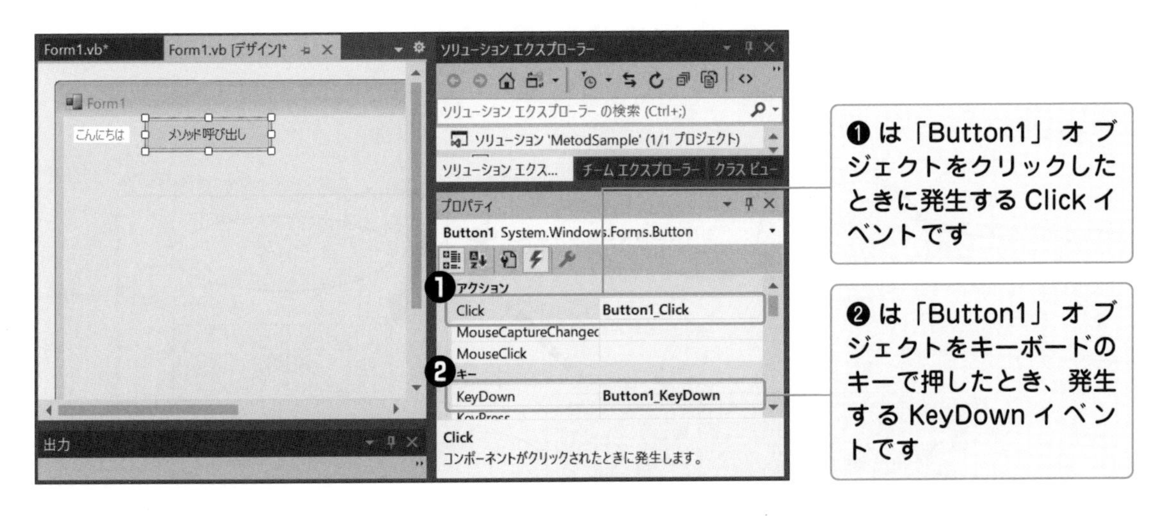

なお、イベントは処理のきっかけを表すものですから、プログラムコードがありません。

Tips イベントの一覧表示

VS Community 2019の開発環境では、デザイン画面を表示しているときのプロパティウィンドウで、プロパティ一覧とイベント一覧を簡単に切り替えることができます。

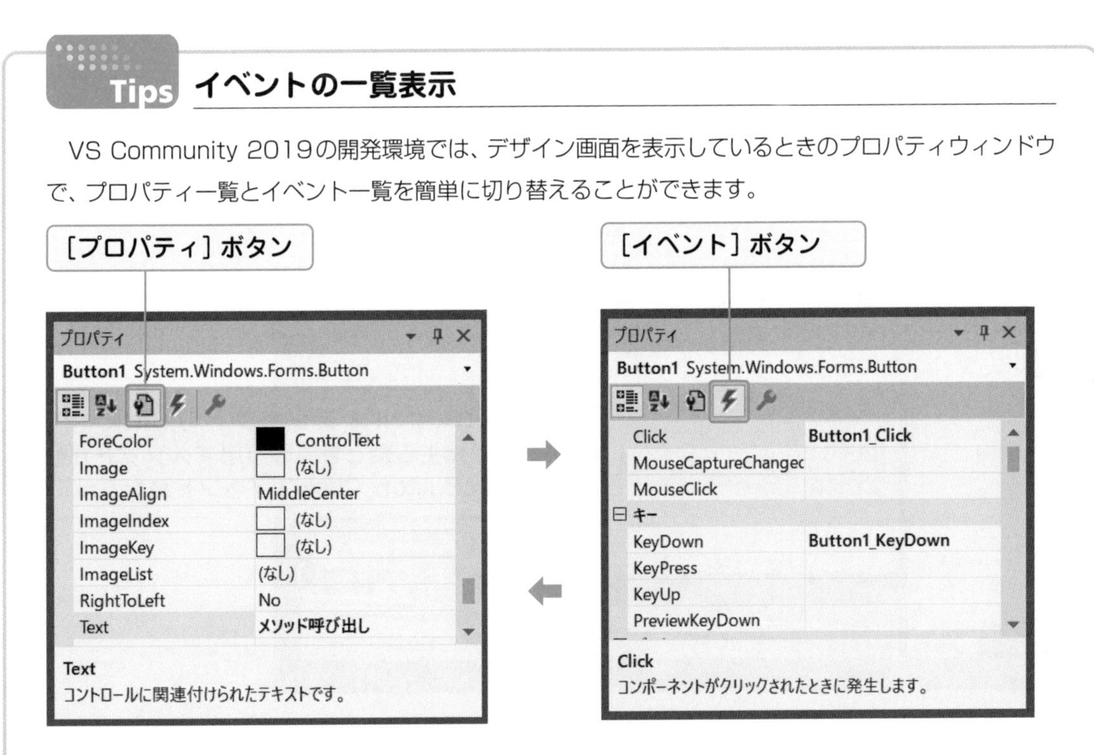

プロパティには、そのオブジェクトのデータの値を記述します。イベントには、イベントに関連付けたメソッドの名前と、次の節で説明するイベントハンドラを記述します。

●イベントハンドラって何だろう？

イベントハンドラは、イベントが発生したときに実際に呼ばれるメソッドのことです。名前はちょっと難しいですが、要するにイベントをハンドルする（Handle：処理する）仕組みと考えてください。

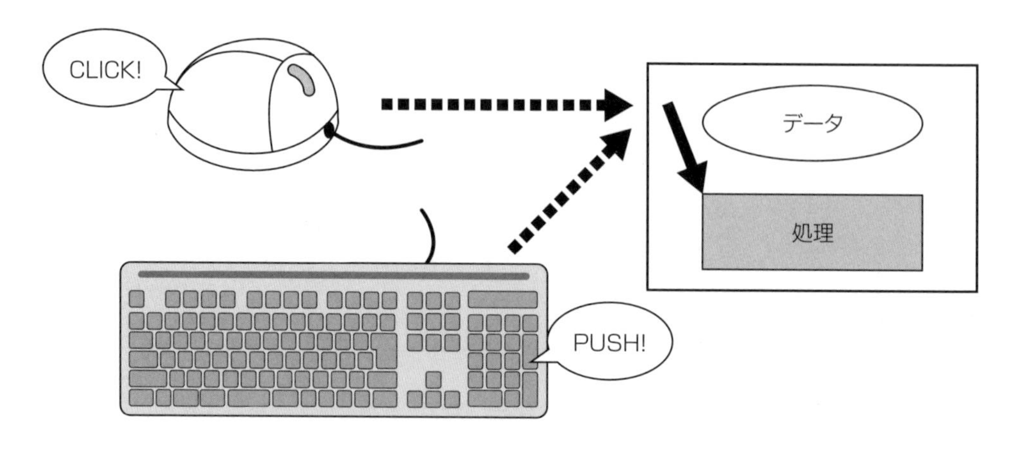

図3-7：イベントハンドラの仕組み

VS Community 2019では、イベントとメソッドをイベントハンドラという仕組みで対応させることによって、ドラッグ＆ドロップで画面開発ができるようになっています。

例を見てみましょう。

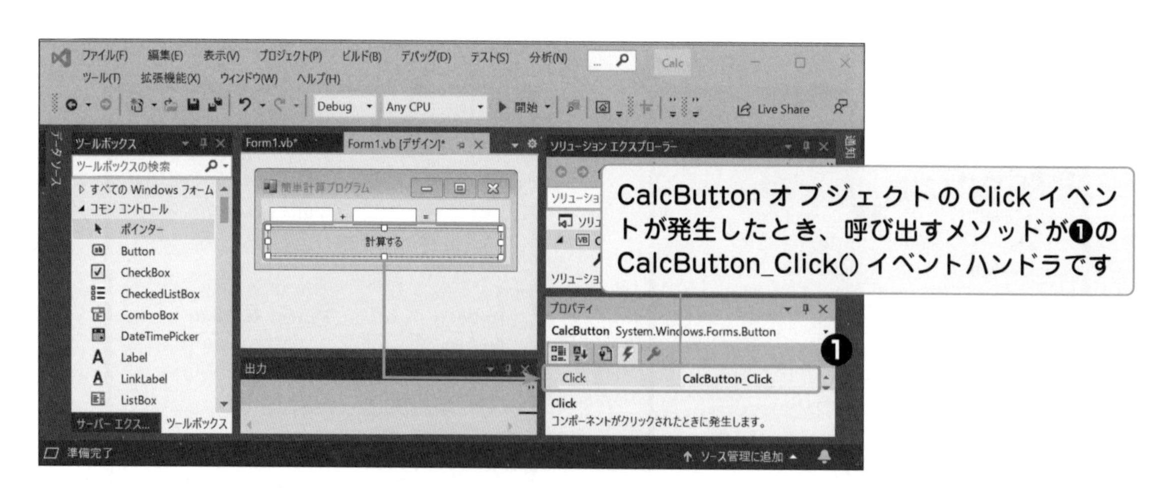

［計算する］ボタンをクリックすると、❶の**CalcButton_Click()イベントハンドラ**が呼ばれます。クリックという動作と、処理を行うメソッドを結び付ける仕組みがイベントハンドラなのです。

なお、CalcButton_Click()イベントハンドラは、VS Community 2019が自動的に付けた名前です。デザイン画面でコントロールをクリックすると、コントロールに対応した一番よく使うClickイベントに対応したメソッドを、以下の規則で自動生成します。

コントロール名_イベント名()

プロパティウィンドウの［イベント］ボタンをクリックしたときに表示される箇所で、自由な名前を設定することもできます。慣れるまでは、自動で付けてくれた名前をそのまま使っても問題ありません。

次のサンプルコードは、イベントハンドラの記述例です。

List 1 サンプルコード（イベントハンドラの記述例）

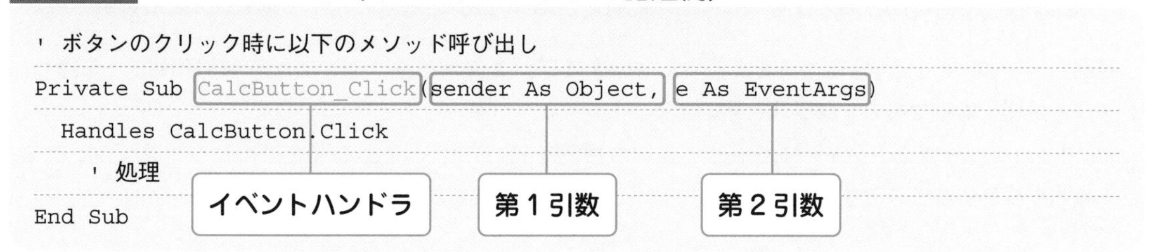

メソッドの終わりにある**Handlesキーワード**の部分が、その後のイベントとハンドルするという意味になります。

また、イベントハンドラには、必ず引数（ひきすう）が2つあるというお約束があります。

引数とは、メソッドを呼び出す際に引き渡す情報のことで、イベントハンドラの最初の**第1引数**がどのオブジェクトから呼ばれたかという情報を示します。

さらに、**第2引数**は、どんな手段で呼ばれたかという情報を示しています。どんな手段かというのは、キーボードの場合、「どんな手段でキーが押されたか」、つまり「どのキーが押されたか」という情報を示します。マウスの場合は、「マウスのどのボタンが押されたか」「どの位置で押されたか」という情報を示します。5.2節で実際に使用します。

まとめ

◉ **オブジェクト指向を理解するためには、まずプロパティ、メソッド、イベント、イベントハンドラなどの用語の意味と使い方を理解する。**

用語のまとめ

用語	意味
プロパティ	オブジェクトの中の「データ」にあたる部分
メソッド	オブジェクトの中の「処理」にあたる部分
イベント	オブジェクトの処理を行うきっかけにあたるもの
イベントハンドラ	イベントが発生したときに、実際に呼ばれるメソッド

クラス、インスタンス

オブジェクト指向プログラミングで一番よく使うのが、クラスとインスタンスです。その考え方は少し難しいのですが、身近なところで使われているので、よく覚えておいてください。

●クラスって何だろう？

前回、「データ」と「処理」を1つにまとめたものを**オブジェクト**と言いましたが、「共通の目的」を持ったデータと処理を集めたものを**クラス**と言います。

Windowsフォームも「フォームを使う」という目的を持ったデータと処理を集めたクラスです。また、ツールボックスもクラスです。

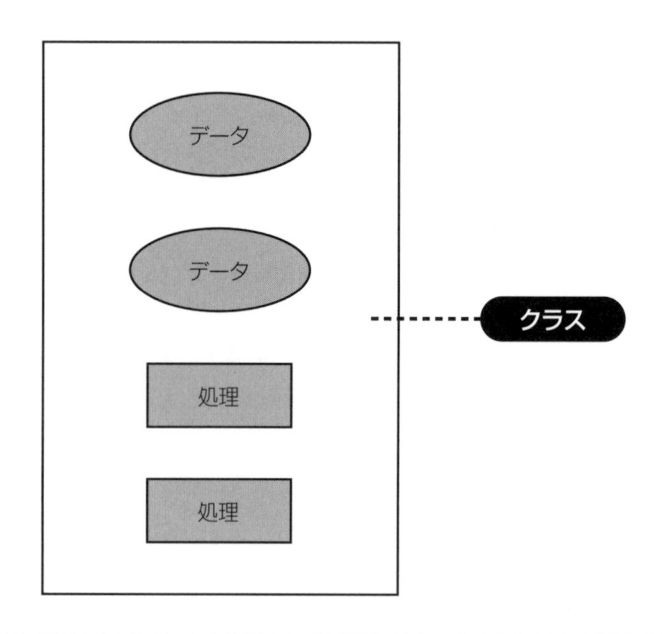

図3-8：クラスの仕組み

このクラスの中に**プロパティ**や**メソッド**、**イベント**を記述します。

●インスタンスって何だろう？

クラスを元にして、実際に処理やデータを扱うものを**インスタンス**と言います。

日本語だと、ちょっとわかりにくいですが、インスタンスは「実体」という意味です。1つのクラスから多くの実体であるインスタンスが生成されます。

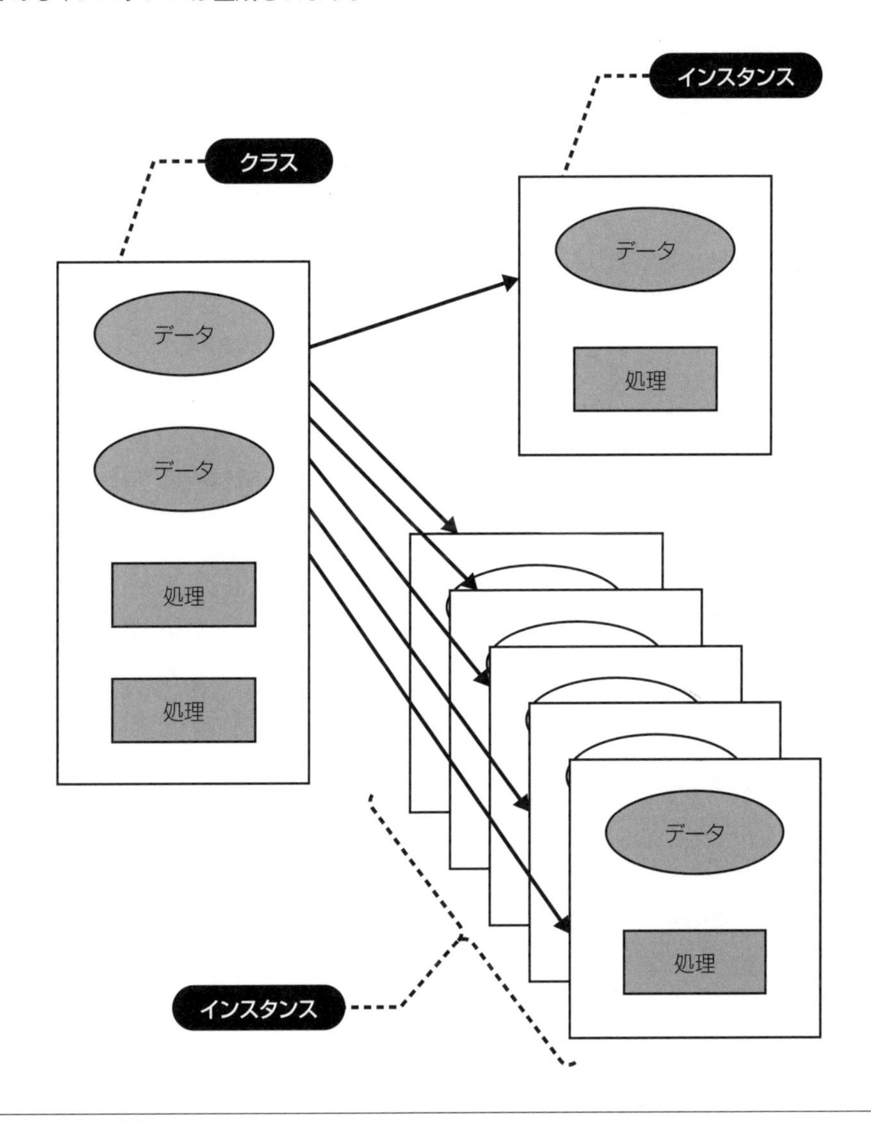

図3-9：インスタンスの仕組み

処理を行う場合も、クラスを直接処理するのではなく、クラスから生成されたインスタンスに対して処理を行います。

言葉で説明しただけでは、クラスとインスタンスの関係がなかなかイメージしづらいと思いますので、料理に例えてみます。

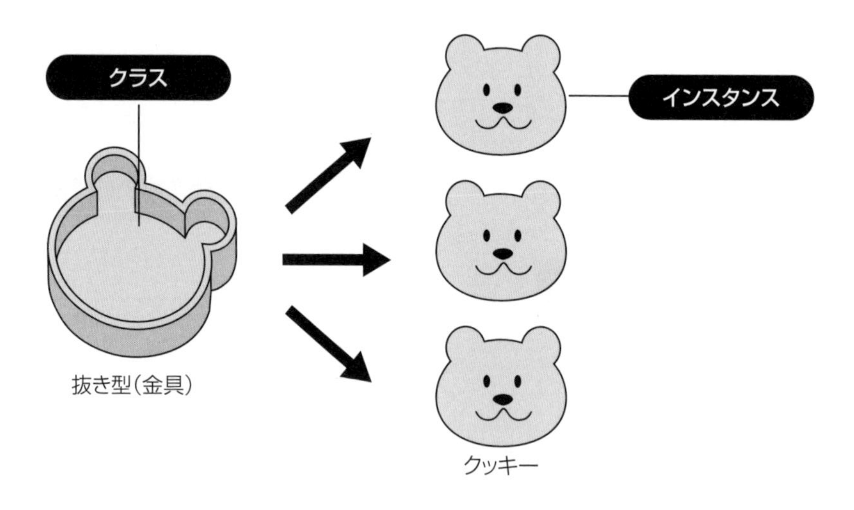

図3-10：**クラスとインスタンスの関係**

クラスは、クッキーをくりぬく「抜き型(金具)」に相当します。1つの抜き型から大量のクッキー(実体)を作ることができます。私たちが実際に食べるのもクッキーの実体(インスタンス)です。実体には形だけでなく、色や味、匂いといったデータが各々備わっているというイメージです。

実際の例では、ツールボックスにある部品(コントロール)が**クラス**です。その部品をフォームに貼り付けたものが実体の**インスタンス**になります。

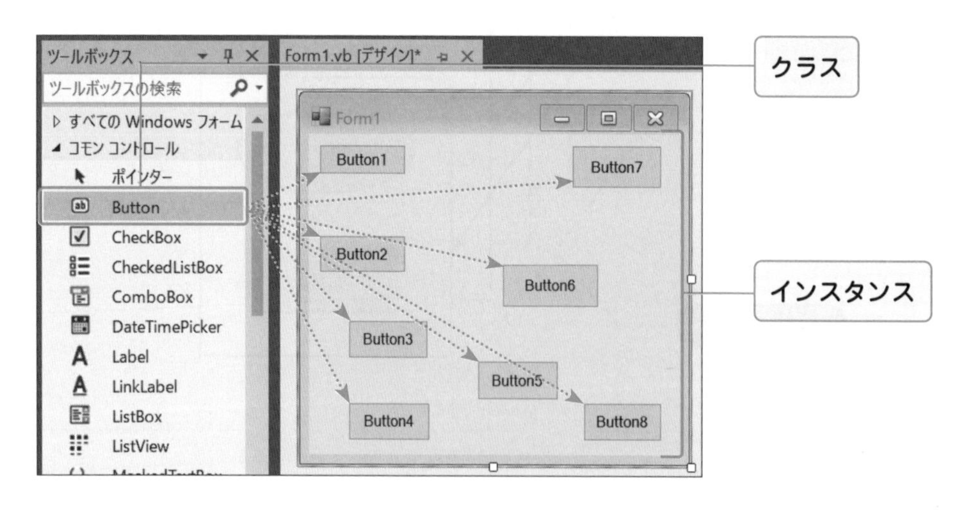

私たちが実行する場合は、フォーム上に配置された実体のボタンをクリックするというわけです。

Windowsフォームそのものもクラスです。以下に、クラスのサンプルコードを示します。

List 1 サンプルコード（クラスの記述例）

```
' Windowsフォームのコード
Public ❶Class ❷Form1
    ' Windowsフォームの処理やデータのコード
End Class
```

表3-2：List 1のコード解説

No.	コード	内容
❶	Class	クラスであることを示します
❷	Form1	このクラスの名前です

次のList2は、Animalクラス（動物クラス）の記述例と、動物クラスのインスタンスを呼び出すサンプルコードです。

動物の色を表す「colorプロパティ」と、動物の鳴き声を返す「Sing()メソッド」が記述されています。Animalクラス（動物クラス）では、colorプロパティ（動物の色）が「データ」になり、Sing()メソッド（動物の鳴き声を返す）が「処理」になります。

なお、インスタンスは、**Newキーワード**でクラス名を指定して作成します。

List 2 サンプルコード（Animalクラスの記述例）

```
' 動物クラスの記述例
Public Class Animal
    Public color As String '色
    Public Function Sing() As String
        Return "動物の鳴き声"
    End Function
End Class

❶Public Class Form1
    Private Sub Button1_Click(sender As Object, e As EventArgs) Handles
Button1.Click
        ❷Dim ani1 As Animal
        Dim ani2 As Animal
        ❸ani1 = New Animal()
        ani2 = New Animal()
        ❹ani1.color = "白"
```

```
        TextBox1.Text = ani1.Sing()
        ani2.color = "茶"
        TextBox2.Text = ani2.Sing()
    End Sub
End Class
```

表3-3：List2のコード解説

No.	コード	内容
❶	Public Class Form1	Form1（Windowsフォーム）のButton1_Click() イベントハンドラの中から、Animalクラスのインスタンスを呼んだ場合のサンプルです
❷	Dim ani1 As Animal	Animalクラスのプロパティとメソッドを持った変数*を宣言しています。1つのクラスからいくつでもインスタンスが作れます
❸	ani1 = New Animal()	宣言した変数ani1に対して、**Newキーワード**で、インスタンスが作成されます
❹	ani1.color = "白"	インスタンスに対し、プロパティやメソッドを呼び出します。この例では、ani1インスタンスのcolorプロパティに"白"を設定しています

宣言と同時にインスタンスを作成する

以下のように記述すると、宣言と同時にインスタンスを作成することができます。

```
Dim ani1 As Animal = New Animal()
```

まとめ

- クラスは、共通した目的を持ったデータと処理の集まりで、「ひな形」「抜き型」に相当する。
- インスタンスは「実体」で、クラスから大量に複製して作ることができる。
- インスタンスは、Newキーワードでクラス名を指定して作成する。

用語のまとめ

用語	意味
クラス	共通の目的を持ったデータと処理を集めたもの
インスタンス	クラスを元にして、実際に処理やデータを扱うもの

＊**変数**　一時的に様々な値を記憶しておくための入れ物。詳しくは、4.4節を参照。

4 カプセル化

オブジェクト指向プログラミングで、データを保護するためによく使われるカプセル化の概念を理解しましょう。

●カプセル化って何だろう？

構造化設計が行われていた頃は、データを誤った方法で使わないように、チェック用のメソッドを作っていました。

例えば、クッキーの色を指定したいとき、色を示す文字列を渡す処理があったとして、

```
クマのクッキー.色 = "茶色"
```

となっていればよいのですが、

```
クマのクッキー.色 = 123
```

だと何色かわかりません。そのため、いったんチェックしてから値を代入していました。

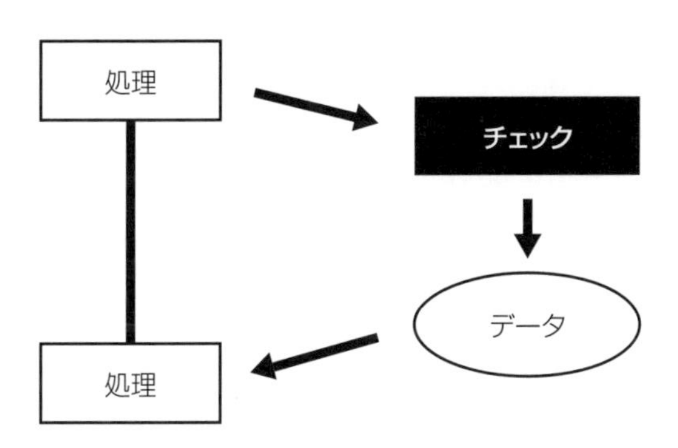

図3-11：データのチェックと処理の方法①

しかし、このチェックの存在を知らない人が勝手にチェック処理を作成したり、チェックしないで値を入れたりするケースがあり、データが知らない間に破壊されることがあります。

オブジェクト指向プログラミングでは、データとチェック処理が一緒にあるので、値を代入する際、必ず

チェックしてからデータに値を入れることができるようになりました。

そして、チェックなしにデータを触らせないようにするため、データそのものを直接触れないようにすることもできます。

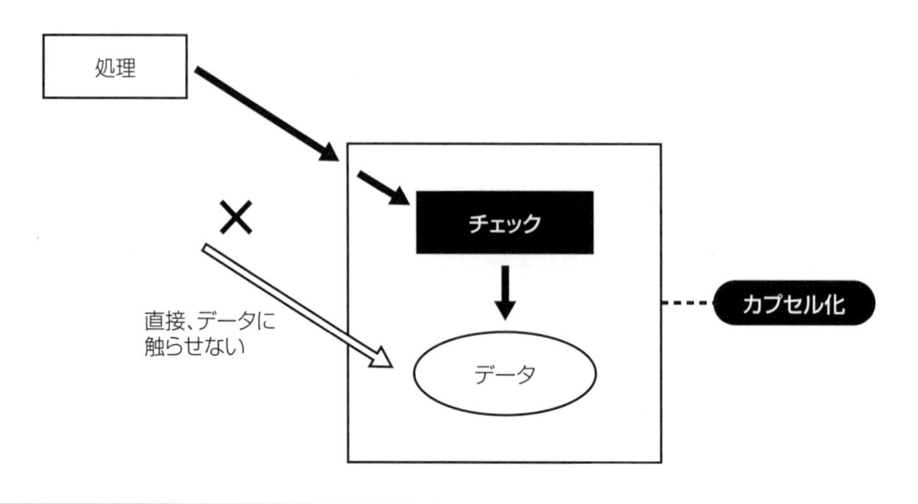

図3-12：**データのチェックと処理の方法②**

外部からデータが直接触れないように、オブジェクトの中に処理とデータを隠し、オブジェクトを操作するために必要な処理のみ外部に公開することを**カプセル化**と言います。カプセルのように、中に処理とデータを閉じ込めることで、データを安全に確保することができるようになりました。

カプセル化が実現されている例を見てみましょう。実はプロパティは、カプセル化によって守られています。

Label1のBackColorプロパティに、「ありえない色」として "qwe" を入力して [Enter] キーを押すと、「プロパティの値が無効です。」と警告されます。

つまり、直接、値を設定しようとしても、チェック処理にひっかかってエラーが表示されたのです。

List 1 サンプルコード（チェック処理の記述例）

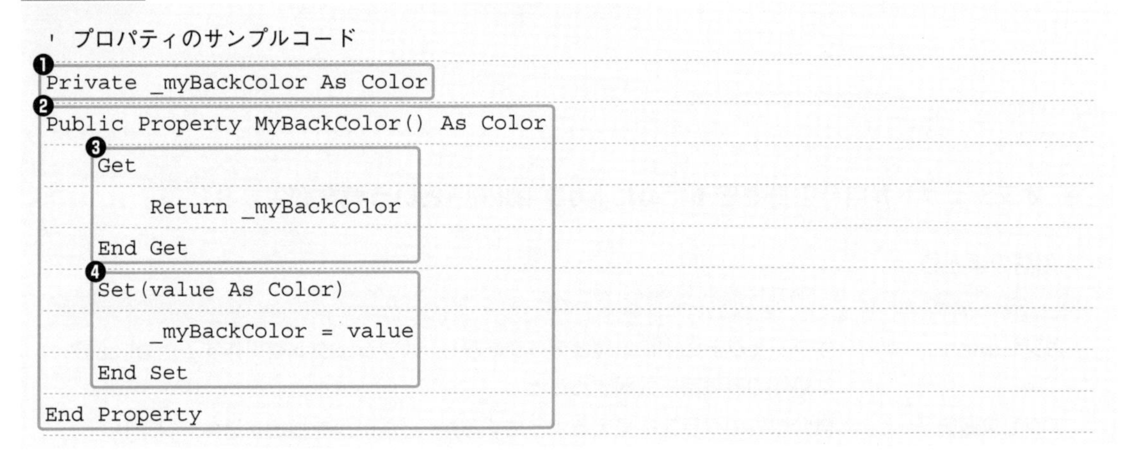

```
' プロパティのサンプルコード
❶Private _myBackColor As Color
❷Public Property MyBackColor() As Color
    ❸Get
        Return _myBackColor
    End Get
    ❹Set(value As Color)
        _myBackColor = value
    End Set
End Property
```

表3-4：List1のコード解説

No.	コード	内容
❶	`Private _myBackColor As Color`	「_myBackColor」という名前の内部データを定義しています

❷	`Public Property MyBackColor() As Color`
	～
	`End Property`
		「MyBackColor」という名前のチェック処理を定義しています

❸	`Get`
	～
	`End Get`
		Getプロパティプロシージャで出力する値をチェックして値を返す部分です。チェックが必要ならここに処理を書きます

❹	`Set(value As Color)`
	～
	`End Set`
		Setプロパティプロシージャで入力された値をチェックして内部のデータに設定する部分です。チェックが必要ならここに処理を書きます

今はまだ、コードの中身を細かく理解できなくても大丈夫です。カプセル化を実現しているプロパティは、こんな感じで実現されているという雰囲気だけ感じてください。

なお、メソッドと内部のデータの先頭にある**Private**や**Public**は、**アクセス修飾子**といい、表3-5に示した意味があります。

表3-5：アクセス修飾子の種類と意味

アクセス修飾子	意味
Private	外部（自分以外のクラス）から見えないようにする（非公開にする）
Public	外部に公開する
なし	Publicと同じ

まとめ

◉ **オブジェクトが自分自身を守るために「カプセル化」という概念が生まれた。**

用語のまとめ

用語	意味
カプセル化	オブジェクトの中に処理とデータを隠し、オブジェクトを操作するために必要な処理のみ外部に公開すること
アクセス修飾子	自分以外のクラスに見えるようにするか、しないかを指定するキーワード

Column 自動実装するプロパティ

Visual Basic 2019では、**自動実装プロパティ**という機能があり、プロパティの実装コードが次のように簡略化できます。

```
Public Property MyBackColor As Color
```

Private変数、Get、Setプロパティプロシージャの記述が不要になります。この１行で、内部的には、「Private _myBackColor As Color」が作成されます。

自動実装プロパティは、プログラミングに慣れた人がコードを楽に書くための機能です。内部的にこうなるということを強く意識するために、慣れるまでは面倒ですが、以前の構文のように全部書くことをお勧めします。

5 クラスの継承

すでにあるプログラムをうまく使いまわして、プログラムコードを書く手間と時間を大幅に減らしてくれるのが、「クラスの継承」です。ここでは、とても便利なクラスの継承の仕組みを説明します。

●継承って何だろう？

例えば、「クマのクッキーが大好評だったので、ネコとイヌとヒヨコのクッキーを作ってください」と言われたらどうしますか？　それぞれのクッキーごとに材料を用意して、抜き型（金具）も作成しますか？大変ですよね。よく似た部分はそのまま流用し、**差分（さぶん）**と呼ばれる「違う部分」だけ作ると楽ができそうです。

プログラムを作成するときも同じ発想です。「すでに存在するプログラムをうまく使いまわして楽をしよう」という考え方です。プログラムの共通した目的の部分を**クラス**としてまとめます。

さらに、クラスの共通する部分を抜き出して基本的なクラスにすることで、その基本的なクラスをうまく使って楽ができるわけです。

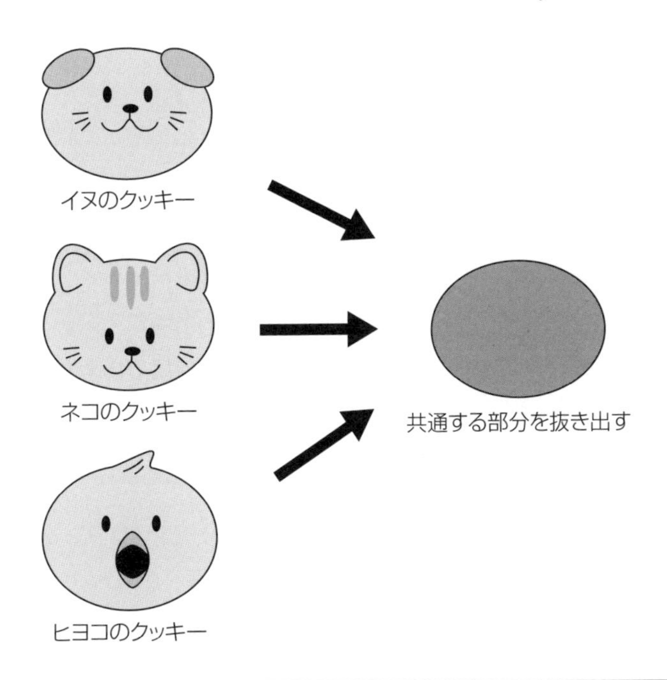

図3-13：たくさんの種類のクッキーを作るには？

共通する部分を抜き出して元になるクラスを作成すると、後は単純に耳やクチバシなどを加えれば楽に作成できます。新しい種類のクッキーも簡単にできそうです。

このように「共通する部分」を抜き出して、元になるクラスから新しいクラスを作成することを、**継承**と言います。継承という名称の通り、元のクラスの「処理」や「データ」を、継承したクラスに受け継ぐことができます。

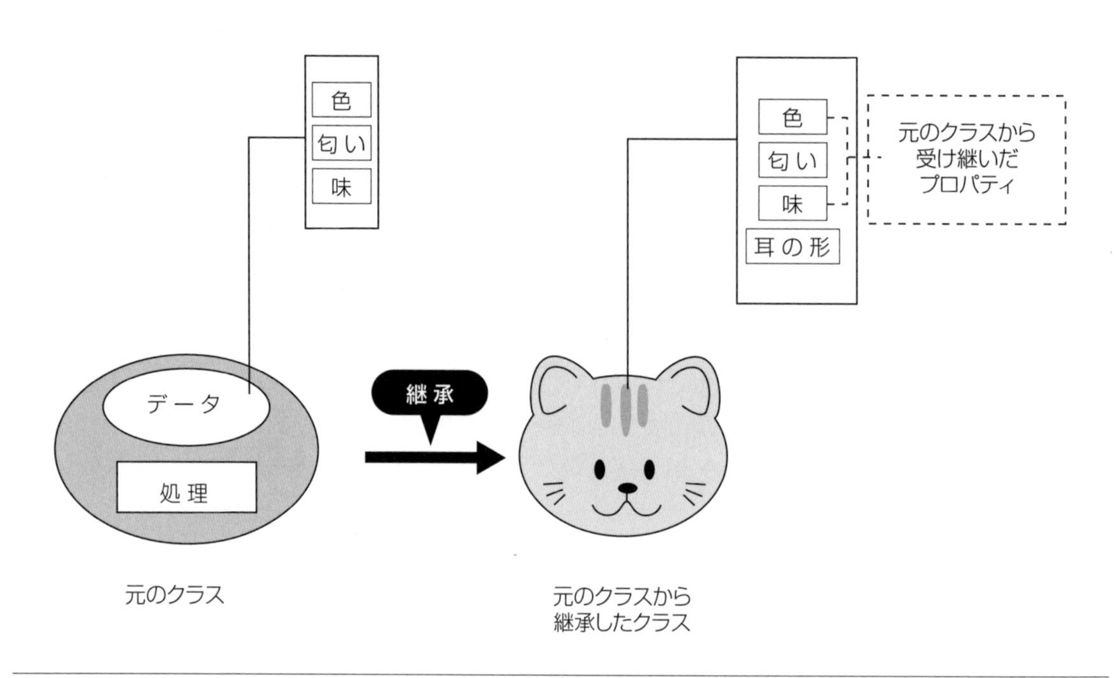

図3-14：元のクラスと継承したクラス

つまり、**元のクラス（親クラス）**で作成したプロパティとメソッドは、**継承した新しいクラス（子クラス）**に受け継がれるというわけです。

継承によって作成された子クラスは、親クラスが持っているプロパティ、メソッドを受け継ぐので、何もしなくても、そのまま自分のクラスのプロパティ、メソッドとして使用できます。そして、足りないプロパティ、メソッドがあれば追加する、というわけです。これにより、同じコードを何度も書く手間が省ける差分コーディング*ができます。

継承のサンプルコードを見てみましょう。

まず、Dogクラス（「イヌ」クラス）、Catクラス（「ネコ」クラス）、Birdクラス（「ヒヨコ」クラス）の共通部分を抜き出して、Animalクラス（動物クラス）を作ったと仮定します。以下のList1は、Animalクラスと、Animalクラスを継承したCatクラスのコード例です。

* **差分コーディング**　差分（さぶん）とは、それぞれの間にある差のこと。継承によって作成されたクラスの独自部分だけを追加・修正するコーディング方法。なお、コードを書くことをコーディングと言う。

List 1 サンプルコード（継承の記述例）

```
' 継承のサンプルコード
```

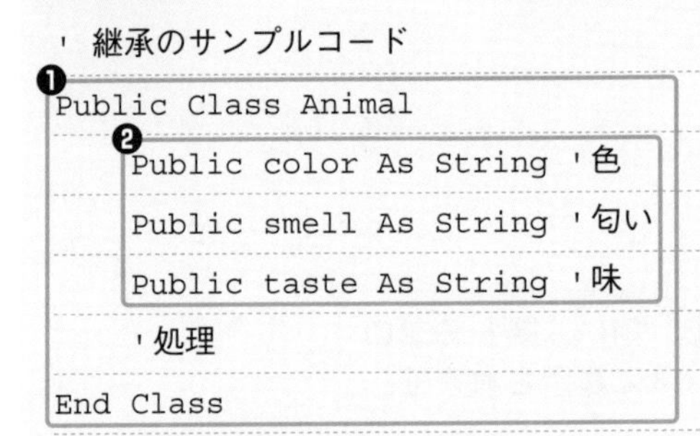

```
Public Class Animal
    Public color As String '色
    Public smell As String '匂い
    Public taste As String '味
    '処理
End Class
```

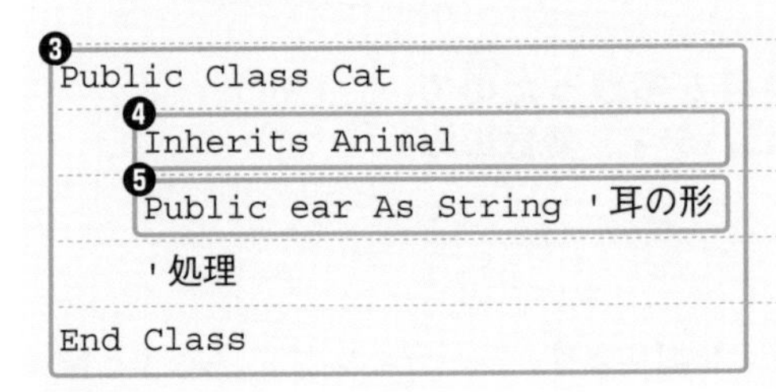

```
Public Class Cat
    Inherits Animal
    Public ear As String '耳の形
    '処理
End Class
```


表3-6：List1のコード解説

No.	コード	内容
❶	Public Class Animal ～ End Class	「Animal」という名前の親クラスを定義しています
❷	Public color As String '色 Public smell As String '匂い Public taste As String '味	Animalクラス（親クラス）の中にあるプロパティ（属性）です。「色」「匂い」「味」の3つがあります
❸	Public Class Cat Inherits Animal ～ End Class	クラスを継承したCatクラス（子クラス）を定義しています
❹	Inherits Animal	Animalクラスを継承するという意味のコードです
❺	Public ear As String '耳の形	Animalクラスから「色」「匂い」「味」を受け継いでいるので、足りない部分の「耳の形」だけを書きます

クラスを受け継いだという実感がわかないので、試しにCatクラスにメソッドを書いてみると、インテリセンス*の中にクラスの中で使用可能なプロパティ（属性）の一覧が表示されます。

「色（color）、匂い（smell）、味（taste）、耳の形（ear）」の4つが表示され、これらのプロパティが使えることが確認できます。

＊**インテリセンス**　クラス名を候補表示したり、タイプミスを自動的に修正してくれる入力支援機能のこと。4.5節を参照。

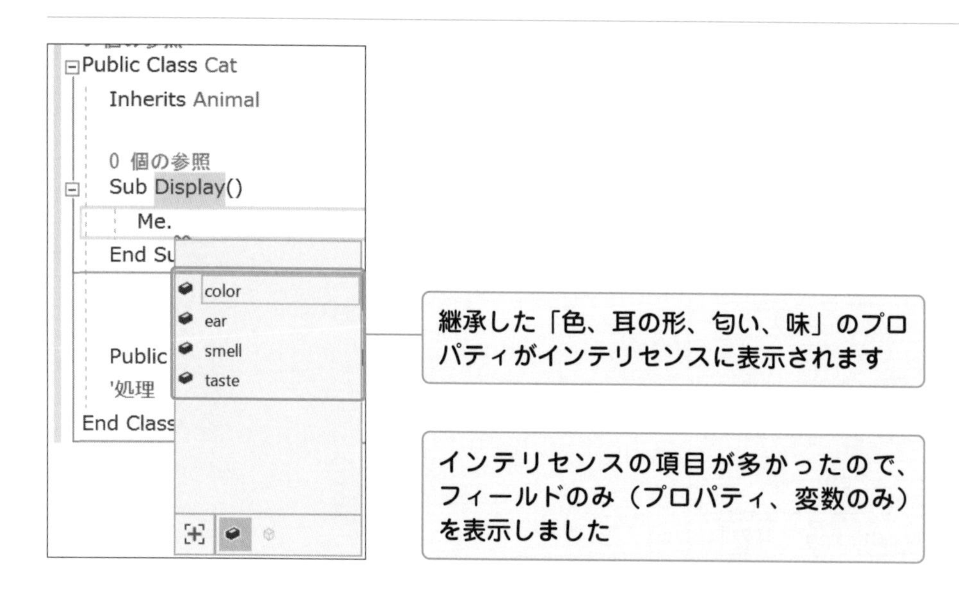

なお、**Meキーワード**は自分のクラス（ここではCatクラス）を指します。コーディングで「Me.」と書くと、インテリセンスの機能によって「.」の後に自分のクラスで使用可能なメソッドやフィールド（プロパティ、変数）が表示されます。

まとめ

- クラスの継承によって、元になるクラス（親クラス）からプロパティ、メソッドを受け継ぐことができる。
- 継承をうまく使うと、自分のクラスのコードを書く手間を削減できる。

用語のまとめ

用語	意味
継承	元になるクラス（親クラス）から処理、データを引き継ぐこと

ポリモーフィズム（多態性）

クラスの継承と同様に、ポリモーフィズム（多態性）もコーディングの手間と時間を削減する仕組みです。ポリモーフィズムの概要を理解しておきましょう。

●ポリモーフィズムって何だろう？

継承では、主にクラスのプロパティの流用が楽になりました。今度は、処理を行うメソッドを呼び出す部分に注目してみましょう。

やや強引ですが、クッキーに「鳴く()」というメソッドの機能を追加してみます。クッキーの裏に鳴き声が書いてあって、クッキーの裏の鳴き声を見ることを、「鳴く()」としましょう。

ネコのクッキーに対して、「鳴く」メソッドを呼ぶと「ニャー」と答えてくれます。

イヌのクッキーに対して、「鳴く」メソッドを呼ぶと「ワン」と答えてくれます。

ヒヨコのクッキーに対して、「鳴く」メソッドを呼ぶと「ピヨ」と答えてくれます。

ネコの
クッキー.鳴く()
ニャー
ニャー
イヌの
クッキー.鳴く()
ワン
ワン
ヒヨコの
クッキー.鳴く()
ピヨ
ピヨ

図3-15：**「鳴く」メソッド**

これをプログラムっぽく書くと、

```
鳴き声1 = ネコのクッキー.鳴く()
```

```
鳴き声2 = イヌのクッキー.鳴く()
```

```
鳴き声3 = ヒヨコのクッキー.鳴く()
```

となり、それぞれ、「ニャー」「ワン」「ピヨ」という結果が返ってきます。

よく見ると、すべて「□□□.鳴く()」となっていて、呼び出すメソッドは同じです。同じなので、この部分も楽に呼び出せたらいいですね。継承の概念のように、共通部分を抜き出せたらコーディングが楽になります。

引き続き、ネコのクッキー、イヌのクッキー、ヒヨコのクッキーを同じ動物クッキーの袋に入れてみます。袋は全部で3つあります。

```
動物クッキーの袋1 = ネコのクッキー
```

```
動物クッキーの袋2 = イヌのクッキー
```

```
動物クッキーの袋3 = ヒヨコのクッキー
```

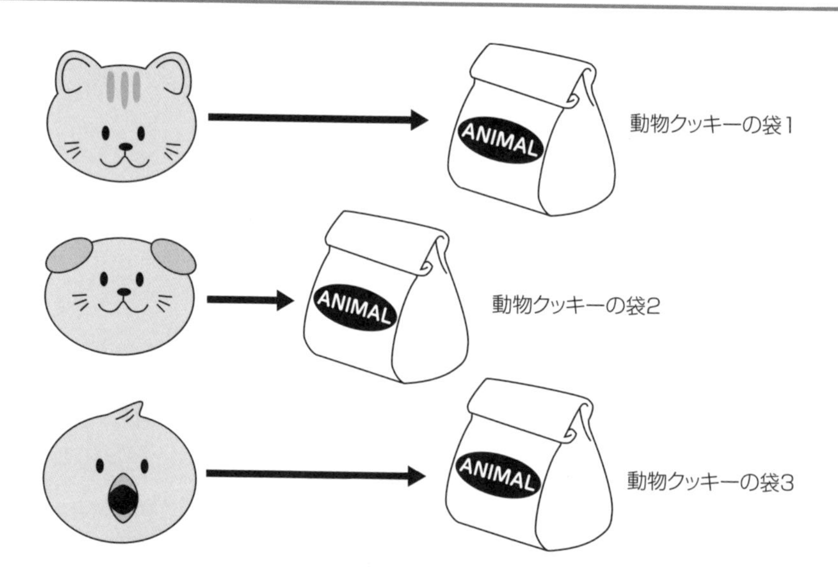

図3-16：クッキーを動物クッキーの袋に入れる

さらに、袋の裏が透明になっていて、鳴き声が書かれた文字が見られるということにして、「鳴く()」メソッドを実行すると袋の裏から鳴き声がわかるということにします。

動物のクッキーの袋に対して、「鳴く()」メソッドを呼んでみましょう。

```
鳴き声1 = 動物クッキーの袋1.鳴く()
```

```
鳴き声2 = 動物クッキーの袋2.鳴く()
```

```
鳴き声3 = 動物クッキーの袋3.鳴く()
```

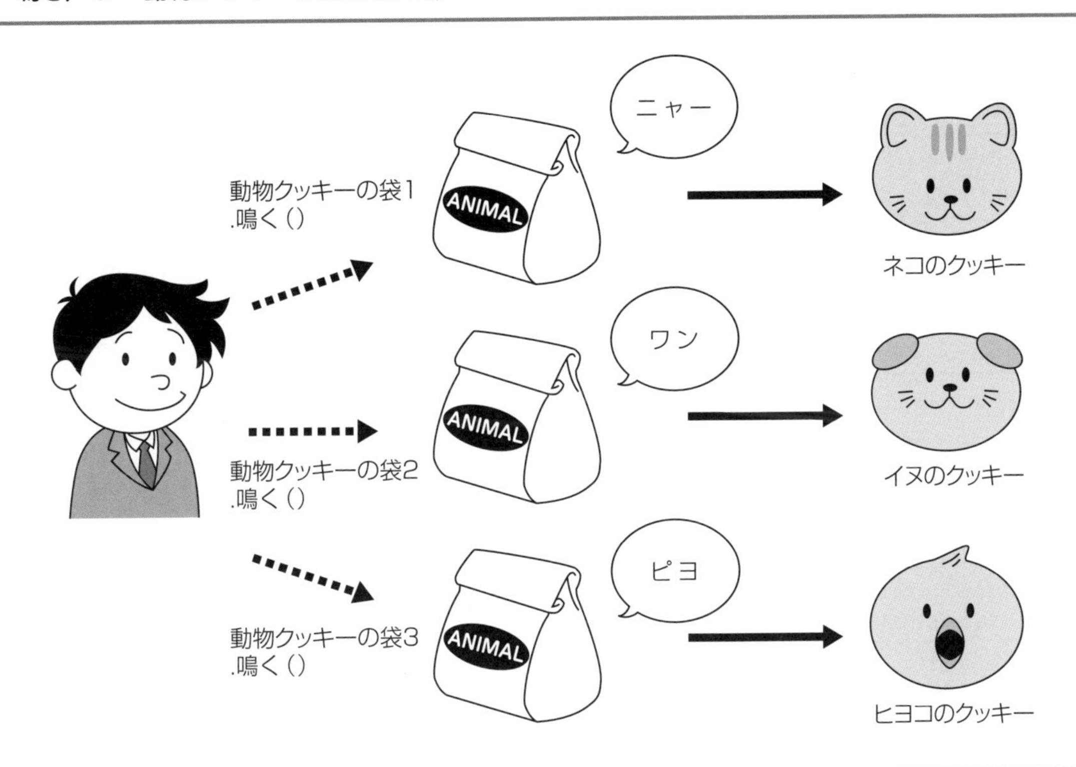

図3-17：動物のクッキーの袋に対して、「鳴く()」メソッドを呼ぶ

見た目は同じなのですが、袋の中身、つまり実体に応じた鳴き声をします。このように、呼び出す側を共通にして、楽に呼び出せるようにした仕組みを**ポリモーフィズム**と言います。

なんだか聞きなれない言葉なのですが、英語で書くと、**polymorphism**と書きます。「ポリ（Poly）＝多くの」と「モーフ（Morph）＝姿を変える、変身する」という言葉が組み合わさっていて、見た目は1つでも、実際にはたくさんの意味があることを表します。日本語では、「多態性」「多様性」「多相性」などと言います。

では、ポリモーフィズムがあると、なぜ便利なのでしょうか？　例えば、後からさらにヒツジ、ウシ、ウマなどのクッキーの種類を増やしたとしても元のクラスのコード、つまり、以下のコードは変更しなくてもよいメリットがあります。

動物クッキーの袋.鳴く()

アプリケーションでこの仕組みを応用すると、後から機能を追加したりするのに非常に便利になると言うわけです。

List 1 サンプルコード（ポリモーフィズムの記述例）

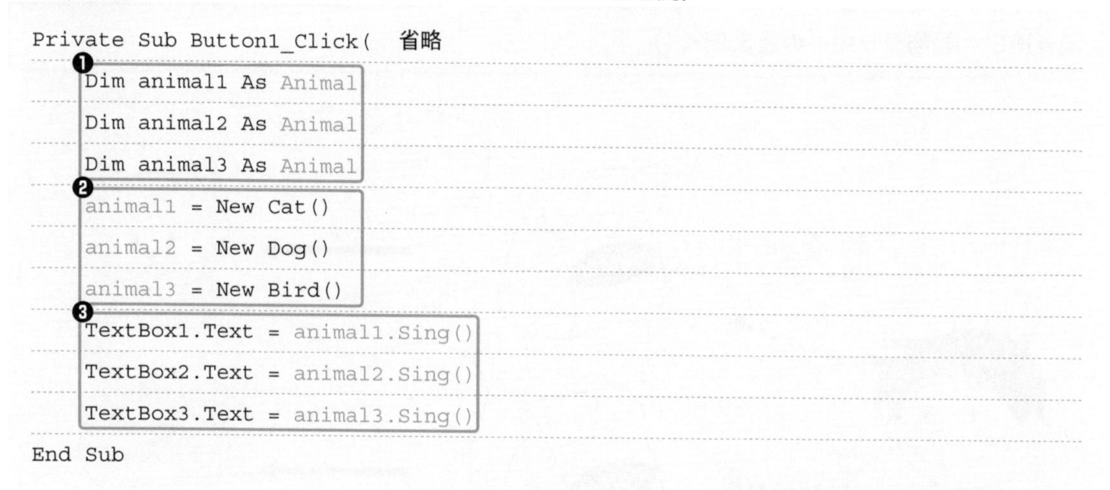

```
Private Sub Button1_Click(   省略
  ❶
    Dim animal1 As Animal
    Dim animal2 As Animal
    Dim animal3 As Animal
  ❷
    animal1 = New Cat()
    animal2 = New Dog()
    animal3 = New Bird()
  ❸
    TextBox1.Text = animal1.Sing()
    TextBox2.Text = animal2.Sing()
    TextBox3.Text = animal3.Sing()
End Sub
```

表3-7：List1のコード解説

No.	コード	内容

❶	`Dim animal1 As Animal`
	`Dim animal2 As Animal`
	`Dim animal3 As Animal`
		Animalクラスのプロパティとメソッドを継承した変数です。動物クッキーの袋にあたるものです

❷	`animal1 = New Cat()`
	`animal2 = New Dog()`
	`animal3 = New Bird()`
		それぞれの動物クッキーの袋に代入しています

❸	`TextBox1.Text = animal1.Sing()`
	`TextBox2.Text = animal2.Sing()`
	`TextBox3.Text = animal3.Sing()`
		動物クッキーの袋の中身を取り出して表示しています。呼び出すメソッドは同じです

3つとも同じ、

動物クッキーの袋.鳴く()

を呼び出していますが、袋の中身に応じた鳴き声が表示されています。

袋の中身に応じた鳴き声が表示されます

まとめ

- ポリモーフィズムは、同じ動作をまとめるため、呼び出す側が楽をできる。
- ポリモーフィズムは、後から機能を追加しやすくなる利点がある。

用語のまとめ

用語	意味
ポリモーフィズム	同じ動作をまとめて、呼び出す側が楽をする仕組み

Column 文字を表すには？

プログラムコードで文字を表す場合は「"」（ダブルクォーテーション）で囲みます。1つ以上の文字を並べたものを「文字列」と言います。"こんにちは"が文字列ですね。

値を代入する場合など「123」と書くと、数字なのか、文字列なのか迷ってしまいます。そこで、文字列ですということが分かるように「"」で囲むというわけです。

例えば、次のような文字列があったとします。

```
Label1.Text = "こんにちは"
Label1.Text = "12345"
```

文字列は足し算をすることができます。「"こんにちは"」＋「"12345"」の結果は、「"こんにちは12345"」となります。

抽象クラス

あらかじめ継承やポリモーフィズムに使われることがわかっている元のクラスであっても、きちんとした処理を書かなければならないのでしょうか？　ここでは「抽象クラス」の概要について説明します。

●抽象クラスって何だろう？

ここまで説明してきた**継承**や**ポリモーフィズム**では、まず元のクラス（親クラス）を作り、そこから継承やポリモーフィズムを実行してきました。

ただ、例えば、この元のクラス（Animalクラス）の実体を使って、

```
動物クッキー.鳴く()
```

と、「鳴く()」メソッドを呼んだときの鳴き声が決まっていませんでした。一般的な動物の鳴き声って、何でしょう？　無理に「ガォー」としても変ですね。

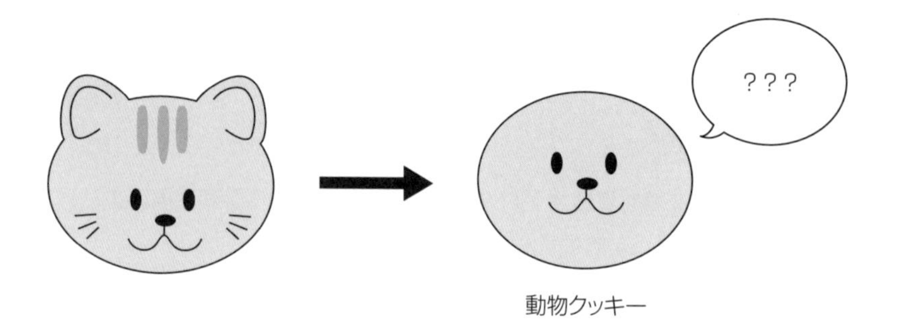

図3-18：動物クッキーの鳴き声は？

そこで、「元のクラスは実体化させない」といった仕組みが考え出されました。継承関係がある元のクラス（親クラス）で「クラスを実体化しない」、つまり、インスタンスを持たないようにする仕組みです。このような仕組みのクラスを**抽象クラス**と言います。この抽象クラスを用いることで、わざわざ無理な処理を書かなくてもよくなりました。

プログラムコードの中で**MustInherit**（マストインヘリット）と書くと、「このクラスは抽象クラスです」という意味になります。

また、メソッドに**MustOverride**（マストオーバーライド）を付けることで、「このメソッドは抽象メソッ

ドです」という意味になります。ただ、抽象メソッドでは、中の処理を書くことができなくなります。これは継承元のメソッドだけで処理を書かせたいためです。

List 1 サンプルコード(抽象クラスの記述例)

```
' 動物クラス
Public MustInherit Class Animal
    Public color As String  '色
    Public smell As String  '匂い
    Public taste As String  '味
    Public MustOverride Function Sing() As String
End Class
```

表3-8:List1のコード解説

No.	コード	内容
❶	MustInherit Class Animal	「このAnimalクラスは抽象クラスです」という意味です
❷	MustOverride Function Sing() As String	Sing()という抽象メソッドです

インスタンスは、Newキーワードの後にクラス名を指定して生成しますが、同じようにNewキーワードの後に抽象クラスを指定してインスタンスを生成しようとすると、エラーが表示されます。

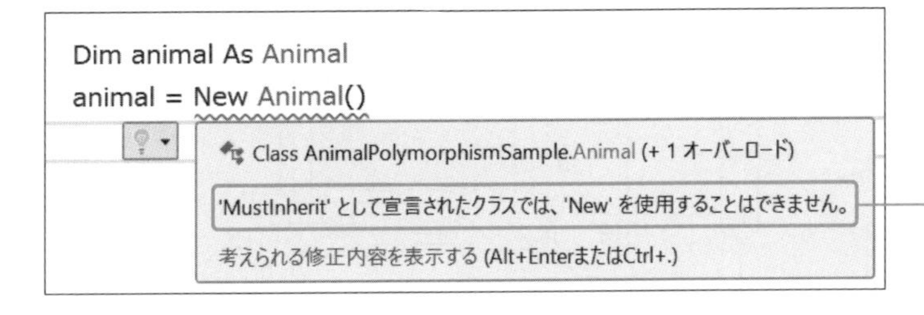

抽象クラスからインスタンスを生成しようとすると、エラーが表示されます

まとめ

◉ **継承やポリモーフィズムの元になるクラスに、無理な処理を書かなくするための工夫として抽象クラスがある。**

用語のまとめ

用語	意味
抽象クラス	インスタンスを持たないクラス。そのままでは使用できないため、必ず継承し、継承の元のクラスになる

8 インターフェイス

最初にクラスの細かい値や動作を決めなくても、後からいろいろな機能をクラスに追加できる「インターフェイス」の仕組みを説明します。

●インターフェイスって何だろう？

最後に、**インターフェイス**の説明をしましょう。

パソコンを使っていると、インターフェイスという言葉は、よく耳にすると思います。例えば、ユーザーインターフェイスやUSBインターフェイスなど、身近に多く存在する言葉です。

このインターフェイスという言葉ですが、広い意味で日本語に訳すと「(規約のある) 境界面」という意味になります。

ちょっと想像しづらいかと思いますので、図にしてみます。

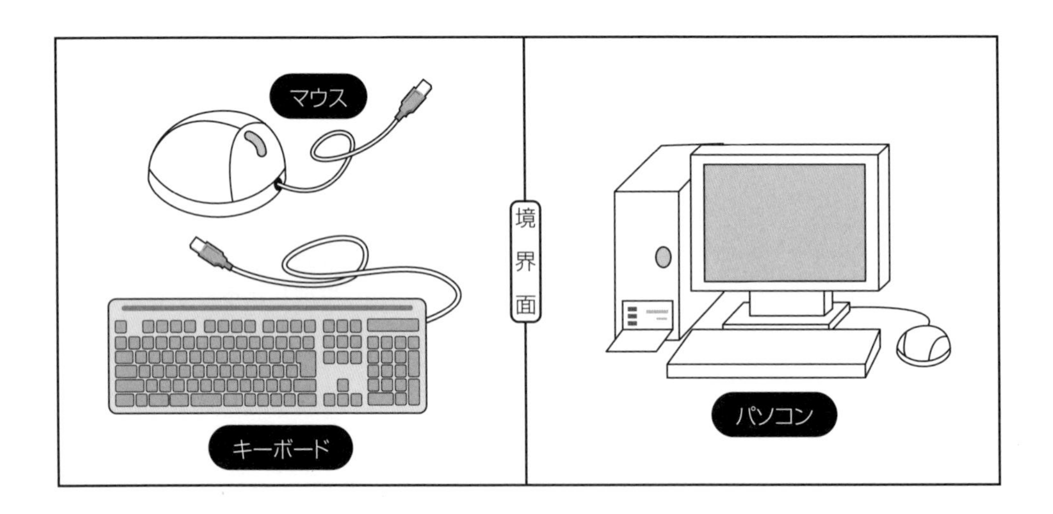

図3-19：装置とパソコンをつなぐUSBインターフェイス

パソコンのUSBインターフェイス (USBポート) の差込口は、すべて同じ形をしていて、USB＊という規格に沿ったマウスやキーボードなど様々な周辺機器の操作に対応します。

見方を変えると、USBインターフェイスは、パソコンとの境界面になります。つまり、USBという同じ「規約」に沿ったマウスなどの機器とパソコンをつなぐ「境界面」になります。この境界面では、同じ規約を持った装置をつなぐことができると言うわけです。

＊**USB**　マウスやキーボード、スキャナなどの周辺機器とパソコンを接続するための規格の1つ。Universal Serial Busの略称。

この考え方をオブジェクト指向プログラミングの世界に応用すると、次のようになります。

- **ある規約に沿って操作することができる**
- **境界面**

これらを実現するために、特殊なクラスが考え出されました。「そのクラスには、こんなメソッドとこんなプロパティがあります」という**お約束（規約）**だけが書かれたクラスです。

オブジェクト指向プログラミングでは、このような使用するクラスの操作、つまりクラスの境界面の規約だけを決める特殊なクラスのことを**インターフェイス**と言います。

さて、前にクラスの**継承**について説明しましたが、プログラミング言語の歴史的な流れから、.NETの言語では多重継承を禁止しています。

多重継承とは、親クラス（継承元）が複数存在するようなクラスです。どの機能を継承するとか、優先順位とか、継承の階層が深くなればなるほど、ややこしさがどんどん増してしまい、予想外の実行結果になることもありました。

そこで、親クラス（継承元）を複数持たなくてもよいように、あらかじめ必要な機能だけを決めてあげて、実際は継承したクラスで細かい値や動作、機能を実現することにしました。これにより、かなりややこしさがなくなりました。

抽象クラスとよく似ているのですが、考え方に違いがあります。

抽象クラス ➡ 自身のインスタンスを作らない（実体化させない）という考え方

インターフェイス ➡ プロパティ、メソッドの名前だけを決めて、細かい値や動作は継承したクラスで行うという考え方

まぁ、「いろんなアプローチがあるのだなぁ」と思っていただければ結構です。

では、またクッキーに戻って……なかば強引に説明してみましょう。

動物クッキーにさらなるオプションを付けましょう。トッピングです。トッピングにはいろいろな機能があるため、クラスにしてみました。トッピングクラスには、

チョコレートで包む()

などのメソッドがあります。このトッピングクラスを継承してみましょう。

ただし、そうなると、先ほど述べた親クラス（継承元）が複数あるような**多重継承**になってしまいます。

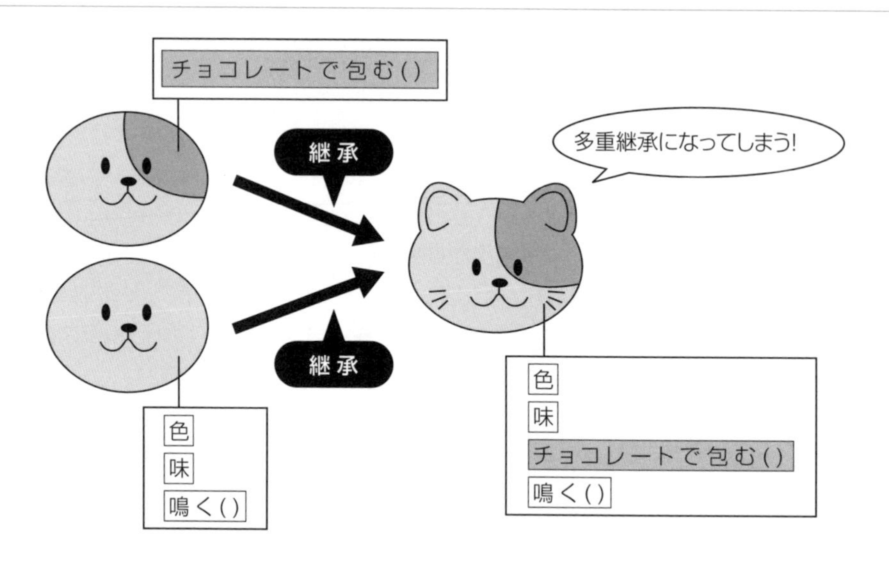

図3-20：トッピングクラスの継承（多重継承）

　そこでクラスとして細かい値や動作を決めなくても、トッピングの部分で必要なことだけ決めておけば、各々のネコのクッキー、イヌのクッキー、ヒヨコのクッキーごとに好きなトッピングを選べます。

　このように、オブジェクトに対して使用可能な**メソッド**と**プロパティ**の一覧だけを書くことを**インターフェイス**と言います。「こんなプロパティがあって、こんなメソッドがありますよ」という**規約書**のようなものと思ってください。

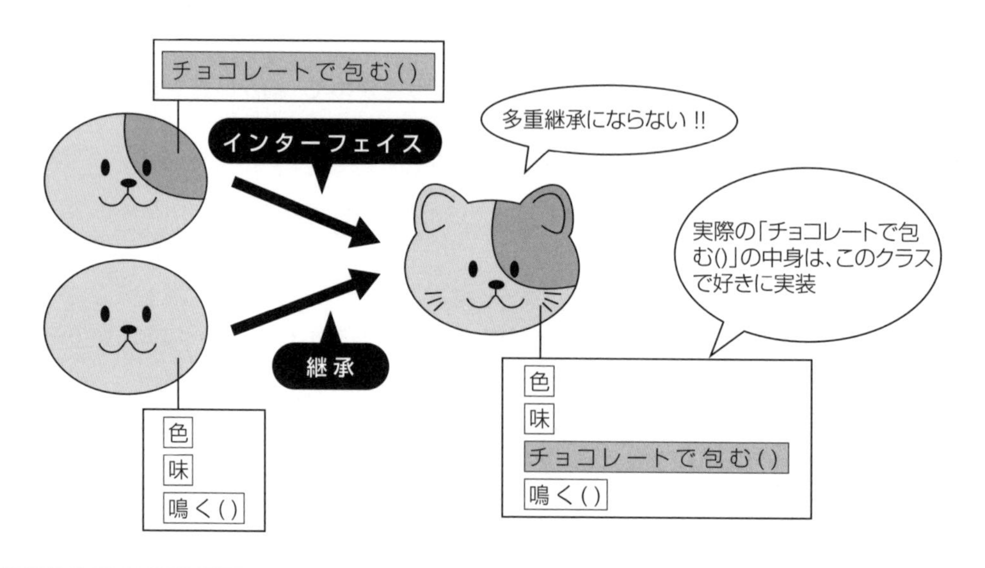

図3-21：クッキーにトッピング

List1のように**interface**（インターフェイス）と書くと、「このクラスはインターフェイスです」という意味になります。

List 1 サンプルコード（インターフェイスの記述例）

```
' トッピングインターフェイス
Public Interface ITopping
    Sub WrappChocolate() ' チョコレートで包む
End Interface
```

表3-9：List1のコード解説

No.	コード	内容
❶	Public Interface ITopping	「IToppingクラスはインターフェイスです」という意味です

Interfaceの具体的な機能は、List2に示した継承したクラスで実装します。

なお、**Implements**（インプレメンツ）は、特定のインターフェイスが実装されていることを表します。

List 2 サンプルコード（インターフェイスの記述例）

```
' ネコクラス
Public Class Cat
    Inherits Animal
    Implements ITopping

    Public Overrides Function WrapChocolate() As String
        Return "ホワイトチョコ"
    End Function
End Class
```

表3-10：List2のコード解説

No.	コード	内容
❶	Public Class Cat Inherits Animal Implements Itopping	interfaceの具体的な機能は、この継承したクラスで実装します

Catクラスは、親クラスとなるAnimalクラスを継承するとともに、IToppingインターフェイス（IToppingクラス）からも使用可能なメソッドとプロパティを継承しています。

まとめ

◉ インターフェイスを使うと、いろいろな機能を後から追加しやすい。

用語のまとめ

用語	意味
インターフェイス	クラスの境界面の規約だけを決める特殊なクラスのこと

Column 無償の開発環境

Microsoft社が提供する無償の開発環境、Visual Studio Communityは、個人でプログラミングをするには、十分な機能を持ちます。

こういった製品がユーザーに対して無償で提供される背景として、ほかの開発環境の多くが無償で提供されているということも無視できません。

ほかの無償で提供される開発環境としては、Eclipse（エクリプス）が有名です。Eclipseは、JavaやPHPなどに対応した開発環境です。また、同じくJavaには、データベースで有名な米Oracle（オラクル）社から提供されているNetBeans（ネットビーンズ）という開発環境もあり、これも無償で提供されています。

これらの開発環境はお互いに、より簡単に開発できるように日々進化し続けています。今後もいいライバル関係を持ってより使いやすい開発環境となるといいですね。

Column コンボボックスを使ってメソッドを探す

機能を増やしていくと、プログラムコードの量も比例して増えていきます。わずか数行のコードであれば何の問題もありませんが、例えば、膨大な量のコードの中から特定のメソッドがどこにあるかを探そうとすると、非常に大変です。

そんなときは、エディタ上部にあるコンボボックスを使います。コードを探すときに、コンボボックスからメソッド名を選択することによって、カーソルが選択したメソッドにジャンプします。

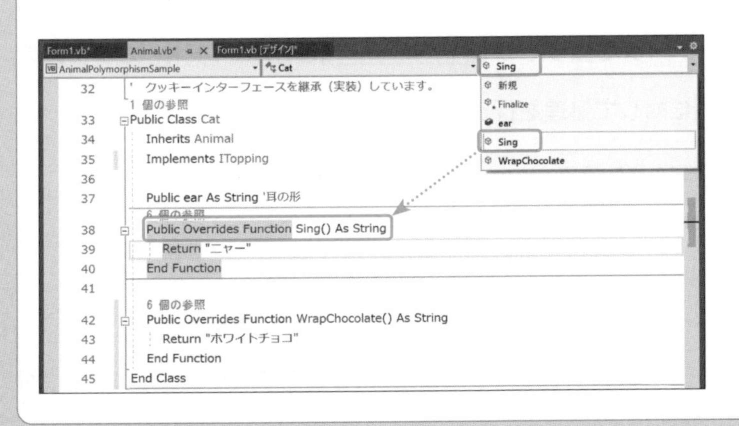

9 復習ドリル

いかがだったでしょうか？　オブジェクト指向プログラミングの理解を深めるためにドリルを用意しました。

●ドリルにチャレンジ！

以下の1～23までの空白部分を埋めてください。

1 設計手法の1つで、実行の順番をある程度まとめて大きな塊（かたまり）にする設計手法を［　　　　］と呼ぶ。

2 設計手法の1つで、データに着目した考え方を［　　　　］と呼ぶ。

3 設計手法の1つで、処理とデータをひとくくりにする考え方を［　　　　］と呼ぶ。

4 オブジェクトが持っている、そのオブジェクトの性質を表すデータを［　　　　］と呼ぶ。

5 オブジェクトは、「処理」と「データ」からできているが、その「処理」にあたるものを［　　　　］と呼ぶ。

6 オブジェクトの処理を行うきっかけを［　　　　］と呼ぶ。

7 イベントが発生したときに実際に呼ばれるメソッドのことを［　　　　］と呼ぶ。

8 共通の目的を持ったデータと処理を集めたものを［　　　　］と呼ぶ。

9 クラスを元にして、実際に処理やデータを扱うものを［　　　　］と呼ぶ。「実体」という意味。

10 処理を行う場合は、［　　　　］に対して処理を行う。

11 以下は、Animalクラスのサンプルコードです。

```
Public [　　　　] Animal
    ' 処理
End [　　　　]
```

12 以下は、Animalクラスのプロパティとメソッドを持った変数aniを宣言するサンプルコードです。

```
Dim ani1 As [　　　　]
```

13 以下は、宣言した変数aniに対してAnimalクラスのインスタンスを作成して、代入するコードです。

```
ani = [        ] Animal()
```

14 オブジェクトの中に処理とデータを隠し、オブジェクトを操作するために必要な処理のみ外部に公開することを[   ]と呼ぶ。

15 自分以外のクラスに見えるようにするか、しないかを指定するコードを[   ]と呼ぶ。

16 次のコードは、プロパティのサンプルコードです。

```
[        ] _myBackColor As Color
[        ][        ]MyBackColor() As Color
Get
  Return _myBackColor
End Get
Set(value As Color)
  _myBackColor = value
End Set
End [        ]
```

17 共通部分を抜き出して作成した元になるクラスから新しいクラスを作成することを[   ]と呼ぶ。

18 以下は、Animalクラスを継承したCatクラスのコードです。

```
Public Class Animal
  ' クラスの内部のコード
End Class

Public Class Cat
  [        ] Animal
  ' クラスの内部のコード
End Class
```

19 クラスの動作に着目し、同じ動作をまとめて、呼び出す側が楽をする仕組みを[   ]と呼ぶ。

20 継承関係がある元となるクラスで「クラスを実体化しない」、つまりインスタンスを持たないようにする仕組みを持ったクラスを[   ]と呼ぶ。

21 以下は、Animal抽象クラスのサンプルコードです。

```
Public [      ]Class Animal
  ' クラスの内部のコード
End Class
```

22 オブジェクトに対して使用可能なメソッドとプロパティの一覧だけを示すクラスを[   ]と呼ぶ。

23 以下は、IToppingインターフェイスのサンプルコードです。

```
Public [      ]ITopping
  Sub WrappChocolate() ' チョコレートで包む
End [      ]
```

オブジェクト指向プログラミングがわかったかな？

復習ドリルの答え

1 構造化設計
2 データ中心アプローチ
3 オブジェクト指向
4 プロパティ
5 メソッド
6 イベント
7 イベントハンドラ
8 クラス
9 インスタンス
10 インスタンス
11 class
12 Animal
13 New
14 カプセル化
15 アクセス修飾子
16 順番に、Private、Public、Property、Property
17 継承
18 :Animal
19 ポリモーフィズム
20 抽象クラス
21 abstract
22 インターフェイス
23 interface

Chapter 4

プログラム作成の基本を覚える

さて、いよいよプログラムの作成に入ります。簡単なアプリケーションを作りながら、Visual Basicの記述方法と、Visual Studio Community 2019の使い方を学んでいきます。

このChapterの目標

- ✓ Visual Studio Community 2019を使って、アプリケーションの画面の作成方法を学ぶ。
- ✓ Visual Basicでの変数や、代入文の使い方を学ぶ。
- ✓ テキストボックスのデータの取り出し方や、計算した値の表示方法を学ぶ。

簡単計算プログラムの完成イメージ

「簡単計算プログラム」の作成を通して、アプリケーションをどのような手順で作るかを体験しましょう。

●アプリケーション作成の流れ

さっそくアプリケーションを作りましょう。Visual Studio Community 2019（本章では以降、VS Community 2019と表記します）を使い、画面上にボタンがあって、そのボタンをクリックするとアプリケーションが処理を行うという最も基本的なアプリケーションを作ります。

アプリケーション作成の流れは、以下のようになります。

手順❶　完成イメージを絵に描いて、画面に対する機能を書いてみる。
手順❷　VS Community 2019で、手順❶の絵のように画面を作成する。
手順❸　画面の値を設定する。
手順❹　コードを書く。
手順❺　動かしてみる。
手順❻　修正する。
手順❼　完成したアプリケーションを配る準備をする。

では、流れに沿って、実際にアプリケーションを作成していきましょう。

●完成イメージをつかむ

VS Community 2019でのプログラム作成の雰囲気をつかむために、まず最初に**簡単計算プログラム**というアプリケーションを作ります。「簡単計算プログラム」は「入力した2つの値を足し算して表示させる」というアプリケーションです。

先ほど説明したアプリケーション作成の流れに従い、**完成イメージ**を絵に描いて、画面に対する機能を検討してみることにします。

料理を作るときも同じですが、出来上がりがイメージできないと、その途中の作業の順番もイメージしづらいものです。まずは慣れるまでは、紙などに作りたいアプリケーションのイメージを描くことをお勧めします。やがて、いくつかアプリケーションを作成して慣れてくれば、頭の中でもアプリケーションをイメージできるようになるかと思います。

イメージは、紙に描くのが一番お手軽ですが、ワープロや描画ソフトなどでも構いません。

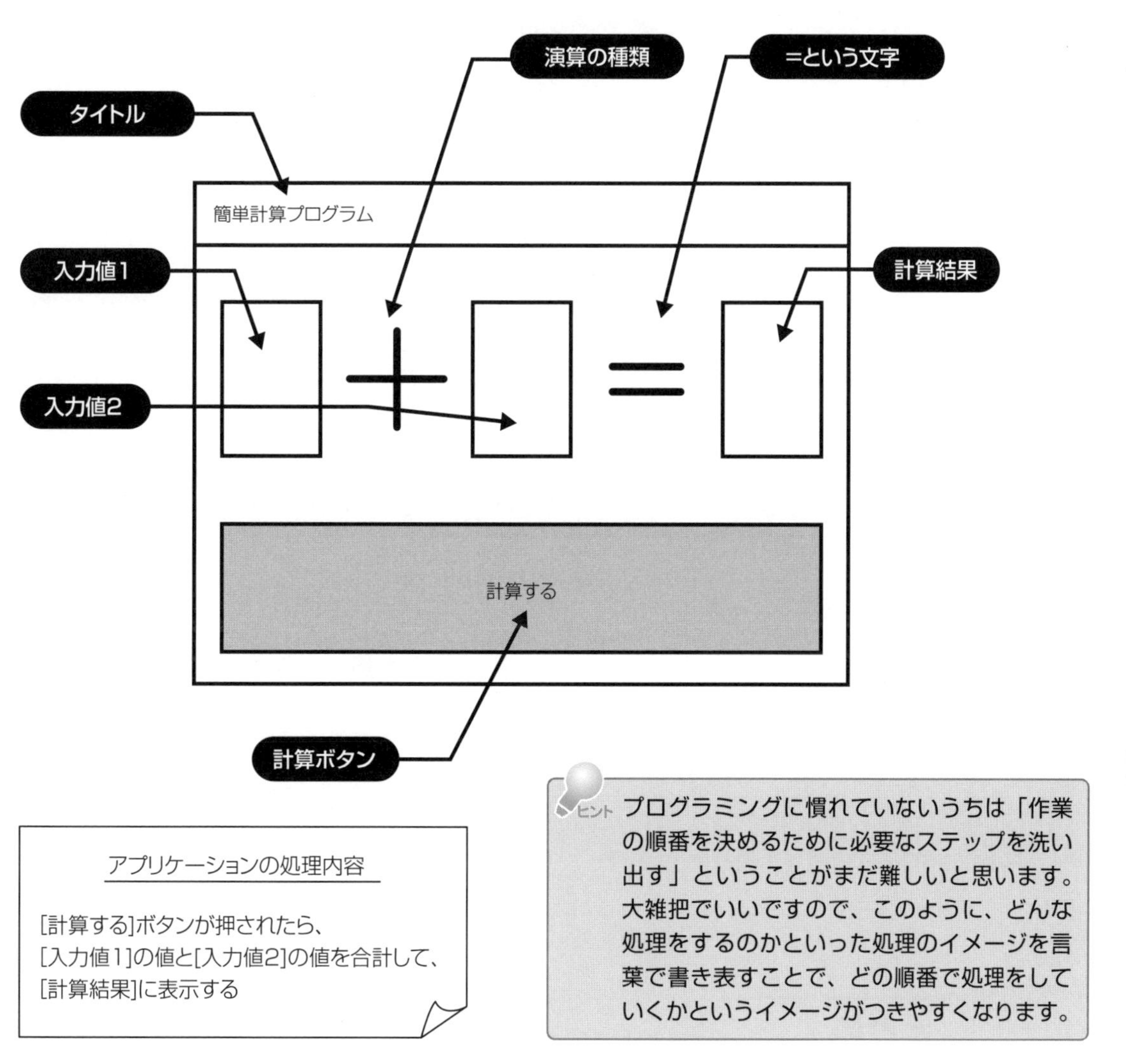

図4-1：完成イメージを絵に描いて、画面に対する機能を検討する

このように完成した画面のイメージを描くことを**画面設計**と言います。

実際の完成イメージは、次ページの画面のようになります。いかがでしょうか？　自分でアプリケーションが作れそうですか？

完成イメージ（デザイン画面）

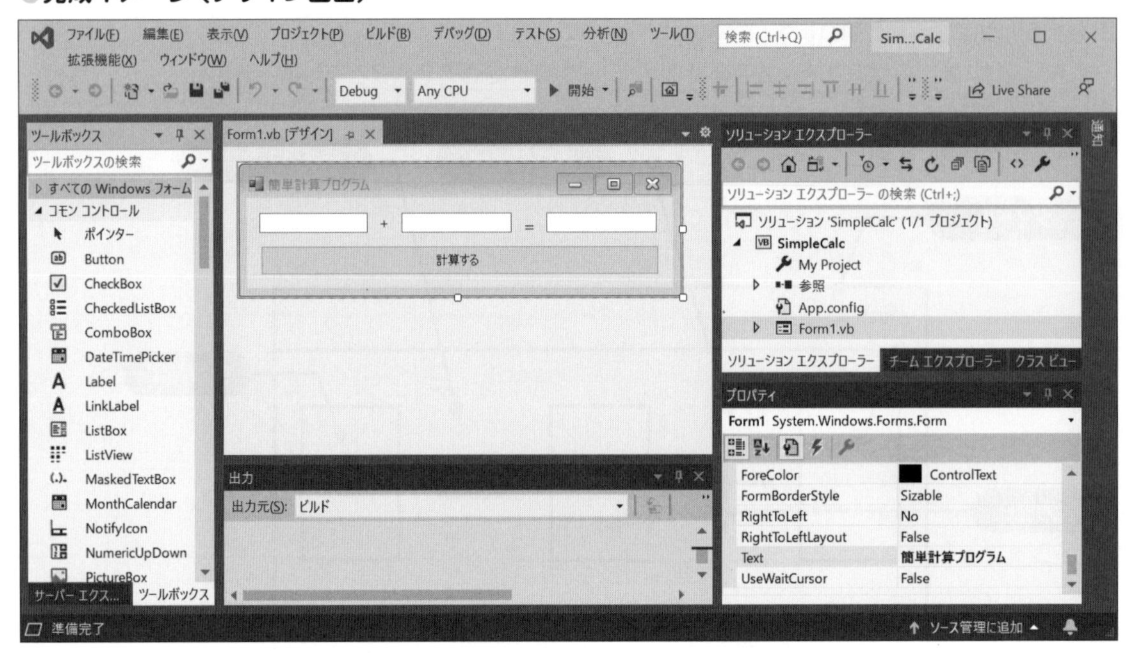

完成イメージ（実行画面）

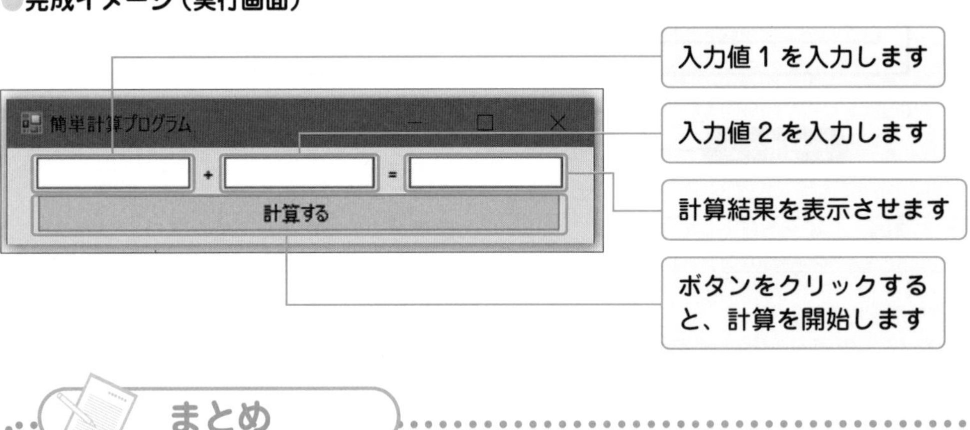

まとめ

- プログラムをする前に、完成イメージをつかむことが大事。
- 画面に対する機能を検討するため、完成イメージを絵に描いてみるとよい。

用語のまとめ

用語	意味
画面設計	完成した画面のイメージを描くこと

画面の設計①（フォームの作成）

Windowsアプリケーションの「ひな形」がフォームです。ここでは、画面作成の流れと、画面のひな形の作成方法を覚えましょう。

●画面作成の流れ

古いプログラミング言語では、画面の完成イメージを見ながら、画面の部品をすべてプログラミングしていました。しかし、VS Community 2019では、アプリケーションの画面は、**ひな形***となる画面に部品をドラッグ&ドロップするだけで作成できます。

それではVS Community 2019を起動してください。まずは画面を作成しましょう。

画面の作成は、主に以下の手順で行います。描いた絵に従って画面を設計したら、「ひな形」となる**Windowsフォームアプリケーション**にいろいろな部品を配置して、画面を作成していきます。

ひな形の作成
- 手順❶　VS Community 2019を起動する。
- 手順❷　［新しいプロジェクトの作成］を選択する。
- 手順❸　テンプレートから、［Windowsフォームアプリケーション(.NET Framework)］を選択する。
- 手順❹　プロジェクト名を入力する。
- 手順❺　Windowsアプリケーションのひな形が完成する。

画面の作成
- 手順❻　「入力値1」を画面に配置する。
- 手順❼　＋を配置する。
- 手順❽　「入力値2」を画面に配置する。
- 手順❾　＝を配置する。
- 手順❿　「計算結果」を配置する。
- 手順⓫　［計算する］ボタンを配置する。
- 手順⓬　Windowsフォームに名前を付ける。

動作確認
- 手順⓭　動かしてみる。

＊**ひな形**　一般的には何かを作るときのもとになる定型的なデータやファイル、書式のことを指します。ここでは、Windowsフォームが最低限持っている土台に当たります。「テンプレート」とも言います。

●ひな形を作成する

それでは、4.1節で書いた画面の絵を元に、手順にそって画面を作成してみましょう。

1 VS Community 2019を起動する

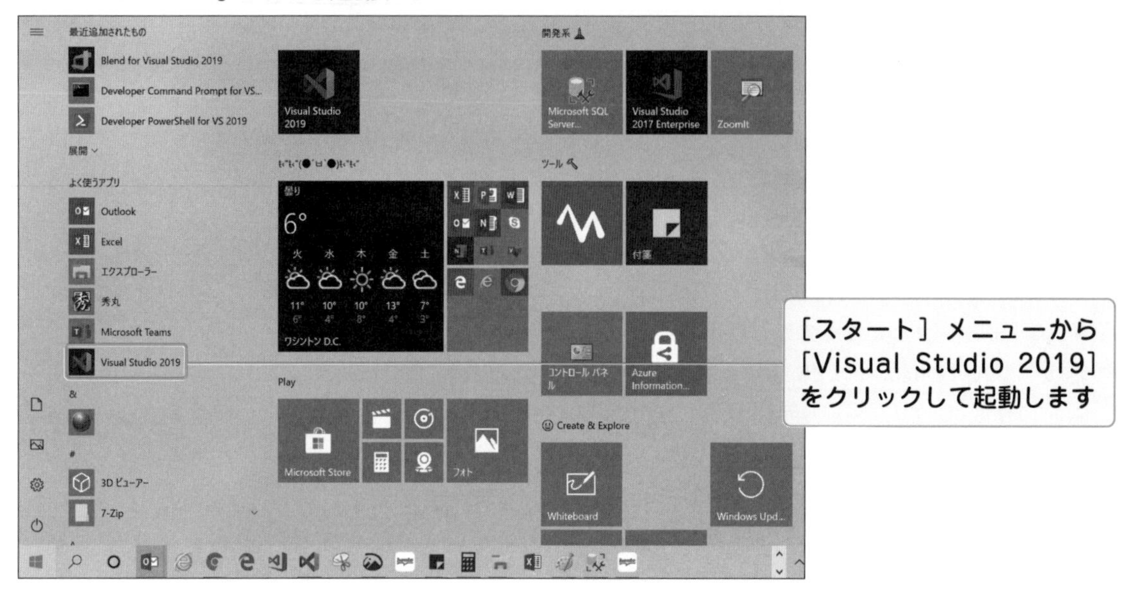

2 [新規作成] [新しいプロジェクトの作成] をクリックする

3 [Windowsフォームアプリケーション(.NET Framework)] を選択する

❶ ［新しいプロジェクトの作成］ダイアログボックスの上部の検索ウィンドウに［WinForms］とタイプしてテンプレートの種類を絞り込みます。さらに、言語は［Visual Basic］、プラットフォームは［Windows］、プロジェクトの種類は［デスクトップ］を選択して絞り込むこともできます

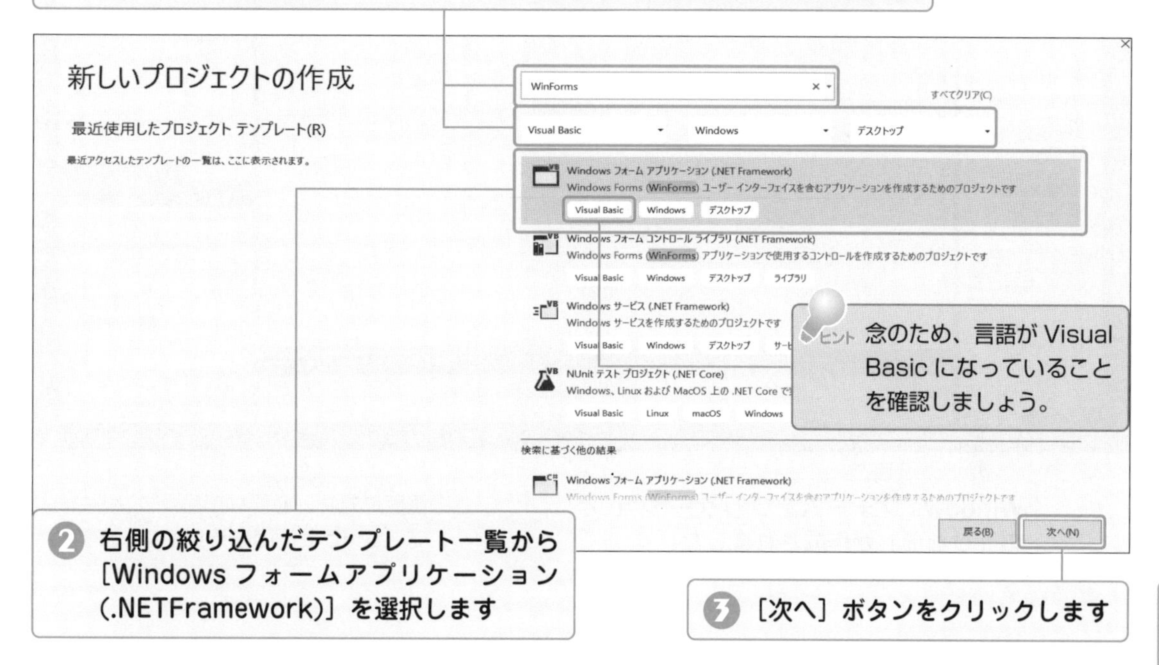

ヒント 念のため、言語がVisual Basicになっていることを確認しましょう。

❷ 右側の絞り込んだテンプレート一覧から［Windows フォームアプリケーション(.NETFramework)］を選択します

❸ ［次へ］ボタンをクリックします

4 プロジェクト名を入力する

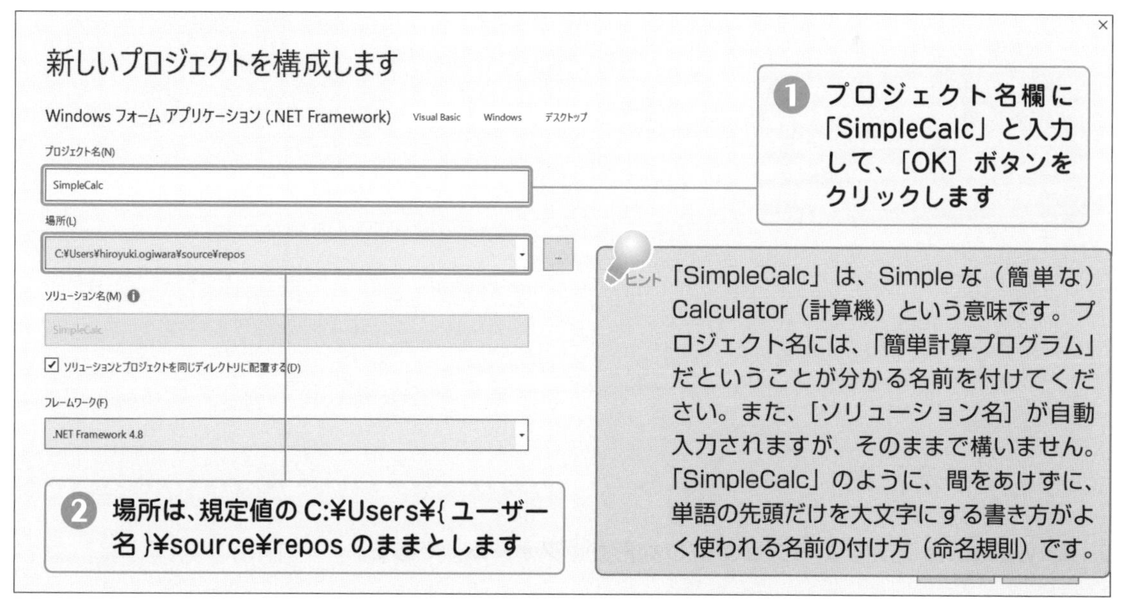

❶ プロジェクト名欄に「SimpleCalc」と入力して、［OK］ボタンをクリックします

❷ 場所は、規定値のC:¥Users¥{ユーザー名}¥source¥reposのままとします

ヒント 「SimpleCalc」は、Simpleな（簡単な）Calculator（計算機）という意味です。プロジェクト名には、「簡単計算プログラム」だということが分かる名前を付けてください。また、［ソリューション名］が自動入力されますが、そのままで構いません。「SimpleCalc」のように、間をあけずに、単語の先頭だけを大文字にする書き方がよく使われる名前の付け方（命名規則）です。

5「ひな形」ができる

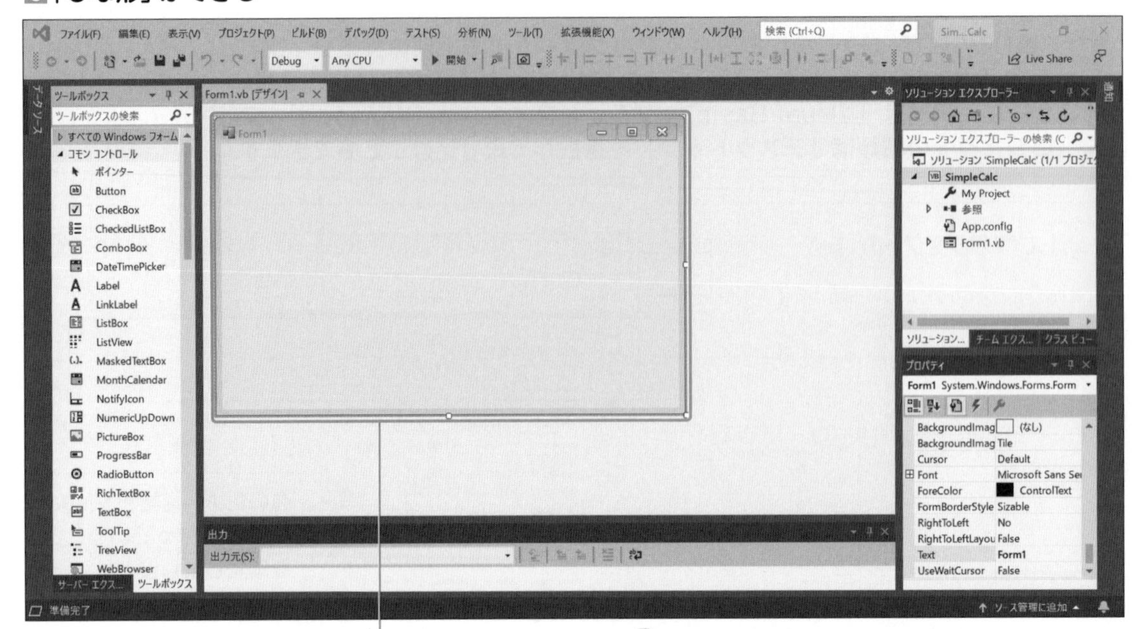

Windows フォームアプリケーションの「ひな形」が作成されました

ヒント この画面に対し、必要な部品（コントロール）を貼り付けて画面をデザインします。

◎ Windowsアプリケーションのひな形が「フォーム」である。

3 画面の設計②（画面の作成）

前節で作成したフォームにボタンやテキストボックスと呼ばれる部品を配置する方法と、それぞれの部品が持つ値が設定する方法を覚えましょう。

●画面を作成する

次に画面設計でデザインした通りに、画面を作成していきます。

●「入力値1」を画面に配置する

まず、[入力値1] を画面に配置します。

1 TextBoxコントロールを画面にドラッグ&ドロップする

ヒント　ツールボックスから適切な部品を選んで画面にドラッグ&ドロップします。値を入力したいので、この場合、TextBox コントロールが最適です。

ヒント　ツールボックスのどこにあるかわからない場合、ツールボックスの検索欄に目的のコントロール名の一部（例えば、text など）を入力して検索できます。

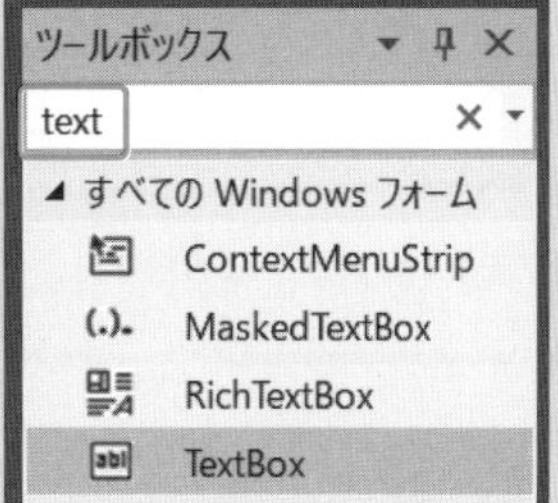

2 TextBoxコントロールが画面に貼り付いた

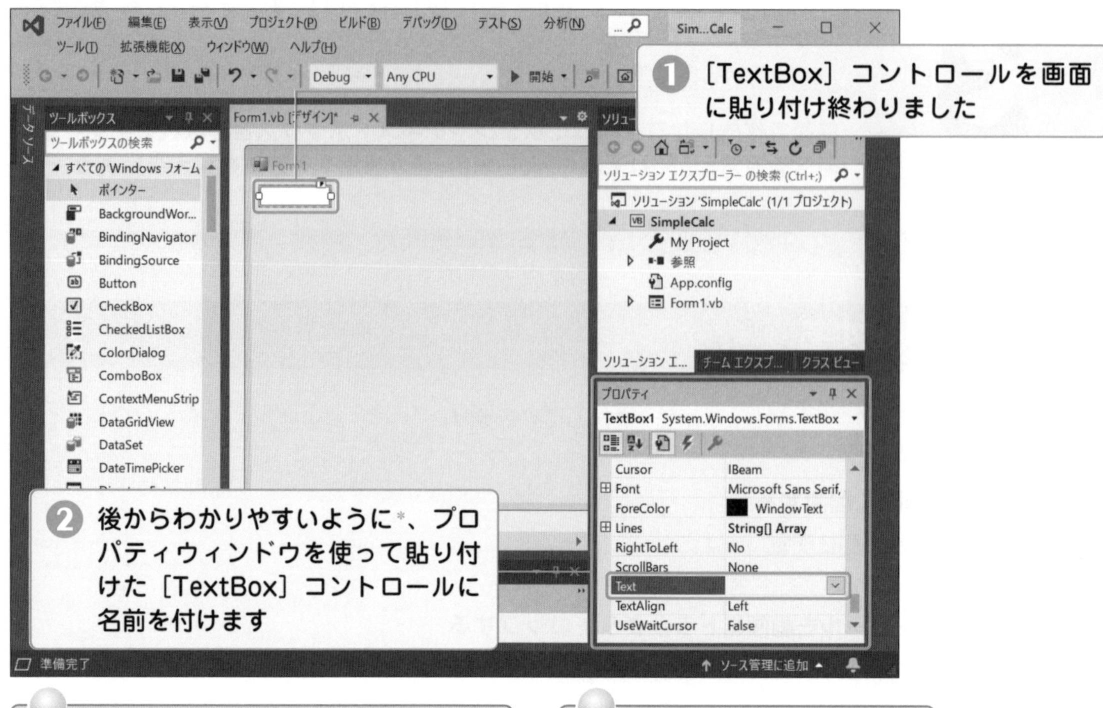

3 TextBoxコントロールに名前を付ける

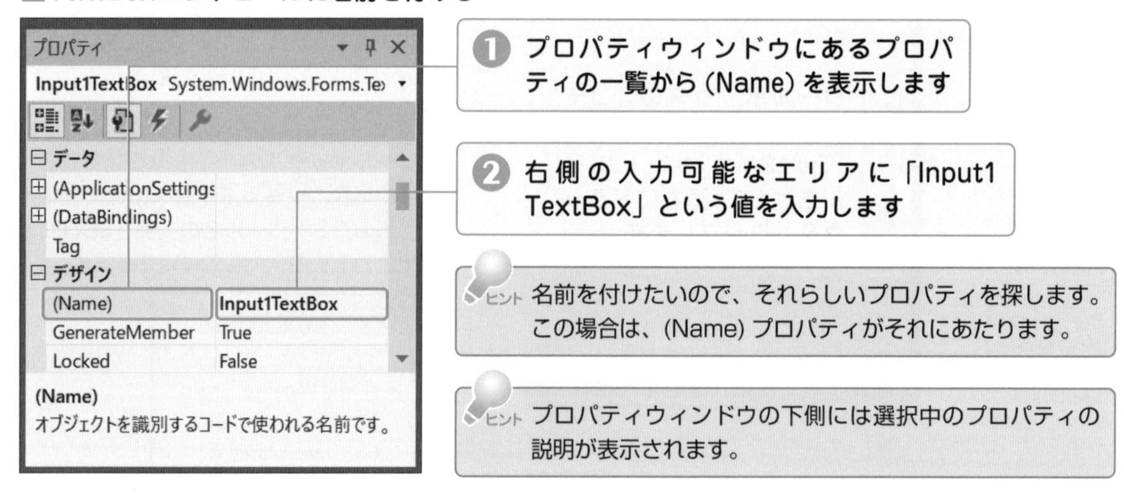

＊後からわかりやすいように　TextBoxやLabelなど複数のコントロールを画面に貼り付けた後、コードで操作するときに、TextBox1やTextBox2のままだと何の役割を持たせたコントロールだったがわかりづらいため、それぞれのコントロールの役割がわかるような名前を付けます。

＋を配置する

次に演算記号の「＋」を画面に配置します。

4 Labelコントロールを画面にドラッグ＆ドロップする

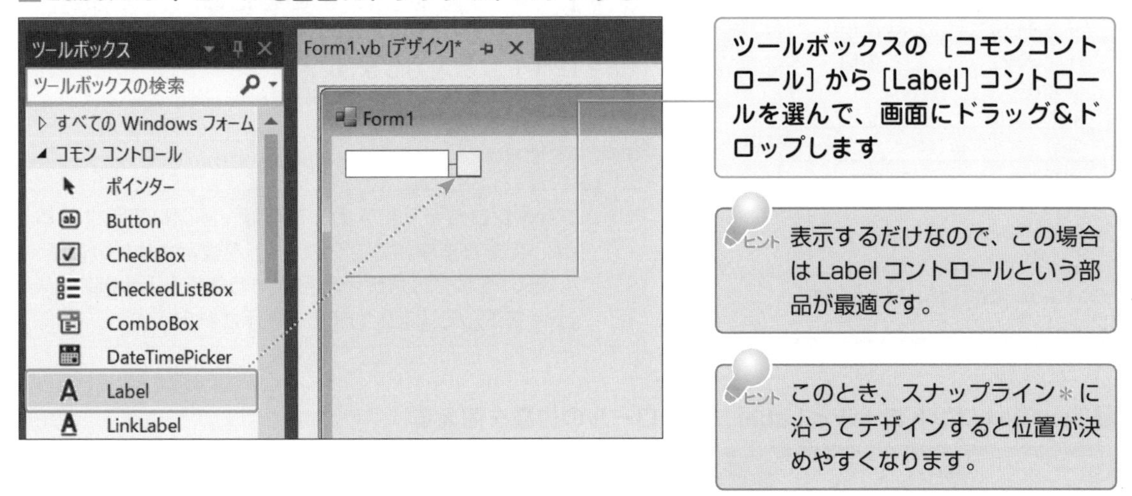

5 Labelコントロールに名前を付ける

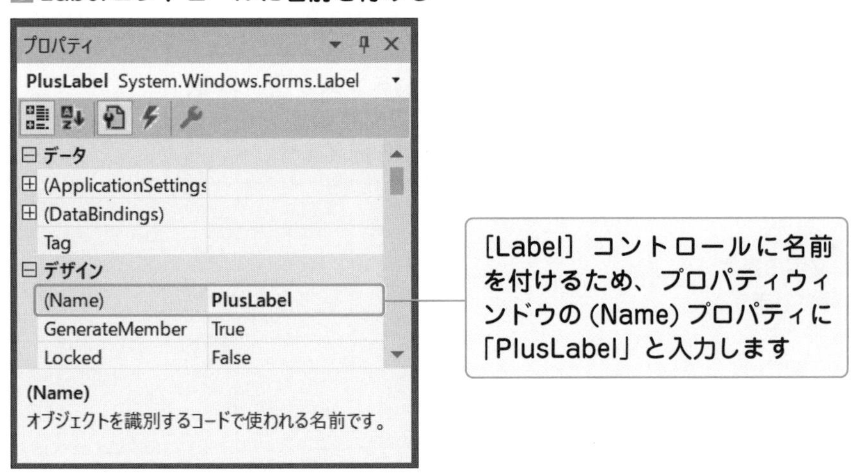

＊ **スナップライン**　コントロールをドラッグしているときに表示される位置合わせのガイド線のこと（Chapter2の72ページを参照してください）。

6 Textプロパティに「+」を入力する

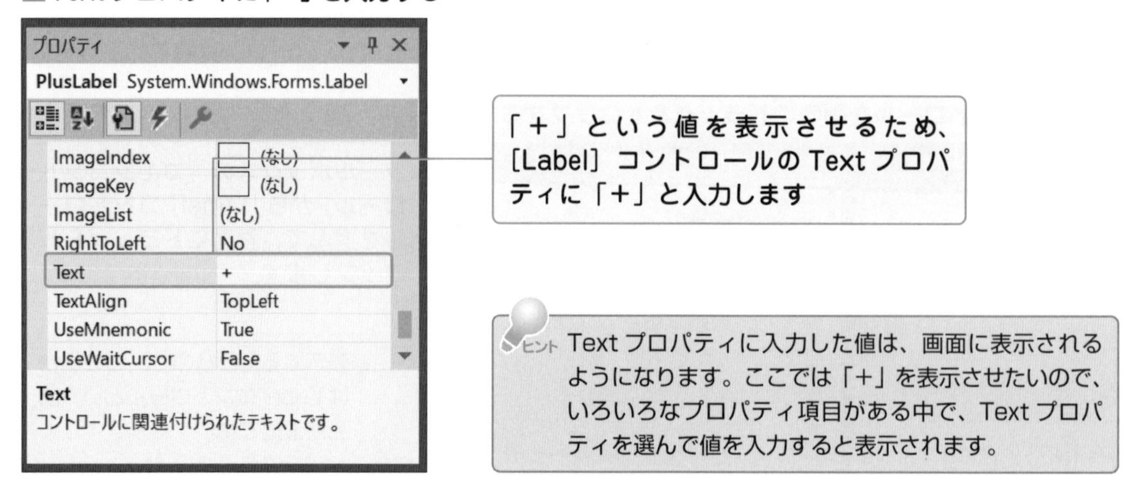

7 TextBoxコントロールとLabelコントロールの位置を揃える

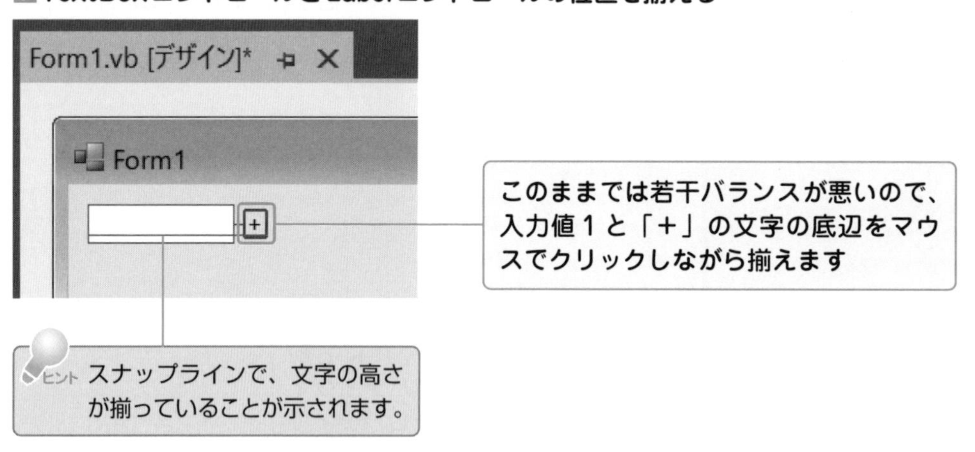

「入力値2」を画面に配置する

さらに、「入力値2」を画面に配置します。

8 TextBoxコントロールを画面にドラッグ&ドロップする

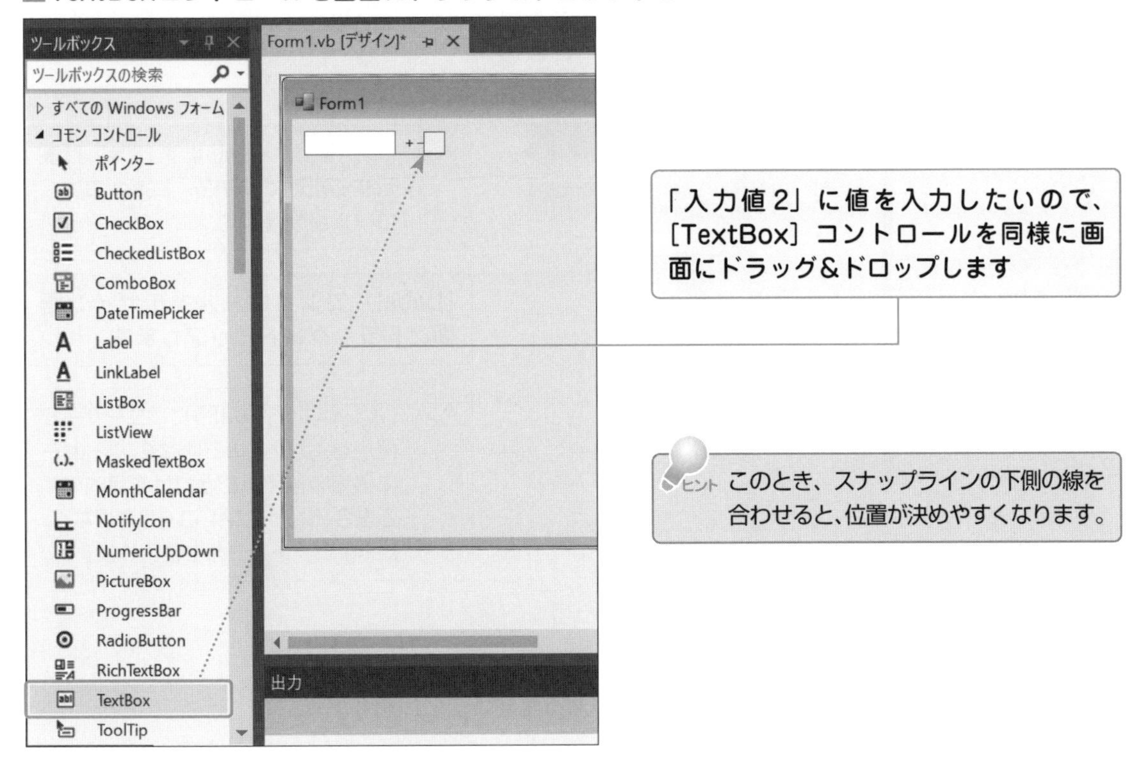

9 TextBoxコントロールに名前を付ける

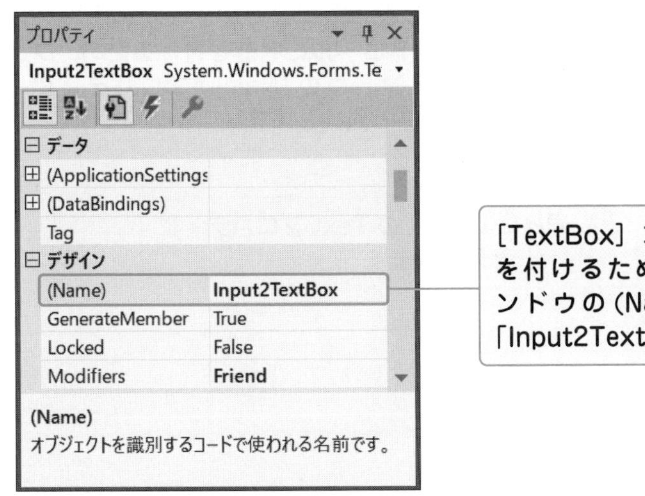

[TextBox] コントロールに名前を付けるため、プロパティウィンドウの (Name) プロパティに「Input2TextBox」と入力します

=を配置する

今度は、等号の「=」を画面に配置します。

⑩ Labelコントロールを画面にドラッグ&ドロップする

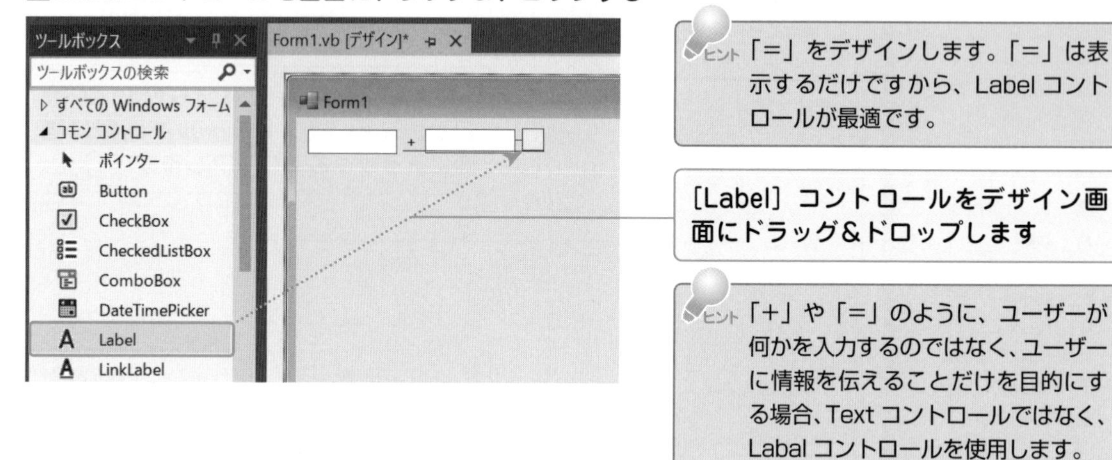

⑪ Labelコントロールに名前を付ける

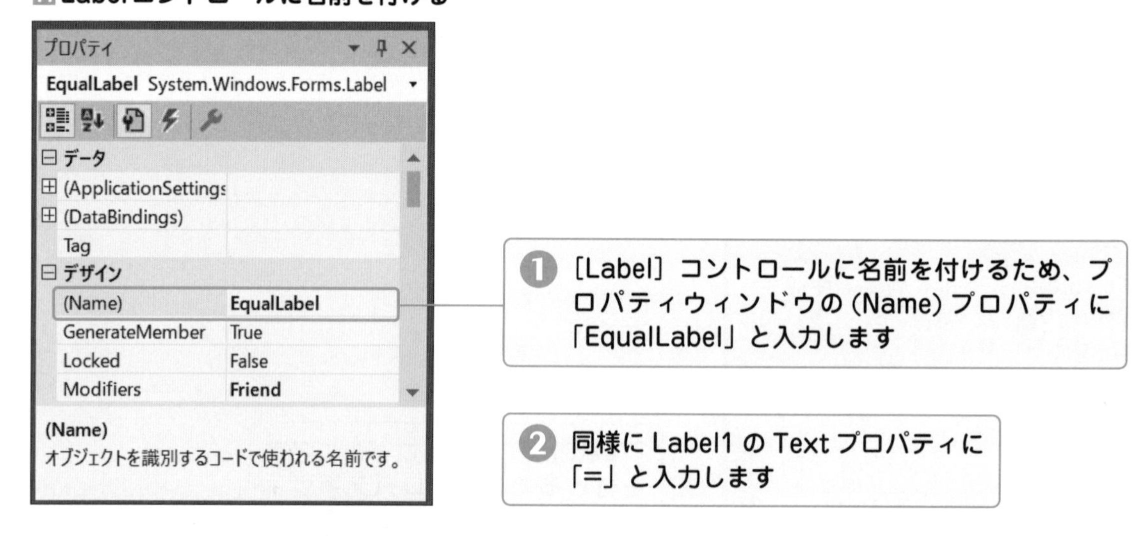

⑫ Labelコントロールの位置を揃える

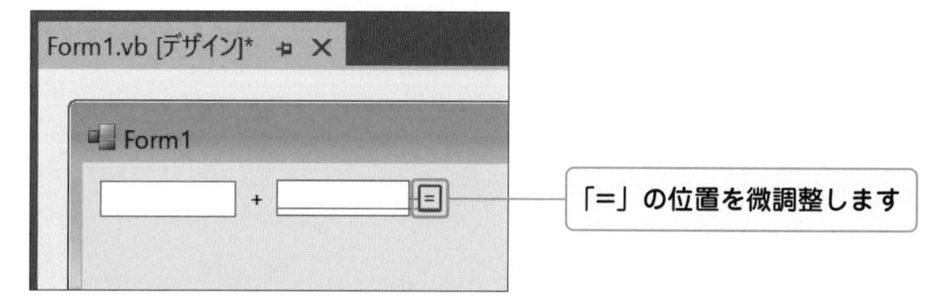

13 カーソルを画面の右下に移動する

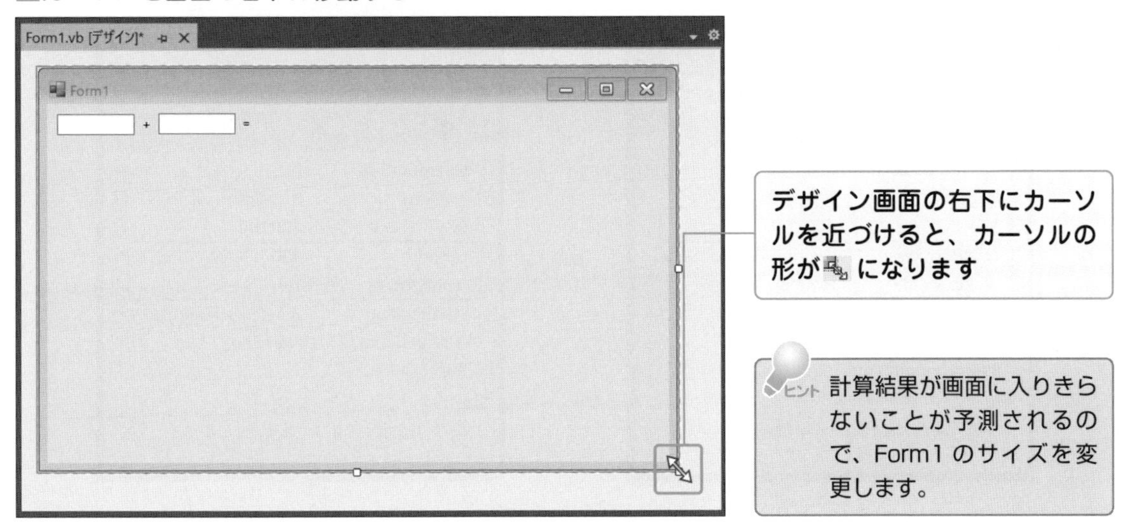

14 Form1のサイズを調節する

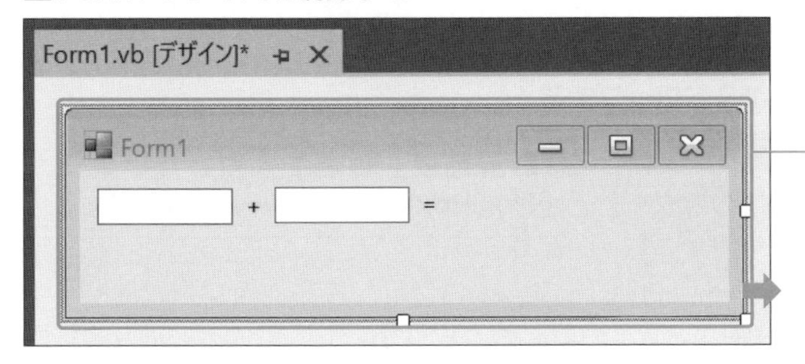

右横に［TextBox］コントロールがもう1つ配置できるくらいの余裕を持たせて画面を変形させ、サイズを変更します

Tips プロパティの値の設定

Form1のサイズは、プロパティでも変更が可能です。Form1のプロパティを表示させて、プロパティの一覧から**Sizeプロパティ**を選び、「400,110」と入力してください。

また、Sizeプロパティは、⊞ボタンで展開することができます。Formの幅を示す**Widthプロパティ**や、Formの高さを示す**Heightプロパティ**に直接値を設定することも可能です。

プロパティの値の設定方法はいろいろありますが、どれも結果は同じですので、好きな方法で設定してください。

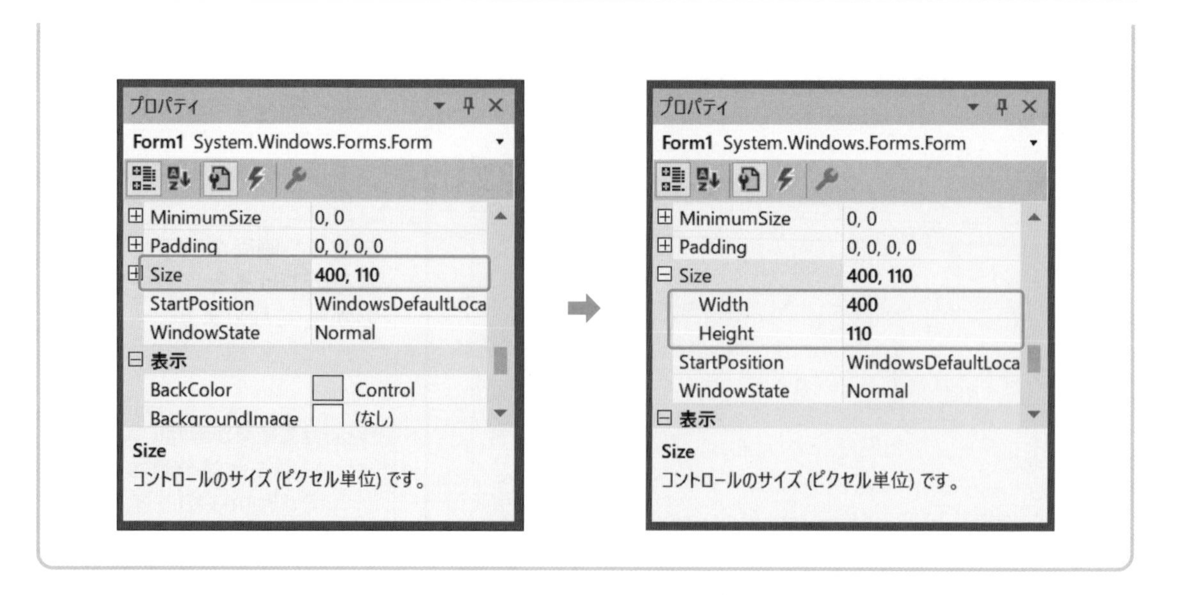

●「計算結果」を配置する

今度は、「計算結果」を画面に配置します。

15 TextBoxコントロールを画面にドラッグ&ドロップする

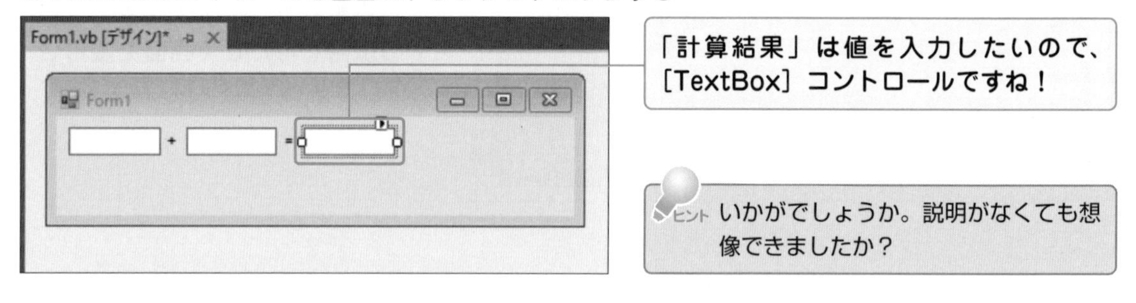

16 TextBoxコントロールに名前を付ける

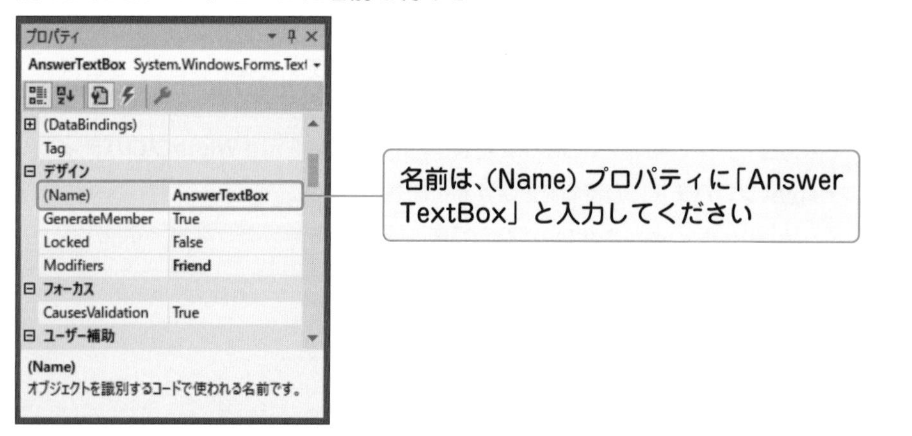

●［計算する］ボタンを配置する

さらにアプリケーションに計算を実行させるためのボタンを配置します。

17 Buttonコントロールを画面にドラッグ&ドロップする

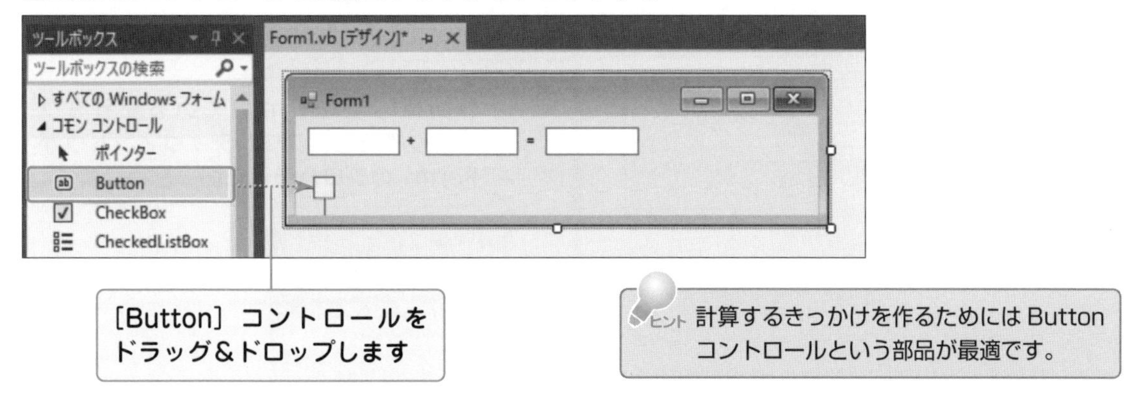

［Button］コントロールをドラッグ&ドロップします

ヒント 計算するきっかけを作るためにはButtonコントロールという部品が最適です。

18 Buttonコントロールが画面に貼り付いた

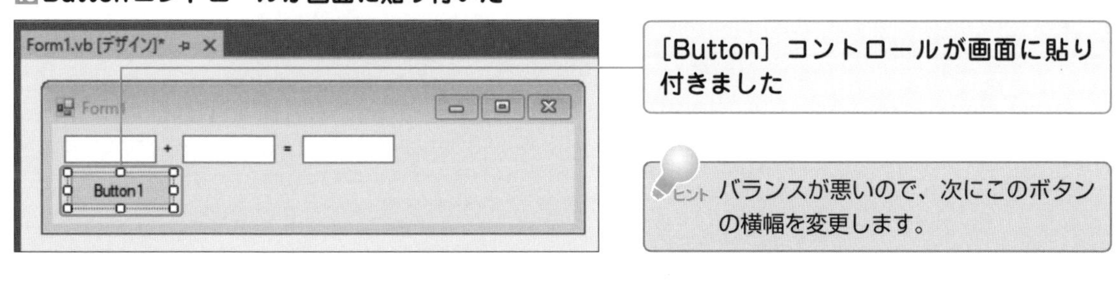

［Button］コントロールが画面に貼り付きました

ヒント バランスが悪いので、次にこのボタンの横幅を変更します。

19 Buttonコントロールのサイズを調節する

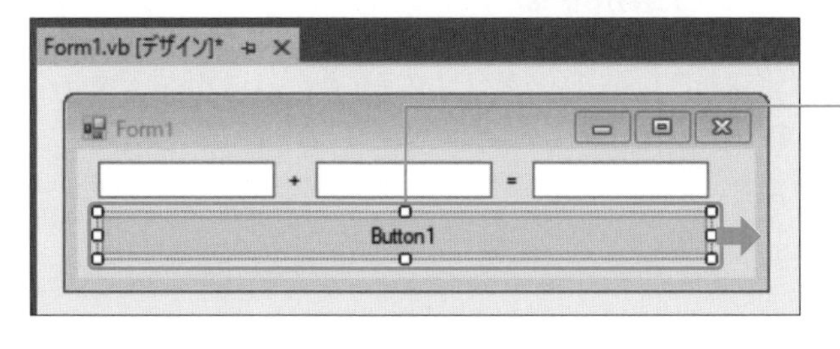

画面に貼り付けた［Button］コントロールの横をつまんで、右に伸ばしてください

20 名前と表示する文字を変更する

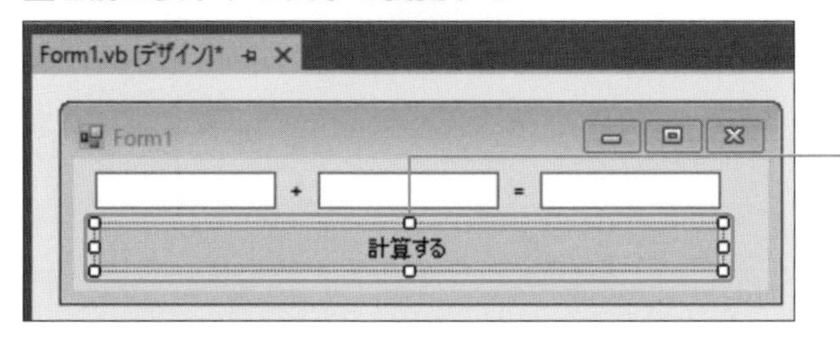

プロパティウィンドウを使って、［Button］コントロールの（Name）プロパティの値を「CalcButton」と入力し、さらにTextプロパティの値を「計算する」と入力します

Windowsフォームに名前を付ける

最後にWindowsフォームに名前を付けます。

21 Form1のプロパティを表示させる

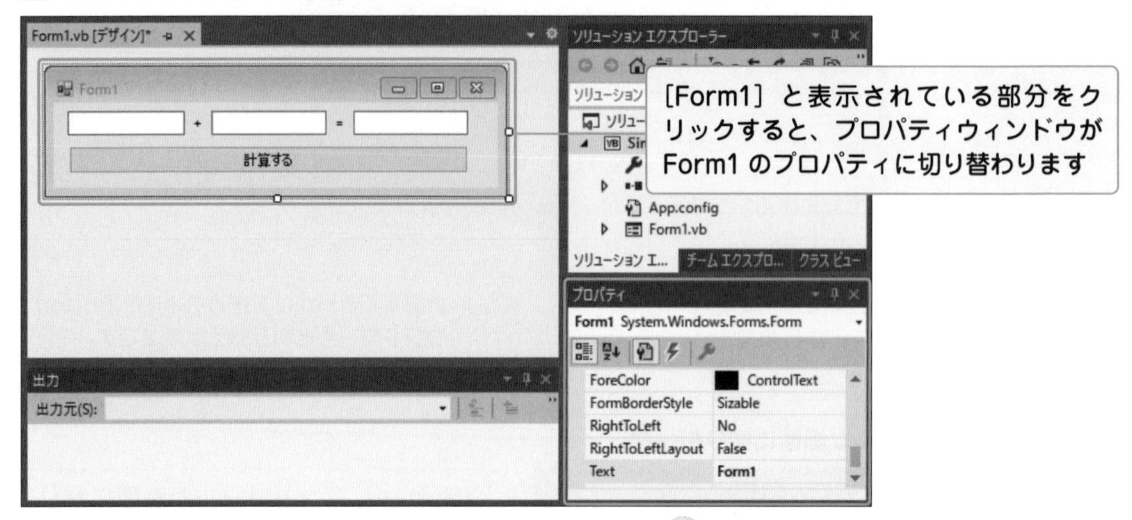

ヒント Form1の名前を変更したいので、Form1のTextプロパティを探します

Tips 部品（コントロール）の一覧から選択する

プロパティウィンドウの ✕ ボタンの下にレイアウトされている ▾ をクリックすると、この画面で使用した部品（コントロール）が一覧になっています。

その一覧から［Form1］を選択する方法もあります。

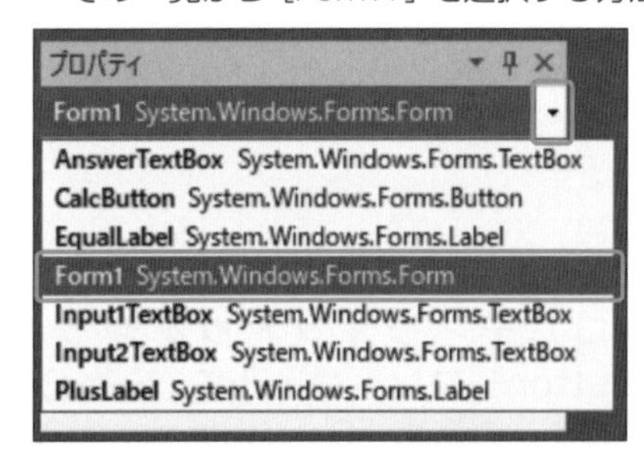

22 Form1のタイトル文字を変更する

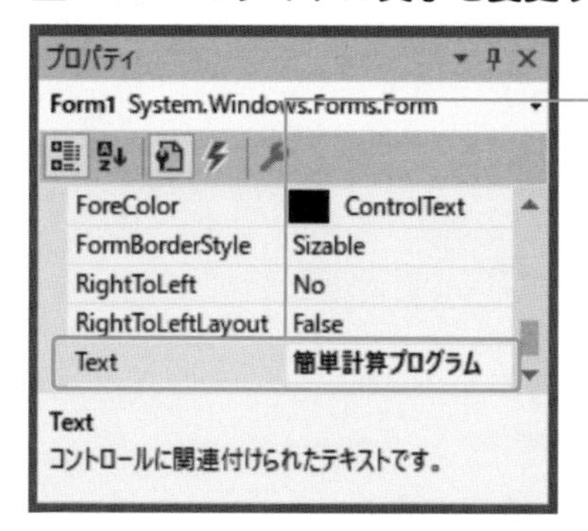

Textプロパティの値を「簡単計算プログラム」と入力します

ヒント　アプリケーションが何を示すものかが一目でわかるように、タイトルを付けます。初期表示のままでは、Form1になってしまい、何をするアプリケーションなのかがわかりません。そのため、Form1のTextプロパティの値を変更し、何をするアプリケーションなのかがわかるタイトルにします。

23 Form1のタイトルが変わった

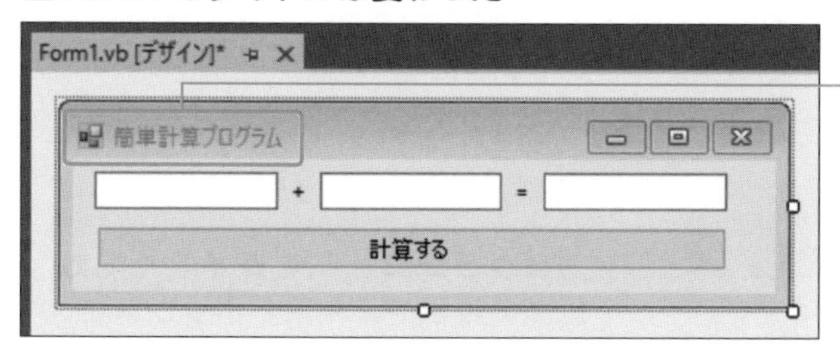

Form1のタイトルが変わったことがその場で確認できます

●動作を確認する

最後に、出来上がった画面がちゃんと動作するかを確認しましょう。

1 ［開始］ボタンをクリックする

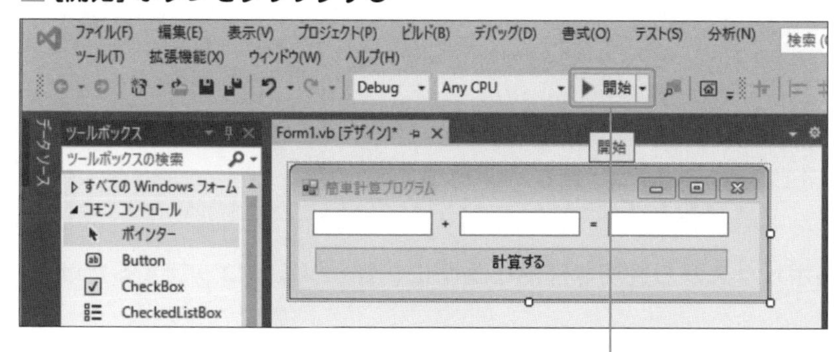

ツールバーから［開始］ボタンを選んでクリックします

2 デザインした画面が表示される

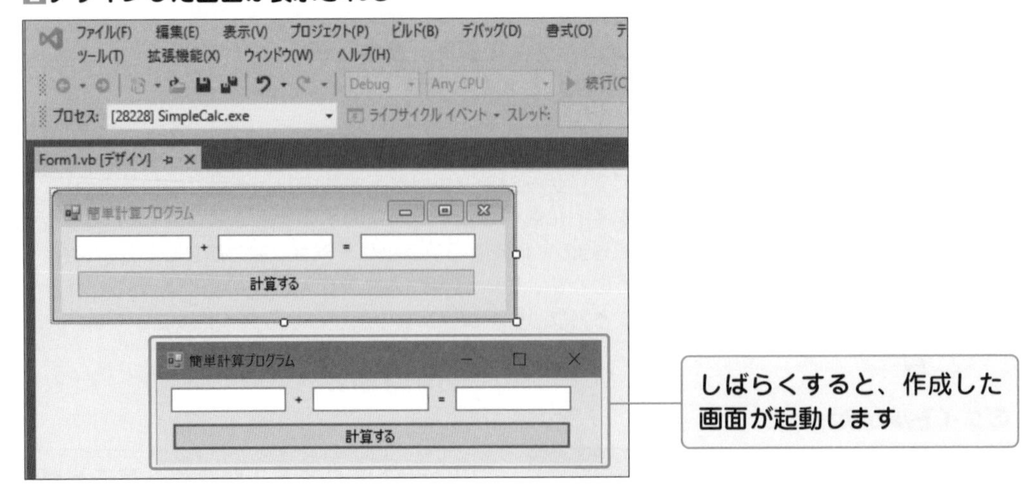

3 動作を確認する

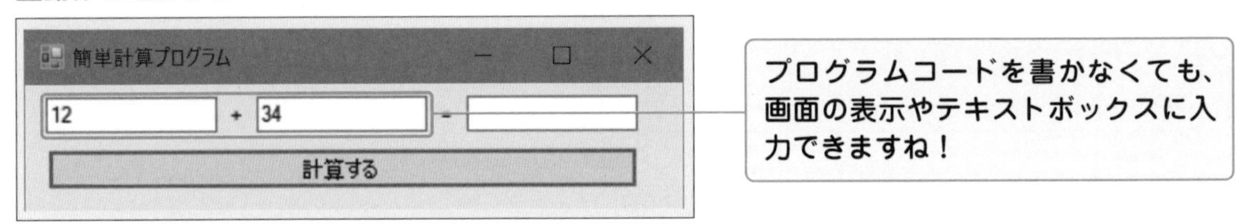

これでアプリケーションの動作確認ができました。ただし、値を入力して［計算する］ボタンをクリックしても、まだ何も起こりません。

実際には「計算するボタンが押された場合に、入力された値を取り出して、演算を行って、結果を表示する」という処理を記述する必要があります。

そのあたりの処理は、次の4.4節以降で作成します。

- 画面の作成は、ツールボックスから適切な部品を画面にドラッグ＆ドロップするだけで作成できる。
- ドラッグ＆ドロップした後、コントロールに名前を付ける。
- プロパティウィンドウを使うと、該当するコントロールのプロパティの値を簡単に変更できる。

Column ツールボックスのコントロール一覧(コモンコントロール)

ツールボックスには便利な部品がたくさんありますが、どのような部品なのかは使ってみないとわかりません。基本的なツールボックスのコントロールについて解説します。

コモンコントロールは、最も基本的なコントロールです。すべて使いこなせるようになりましょう。

コントロール名	アイコン	機能
Button	Button	ユーザーがボタンをクリックしたときにイベントを発生させる
CheckBox	CheckBox	関連オプションを選択できるようにする
CheckedListBox	CheckedListBox	左側にチェックの付いた項目の一覧
ComboBox	ComboBox	使用できる値をリスト表示できる。テキストの編集も可能
DateTimePicker	DateTimePicker	日付と時間を選択できる
Label	Label	説明表示用のテキストラベル
LinkLabel	LinkLabel	ハイパーリンク機能付きラベル
ListBox	ListBox	選択できる項目の一覧
ListView	ListView	項目の一覧を表示できる
MaskedTextBox	MaskedTextBox	入力制限のついたテキストボックス
MonthCalendar	MonthCalendar	カレンダー
NotifyIcon	NotifyIcon	OSの通知領域にアイコンを作成する
NumericUpDown	NumericUpDown	▼▲をクリックすると数字が上下する
PictureBox	PictureBox	図を表示できる
ProgressBar	ProgressBar	進行状況を表す
RadioButton	RadioButton	ユーザーが1つだけ項目を選択できる
RichTextBox	RichTextBox	色のついた文字などを扱う
TextBox	TextBox	文字を入出力する
ToolTip	ToolTip	コントロールの情報を表示する
TreeView	TreeView	階層構造を表示する
WebBrowser	WebBrowser	Webページを見ることができる

入力データの取り出し方

この節では、TextBoxコントロールのTextプロパティに入力されたデータを取り出すときに必要になる「変数」と「代入」の概念を説明します。実際のサンプルの作成は、次の4.5節で行います。

●プログラムで値を表示する

4.3節で動かしたアプリケーションは、単純に画面をデザインしただけのアプリケーションなので、入力したデータを取り出す処理を追加でコーディングする必要があります。では、どのように書くとよいのでしょうか？

画面を作成したとき、それぞれの部品に「Input1TextBox」「Input2TextBox」「AnswerTextBox」などの名前を付けました。

.NETの世界では、これらの部品のことを**コントロール**と呼び、このコントロールに付けた名前を使って、入力した値を取り出すことができます。

Buttonコントロールと同様に、値を表示するためには、TextBoxコントロールの**Textプロパティ**を使います。Textプロパティは、値を表示するだけでなく、値を取り出すこともできます。

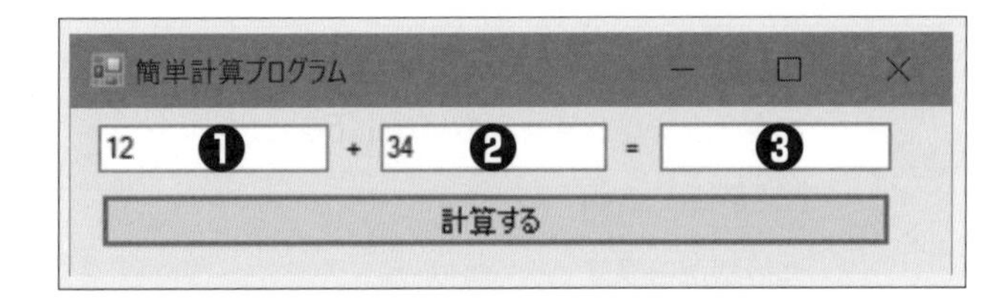

表4-1：コントロールに付けた名前と表示するプロパティ名

No.	コントロールに付けた名前	表示するプロパティ名
❶	Input1TextBox	Textプロパティ
❷	Input2TextBox	Textプロパティ
❸	AnswerTextBox	Textプロパティ

Visual Basicでは、それぞれのプロパティの値を以下のように指定します。

文法 **値を指定する**

```
コントロール名.プロパティ名
```

そして、値を設定する場合は、以下のように書きます。

文法 **値を設定する**

```
コントロール名.プロパティ名 = 値
```

実際に、計算結果を示すAnswerTextBox（TextBoxコントロール）のTextプロパティにプログラムから値を設定したい（表示させたい）場合は、

```
AnswerTextBox.Text = 値
```

と書きます。「=」の右側には、計算式を書くことができるので、以下のように書くこともできます。

```
AnswerTextBox.Text = 12 + 34
```

私たちが使う数式では、12 + 34 = xと書くのが一般的ですが、プログラミング言語では、

```
x = 12 + 34
```

という書き方になります。イメージしにくい方は、

```
x ← 12 + 34
```

と、イメージしてください。「←」が「コンピューターに代入を指示する」という意味になります。

このような書き方をする理由は、プログラミング言語が計算式を解析しやすいとか、コンピューターの中身の関係で都合がよいからなど、様々な理由があります。

「←」という記号の代わりに「=」を使って、表現していると考えてください。

この12と34の値を入力値のTextBoxコントロールから取り出すことができれば、「簡単計算プログラム」ができそうですね。

●プログラムで値を取り出す

値を取り出す場合は、

文法 **値を取り出す**

```
値の入れ物 = コントロール名.プロパティ名
```

と書くことで取り出すことができます。

この「値の入れ物」のことを**変数**と言います。変数は、一時的に様々な値を記憶しておくための値の入れ物です。なぜ、値を記録するのかというと、プログラムで値をやり取りするときに便利になるためです。

値には、「123」といった**数値**や、「ABC」といった**文字列**、「2021年1月1日」といった**日付**など、様々な種類が考えられます。この種類のことを**データ型**（もしくは単純に**型**）と言います。

Visual Basicのプログラムで変数を扱う場合は、**変数に入れる値のデータ型**を決める必要があります。
このことを**変数の型宣言**と言います。変数の型宣言は、以下のように書きます。

文法 **変数の型宣言をする**

```
Dim 変数名 As データ型名
```

あらかじめ、このように型宣言をしておいた変数を使うことで、値を取り出す場合は、次のように

文法 **変数を指定する（値を取り出す）**

```
変数名 = コントロール名.プロパティ名
```

と書けるようになります。

Tips **型宣言の最初のDimって何？**

Dimは、もともとVisual Basicの祖先であるBASICで、まとまった変数である「配列*」の次元数を宣言する命令のDimensionを略した形式の命令でした。

それが広がって、変数の宣言でも使われるようになったのです。

*配列　同じデータ型の変数の集合のこと。この配列の中に配列を格納することを「多次元配列」と言う。詳しくは、8.4節を参照。

主なデータ型の種類は、下の表のようになっています（そのほかの種類は、153ページを参照してください）。

表4-2：主なデータ型の種類

データ型名	分類	意味	例	コード例
Integer	整数	整数を表す型	123	`Dim valueRight As Integer`
String	文字列	文字の集まりを表す型	"ABC"	`Dim txtValue As String`
Date	日付	日付・時間を表す型	1月1日	`Dim nowDate As Date`
Double	小数	大きな範囲の小数を表す型	3.1415926535	`Dim d1 As Double`
Single	小数	小さな範囲の小数を表す型	1.2	`Dim s1 As Single`

実際のVisual Basicのプログラムでは、以下のように書きます。

List 1 サンプルコード（変数の型宣言の記述例）

```
❶ Dim valueLeft As Integer
❷ Dim valueRight As Integer
❸ Dim valueAnswer As Integer

❹ valueLeft = Input1TextBox.Text
❺ valueRight = Input2TextBox.Text
❻ valueAnswer = valueLeft + valueRight

❼ AnswerTextBox.Text = valueAnswer
```

表4-3：List1のコード解説

No.	コード	内容
❶	`Dim valueLeft As Integer`	Integer型の変数valueLeftを宣言しています
❷	`Dim valueRight As Integer`	Integer型の変数valueRightを宣言しています
❸	`Dim valueAnswer As Integer`	Integer型の変数valueAnswerを宣言しています
❹	`valueLeft = Input1TextBox.Text`	変数valueLeftにInput1TextBoxコントロールのTextプロパティの値を代入します
❺	`valueRight = Input2TextBox.Text`	変数valueRightにInput2TextBoxコントロールのTextプロパティの値を代入します
❻	`valueAnswer = valueLeft + valueRight`	変数valueAnswerにvalueLeftとvalueRightを足した値を代入します
❼	`AnswerTextBox.Text = valueAnswer`	AnswerTextBoxコントロールのTextプロパティに変数valueAnswerの値を代入します

変数名は、自分で好きなように付けられますが、例えば「a」「b」「c」などあまりにも単純な名前を付けてしまうと、後で意味が分からなくなってしまうので、ある程度意味を持った名前（名詞）を付けることをお勧めします。

また、変数名に「Integer」など、Visual Basicがすでに別の意味（この場合は型名）で使用している単語は、使用できません（**予約語**と言います）。

さて、TextBoxコントロールのTextプロパティの値は、Stringという**文字列**を扱うデータ型です。

一方、変数の型宣言をしたIntegerというデータ型は、**整数**を扱うデータ型です。原則的に整数型の変数に、文字列型の値を代入することはできません（実際にできてしまうのは、Visual Basicが内部的に自動で変換処理を行ってくれているからです）。

そこで、文字列を数値など、別のデータ型に変換するには、.NET Frameworkが用意している便利な方法を使います。文字列を数値に変換するには、以下のように**Parse() メソッド***を使って書きます。

文法　あるデータ型を文字列型に変換する

変換後の変数名 = データ型名.Parse(変換前の文字列)

Tips　Parseの意味は？

Parseは「解析する」という意味です。まず文字列を解析してから、別のデータ型に変換する処理を行ってくれます。自分で別のデータ型に変換する処理をわざわざ書かなくても、.NET Frameworkが用意してくれているものを使うというわけです。

逆に、数値などのデータ型を文字列に変換するには、以下のように**ToString() メソッド***を使って書きます。これで、文字列型に変換されます。

文法　あるデータ型を文字列型に変換する

変換後の変数名　= 変換前の変数名.ToString()

Tips　ToStringの意味は？

Stringは「1列に並べる」という意味があります。文字を1列に並べて扱うということから文字列と言うわけです。**To**が付いているので、「文字列にする」というニュアンスですね。

* Parse() メソッド　詳しくは、8.3節を参照。
* ToString() メソッド　詳しくは、8.3節を参照。

だいぶコードが長くなってきましたね。

ところで、Visual Basicでは、プログラムの中に「このコードはこんなことを意味している」ということをメモ書きすることもできます。プログラミングの用語では、**コメント**と言います。コメントは実際のプログラムには影響しません。

具体的には、**「'」(シングルクォート)**の後ろがコメントになります。1行丸ごとコメントにすることもできますし、プログラムと同じ行にコメントを書くこともできます。その場合は、「'」の後ろがすべてコメントになります。

List 2 サンプルコード(コメントの例)

```
' コメントの例
Dim valueRight As Integer ' コメントの例
```

Tips コメントは一目で分かる

VS Community 2019では、コメントだと一目で分かるように緑色が付いています。

ここまでの説明をまとめると、以下のようなコードになります。

List3のコードは、List1で書いたサンプルコードを元にしています。実際にVisual Studio 2019を使ってコードを書くのは少しお待ちください(「実際にどこに書くのか?」の解説の後(4-5節のList5)になります)。まずは、コードの雰囲気を感じてください。

List 3 サンプルコード(Parse()メソッド、ToString()メソッド、コメントの記述例)

```
' 変数の宣言
Dim valueLeft As Integer                                 '入力値1用の整数型変数
Dim valueRight As Integer                                '入力値2用の整数型変数
Dim valueAnswer As Integer                               '計算結果用の整数型変数

' 値の取り込み
valueLeft = Integer.Parse(Input1TextBox.Text)            '入力値1を整数型に変換後代入
valueRight = Integer.Parse(Input2TextBox.Text)           '入力値2を整数型に変換後代入

' 取り込んだ値の計算
valueAnswer = valueLeft + valueRight
```

初級編 Chapter 4

```
' 計算結果を出力
AnswerTextBox.Text = valueAnswer.ToString()        ' 文字列に変換後代入
```

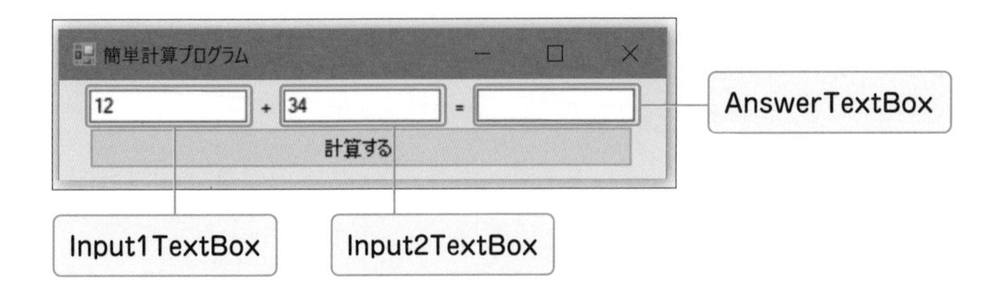

コメントを多少大げさに書いていますが、後でコードを見たときに、何を行っているかが分かるレベルで書くとよいでしょう。

ただし、コメントが多すぎてもどこがコードなのか分かりづらくなるので、「1行丸ごとコメント」はまとまった処理の単位で、「1行の横に書くコメント」はコードに注釈を書き留めたいときに書くのが目安です。

この節では、入力データの取り出し方を学びました。この入力データの取り出しと計算を行っているコードは、実際にどこに書けばよいのでしょうか？　次の4.5節で見ていきます。

まとめ

- **プログラムからコントロールの値を変更したり、取り出すことができる。**
- **値を加工するために変数を使う。**
- **文字列と数字は、異なるデータ型なので変換しなければならないが、.NET Frameworkが用意している便利なコードがある。**

用語のまとめ

用語	意味
変数	値の入れ物のこと
データ型	変数に入れる値の種類のこと

Column データ型の種類

本文149ページで主なデータ型を紹介しましたが、ほかにもいろいろな種類があります。以下の表に改めてまとめておきます。

Visual Basicのデータ型の種類

型の名称	分類	意味	範囲
Short (ショート)	整数	小さな範囲の整数を表す型	-32,768 ～ 32,767
Integer (インテジャー)	整数	整数を表す型	-2,147,483,648 ～ 2,147,483,647
Long (ロング)	整数	大きな範囲の整数を表す型	-9,223,372,036,854,775,808 ～ 9,223,3 72,036,854,775,807
Single (シングル)	小数	小さな範囲の小数を表す型	±1.5×10-45～±3.4×1038
Double (ダブル)	小数	大きな範囲の小数を表す型	±5.0×10-324～±1.7×10308
Boolean (ブーリアン)	論理	「はい」「いいえ」の2つの値を持つ型	「True」と「False」のみ
Decimal (デシマル)	10進数	28桁まで使える10進数の型	28桁まで誤差無く扱える。お金の計算に使用することが多い。
Date (デイト)	日付	日付を表す型	0001年1月1日00:00:00～ 9999年12月31日23:59:59
String (ストリング)	文字列	文字列を表す型	

整数に型が複数あってどれを使っていいか迷ってしまうかもしれませんね。まずは、Integer型で大丈夫です。21億を超える値を扱うのであれば、Long型を検討するくらいで良いです。小数は、Double型を基本的に使用します。Visual Basicのデータ型は、すべて先頭が大文字になります。

ボタンをクリックしたときの処理の書き方

この節では、ボタンがクリックされたときに実際に行われる処理を追加する方法と、その処理の内容の書き方を説明します。

●デザイン画面からコード画面に切り替える

4.4節では、値の取り出し方を解説しました。では、この値を取り出すコードは、どこに書けばよいのでしょうか？　ボタンがクリックされたときに、この処理が実行されるとちょうど良さそうですね。でも、ボタンがクリックされたときのコードは、どうやって書くのでしょうか？

開発環境がない場合や、昔のプログラミング言語では、まさにこのコードを書くことがとても大変でした。VS Community 2019を使うと、以下のような手順になります。さっそく見ていきましょう。

まず、デザイン画面からコード画面に切り替えます。

1 ［計算する］ボタンをダブルクリックする

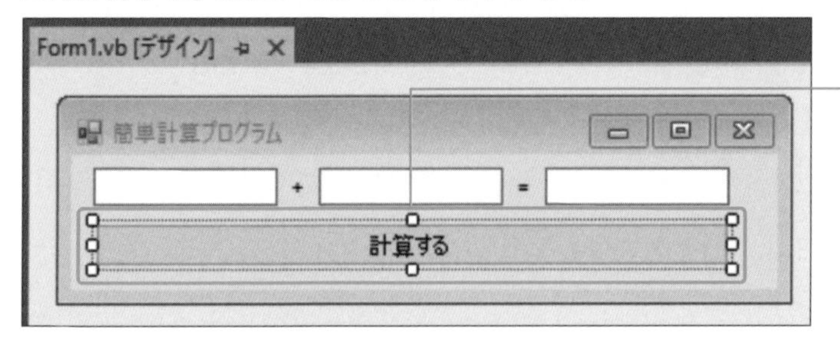

デザイン画面に作成した［計算する］ボタンをダブルクリックします

ヒント　画面を切り替える方法については、本文163ページのコラムも参考にしてください。

2 コード画面に切り替わった

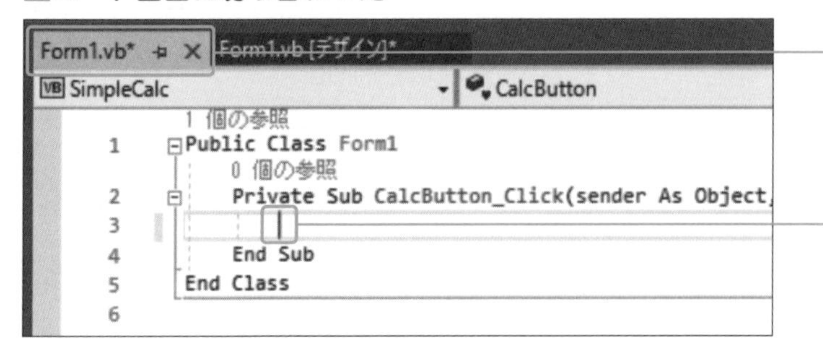


```
  1 個の参照
1 Public Class Form1
      0 個の参照
2     Private Sub CalcButton_Click(sender As Object,
3         |
4     End Sub
5 End Class
6
```

❶ デザイン画面からコード画面に切り替わります

❷ このカーソルが点滅している箇所にコードを記載します

●自動生成されたコードを確認する

デザイン画面からコード画面に切り替わったら、自動生成されたコードを見てみましょう。カーソルが点滅している箇所にコードが記載されています。コードを入力するときも、この部分に書いていきます。

コードの意味をざっくりと見ていきましょう。

1 Windowsフォームのコードを確認する

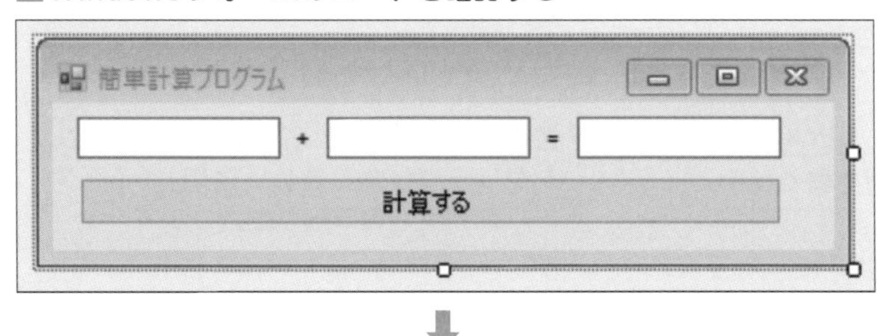

2 ボタンをクリックしたときの動作のコードを確認する

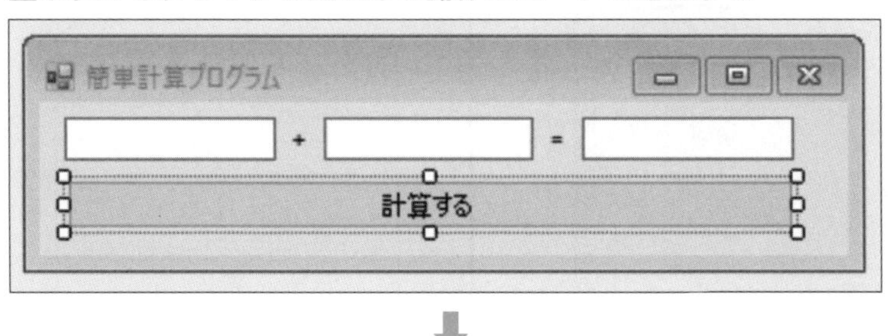

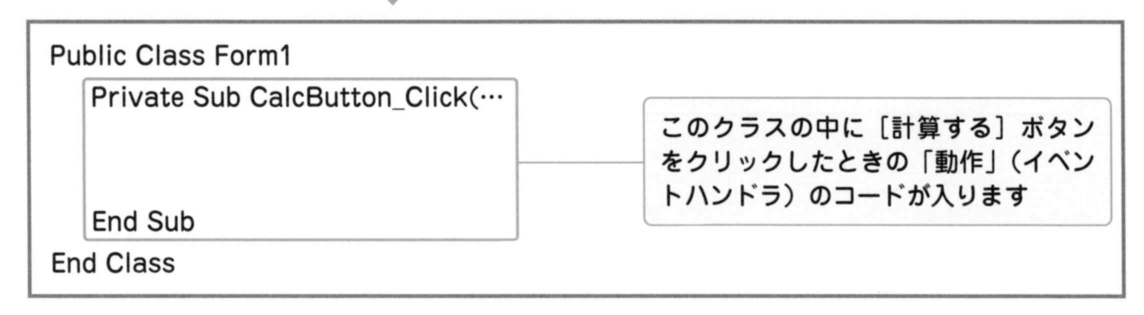

ここまでをVS Community 2019が自動的に書いてくれます。

3 ボタンをクリックしたときの処理をコーディングする

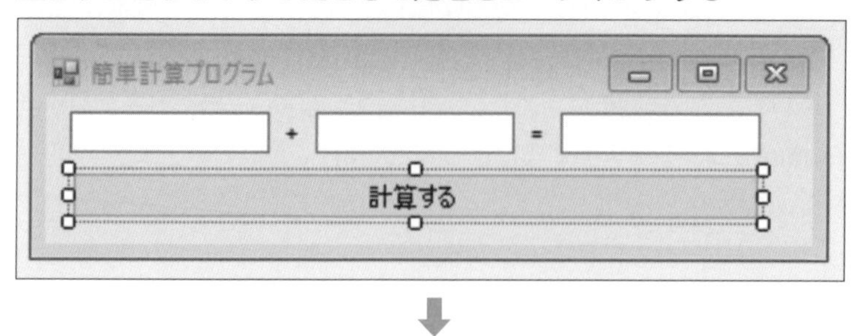

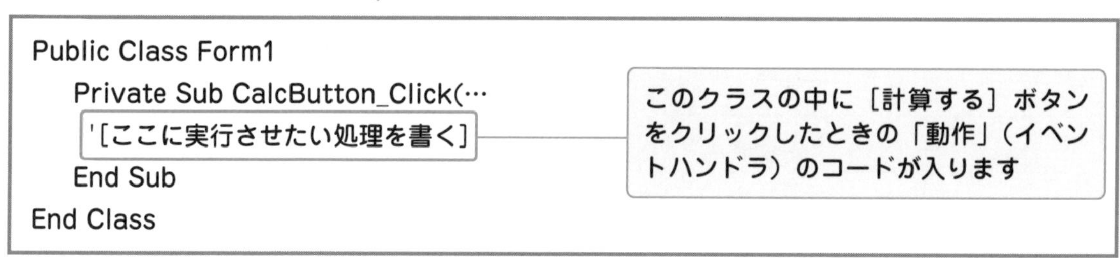

コードを簡単に図式化すると、以下のように3層構造になります。

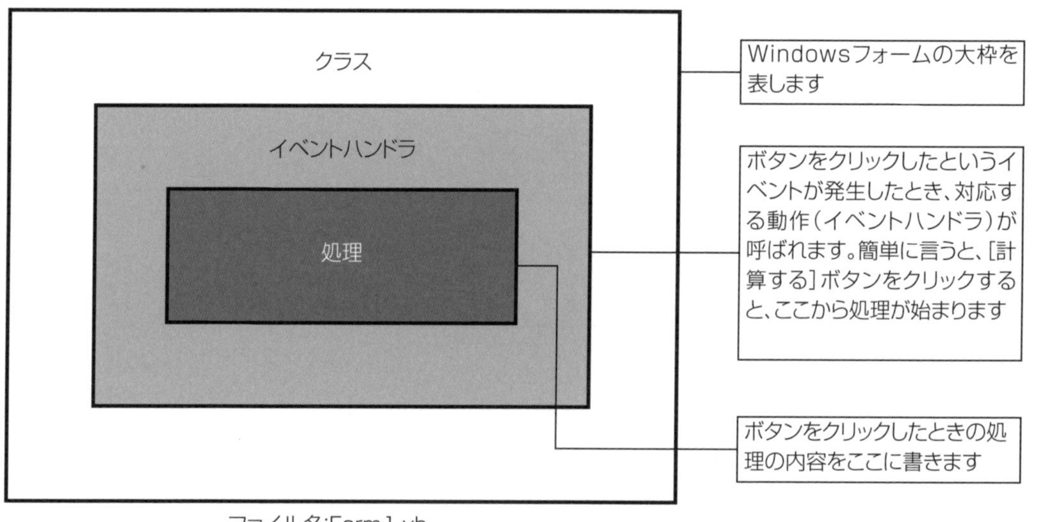

図4-2：コードの構成（クラス、イベントハンドラ、処理）

4.4節で説明したコードを実際に当てはめてみると、以下のようになります。実際にコード画面から書いてみましょう。　　　　の部分は、自動で記述される部分です。

List 1 **サンプルコード（[計算する] ボタンをクリックしたときの動作の記述例：Form1.vb）**

```
Public Class Form1
    Private Sub CalcButton_Click(sender As Object, e As EventArgs) Handles CalcButton.Click
        ' 変数の宣言――――――――――――――――
        Dim valueLeft As Integer                                  '入力値1用の整数型変数
        Dim valueRight As Integer                                 '入力値2用の整数型変数
        Dim valueAnswer As Integer                                '計算結果用の整数型変数

        ' 値の取り込み
        valueLeft = Integer.Parse(Input1TextBox.Text)             '入力値1を整数型に変換後代入
        valueRight = Integer.Parse(Input2TextBox.Text)            '入力値2を整数型に変換後代入

        ' 取り込んだ値の計算
        valueAnswer = valueLeft + valueRight

        ' 計算結果を出力
        AnswerTextBox.Text = valueAnswer.ToString()               '文字列に変換後代入
    End Sub
End Class
```


●インテリセンスを利用する

コードを入力していると、途中で何やらリストが出てきます。これはVS Community 2019のコード入力をサポートする機能で、**インテリセンス**と言います。

```
Private Sub CalcButton_Click(sender As Object, e As EventArgs) Handles CalcButton.Click
    ' 変数の宣言
    Dim valueLeft As inte
End Sub
Class
```

inte
- Integer
- Interaction
- InternalDataCollectionBase
- DateInterval
- PropertyGridInternal
- UInteger
- InvalidTimeZoneException
- RowNotInTableException

Integer キーワード
Represents a 32-bit signed integer.

インテリセンス

このインテリセンスの中にあるリストを選んで［Tab］キーを押すと、入力が自動的に補完されます。タイプミスがなくなるので、積極的に利用しましょう。小文字で入力しても必要な部分は大文字に置換されます。

また、インテリセンスで選択している項目には、簡単な説明も表示されます。

なお、インテリセンスに一覧表示されていない項目は実行できません。VS Community 2019が「こんなことができますよ」と一覧表示で見せてくれているイメージですね。

Tips インテリセンスを呼び出す

インテリセンスは「.」（ドット）などを入力すると表示されます。強制的に表示させるには、［Ctrl］＋［Space］キー、または［Ctrl］＋［J］キー、または［Alt］＋［→］キーで表示できます。

ところで、Visual Basicでは、大文字と小文字が異なると、違う単語であると解釈されてしまうため、綴り（つづり）はあっていても先頭が小文字になっている等々の「うっかりミス」が多くなりますが、インテリセンスを使うとこのミスもなくなります。

コードが入力できたら、VS Community 2019の［開始］ボタンをクリックして、動かしてみましょう。作成したWindowsフォームが起動されましたか？　起動されたら、「入力値1」「入力値2」に値を入力して、［計算する］ボタンをクリックしてみてください。いかがですか？　計算結果は表示されましたか？

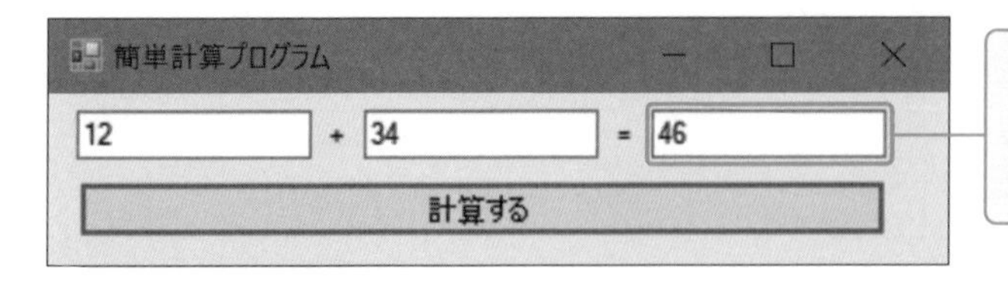

［計算する］ボタンをクリックすると、「入力値1」「入力値2」の合計値が「合計値」のテキストボックス表示されます。

●うまくフォームが表示されなかった方へ

［開始］ボタンをクリックしてもWindowsフォームが表示されなかった場合、ビルドエラーが発生していませんか？ ［開始］ボタンをクリックして、下のエラーメッセージが表示されてしまった方は、入力ミスなどの記述の間違いがあります。

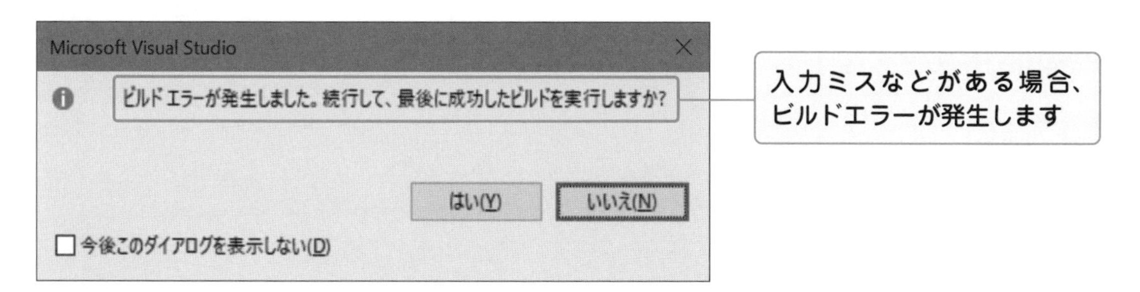

［いいえ］ボタンをクリックして、プログラムを修正しましょう。

画面下のエラー一覧に、間違っている場所がリストで表示されるので、ダブルクリックして、エラーがあった処理を修正してください。

●コードを再確認してみよう

VS Community 2019が自動的に書いてくれたコードについて、もう一度見てみましょう。まずはクラスの構造です。先ほど説明したように、Windowsフォームは、フォームをクラスとして定義されています。

List 1 サンプルコード（ネームスペースの記述例）

```
❶Public ❷Class ❸Form1

❶End Class
```

表4-4：List1のコード解説

No.	コード	内容
❶	Public	「公開します」という宣言です。ほかのクラスから呼び出すことができます
❷	Class	クラスを表します
❸	Form1	クラスの名前です。Form1という名前になっています
❹	End Class	**クラスの終わり**を示します。クラスに含まれる処理やデータは、この行より上に書きます

次のList2は、クラスの中にある**イベントプロシージャ**＊も表示したものです。このサンプルプログラムのイベントプロシージャには、［計算する］ボタンをクリックしたときに作動するプログラムのコードが入ります。

List 2 サンプルコード（ボタンをクリックしたときの処理の記述列）

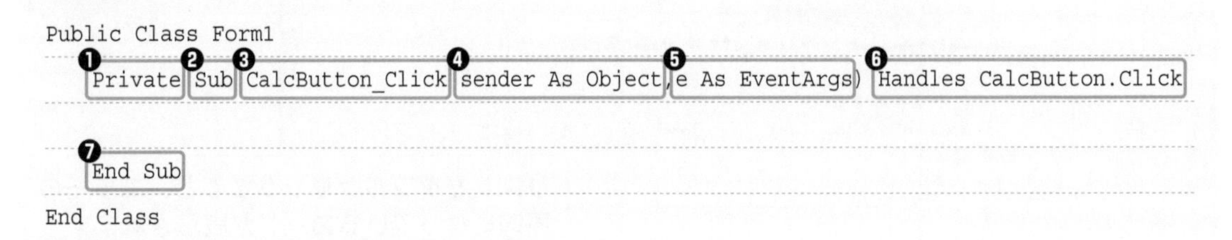

```
Public Class Form1
    ❶Private ❷Sub ❸CalcButton_Click(❹sender As Object, ❺e As EventArgs) ❻Handles CalcButton.Click

    ❼End Sub
End Class
```

表4-5：List2のコード解説

No.	コード	内容
❶	Private	「非公開」という宣言です。ほかのクラスからは見えなくなり、呼び出せなくなります。自分のクラスの内部でのみ呼び出すことが可能です
❷	Sub	メソッドを意味する宣言です。Visual Basicの用語では、**サブプロシージャ**と言います。処理のまとまりです
❸	CalcButton_ Click	イベントハンドラを呼び出すメソッドの名前です

＊**イベントプロシージャ**　イベント（操作）が発生したときに、ここに書いてあるプログラムが動作する仕組み。

❹	`sender As Object`	メソッドを呼び出す際に引き渡す情報（パラメータ）です。**引数（ひきすう）**と言います。１つ目の引数なので、**第1引数**という言い方をすることもあります。どのオブジェクトから呼ばれたかという情報が渡されてきます
❺	`e As EventArgs`	メソッドを呼び出す際に引き渡す情報です。**第2引数**です。どんな手段で呼ばれたかという情報が入っています。マウスでクリックした場合と、[Enter]キーを押した場合では値が異なります
❻	`Handles CalcButton.Click`	「CalcButtonのClickイベントにハンドルする（結び付ける）」という意味です
❼	`End Sub`	Sub（サブプロシージャ）の終わりを示しています。メソッドに含まれる処理やデータはこの行より上に書きます

このあたりで、作成した画面やプログラムコードを保存しましょう。保存の方法は、Chapter2の2.6節で学びましたね。

まず、［ファイル］メニューから［すべて保存］を選択します。

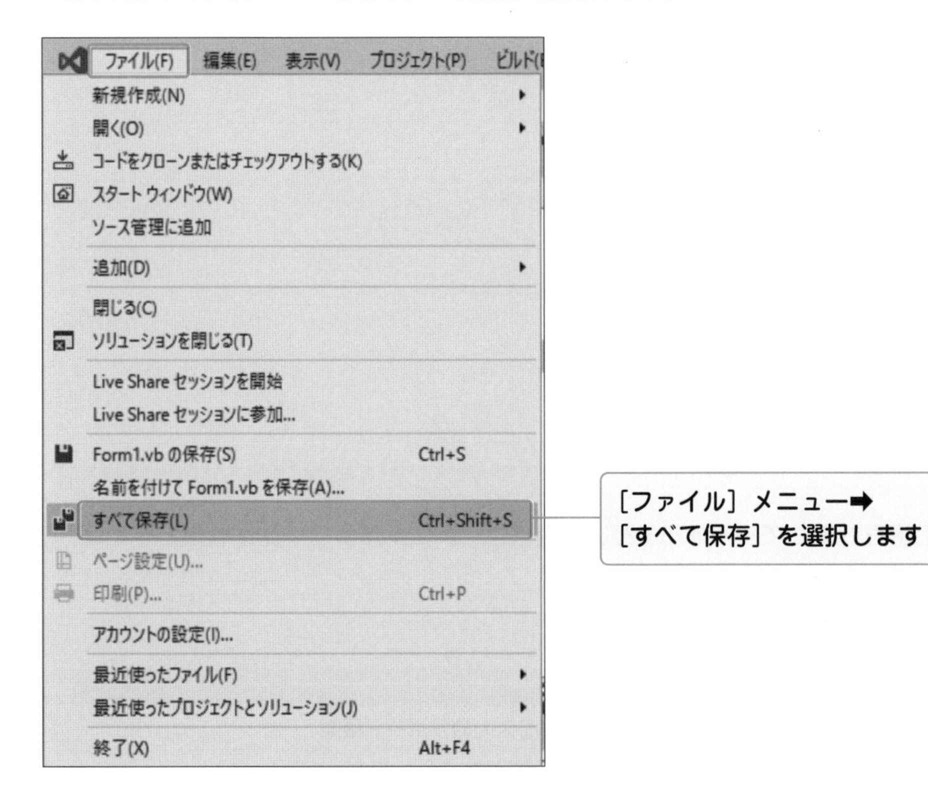

保存されると、VS Community 2019の左下の状態通知エリアに「アイテムが保存されました」と表示されます。また、コードが表示されている画面の変更部分は黄色で示されていたのですが、この時点で緑に変わります。

◉「入力された値を計算して表示する」という処理は、ボタンがクリックされたときに呼ばれるメソッドに記述する。

用語のまとめ

用語	意味
インテリセンス	VS Community 2019のコード入力のサポート機能
ネームスペース	クラスを階層的に分類して、たどりやすくしたもの
引数	メソッドを呼び出す際に渡す情報（パラメータ）のこと。「ひきすう」と読む
第1引数	1つ目の引数。n個目の引数は、第n引数になる

Column デザイン画面とコード画面の切り替え

デザイン画面とコード画面を切り替えたい場合は、本文154ページで紹介した方法以外にも以下の方法があります。

●メニューから選択して切り替える

［表示］メニューから［コード］もしくは［デザイナー］を選択します

●ショートカットキーで切り替える

デザイン画面➡コード画面に切り替える…… ［F7］キーを押します

コード画面➡デザイン画面に切り替える…… ［Shift］+［F7］キーを押します

●タブで切り替える

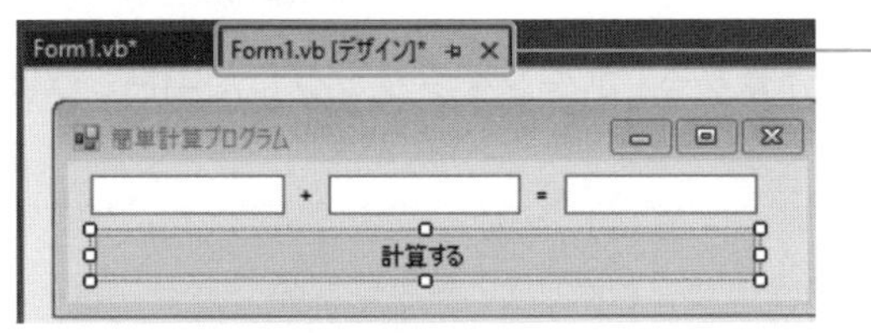

作業領域の上にあるタブでデザイン画面とコード画面を切り替えます

●アイコンで切り替える

ソリューションエクスプローラーのアイコンでも切り替えることができます（コード画面への切り替えのみ）

●右クリックのメニューで切り替える

ソリューションエクスプローラーでForm1.vbを右クリックし、出てくるメニューで切り替えることもできます

条件分岐の使い方

「簡単計算プログラム」に機能を追加するために、処理の分岐について説明します。

●条件に応じて、処理を分岐させる

実は、4.5節で作成したアプリケーションには、いくつかの欠点があります。

Ⓐ「入力値1」と「入力値2」に数字以外の値（例えば、ABCなど）を入力した場合、うまく動作しない。

Ⓑ「入力値1」と「入力値2」に何も入力せずに、[計算する] ボタンをクリックした場合、うまく動作しない。

ⒶⒷへの対応策として、入力された値が数字に変換できるかを判断して、数字に変換できる場合と、できない場合で別々の処理を行う必要があります。

イメージで表すと、次のようになります。

[処理 1] 入力値を数字に変換できる➡そのまま変換する

[処理 2] 入力値を数字に変換できない➡数字の 0 として処理を続ける

図にすると、次のようになります。

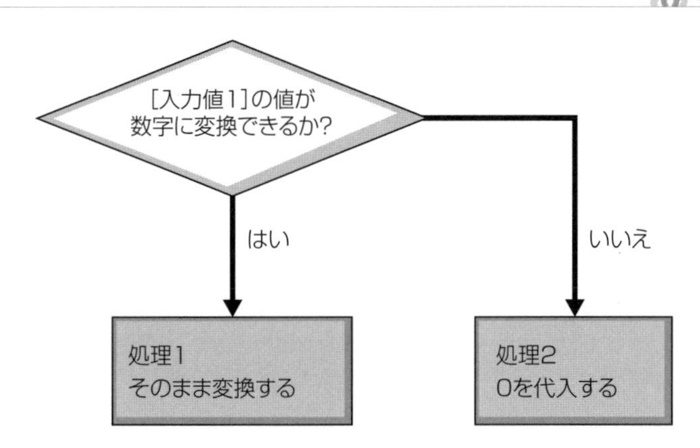

図4-3：処理の分岐

Visual Basicでは、「もし◎◎だったら×××する」という命令文があります。それが**条件分岐**の**If～Then～Else文**です。

If～Then～Else文は、条件式を満たしていれば処理1を、式を満たしていなければ処理2を実行します。

If～Then～Else文は、以下の書式でコードを書きます。

文法 If～Then～Else文の使い方

```
If 条件式 Then
    条件式を満たした場合の処理1
Else
    条件式を満たさない場合の処理2
End If
```

「簡単計算プログラム」の場合、この「条件」に該当する部分は「入力値1の値が数字に変換できるか？」になりますね。

また、Visual Basicでは、「～データ型に変換できるか？」というコードが用意されています。それが**TryParse()メソッド**です。

文法 TryParse()メソッドの使い方

```
データ型名.TryParse(第1引数, 第2引数)
```

TryParse()メソッドは、第1引数の値をデータ型名のデータ型に変換可能かどうかを判定し、「はい」もしくは「いいえ」に相当する値を返します（あまり難しく考えずに、次のイラストのようなことを行ってくれる人がいて、その人の名前がTryParse()なのだな、くらいのイメージで考えるとよいでしょう）。

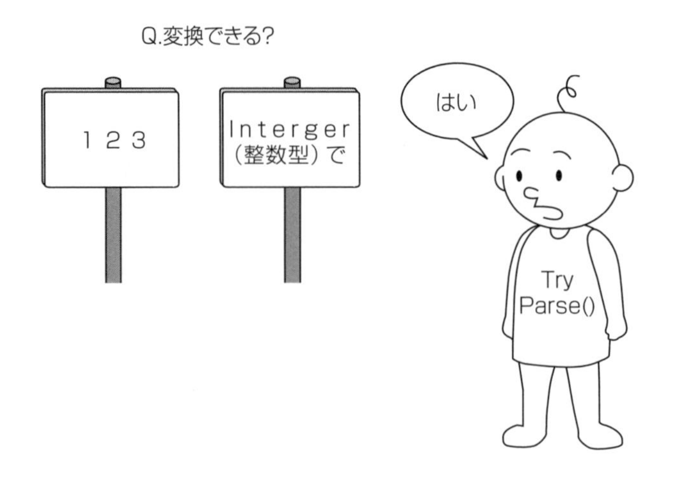

図4-4：TryParse()君のイメージ

実際のコードで書くと、以下のようになります。

```
Integer.TryParse(Input1TextBox.Text, valueLeft)
```

第1引数となる「Input1TextBox.Text」の値を、第2引数の変数「valueLeft」に変換可能かどうかを判定します。

なお、「はい」「いいえ」の2種類の値を表現するデータ型は、**Boolean型（ブーリアン型）**＊と言います。Visual Basicでは、「はい」を**True**で表します。「いいえ」は**False**で表します。このコードの結果が「はい」、つまり「True」のときに処理1を行うので、条件式の部分のコードは、以下のように書きます。

```
Integer.TryParse(Input1TextBox.Text,valueLeft) = True
```

条件式の部分とIf～Then～Else文を組み合わせると、以下のようになります。

```
If Integer.TryParse(Input1TextBox.Text, valueLeft) = True Then
  '条件式を満たした場合の処理1
Else
  '条件式を満たさない場合の処理2
End If
```

「処理1」は、数字に変換できるので、今までの式をそのまま書けばよさそうです。また、「処理2」は、数字に変換できないので、「0を代入する」ですね。

＊**Boolean型（ブーリアン型）** 日本語では「論理型」と言うこともあり、「はい」のことを真、「いいえ」のことを偽という場合もある。

以上のことから、この部分の実際のコードは、以下のようになります。

```
If Integer.TryParse(Input1TextBox.Text, valueLeft) = True Then
  valueLeft = Integer.Parse(Input1TextBox.Text) '入力値1を整数型に変換後代入
Else
  valueLeft = 0 '0を代入
End If
```

この処理は「入力値1」に関してのチェックです。「入力値2」に関してもまったく同じチェックが必要になるので、最終的に以下のList1のコードになります。

List 1 サンプルコード（入力値1と入力値2のチェックの記述例）

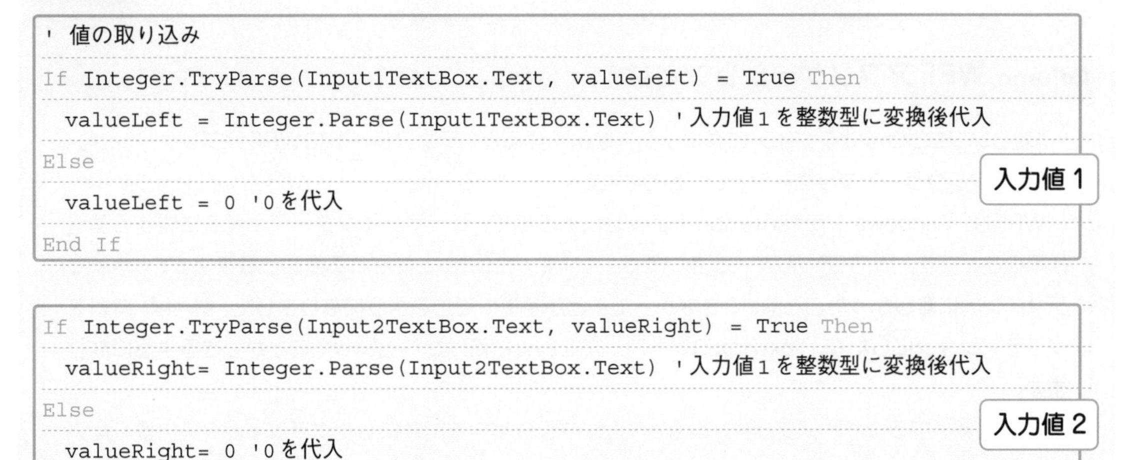

```
' 値の取り込み
If Integer.TryParse(Input1TextBox.Text, valueLeft) = True Then
  valueLeft = Integer.Parse(Input1TextBox.Text) '入力値1を整数型に変換後代入
Else
  valueLeft = 0 '0を代入
End If

If Integer.TryParse(Input2TextBox.Text, valueRight) = True Then
  valueRight= Integer.Parse(Input2TextBox.Text) '入力値1を整数型に変換後代入
Else
  valueRight= 0 '0を代入
End If
```


入力値1と入力値2が数字に変換できない場合、0を代入し、その合計を計算結果に表示します。

Tips If文の条件

If文の条件式中の「=」は、代入の意味ではなく、「=」の左の値と右の値が「等しい」という意味です。「等しくない」場合は、「<>」と書きます。

まとめ

- 独自の処理を行いたい場合は、プログラムコードを追加することで処理を追加することができる。

用語のまとめ

用語	意味
Boolean型	「はい」「いいえ」の2種類の値を表現するデータ型。論理型と言う。実際には、真を示す「True」と、「偽」を示す「False」の2種類の値だけを持つデータ型

Column WPFアプリケーションとは

［新しいプロジェクト］ダイアログボックスをよく見ると、テンプレートにWPFアプリケーションやWPFブラウザーアプリケーションがあります。

WPFは、Windows Presentation Foundationの略で、ユーザーインターフェイスに関する基盤技術のことです。WPFアプリケーションでは、XAML（ザムル）と呼ばれる言語仕様を使って、今までデザイン的に難しかったことや、できなかったことが簡単にできるようになりました。例えば、背景をグラデーションにしたり、TextBoxコントロールを斜めに傾けたりといったことができるようになります。

また、WPFブラウザーアプリケーションでは、ブラウザーを対象にしたグラフィックスに優れたアプリケーションを作成できます。

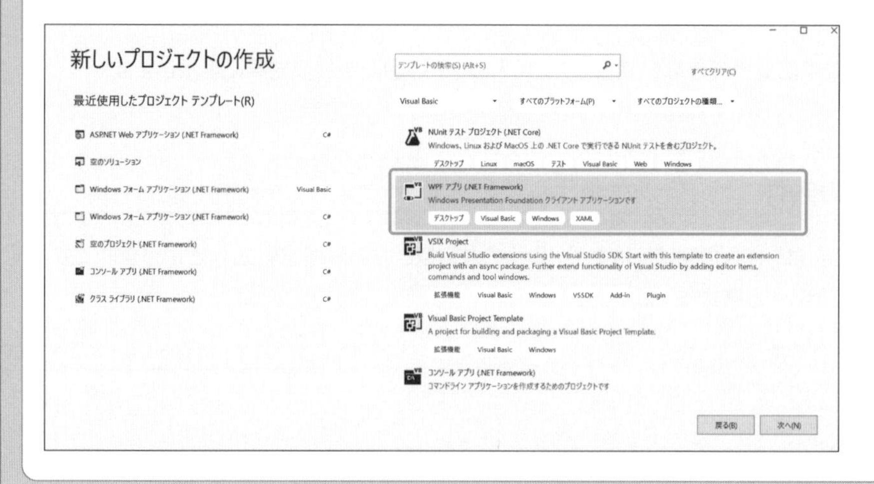

Column .NET Coreとは

［新しいプロジェクトの作成］ウィンドウをよく見ると、テンプレートに「(.NET Core)」という種類のものがあります。

.NET Coreは、クロスプラットフォーム（WindowsだけではなくiPhoneやAndroidなどでも動作する）のオープンソースのフレームワークです。なお、オープンソースとはなっていますが、Microsoft社によりサポートされ、.NET Frameworkとも互換性があります。

本書で扱っているデスクトップアプリについても.NET Core 3.0からサポートされています。ただし、クロスプラットフォームではなく、Windows専用となります。

.NET Framework 4.8の後継バージョンは、.NET Coreベースの.NET 5となります。今後は、.NET Frameworkではなく、.NET Coreを利用する機会が増えていくのではないでしょうか。

なお、残念ながら執筆時点では、Visual Basic版のWindows Form App (.NET Core) は、テンプレートにはありませんでした。今後、実装されるそうなので期待しましょう。

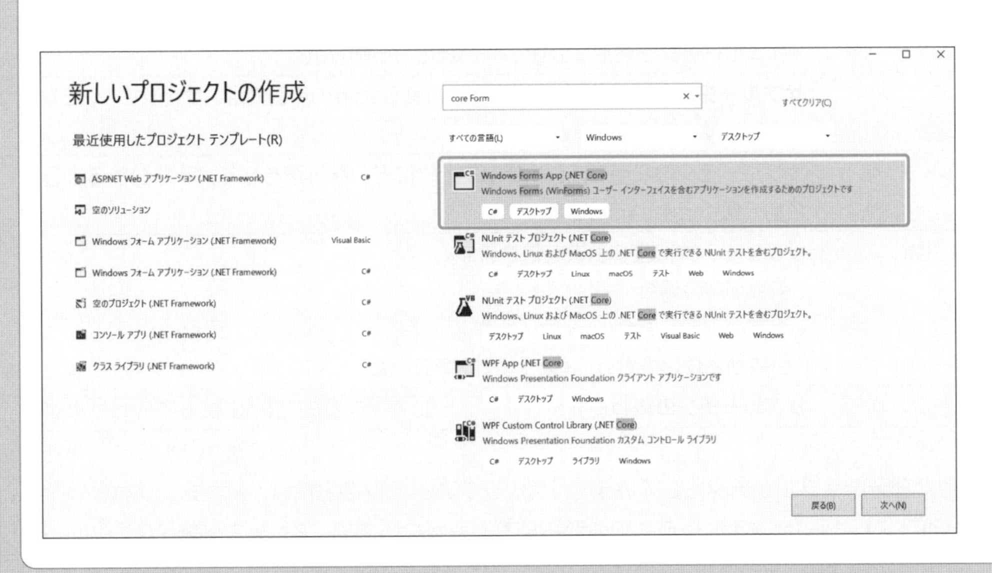

7 サブルーチンの使い方

処理の分岐に続いて、まとまった処理をサブルーチンにして使う方法を説明します。

●サブルーチンを使う

先ほど書いたコードには、似通った部分があるので、その部分をまとめて別の処理にしましょう。
このように、「まとまった処理の塊（かたまり）」を**サブルーチン**と言います。
まず、サブルーチンの使い方は、以下の通りです。

文法　**サブルーチンの使い方**

```
❶アクセス修飾子 ❷Sub ❸サブルーチン名 ❹(第1引数, …)
    '処理
❺End Sub
```

表4-6：文法の解説

No.	コード	内容
❶	アクセス修飾子	・サブルーチンを外部に公開する場合……Public ・サブルーチンを外部に公開しない場合……Private
❷	Sub	**サブルーチンの開始**を示します。Visual Basicの用語では、サブプロシージャとも言います。処理のまとまりです
❸	サブルーチン名	サブルーチンの名前です。呼び出すときにどんな処理をしているか分かるような名前で書くとよいでしょう
❹	(第1引数, …)	サブルーチンに渡す引数を書きます。 ・引数がない場合………() ・引数が1個の場合……(第1引数) ・引数が2個の場合……(第1引数, 第2引数)
❺	End Sub	**サブルーチンの終わり**を示します。Subで始まるのでEnd Subで終わります

それでは、似た部分をサブルーチンにしてみましょう。サブルーチンの名前は、入力チェックということで、「InputCheck」にしました。また、クラスの外から見る必要がないので、アクセス修飾子は「Private」にしました。

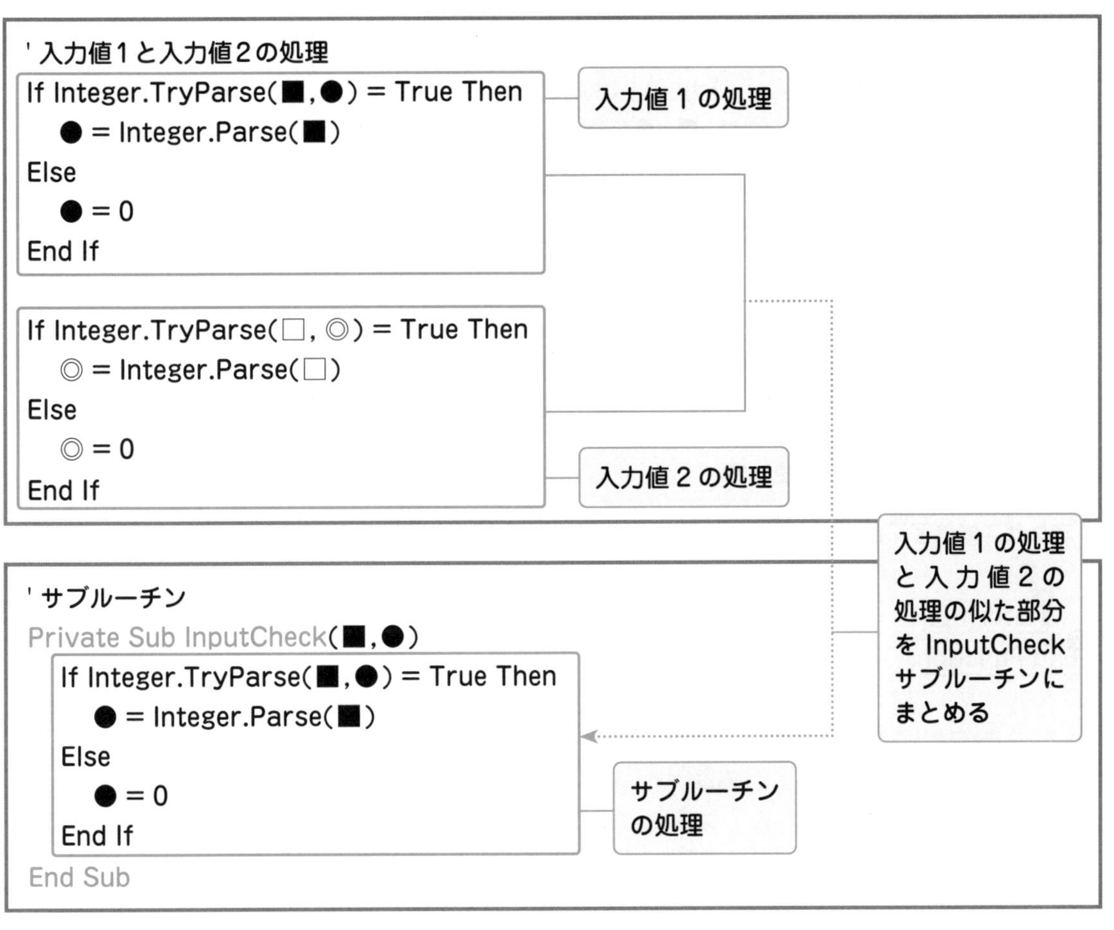

このサブルーチンを呼び出す側のコードは、次のようになります。

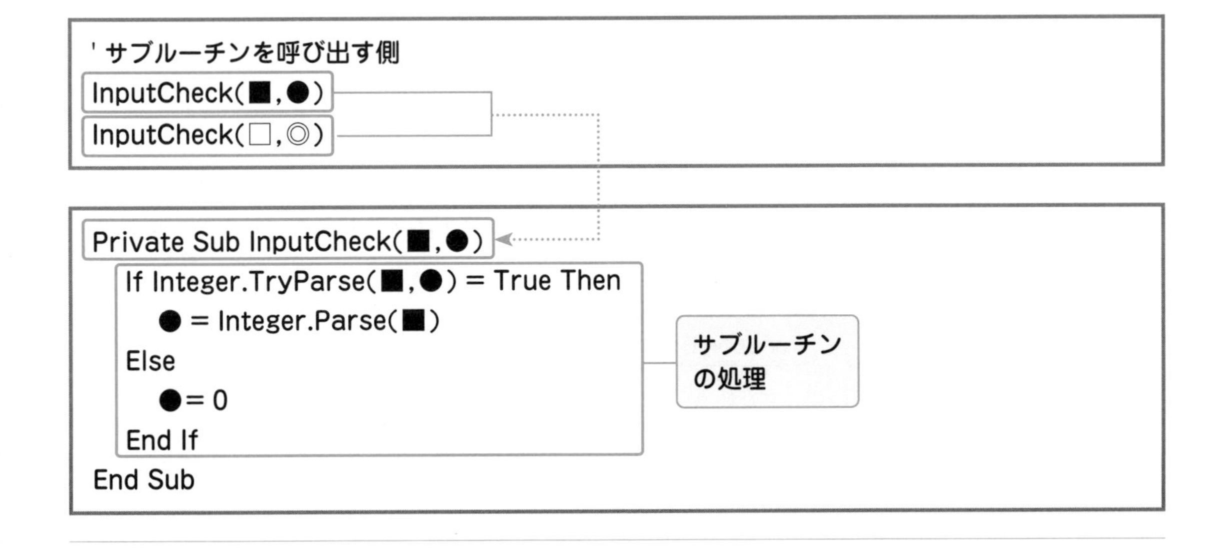

表4-7：コード解説

No.	コード	内容
❶	InputCheck(■,●)	「入力値1」の処理で、■と●をサブルーチンに渡します。InputCheckは、■と●を受け取り、処理します
❷	InputCheck(□,◎)	「入力値2」の処理で、□と◎をサブルーチンに渡します。InputCheckは、□と◎を受け取り、処理します

おや？　どこかおかしくないですか？　●や◎を受け取って値を設定していますが、サブルーチンの処理結果を受け取ることができません。どうすればよいのでしょうか？

処理した結果を受け渡すためには、サブルーチンの代わりに**ファンクション（関数）**を使います。結果を受け取るファンクションの使い方は、以下の通りです。

文法　ファンクションの使い方

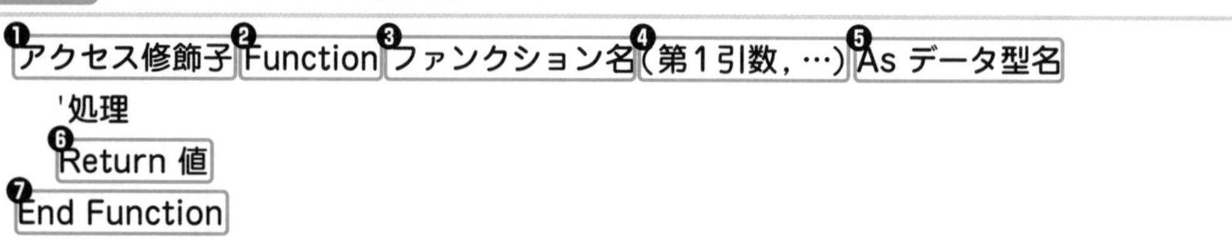

表4-8：文法（ファンクションの使い方）の解説

No.	コード	内容
❶	アクセス修飾子	・サブルーチンを外部に公開する場合……Public ・サブルーチンを外部に公開しない場合……Private
❷	Function	**ファンクションの始まり**を示します。値を返すサブルーチンです
❸	ファンクション名	ファンクションの名前です。呼び出すときにどんな処理をしているか分かるような名前で書くとよいでしょう
❹	(第1引数, …)	ファンクションに渡す引数を書きます。 ・引数がない場合………() ・引数が1個の場合……(第1引数) ・引数が2個の場合……(第1引数, 第2引数)
❺	As データ型名	ファンクションが返す値のデータ型を指定します
❻	Return 値	ファンクションが呼び出し元に返す値をセットして、ファンクションを終了します
❼	End Function	**ファンクションの終わり**を示します。Functionで始まるのでEnd Functionで終わります

それでは、似た部分をまとめてファンクションにしてみましょう。

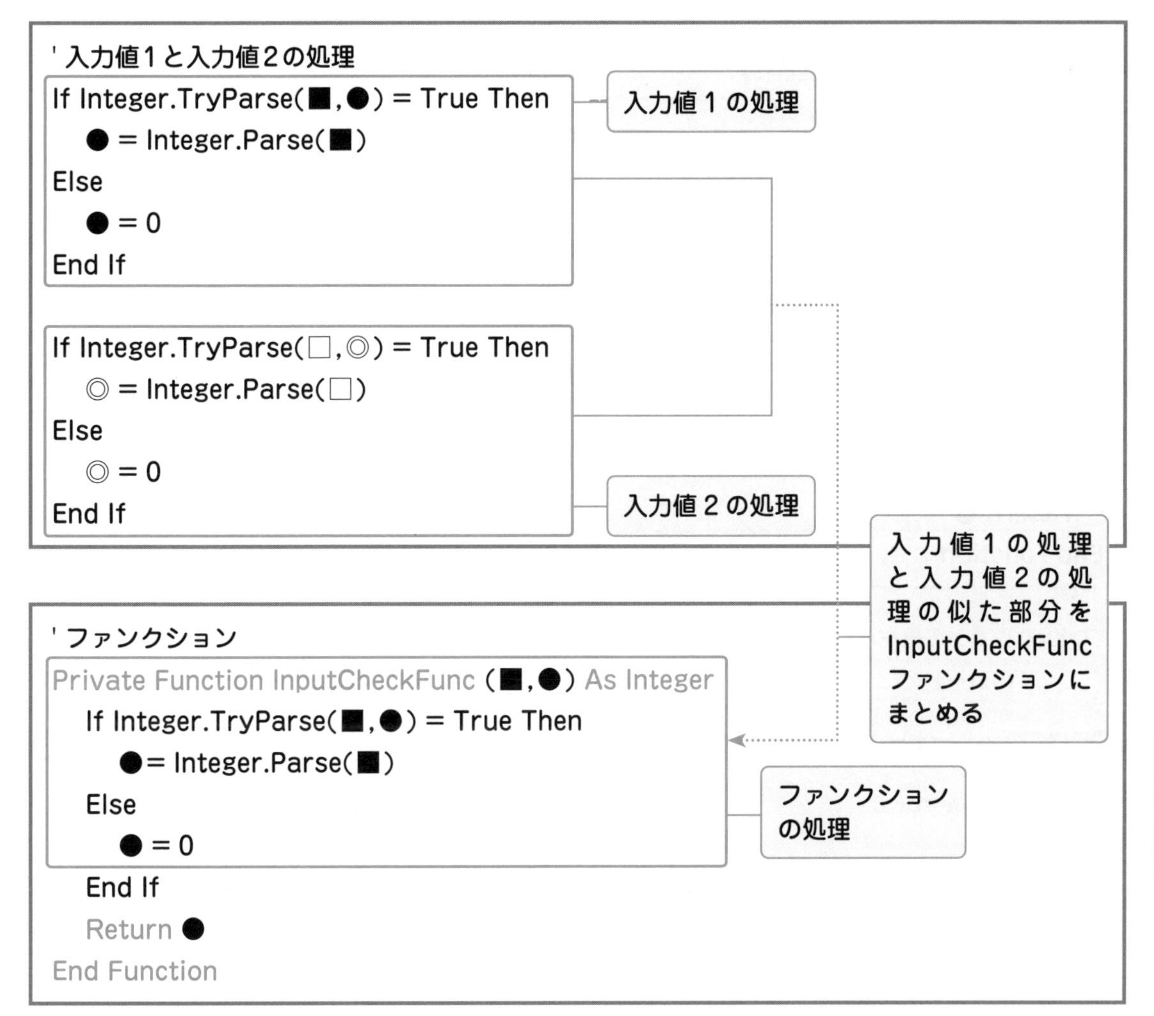

ファンクションの名前は、入力チェックということで「InputCheckFunc」にしました。**Returnキーワード**の行で呼び出した側に値を返します。

このファンクションを呼び出す側のコードは、次のようになります。

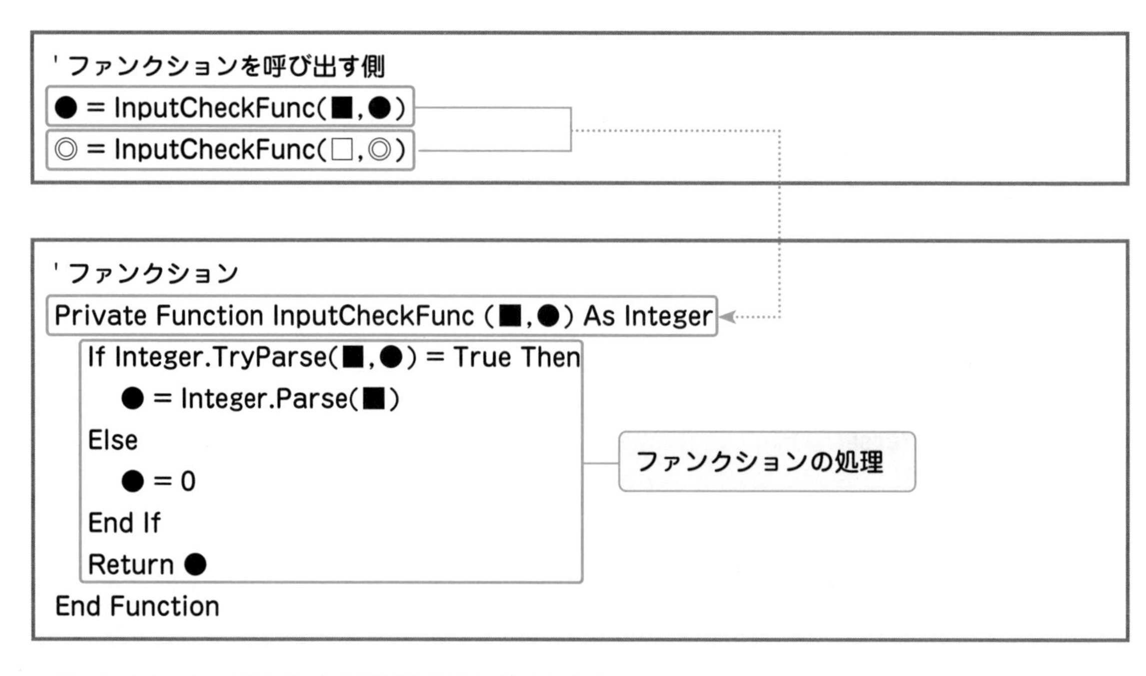

ファンクションの値を「=」で受け取ることができます。
ここまでのコードをList1に示します。　　　の部分は、すでに記述してある部分です。

List 1 サンプルコード（[計算する]ボタンをクリックしたときのメソッドとファンクション：Form1.vb）

```
Public Class Form1

    'ボタンをクリックしたとき呼ばれるメソッド
    Private Sub CalcButton_Click(sender As Object,
        e As EventArgs) Handles CalcButton.Click
        ' 変数の宣言
        Dim valueLeft As Integer      ' 入力値1用の整数型変数
        Dim valueRight As Integer     ' 入力値2用の整数型変数
        Dim valueAnswer As Integer    ' 計算結果用の整数型変数

        '値の取り込み
        valueLeft = InputCheckFunc(Input1TextBox.Text, valueLeft)
        valueRight = InputCheckFunc(Input2TextBox.Text, valueRight)

        ' 取り込んだ値の計算
        valueAnswer = valueLeft + valueRight
```

ボタンをクリックしたときの処理（メソッド）

```
    ' 計算結果を出力
    AnswerTextBox.Text = valueAnswer.ToString()      ' 文字列に変換後代入
End Sub

'入力値をチェックするファンクション
Private Function InputCheckFunc(textValue As String,
        checkValue As Integer) As Integer
    If Integer.TryParse(textValue, checkValue) = True Then
        checkValue = Integer.Parse(textValue)
    Else
        checkValue = 0
    End If

    Return checkValue
End Function

End Class
```

コードが入力できたら、VS Community 2019の［開始］ボタンをクリックして、動かしてみましょう。作成したWindowsフォームが起動されましたか？

起動されたら、「入力値1」「入力値2」に値を入力して、［計算する］ボタンをクリックしてみてください。いかがですか？　計算結果は表示されましたか？

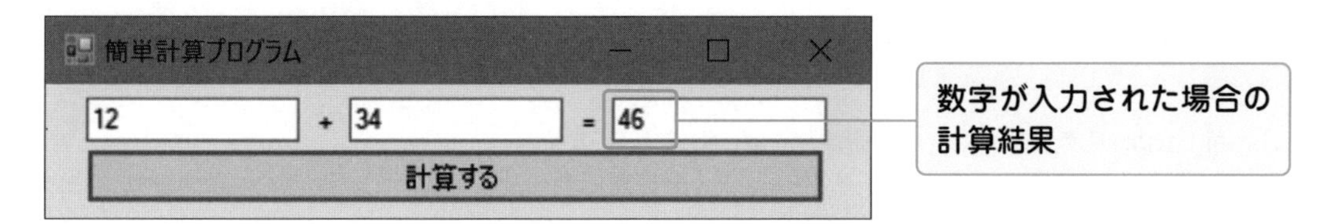

数字に変換ができない場合、計算結果は0になりましたか？

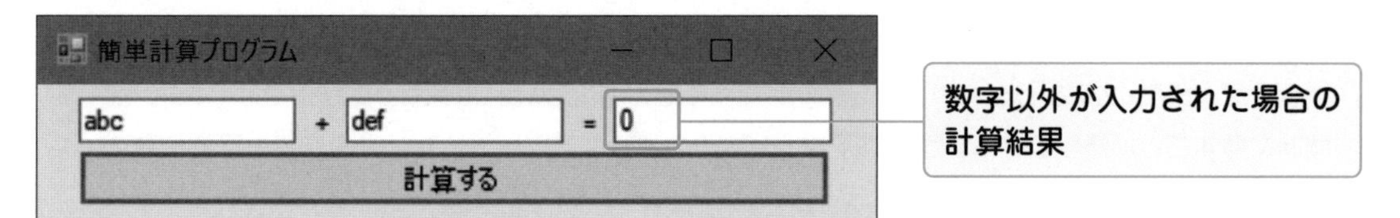

［開始］ボタンをクリックして、エラーメッセージが表示されてしまった方は、入力ミスなどの間違いがあります。［いいえ］ボタンをクリックしてプログラムを修正しましょう*。

うまく実行できた方は、忘れずにプログラムを保存してください。

また、完成した「簡単計算プログラム」をほかの人に配りたい場合は、ファイルを保存したフォルダーにある「SimpleCalc.exe」ファイルをコピーして配ってください。

以上で、Chapter4は終了です。プログラム作成の基本を理解いただけたでしょうか。

次のChapter5からは、もう少し本格的なアプリケーションを作成します。

まとめ

- **まとまった処理は、サブルーチンにすることもできる。**
- **値を返す処理はファンクションを使う。**
- **プログラムが完成したら、とりあえず実行して動作を確認する。**

用語のまとめ

用語	意味
サブルーチン	まとまった処理の塊（かたまり）のこと
ファンクション	サブルーチンの仲間で値を返すもの
デバッグ	間違ったプログラムを修正すること

Column 新技術を簡単に紹介①

Visual Studioの新技術について、簡単にご紹介いたします。

WPF（Windows Presentation Foundation）

本書では、Windows Desktopという、あらかじめ用意された部品を使って、簡単にアプリケーションの画面を作成していますが、それとは別に動きのあるアプリケーションや独自のイベントを自由に作成できる新しいユーザーインターフェイスの技術がWPFです。

例えば、ピアノのアプリケーションを作成したくても、Windows Desktopの技術では、ボタンを同時に押すことが難しいのですが、WPFならば、そのようなアプリケーションの作成も可能になります。

＊ **プログラムを修正しましょう**　間違ったプログラムを修正することを**デバッグ**と言う。

Column コード入力中や編集時に使えるショートカットキー①

コード入力中や編集時にコードエディター内で使える主なショートカットキーには、次のようなものがあります。

▼コードエディター内での検索と置換

コマンド	ショートカットキー
クイック検索	[Ctrl]＋[F] キー
クイック検索の次の結果	[Enter] キー
クイック検索の前の結果	[Shift]＋[Enter] キー
クイック検索でドロップダウンを展開	[Alt]＋[Down] キー
検索を消去	[Esc] キー
クイック置換	[Ctrl]＋[H] キー
クイック置換で次を置換	[Alt]＋[R] キー
クイック置換ですべて置換	[Alt]＋[A] キー

8 復習ドリル

「簡単計算プログラム」の作成を通して、Visual Basicのプログラムの書き方に慣れたでしょうか？　そのあたりの理解を深めるために、ドリルを用意しました。

●ドリルにチャレンジ！

以下の1～27までの空白部分を埋めてください。

1 プログラムを行う前に完成イメージをつかむことが大事で、そのため、まず紙などに［　　　　］とよい。

2 TextBoxなどのコントロールに名前を付けて区別したい場合、［　　　　］プロパティに値を設定する。

3 値を入力させたい場合に適切なコントロールは、［　　　　］コントロールである。

4 「+」「=」の記号など、固定的な値を表示させたい場合に適切なコントロールは、［　　　　］コントロールである。

5 Form1のサイズを、横幅が400、高さが110にしたい場合、Form1の［　　　　］プロパティに「400,110」と入力する。

6 アプリケーションに計算を実行させるきっかけを作るには、［　　　　］コントロールが最適。

7 画面の作成は、ツールボックスから適切な部品を画面に［　　　　］するだけで作成できる。

8 ［　　　　］ウィンドウを使うと、該当するコントロールのプロパティの値を簡単に変更できる。

9 以下は、計算結果を示すAnswerTextBoxコントロールのTextプロパティに、プログラムから値を設定したい（表示させたい）場合のコード例です。

```
[　　　　] = [　　　　]
```

10 ［　　　　］は、一時的に様々な値を記憶しておくための値の入れ物である。

11 「123」「ABC」「2020年1月1日」といった、値の種類のことを［　　　　］と言う。

12 「123」のように整数を表すデータ型を、Visual Basicでは［　　　　］と書く。

13 「"ABC"」のように文字列を表すデータ型を、Visual Basicでは［　　　　］と書く。

14 「1月1日」のように日付・時間を表すデータ型を、Visual Basicでは［　　　　］と書く。

15 「3.1415926535」のように大きな範囲の小数を表すデータ型を、Visual Basicでは［　　　　］と書く。

15 「このコードは、こんなことを意味している」というメモ書きのことを、プログラミングの用語では、［　　　　］と言う。

17 以下は、Input1TextBoxコントロールのTextプロパティの値を整数に変換して、valueRightに代入するコードです。

```
valueRight = Integer.[　　　　] (Input1TextBox.Text)
```

18 以下は、整数型の変数valueAnswerの値を文字列に変換して、AnswerTextBoxコントロールのTextプロパティに代入するコードです。

```
AnswerTextBox.Text = valueAnswer.[　　　　] ( )
```

19 コード入力をサポートする機能を［　　　　］と言う。

20 メソッドを呼び出す際に渡す情報を［　　　　］と言う。

21 TrueとFalseのように2種類の値を表現するデータ型を、Visual Basicでは［　　　　］と書く。

22 以下は、入力した値（Input1TextBoxコントロールのTextプロパティ）が数値に変換可能であれば処理1を、そうでなければ処理2を実行するコードです。

```
[　　　　]Integer.TryParse(Input1TextBox.Text, valueRight) = True [　　　　]
  '処理1
[　　　　]
  '処理2
[　　　　]
```

23 外部に公開する場合のアクセス修飾子は、［　　　　］である。

24 外部に公開しない場合のアクセス修飾子は、［　　　　］である。

25 まとまった処理の塊（かたまり）を［　　　　］と呼ぶ。

26 サブルーチンの仲間で、値を返すものを［　　　　］と呼ぶ。

27 間違ったプログラムを修正することを［　　　　］と言う。

復習ドリルの答え

1 絵を描いてみる
2 (Name)
3 TextBox
4 Label
5 Size
6 Button
7 ドラッグ&ドロップ
8 プロパティ
9 順番に、AnswerTextBox.Text、値
10 変数
11 データ型
12 Integer
13 String
14 Date
15 Double
16 コメント
17 Parse
18 ToString
19 インテリセンス
20 引数
21 Boolean
22 順番に、If、Then、Else、End If
23 Public
24 Private
25 サブルーチン
26 ファンクション
27 デバッグ

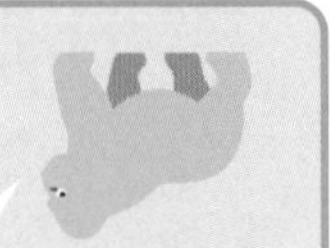

中級編　開発環境を使いこなそう！

Chapter 5

簡単なアプリケーションを作成する

「タイマー」「付箋メモ」「今日の占い」などの7種類の簡単なアプリケーションを作りながら、Visual Basicのコードに慣れましょう。

このChapterの目標

- ✓ Visual Studio Community 2019の使い方に慣れる。
- ✓ Visual Basicのコードに慣れる。
- ✓ Select文を使った条件分岐を覚える。

「タイマー」の作成

設定した終了時間になったら知らせてくれる「タイマー」アプリケーションの作成を通して、アプリケーションを作る練習をしましょう。

●アプリケーション作成の流れのおさらい

Chapter4では、「簡単計算プログラム」を作成しました。その知識を活かして、様々なアプリケーションにチャレンジしましょう。

最初は、Visual Studio Community 2019（本章では以降、VS Community 2019と表記します）で設定した時間になったら画面上にメッセージを表示する「タイマー」アプリケーションを作ります。

まず、アプリケーション作成の流れを、もう一度おさらいしてみましょう。

手順❶　完成イメージを絵に描いて、画面に対する機能を描いてみる。
手順❷　VS Community 2019で、手順❶の絵のように画面を作成する。
手順❸　画面に貼り付けたコントロールのプロパティや値を設定する。
手順❹　コードを書く。
手順❺　動かしてみる。
手順❻　修正する。

いかがですか？　「タイマー」アプリケーションのイメージはつかめましたか？
では、手順にそって、作成していきましょう。

●手順①　「タイマー」の完成イメージを絵に描く

「タイマー」アプリケーションの特徴を、以下にいくつか挙げてみましょう。

- **終了時間が設定できる。**
- **終了時間になったら、知らせてくれる。**
- **スタートボタンがある。**
- **残り時間がわかる。**

これらの特徴を踏まえて、完成イメージを紙に描いてみます。画面は自由にイメージしていただいても構いません。

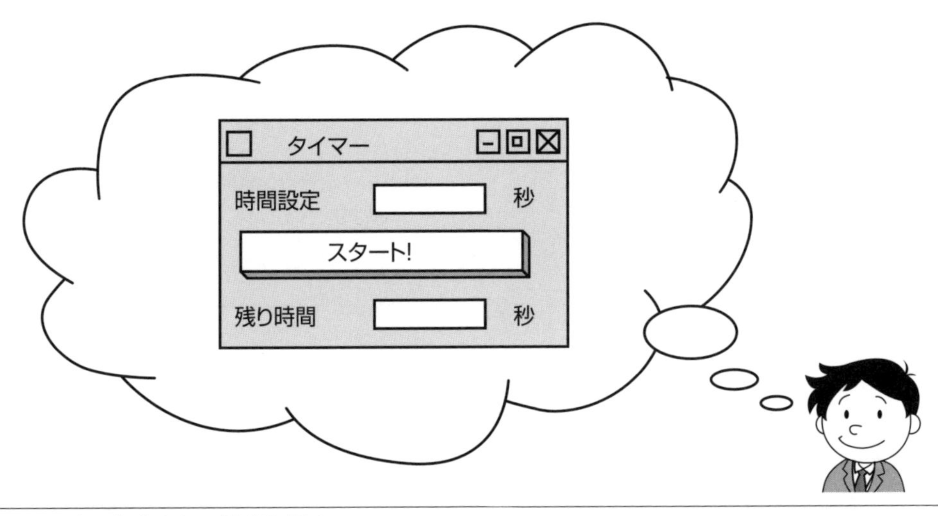

図5-1：「タイマー」の完成イメージを絵に描く

●手順② 「タイマー」の画面を作成する

それでは、VS Community 2019を起動し、[新しいプロジェクトの作成] をクリックしてください。

1 [新しいプロジェクトの作成] をクリックする

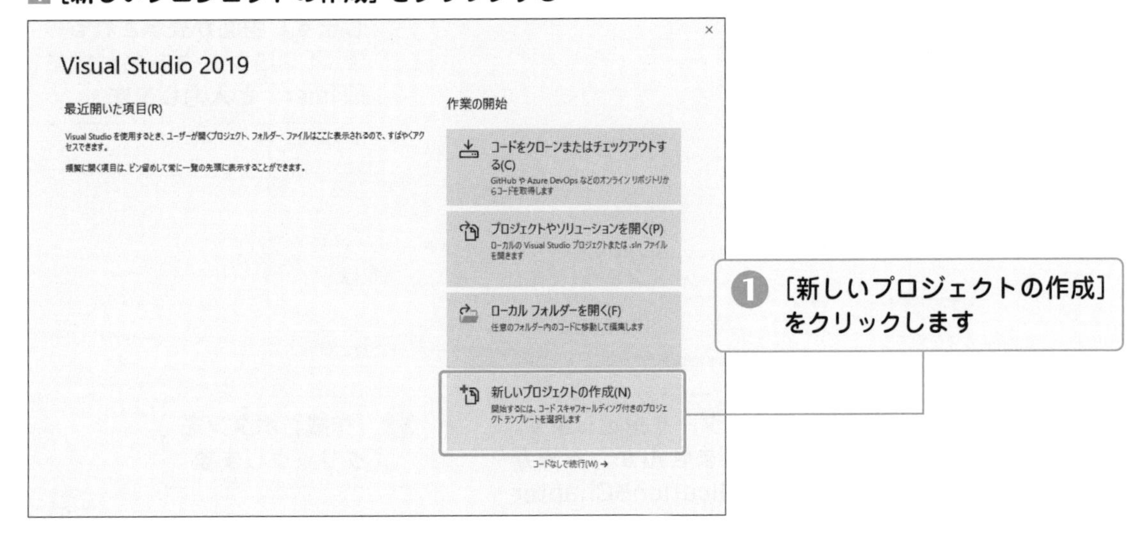

2 上部検索ボックスに「winforms」と入力する

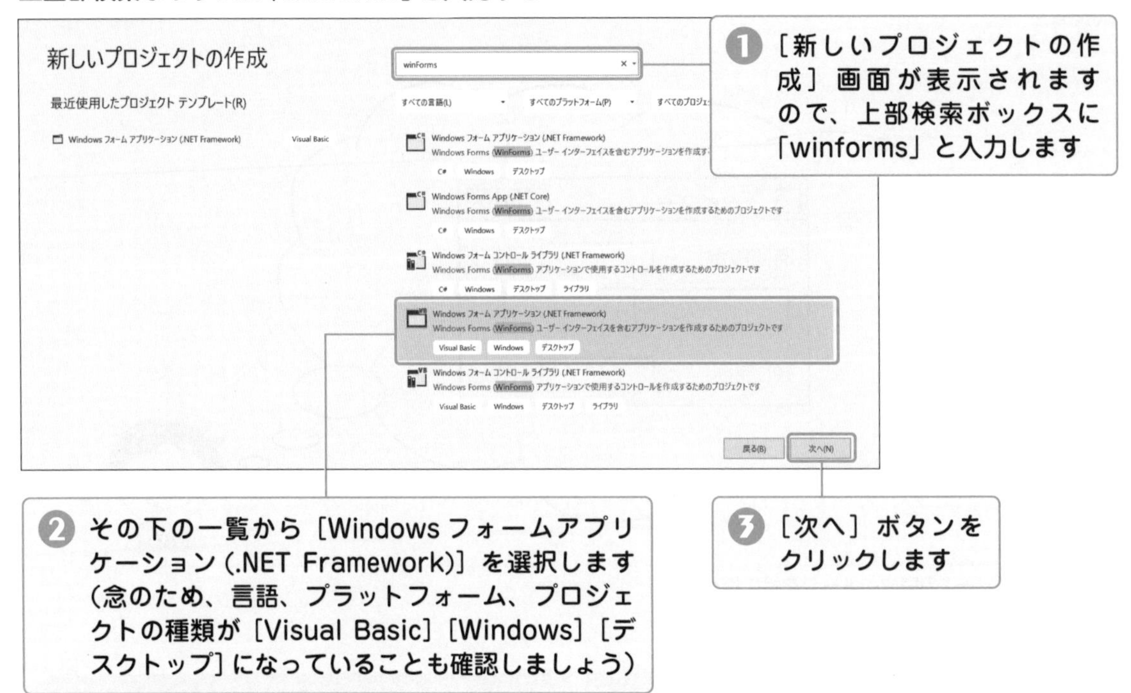

3 プロジェクト名を入力する

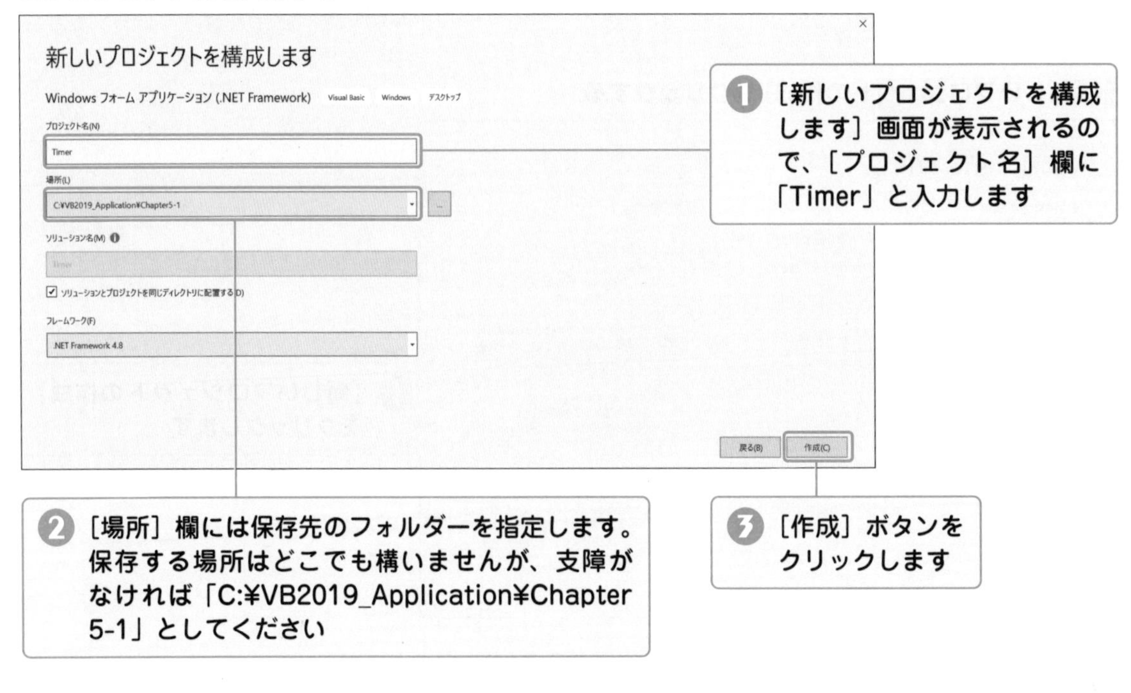

4 Windowsフォームアプリケーションのひな形ができる

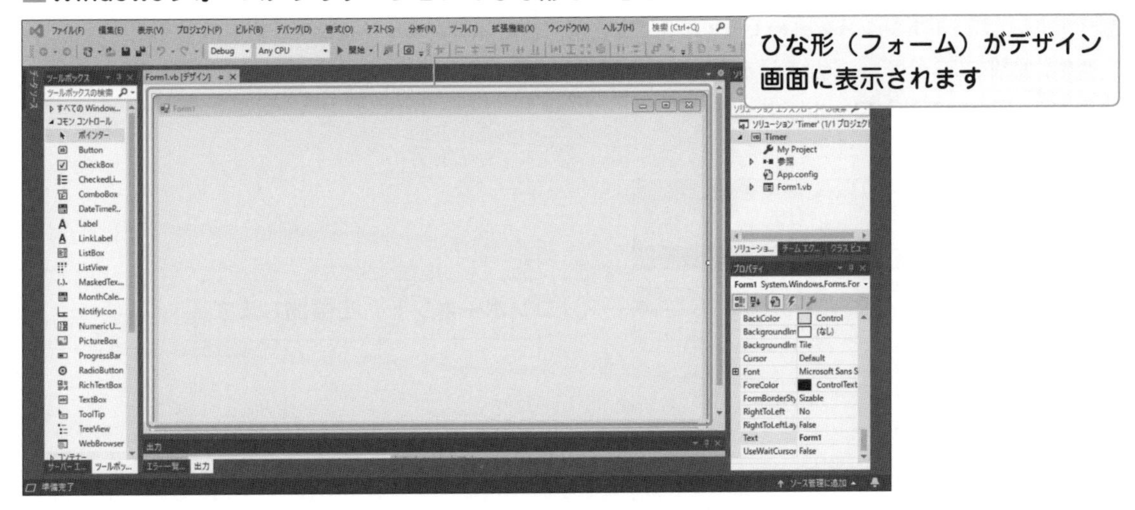

それでは、手順❶で描いた絵を見ながら、コントロールを配置していきます。

まずは、Windowsフォームのデザイン画面にツールボックスから、適切なコントロールを選んで割り当てていきましょう。

「時間設定」「残り時間」「秒」などの変化しない文字は、Labelコントロールがよさそうです。また、「スタート!」というボタンは、Buttonコントロールがよさそうです。時間設定で、数字を入力する箇所と、残り時間を表示する箇所は、TextBoxコントロールがよさそうですね。

では、さっそくツールボックスから、必要な部品をドラッグ&ドロップしてください。今回は画面のレイアウトに集中して、後からまとめて各コントロールのプロパティを設定しましょう。スナップラインをうまく利用して、綺麗に配置してみてください。ボタンやフォームは、大きさを変えてもいいですね。

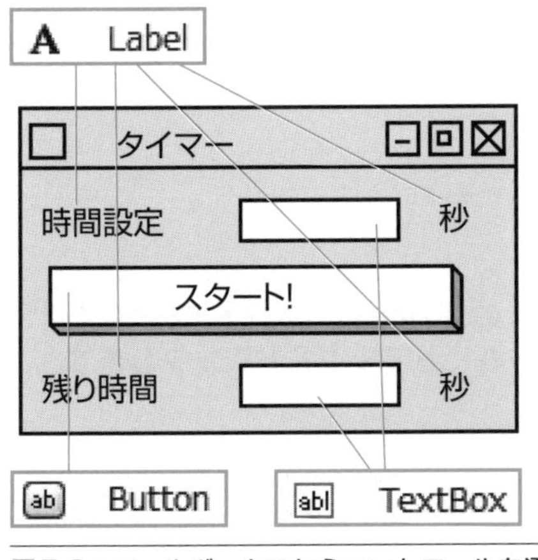

図5-2:ツールボックスからコントロールを選んで割り当てる

さて、時間をカウントする仕組みは、どのようにしたらよいでしょうか？ 「便利なコントロールはないかな……」と、ツールボックスを眺めてみてください。使えそうなコントロールは見つかりませんか？

実は、便利なコントロールがあります。ツールボックスの［コンポーネント］の部分を展開してください。下の方に、**Timerコントロール**があります。

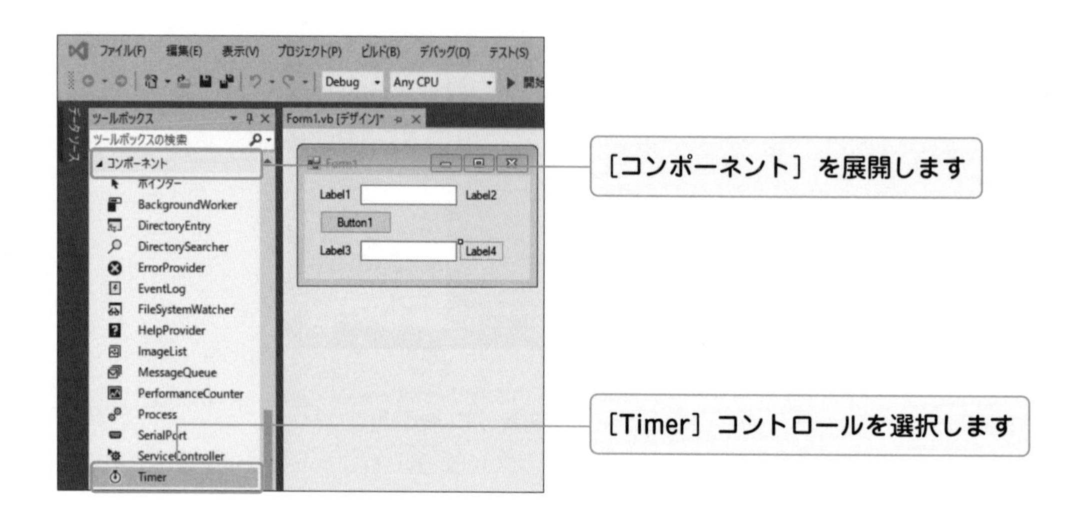

Timerコントロールには、表5-1に示した機能があります。

表5-1：Timerコントロールの機能

アイコンの形	名前	機能
 Timer	Timerコントロール	指定した間隔でイベントを発生させてくれる

このTimerコントロールに「1秒」という間隔を設定すると、1秒おきにイベントを発生させることができます。また、設定した時間をカウントダウンさせることもできます。

では、Timerコントロールを、Windowsフォームに貼り付けてみましょう。

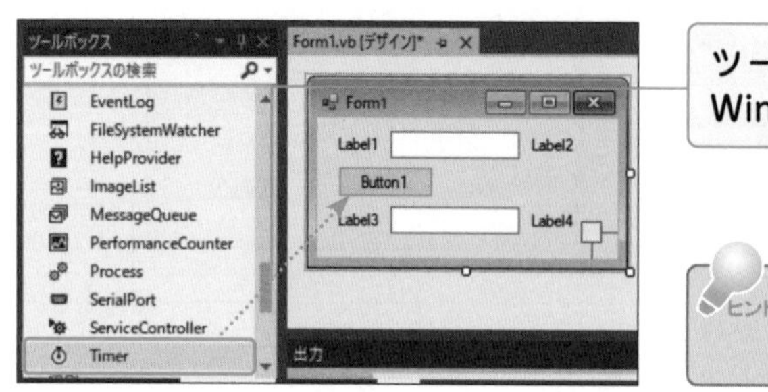

ツールボックスの［Timer］コントロールをWindowsフォームにドラッグ＆ドロップします

ヒント 後でわかりますが、配置する位置は、フォームの上であればどこでも構いません。

Windowsフォームに配置したTimerコントロールが、画面下の**コンポーネントトレイ**と呼ばれる領域に配置されました。

実は、Timerコントロール自体には画面がありません。このように画面のないコントロールは、画面の上に配置できないため、VS Community 2019では、画面下のコンポーネントトレイにコントロールが配置されます。

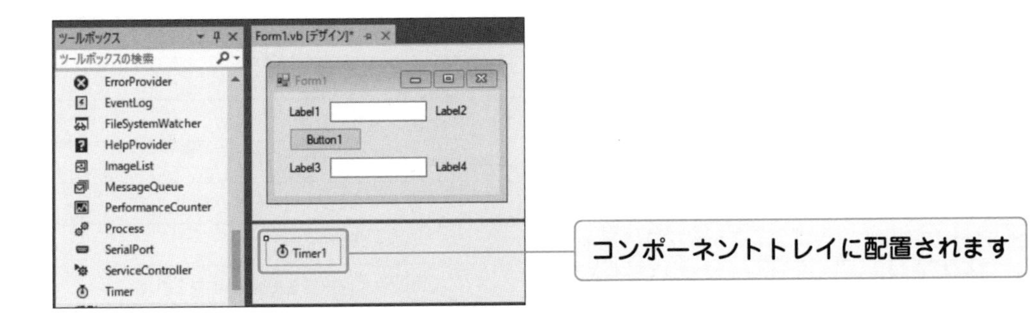

ここまでで、手順❷の画面の作成は終わりです。

なお、間違って貼り付けたコントロールは、そのコントロールを選択して、[Delete] キーを押せば、削除することができます。

●手順③　画面のプロパティや値を設定する

それでは、画面のデザイン時に貼り付けたそれぞれのコントロールのプロパティを設定しましょう。プロパティウィンドウで、各コントロールの名前を示す(Name)プロパティと、表示する値を示すTextプロパティあたりから設定してみてください。

なお、今回はちょっと手を抜いて、ほかから影響を受けないコントロールの名前はデフォルトの状態にしてあります（Label1～Label4）。

また、異なるコントロールであっても、同じプロパティは同じ場所に表示された状態になるので、Textプロパティなど、同じプロパティから設定していくと楽に設定できます。

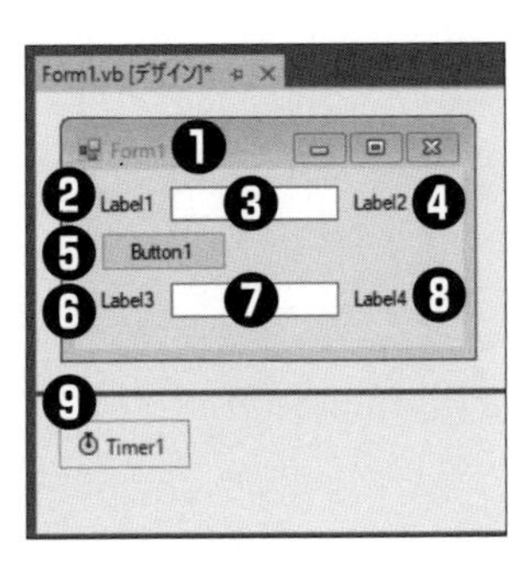

表5-2：コントロールとプロパティの設定

No.	コントロール名	プロパティ名	設定値
❶	Formコントロール	(Name)プロパティ	FormTimer
		Textプロパティ	タイマー
❷	Labelコントロール	Textプロパティ	時間設定
❸	TextBoxコントロール	(Name)プロパティ	TextSetTime
		Textプロパティ	10
		TextAlignプロパティ*	Right
❹	Labelコントロール	Textプロパティ	秒
❺	Buttonコントロール	(Name)プロパティ	ButtonStart
		Textプロパティ	スタート！
❻	Labelコントロール	Textプロパティ	残り時間
❼	TextBoxコントロール	(Name)プロパティ	TextRemainingTime
		Textプロパティ	10
		TextAlignプロパティ	Right
❽	Labelコントロール	Textプロパティ	秒
❾	Timerコントロール	(Name)プロパティ	TimerControl
		Intervalプロパティ	1000
		TextAlignプロパティ	Right

❾のTimerコントロールのIntervalプロパティは、イベントを発生させる頻度をミリ秒（1/1000秒）で設定するプロパティです。

「タイマー」アプリケーションでは、1秒おきにイベントを発生させます。「1秒＝ 1000ミリ秒」なので、TimerコントロールのIntervalプロパティを「1000」に設定します。

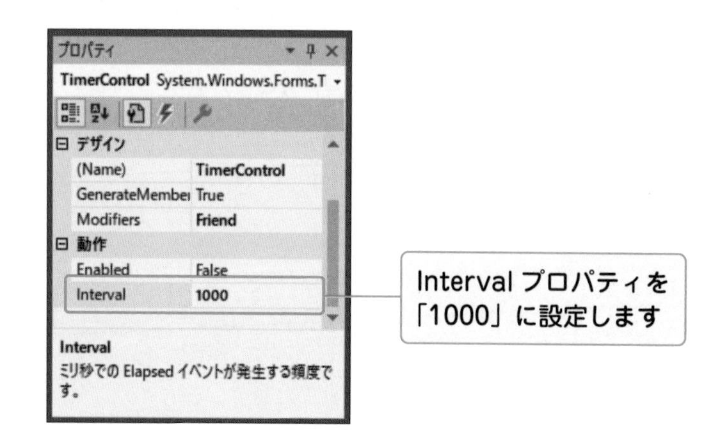

* **TextAlignプロパティ**　TextBoxコントロールでテキストをどのように配置するかを取得または設定するプロパティ。「Right」を設定すると、オブジェクトまたはテキストがコントロールの右側に配置される。

●手順④　コードを書く

それでは、「タイマー」アプリケーションのコードを書いていきましょう。ただし、いきなりコードを書こうとしても、どこにどんなコードを書けばいいのかわからないかと思います。そんなときは、処理の流れを図にしてみるとよいでしょう。

処理の流れを示す代表的な図として、**フローチャート**があります。その特徴として、

- **1つの四角に1つの処理を書く。**
- **上から下へ処理をする順番に書く。**
- **処理が分かれる場合は、ひし形に処理を分ける条件を書いて、「Yes」と「No」のときの処理をそれぞれ書く。**

といったルールがある図です。

ボタンをクリックしたときの処理と、タイマーの処理をフローチャートにすると、次のようになります。

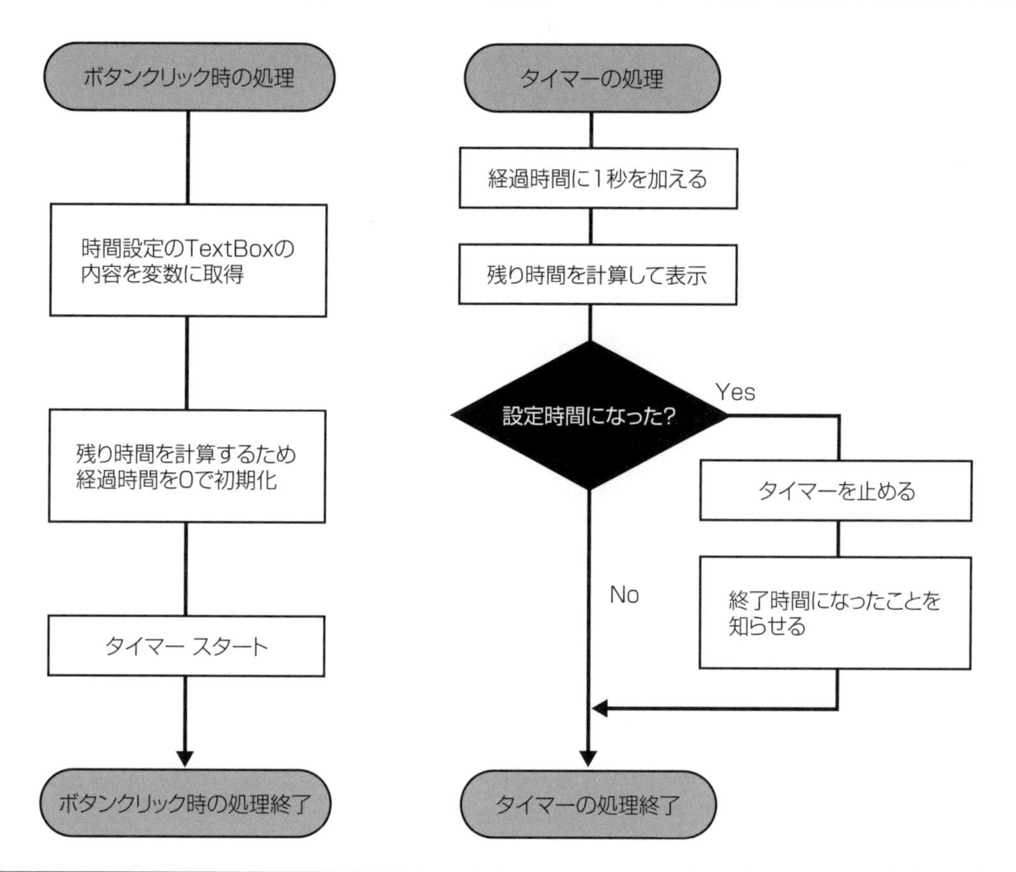

図5-3：ボタンクリック時の処理、タイマーの処理のフローチャート

ボタンをクリックしたときの処理を記述するため、デザイン画面で「ButtonStart」と名前を付けた❺のButtonコントロールをダブルクリックして、コード画面に切り替えてください。

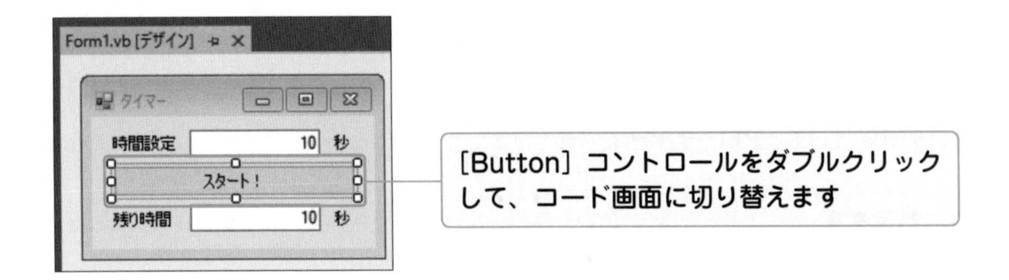

ただ、コードに慣れていない場合は、どんな処理をどのような順番で行うのかを考えながら、その都度、「'」を使って、**コメント**を書いていってもよいでしょう。

ボタンをクリックしたときは、3つの処理を順番に行いましたね。これらの処理をコメントとして、コードに書き記します。

①時間を設定するTextBoxコントロールの値を終了時間の変数に代入
②残り時間を計算するため、経過時間の変数を0で初期化
③タイマースタート

また、**変数**についても考えてみましょう。変数を使用する箇所や、変数のデータ型を考えます。

「タイマー」アプリケーションでは、処理の途中に出てくる変数として、「終了時間」「経過時間」「残り時間」の3つを使います。時間の間隔は数字で扱いたいため、それぞれInteger型（整数型）の変数がよいでしょう。変数の名前は、自分で分かるような名前にしてください。

「終了時間」と「経過時間」は、タイマーの処理でも使用するので、FormTimerクラスの変数として定義します。「残り時間」は、タイマーの処理の中でしか使用しないので、この処理の中で定義します。

表5-3：「タイマー」アプリケーションで使う変数

変数	データ型	変数名
終了時間	Integer型（整数型）	EndTime
経過時間	Integer型（整数型）	NowTime
残り時間	Integer型（整数型）	RemainingTime

以下のコードは、ボタンをクリックしたときの処理のサンプルコードです。処理を書く前に、まず先にコメントを記述しています。　　　　の部分は、自動で記述される部分です。

List 1 サンプルコード（コメントを先に記述した、ボタンクリック時の処理：Form1.vb）

```
Public Class FormTimer
    ' 終了時間の変数を整数型で定義
    ' 経過時間の変数を整数型で定義

    ' ボタンクリック時の処理
    Private Sub ButtonStart_Click(sender As Object,
  e As EventArgs) Handles ButtonStart.Click
        ' 時間を設定するTextBoxコントロールの値を終了時間の変数に代入
        ' 残り時間を計算するため、経過時間の変数を0で初期化
        ' タイマースタート
    End Sub
End Class
```

コメントを元にして、実際のコードを書いてみましょう。

List 2 サンプルコード（ボタンクリック時の処理：Form1.vb）

```
Public Class FormTimer
❶  Dim EndTime As Integer ' 終了時間の変数を整数型で定義
❷  Dim NowTime As Integer ' 経過時間の変数を整数型で定義

    ' ボタンクリック時の処理
    Private Sub ButtonStart_Click(sender As Object,
                e As EventArgs) Handles ButtonStart.Click
        ' 時間を設定するTextBoxコントロールの値を終了時間の変数に代入
❸      If Integer.TryParse(TextSetTime.Text, EndTime) = True Then
            EndTime = Integer.Parse(TextSetTime.Text)
        Else
            EndTime = 1
        End If
        '残り時間を計算するため、経過時間の変数を0で初期化
❹      NowTime = 0
        ' タイマースタート
❺      TimerControl.Start()
    End Sub
End Class
```

表5-4：List2のコード解説

No.	コード	内容
❶	`Dim EndTime As Integer`	「終了時間」を扱う変数EndTimeをInteger型で定義します
❷	`Dim NowTime As Integer`	「経過時間」を扱う変数NowTimeをInteger型で定義します

❸	`If Integer.TryParse(TextSetTime.Text, EndTime) = True Then`
	`EndTime = Integer.Parse(TextSetTime.Text)`
	`Else`
	`EndTime = 1`
	`End If`
		TryParse()メソッドを使って、TextSetTimeコントロールの値（Textプロパティ）を数値に変換し、変数EndTimeに代入します。数値に変換できない場合は、EndTimeに1を代入します（1にすることで、後の処理ですぐ終わるようにします）

❹	`NowTime = 0`	変数NowTimeに0を代入します
❺	`TimerControl.Start()`	TimerControlのStart()メソッドを呼び出します

Chapter4で学習したことを応用して、コードを書いてみました。「タイマースタート」の処理だけがはじめて書くコードですが、Timerコントロールの**Start()メソッド**を実行すると、時間の計測が開始されます。結構、感覚的にコードを書けると思いませんか？

では、次に、タイマーの処理を書いていきましょう。

コンポーネントトレイにあるTimerコントロール（timerControl）をクリックしたら、プロパティウィンドウの［イベント］ボタンをクリックして、イベントを表示させます。Timerコントロールのイベントは、**Tickイベント**＊が1つあるだけです。

プロパティウィンドウのTickの部分をダブルクリックして、**イベントハンドラ**を作成しましょう。同じFormTimerクラスに、timerControl_Tick()というイベントハンドラが作成されるので、ここにタイマーの処理を記述します。

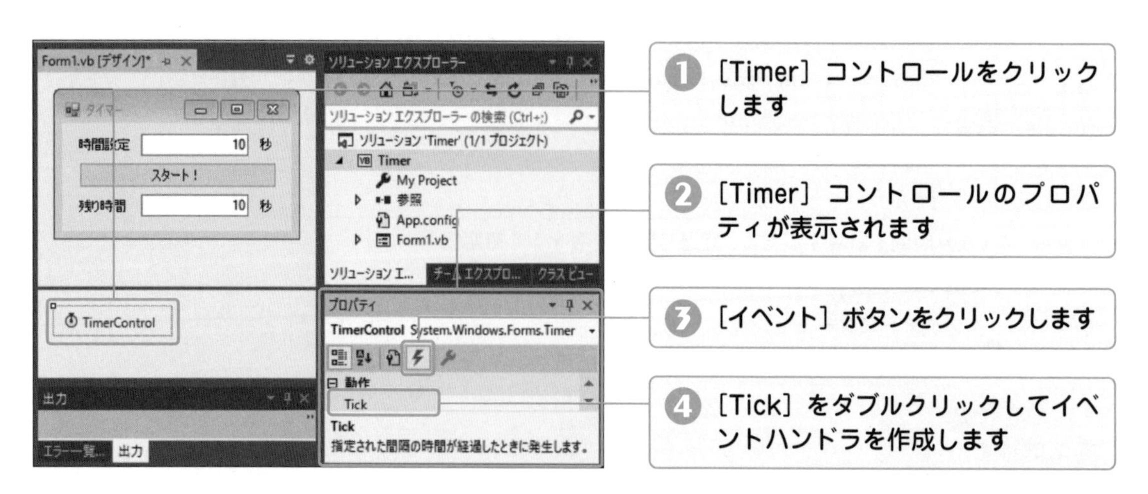

＊**Tickイベント**　Intervalプロパティで指定されたミリ秒単位の時間が経過したときに発生するイベント。

また、例によって、コメントだけを先に書いてみます。　　　　の部分は、自動で記述される部分です。いかがでしょうか？　コードは書けそうですか？

List 3 サンプルコード（コメントを先に記述した、タイマーの処理：Form1.vb）

```
Public Class FormTimer
（ボタンクリック時の処理は省略します）

    Private Sub TimerControl_Tick(sender As Object,
            e As EventArgs) Handles TimerControl.Tick
        ' 残り時間の変数を整数型で定義
        ' 経過時間に1秒を加える
        ' 残り時間を計算して表示

        ' <判定>設定時間になった？
        ' 「Yes」の場合の処理
        '       タイマーを止める
        '       終了時間になったことを知らせる
        ' 「No」の場合の処理
    End Sub
End Class
```

それでは、実際にコードを記述してみます。

List 4 サンプルコード（タイマーの処理：Form1.vb）

```
Public Class FormTimer
（ボタンクリック時の処理は省略します）

    Private Sub TimerControl_Tick(sender As Object,
            e As EventArgs) Handles TimerControl.Tick
        ❶Dim RemainingTime As Integer ' 残り時間の変数を整数型で定義
        ' 経過時間に1秒を加える
        ❷NowTime = NowTime + 1
        ' 残り時間を計算して表示
        ❸RemainingTime = EndTime - NowTime
        TextRemainingTime.Text = RemainingTime.ToString()
        ' <判定>設定時間になった？
```

中級編 Chapter 5

```
        If EndTime = NowTime Then
            ' 「Yes」の場合の処理
            ' タイマーを止める
            TimerControl.Stop()
            ' 終了時間になったことを知らせる
            MessageBox.Show("時間になりました！")
        Else
            ' 「No」の場合の処理
        End If
    End Sub
End Class
```

表5-5：List4のコード解説

No.	コード	内容
❶	Dim RemainingTime As Integer	「残り時間」を扱う変数RemainingTimeをInteger型で定義します
❷	NowTime = NowTime + 1	NowTimeに1を加えた結果を、変数NowTimeに代入します
❸	RemainingTime = EndTime - NowTime TextRemainingTime.Text = RemainingTime.ToString()	「残り時間」を計算する処理です。「残り時間」は、「終了時間」から「経過時間」を引きます。さらに、現在の「残り時間」を表示させるため、計算した「残り時間」を文字列に変換して、TextRemainingTimeのTextプロパティに代入します
❹	If EndTime = NowTime Then	「終了時間」と「経過時間」が同じかどうかを調べて、設定した時間になったことを判定します
❺	TimerControl.Stop()	Timerコントロール（TimerControl）のStop()メソッドを呼び出します
❻	MessageBox.Show("時間になりました！")	MessageBox.Show()メソッドを呼び出します。また、**Show()メソッド**の引数の値を**メッセージボックス**と呼ばれる別ウィンドウに表示させます

●手順⑤　動かしてみる

では、実際に動かしてみましょう。［開始］アイコンをクリックしてください。一番楽しくてドキドキする瞬間ですね。(^-^)

「タイマー」アプリケーションの画面が起動したら、時間設定の欄に適当な数字を入れ、［スタート！］ボタンをクリックしてください。

適当な数字を入力

［スタート！］ボタンをクリック

残り時間がカウントダウンされたでしょうか？　また、残り時間が0秒になったら、別ウィンドウ（メッセージボックス）に「時間になりました！」と表示されたでしょうか？

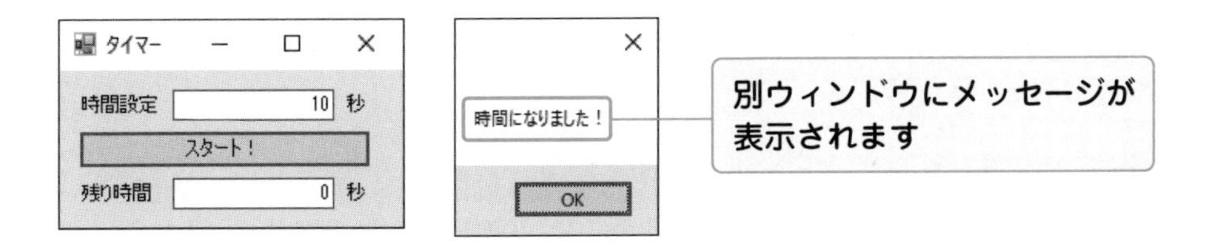

きちんと動いたら、「タイマー」アプリケーションを保存しましょう。保存の方法を忘れた方は、Chapter2の2.6節を参照してください。

●手順⑥　修正する

うまく動かなかった方は、画面下の**エラー一覧**に表示されるメッセージを読んで、「コードが間違っていないか」「処理が抜けていないか」「値が間違っていないか」を確かめてみてください。

エラーメッセージが表示されずに実行できるのに、カウントダウンが行われない場合、実はコードが間違っている可能性があります。また、値を設定するコントロールが違っている場合もあるので、それぞれ確認してみてください。

まとめ

- アプリケーションを作成する前に完成イメージを描いて、機能を検討するとよい。
- VS Community 2019を使うと、簡単にアプリケーションの画面が作成できる。
- 完成イメージを実現させるため、どんなコントロールが最適かをいろいろ試してみるとよい。
- コードを書く前に、フローチャートと言われる図で、処理の流れを図に描いてみるとよい。
- コードを書く場合、慣れるまでは処理をコメントとして先に書いておくとよい。

用語のまとめ

用語	意味
フローチャート	処理の流れを表した図。1つの四角に1つの処理を書く。基本的には上から順番に実行する。条件によって処理を分けたい場合は、ひし形の図形を描き、その中に条件を書く
コンポーネントトレイ	VS Community 2019では、画面のないコントロールはフォーム上に配置できないため、その代わりにコントロールが配置される画面下側の領域のこと

Column コントロールの選び方

入力するデータによって、コントロールを使い分けることはプログラミングの基本ですが、それでは、そのコントロールをどう選べばよいのでしょうか？

まずは、標準のコントロールを試してみることです。コントロールは画面に貼り付けただけで、基本的な動作を行います。このため、まず貼り付けた状態で実行してみて、それから動作を確認してみるとよいでしょう。

また、より複雑な動作を求める場合には、インターネット上で多くのコントロールが公開されているので、それを使うのも1つの方法です。さらに、高度な動作を求める場合には有償になりますが、サードパーティのコントロールを使う方法もあります。

「付箋メモ」の作成

「付箋メモ」アプリケーションを作成します。今回は、VS Community 2019のプロパティをいろいろ試してみて、「こんなこともできるんだ！」という発見をテーマにしたアプリケーションを作成します。

●手順①　「付箋メモ」の完成イメージを絵に描く

まずは、どんなアプリケーションにするのか、どんな機能があるのかを考えるため、「付箋メモ」アプリケーションの特徴を思いつく限り書いてみましょう。

・文字を入力できる。複数行の入力ができる。
・背景は黄色。背景色の変更も可能。
・Windowsフォームの［×］ボタンなどはいらない。
・そのかわり［Esc］キーでアプリケーションを終了する。
・マウス操作で、画面上の位置を移動できる。
・目立つように常に画面の一番前に表示される。
・カッコよくちょっと透けて見える。

付箋メモ
・○月×日　締め切り日

図5-4：「付箋メモ」の完成イメージを絵に描く

●手順② 「付箋メモ」の画面を作成する

参考までに、完成イメージは以下のようになります。

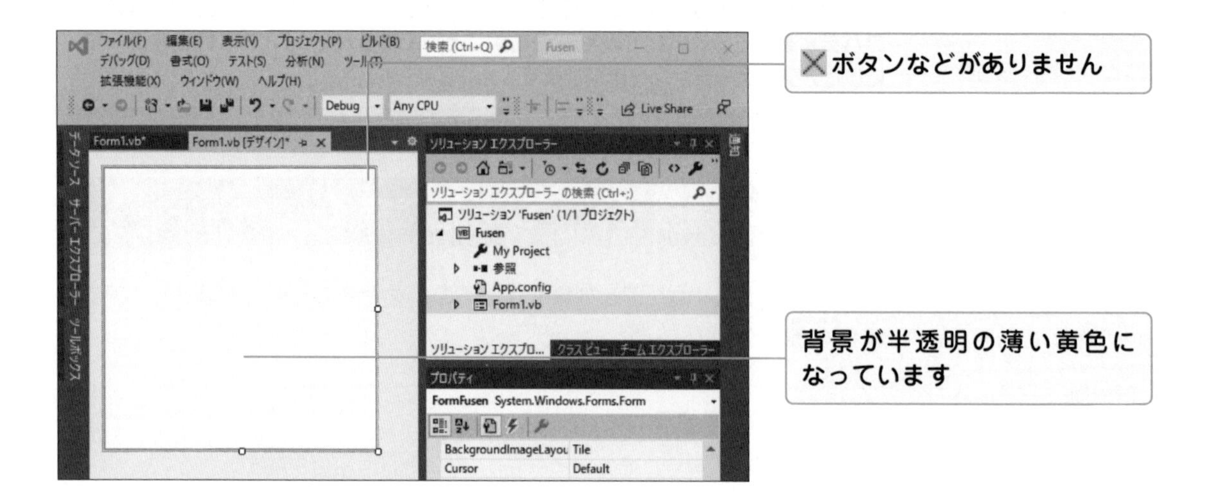

VS Community 2019を起動し、[新しいプロジェクトの作成] をクリックしてください。
[新しいプロジェクトの作成] 画面が表示されますので、上部検索ボックスに「winforms」と入力します。その下の一覧に [Windowsフォームアプリケーション(.NET Framework)] が表示されます。Visual Basicのものを選択し、[次へ] ボタンをクリックします。
[新しいプロジェクトを構成します] 画面が表示されますので、プロジェクト名に、「Fusen」と入力してください。また、保存する場所はどこでも構いませんが、支障がなければ「C:¥VB2019_Application¥Chapter5-2」としてください。

「付箋メモ」アプリケーションは、文字が入力できればよいので、Windowsフォーム上に配置するコントロールは、TextBoxコントロールが1つだけです。

TextBoxコントロールは、Windowsフォームの好きな箇所に配置してください。後でこのTextBoxコントロールを最大化するため、位置はどこでも構いません。

また、背景色を変更するため、それに適したコントロールも使いましょう。背景色は、[色の設定] ダイアログボックスを起動させるための**ColorDialogコントロール**がすでに用意されています。

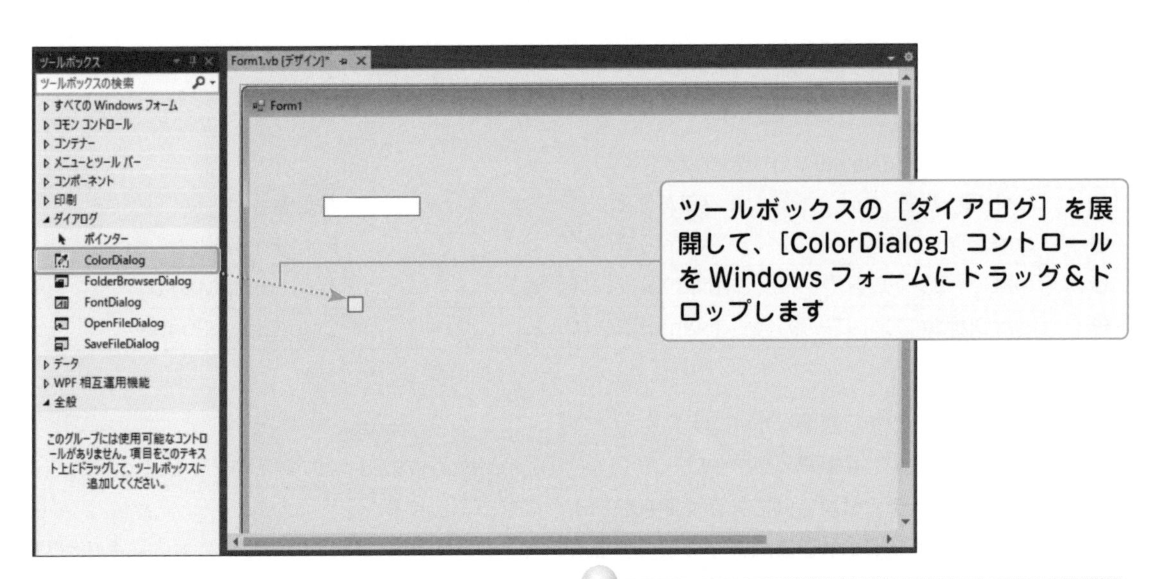

ヒント ツールボックスの [ColorDialog] コントロールをダブルクリックしても同じことができます

ColorDialogコントロールが画面下のコンポーネントトレイに配置されたら、画面のデザインは完了です。

●手順③　画面のプロパティや値を設定する

それでは、各プロパティの設定を行いましょう。まずは、Formコントロール、TextBoxコントロール、ColorDialogコントロールの名前を設定します。

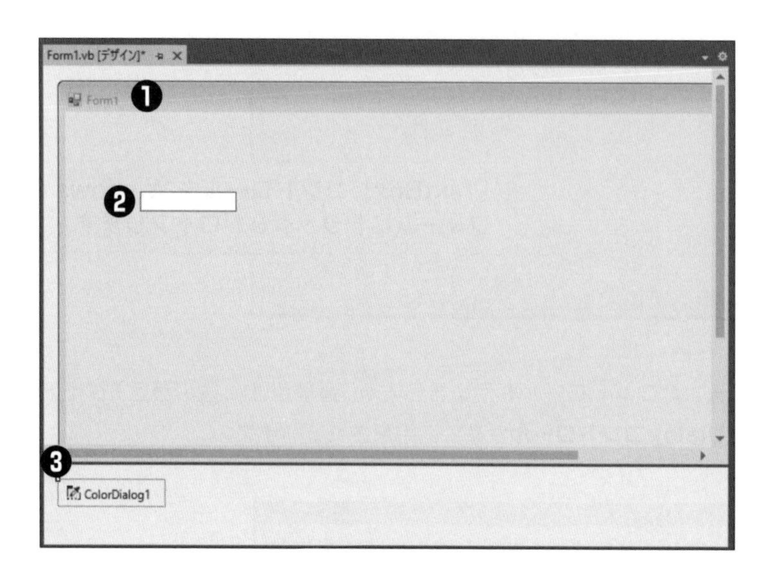

表5-6：各コントロールの(Name)プロパティの設定

No.	コントロール名	プロパティ	設定値
❶	Formコントロール	(Name)プロパティ	FormFusen
❷	TextBoxコントロール	(Name)プロパティ	TextFusenMemo
❸	ColorDialogコントロール	(Name)プロパティ	ColorDialogFusen

本節では、ここからが特に重要なポイントになります。

まず、画面いっぱいにTextBoxコントロール（TextFusenMemo）を広げたいのですが、Buttonコントロールと違い、そのままでは縦方向に大きくできないようになっています。

そこで、以下のように**Dockプロパティ**の値の変更を行うと、TextBoxコントロールが縦方向にも広がります。Dockプロパティは、コントロールをどの位置にドッキング（固定）するかを設定するプロパティです。

1 Dockプロパティを設定する

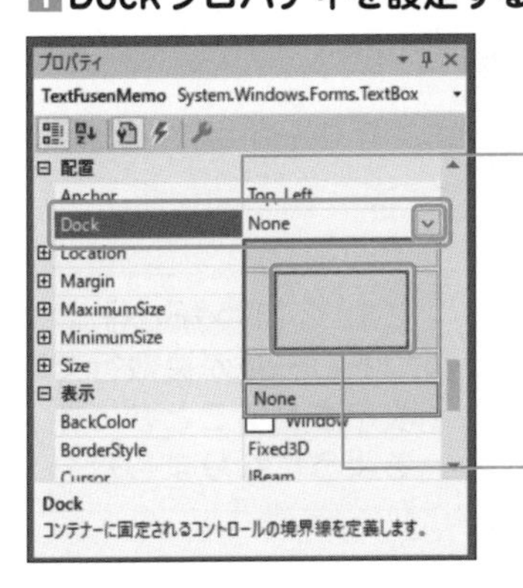

❶ [TextBox] コントロールをクリックして選択します。プロパティウィンドウの Dock プロパティを選択して、✓ボタンをクリックします

❷ 表示された画面の真ん中の四角をクリックしてください。プロパティには「Fill」と表示されます

ヒント 英語で、Fill は「いっぱいになる」という意味ですね。Fill に設定すると、TextBox コントロールの四辺は、Form コントロールの四辺にドッキングされ、適切なサイズに調節されます。

この段階では、まだTextBoxコントロールに1行しか表示できません。続いて、複数行を表示できるようにします。

2 TextBoxコントロールのスマートタグをクリックする

[TextBox] コントロールのスマートタグ（右上の三角）をクリックし、展開します

3 MultiLineにチェックを入れる

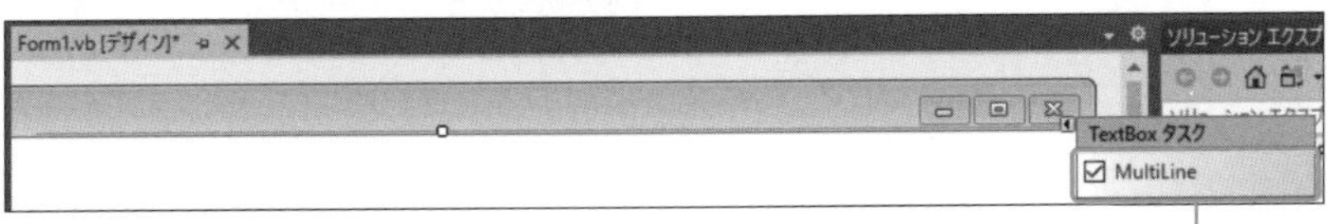

表示された TextBox タスクの MultiLine プロパティにチェックを入れます

4 TextBoxコントロールが複数行で表示される

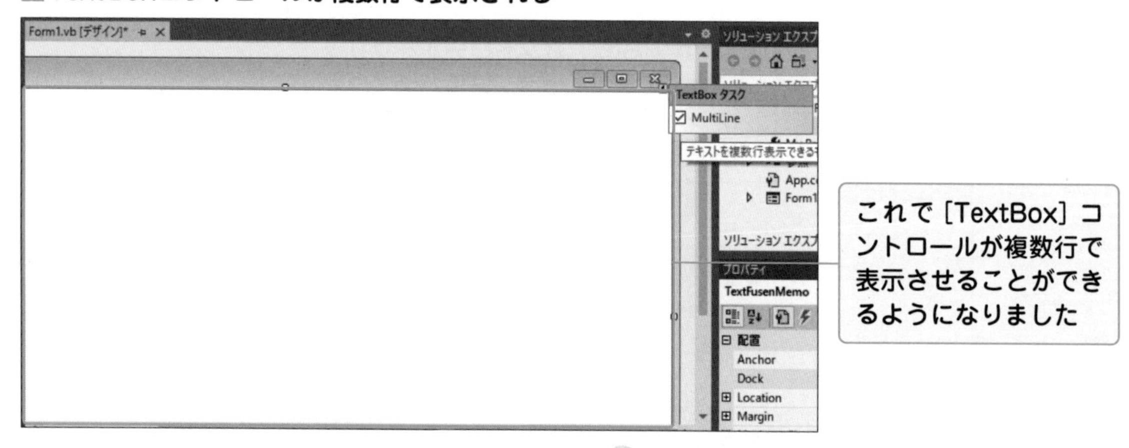

ヒント プロパティウィンドウを使って、MultiLineプロパティを「True」に設定しても同じです。

このままアプリケーションを試してもよいのですが、まだ付箋っぽくないですね。TextBoxコントロールの色、つまり背景色を**BackColorプロパティ**で設定します。BackColorプロパティは、コントロールの背景色を設定するプロパティです。

5 BackColorプロパティを設定する

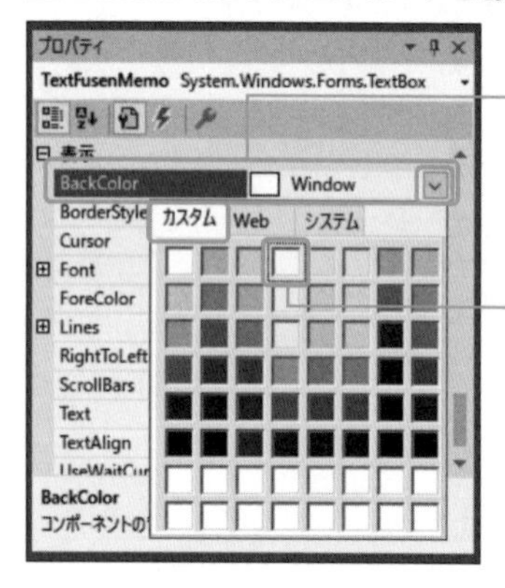

❶ BackColor プロパティの ☑ をクリックします

❷ 表示されたカラーパレットの［カスタム］タブを選択し、薄い黄色を選択すると、［TextBox］コントロールの色が変わります

ヒント zカラーパレットには、すでに用意されている色がいろいろありますが、今回は［カスタム］タブを選択し、薄い黄色を選びます。

さらに、本物の付箋っぽくするために、Formコントロール（FormFusen）の**FormBorderStyleプロパティ**を設定しましょう。FormBorderStyleプロパティは、フォームの境界線のスタイルを設定するプロパティで、「None」を設定すると、境界線がなくなります。

6 FormBorderStyleプロパティを設定する

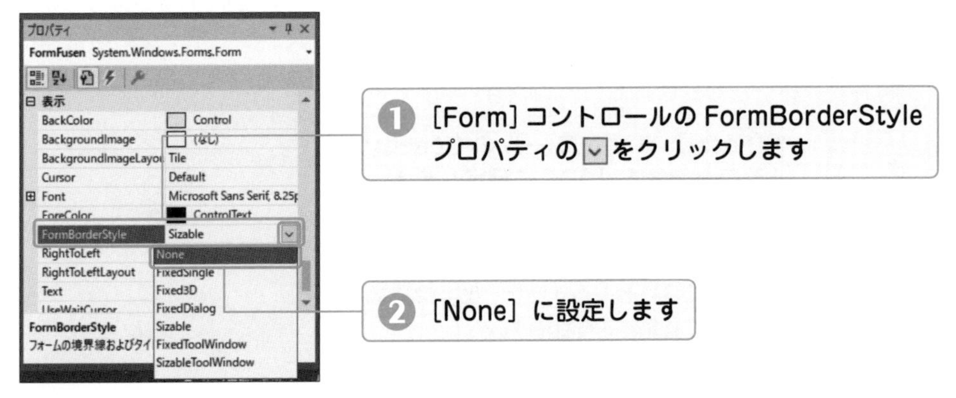

7 タイトルバーが消える

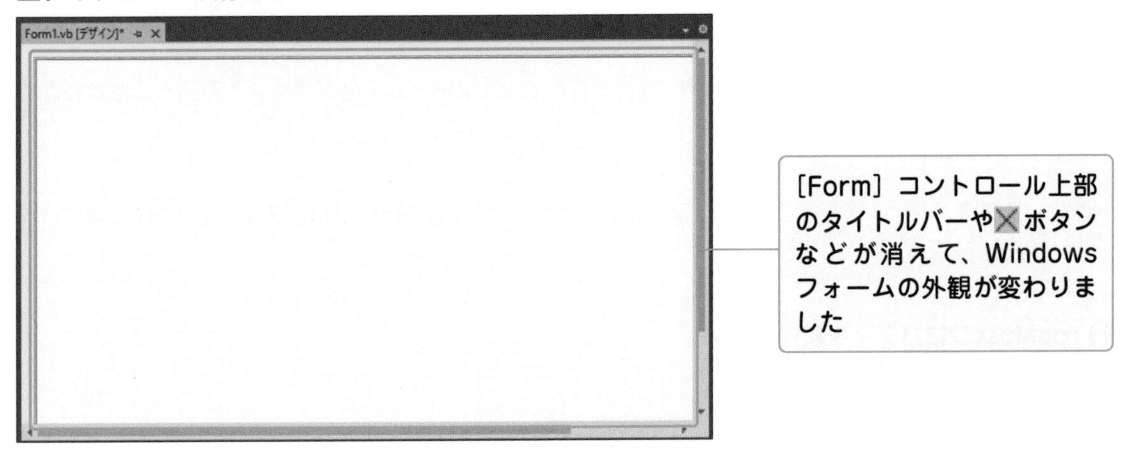

まさに付箋っぽくなりました！(^0^)　ただし、注意点があります。実行してみるとわかるのですが、タイトルバーを消してしまうと、[×] ボタンがなくなってしまうので、そのままではアプリケーションを終了させることができなくなります（うっかり実行させてしまった方は、[デバッグ] メニューの [デバッグの停止] を選択すると、実行を停止させて、アプリケーションを終了させることができます）。

そこで、処理を考える際には、キーボードの [Esc] キーが押されたときに、このアプリケーションが終了する処理をコードに記述する必要があります。

さらに半透明にして、常に一番前に表示させるようにしてみましょう。

8 Opacityプロパティを設定する

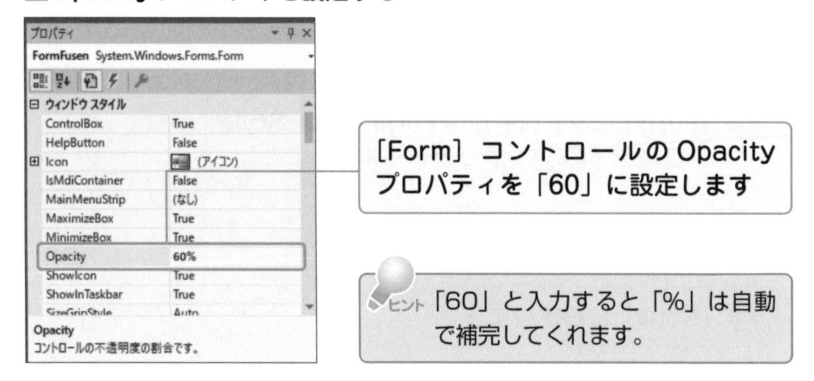

Formコントロールの**Opacityプロパティ**は、フォームの不透明度を設定するプロパティです。100%であれば不透明で、0%に近づくにつれて透明になっていきます。ただ、0%にするとまったく見えなくなるので、60〜75%くらいがちょうどよい透明度になります。

デザイン画面の見た目は変化しませんが、実行してみると、フォームの色が薄くなっていることがわかると思います。

次に、アプリケーションを常に一番前（最上位）に表示させる**TopMostプロパティ**を［True］に設定します。

9 TopMostプロパティを設定する

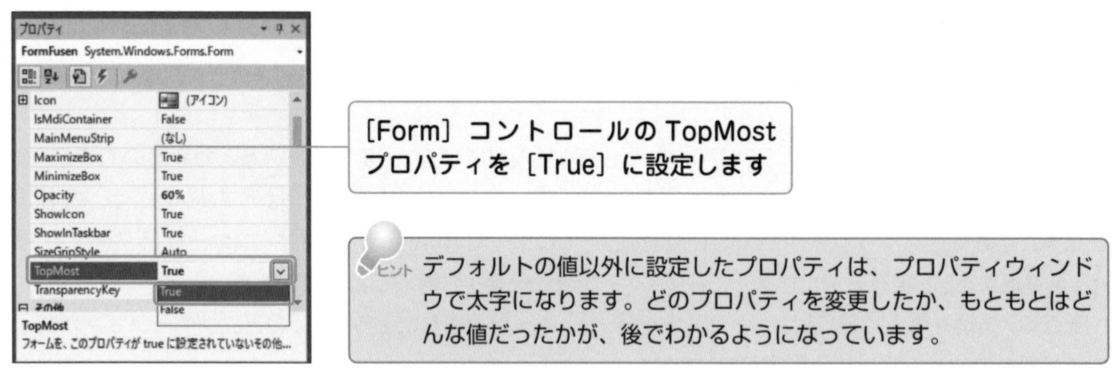

ここまでに設定したコントロールとプロパティをまとめておきます。

表5-7：コントロールとプロパティの設定

コントロール名	プロパティ名	設定値
TextBoxコントロール	(Name)プロパティ	TextFusenMemo
	Dockプロパティ	Fill
	MultiLineプロパティ	True
	BackColorプロパティ	薄い黄色
Formコントロール	(Name)プロパティ	FormFusen
	FormBorderStyleプロパティ	None
	Opacityプロパティ	60
	TopMostプロパティ	True
ColorDialogコントロール	(Name)プロパティ	ColorDialogFusen

●手順④　コードを書く

「付箋メモ」アプリケーションの画面ができたので、次はコードを書いていきます。

まず、「付箋メモ」アプリケーションで発生する4つの**イベント**を整理してみましょう。

表5-8：「付箋メモ」のイベントと処理

発生するタイミング	処理の概要	イベントの名前
キーボードからTextBoxコントロールに文字を入力したとき	キーが［Esc］ならば、アプリケーションを終了する	KeyDown
マウスでTextBoxコントロールをクリックしたとき	マウスの左ボタンが押されていたら、マウスの押された位置を記憶する	MouseDown
クリックしたTextBoxコントロールを移動させたとき	マウスの左ボタンを押したまま移動している場合、今現在の位置を設定する	MouseMove
マウスでTextBoxコントロールをダブルクリックしたとき	色の設定ダイアログを起動して設定した値でテキストボックスの背景色を変更する	MouseDoubleClick

フローチャートで、それぞれのイベントでの処理の概要を描いてみます。処理の流れ自体は、それほど難しくないですね。

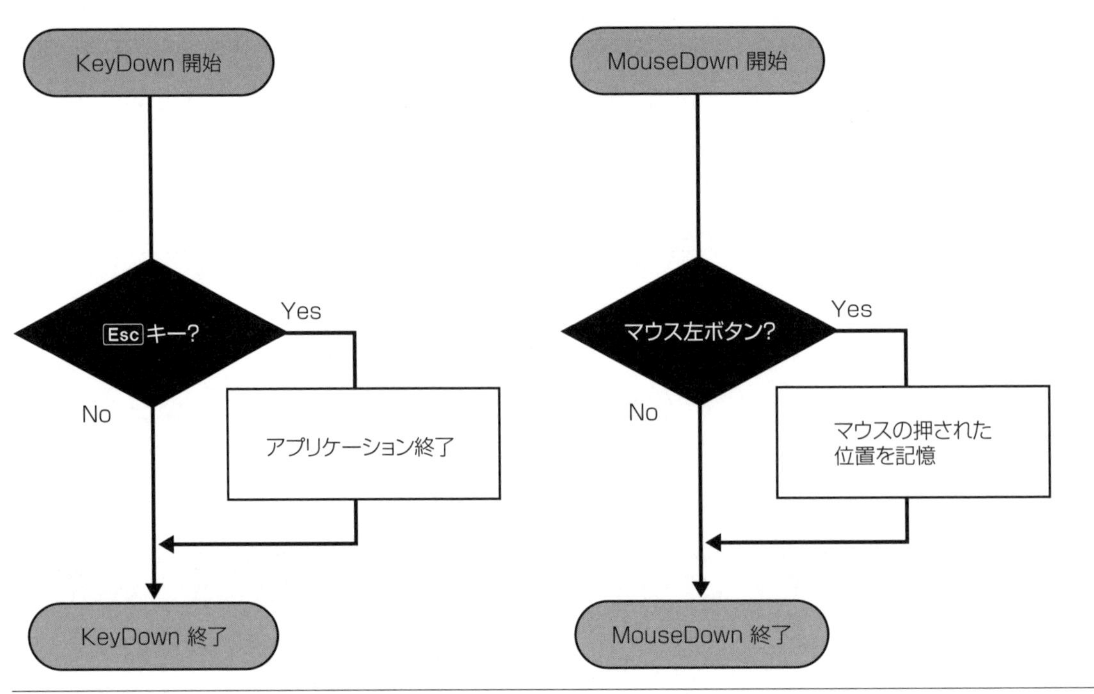

図5-5：KeyDownイベントのフローチャート

図5-6：MouseDownイベントのフローチャート

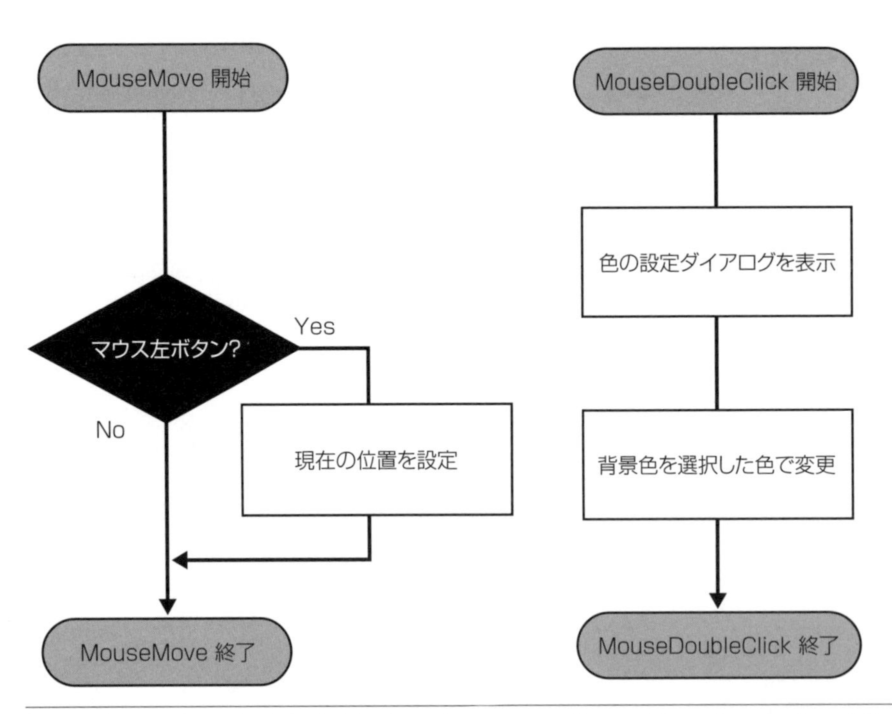

図5-7：MouseMoveイベントのフローチャート

図5-8：MouseDoubleClickイベントのフローチャート

それでは、それぞれのイベントに対応する**イベントハンドラ**を作成しましょう。まずは、KeyDownイベントからです。

1 イベントの一覧を表示する

❶ デザイン画面の［TextBox］コントロール（TextFusenMemo）を選択し、プロパティウィンドウの［イベント］ボタンをクリックします

❷ 表示されたイベントの一覧から、［KeyDown］を選択してダブルクリックします

2 KeyDownのイベントハンドラが作成される

TextFusenMemo_KeyDownイベントハンドラが作成され、コードも自動的に記述されます

同様の手順で、TextFusenMemo_MouseDownイベントハンドラを作成します。

3 イベントの一覧を表示する

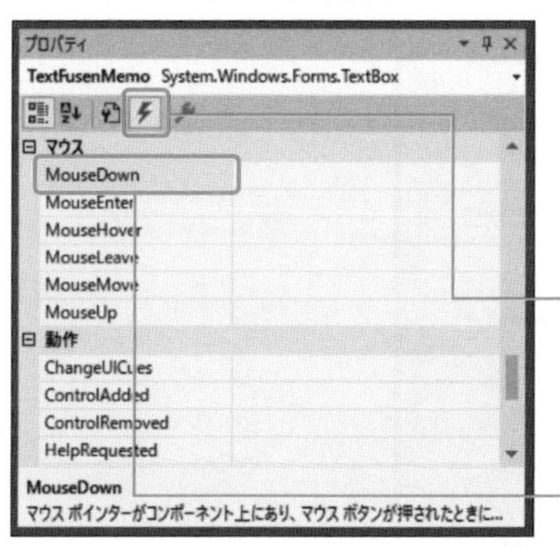

❶ Form1.vb［デザイン］タブをクリックして、コード画面からデザイン画面に切り替えます

❷ ［TextBox］コントロール（TextFusen.Memo）を選択し、プロパティウィンドウの［イベント］ボタンをクリックします

❸ 表示されたイベントの一覧から、［MouseDown］を選択してダブルクリックします

ヒント コード画面からでもイベントを選択できますが、ヘルプが出ないため、どんなイベントなのかを知っていないと選ぶのが難しくなります。

4 MouseDownのイベントハンドラを作成する

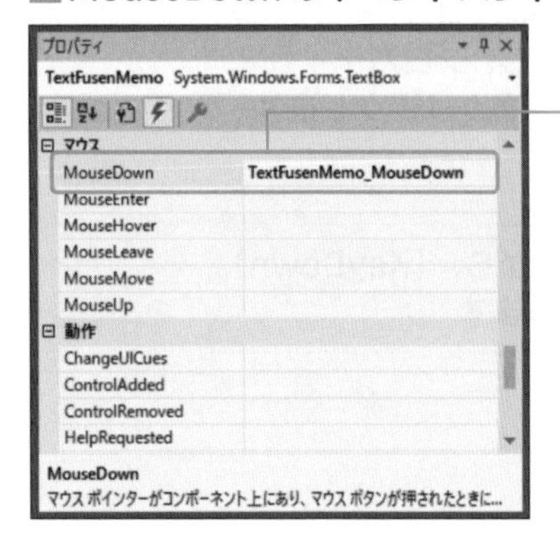

TextFusenMemo_MouseDown イベントハンドラが自動的に作成され、コードも自動的に記述されます

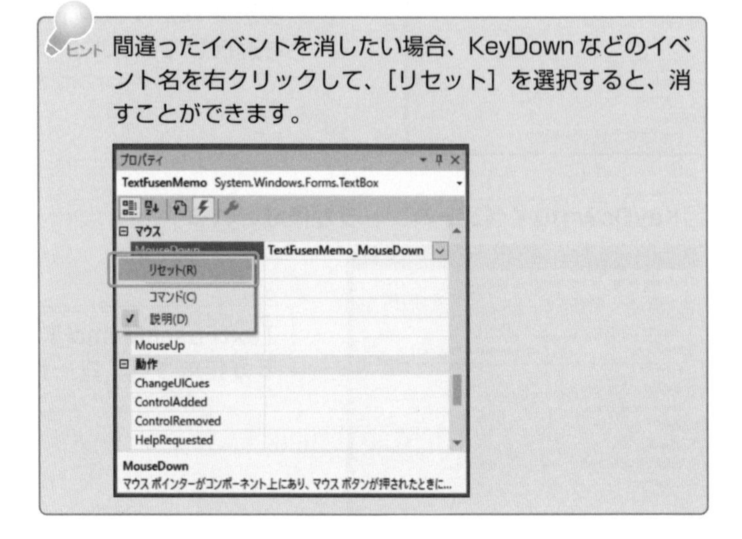

ヒント 間違ったイベントを消したい場合、KeyDownなどのイベント名を右クリックして、[リセット] を選択すると、消すことができます。

最終的には、TextBoxコントロール（TextFusenMemo）に対して、❶MouseDoubleClick、❷KeyDown、❸MouseDown、❹MouseMoveの4つのイベントハンドラを作成してください。

TextFusenMemoのイベントになるので、それぞれ表5-9のようなイベントハンドラが作成されます。

表5-9：TextBoxコントロール（TextFusenMemo）のイベントとイベントハンドラ

No.	イベント名	イベントハンドラ名
❶	MouseDoubleClick	TextFusenMemo_MouseDoubleClick
❷	KeyDown	TextFusenMemo_KeyDown
❸	MouseDown	TextFusenMemo_MouseDown
❹	MouseMove	TextFusenMemo_MouseMove

TextFusenMemo_MouseDownイベントハンドラでは、TextBoxコントロールがクリックされた際に、あらかじめ**現在の位置**を変数として記憶します。

また、TextFusenMemo_MouseMoveイベントハンドラでは、マウスの左ボタンを押したまま移動している場合（ドラッグしている場合）、TextFusenMemo_MouseDownイベントハンドラの変数を利用して、**移動後の位置**を計算します。

そのため、マウスの**横位置（X座標）**と**縦位置（Y座標）**を記憶する変数が必要になります。変数は、整数しか使用しないので、Integer型（整数型）の変数を2つ用意します。

以下に4つのイベントのコードと処理のコメントをまとめて示します。　　　　の部分は、自動で記述される部分です。

List 1 サンプルコード（コメントを先に記述した、4つのイベントハンドラ：Form1.vb）

```
Public Class FormFusen
    ' マウスの横位置（X座標）
    ' マウスの縦位置（Y座標）
    ' テキストボックスにキーボードから文字を入力した時
    Private Sub TextFusenMemo_KeyDown(sender As Object,
 e As KeyEventArgs) Handles TextFusenMemo.KeyDown
        ' <判定> 押されたキーがエスケープキー？
        ' 「Yes」の場合
        '       アプリケーションを終了
    End Sub

    ' テキストボックスをマウスでクリックした時
    Private Sub TextFusenMemo_MouseDown(sender As Object,
 e As MouseEventArgs) Handles TextFusenMemo.MouseDown
        ' <判定> 押されたボタンがマウスの左ボタン？
        ' 「Yes」の場合
        '       マウスの横位置（X座標）を記憶
```

```
        '     マウスの縦位置（Y座標）を記憶
    End Sub

    ' テキストボックスでクリックしたマウスを移動させた時
    Private Sub TextFusenMemo_MouseMove(sender As Object,
 e As MouseEventArgs) Handles TextFusenMemo.MouseMove
        ' <判定> 押されたボタンがマウスの左ボタン？
        '「Yes」の場合
        '     フォームの横位置を更新
        '     フォームの縦位置を更新
    End Sub

    ' テキストボックスをマウスでダブルクリックした時
    Private Sub TextFusenMemo_MouseDoubleClick(sender As Object,
 e As MouseEventArgs) Handles TextFusenMemo.MouseDoubleClick
        ' 色の設定ダイアログを表示する
        ' テキストボックスの背景色を色の設定ダイアログで選んだ色に設定する
    End Sub
End Class
```

コメントを元にして、実際のコードを書いていきますが、大体、何行くらいのコードになると思いますか？　今回は、イベントの引数を利用することで、コードが簡単になることを感じ取っていただければと思います。

コメントについては、慣れてくれば1行1行に書く必要はなく、大雑把な処理をまとめて、何をしているのかが後でわかるくらいでよいでしょう。最低限、メソッドと変数の定義のところだけ書いておけば大丈夫です。

以下に、イベントハンドラの完成したコードを記述します。各コードの解説は、その後で解説します。 　　　　の部分は、自動で記述される部分です。

List 2 サンプルコード（4つのイベントハンドラ：Form1.vb）

```
Public Class FormFusen
❶  Private MouseX As Integer ' マウスの横位置（X座標）
❷  Private MouseY As Integer ' マウスの縦位置（Y座標）

    ' テキストボックスにキーボードから文字を入力した時
```

```
Private Sub TextFusenMemo_KeyDown(sender As Object,
 e As KeyEventArgs) Handles TextFusenMemo.KeyDown
    ' <判定> 押されたキーがエスケープキー？
❸  If (e.KeyCode = Keys.Escape) Then
        '「Yes」の場合
        ' アプリケーションを終了
❹      Me.Close()
    End If
End Sub

' テキストボックスをマウスでクリックした時
Private Sub TextFusenMemo_MouseDown(sender As Object,
 e As MouseEventArgs) Handles TextFusenMemo.MouseDown
    ' <判定> 押されたボタンがマウスの左ボタン？
❺  If (e.Button = MouseButtons.Left) Then
        '「Yes」の場合
❻      Me.MouseX = e.X ' マウスの横位置（X座標）を記憶
❼      Me.MouseY = e.Y ' マウスの縦位置（Y座標）を記憶
    End If
End Sub

' テキストボックスでクリックしたマウスを移動させた時
Private Sub TextFusenMemo_MouseMove(sender As Object,
 e As MouseEventArgs) Handles TextFusenMemo.MouseMove
    ' <判定> 押されたボタンがマウスの左ボタン？
❽  If (e.Button = MouseButtons.Left) Then
        '「Yes」の場合
❾      Me.Left = Me.Left + e.X - MouseX ' フォームの横位置を更新
        Me.Top = Me.Top + e.Y - MouseY   ' フォームの縦位置を更新
    End If
End Sub

' テキストボックスをマウスでダブルクリックした時
Private Sub TextFusenMemo_MouseDoubleClick(sender As Object,
 e As MouseEventArgs) Handles TextFusenMemo.MouseDoubleClick
    ' 色の設定ダイアログを表示する
```

```
        ColorDialogFusen.ShowDialog()
        ' テキストボックスの背景色を色の設定ダイアログで選んだ色に設定する
        TextFusenMemo.BackColor = ColorDialogFusen.Color
    End Sub
End Class
```

表5-10：List2のコード解説

No.	コード	内容
❶	Private MouseX As Integer	マウスの現在位置（X座標）を扱う変数mouseXを定義します
❷	Private MouseY As Integer	マウスの現在位置（Y座標）を扱う変数mouseYを定義します
❸	If (e.KeyCode = Keys.Escape) Then	**e.KeyCode**は、イベントの発生原因になるキーボードのキー情報を持っていて、押されたキーの値をe.KeyCodeで取得できます。**Keys.Escape**は、[Esc]キーを示すものです。つまり、このIf文は、入力されたキーが[Esc]キーかどうかを判定するIf文になります
❹	Me.Close()	アプリケーションを終了させるコードです。**Me**は自分自身を示すコードです。Me.Close()メソッドで、自分自身を終了するということは、アプリケーション終了と同じことになります
❺	If (e.Button = MouseButtons.Left) Then	**e.Button**は、イベントの発生原因となった情報の中で、ボタン情報を持っています。マウスのどのボタンが押されているかがe.Buttonで取得できます。**Windows.Forms.MouseButtons.Left**は、マウスの左ボタンを示すものです。このIf文は、マウスの押されたボタンがマウスの左ボタンかどうかを判定しています
❻	Me.MouseX = e.X	マウスの横位置（X座標）を記憶します
❼	Me.MouseY = e.Y	マウスの縦位置（Y座標）を記憶します
❽	（❺と同じ）	（❺と同じ）
❾	Me.Left = Me.Left + e.X - MouseX Me.Top = Me.Top + e.Y - MouseY	Formコントロールの横位置（X座標）は、画面左端からの距離を示す値となるので、Me（自分自身）のLeft（画面左端からの距離）となります。同様に縦位置（Y座標）は、画面上端から距離を示す値となるので、Me（自分自身）のTop（画面上端からの距離）となります。つまり、コードの意味は、「フォームの横位置＝新しい横位置を計算」「フォームの縦位置＝新しい縦位置を計算」となります。
❿	ColorDialogFusen.ShowDialog()	［色の設定］ダイアログボックス（colorDialogFusen）を**ShowDialog()メソッド**で起動します

⓫	`TextFusenMemo.BackColor = ColorDialogFusen.Color`	TextBoxコントロール（TextFusenMemo）の背景色（BackColor）を［色の設定］ダイアログボックス（ColorDialogFusen）の選択した色（Color）に設定しています

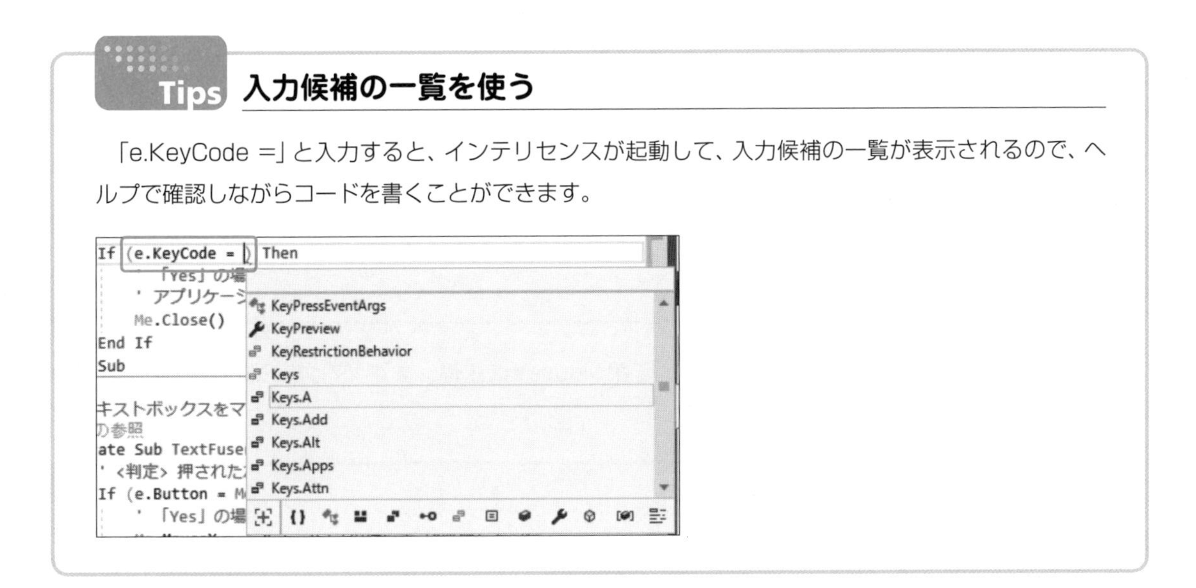

Tips 入力候補の一覧を使う

「e.KeyCode =」と入力すると、インテリセンスが起動して、入力候補の一覧が表示されるので、ヘルプで確認しながらコードを書くことができます。

説明だけでは、❻❼と❾の処理のイメージがわかないと思いますので、さらに図を追加します。

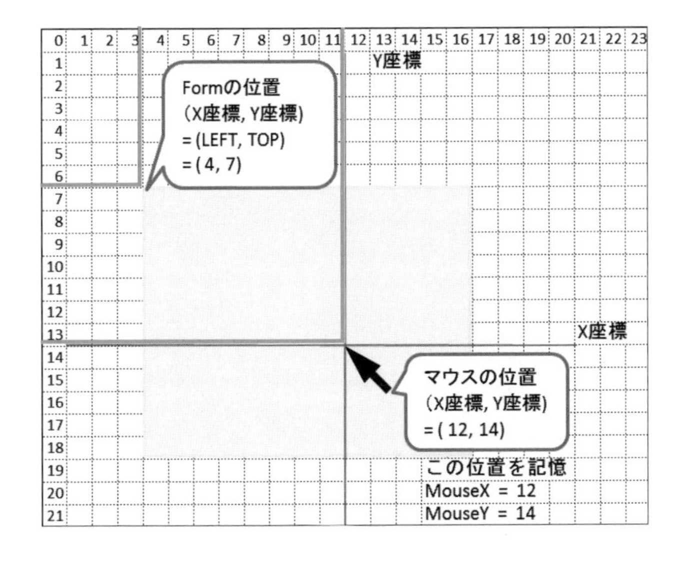

❻❼の処理では、MouseDownイベントの中で、マウスの左ボタンが押されたら、そのマウスの位置を変数MouseX、変数MouseYに記憶する処理を行います。

このイベントが発生した時点での、マウスの位置は、イベントの引数の情報「e.X」「e.Y」にあります。つまり、この図の位置で「e.X」「e.Y」の値は、

```
e.X = 12
e.Y = 14
```

になります。また、

```
MouseX = e.X
MouseY = e.Y
```

という処理で「e.X」「e.Y」の値を変数MouseX、変数MouseYに記憶します。マウスの位置が(12,14)なので、それぞれの変数の値は、

```
MouseX = 12
MouseY = 14
```

になります。

マウスの左ボタンをクリックした状態で、マウスの位置を移動させます。すると、マウスが移動したわけですから、MouseMoveイベントが発生します。

このイベントが発生した時点でのマウスの位置は、イベントの引数の情報「e.X」「e.Y」にあります。

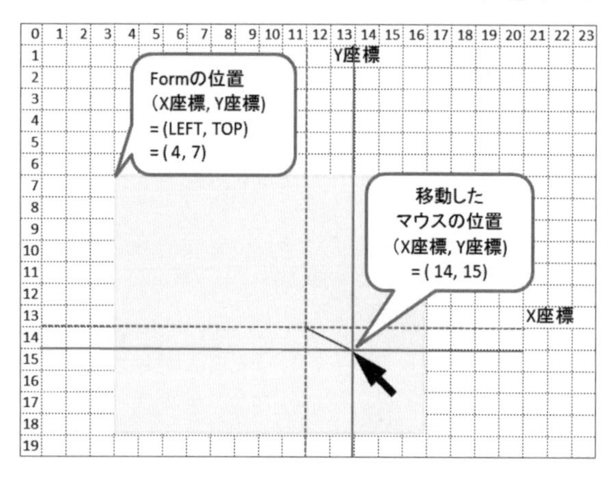

つまり、この図の位置で「e.X」「e.Y」の値は、

```
e.X = 14
e.Y = 15
```

になります。

次に、マウスの移動した位置に合わせて、Formコントロールの位置を移動させます。簡単に言ってしまえば、マウスを移動させた分だけFormコントロールを移動するという処理になります。

X座標について見てみると、次のようになります。

```
新しいForm コントロールの位置 = 古いForm コントロールの位置+ マウスの移動距離X
```

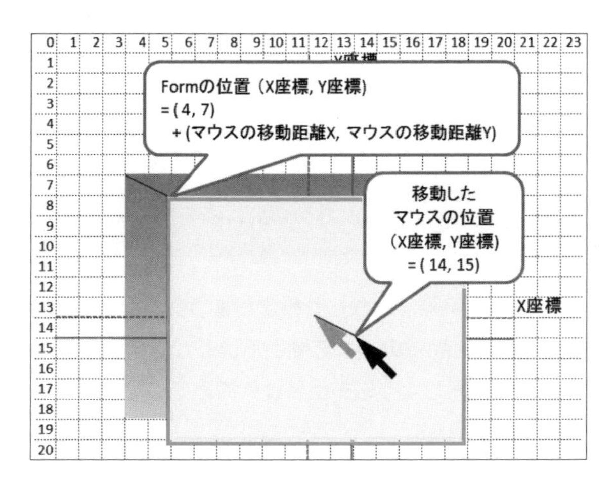

マウスの移動距離Xは、

```
新しいマウスの位置 - 古いマウスの位置
```

となるため、変数を使用すると、

```
e.X - MouseX
```

で表すことができます。

ここまでの説明を整理しますと、以下のような計算式になります。

```
新しいForm の位置 = 古いForm の位置 + 新しいマウスの位置 - 古いマウスの位置
```

変数を使用すると、以下のようになります。

```
Me.Left = Me.Left + e.X - MouseX
```

Y座標についても同様です。実際に数字を当てはめてみると、

```
Me.Left= Me.Left + e.X - MouseX
      = 4 + 14 - 12
      = 6
Me.Top = Me.Top + e.Y - MouseY
      = 7 + 15 - 14
      = 8
```

つまり、新しいFormコントロールの位置は、(6,8)だと計算できます。

●手順⑤　動かしてみる

［開始］ボタンをクリックして、「付箋メモ」アプリケーションを実際に動かしてみましょう。

正しい動作をしているかどうかを確認するには、手順❶で書いた特徴の通りに動いているかをチェックするとよいですね。以下の表5-11にチェック項目を挙げますので、同じようにチェックしてみてください。

表5-11：「付箋メモ」のチェック項目

「付箋メモ」の特徴	実行したときの画面	コメント	チェック結果
・文字が入力できる ・複数行に文字が入力できる	付箋メモ ああああ いいいいい	・文字が入力できた ・改行して複数行に文字が入力できた	OK？
・背景色は薄い黄色 ・背景色の変更も可能	色の設定 基本色(B):	・最初の背景色は薄い黄色 ・ダブルクリックで変更できた（ちょっと嬉しくなった）	OK？
・Windowsフォームの ✕ などのボタンがない ・そのかわりjキーでアプリケーションが終了する	付箋メモ ああああ いいいいい	・Windowsフォームのようなボタンはなし ・［Esc］キーでアプリケーションを終了できた	OK？
・マウスで動かすことができる	付箋メモ ああああ いいいいい	・左クリックして、動かしてみたら動いた	OK？

・目立つように常に一番前に表示される	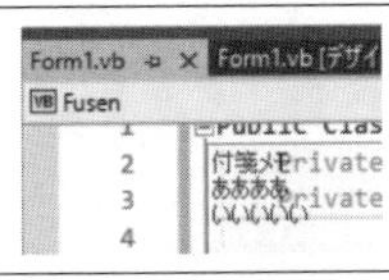	・常に一番前に表示された	OK？
・カッコよくちょっと透けて見える		・透けて見えた（透けすぎて気にいらない場合は、Opacityプロパティの値を変更）	OK？

ちょっと見づらいかもしれませんが、タイトルバーがなく、半透明で常に一番前に表示される「付箋メモ」アプリケーションが完成しました。

アプリケーション本体は、保存したディレクトリの「Fusen¥bin¥Debug」以下にあります。「C:¥VB2019_Application¥Chapter5-2¥Fusen¥bin¥Debug」の「Fusen.exe」をダブルクリックして直接起動することで、複数の「付箋メモ」アプリケーションを実行できます。

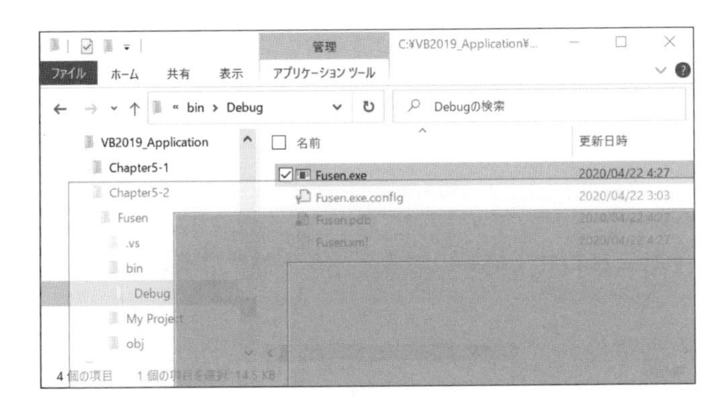

複数の「付箋メモ」を起動できます

まとめ

- アプリケーション作成の流れを覚えると、ほかのアプリケーションを作成するときも同じ要領で作成できる。
- プロパティの設定の方法は様々ある。
- デザイン画面のプロパティウィンドウのボタンで、プロパティとイベントを簡単に切り替えることができる。
- .NET Frameworkが裏でがんばってくれているので、コードを書く量は少なくて済む。
- インテリセンスは便利なので積極的に使おう。
- はじめに描いた完成イメージと機能のメモを元に、正しく処理が実装できているかをテストすると、アプリケーションの間違いが少なくなる（品質がよくなる）。
- 「.exe」ファイルを直接起動すると、同じアプリケーションを同時に複数実行できる。

「今日の占い」の作成

今度は、処理が複数に分岐する「今日の占い」アプリケーションを作成します。せっかくなので、画像データも扱ってみましょう。

●手順①　「今日の占い」の完成イメージを絵に描く

「今日の占い」アプリケーションの特徴と、完成イメージを絵に描いてみましょう。

少し面倒ですが、あらかじめイメージを固めておくことで、完成したアプリケーションの出来をチェックできます。最初のうちは、いろいろと描いてみてください。

- 今日の日付をできるだけ簡単に入力できる。
- 占いを実行する［占う］ボタンがある。
- 占いの結果が画像データで表示される。
- 詳しい結果が下に文字で表示される。
- アプリケーションの画面を拡大すると、それに合わせて結果の画像データも拡大する。

図5-9：「今日の占い」の完成イメージを絵に描く

●手順② 「今日の占い」の画面を作成する

参考までに、完成した画面は次のようになります。

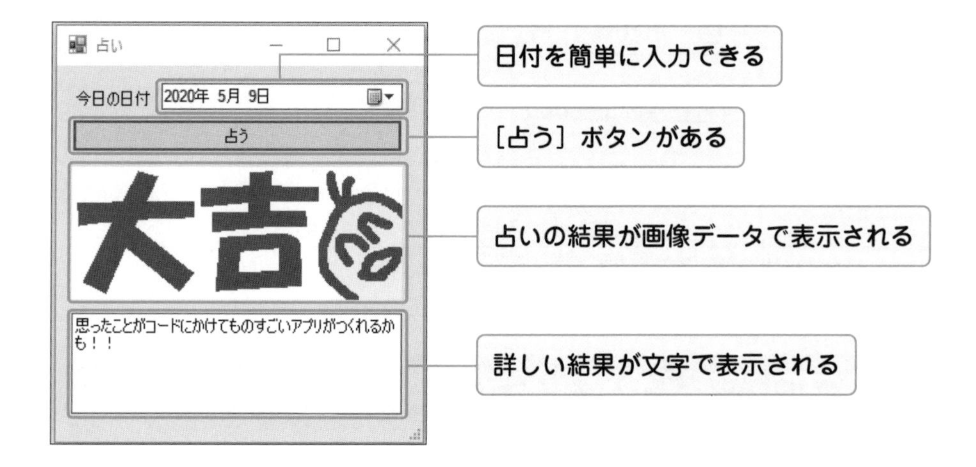

VS Community 2019を起動し、［新しいプロジェクトの作成］をクリックしてください。
［新しいプロジェクトの作成］画面が表示されますので、上部検索ボックスに「winforms」と入力します。その下の一覧に［Windowsフォームアプリケーション(.NET Framework)］が表示されます。Visual Basicのものを選択し、［次へ］ボタンをクリックします。
［新しいプロジェクトを構成します］画面が表示されますので、プロジェクト名に、「Uranai」と入力してください。また、保存する場所はどこでも構いませんが、支障がなければ「C:¥VB2019_Application¥Chapter5-3」としてください。

先ほど描いた完成イメージの絵を元にして、最適なコントロールを選び、Windowsフォームに貼り付けていきましょう。

画面の作成でポイントとなるのは、**日付を簡単に入力できる仕組み**です。TextBoxコントロールを使って日付を入力してもいいのですが、入力内容が日付かどうかの判定が大変になります。「2020/2/31」など本来ありえない値も入力できてしまいますね。

そこでツールボックスを眺めてみると、便利そうなコントロールがあることがわかります。「DateTimePicker」や「MonthCalendar」が便利なカレンダーコントロールです。

今回は、レイアウトを考えて、**DateTimePickerコントロール**を使ってみます。

また、結果を画像データで表示させたいので、画像データを扱うコントロールをツールボックスから探してください。見つかりましたか？　正解は、**PictureBoxコントロール**です。

ここまでの画面のイメージは、次のようになります。

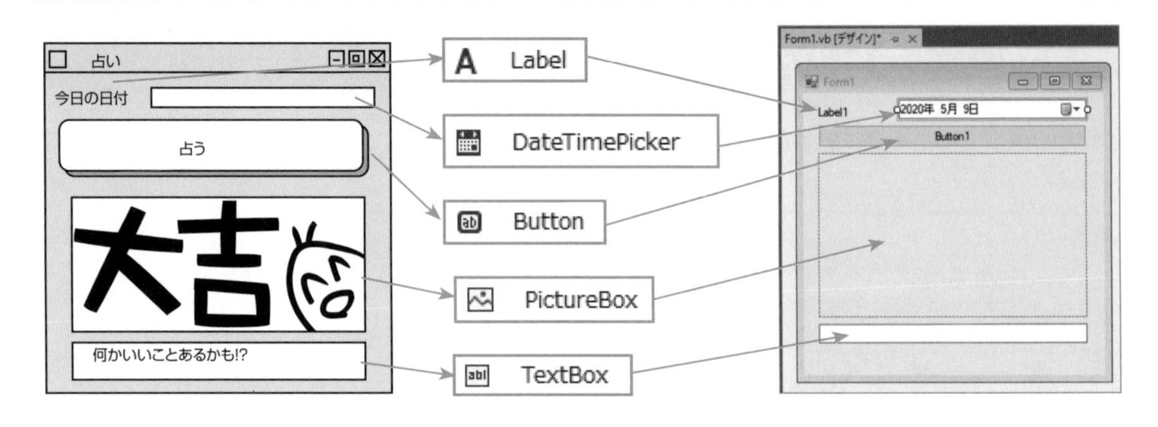

図5-10：ツールボックスからコントロールを選んで割り当てる

●手順③　画面のプロパティや値を設定する

まずは、それぞれのコントロールの名前やサイズなどのプロパティを設定しましょう。なお、ほかから影響を受けないコントロールの名前はデフォルトの状態にしてあります（Label1～Label4）。

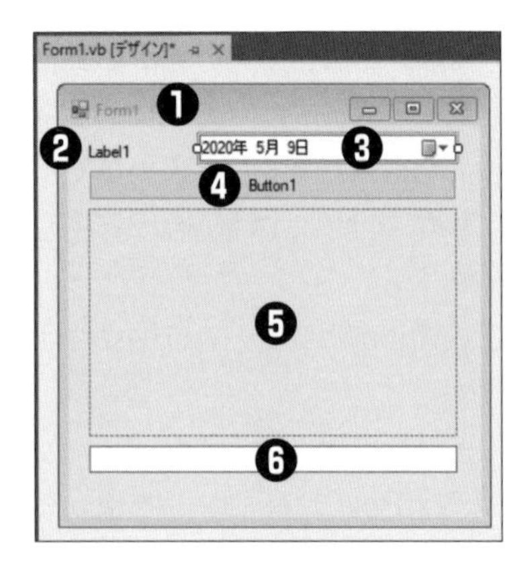

表5-12：コントロールとプロパティの設定

No.	コントロール名	プロパティ名	設定値
❶	Formコントロール	(Name) プロパティ	FormUranai
		Textプロパティ	占い
		SizeGripStyleプロパティ	Show
		Sizeプロパティ	300, 300
❷	Labelコントロール	Textプロパティ	今日の日付

❸	DateTimePickerコントロール	(Name)プロパティ	DateTimeUranai
❹	Buttonコントロール	(Name)プロパティ	ButtonUranaiStart
		Textプロパティ	占う
		Sizeプロパティ	256,23
❺	PictureBoxコントロール	(Name)プロパティ	PictureBoxResult
		Sizeプロパティ	256,100
		SizeModeプロパティ	Zoom
❻	TextBoxコントロール	(Name)プロパティ	TextResult
		Multilineプロパティ	True
		Sizeプロパティ	256,70

❶のFormコントロールの大きさを自由に変えてもいい場合に、Formコントロールの**SizeGripStyleプロパティ**を「Show」に設定することがプログラミングのお作法になります。

SizeGripStyleプロパティは、フォームの右下に表示される**サイズ変更グリップ**のスタイルを設定するプロパティです。「Show」を設定すると、サイズ変更グリップが常にフォームの右下に表示されます（フォームの右下にうっすらと点々がつきます）。

フォームの右下にサイズ変更グリップが常に表示されます

また、❺のPicturBoxコントロールの**SizeModeプロパティ**は、PictureBoxコントロール内でのイメージ（画像データ）の配置方法を指定するプロパティです。「Zoom」を設定すると、画像データの縦横比を維持したままで拡大または縮小します。

次に、**PictureBoxコントロール**に表示する画像データを作成しましょう。画像データは、「タイトル（今日の運勢は…）」「大吉」「中吉」「小吉」「吉」「凶」の6つを作成します。

▼「タイトル」のイメージ

▼「吉」のイメージ

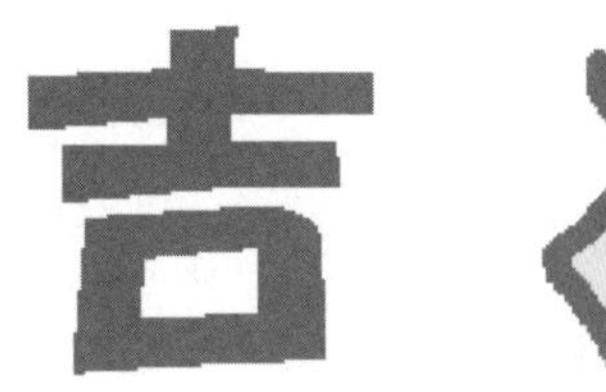

▼「小吉」のイメージ

▼「中吉」のイメージ

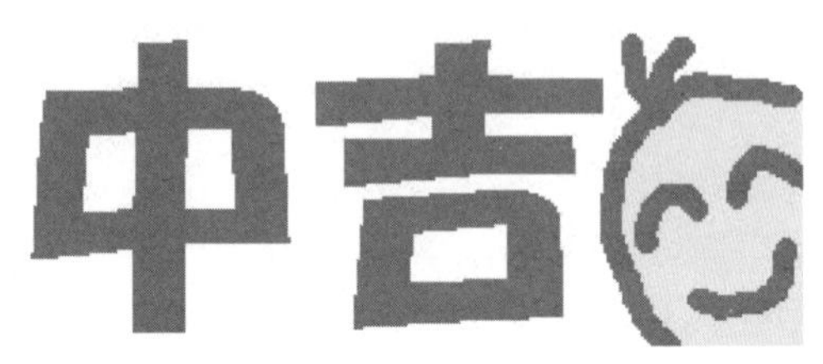

▼「大吉」のイメージ

▼「凶」のイメージ

VS Community 2019では、コード以外のものを管理する場合、リソースとして管理します。このリソースの機能を利用して、画像データを作成します。

1 Uranaiプロジェクトを右クリックする

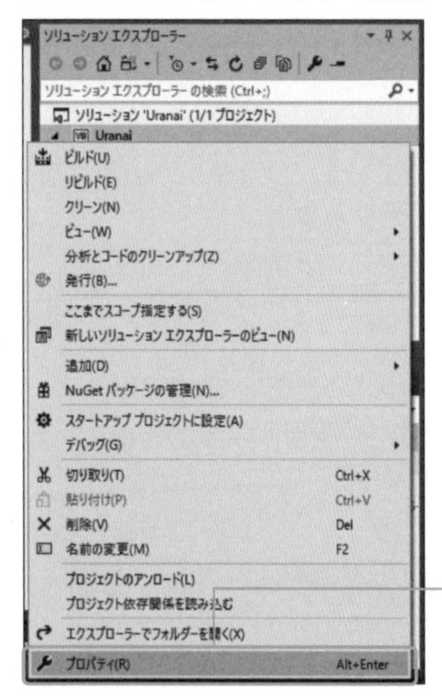

ソリューションエクスプローラーにあるUranaiプロジェクトを右クリックして、コンテキストメニューから［プロパティ］を選択します

2 [リソース] を選択する

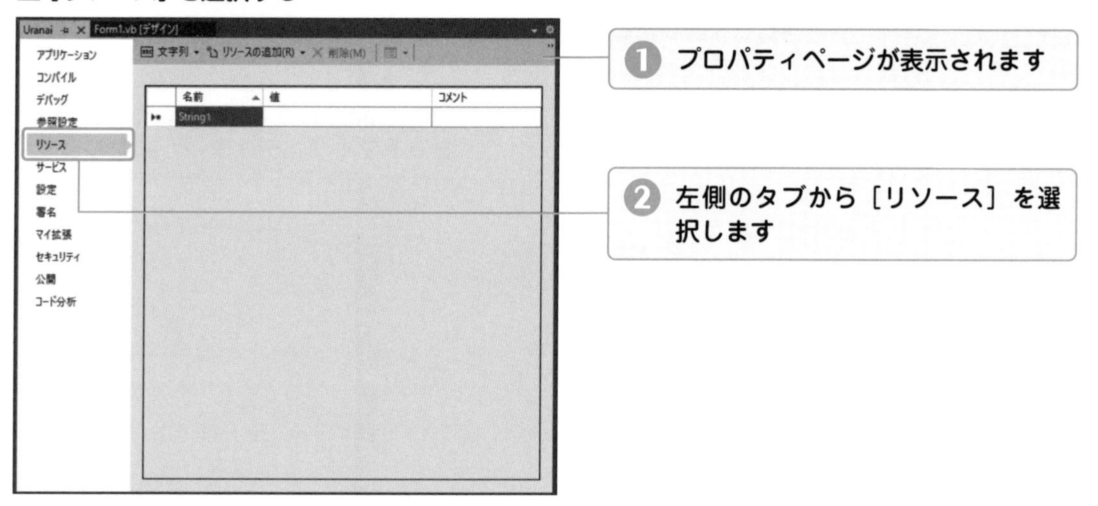

3 [リソースの追加] の [▼] をクリックする

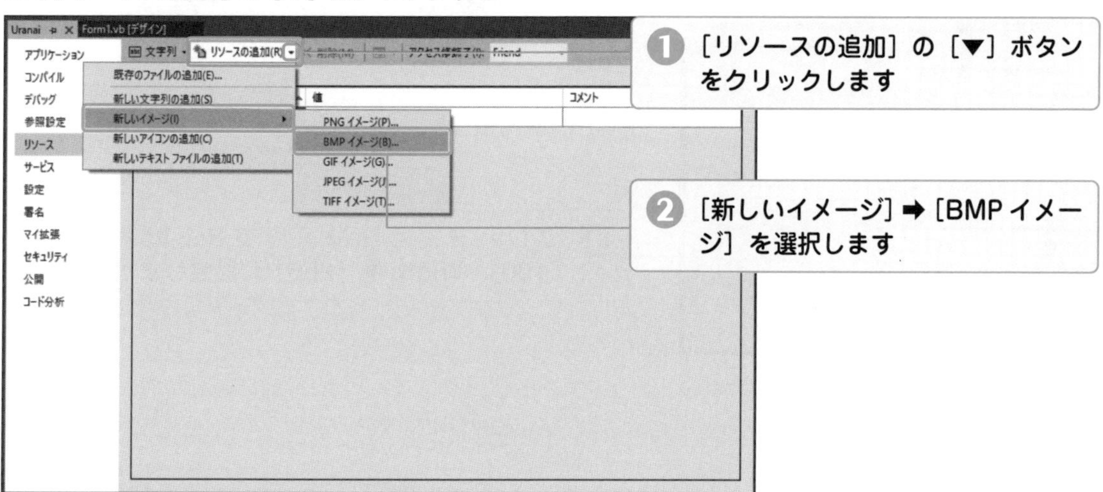

4 新しいリソースの名前を入力する

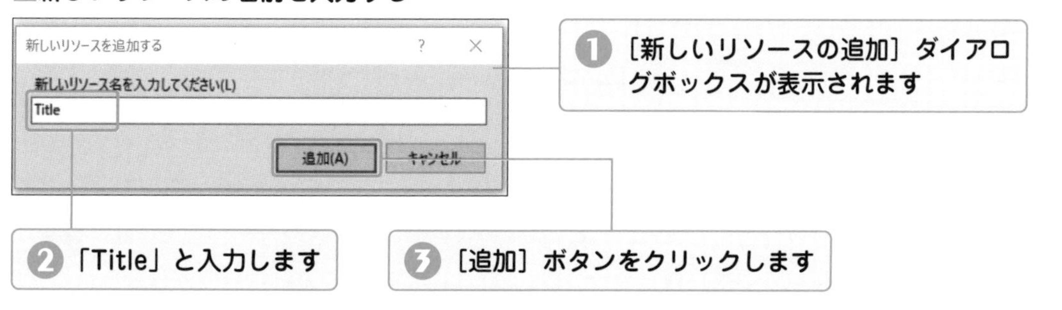

中級編
Chapter
5

5 グラフィックスデザイナーが起動する

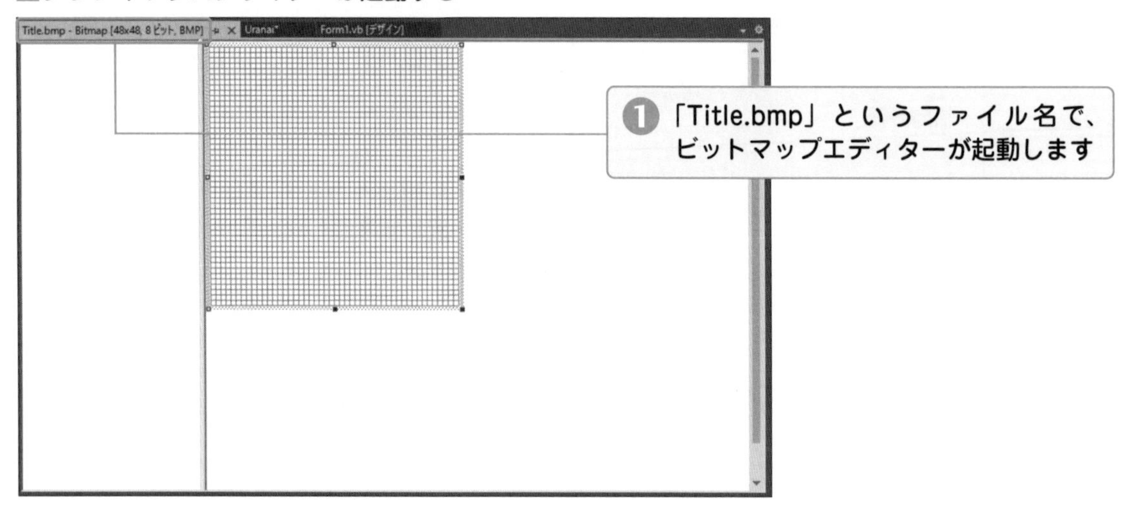

6 プロパティウィンドウでキャンバスのサイズを設定する

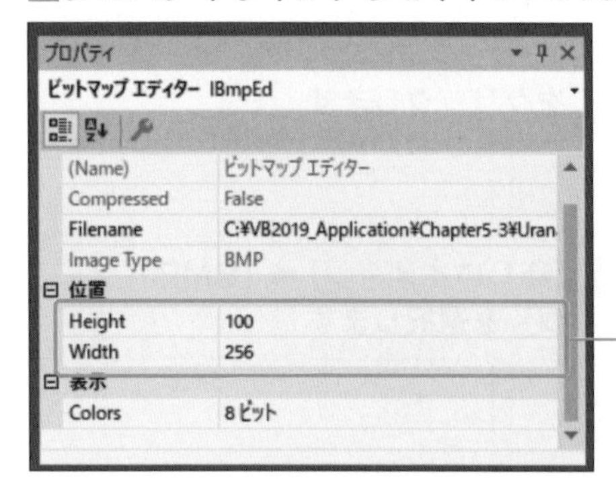

7 横長のキャンバスが表示される

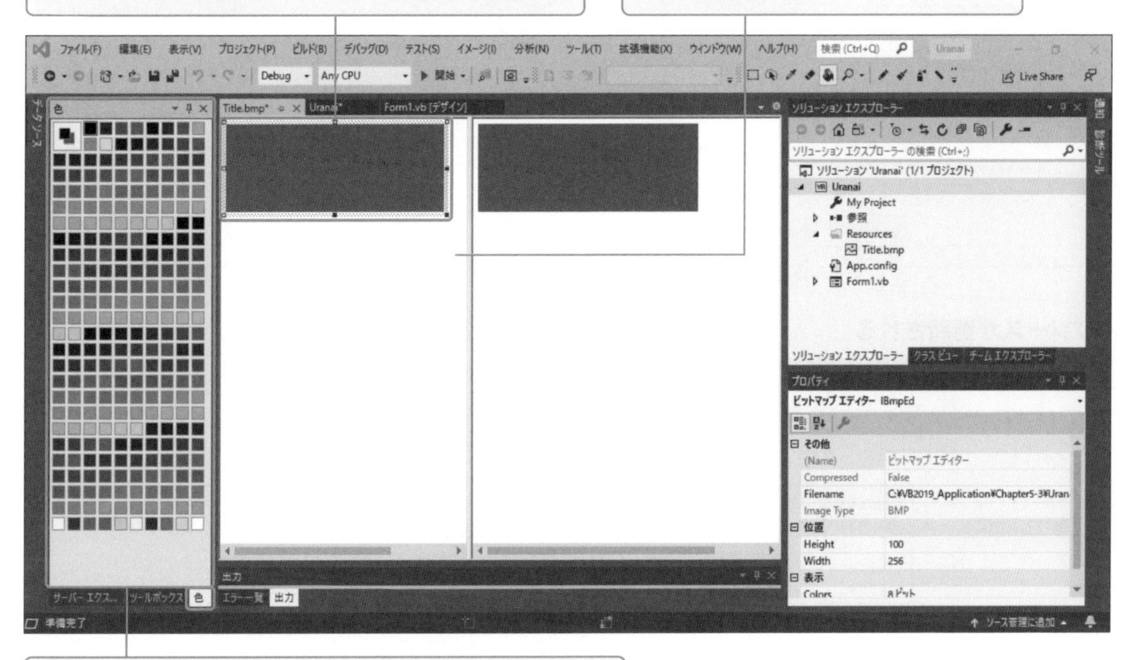

8 キャンバスを上書き保存する

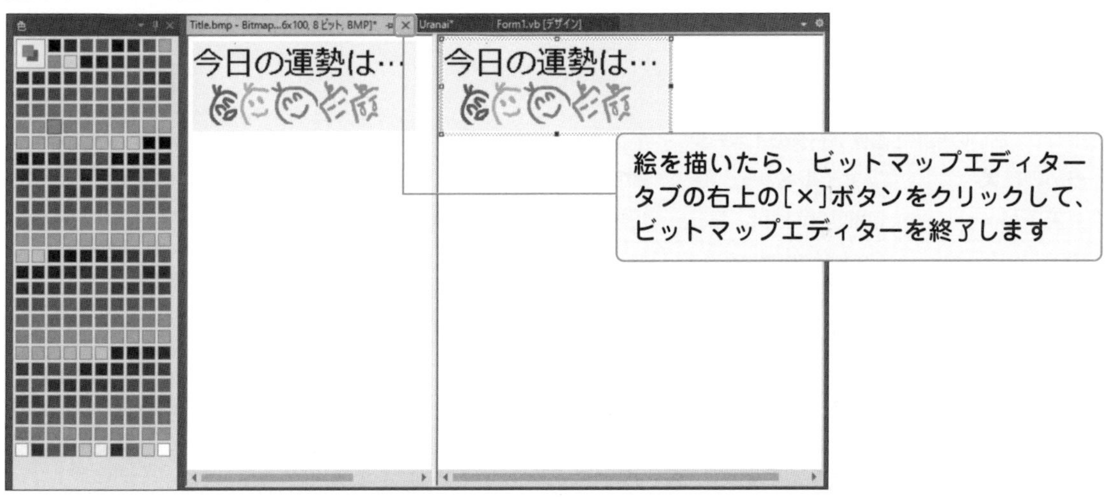

ヒント 終了時に「以下の項目への変更を保存しますか？」という確認メッセージが表示されるので、［上書き保存］ボタンをクリックします。

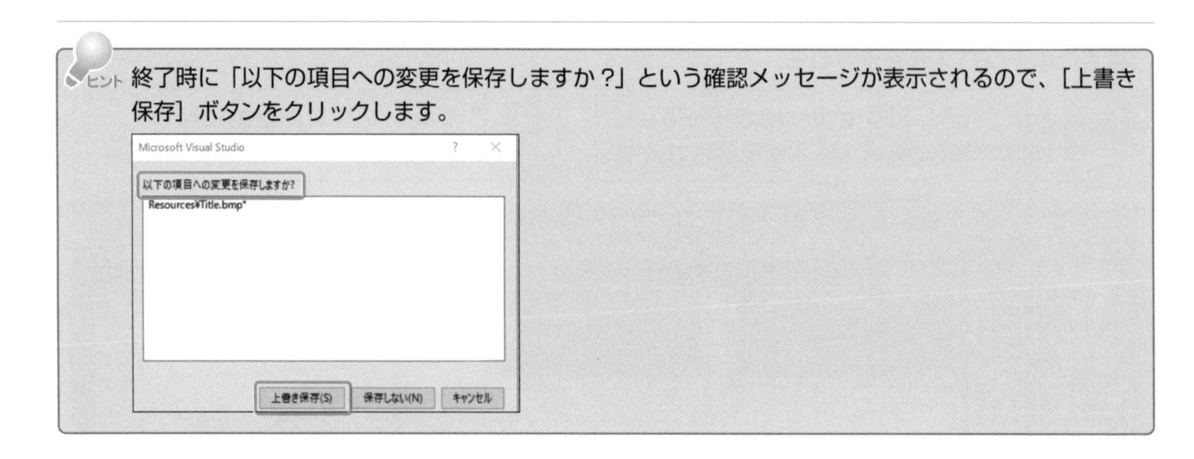

9 リソースが更新される

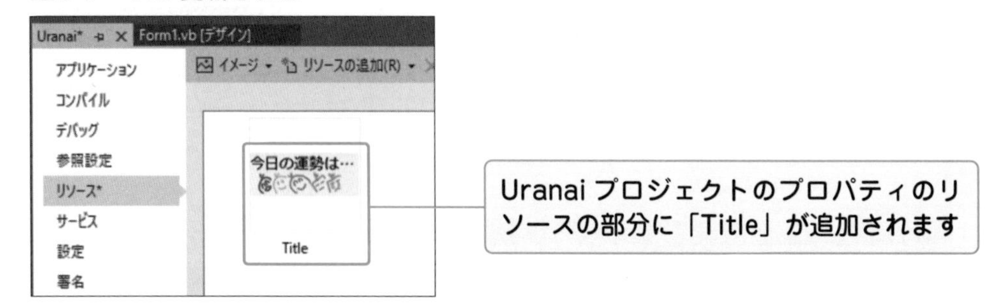

絵を描くのが得意な方は、占いの結果をイメージした絵を描いてください。

また、絵を描くのが苦手な方は、文字のフォントサイズを28～36ポイントくらいにすると、いい感じの大きさ（2行分の文字を書けるサイズ）になるので、「今日の運勢は…」などのタイトルにふさわしい文字を書いてみてください。あわせて色も塗ってみましょう。

同様の手順で「大吉」「中吉」「小吉」「吉」「凶」の画像データを作成しましょう。ファイル名は、そのままローマ字にしましょう。

表5-13：占いの結果と画像データのイメージ

占いの結果	ファイル名	絵のイメージ
大吉	Daikichi.bmp	超きもちいいー！（暖色）
中吉	Cyuukichi.bmp	ちょっといい感じ
小吉	Syoukichi.bmp	普通な感じ
吉	Kichi.bmp	やや悪めな感じ
凶	Kyou.bmp	超最悪……（寒色）

ご参考までに中吉は、フォントが「HG創英角ポップ体（太字）」、フォントサイズが「72」、文字色が「ピンク」で、空いたスペースに中吉的な雰囲気を醸し出す表情を同じ色で描いています。

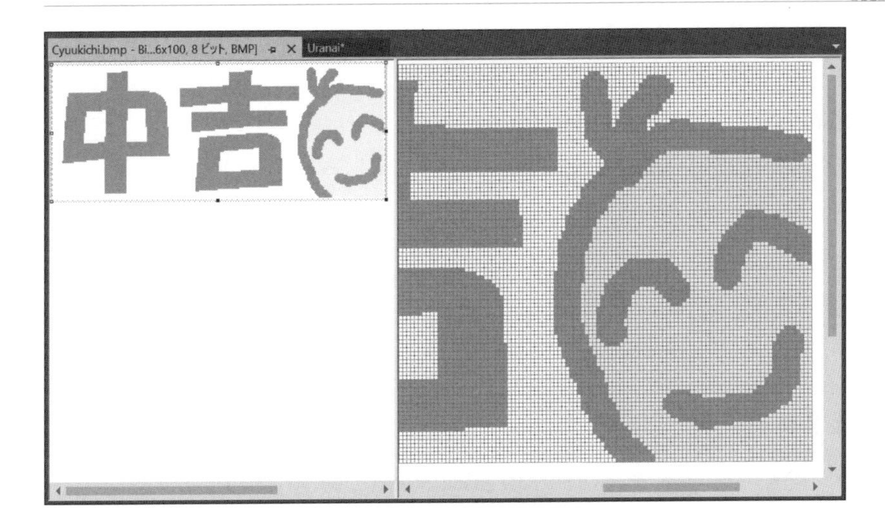

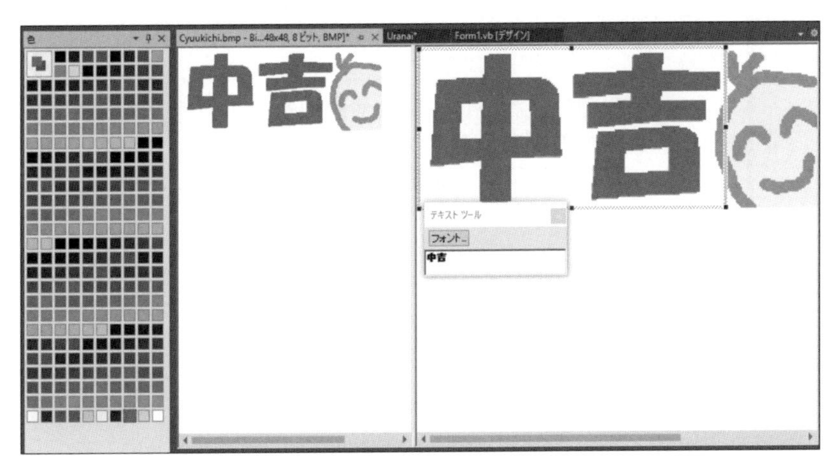

すべての画像データを作成すると、このようにリソースに表示されます。

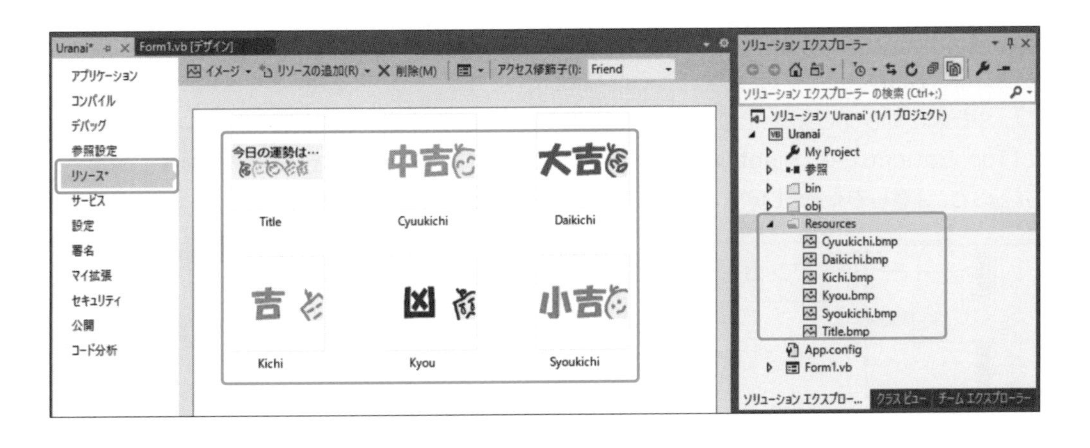

ソリューションエクスプローラーから見ると、Resourceフォルダーの下に作成したBMPファイルが配置されています。

実際のファイルの位置も「C:¥VB2019_Application¥Chapter5-3」にソリューションすべてを保存すると「C:¥VB2019_Application¥Chapter5-3¥Uranai¥Resources」以下に「Daikichi.bmp」のように配置されます。

画像データが完成したら、残りのプロパティを設定します。

まず、デザイン画面に戻って、PictureBoxコントロール（PictureBoxResult）の**Anchorプロパティ**を設定します。

⑩Anchorプロパティを設定する

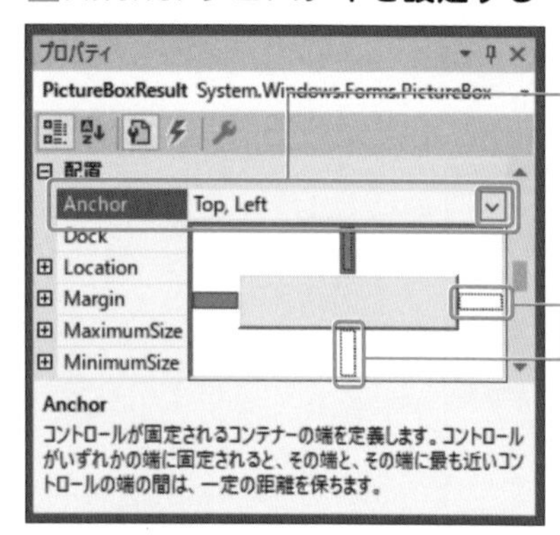

❶ まず、PictureBoxResultのAnchorプロパティの☑をクリックします

❷ 四角のまわりに、灰色や白の線のようなものがありますね。この白い線の部分をすべてクリックしてください

Tips Anchorプロパティ

Anchorプロパティは、日本語で「船を停めるときのアンカー」、つまり「鎖」に相当するものです。Formコントロールの画面の大きさを変更した場合に、「どの部分に引っ張られて大きさを変えるか」という設定を行います。灰色になっている部分が、端にアンカーをかけた状態になります。

下の画面のように、四辺にアンカーを設定した場合、Formコントロールを大きくすれば、それに連動してPictureBoxコントロールなども大きくなります。

また、すでにSizeModeプロパティをこっそり「Zoom」に設定していますが、これはPictureBoxコントロールが大きくなった場合、それに連動して画像データも大きくなるという意味になります。

なお、「Top, Bottom, Left, Right」と直接文字を入力しても構いません。ただし、綴りを間違うとエラーになるので、注意してください。

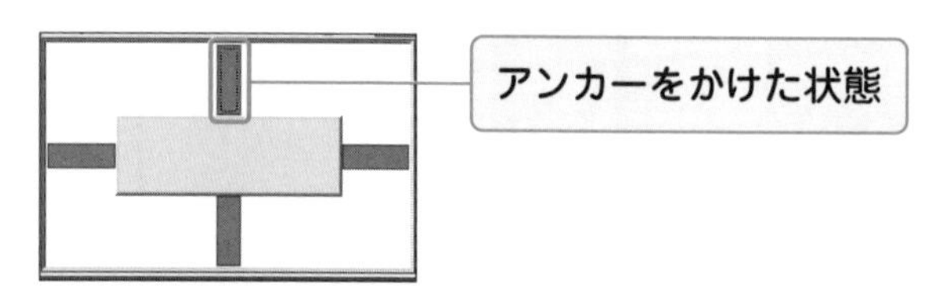

同様に、TextBoxコントロール（TextResult）の**Anchorプロパティ**を「Bottom, Left, Right」と設定してください（左右と下を灰色に、上を白に設定してください）。

11 初期イメージを設定する

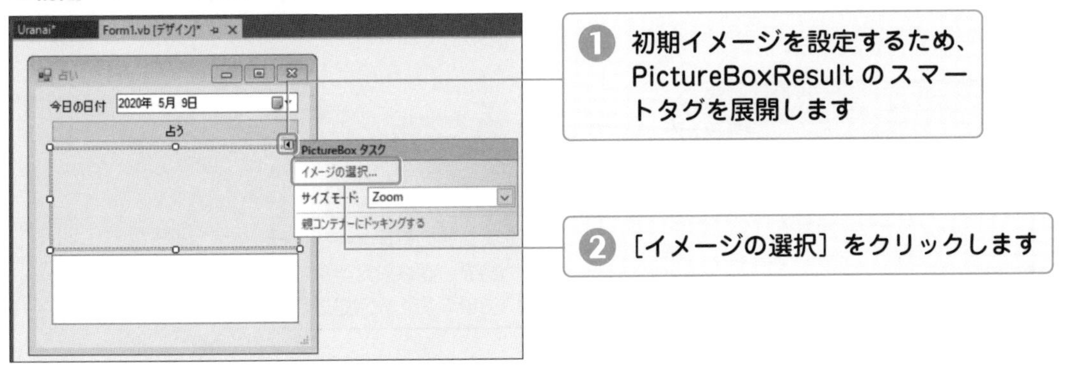

12 初期イメージとして「タイトル」が設定される

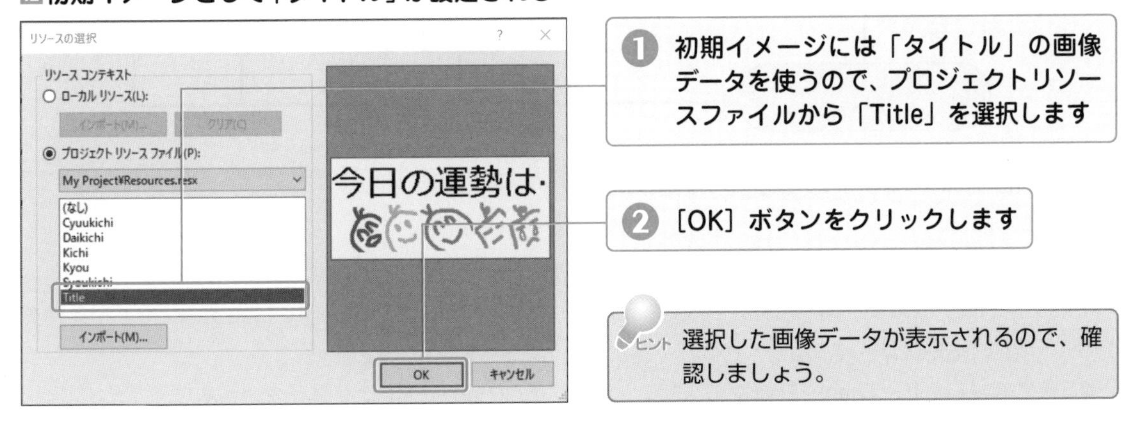

初期イメージを設定すると、デザイン画面にも結果が反映されて、設定した画像データを見ることができます。

●手順④　コードを書く

「今日の占い」アプリケーションのイベントは、[占う] ボタンをクリックしたときに発生するイベントだけです。

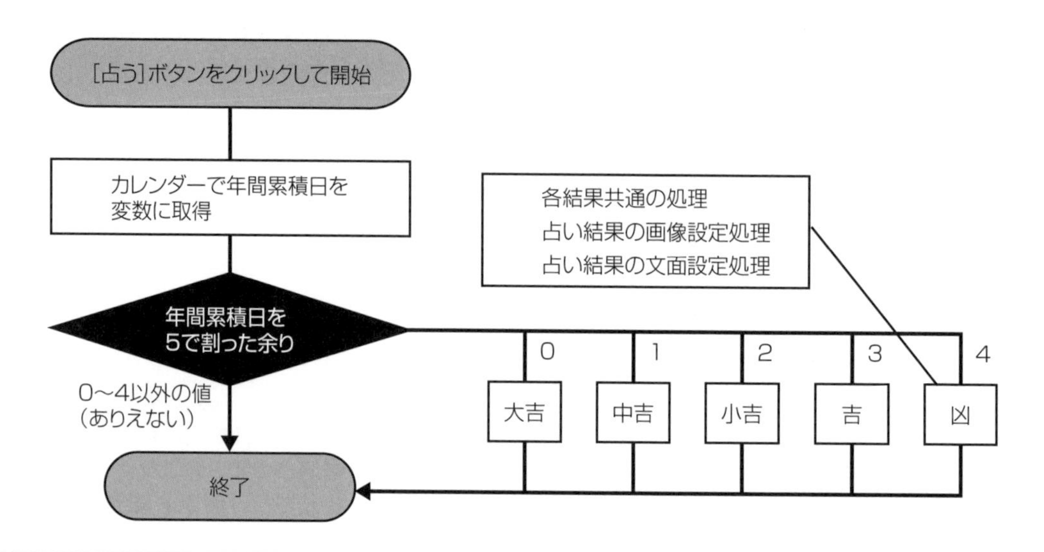

図5-11：[占う] ボタンをクリックしたときの処理のフローチャート

今回のコードのポイントは、**条件分岐**が複数ある場合のコードの書き方です。

If文の中にさらに、If文を書く（入れ子*にする）方法もありますし、If〜Else If〜Elseと、Else Ifで条件を分けて分岐する方法もあります。

4.5節で解説した**If〜Then〜Else文**の内部に、さらにIf〜Then〜Else文を書く方法もあります。

また、ElseIfで別の条件を追加するIf〜Then〜ElseIf〜Else文を使う方法もあります。

文法　If〜Then〜ElseIf〜Else文の使い方

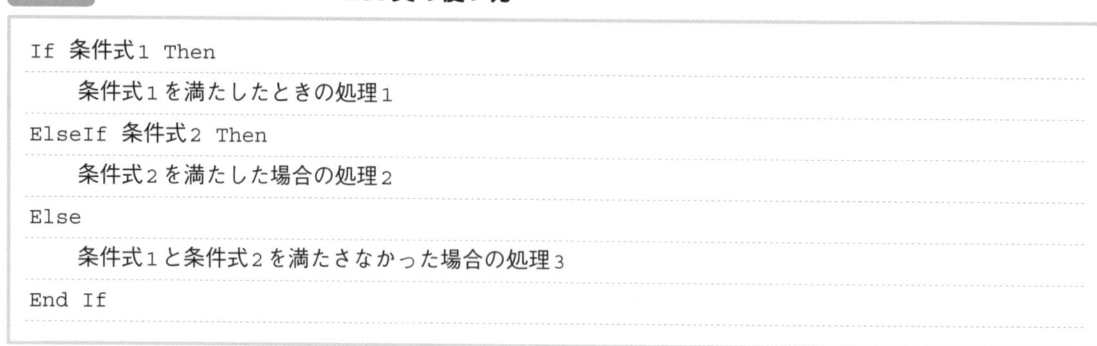

```
If 条件式1 Then
    条件式1を満たしたときの処理1
ElseIf 条件式2 Then
    条件式2を満たした場合の処理2
Else
    条件式1と条件式2を満たさなかった場合の処理3
End If
```

＊**入れ子**　プログラムの構築手法の1つ。条件分岐などの「ひとまとまりのプログラムの固まり（ネスト）」の内部に、別のプログラムの固まり（ネスト）が埋め込まれること。何段階にも、入れ子を組み合わせていくことで、プログラムを構成する。

さらに、そのほかの方法として、**Select〜Case文**を使う方法もあります。Select〜Case文は、1つの条件式の複数の結果に応じて、それぞれ処理を分岐します。

文法 Select〜Case文の使い方

```
Select [Case] 条件式
    Case 値1
        条件式の結果が値1である場合の処理1
    Case 値2
        条件式の結果が値2である場合の処理2
            …（中略）…
    Case Else
        条件式の結果がどの値とも一致しない場合の処理
End Select
```

条件式には、複数の結果が予測される条件を指定します。今回の場合では「年間累積日を5で割った余り」が条件式になり、その結果は0〜4までの整数になります。なお、「〜で割った余り」を「剰余」といい、%という演算子を使って結果を求めます。

また、Select Case文の「Case」は省略可能で、「Select 条件式」と記述できます。
さらに、**Case文**には、次のように条件式が取りうる値と、その処理を記述します。

```
Case 0
  条件式の値が0である場合の処理
```

このCase文では、「年間累積日を5で割った余り」が「0」のケース（場合）に実行される処理を記述します。

最後の**Case Else文**は、「どの値とも一致しない場合の処理」を記述します。省略することも可能ですが、設定しないとCase Else文の処理に漏れがあった場合、何も実行されないのでエラーを見逃しやすくなってしまいます。できるだけ設定しましょう。

それでは、実際のコードを示します。だいぶ慣れてきましたか？　今回は、コメントで骨組みを書いていた部分を省略します。　　　　の部分は、自動で記述される部分です。

List 1 サンプルコード（[占う] ボタンをクリックしたときの処理：Form1.vb）

```
Public Class FormUranai
    Private Sub ButtonUranaiStart_Click(sender As Object,
```

```
    e As EventArgs) Handles ButtonUranaiStart.Click
❶
        Dim dateNumber As Integer                          ' 年間累積日を記憶する変数
        dateNumber = DateTimeUranai.Value.DayOfYear        ' 選んだ日付から、年間累積日を計算
❷
        Select dateNumber Mod 5  ' 年間累積日を5で割った余りは？
❸
            Case 0 ' 大吉
❹
                PictureBoxResult.Image = My.Resources.Daikichi
                TextResult.Text = "思ったことがコードにかけてものすごいアプリがつくれるかも！！"
            Case 1 ' 中吉
                PictureBoxResult.Image = My.Resources.Cyuukichi
                TextResult.Text = "書いたコードがビルドエラーも起きず一発で実行できるかも！"
            Case 2 ' 小吉
                PictureBoxResult.Image = My.Resources.Syoukichi
                TextResult.Text = "できた！と思ったらコード書き忘れて動かないところがあるかも"
            Case 3 ' 吉
                PictureBoxResult.Image = My.Resources.Kichi
                TextResult.Text = "なかなかエラーが修正できないかも"
            Case 4 ' 凶
                PictureBoxResult.Image = My.Resources.Kyou
                TextResult.Text = "せっかく書いたプログラムが消えるかも。"
                        + "まさにしょぼーんなことがおこるかも"
❺
            Case Else  ' ここに到達することがあれば条件のミス
                PictureBoxResult.Image = Nothing
        End Select
    End Sub
End Class
```

表5-14：List1のコード解説

No.	コード	内容
❶	Dim dateNumber As Integer dateNumber = DateTimeUranai. Value.DayOfYear	整数型の変数dateNumberを定義し、DateTimeUranaiの値（Value）から年間累積日（DayOfYear）を代入します。年間累積日は、1月1日から数えた日数を示す整数値です。1月1日が整数の1、閏年の12月31日は366となります
❷	Select dateNumber Mod 5 ～ End Select	Select～Case文の条件式が「dateNumber Mod 5」。Modは、End Select 割り算の余りを求める演算子です。「年間累積日を5で割った余りで分岐する」という意味になります

❸	`Case 0 ' 大吉`	条件式の結果が「0」の場合に、処理を実行しますk*。Case文の下には、条件式の結果が一致した場合の処理を書きます。処理は複数行あっても問題ありません
❹	`PictureBoxResult.Image = My.Resources.Daikichi` `TextResult.Text = "結果の文章"`	PictureBoxResultのImageプロパティ（画像）に対して、リソース（My.Resources）から「大吉」（Daikichi）の画像データを割り当てます。また、TextBoxコントロール（TextResult）のText（表示する文章）には、リソース管理の機能を利用して、それらしい文章を自由に割り当ててみてください
❺	`Case Else` `PictureBoxResult.Image = Nothing`	「年間累積日を5で割った余り」が0〜4以外になることはないので、このコードは万が一間違えた場合の保険の意味のコードです。Imageに「Nothing（何もない）」を代入しているので、このコードに到達したら、画像は表示されなくなります

●手順⑤　動かしてみる

ツールバーの［開始］ボタンをクリックして、実際に動かしてみましょう。

最初に考えたイメージ通り動作するかを確認するために、チェック項目を作ってみました。みなさんも同じようにチェックしてみてください。

表5-15：「今日の占い」のチェック項目

「今日の占い」の特徴	実行したときの画面	コメント	チェック結果
・今日の日付をできるだけ簡単に入力できる		・DateTimePickerコントロールを使うと、入力時にカレンダーが出てくるので、省スペースで簡単に入力できる	OK？
・［占う］ボタンがある		・［占う］ボタンがあるので、説明がなくてもここをクリックするとよいのかな？ということがわかる	OK？

＊**条件式の結果が「0」の場合に、処理を実行します**　このCase文の処理をIf文に置き換えると、「If (dateNumberMod 5) = 0 Then」の処理と同じになる。

・結果が画像データで表示される	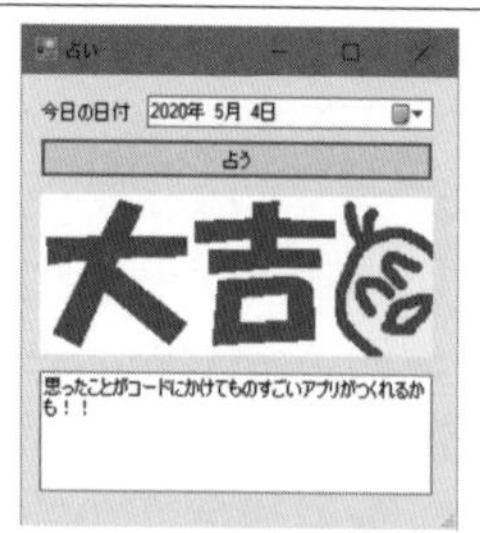	・結果が画像データで表示され、違う日付にすると、違う画像データになる	OK？
・詳しい結果が下に文字で表示される	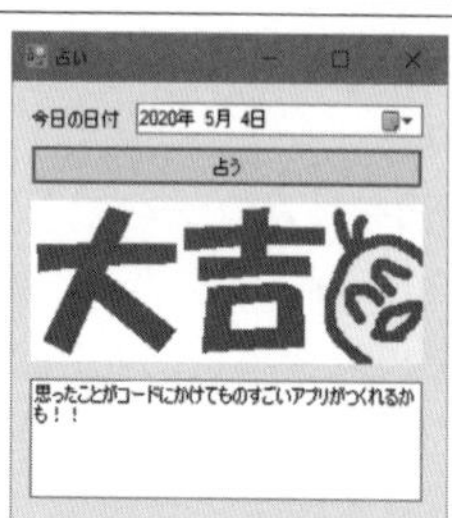	・詳しい占いの結果が下の領域に表示される	OK？
・画面の大きさに応じて、画像データの大きさが変化する	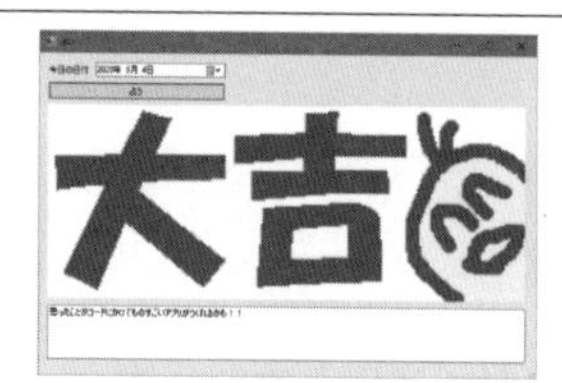	・フォームを倍くらいの大きさに拡大すると、画像データも大きくなる	OK？

まとめ

- DateTimePickerコントロールやMonthCalendarコントロールを使うと、日付を簡単に入力できる。
- 画像データを扱うには、PictureBoxコントロールを使うとよい。
- Select～Case文を使って、条件分岐が複数ある場合の処理を書くことができる。

「間違い探しゲーム」の作成

「間違い探しゲーム」を作成します。今回は同じコントロールが大量にある場合でも、コードをその分、大量に書く必要がないというところがポイントになります。

●手順①　「間違い探しゲーム」の完成イメージを絵に描く

筆者の「荻原（おぎわら）」がよく「萩原（はぎわら）」と間違えられるため（苦笑）、いっそのことゲームにしてしまったら面白いのでは？と考えたものが「間違い探しゲーム」になります。

萩萩萩萩萩
萩萩萩萩萩
萩萩萩萩萩
萩萩萩荻萩
萩萩萩萩萩

たくさんの「萩」という文字の中に1つだけ「荻」という文字があり、「荻」を発見するというゲームです。ゲーム性を高めるためにルールも考えました。

- 最初は何も表示されておらず、スタートで開始する。
- 発見するまでの秒数をリアルに表示して焦らせる。
- 正解の文字の場所はランダムに表示する（毎回違う位置）。
- 正解の文字をクリックするとタイマーが止まる。

ルールを考慮して画面を描いてみると、以下のようになりそうです。

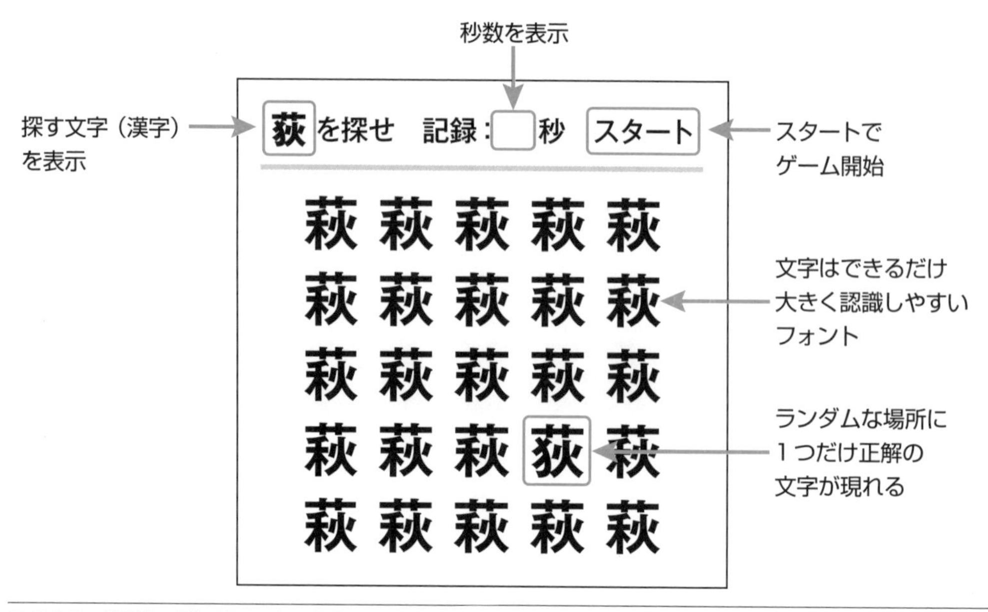

図5-12：「間違い探しゲーム」の完成イメージを絵に描く

●手順②　「間違い探しゲーム」の画面を作成する

参考までに、完成イメージは以下のようになります。

VS Community 2019を起動し、[新しいプロジェクトの作成] をクリックしてください。[新しいプロジェクトの作成] 画面が表示されますので、上部検索ボックスに「winforms」と入力します。

[新しいプロジェクト] ダイアログボックスの左にあるテンプレートで [Visual Basic] を選択し、さらに [Windowsフォームアプリケーション] を選択するとより絞り込めますね。

下の一覧に [Windowsフォームアプリケーション(.NET Framework)] が表示されます。Visual Basicのものを選択し、[次へ] ボタンをクリックします。プロジェクト名に「KanjiDifferenceHunt」と入力してください。

また、保存する場所はどこでも構いませんが、支障がなければ「C:¥VB2019_Application¥Chapter5-4」としてください。

「間違い探しゲーム」アプリケーションは、画面上部がスタートボタンや時刻表示を示す機能が集中していて、画面下部はゲーム画面ですね。そこで、画面を分けるコントロールを使ってみましょう。

まずは、Form画面を土台にして、いろいろコントロールを貼り付けていきたいので、Form画面を以下のように設定してください。

表5-16：**コントロールとプロパティの設定**

No	コントロール名	プロパティ名	設定値
❶	Formコントロール	(Name) プロパティ	FormGame
		Sizeプロパティ	700,750
		Textプロパティ	間違い探し

設定後のVS Community 2019の画面は、以下のようになっています。

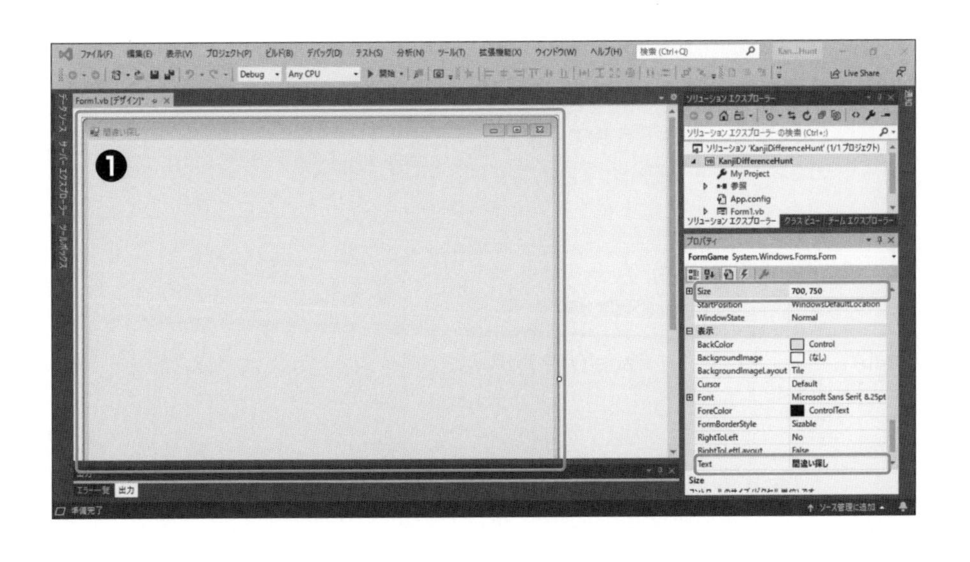

次に、画面を分割するコントロールを選びます。

ツールボックスの中に［コンテナー］として分類されているコントロール群がありますので、その中からコントロールを選びます。

［コンテナー］は、TextBoxなどのコントロールをまとめて扱うことのできる入れ物のコントロールで、目的により細分化されています。

今回は上下に二分割して使いたいので、**SplitContainerコントロール**を使います。

SplitContainerコントロールは、Panelというコンテナーの部品を2つ並べ、**Spliter**という区切り線で分割し、Spliterを使って実行時に自由に**Panel**の大きさを変更できるというコントロールです。これをWindowsフォーム画面にドラッグ&ドロップします。

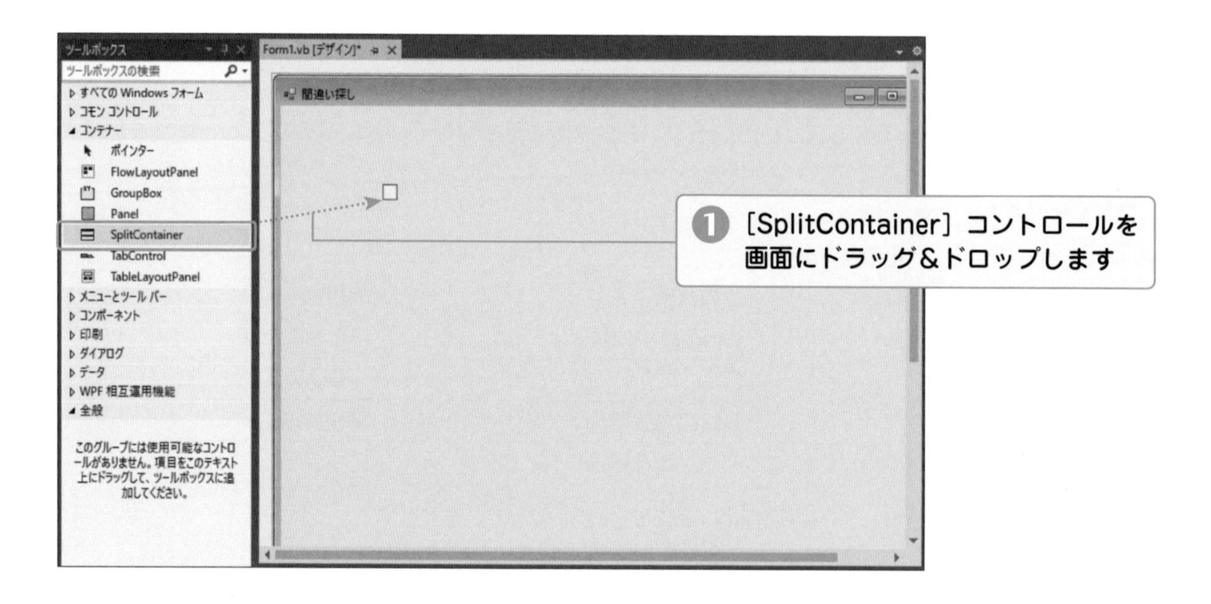

SplitContainerコントロールを画面にドラッグ&ドロップすると、いきなり以下のような左右に分割された画面になっています。安心してください。設定できますよ！

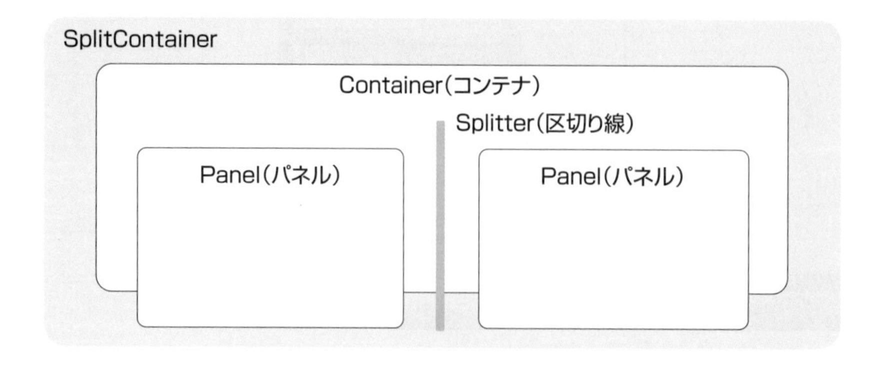

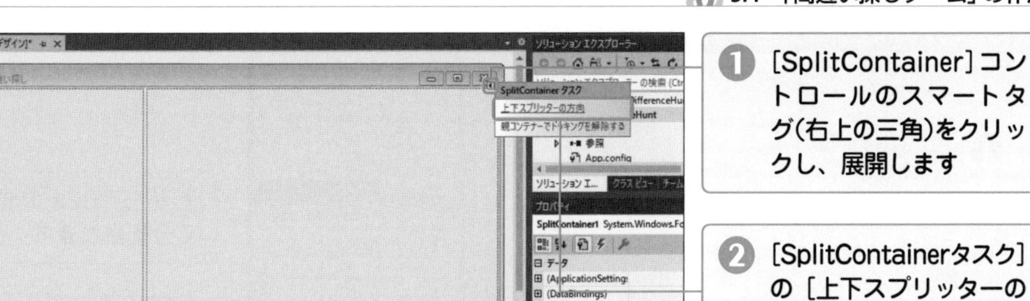

すると、SplitContainerコントロールが上下分割になりました。

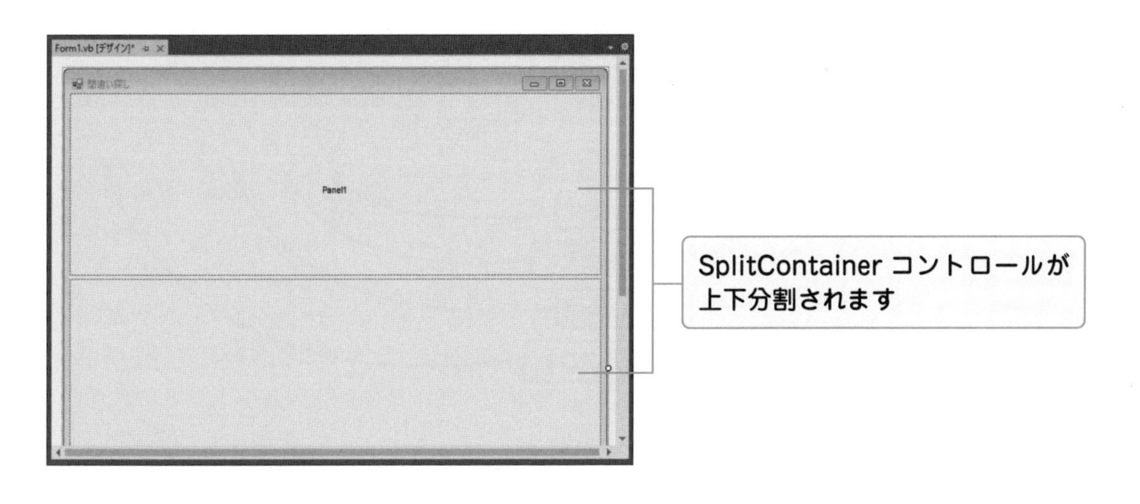

このSplitContainerコントロールのプロパティも先に設定しておきましょう。

表5-17：コントロールとプロパティの設定

No.	コントロール名	プロパティ名	設定値
❶	SplitContainerコントロール	(Name)プロパティ	SplitContainer1
		SplitterDistanceプロパティ	70

SplitterDistanceプロパティは、PanelとPanelを区切るSplitterの距離（Distance）を表すプロパティで、端から（この場合は上から）70pxの位置に分割線のSplitterを設定しています。

設定後は、以下のようになります。

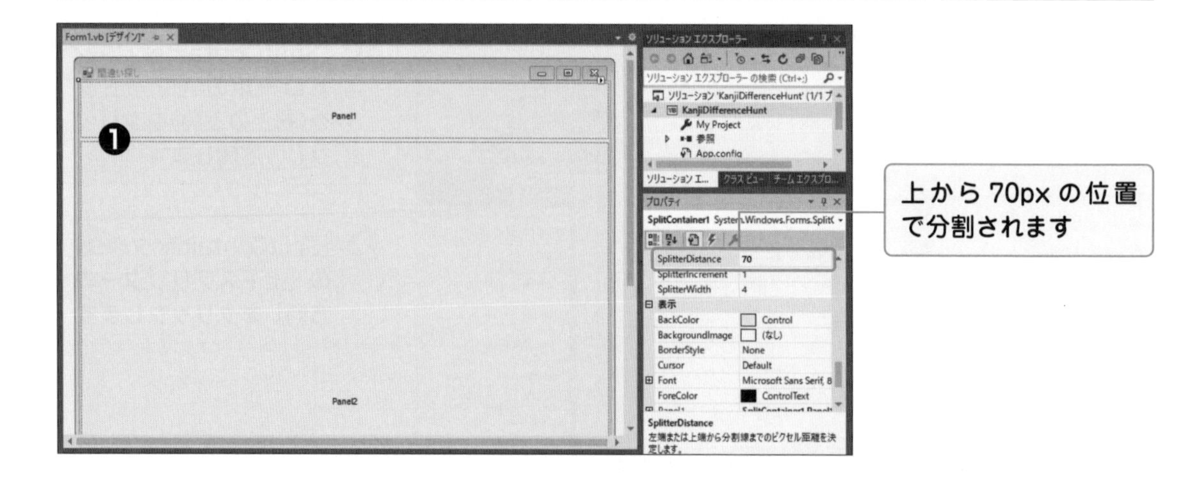

画面を上下に分割しましたので、画面上部からデザインしていきましょう。

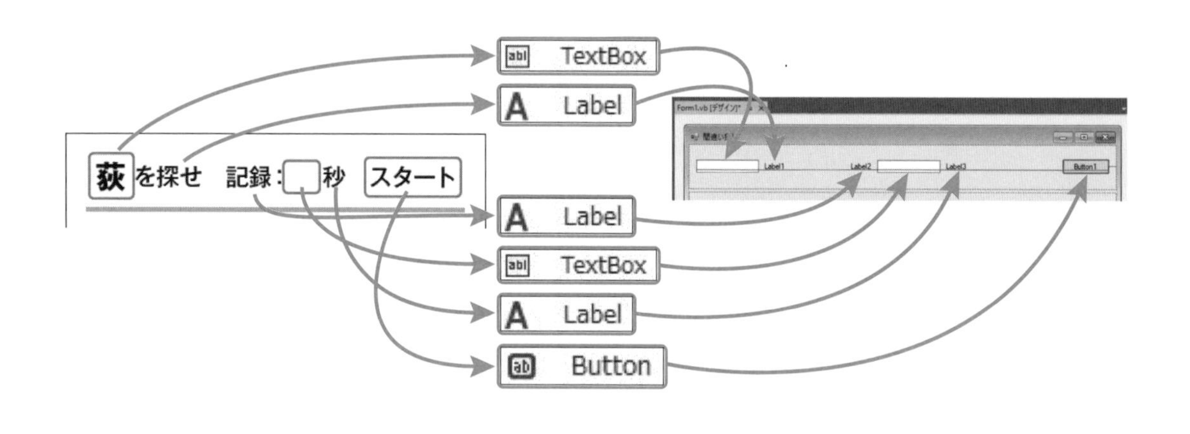

図5-13：ツールボックスからコントロールを選んで割り当てる

画面上部のコントロールのプロパティに値を設定しましょう。

表5-18：コントロールとプロパティの設定

No.	コントロール名	プロパティ名	設定値
❶	TextBoxコントロール	(Name)プロパティ	TextHunt
		Fontプロパティ	メイリオ*,16pt
		Sizeプロパティ	55,55
❷	Labelコントロール	Textプロパティ	を探せ
❸	Labelコントロール	Textプロパティ	記録：
❹	TextBoxコントロール	(Name)プロパティ	TextTimer
		Fontプロパティ	メイリオ,16pt
		Sizeプロパティ	160,55
		TextAlignプロパティ	Right
❺	Labelコントロール	Textプロパティ	秒
❻	Buttonコントロール	(Name)プロパティ	ButtonStart
		Fontプロパティ	メイリオ,16pt
		Sizeプロパティ	211,55
		Textプロパティ	スタート

なお、**Fontプロパティ**は、プロパティウィンドウの右にある［...］ボタンをクリックすると、［フォント］ダイアログボックスが起動し、詳細に設定できます。

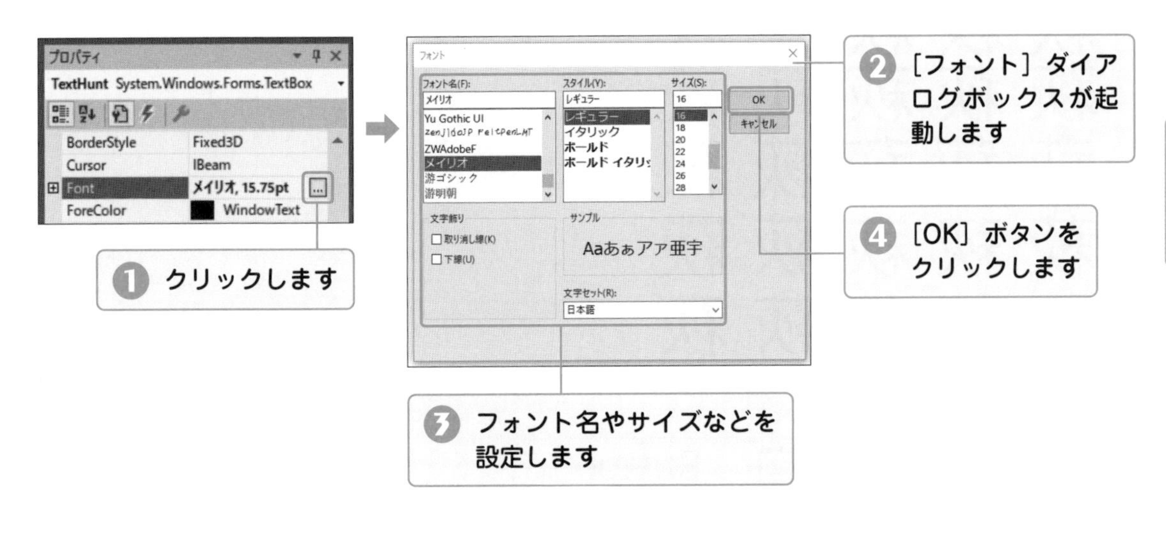

＊**メイリオ**　フォントの「メイリオ」がWindows 10にない場合、「游ゴシック Medium」や「Yu Gothic UI Semibold」で代用してください。

Tips　デザインのコツ

画面を綺麗に見せるには、テキストの下部の位置を揃えるとよいでしょう。

フォントの設定を変えた場合、テキストが空白の部分はイメージと合わせるため、任意の数字を入れてデザインを整えたのち、空白に戻すとよいです。

TextBoxコントロールに文字を入れたまま実行してみて、違和感がないか確認してみてください。

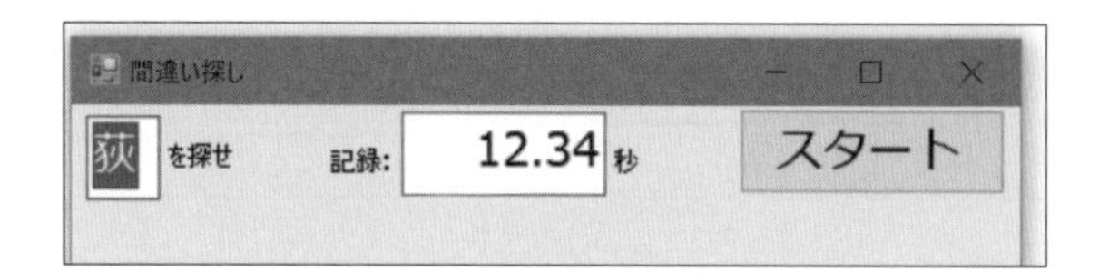

次に画面下部のデザインです。

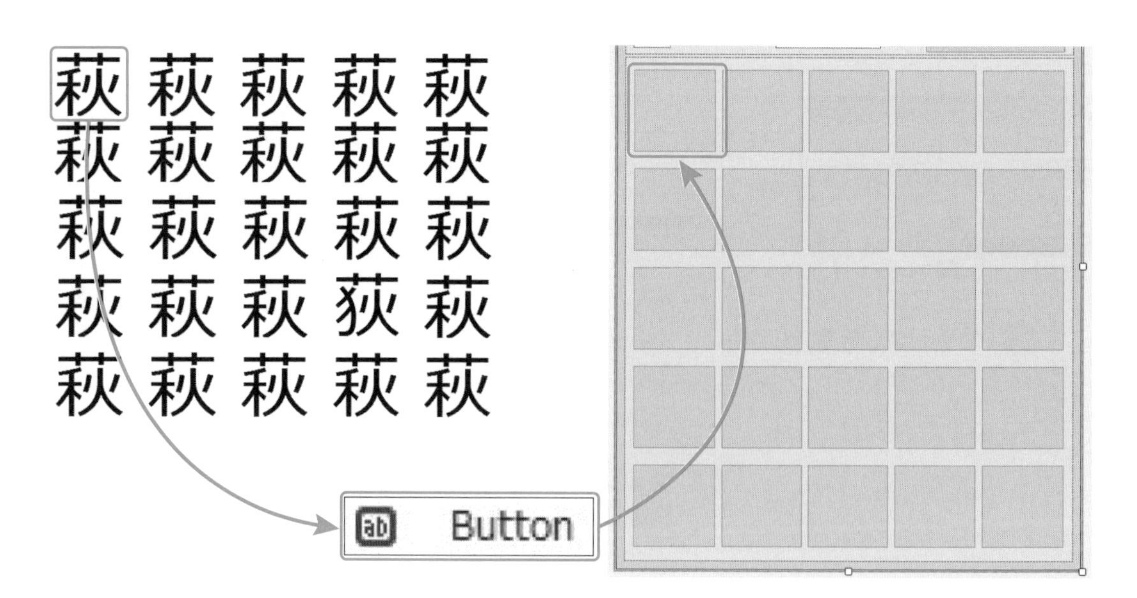

図5-14：ツールボックスからコントロールを選んで割り当てる

クリックをしたいので、ボタンを使います。縦5個×横5個＝25個のボタンを上手く並べるとよさそうです。これだけあると後からプロパティを設定するのも大変なので、最初に1つ配置した時点で共通の設定を行います。

表5-19：コントロールとプロパティの設定

No.	コントロール名	プロパティ名	設定値
❶	Buttonコントロール	(Name)プロパティ	Button1（規定値のまま）
		Fontプロパティ	メイリオ,36pt
		Sizeプロパティ	125,100
		Textプロパティ	""（空白のまま）

プロパティ設定後のデザイン画面は、以下のようなイメージになります。

では、この基本となるプロパティを設定したButtonコントロールを横に4個コピーしましょう。

基本となる左端のButtonコントロールを選択し、Iボタンを押しながらマウスをドラッグし、スナップラインに沿ってデザインすると位置が決めやすくなります。

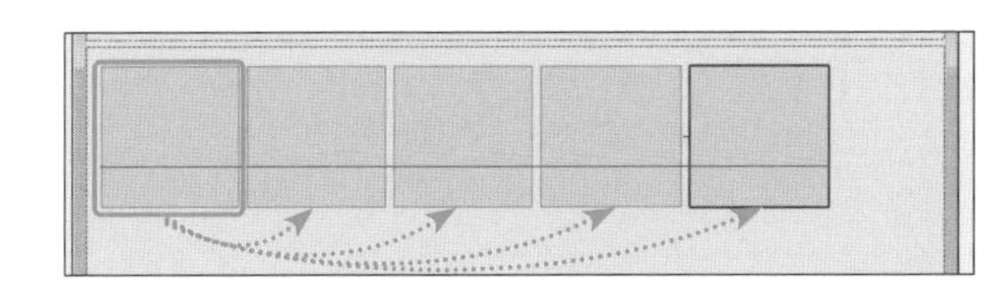

横に5個並びましたが、左右に偏ってバランスが悪いので、綺麗に揃えます。

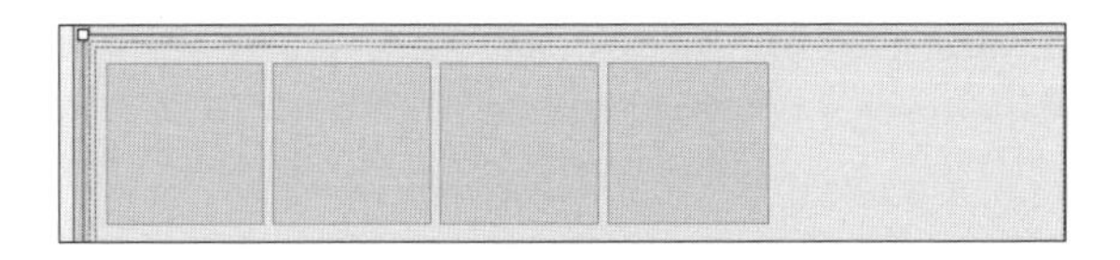

以下のようにすると綺麗になります。

1 右端と左端を揃える

右端と左端の［Button］コントロールをスナップラインで合わせます

2 左右の間隔を均等にする

メニューアイコンのレイアウトの［左右の間隔を均等にする］ボタンをクリックします（なお、レイアウトのこの項目は複数のコントロールを選択した状態で有効になります）

2 縦に5列分、コピーする

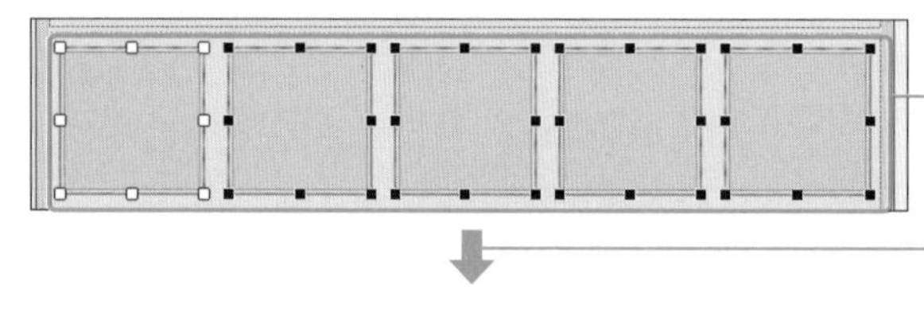

❶［Button］コントロールが均等間隔で配置されました

❷これを元に縦に5列分、下にコピーします

4 25個のButtonコントロールが配置される

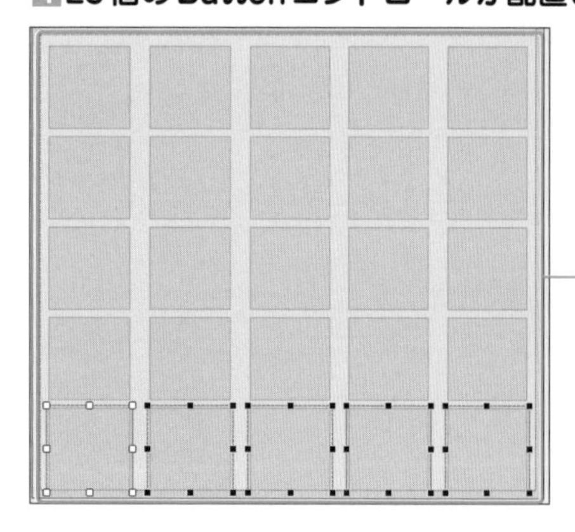

縦に5列分のコピーが完了すると、25個の［Button］コントロールが綺麗に配置されます

5 上下の間隔を均等にする

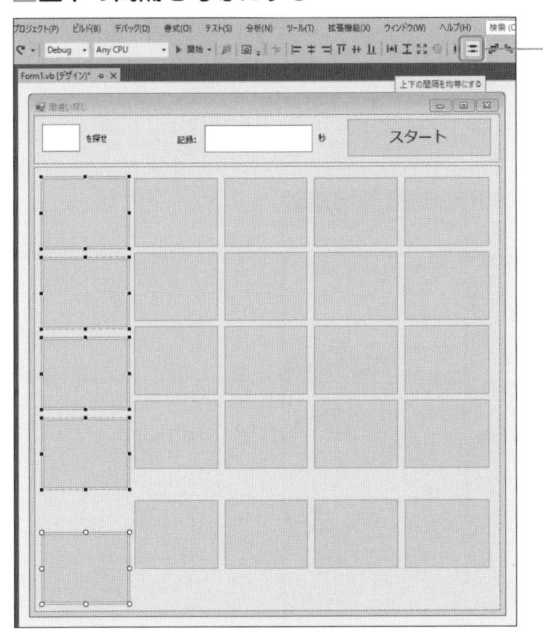

デザインアイコンの［上下の間隔を均等にする］ボタンをクリックします

6 下揃えにする

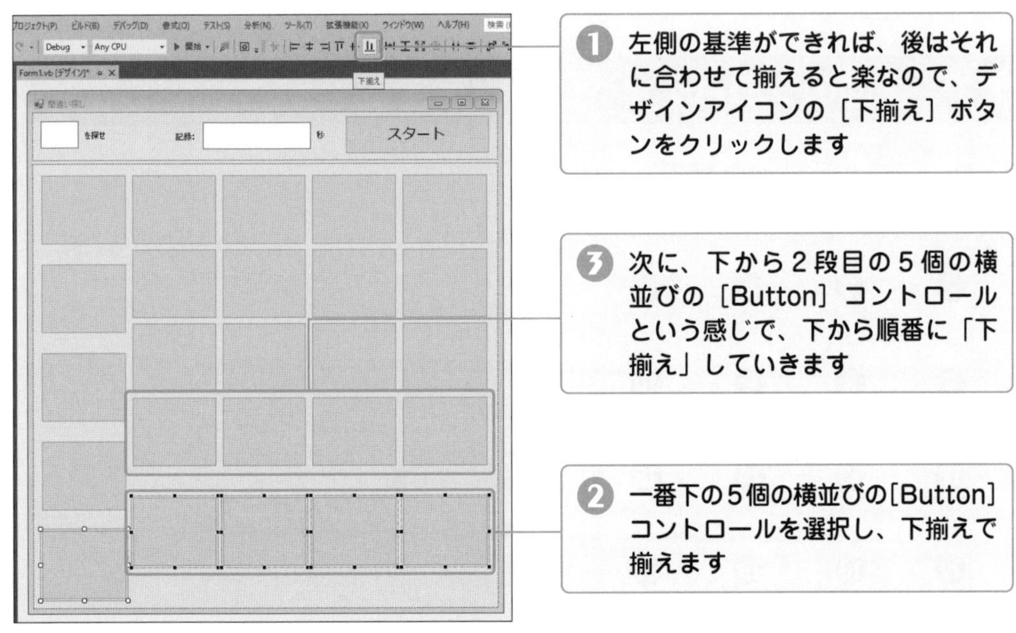

画面のデザインができたら、最後に時間計測用のTimerコントロールをツールボックスからFormにドラッグ＆ドロップし、以下のプロパティを設定してください。これでデザインは完成です。

表5-20：コントロールとプロパティの設定

No.	コントロール名	プロパティ名	設定値
❶	Timerコントロール	(Name) プロパティ	Timer1（規定値のまま）
		intervalプロパティ	20

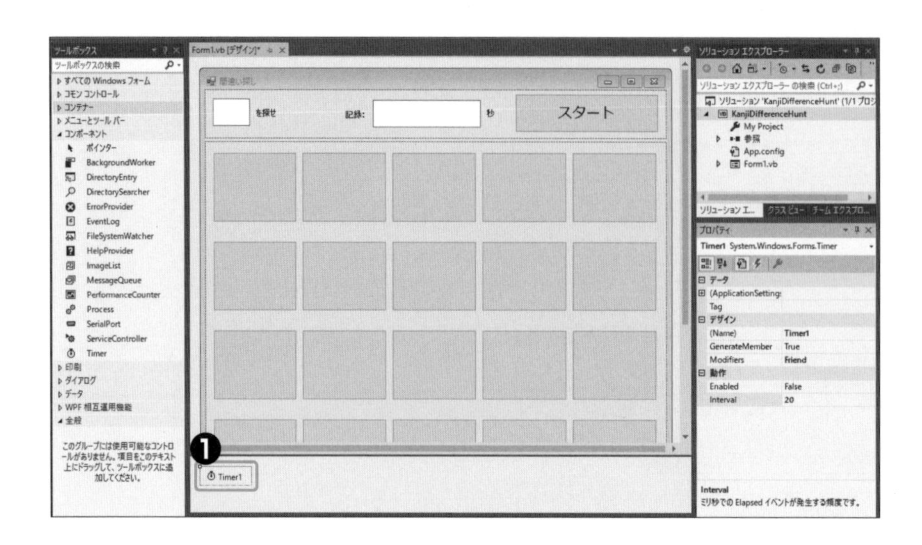

●手順③　画面のプロパティや値を設定する

画面デザインは、次のようになっているでしょうか？

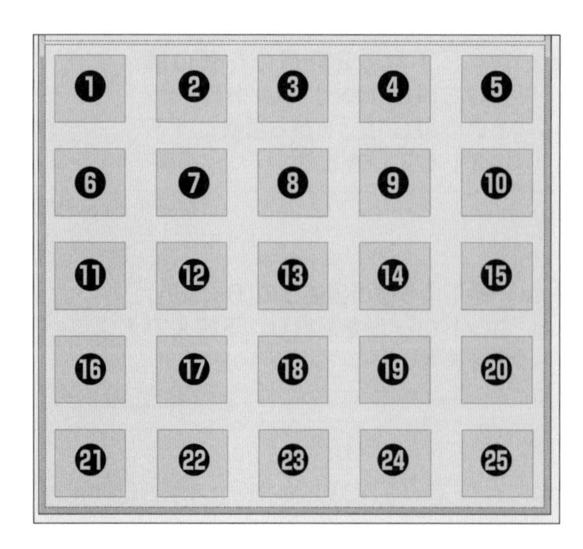

25個のButtonコントロールの（Name）プロパティの値を確認してください。次の表5-21のようになっていれば、設定が不要です。

表5-21：コントロールとプロパティの設定

No.	コントロール名	プロパティ名	設定値
❶	Buttonコントロール	(Name)プロパティ	Button1（規定値のまま。Buttonの後の数字がNo.と同じ）
…	…	…	…
㉕	Buttonコントロール	(Name)プロパティ	Button25（規定値のまま。Buttonの後の数字がNo.と同じ）

Buttonコントロールの(Name)プロパティの値がButton1～Button25まで正しく設定されていればOKです。先に進みましょう。

もしもプロパティ値がこの通りになっていないという場合、面倒ですが、画面下部のButtonコントロールをすべて削除して、画面下部のデザインからやり直してください。

画面上部にもButtonコントロールがあります。ここのプロパティの設定漏れに注意してください。

●手順④　コードを書く

画面下部の25個のButtonコントロールのクリックイベントに同じようなコードを書くのが大変なので、画面下部の25個のButtonコントロールのクリックイベントはすべて同じイベントハンドラ名で登録します。そして、そのイベントハンドラ名の中でどのボタンが呼ばれたかを判断するイメージです。

25個のイベントを同じ名前で設定する方法は結構、簡単です。25個のButtonコントロールを選択し、イベントを表示させて、Clickイベントのところに、「Buttons_Click」と書いて、[Enter] キーを押し、イベントハンドラを生成してください。

「Private Sub Buttons_Click(...」というイベントハンドラがソースコード上に生成されていればOKです。

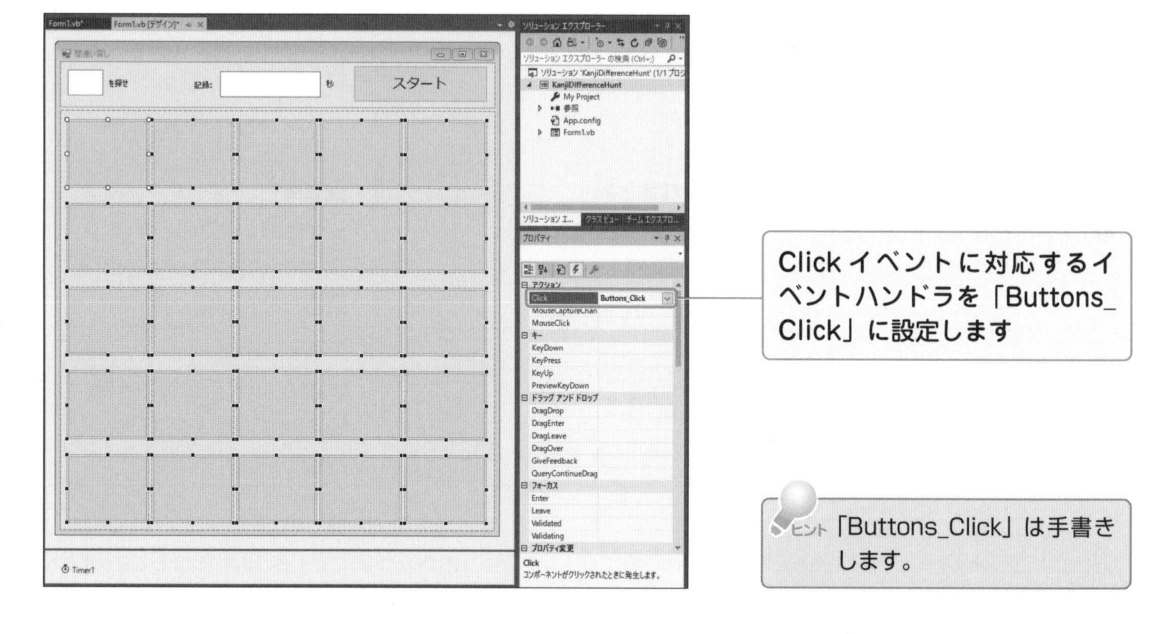

そのほかに必要なイベントは、

- ［スタート］ボタンをクリックしたときのイベント
- Timer コントロールの Tick イベント

です。イメージでまとめると、以下のようになります。

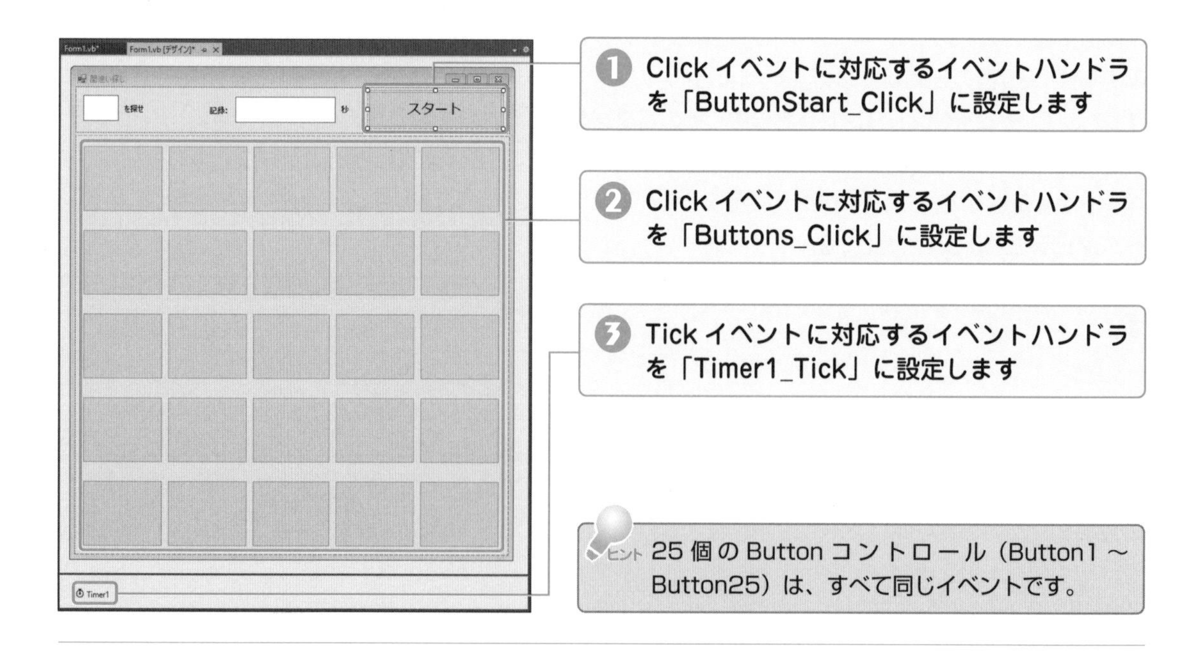

3つのイベントを作成した直後のソースコードは、以下のようになっています。

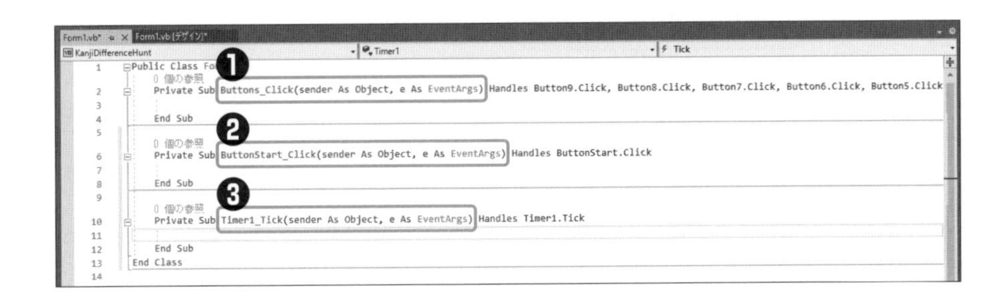

フローチャートで、上記3つのイベントハンドラの処理の概要を描いてみます。

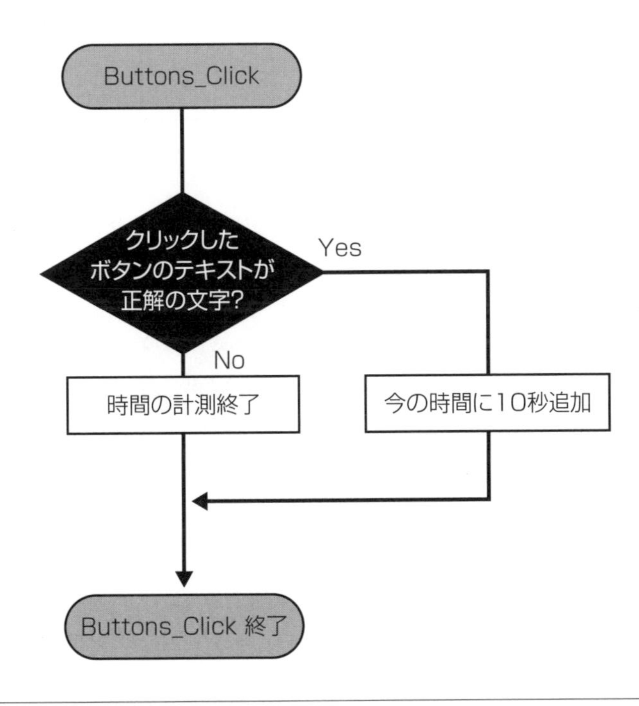

図5-15：Buttons_Clickイベントハンドラの処理

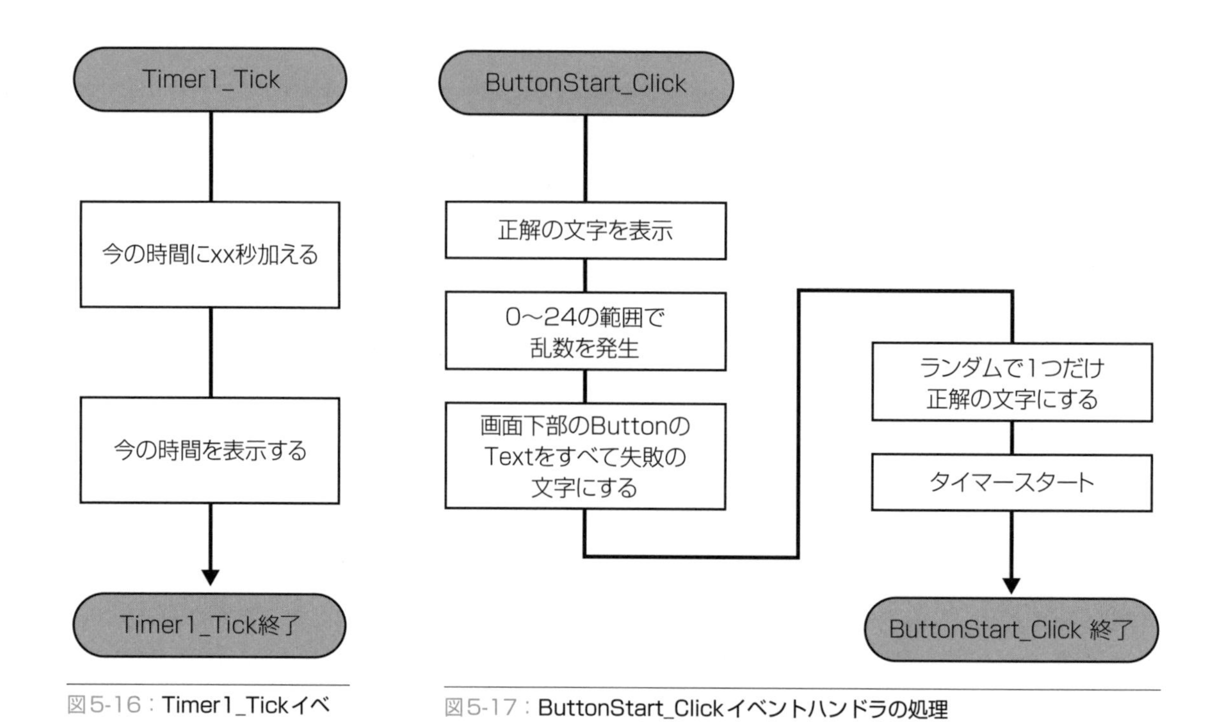

図5-16：Timer1_Tickイベントハンドラの処理

図5-17：ButtonStart_Clickイベントハンドラの処理

今回のコードのポイントは、同じ処理が多数ある場合に便利な繰り返し処理の書き方です。

まずボタンが25個もあるので、初期値として、一旦すべて間違いの文字を設定します。コードに書くと、次のList1のようになります。

List 1 サンプルコード（初期値としてすべてのButtonコントロールに「萩」を設定する）

```
Button1.Text = "萩"
Button2.Text = "萩"
Button3.Text = "萩"
    …
Button24.Text = "萩"
Button25.Text = "萩"
```

いかがでしょうか？　コード自体は単純ですが、効率が悪いですね。

Buttonコントロールが100個などに増えると、ただひたすら同じようなコードを書く羽目になってしまいます。そのような場合に使うのがForループ文です。

●Forループ文を使う

似たような処理を繰り返す処理を**ループ処理**といいます。

繰り返す数が決まっている場合は、**Forループ文**という構文を使います。Forループ文は、指定した回数だけ同じ処理を実行します。

Forループ文の文法は、次の通りです。

文法 **Forループ文（指定した条件の間、処理を繰り返す）**

```
For ループカウンタ変数名 As データ型名 = 初期値 To 終了値
    ' 繰り返す処理
Next
```

Forループ文の処理のイメージは、次の図5-18のようになります。

なお、左側の図を簡略化したものが右側の図になります。ポイントは、どちらもループカウンタ変数が指定した初期値から終了判定の値まで内部の処理を繰り返すという点です。

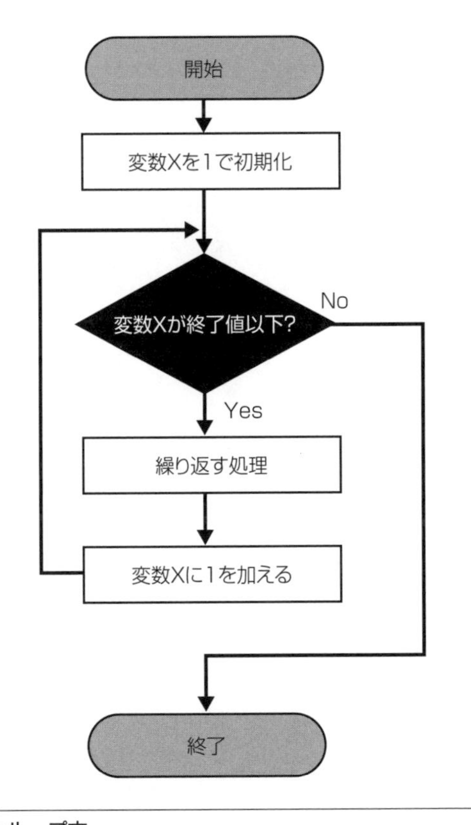

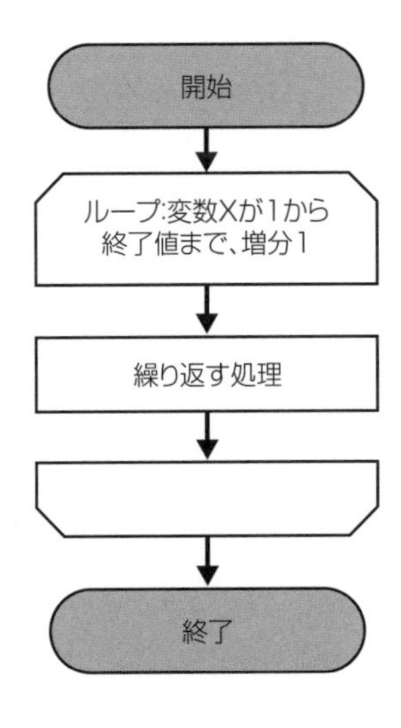

図5-18：Forループ文

Forループ文を使って、すべて間違いの文字を設定するコードを書き換えると、次のList2のようになります。

List 2 サンプルコード（Forループ文の記述例：イメージコード）

```
For i As Integer = 1 To 25
  Button(i).Text = "萩"
Next
```

実際には、Button1をButton(1)に置き換えることができないので、このコードはイメージコードです。もちろん、イメージのコードでは実際の処理が書けません。

そこで、**Panelコントロール**を使うと、イメージに似たようなコードでButtonコントロールの値を変更することができます。

Panelコントロールは、各種コントロールを乗せる入れ物です。

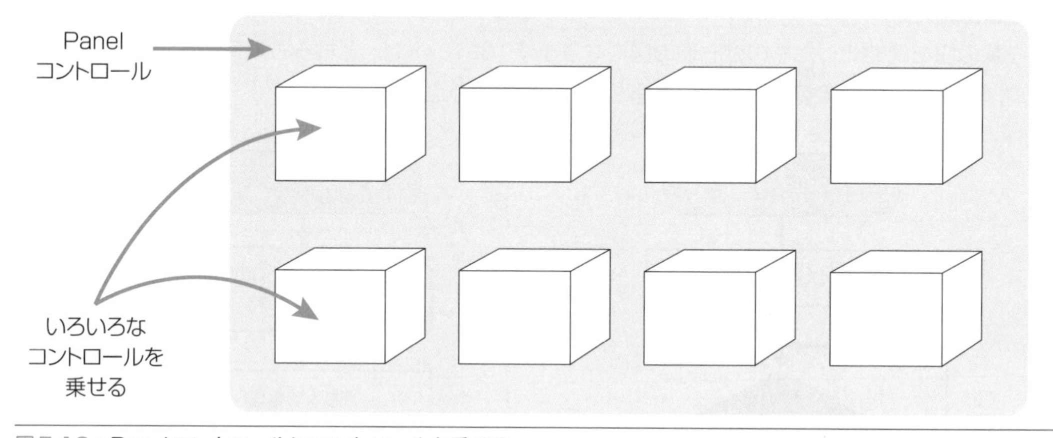

図5-19：Panelコントロールにコントロールを乗せる

Panelコントロールに乗っているすべてのコントロールの数は、

```
Panel.Contorols.Count
```

で、取得できます。また、Panelコントロールに乗っているn番目のコントロールの情報は、

```
Panel.Contorols(n)
```

で、取得することができます。

Panel.Contorolsの部分は、SplitContainerコントロールにある2つのPanelの下側の場合、Panel2という名前になっているため、SplitContainer1.Panel2.Contorolsになります。

以下のコードで、Panel2の上に乗っている25個のButtonコントロールに「萩」という値が設定できます。

List 3 サンプルコード（For ループ文の記述例：正式版）

```
For i As Integer = 0 To SplitContainer1.Panel2.Controls.Count - 1
  SplitContainer1.Panel2.Controls(i).Text = " 萩"
Next
```

なお、コントロールは、0から始まります。そのため、最後の25個目のコントロールは「SplitContainer1.Panel2.Controls.Count -1」、つまり24になります。

以下のList4に、イベントハンドラの完成したコードを記述します。各コードは、この後に解説します。の部分は、自動で記述される部分です。

List 4 サンプルコード（「間違い探しゲーム」の3つのイベントハンドラ：Form1.vb）

```
Public Class FormGame
❶Dim correctText As String = "荻"                  ' 正解の文字 : 1つだけ
❷Dim mistakeText As String = "萩"                  ' 間違いの文字 : 24個並ぶ
Dim nowTime As Double                             ' 経過時間


' 画面下部の25個のボタンのいずれかをクリックしたとき（共通で呼ばれる）
    Private Sub Buttons_Click(sender As Object, e As EventArgs) Handles
Button9.Click, Button8.Click, Button7.Click, Button6.Click, Button5.Click,
Button4.Click, Button3.Click, Button25.Click, Button24.Click, Button23.Click,
Button22.Click, Button21.Click, Button20.Click, Button2.Click, Button19.Click,
Button18.Click, Button17.Click, Button16.Click, Button15.Click, Button14.Click,
Button13.Click, Button12.Click, Button11.Click, Button10.Click, Button1.Click
        ❸If CType(sender, Button).Text = correctText Then
            ❹Timer1.Stop()              '時間の計測終了
        Else
            nowTime = nowTime + 10      ' ペナルティー
        End If
    End Sub

' スタートボタンをクリックしたとき
```

```
    Private Sub ButtonStart_Click(sender As Object,
        e As EventArgs) Handles ButtonStart.Click
        TextHunt.Text = correctText                ' 探す文字を表示
❺       Dim Rnd As Random = New Random()           ' 乱数を生成するためのインスタンスを生成
        Dim randomResult As Integer = Rnd.Next(25)' 0～24の乱数を取得

        ' SplitContainerの下部のPanel2に乗っている
        ' ButtonのTextをすべて間違いの文字にする
❻       For i As Integer = 0 To SplitContainer1.Panel2.Controls.Count - 1
❼           SplitContainer1.Panel2.Controls(i).Text = mistakeText
        Next
        ' ランダムで1つだけ正解の文字にする。
❽       SplitContainer1.Panel2.Controls(randomResult).Text = correctText
        ' タイマースタート
        nowTime = 0 ' タイマーの初期化
❾       Timer1.Start()
    End Sub

        ' 0.02秒置きに呼ばれるタイマーのイベントハンドラ
        Private Sub Timer1_Tick(sender As Object,
            e As EventArgs) Handles Timer1.Tick
        nowTime = nowTime + 0.02
❿       TextTimer.Text = nowTime.ToString("0.00")
    End Sub
End Class
```

5-22：List4 のコード解説

No.	コード	内容
❶	`Dim correctText As String = "荻"`	正解の文字を変数correctTextに設定しています。設定している個所に直接書かずに一旦変数にするのは、あとで文字を変更する際に修正個所が最小限になるようにするためです
❷	`Dim mistakeText As String = "萩"`	間違いの文字を変数mistakeTextに設定しています
❸	`If CType(sender, Button).Text = correctText Then`	ボタンクリックのイベントハンドラ、senderのTextの値、つまり押されたボタンのTextの値が、正解のテキストの値と一致しているかを判定します

❹	`Timer1.Stop()`	タイマーを止めます

❺	`Dim Rnd As Random = New Random()`
	`Dim randomResult As Integer =`
	`Rnd.Next(25)`
		乱数を生成しています。0〜24の範囲の25種類の値を生成するため、Next()メソッドの引数に25を渡します

❻	`For i As Integer = 0 To`
	`SplitContainer1.Panel2.Controls.`
	`Count - 1`
		Forループ文で処理を決められた回数繰り返します。初期値は0、終了判定がコンテナーの上に乗っているコントロールの数分（Buttonコントロールの25個分）、増分は1ずつ増えます

❼	`SplitContainer1.Panel2.` `Controls(i).Text = mistakeText`	パネルに乗っているコントロールのi番目のテキストに間違いの文字を設定しています。Forループ文により、iの値が初期値から終了判定の値まで、増分の数だけ変化します。つまり、iの値は0〜25未満まで、1ずつ増えて変化します

❽	`SplitContainer1.Panel2.`
	`Controls(randomResult).`
	`Text = correctText`
		イコールの左辺は❺と同じ文で、( )の中の値だけが異なります。生成された0〜24のランダム値のButtonだけを正解の文字に変更しています

❾	`Timer1.Start()`	タイマーの開始です
❿	`TextTimer.Text = nowTime.` `ToString("0.00")`	画面上部に現在の時間を表示します。小数部2桁で表示します。ToString()の引数で表示する形式を指定できます。小数点以下3桁にしたい場合は"0.000"となります

●手順⑤　動かしてみる

ツールバーの［開始］ボタンをクリックして、「間違い探しゲーム」アプリケーションを実際に動かしてみましょう。正しい動作をしているかどうかを確認するには、手順で書いた特徴の通りに動いているかをチェックするとよいですね。

以下の表5-23にチェック項目を挙げますので、チェックしてみてください。

表5-23：「間違い探しゲーム」のチェック項目

「間違い探しゲーム」の特徴	実行したときの画面	コメント	チェック結果
最初は何も表示されていない		・正解の文字を示すTextBoxコントロールと、秒数を示すTextBoxコントロールの値が空白 ・25個のボタンの値が空白	OK？

［スタート］ボタンで開始し、間違いの文字２４個と正解の文字が１つある	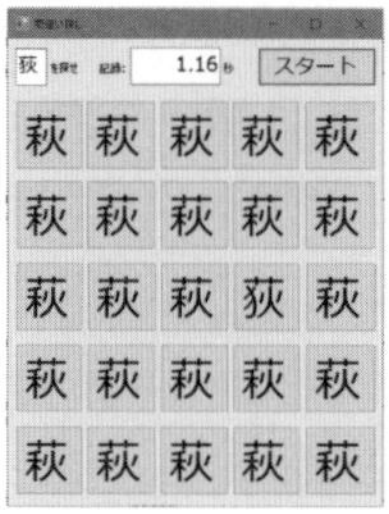	・正解の文字を示すTextBoxコントロールに「荻」が表示される ・画面下部に間違いの文字「萩」が24個ある ・画面下部に正解の文字「荻」が１個ある	OK？
発見するまでの秒数をリアルに表示する	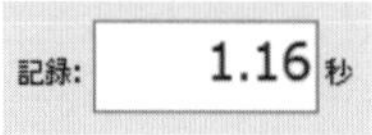	・秒数を示すTextBoxコントロールの値に、小数２桁の秒数がリアルタイムで表示される	OK？
正解の文字の場所はランダムに表示される（毎回違う位置）	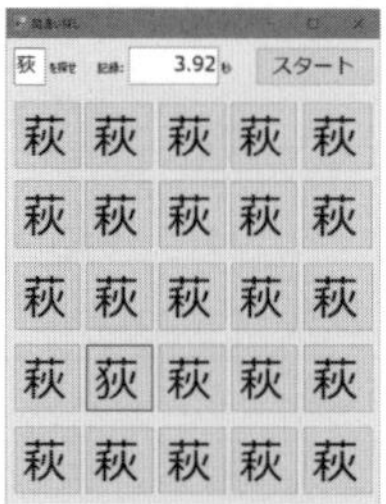	・何度か［スタート］ボタンをクリックすると、そのたびに異なる位置に正解の「荻」がある	OK？
正解の文字をクリックするとタイマーが止まる		・タイマーが止まった	OK？
間違った文字をクリックすると10秒加算される	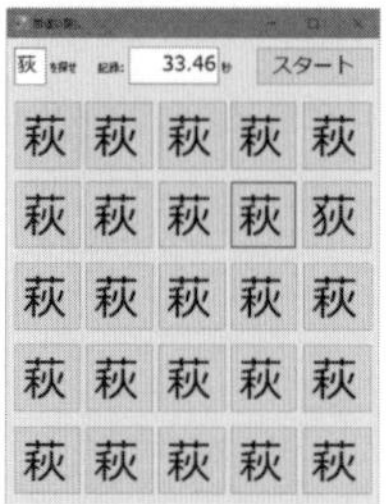	・タイマーの値が10秒加算された	OK？
間違った文字をクリックしてもタイマーは止まらない	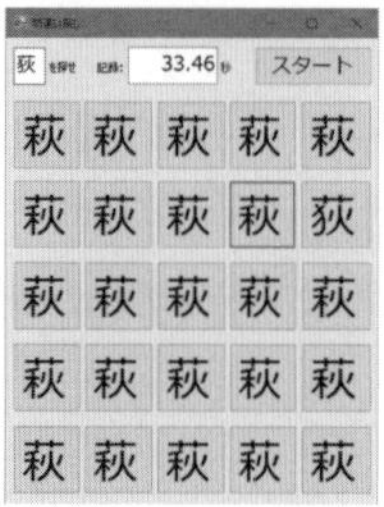	・タイマーが止まっていない。値を更新し続けている	OK？

いかがでしたか？イベントハンドラを同じものでまとめて、ループ文を使うことで非常にシンプルなコードになりましたね。なお、ループ文には、ほかの形式もあります。詳細は8.5節で解説します。

練習1

正解の文字を「崎」、間違いの文字を「﨑」（右上が「大」ではなく、「立」になっています）にしてみてください（もう一人の作者の宮崎さんにちなんでいます）。

練習2

画面下部のButtonコントロールを6×6の36個に変更してください。その際、Buttonコントロールの(Name)プロパティの値が、Button1～Button36になっていることを確認して実行してください。また、コードの変更が不要なことも確認してください。

まとめ

- 複数のコントロールのイベントハンドラを同じ名前にすることができる。
- 上記の設定をしたコントロールは、どのコントロールのイベントが発生しても同じ名前で登録したイベントハンドラが呼ばれる。
- コントロールをまとめるPanelコントロールを利用すると、コードが楽になる。
- 同じ処理を繰り返す場合、Forループ文を使うとコードがスッキリする。

「簡易Gmailチェッカー」の作成

「簡易Gmailチェッカー」アプリケーションを作成します。.NET Frameworkではメール受信機能は提供されていませんが、このような場合に、どのようにすればいいかを見ていきましょう。

●手順①「簡易Gmailチェッカー」の完成イメージを絵に描く

「簡易Gmailチェッカー」アプリケーションの特徴と、完成イメージを絵に描いてみましょう。
少し面倒ですが、あらかじめイメージを固めておくことで、完成したアプリケーションの出来をチェックできます。

最初のうちは、いろいろと描いてみてください。

- メール受信時に必要なID/パスワードを入力できる。
- メールチェックを開始する［チェック開始］ボタンがある。
- メールを受信し、新しいメールが到着しているか確認する。
- 新しいメールが到着していた場合に画面上通知を行う。

図5-19：「簡易Gmailチェッカー」の完成イメージを絵に描く

●手順②「簡易Gmailチェッカー」の画面を作成する

参考までに、完成した画面は次のようになります。

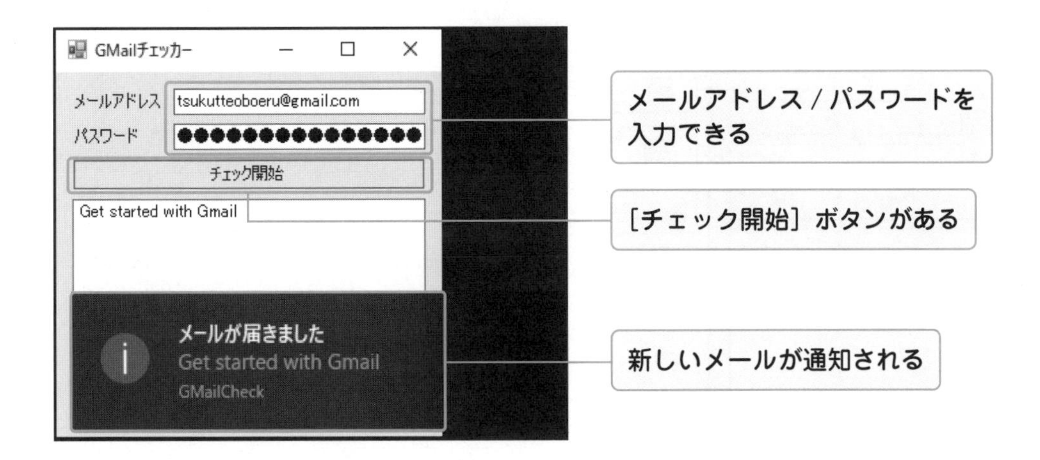

VS Community 2019を起動し、［新しいプロジェクトの作成］をクリックしてください。
［新しいプロジェクトの作成］画面が表示されますので、上部検索ボックスに「winforms」と入力します。その下の一覧に［Windowsフォームアプリケーション(.NET Framework)］が表示されます。Visual Basicのものを選択し、［次へ］ボタンをクリックします。
［新しいプロジェクトを構成します］画面が表示されますので、プロジェクト名に、「GMailCheck」と入力してください。また、保存する場所はどこでもかまいませんが、支障がなければ「C:¥VB2019_Application¥Chapter5-5」としてください。

先ほど描いた完成イメージの絵を元にして、最適なコントロールを選び、Windowsフォームに貼り付けていきましょう。
画面の作成でポイントとなるのは、**画面上で通知する仕組み**です。
作成する画面上に表示してもいいのですが、これだとほかのアプリケーションの裏に隠れていた場合には気づくことができません。
そこでツールボックスを眺めてみると、便利そうなコントロールがあることがわかります。**NotifyIconコントロール**が便利な通知を行うコントロールです。

ここまでの画面のイメージは、次ページの図のようになります。

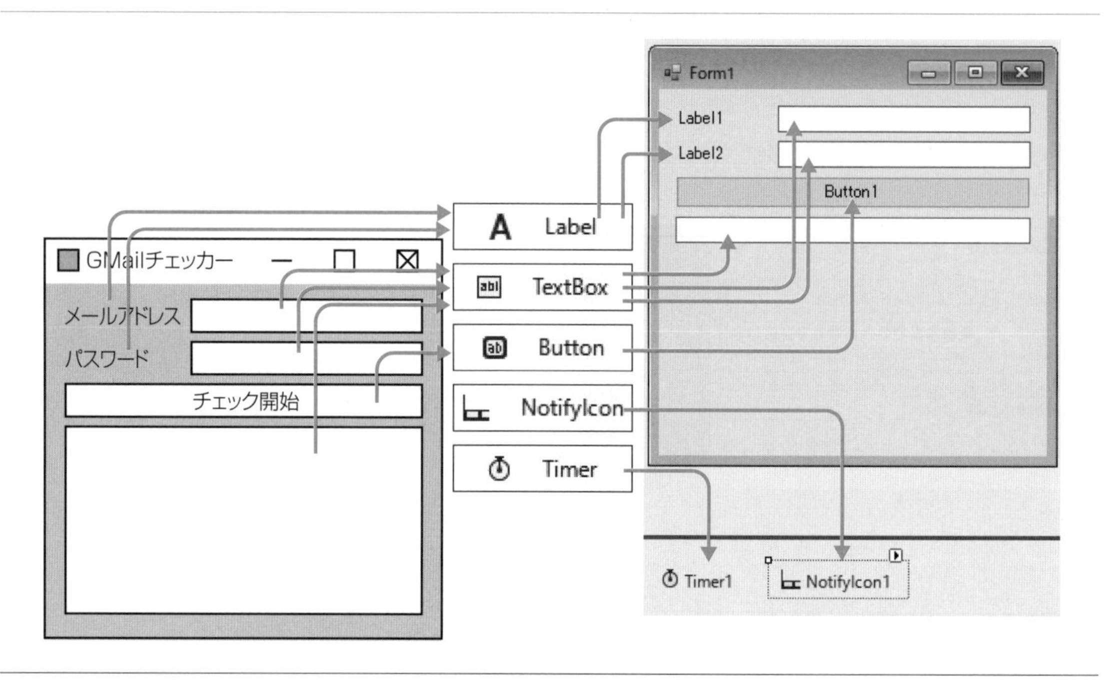

図5-20：ツールボックスからコントロールを選んで割り当てる

●手順③ 画面のプロパティや値を設定する

まずは、それぞれのコントロールの名前やサイズなどのプロパティを設定しましょう。
なお、ほかから影響を受けないコントロールの名前はデフォルトの状態にしてあります（Label1、Label2）。

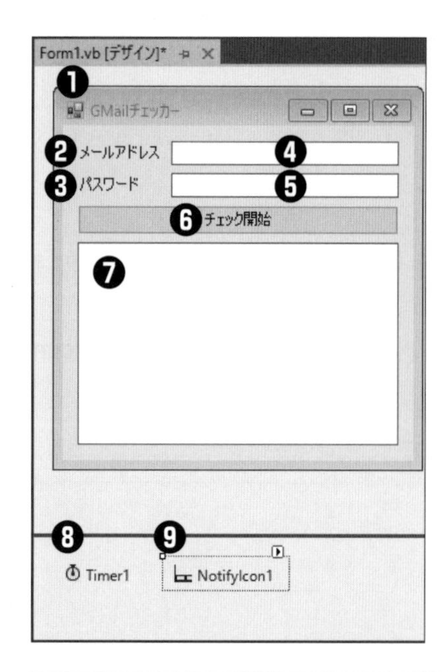

表5-24：コントロールとプロパティの設定

No.	コントロール名	プロパティ名	設定値
❶	Formコントロール	(Name)プロパティ	FormGMailCheck
		Textプロパティ	GMailチェッカー
		Sizeプロパティ	300, 300
❷	Labelコントロール	Textプロパティ	メールアドレス
❸	Labelコントロール	Textプロパティ	パスワード
❹	TextBoxコントロール	(Name)プロパティ	txtAddress
❺	TextBoxコントロール	(Name)プロパティ	txtPassword
		PasswordCharプロパティ	●
❻	Buttonコントロール	(Name)プロパティ	butStart
		Textプロパティ	チェック開始
❼	TextBoxコントロール	(Name)プロパティ	txtNewMail
		Multilineプロパティ	True
❽	Timerコントロール	(Name)プロパティ	Timer1
		Intervalプロパティ	60000
❾	NotifyIconコントロール	(Name)プロパティ	NotifyIcon1
		Iconプロパティ	icoファイルを指定

❺の**PasswordCharプロパティ**は、TextBoxコントロールに入力した文字を隠すために、代わりに表示させる文字を設定するプロパティです。

パスワード入力では、他人にパスワードを見られないように●や*などを設定します。

❽のTimerコントロールの**Intervalプロパティ**は、イベントを発生させる頻度をミリ秒（1/1000秒）で設定するプロパティです。「簡易Gmailチェッカー」アプリケーションでは、60秒おきにイベントを発生させます。「60秒=60000ミリ秒」なので、TimerコントロールのIntervalプロパティを「60000」に設定していきます（あまり短いとメールサーバーに負荷をかけてしまうため、適度な長さに設定します）。

❾のNotifyIconコントロールの**Iconプロパティ**は、通知を表示する際、タスクトレイに表示されるアイコンになります。

Iconプロパティを選択すると、右に［...］ボタンが表示されるので、このボタンをクリックし、適当なicoファイルを選択します。

●手順④ コードを書く

「簡易Gmailチェッカー」アプリケーションの画面ができたので、次はコードを書いていきましょう。

「簡易Gmailチェッカー」アプリケーションのイベントは［チェック開始］ボタンをクリックしたときのイベントと、タイマーのイベントになります。

［チェック開始］ボタンをクリックしたときの処理と、タイマーの処理をフローチャートにすると、次のようになります。

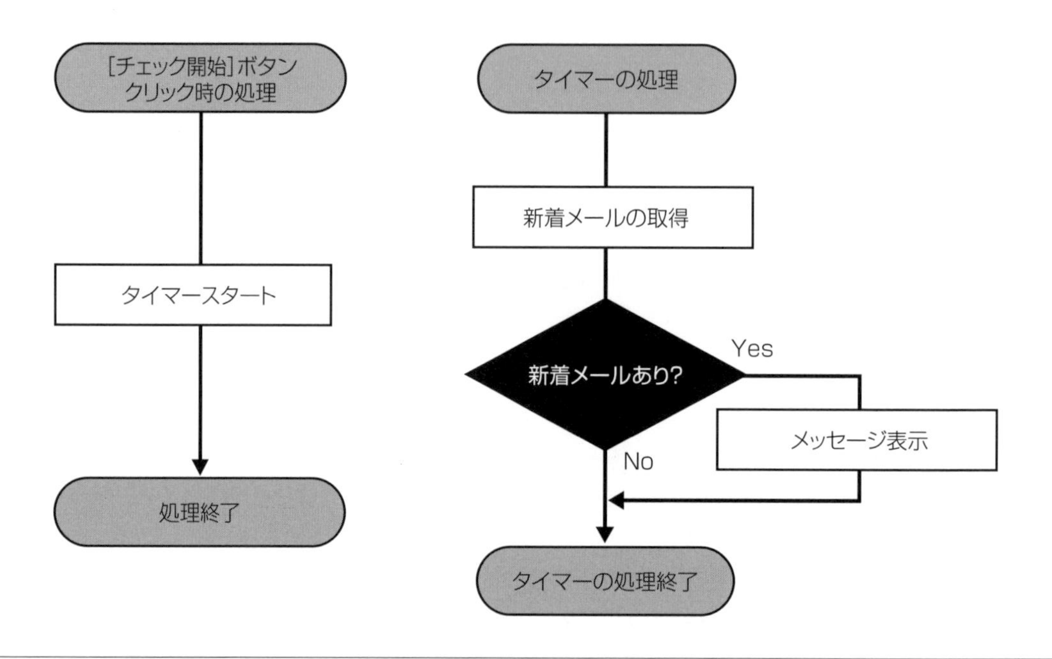

図5-21：**［チェック開始］ボタンクリック時の処理と、タイマーの処理のフローチャート**

今回のコードのポイントは、**新着メール**のチェックになります。

.NET Frameworkではメールの送信を行うクラスは存在しますが、受信を行うクラスは存在しません。このような場合には、どうすればいいのでしょう？

Visual Studio 2019では、オープンソース（OSS）として公開されているライブラリを簡単に探して利用する仕組みが備わっています。それが**NuGet**（ヌゲット）です。

NuGetを開くには、［ツール］メニュー➡［NuGetパッケージマネージャー］➡［ソリューションのNuGetパッケージの管理］を選択します。

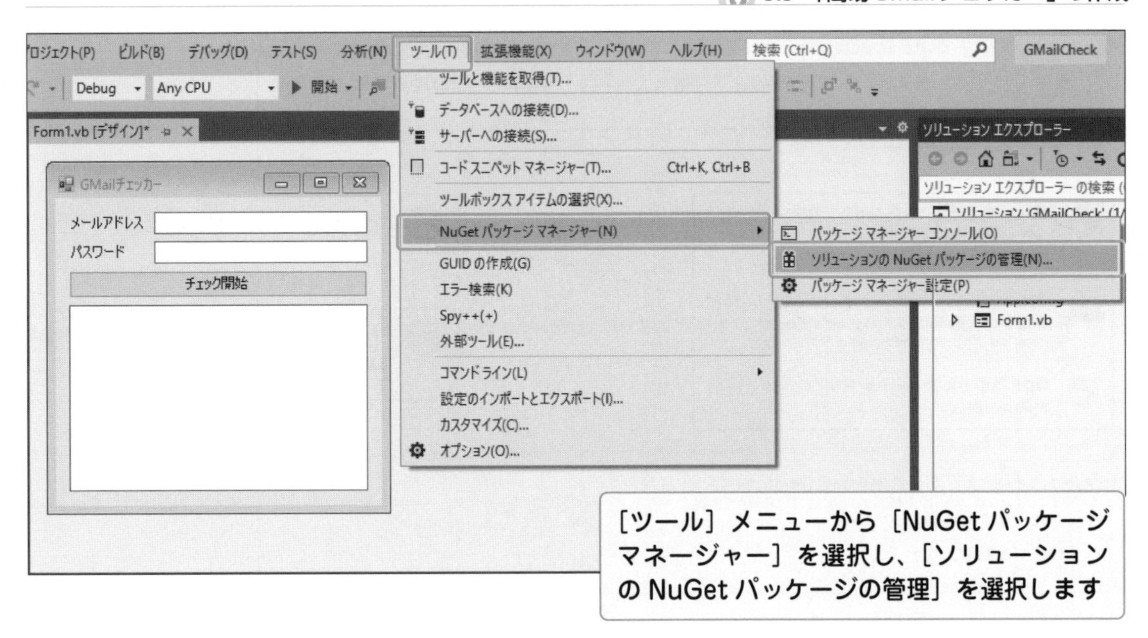

すると、NuGetパッケージマネージャーが開きます。

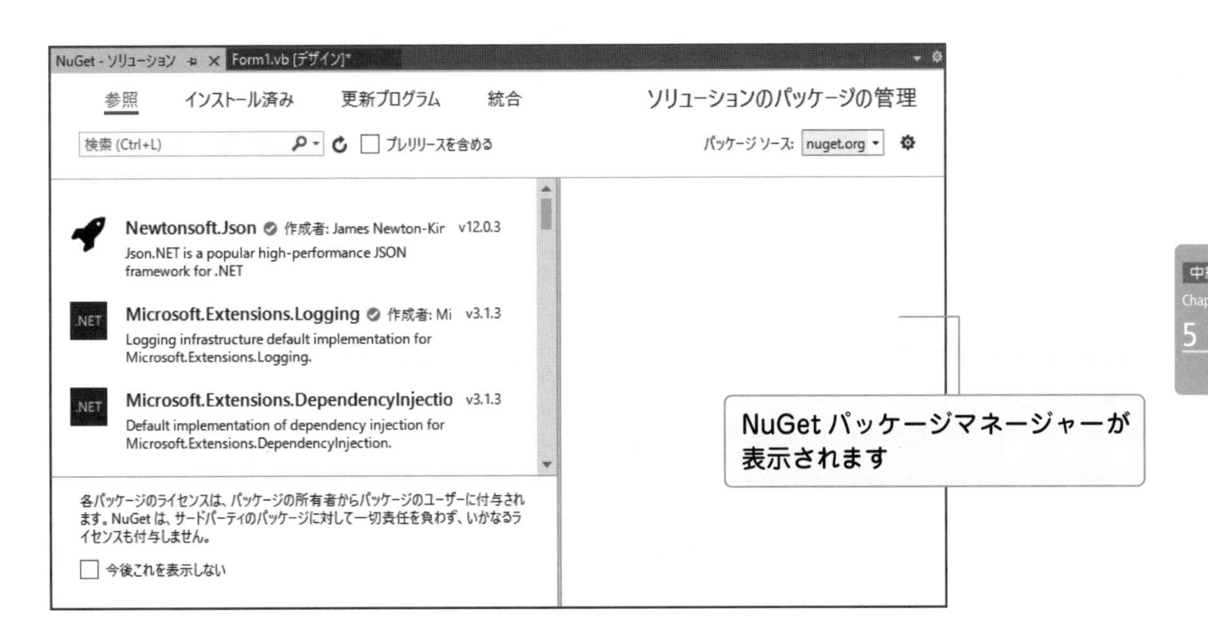

検索ボックスに「pop3」と入力すると、左側にキーワードに一致するパッケージが一覧表示され、パッケージ名の右にはダウンロード数が表示されます。

便利で使いやすいものほど、よくダウンロードされますので、パッケージが複数表示された場合の選択基準として使うと良いでしょう。

中級編 Chapter 5

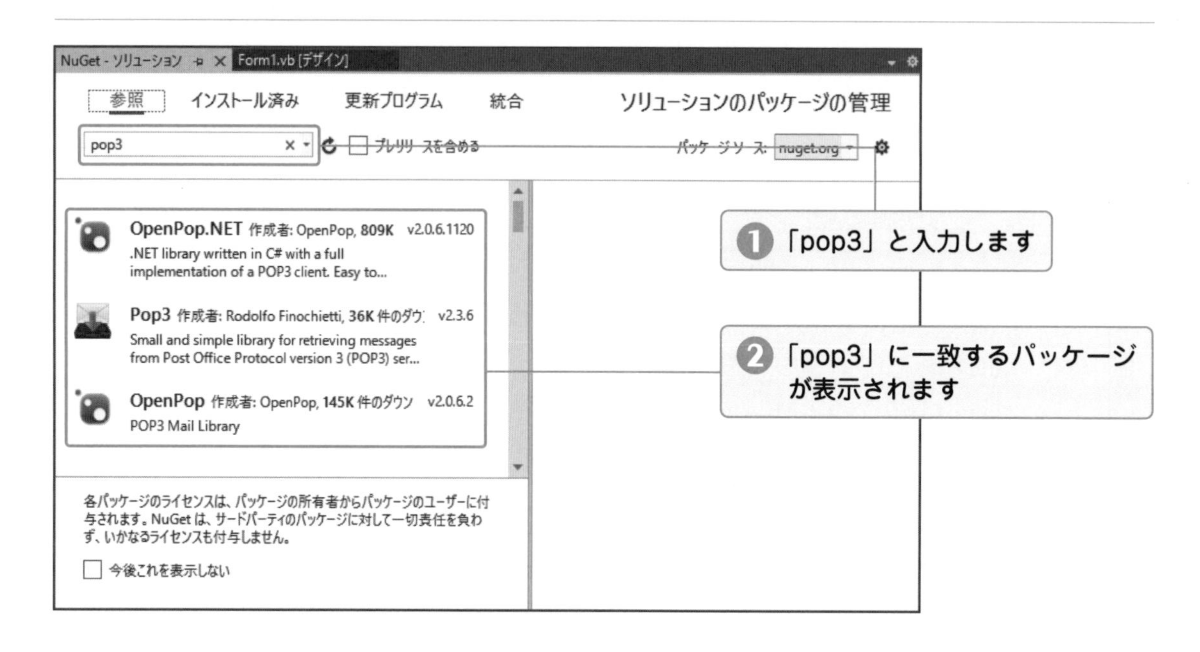

さらに一覧の中から**OpenPop.NET**を選択すると、右側に詳細が表示されます。

詳細部分で、使用条件などを確認します。パッケージによってライセンスが異なり、商用利用が許可されていないものもありますので、使用条件はよく確認してください。

今回は、OpenPop.NETを使うことにします。ダウンロード数も多く、ライセンスもUnlicense（承認不要）となっており、制約はほぼありませんので問題はないと思います。

続いてOpenPop.NETをGMailCheckプロジェクトで利用できるようにしましょう。［GMailCheck］にチェックを入れ、［インストール］ボタンをクリックします（［CMailCheck］にチェックを入れると、［プロジェクト］にも自動でチェックが入ります）。

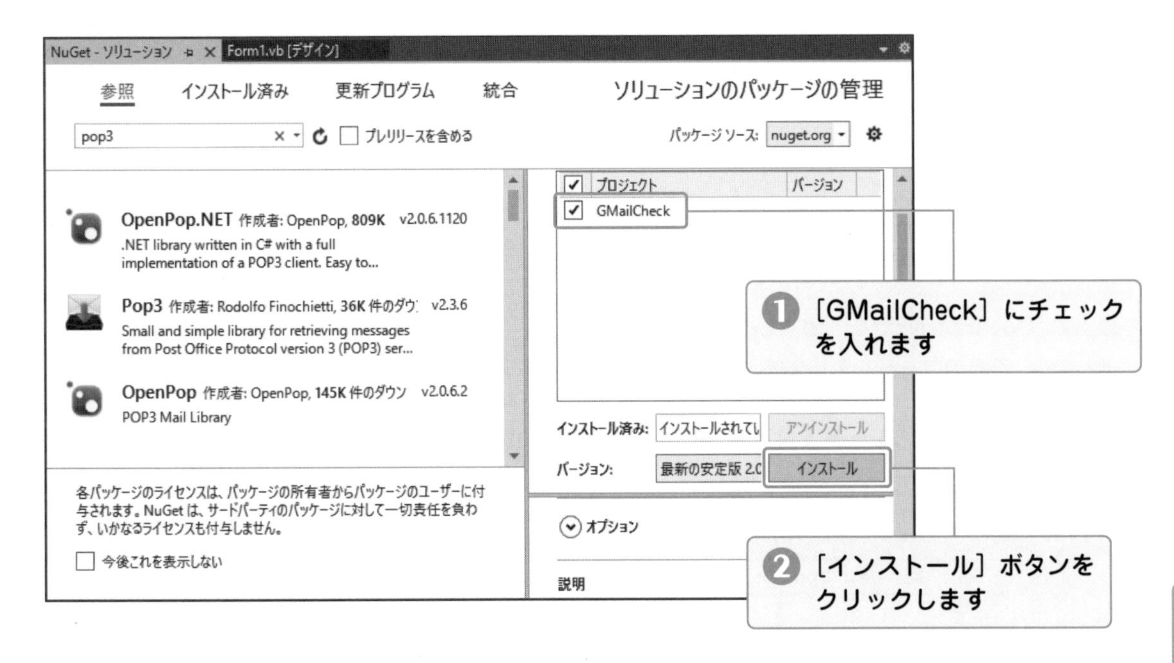

下記のようなダイアログが表示されますので、［OK］ボタンをクリックします。

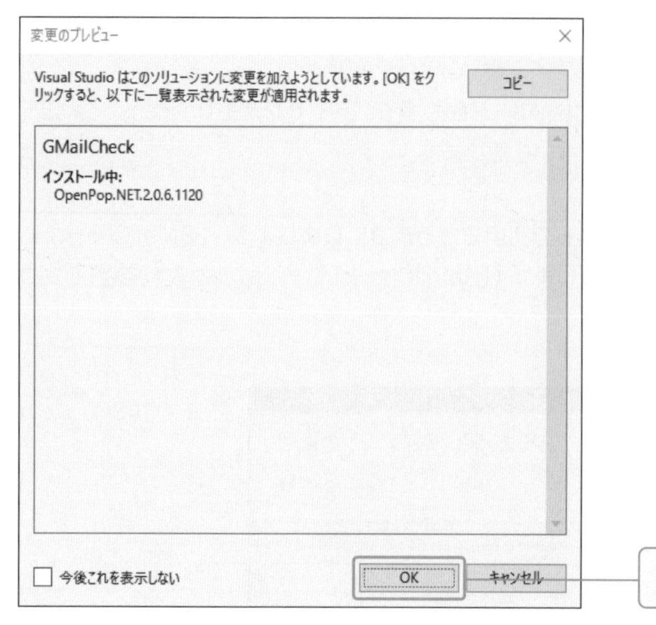

以上で、OpenPop.NET を利用する準備が整いました。
それでは、実際のコードを示します。　　　　の部分は、自動で記述される部分です。

List 1 サンプルコード（タイマーの処理：Form1.vb）

```
❶
Private count As Integer = -1
Private Sub Timer1_Tick(sender As Object, e As EventArgs) Handles Timer1.Tick
    ❷
    Dim client As New OpenPop.Pop3.Pop3Client()

    ❸
    client.Connect("pop.gmail.com", 995, True)
    ❹
    client.Authenticate(txtAddress.Text, txtPassword.Text)

    ❺
    Dim messageCount As Integer = client.GetMessageCount()
    ❻
    If (count = -1) Then
        count = messageCount
    End If

    ❼
    For i As Integer = messageCount To count + 1 Step -1
        ❽
        txtNewMail.Text += client.GetMessage(i).Headers.Subject + vbCrLf
        ❾
        NotifyIcon1.BalloonTipIcon = ToolTipIcon.Info
        NotifyIcon1.BalloonTipTitle = "メールが届きました "
```

```
            NotifyIcon1.BalloonTipText = client.GetMessage(i).Headers.Subject
            NotifyIcon1.ShowBalloonTip(3000)
        Next i

        count = messageCount
End Sub
```

表5-25：List1のコード解説

No.	コード	内容
❶	`Private count As Integer = -1`	変数countで現在のメールの数を覚えておきます。メールサーバーに一度アクセスするまでは、実際にサーバー上にあるメールの数はわからないため、-1を仮に設定しておきます
❷	`Dim client As New OpenPop.Pop3.Pop3Client()`	NuGetで追加したOpenPop.NETのインスタンスを生成します
❸	`client.Connect("pop.gmail.com", 995, True)`	Gmailに接続します。詳しくはGmailの設定をご確認ください。POP3*での接続を許可する必要があります
❹	`client.Authenticate(txtAddress.Text, txtPassword.Text)`	IDとパスワードを確認します
❺	`Dim messageCount As Integer = client.GetMessageCount()`	変数messageCountでメールサーバー上のメールの数を取得します

❻	`If (count = -1) Then`
	`    count = messageCount`
	`End If`
		アプリケーションが起動直後の場合、メールサーバー上のメールの数を覚えておきます

❼	`For i As Integer = messageCount To count + 1 Step -1`	アプリケーションで覚えておいたメールの数よりも多い場合に新着通知を行います
❽	`txtNewMail.Text += client.GetMessage(i).Headers.Subject + vbCrLf`	新しいメールのタイトルを、TextBoxコントロールに表示します

❾	`NotifyIcon1.BalloonTipIcon = ToolTipIcon.Info`
	`NotifyIcon1.BalloonTipTitle = "メールが届きました "`
	`NotifyIcon1.BalloonTipText = client.GetMessage(i).Headers.Subject`
	`NotifyIcon1.ShowBalloonTip(3000)`
		バルーン通知を行います

＊POP3　POPが有効になっていない場合は、Gmailヘルプの「POPを有効にする」(https://support.google.com/mail/answer/7104828?hl=ja) を参考にしてください。

List 2 サンプルコード（[チェック開始] ボタンをクリックしたときの処理：Form1.vb）

```
Private Sub butStart_Click(sender As Object, e As EventArgs) Handles butStart.Click
    Timer1.Enabled = True
End Sub
```

●手順⑤ 動かしてみる

ツールバーの [開始] ボタンをクリックして、実際に動かしてみましょう。

最初に考えたイメージ通り動作するかを確認するために、チェック項目を作ってみました。みなさんも同じようにチェックしてみてください。

表5-26：「簡易メールチェッカー」のチェック項目

「簡易メールチェッカー」の特徴	実行したときの画面	コメント	チェック結果
メール受信時に必要なID/パスワードを入力できる		パスワード入力時は画面上にパスワードが表示されない	OK?
メールチェックを開始する [チェック開始] ボタンがある		[チェック開始] ボタンで、メールチェックを開始するためにはここをクリックするとよいのかな？ということがわかる	OK?
新しいメールが到着していた場合に画面上で通知を行う		メール到着時に通知される	OK?

「簡易Gmailチェッカー」は、難易度が高いため、必要最小限の処理しか組み込んでいません。このため、パスワードを間違えた場合にもアプリケーションが異常終了するようになっています。

また、メールソフトでサーバー上のメールを受信してしまった場合に、新しいメールが届いても通知されない場合があります。さらに「簡易Gmailチェッカー」の実行中に、アカウントの認証エラーで、Gmailに「タイトル：ブロックされたログインについてご確認ください」というメールが届く場合もあります*。

これらの問題点については今後、Visual Basicを習得していく過程で徐々に解決していってみてください。

まとめ

- .NET Frameworkは多くの機能を提供してくれるが、足りない機能もある。この場合、オープンソースの部品を利用すると良い。
- オープンソースの部品を利用する場合には、多くの人に使われていることを基準に探すとバグが少なく、使い方についてネット上で探しやすいため、オススメ。

* **メールが届く場合もあります**　アカウントの認証エラーでメールが届く場合は、Gmailヘルプの「安全性の低いアプリがアカウントにアクセスするのを許可する」(https://support.google.com/accounts/answer/6010255?hl=ja) および「安全性の低いアプリのアクセスのオン・オフ切り替え(Googleにログインが必要です)」(https://myaccount.google.com/lesssecureapps) の説明に従い、安全性の低いアプリのアクセスをオンにする必要があります。

「Slack投稿」アプリの作成

「Slack投稿」アプリケーションを作成します。インターネット上では、多くのサービスが提供されていますが、これらのサービスを.NETアプリケーションから利用する場合にどうすればいいかを見ていきましょう。

●手順①「Slack投稿」アプリの完成イメージを絵に描く

「Slack投稿」アプリの特徴と、完成イメージを絵に描いてみましょう。

少し面倒ですが、あらかじめイメージを固めておくことで、完成したアプリケーションの出来をチェックできます。最初のうちは、いろいろと描いてみてください。

・Slackへの投稿を行う。

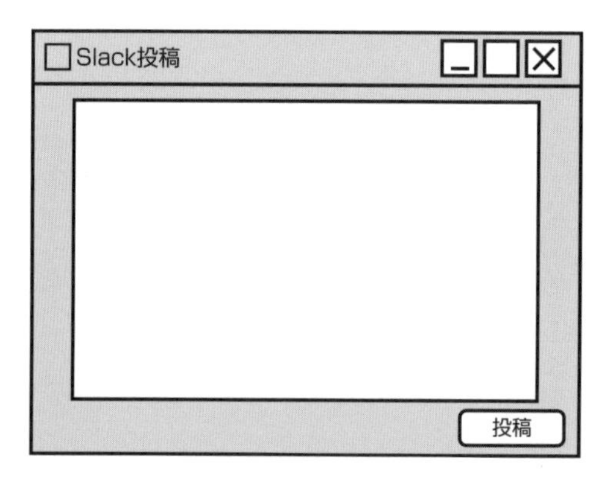

図5-22：「Slack投稿」アプリの完成イメージを絵に描く

●手順②「Slack投稿」アプリの画面を作成する

参考までに、完成した画面は次のようになります。

VS Community 2019を起動し、[新しいプロジェクトの作成]をクリックしてください。
[新しいプロジェクトの作成]画面が表示されますので、上部検索ボックスに「winforms」と入力します。その下の一覧に[Windowsフォームアプリケーション(.NET Framework)]が表示されます。Visual Basicのものを選択し、[次へ]ボタンをクリックします。

[新しいプロジェクトを構成します]画面が表示されますので、プロジェクト名に、「SlackPost」と入力してください。また、保存する場所はどこでもかまいませんが、支障がなければ「C:¥VB2019_Application¥Chapter5-6」としてください。

先ほど描いた完成イメージの絵を元にして、最適なコントロールを選び、Windowsフォームに貼り付けていきましょう。

画面の作成自体には、特に難しい点はありません。これまでの知識で作成してください。ここまでの画面イメージは、次のようになります。

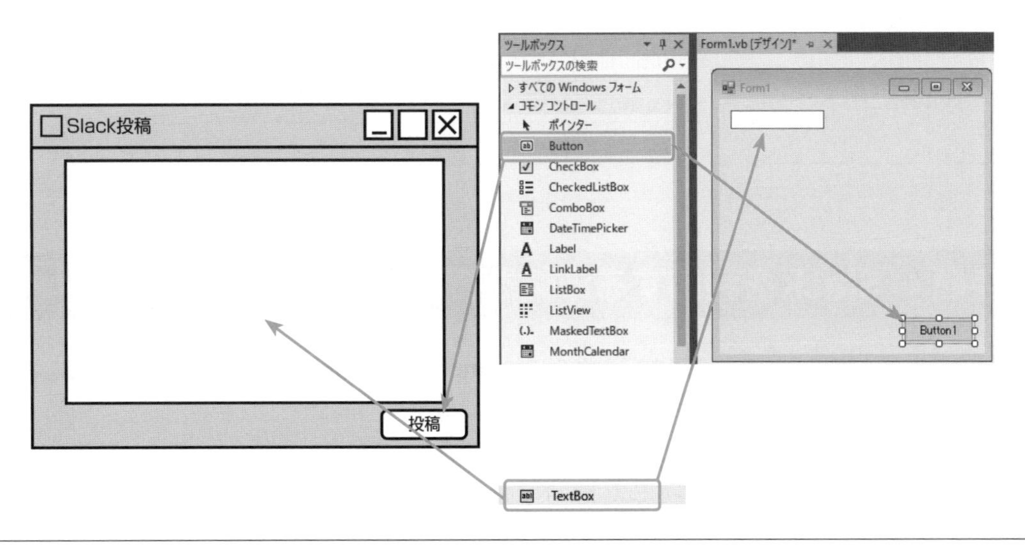

図5-23：ツールボックスからコントロールを選んで割り当てる

●手順③ 画面のプロパティや値を設定する

まずは、それぞれのコントロールの名前やサイズなどのプロパティを設定しましょう。

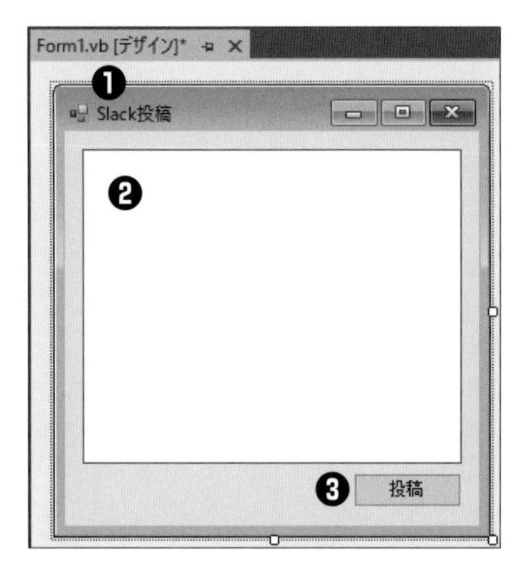

表5-27：コントロールとプロパティの設定

No.	コントロール名	プロパティ名	設定値
❶	Formコントロール	(Name)プロパティ	FormSlackPost
		Textプロパティ	Slack投稿
		Sizeプロパティ	300, 300
❷	TextBoxコントロール	(Name)プロパティ	txtPost
		Multilineプロパティ	True
❸	Buttonコントロール	(Name)プロパティ	butPost
		Textプロパティ	投稿

●手順④ Slackを利用する準備を行う

アプリケーションからSlackに投稿を行う場合には、**Incoming Webhook**＊の設定が必要です。ここで、SlackのIncoming Webhookの設定をしておきましょう。

Slackワークスペースにはすでに参加していることを前提として解説しますので、Slackのワークスペースに参加されてない方はあらかじめ参加しておいてください。

＊**Incoming Webhook**　Slackアプリの1つ。外部アプリケーションからSlackにメッセージを投稿することができる。

1 Slack Appディレクトリにアクセスする

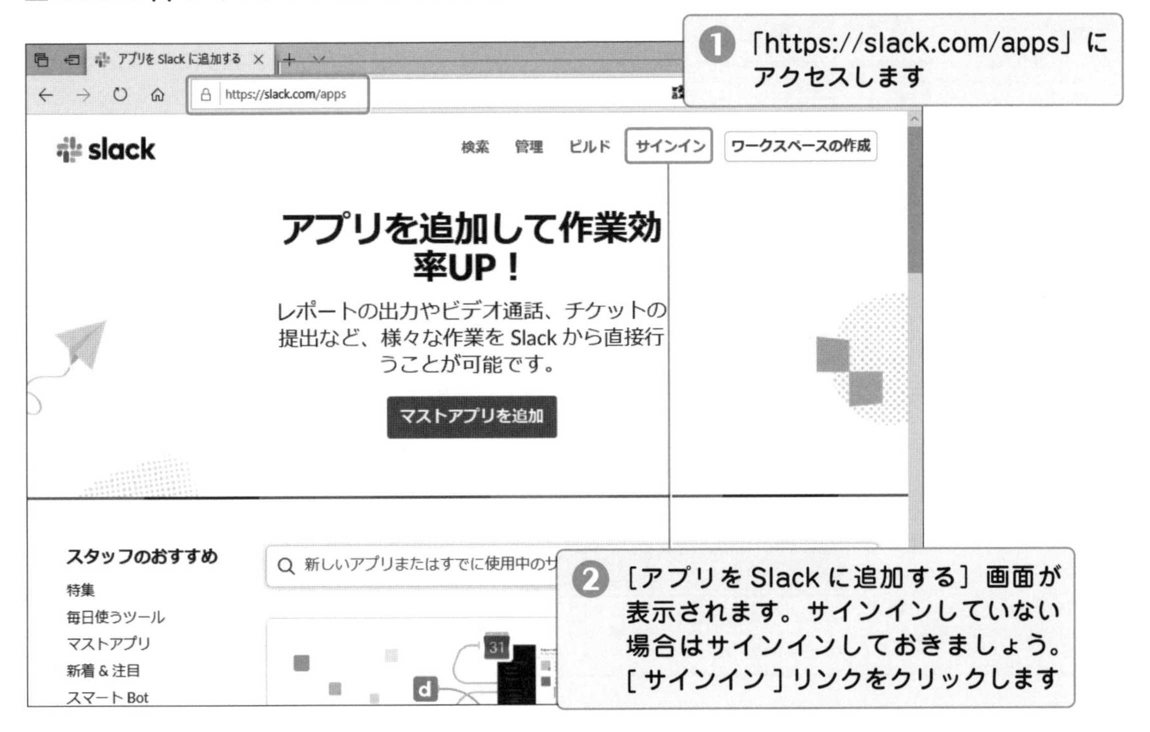

2 サインイン画面が表示される

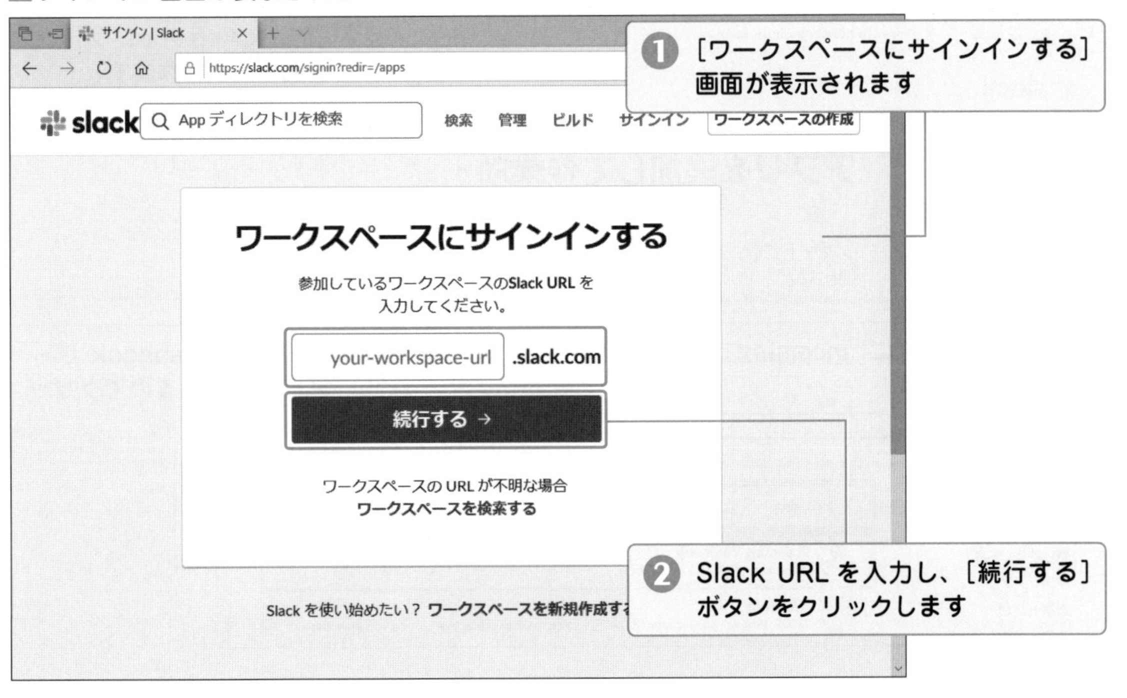

3 ユーザー名とパスワードを入力する

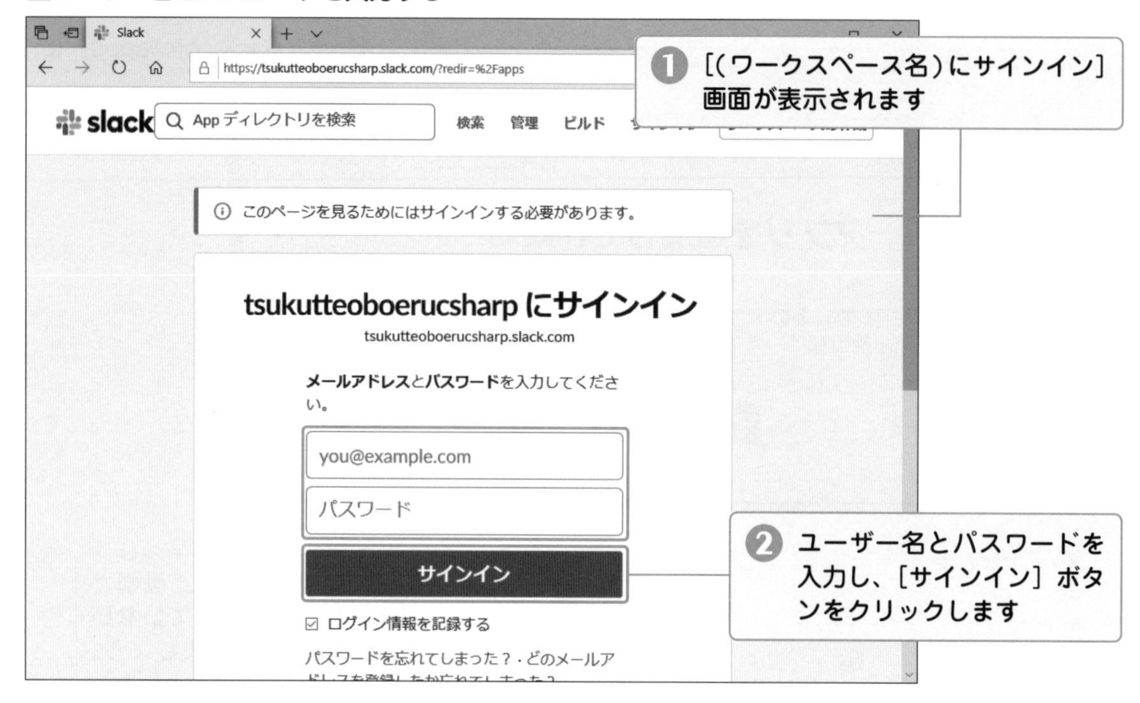

4 [Slack Appディレクトリ] 画面が表示される

5 [Incoming Webhook] 画面が表示される

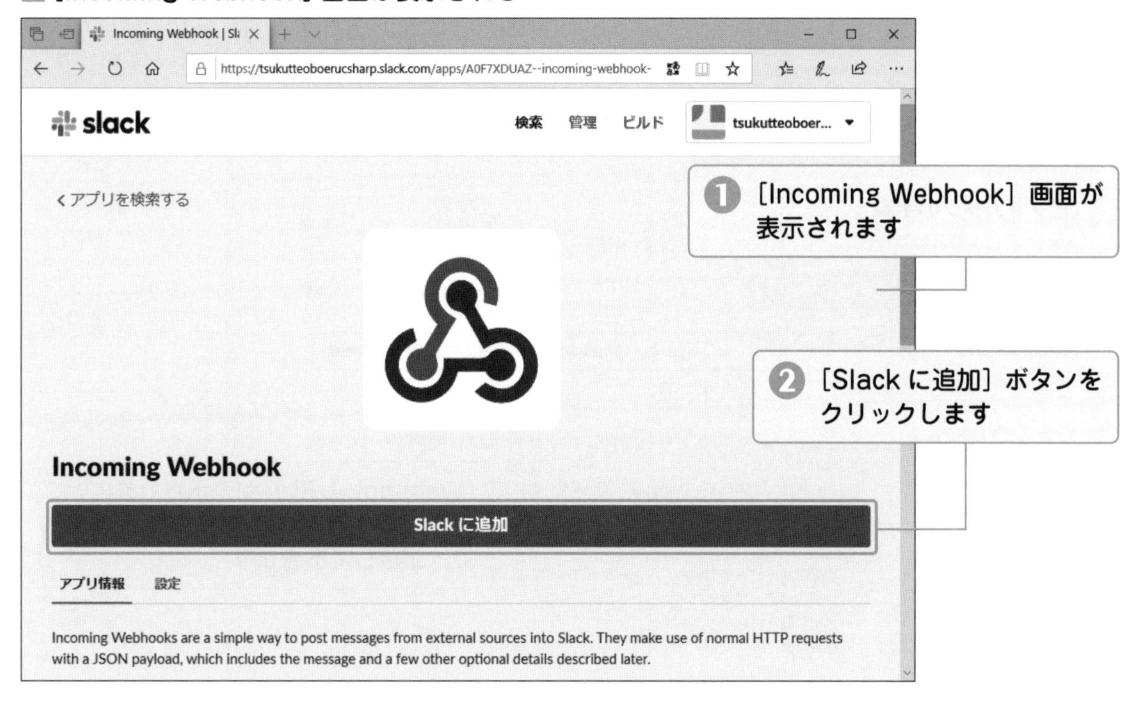

6 [チャンネルの選択] 画面が表示される

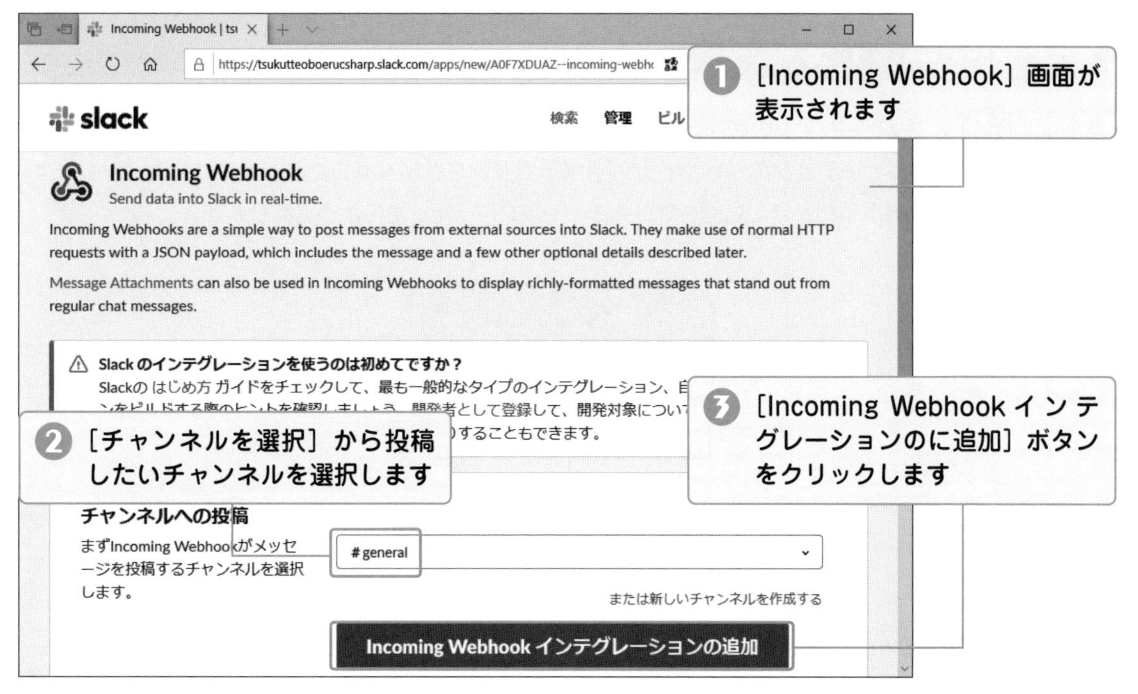

7 [Webhook URL] が表示される

●手順⑤ コードを書く

「Slack投稿」アプリケーションの画面ができたので、次はコードを書いていきましょう。

「Slack投稿」アプリケーションのイベントは、[投稿] ボタンをクリックしたときのイベントになります。[投稿] ボタンをクリックしたときの処理をフローチャートにすると、次のようになります。

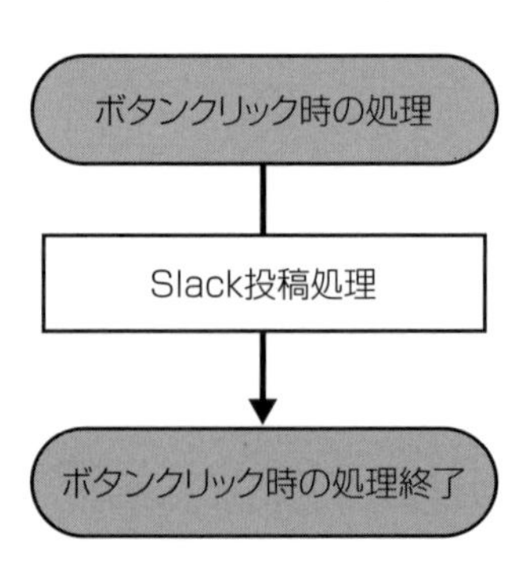

図5-24：[投稿] ボタンクリック時の処理のフローチャート

今回のコードのポイントは、**Slack**との連携になります。

5.5節でも利用した**NuGet(ヌゲット)**を利用しても良いのですが、Slackの投稿は簡単なコードで実現でき、他のAPI*でも使える知識となりますので、自分でコードを書いていきましょう。

それでは、実際のコードを示します。　　　　の部分は、自動で記述される部分です。なお、"Webhook URL"は、各自で取得した値を利用してください。

List 1 サンプルコード([投稿] ボタンをクリックしたときの処理:Form1.vb)

```
Private Sub butPost_Click(sender As Object, e As EventArgs) Handles butPost.Click
    Dim strWebHookUrl As String = "https://hooks.slack.com/services/....."

    Dim strData As ❶String = String.Format("{{'text':'{0}'}}", txtPost.Text)

    ❷Dim client As System.Net.WebClient = New System.Net.WebClient()
    ❸client.Headers.Add(System.Net.HttpRequestHeader.ContentType,
                                "application/json;charset=UTF-8")
    ❹client.Encoding = System.Text.Encoding.UTF8

    Dim reply As String = ❺client.UploadString(strWebHookUrl, strData)

    MessageBox.Show(reply)
End Sub
```

表5-28:List1のコード解説

No.	コード	説明
❶	`String.Format("{{'text':'{0}'}}", txtPost.Text)`	Slackへ投稿するデータを作成します。String.Formatで{0}部分にテキストボックスの内容*を当てはめています
❷	`Dim client As System.Net.WebClient = New System.Net.WebClient()`	WebClientクラスを生成しています。今回単純化するために、WebClientを使っていますが、HttpClientの使用が推奨されています
❸	`client.Headers.Add(System.Net.HttpRequestHeader.ContentType, "application/json;charset=UTF-8")`	送信するデータの形式を指定しています

*API　Application Programming Interfaceの略。Webなど、外部で処理を行った結果を共有する仕組み。サービスともいう。

*テキストボックスの内容　Slackへ投稿するデータは、JSONと呼ばれる形式で作成します。今回は投稿する文字列のみでしたので、String.Formatで作成しましたが、NuGetなどでJSONを組み立てるライブラリがありますので、こちらを使うと良いでしょう。

❹	`client.Encoding = System.Text.Encoding.UTF8`	エンコードを指定しています
❺	`client.UploadString(strWebHookUrl, strData)`	投稿データを送信しています

●手順⑥ 動かしてみる

ツールバーの［開始］ボタンをクリックして、実際に動かしてみましょう。

最初に考えたイメージ通り動作するかを確認するために、チェック項目を作ってみました。みなさんも同じようにチェックしてみてください。

表5-29：「Slack投稿」アプリのチェック項目

「Slack投稿」の特徴	実行したときの画面	コメント	チェック結果
Slack投稿を行う		Slack上でツイートが確認できる	OK?

「Slack投稿」アプリは、難易度が高いため、必要最小限の処理しか組み込んでいません。その他の機能については今後、Visual Basicを習得していく過程で徐々に追加していってみてください。

まとめ

◉ **インターネット上にはサービスが多数公開されている。これらのサービスも簡単に呼び出すことができる。**

「間違いボール探しゲーム」の作成

今回は、グラフィックの機能を使った「間違いボール探しゲーム」を作成します。

●手順① 「間違いボール探しゲーム」の完成イメージを絵に描く

Windowsフォームには、グラフィックの機能も充実しています。そのグラフィックの機能を用いて、5.4節の「間違い探しゲーム」を進化させてみました。

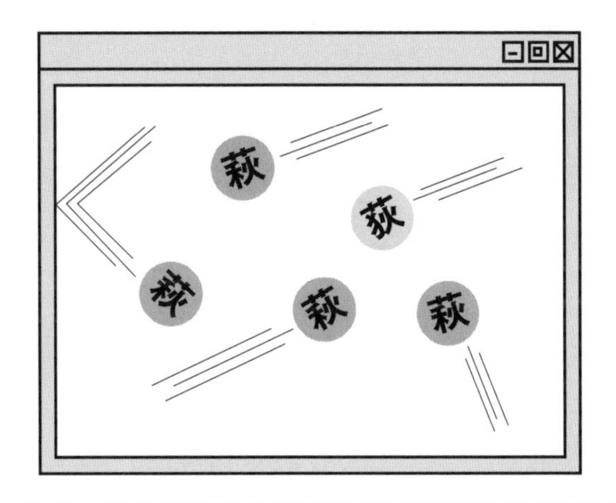

図5-25：「荻」と「萩」の文字が書かれたボールが飛び交う

画面では、ボールが飛び交っており、そのボールには「荻」と「萩」の文字が書いてあります。そして、たくさんの「萩」という文字の中に、1つだけ「荻」という文字があり、その「荻」を発見するゲームです。

ゲーム性を高めるために、ルールも考えました。

- いきなり開始。ランダムにボールが飛び交う。
- ボールなので、壁に当たると跳ね返る。
- 発見するまでの秒数をリアルに表示して、プレーヤーを焦らせる。
- 正解の文字の場所は、ランダムに表示される（毎回、違う位置にする）。
- 動いているボールをクリックするのは難しいので、同じ色のボールを画面上部に配置する。
- 間違ったボールをクリックすると、ボールの移動速度が遅くなる。
- 間違ったボールをクリックすると、ペナルティーで10秒加算される。

ルールを考慮して画面を描いてみると、以下のようになりそうです。

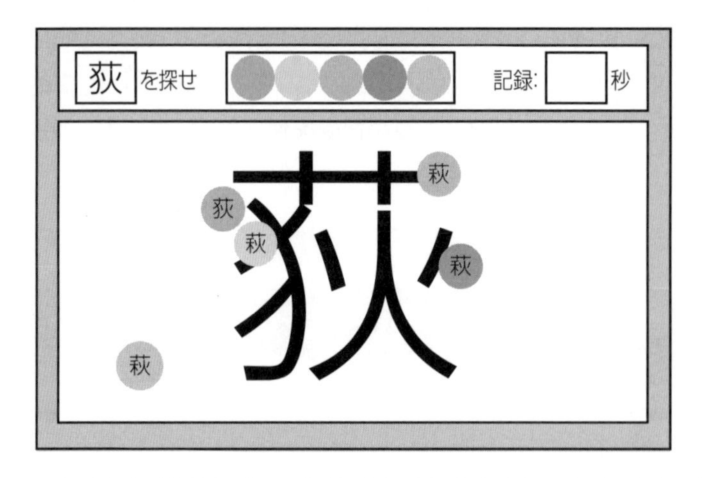

図5-26：「間違いボール探しゲーム」の完成イメージを絵に描く

●手順②「間違いボール探しゲーム」の画面を作成する

参考までに、完成イメージは以下のようになります。

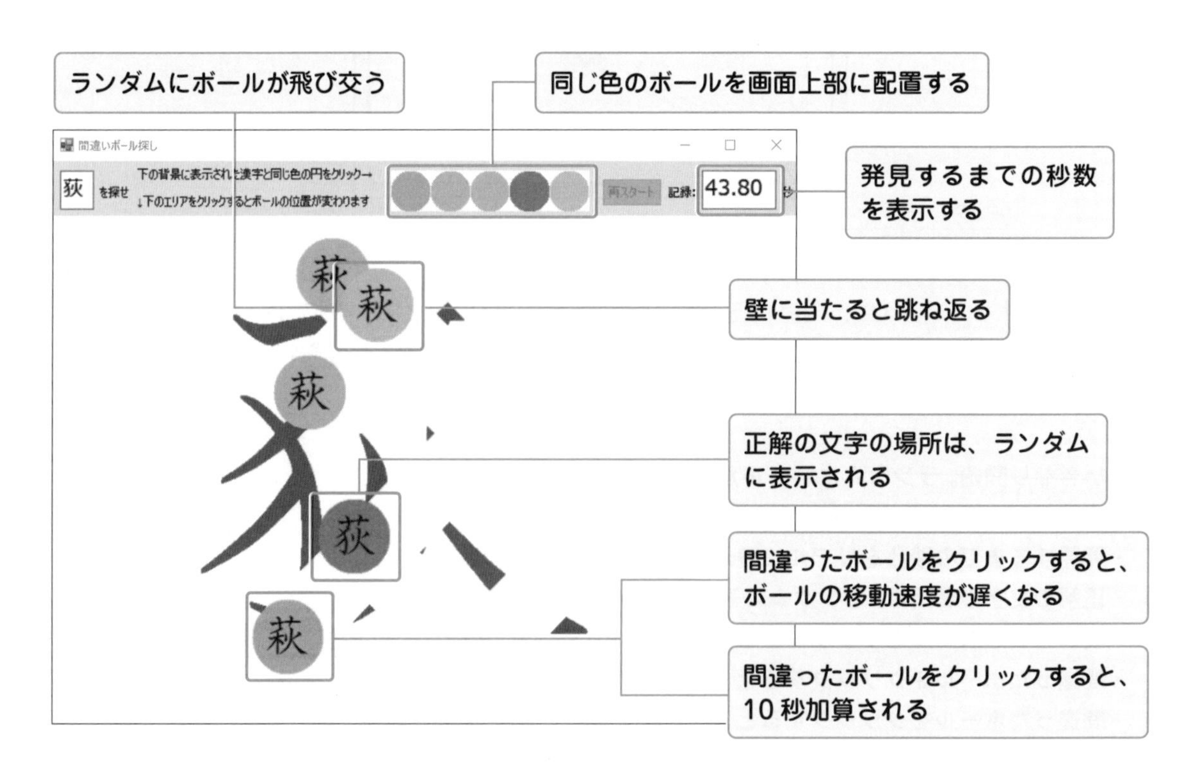

VS Community 2019を起動し、[新しいプロジェクトの作成] をクリックしてください。[新しいプロジェクトの作成」画面が表示されますので、上部検索ボックスに「winforms」と入力します。テンプレートで [Visual Basic] を選択します。さらに [Windowsフォームアプリケーション] を選択し絞り込みます。その下の一覧に [Windowsフォームアプリケーション(.NET Framework)] が表示されます。

[Visual Basic] のプロジェクトを選択し、[次へ] ボタンをクリックします。[新しいプロジェクトを構成します] 画面が表示されますので、プロジェクト名に、「MoveCircle」と入力してください。

また、保存する場所はどこでもかまいませんが、支障がなければ「C:¥VB2019_Application¥Chapter5-7」としてください。

「間違いボール探しゲーム」アプリケーションは、画面上部にスタートボタンや時刻表示を示す機能が集中していて、画面下部はゲーム画面ですね。そこで、画面を分けるコントロールを使ってみましょう。

まずは、Windowsフォームのデザイン画面を土台にして、いろいろコントロールを貼り付けていきたいので、デザイン画面を以下のように設定してください。

表5-30：コントロールとプロパティの設定

No.	コントロール名	プロパティ名	設定値
❶	Formコントロール	(Name) プロパティ	FormBallGame
		Sizeプロパティ	1200, 800
		Textプロパティ	間違いボール探し

設定後のVS Community 2019のデザイン画面は、以下のようになっています。

次に、画面を分割する**SplitContainerコントロール**を選びます。

ある程度慣れてくると、使いたいコントロールを選ぶ時間がもったいなく感じますね。その場合、ツールボックスの検索機能を使うと、素早く目的のコントロールを見つけることができます。

SplitContainerコントロールを探したいので、[ツールボックスの検索]欄に「sp」と入力してみましょう。

SplitContainerコントロールがすぐに見つかりましたね。デザイン画面に配置しましょう。

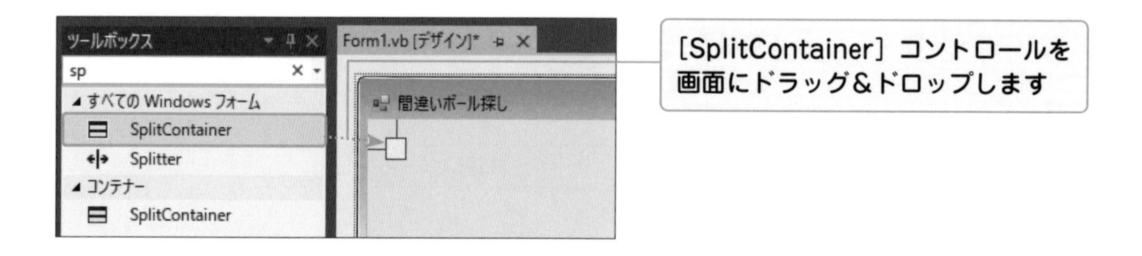

SplitContainerコントロールを画面にドラッグ&ドロップすると、左右に分割された画面になっていますが、ここでも5.4節と同様に、上下に分割された画面に設定します。

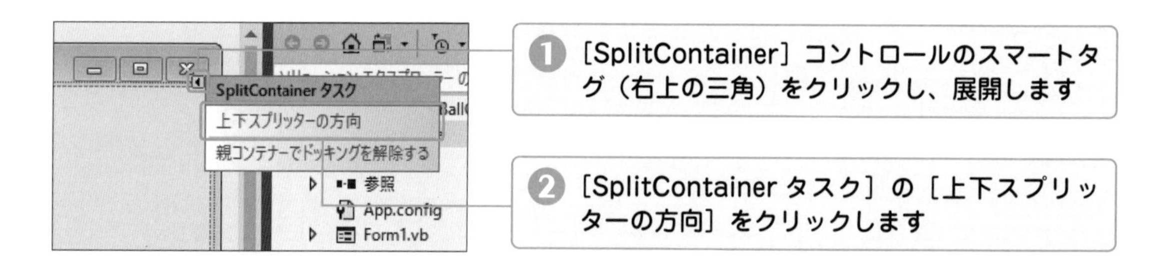

このSplitContainerコントロールのプロパティも、先に設定しておきましょう。

表5-31：コントロールとプロパティの設定

No.	コントロール名	プロパティ名	設定値
❶	SplitContainerコントロール	(Name)プロパティ	SplitContainer1
		SplitterDistanceプロパティ	70

設定後は、以下のような画面になります。

画面を上下に分割したので、画面上部からデザインしていきます。

最初の完成イメージになかった［再スタート］ボタンと、ルール説明用のラベルも追加しましょう。中央の●が複数表示されているコントロールは、PictureBoxコントロールです。

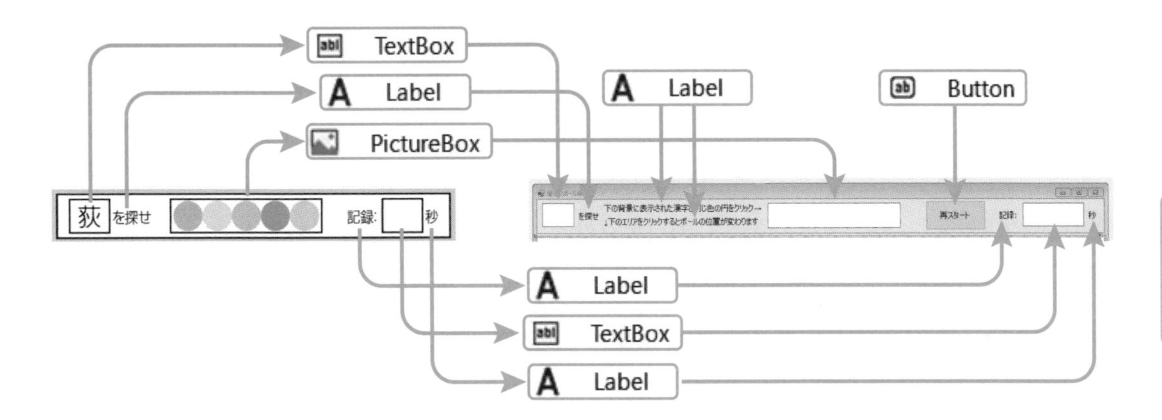

図5-27：ツールボックスからコントロールを選んで割り当てる

5.4節で同じような画面を作った方は、少し手を抜いてみましょう。

VS Community 2019では、WordやExcelのように複数のソリューション（.sln）を同時に起動することができます。5.4節の「C:¥VB2019_Application¥Chapter5-4¥KanjiDifferenceHunt¥KanjiDifferenceHunt.sln」を別のVisual Studioのソリューションとして起動して、「間違い探しゲーム」（「間違いボール探しゲーム」ではありません）の「Form1.vb」のデザイン画面を表示させてください。

そして、下の画像に示した緑色の罫線で囲まれた部分のコントロールを選択してください（もし、マウスで範囲選択がしづらい方は、[Ctrl] キーを押しながらマウスをクリックしてみてください。いかがでしょうか？　まとめて選択できましたか？)。

まとめて選択ができたら、ショートカットキーの**コピー**の操作、[Ctrl] + [C] キーを押して、コントロールをコピーしてください。

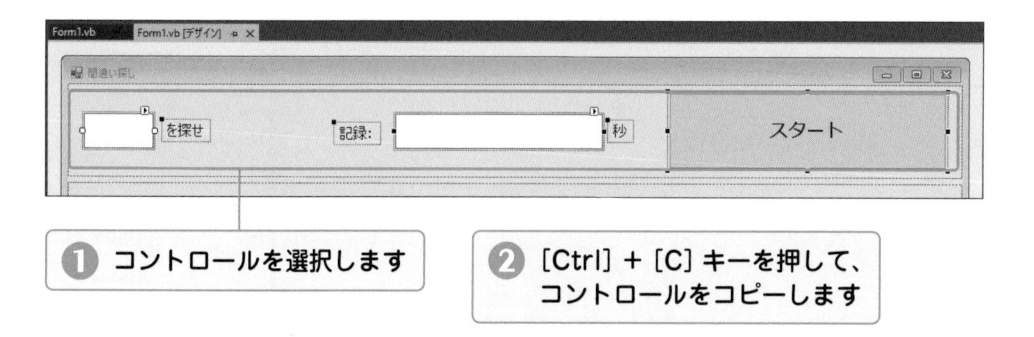

コピーできたら、「間違いボール探しゲーム」のデザイン画面に戻って「Form1.vb」の画面を表示させます。SplitContainer1コントロールの上部のパネル（Panel1）をクリックしてください。

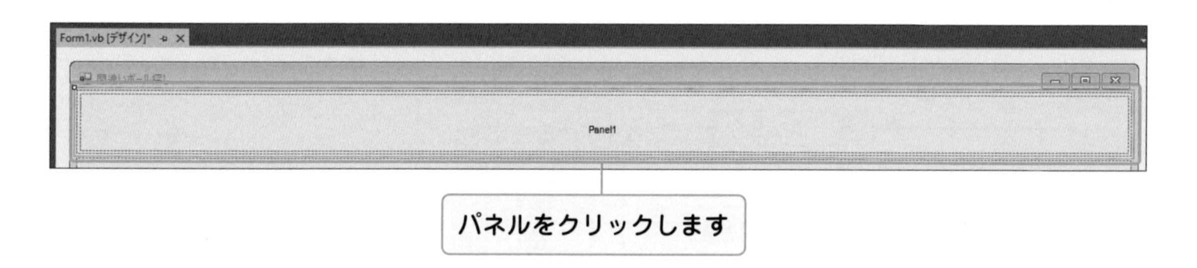

この状態で、ショートカットキーの**ペースト（貼り付け）**の操作、[Ctrl] + [V] キーを押すと、Panel1に、先ほどコピーしたコントロールがペーストされます。

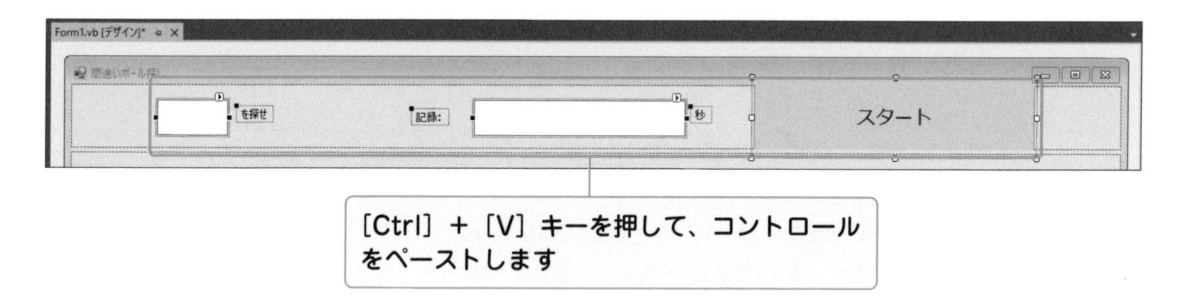

画面上部のコントロールのプロパティに値を設定しましょう。

先ほどのコントロールのコピーが成功した方は、❶❷❼❽❾の設定内容がコピーされていることを確認できれば、その5つのコントロールの設定は不要です。

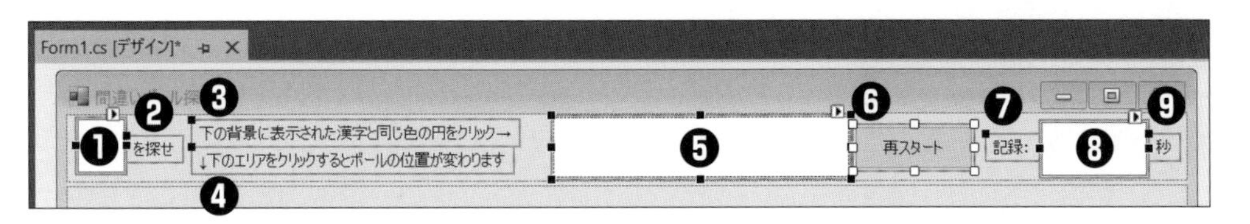

表5-32：コントロールとプロパティの設定

No.	コントロール名	プロパティ名	設定値
❶	TextBoxコントロール	(Name)プロパティ	TextHunt
		Fontプロパティ	メイリオ, 16pt
		Sizeプロパティ*	45, 47
❷	Labelコントロール	Textプロパティ	を探せ
❸	PictureBoxコントロール	Textプロパティ	下の背景に表示された漢字と同じ色の円をクリック➡
❹	Buttonコントロール	Textプロパティ	↓下のエリアをクリックするとボールの位置が変わります
❺	Labelコントロール	(Name)プロパティ	SelectPictureBox
		BackColorプロパティ	White
		Sizeプロパティ	275, 50
❻	Buttonコントロール	(Name)プロパティ	RestartButton
		Sizeプロパティ	82, 35
		Textプロパティ	再スタート
❼	Labelコントロール	Textプロパティ	記録：
❽	TextBoxコントロール	(Name)プロパティ	TextTimer
		Fontプロパティ	メイリオ, 16pt
		Sizeプロパティ*	129, 47
		TextAlignプロパティ	Right
❾	Labelコントロール	Textプロパティ	秒

なお、(Name)プロパティの値を正しく設定しないと、プログラムが動かなくなるのでご注意ください。TextBoxコントロールのFontプロパティは、フォントの設定画面で詳細に設定できます。

まず、プロパティウィンドウのFontプロパティの右にある ... ボタンをクリックします。

＊**Sizeプロパティ**　フォントの種類によっては、サイズが優先されて、勝手に設定される場合があります。その場合は、その大きさを優先してください。

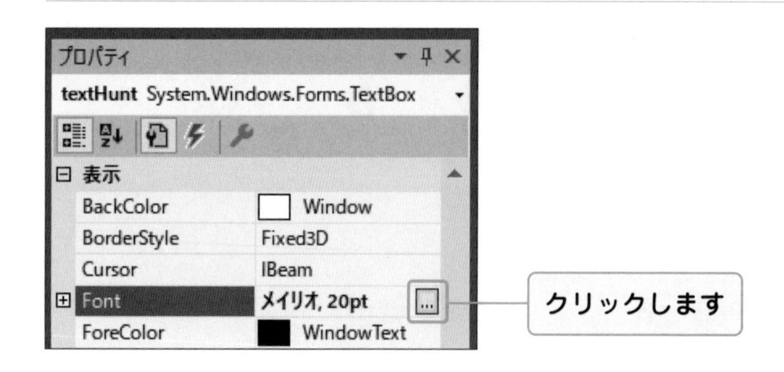

すると、フォントの設定画面が起動するので、フォントやサイズを設定します。

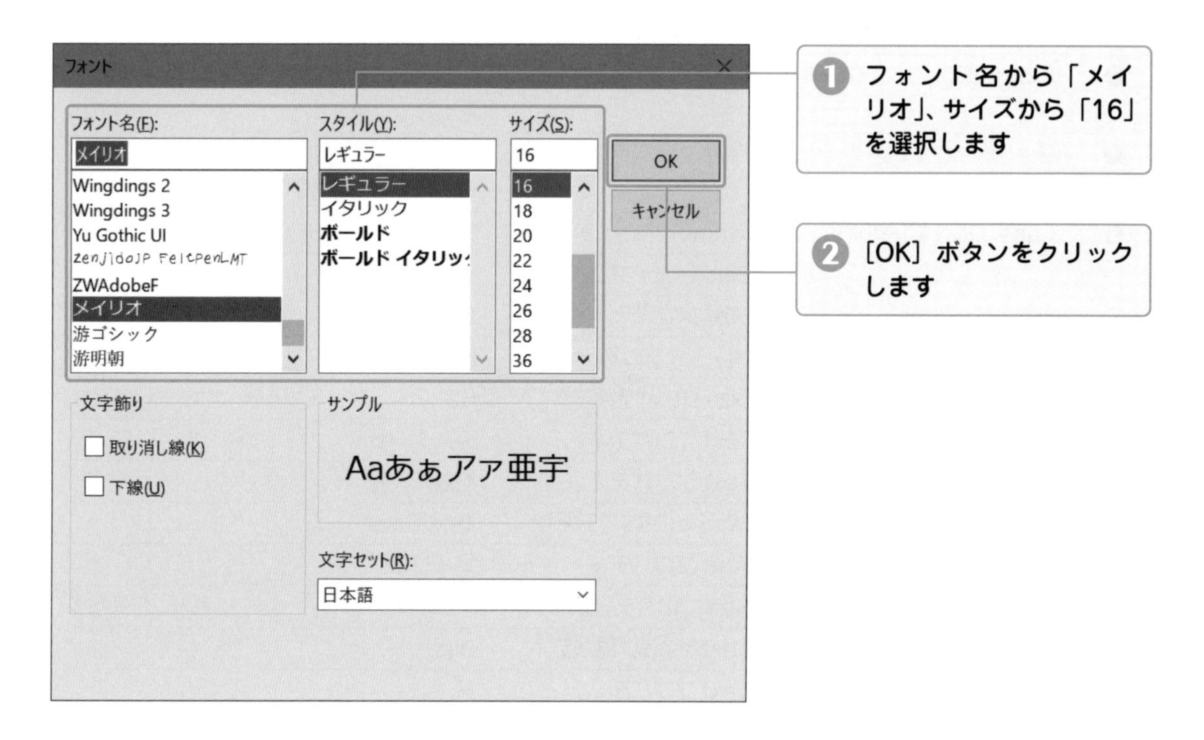

Tips デザインのコツ

画面を綺麗に見せるには、テキストの下部の位置を揃えるとよいでしょう。

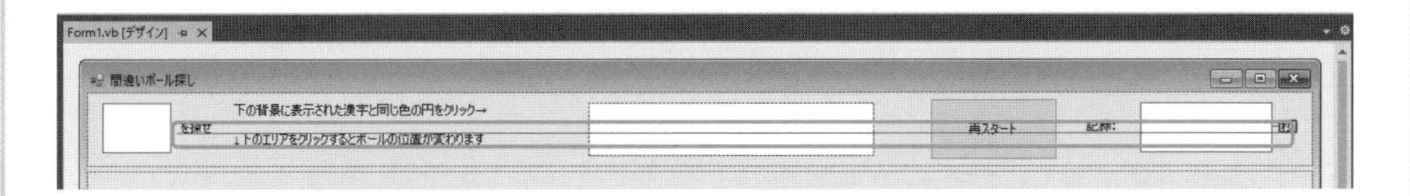

フォントの設定を変えた場合、テキストが空白の部分はイメージと合わせるため、任意の数字を入れてデザインを整えたのち、空白に戻すとよいでしょう。

TextBoxコントロールに文字を入れたまま、実行してみて、違和感がないかを確認してみてください。

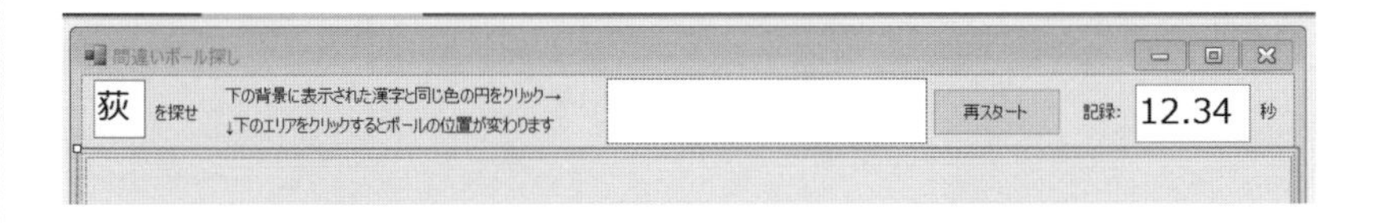

次に画面下部のデザインです。

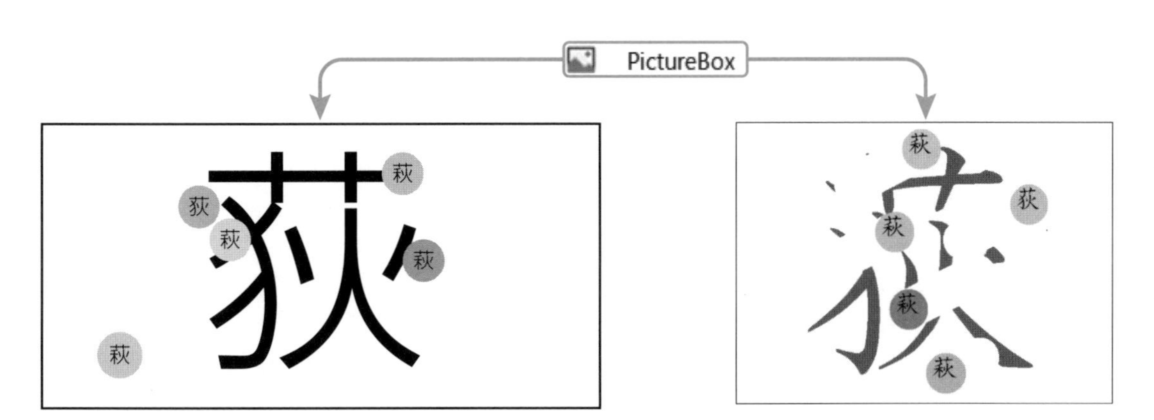

図5-28：ツールボックスからコントロールを選んで割り当てる

PictureBoxコントロールが1つだけですが、中にいろいろな図形をプログラムで描きます。

表5-33：**コントロールとプロパティの設定**

No.	コントロール名	プロパティ名	設定値
❶	PictureBoxコントロール	(Name)プロパティ	MainPictureBox
		SizeModeプロパティ	Zoom
		Dockプロパティ	Fill
		BackColorプロパティ	White

プロパティ設定後の画面下部のデザイン画面は、以下のようなイメージになります。

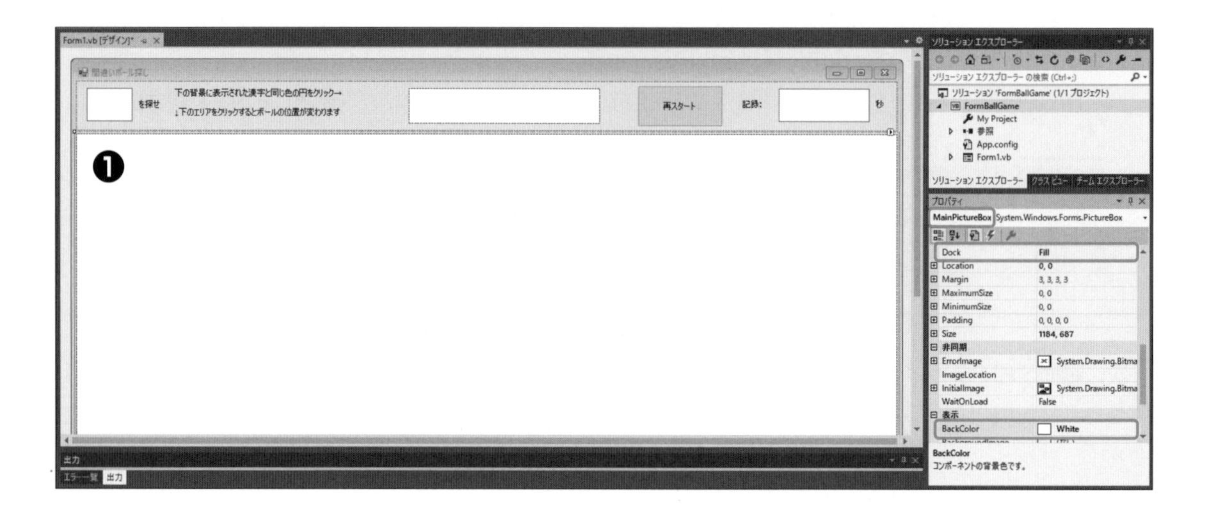

最後に時間計測用のTimerコントロールをツールボックスから画面にドラッグ&ドロップし、以下のようにプロパティを設定してください。

表5-34：**コントロールとプロパティの設定**

No.	コントロール名	プロパティ名	設定値
❷	Timerコントロール	(Name)プロパティ	Timer1（規定値のまま）
		Intervalプロパティ	20

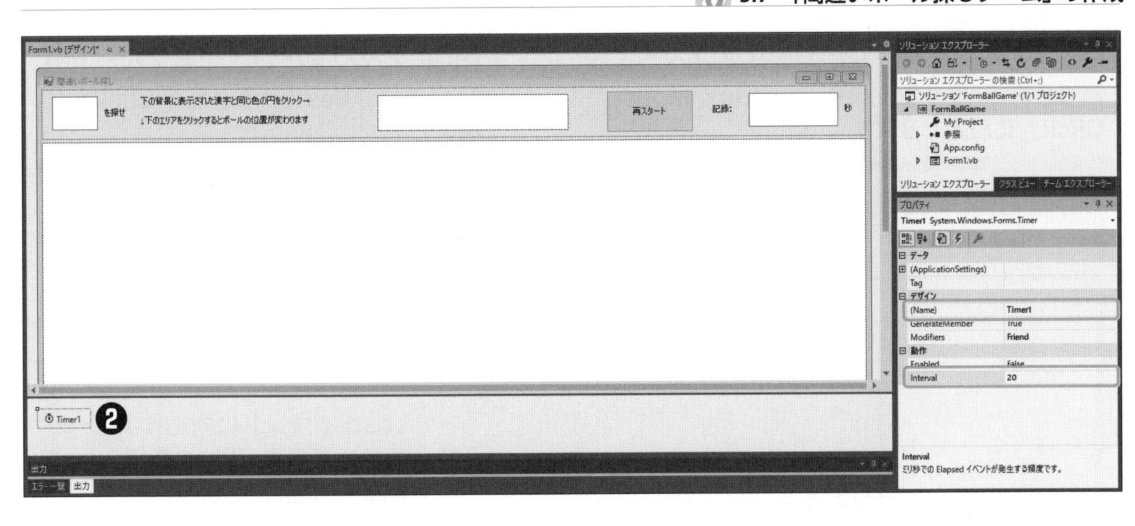

これで画面のデザインが完成しました。

●手順③　画面のプロパティや値を設定する

手順❷の「間違いボール探しゲーム」の画面を作成するのと同時にプロパティも設定したので、今回この手順はありません。

●手順④　コードを書く

必要なイベントは、

- **画面が起動したときのイベント**
- **上のPictureBoxコントロールをマウスでクリックしたときのイベント**
- **下のPictureBoxコントロールをマウスでクリックしたときのイベント**
- **[再スタート] ボタンをクリックしたときのイベント**
- **Timerコントロールの Tickイベント**

です。イメージでまとめると以下のようになります。

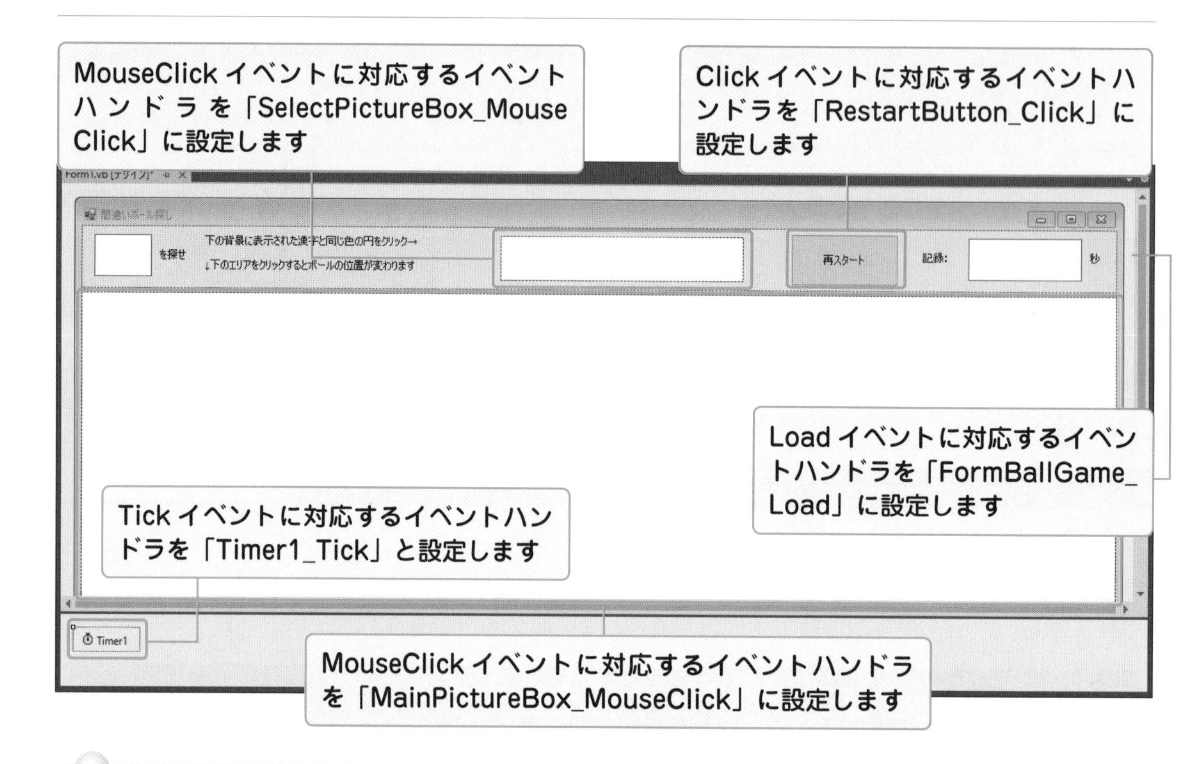

ヒント PictureBox コントロールをダブルクリックしてしまうと、「SelectPictureBox_Click()」というイベントハンドラが作成されてしまいます。使用しないので、そのまま放置でもよいのですが、消したい場合は、デザイン画面の SelectPictureBox のプロパティからイベントを表示させ、Click イベントに間違ったイベントハンドラが生成されていることを確認できたら、Click イベントを右クリックして、［リセット］を選んでください。そうすることで、後からこの SelectPictureBox_Click() メソッドを手動で消すことできます。

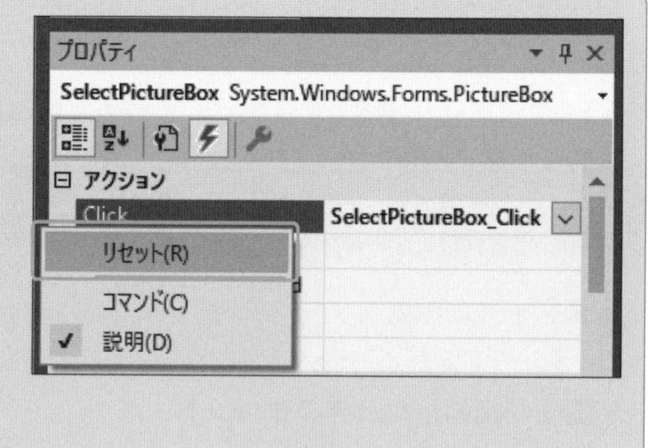

後のサンプルコードで使用しますので、この時点で5つのイベントハンドラを作成してください。イベントハンドラの作成方法を忘れてしまった方は、5.2節のイベントを作成しているあたりを参考にしてください。

今回のコードのポイントは、**図形の描画**です。最初は難しいと感じますが、実はお作法があって、その通りに描けばいいだけです。

まずは手始めに、上のPictureBoxコントロールに円を描いてみましょう。

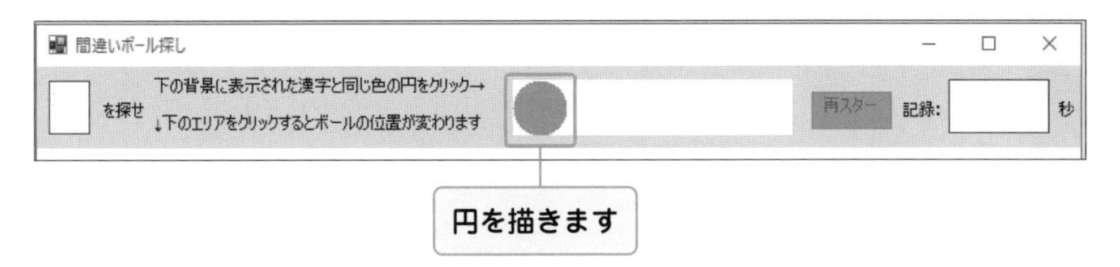

後から利用しやすいように、サブルーチンとして作成します。サブルーチンの名前は、どんな処理をしているかわかりやすいように「上のPictureBoxコントロールに円を描く」ことがわかる英語、「DrawCircleSelectPictureBox」にします。

List 1 サンプルコード（上のPictureBoxコントロールに円を描いてみる:Form1.vb）

```
' 上のPictureBoxコントロールに円を描いてみる
Private Sub DrawCircleSelectPictureBox()
    Dim height As Integer = SelectPictureBox.Height       ' 高さ
    Dim width As Integer = SelectPictureBox.Width         ' 幅
❶  Dim selectCanvas As Bitmap = New Bitmap(width, height)
❺  Using ❷g As Graphics = Graphics.FromImage(selectCanvas)
       ❸g.FillEllipse(Brushes.LightBlue, 0, 0, height, height)
       ❹SelectPictureBox.Image = selectCanvas
    End Using
End Sub
```

図形の描画の処理は、次ページの表5-35のようなイメージになります

表5-35：図形の描画のイメージ

No.	イメージ	内容
❶	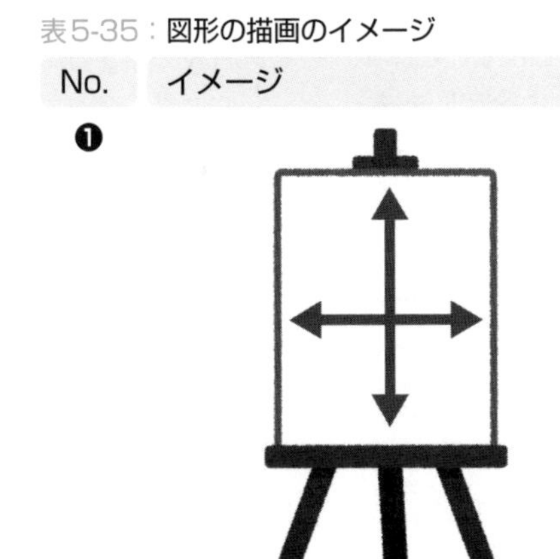	図形を描くためのキャンパスを用意します。 横幅と高さを指定することで、図形を描く大きさを指定します。

❷		キャンパスに描くための筆を用意します。
❸		円を描きます。
❹		描いた内容をコントロールに割り当てます。
❺	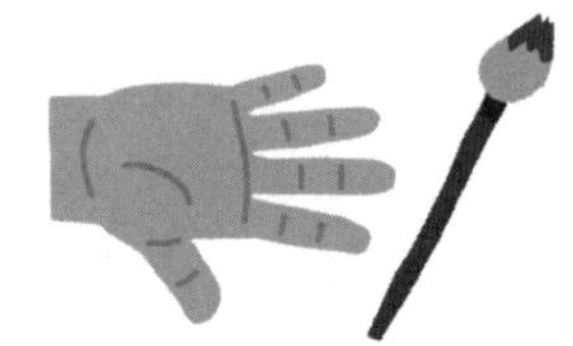	描き終わったら、すぐに筆を明け渡します。

実際のコードの解説です。

表5-36：List1のコード解説

No.	コード	説明
❶	`Dim selectCanvas As Bitmap = New Bitmap(width, height)`	図形を描く大きさを指定します。セレクトキャンパスという名前の変数selectCanvasに設定します
❷	`g As Graphics = Graphics.FromImage(selectCanvas)`	キャンパスに描くための筆を用意します。変数gを設定します
❸	`g.FillEllipse(Brushes.LightBlue, 0, 0, height,height)`	円を描きます。g.FillEllipse() メソッドは、筆で中身を塗りつぶす円を描くメソッドです。第1引数は「塗りつぶす色」、第2引数は「描画開始位置のX座標」、第3引数は「描画開始位置のY座標」、第4引数は「幅」、第5引数は「高さ」を指定します。この場合、「高さ」と同じ長さで「幅」を指定しています
❹	`SelectPictureBox.Image = selectCanvas`	描いた内容をコントロールに割り当てます。PictureBoxコントロールのImageプロパティにキャンパスに描いた内容を指定します

❺	Using g As Graphics = Graphics.FromImage(selectCanvas) ' 処理 End Using	キャンパスに描くための筆（Graphics）は貴重なものなので、描き終わったらすぐに明け渡す（開放する）必要があります。Using()メソッドの( )の中で貴重なオブジェクトを指定すると、処理が終わると同時に自動で開放してくれます

はじめてなので、実際に図形が描けているかが気になりますね。あとでコードを書き換えるとして、一旦この処理を呼び出してみましょう。フォームが表示されたときに自動で呼ばれるFormBallGame_Loadに、サブルーチンを呼び出す処理を書いてみます。　　　　の部分は、自動で記述される部分です。

List 2 サンプルコード（フォーム表示時に上のPictureBoxに円を描く処理を呼び出す:Form1.vb）

```
Private Sub FormBallGame_Load(sender As Object, e As EventArgs) Handles MyBase.Load
    DrawCircleSelectPictureBox()
End Sub
```

実行してみましょう。以下のように表示されます。

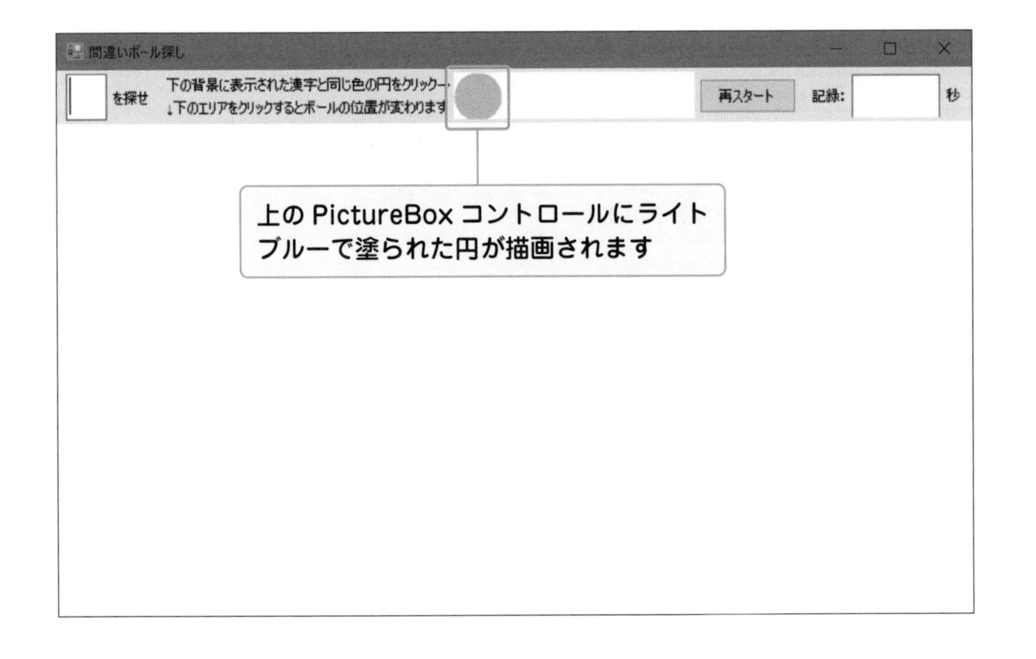

●手順⑤　コードを書く（正解の文字を表示させる）

サブルーチンを使って画面下の背景に正解の文字を大きく表示させます。サブルーチンの名前は、どんな処理をしているかわかりやすいように、「下のmainのPictureBoxに描く」ことがわかる英語、「DrawMainPictureBox()」にします。確認用に、FormBallGame_Loadイベントハンドラに呼び出す処理も書いてみましょう。List2のコードを書き換えています。　　　　　の部分は、自動で記述される部分です。

List 3 サンプルコード（フォーム表示時に下のPictureBoxに文字を表示する処理を呼び出す:Form1.vb）

```
Public Class Form1
    Private Sub Form1_Load(sender As Object, e As EventArgs) Handles MyBase.Load
        DrawCircleSelectPictureBox()                ' [List 2] で記載したコード
        DrawMainPictureBox()                        ' [List 3] はこの部分を書いて下さい
    End Sub

    ' [List 2] のサブルーチンDrawCircleSelectPictureBox()は省略

    Private Sub DrawMainPictureBox()
        ' 描画先とする Imageオブジェクトを作成する
❶       Dim canvas As Bitmap = New Bitmap(MainPictureBox.Width,
                                         MainPictureBox.Height)
        Using ❷g As Graphics = Graphics.FromImage(canvas)
            ' 背景に引数で指定した文字列を描画する
❸           g.DrawString("荻", New Font("HG教科書体",
                MainPictureBox.Height - MainPictureBox.Height / 4),
                Brushes.Gray, 0, 0, New StringFormat())
            ' mainPictureBoxに表示する
❹           MainPictureBox.Image = canvas
        End Using
    End Sub
End Class
```

表5-37：List3のコード解説

No.	コード	内容
❶	`Dim canvas As Bitmap = New Bitmap(MainPictureBox.Width,MainPictureBox.Height)`	文字の大きさを指定します。キャンパスという名前の変数canvasに設定します
❷	`g As Graphics = Graphics.FromImage(canvas)`	キャンパスに文字を描くための筆を用意します。変数gを設定します
❸	`g.DrawString("荻",New Font("HG教科書体",MainPictureBox.Height - MainPictureBox.Height / 4), Brushes.Gray, 0, 0, New StringFormat())`	文字を描きます。g.DrawString()メソッドは、筆で中身を塗りつぶす文字を描くメソッドです。メソッドに渡す情報としては、第1引数から、第6引数まで6つあります。第1引数から順に、キャンパスに描く文字、フォント（フォント名、フォントサイズ）、色、描画開始位置のX座標、描画開始位置のY座標、幅、高さ、書式を指定します
❹	`MainPictureBox.Image = canvas`	描いた内容をコントロールに割り当てます。PictureBoxコントロールのImageプロパティにキャンパスに描いた内容を指定します

実行してみましょう。以下のように表示されます。

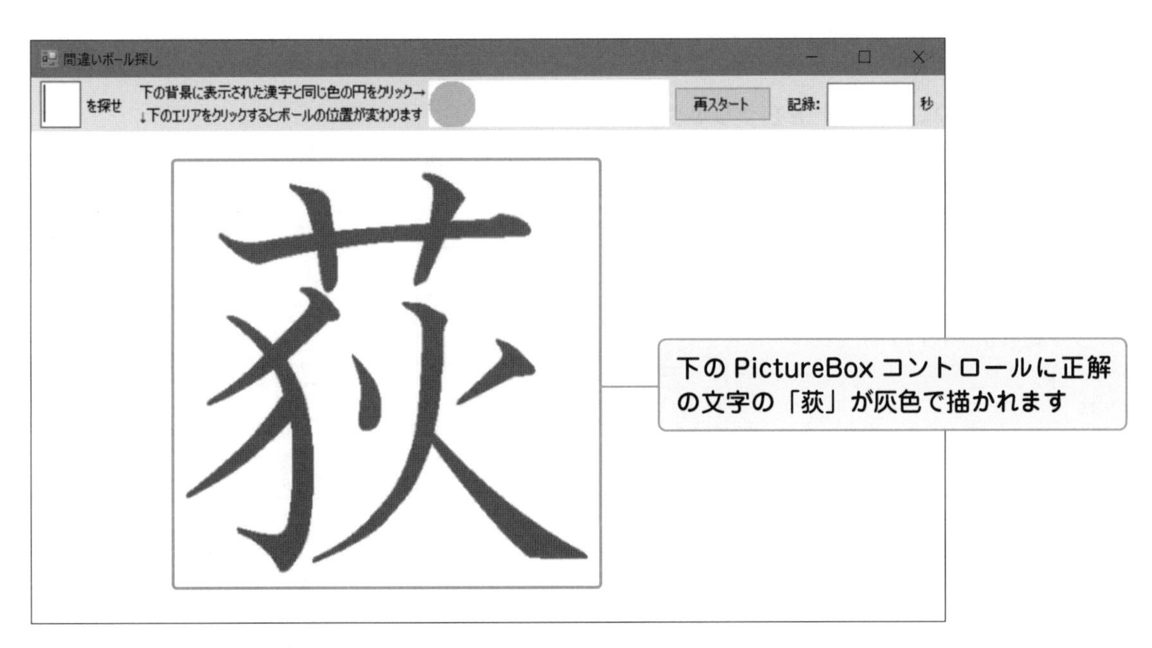

●手順⑥　コードを書く（図形を動かす）

これまでの知識を組み合わせると、ボールに文字を重ねることもできそうですね。さらにそのボールを動かしてみましょう。いろいろ方法はあると思いますが、前にあった位置に白色でボールを描いて、新しい位置にボールを描くことで、簡単に動きが表現できます。

ボールを複数作成して動かすという次のステップを考えると、新しくBallクラスを作ったほうが操作がしやすくなります。そのBallクラスのインスタンスを呼び出して操作するイメージです。

同じ位置に白色でボールを描く

図5-29：ボールを動かすイメージ

Ballクラスのインスタンスから白色でボールを描くメソッドと、ボール描くメソッドをこまめに呼び出すと良さそうですね。今までのTimerコントロールのTickイベントで処理をすると良さそうです。

それでは、Ballクラスを作成しましょう。

1 MoveCircleプロジェクトを右クリックする

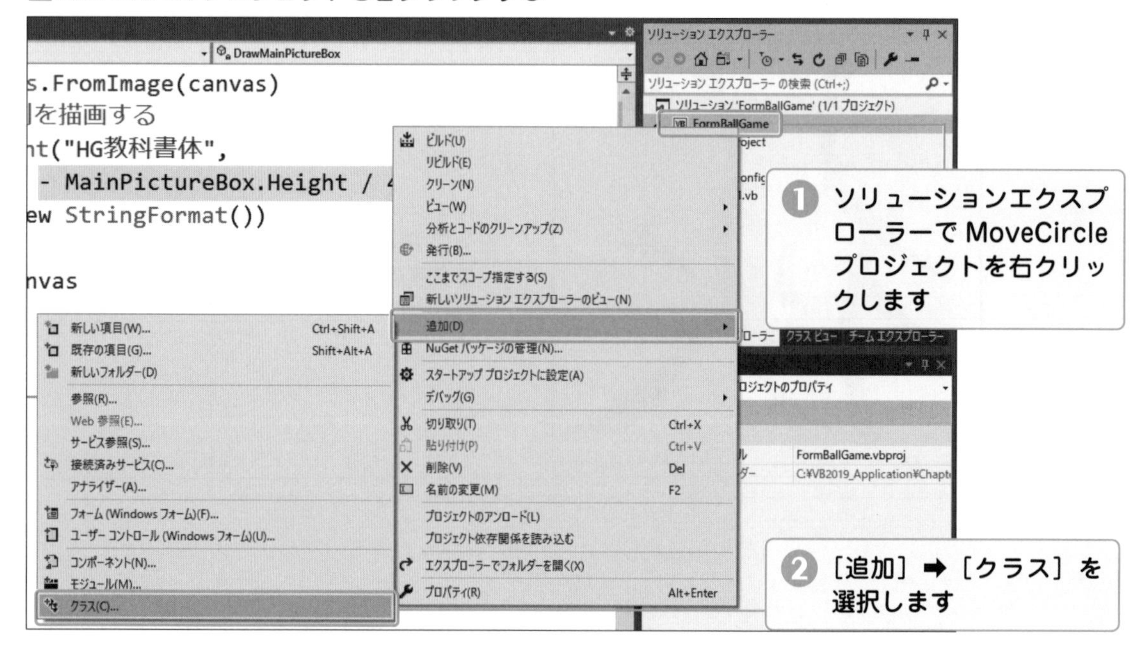

2 新しい項目の追加ダイアログが表示される

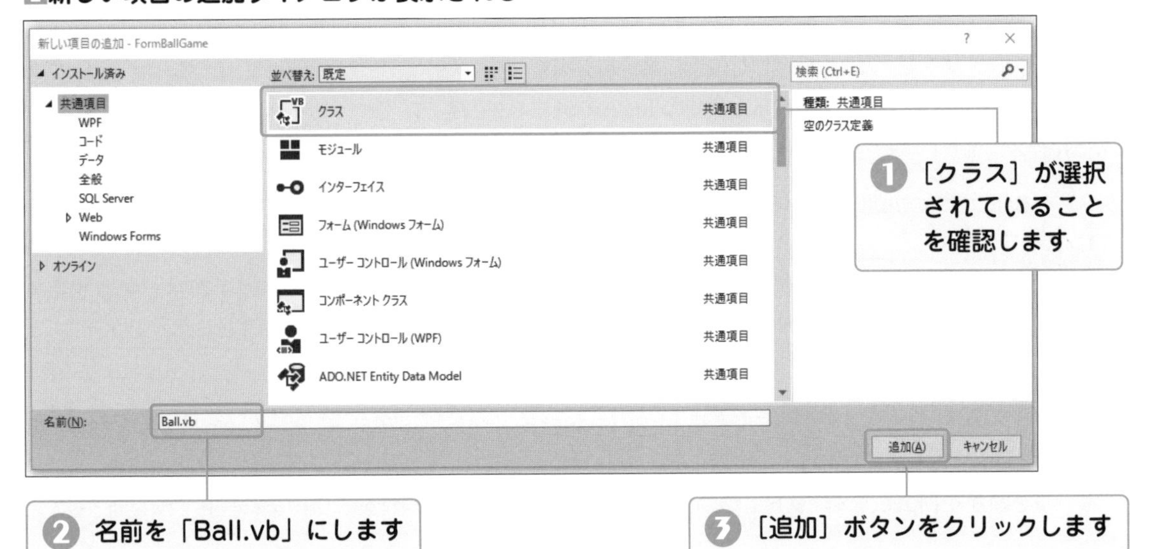

3 Ballクラスが作成される

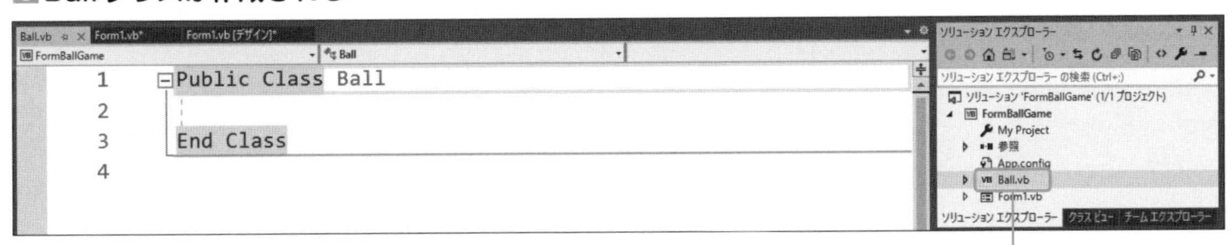

Ballクラスに必要な情報を考えます。

- 円の半径
- 表示する漢字
- 表示する漢字のフォント名
- 描画するPictureBoxコントロール
- 描画するキャンバス
- 移動方向（X座標）(+1 or -1)
- 移動方向（Y座標）(+1 or -1)
- 移動の割合
- マウスの横位置（X座標）
- マウスの縦位置（Y座標）

表5-38：ボールクラスに必要な動き（メソッド）

メソッド	内容
PutCircle()メソッド	指定した位置にボールを描く
DeleteCircle()メソッド	指定した位置のボールを消す（白で描く）
Move()メソッド	指定した位置にボールを動かす（PutCircleとDeleteCircleを利用）

表5-39：Ballクラスの初期化を行う（コンストラクタ*）

コンストラクタ	内容
Ballコンストラクタ	4つの引数を指定し、クラスの内部に保持する。4つの引数は、描画するPictureBoxコントロール、描画するキャンバス、塗りつぶす色、表示する漢字

Ballクラスのメソッドの内容を考えます。PutCircle()メソッド、DeleteCircle()メソッドは、すでに解説した内容とほぼ同じとなります。

ボールを動かすMove()メソッドについて、まずは処理の大まかな流れをフローチャートで示します。

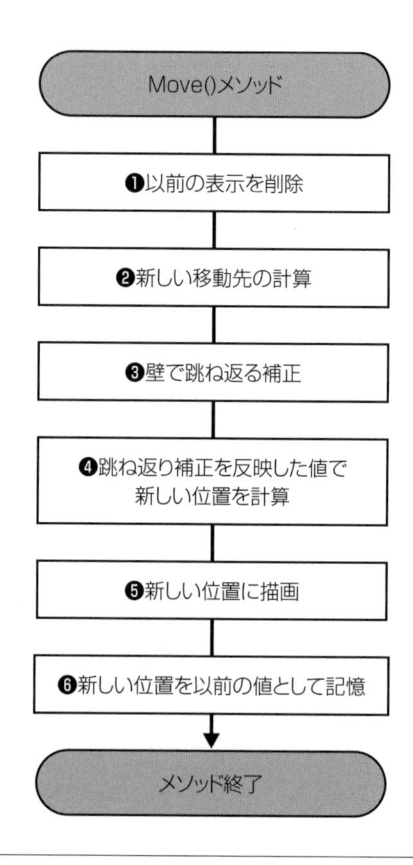

図5-30：Move()メソッドの処理

＊**コンストラクタ**　オブジェクト（クラスのインスタンス）の生成時に、オブジェクトが扱うデータを初期化するために呼び出される特殊なメソッドのこと。

表5-40：Move()メソッドの流れ

No.	フロー	内容
❶	以前の表示を削除	DeleteCircle()メソッドを呼びます
❷	新しい移動先の計算	「今の位置」から「移動方向」に「移動の割合」分移動させた位置を算出します
❸	壁で跳ね返る補正	複雑なので別途解説します
❹	跳ね返り補正を反映した値で新しい位置を計算	移動させた位置に補正を反映させます
❺	新しい位置に描画	補正を反映した値でPutCircle()メソッドを呼びます
❻	新しい位置を以前の値として記憶	内部変数に補正を反映した値を記憶します

❸の「壁で跳ね返る補正」に関して、X軸に着目して考えてみましょう。

「移動方向」が-1の場合、ボールのXの位置は、だんだん0に近づき、そのあと何も処理がないとマイナス方向にボールが進んで見えなくなってしまいます。跳ね返る処理をするためには、Xの値が0以下になったら、移動方向を+1に変更します。

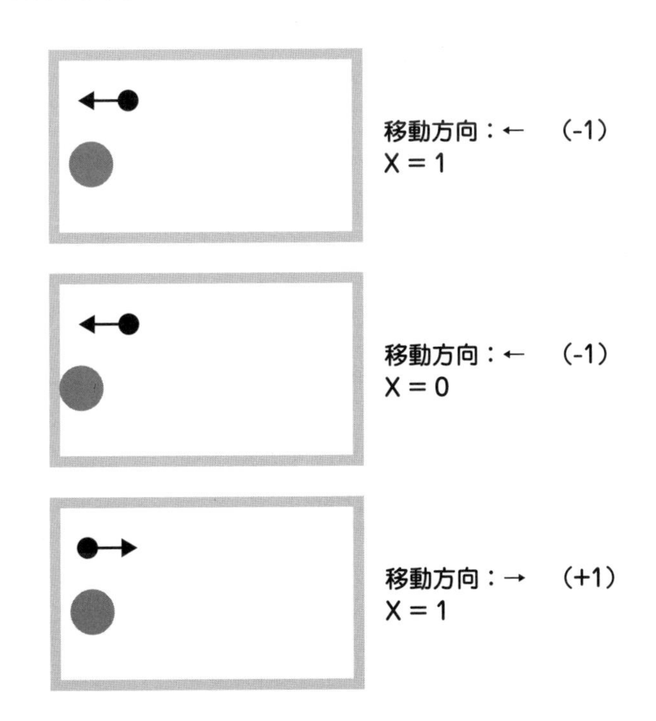

図5-31：左に移動しているボールを跳ね返す処理のイメージ

跳ね返す処理、つまり移動方向を変える処理の実装例は次のようになります(directionは、「移動方向」という意味です)。

```
If ( x <= 0 ) Then
  directionX = +1
End If
```

また、「移動方向」が+1の場合、ボールの位置は画面の右に近づき、その後、何も処理がないと画面の右を通り超えて見えなくなってしまいます。跳ね返る処理をするためには、Xが画面の右端、つまり画面サイズより大きくなったら移動方向を-1に変更します。

画面サイズだけを考慮すると、以下の状態になってはじめて反転するため美しくありません。

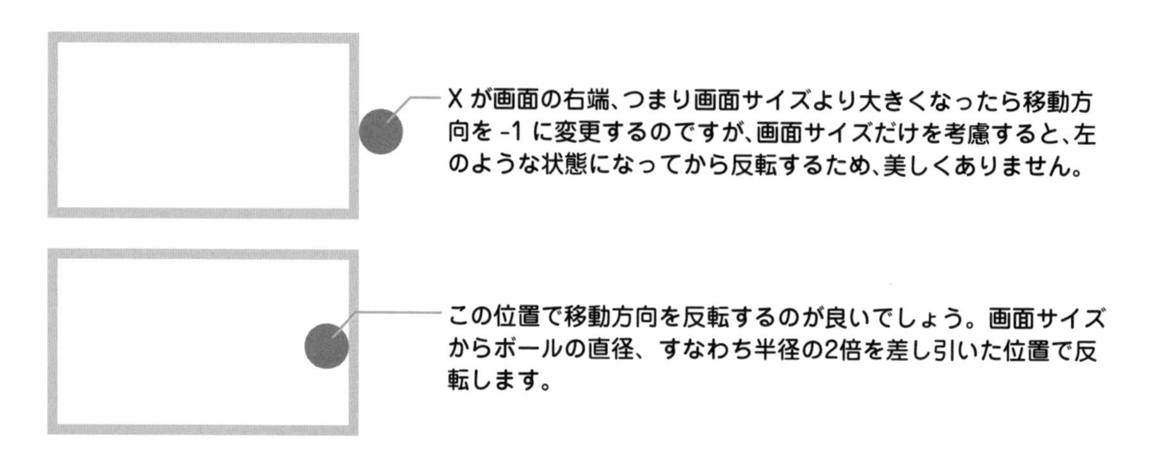

図5-32：右に移動しているボールを跳ね返す処理のイメージ

右に移動しているボールを跳ね返すプログラムは、次のようになります。なお、縦方向のY座標についても同様に判定が必要になります。pictureBox.Widthは画面サイズ、radiusはボールの半径、directionXはX軸方向の移動方向となります。

```
If (x >= pictureBox.Width - radius * 2) Then
  directionX = -1
End If
```

それでは、Move()メソッドを含めた、Ballクラスのコードを示します。　　　　の部分は、自動で記述される部分です。

List 4 サンプルコード（Ballクラスの実装：Ball.vb）

```
Imports System.Drawing
Imports System.Windows.Forms
Public Class Ball
    ' クラスに必要な情報の定義
    ' 公開し外部から触ることができる値
    Public pitch As Integer ' 移動の割合

    ' 非公開で外部からは変更することができない値
    Private pictureBox As PictureBox    ' 描画する PictureBox
    Private canvas As Bitmap            ' 描画するキャンバス
    Private brushColor As Brush         ' 塗りつぶす色
    Private positionX As Integer        ' 横位置（X座標）
    Private positionY As Integer        ' 縦位置（Y座標）
    Private previousX As Integer        ' 以前の横位置（X座標）
    Private previousY As Integer        ' 以前の縦位置（Y座標）
    Private directionX As Integer       ' 移動方向（X座標） (+1 Or -1)
    Private directionY As Integer       ' 移動方向（Y座標） (+1 Or -1)
    Private radius As Integer           ' 円の半径
    Private kanji As String             ' 表示する漢字
    Private fontName As String          ' 表示する漢字のフォント名

    ' Ballコンストラクタ
    ' ４つの引数を指定しクラスの内部に保持する。 ４つの引数は、描画する PictureBox、
    ' 描画するキャンバス、塗りつぶす色、表示する漢字
    Public Sub New(pb As PictureBox, cl As Brush, st As String)
        pictureBox = pb                 ' 描画する PictureBox
        canvas = pb.Image               ' 描画するキャンバス
        brushColor = cl                 ' 塗りつぶす色
        kanji = st                      ' 表示する漢字
        radius = 40                     ' 円の半径の初期設定
        pitch = radius / 2              ' 移動の割合の初期設定（半径の半分）
        directionX = +1                 ' 移動方向を +1 で初期設定
        directionY = +1                 ' 移動方向を +1 で初期設定
        fontName = "HG教科書体"         ' 漢字のフォント名の初期設定
    End Sub
```

```
' 指定した位置にボールを描く
Public Sub PutCircle(x As Integer, y As Integer)
    ' 現在の位置を記憶
    positionX = x
    positionY = y
    Using g As Graphics = Graphics.FromImage(canvas)
        ' 円を brushColorで指定された色で描く
        g.FillEllipse(brushColor, x, y, radius * 2, radius * 2)
        ' 文字列を描画する
        g.DrawString(kanji, New Font(fontName, radius),
        Brushes.Black, x + 4, y + 12, New StringFormat())
        ' mainPictureBoxに表示する
        pictureBox.Image = canvas
    End Using
End Sub

' 指定した位置のボールを消す(白で描く)
Public Sub DeleteCircle()
    ' 初めて呼ばれて以前の値が無い時
    If (previousX = 0) Then
        previousX = positionX
    End If
    If (previousY = 0) Then
        previousY = positionY
    End If
    Using g As Graphics = Graphics.FromImage(canvas)
        ' 円を白で描く
        g.FillEllipse(Brushes.White, previousX, previousY,
                    radius * 2, radius * 2)
        ' mainPictureBoxに表示する
        pictureBox.Image = canvas
    End Using
End Sub

' 指定した位置にボールを動かす
```

```
    Public Sub Move()
        ' 以前の表示を削除
        DeleteCircle()
        ' 新しい移動先の計算
        Dim x As Integer = positionX + pitch * directionX
        Dim y As Integer = positionY + pitch * directionY
        ' 壁で跳ね返る補正
        If (x >= pictureBox.Width - radius * 2) Then      ' 右端に来た場合の判定
            directionX = -1
        End If
        If (x <= 0) Then                                  ' 左端に来た場合の判定
            directionX = +1
        End If
        If (y >= pictureBox.Height - radius * 2) Then     ' 下端に来た場合の判定
            directionY = -1
        End If
        If (y <= 0) Then                                  ' 上端に来た場合の判定
            directionY = +1
        End If
        ' 跳ね返り補正を反映した値で新しい位置を計算
        positionX = x + directionX
        positionY = y + directionY
        ' 新しい位置に描画
        PutCircle(positionX, positionY)
        ' 新しい位置を以前の値として記憶
        previousX = positionX
        previousY = positionY
    End Sub
End Class
```

Ballクラスは、これで完成となります。

次は、Form画面からBallクラスを呼び出すコードを書いてみましょう。DrawMainPictureBox()メソッドに引数を加えて汎用化したり、多く使う値はクラス共通の変数として定義し、初期化しました。

　　　の部分は、自動で記述される部分です。List2とList3で記載したコードはここで新しく書き換えます。コメントにするか、削除してください。

List 5 サンプルコード（FormBallGameクラスの実装：Form1.vb）

```
Public Class Form1
    ' クラス共通の変数
    Private canvas As Bitmap                          ' 画面下の描画領域
    Private balls As Ball                             ' ボールを管理
    Private fontName As String = "HG教科書体"          ' 表示する漢字のフォント名
    Private correctText As String = "荻"              ' 正解の文字：1つだけ
    Private nowTime As Double = 0                     ' 経過時間

    '-------------------------
    ' イベントハンドラ
    '-------------------------
    ' フォームが起動した時（Load時）、呼ばれるイベントハンドラ
    Private Sub Form1_Load(sender As Object,
    e As EventArgs) Handles MyBase.Load
        DrawCircleSelectPictureBox()                  ' [List 2] 上のPictureBoxに円を描く
        ' [List 3]の引数を変更 下のPictureBoxに文字を描く
        DrawMainPictureBox(Brushes.Gray, fontName, correctText)

        textHunt.Text = correctText
        ' ボールクラスのインスタンス作成
        balls = New Ball(MainPictureBox, Brushes.LightBlue, correctText)
        ' 位置100, 100 にボールを置く
        balls.PutCircle(100, 100)
        ' タイマーをスタートさせる
        Timer1.Start()
    End Sub

    ' 再スタートボタンが押された時、呼ばれるイベントハンドラ
    Private Sub RestartButton_Click(sender As Object,
    e As EventArgs) Handles RestartButton.Click

    End Sub

    ' 上のピクチャーボックスがマウスで押された時、呼ばれるイベントハンドラ
    Private Sub SelectPictureBox_MouseClick(sender As Object,
```

```
e As MouseEventArgs) Handles SelectPictureBox.MouseClick

End Sub

' 下のピクチャーボックスがマウスで押された時、呼ばれるイベントハンドラ
Private Sub MainPictureBox_MouseClick(sender As Object,
e As MouseEventArgs) Handles MainPictureBox.MouseClick

End Sub

' タイマーが動いている時、呼ばれるイベントハンドラ
Private Sub Timer1_Tick(sender As Object,
e As EventArgs) Handles Timer1.Tick
    balls.Move()
    nowTime = nowTime + 0.02
    TextTimer.Text = nowTime.ToString("0.00")
End Sub

'-------------------------
' 独自のメソッド
'-------------------------
' 上のPictureBoxコントロールに円を描いてみる
Private Sub DrawCircleSelectPictureBox()
    Dim height As Integer = SelectPictureBox.Height     ' 高さ
    Dim width As Integer = SelectPictureBox.Width       ' 幅
    Dim selectCanvas As Bitmap = New Bitmap(width, height)
    Using g As Graphics = Graphics.FromImage(selectCanvas)
        g.FillEllipse(Brushes.LightBlue, 0, 0, height, height)
        SelectPictureBox.Image = selectCanvas
    End Using
End Sub

' 下のPictureBoxに描画する
' [List3]のコードから引数を追加し、それを利用しています。
'   第1引数：ブラシの色
'   第2引数：背景の文字のフォント
```

```
    '   第3引数：背景の文字
    Private Sub DrawMainPictureBox(color As Brush, font As String, text As String)
        Dim height As Integer = MainPictureBox.Height    ' 高さ
        Dim width As Integer = MainPictureBox.Width      ' 幅
        ' 描画先とする Imageオブジェクトを作成する
        Dim canvas As Bitmap = New Bitmap(width, height)
        Using g As Graphics = Graphics.FromImage(canvas)
            ' 背景に文字列を描画する
            g.DrawString(text,
                New Font(font, height - height / 4),
                color, 0, 0, New StringFormat())
            ' mainPictureBoxに表示する
            MainPictureBox.Image = canvas
        End Using
    End Sub
End Class
```

さっそく動かしてみましょう。まだボールは1つですが、跳ね返ってますね。

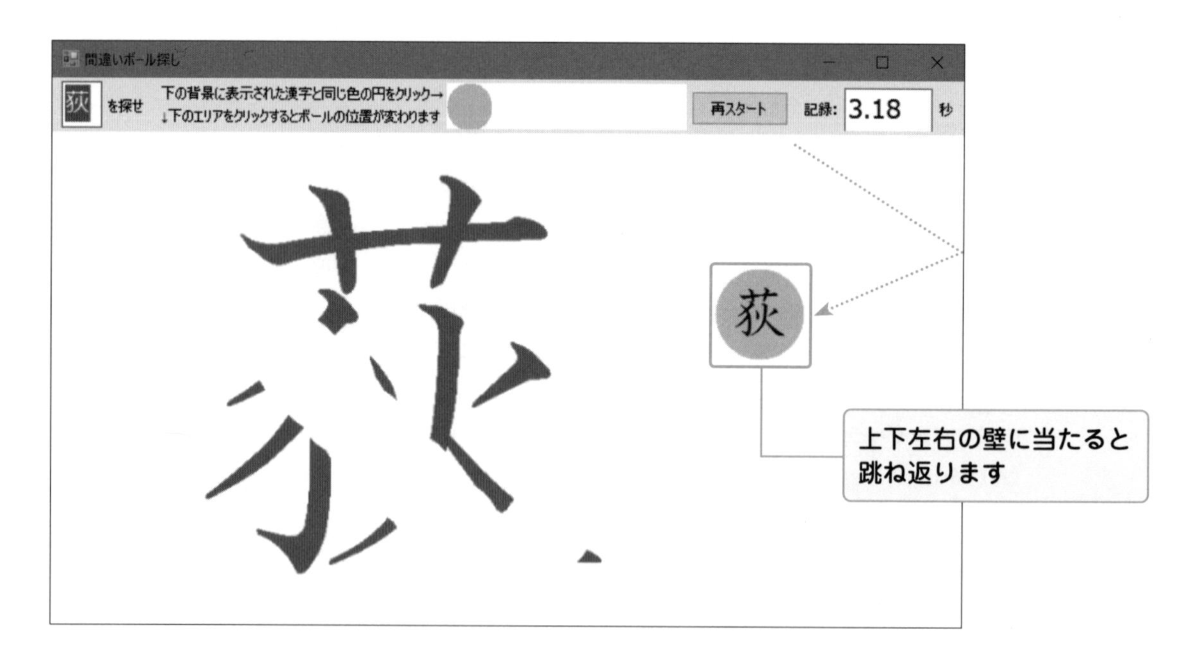

●手順⑥ コードを書く（複数の図形を動かす）

すでにクラスが作成してあるため、複数の図形を扱う場合も実はそれほど難しくありません。ボールを動かす処理に着目すると、List6のようなイメージになっています。　　　　の部分は、自動で記述される部分で
す。List5のコードから説明用に一部を抜き出しています。

なお、この処理はあくまでの次の話をするための前ふりのコードですので、ほかの処理を消さないようにお願いします（説明に関係のない処理は省いています）。

List 6 サンプルコード（ボールを動かす処理に着目したFormのコード：Form1.vb）

```
' クラス共通の変数
Private balls As Ball                         ' ボールを管理
Private correctText As String = "荻"          ' 正解の文字：1つだけ

' フォームが起動した時（Load時）、呼ばれるイベントハンドラ
Private Sub FormBallGame_Load(sender As Object, e As EventArgs) Handles MyBase.Load
    ' ボールクラスのインスタンス作成
    balls = New Ball(mainPictureBox, Brushes.LightBlue, correctText)
    ' 位置100, 100 にボールを置く
    balls.PutCircle(100, 100)
End Sub

' タイマーが動いている時、呼ばれるイベントハンドラ
Private Sub Timer1_Tick(sender As Object, e As EventArgs) Handles Timer1.Tick
    balls.Move()
End Sub
```

単純にボールを5個にしたい場合は、処理を5個並べて書けばOKです。List6のコードをベースに、ボールを5 個にしたサンプルです。変化を比べるために、List6のコードはコメントにしてあります。

List 7 サンプルコード（Formのコードを元にボールを5個にした場合のコード例：Form1.vb）

```
' Private balls As Ball ' ボールを管理
Private balls1 As Ball ' ボールを管理
Private balls2 As Ball ' ボールを管理
Private balls3 As Ball ' ボールを管理
Private balls4 As Ball ' ボールを管理
```

```
Private balls5 As Ball ' ボールを管理
Private fontName As String = "HG教科書体" ' 表示する漢字のフォント名
Private correctText As String = "荻" ' 正解の文字：1つだけ
Private mistakeText As String = "萩" ' 間違いの文字：ボールの個数分、並ぶ

' フォームが起動した時（Load時）、呼ばれるイベントハンドラ
Private Sub FormBallGame_Load(sender As Object, e As EventArgs) Handles MyBase.Load
    DrawCircleSelectPictureBox() ' 上のPictureBoxに円を描く
    DrawMainPictureBox(Brushes.Gray, fontName, correctText) ' 下のPictureBoxに文字を描く
    textHunt.Text = correctText
    ' ボールクラスのインスタンス作成
    ' balls = New Ball(mainPictureBox, Brushes.LightBlue, correctText)
    balls1 = New Ball(mainPictureBox, Brushes.LightBlue, correctText)
    balls2 = New Ball(mainPictureBox, Brushes.LightBlue, mistakeText)
    balls3 = New Ball(mainPictureBox, Brushes.LightBlue, mistakeText)
    balls4 = New Ball(mainPictureBox, Brushes.LightBlue, mistakeText)
    balls5 = New Ball(mainPictureBox, Brushes.LightBlue, mistakeText)
    ' 位置100, 100 にボールを置く
    ' balls.PutCircle(100, 100)
    balls1.PutCircle(100, 100)
    balls2.PutCircle(300, 100)
    balls3.PutCircle(100, 300)
    balls4.PutCircle(300, 300)
    balls5.PutCircle(500, 500)
End Sub

' タイマーが動いている時、呼ばれるイベントハンドラ
Private Sub Timer1_Tick(sender As Object, e As EventArgs) Handles Timer1.Tick
    ' balls.Move()
    balls1.Move()
    balls2.Move()
    balls3.Move()
    balls4.Move()
    balls5.Move()
End Sub
```

実際に動かしてみると……、あれ、動きが面白くありません。

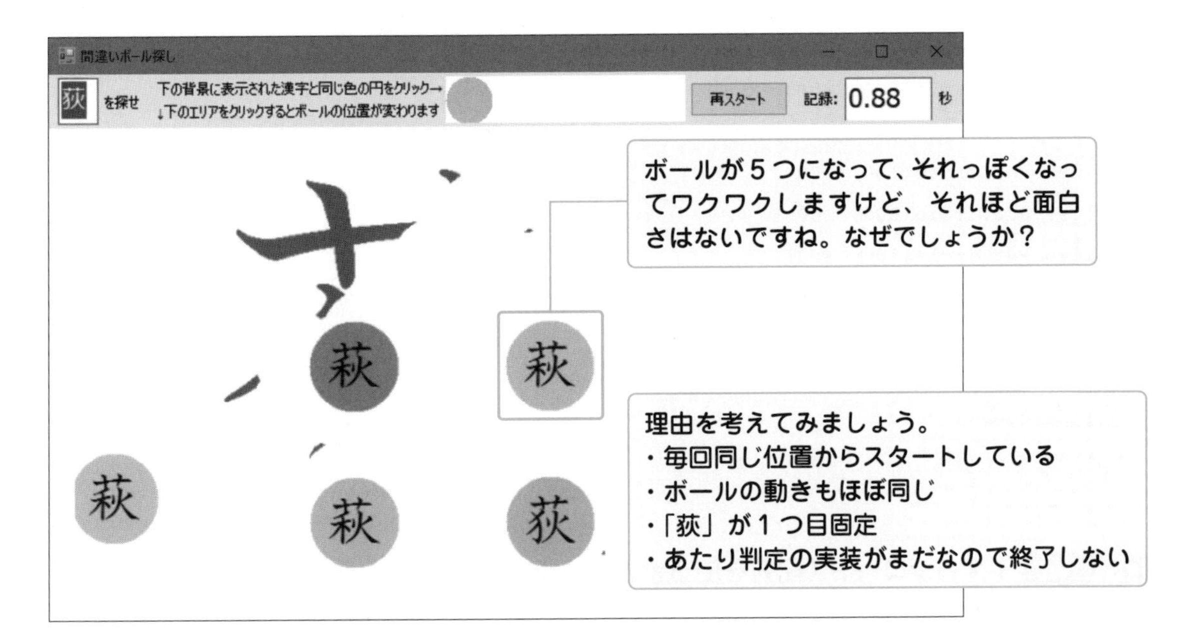

List7のコードをベースに配列を使ったコードを説明します。「配列を使わない場合」「配列を使った場合」「配列とループを使った場合」の3種類のコードの変化に着目してください。

また、コードが美しくありません。同じコードが並ぶので、**ループ処理**で綺麗にまとめたいところです。

そのためには、**配列**という概念を用います。簡単にいうと、同じデータ型をまとめて扱う仕組みです。クラスもクラスというデータ型ですので、それらをまとめて扱うことができます。詳しい配列の説明は、8.4節の「配列によるデータ管理」で詳しく解説します。ここでは簡単にポイントだけ説明します。

List7のコードをベースに配列を使ったコードを説明します。「配列を使わない場合」「配列を使った場合」「配列とループを使った場合」の3種類のコードの変化に着目してください。

List 8-1 イメージコード（配列を使う前と使った後のコードの違い：Form1.vb）

```
' 配列を使わないコード
Private balls1 As Ball ' ボールを管理
Private balls2 As Ball ' ボールを管理
Private balls3 As Ball ' ボールを管理
Private balls4 As Ball ' ボールを管理
Private balls5 As Ball ' ボールを管理
balls1 = New Ball(mainPictureBox, Brushes.LightBlue, correctText)
balls2 = New Ball(mainPictureBox, Brushes.LightBlue, mistakeText)
```

```
balls3 = New Ball(mainPictureBox, Brushes.LightBlue, mistakeText)
balls4 = New Ball(mainPictureBox, Brushes.LightBlue, mistakeText)
balls5 = New Ball(mainPictureBox, Brushes.LightBlue, mistakeText)
balls1.PutCircle(100, 100)
balls2.PutCircle(300, 100)
balls3.PutCircle(100, 300)
balls4.PutCircle(300, 300)
balls5.PutCircle(500, 500)
balls1.Move()
balls2.Move()
balls3.Move()
balls4.Move()
balls5.Move()
```

List 8-2 イメージコード（配列を使う前と使った後のコードの違い：Form1.vb）

```
' 配列を使ったコード
Private balls As Ball() ' ボールを管理
Private ballCount As Integer = 5 - 1 ' ボールの数 (0から始まるため1つ減らした数)
balls = New Ball(ballCount) {}
balls(0) = New Ball(mainPictureBox, Brushes.LightBlue, correctText)
balls(1) = New Ball(mainPictureBox, Brushes.LightBlue, mistakeText)
balls(2) = New Ball(mainPictureBox, Brushes.LightBlue, mistakeText)
balls(3) = New Ball(mainPictureBox, Brushes.LightBlue, mistakeText)
balls(4) = New Ball(mainPictureBox, Brushes.LightBlue, mistakeText)
balls(0).PutCircle(100, 100)
balls(1).PutCircle(300, 100)
balls(2).PutCircle(100, 300)
balls(3).PutCircle(300, 300)
balls(4).PutCircle(500, 500)
balls(0).Move()
balls(1).Move()
balls(2).Move()
balls(3).Move()
balls(4).Move()
```

List 8-3 イメージコード(配列を使う前と使った後のコードの違い：Form1.vb)

```
' 配列とFor文を使ったコード
Private balls As Ball()                 ' ボールを管理
Private ballCount As Integer = 5 - 1    ' ボールの数 (0から始まるため1つ減らした数)
balls = New Ball(ballCount) {}
For i As Integer = 0 To ballCount
    balls(i) = New Ball(mainPictureBox, brushes(i), kanjis(i))
Next
For i As Integer = 0 To ballCount
    balls(i).PutCircle(rndX, rndY)      ' 新しい位置にボールを描く
Next
For i As Integer = 0 To ballCount
    balls(i).Move()
Next
```

単純に配列を使っただけでは、変数の数が減る以外のメリットはありませんが、**Forループ文**を使うと、かなりスッキリしますね。ボールの色と漢字を指定するコードも、brushes(i), kanjis(i)といった感じで、配列にしておくことで、プログラムがスッキリします。

この時点で動かしてみたい方は、brushes(i), kanjis(i)を仮に、Brushes.LightBlue, "荻"としてください。brushes(i), kanjis(i)は、後ほど実装します。

そのほかにも、面白くなかった部分を改良するために**Randomクラス**を利用するとよさそうですね。上のPictureBoxコントロールで正解のボールと同じ色をクリックすると、正解を判定する処理も必要です。

また、再スタートの処理も必要です。そのあたりを考慮する必要があります。すでに作成したものも含め、イベントハンドラではない独自のメソッドで必要なイベントは、以下のようになります。

- **上の画面(SelectPictureBox)に円を描くメソッド**
- **下の画面(MainPictureBox)に描画するメソッド**
- **配列の初期化、画面の初期設定を行うメソッド**
- **ボールのインスタンスの作成とランダムな位置にボールを描くメソッド**
- **引数の位置を利用してランダムにボールを描く**

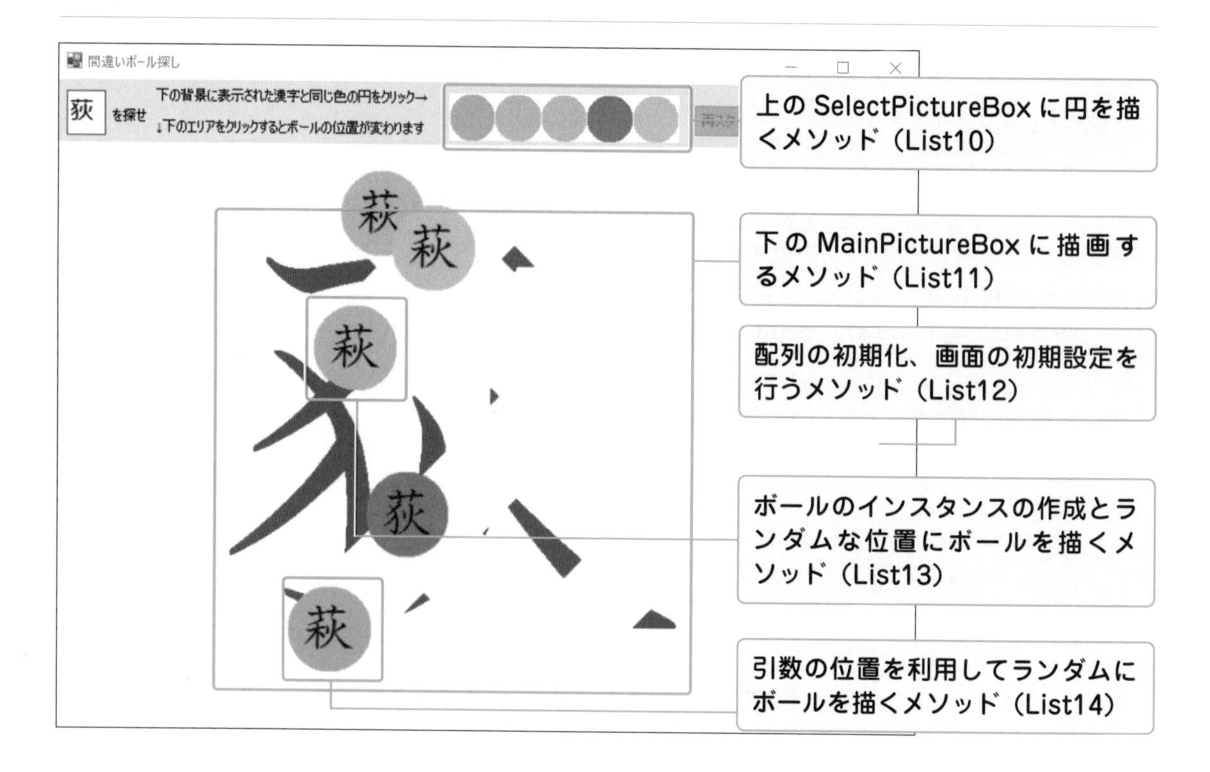

最初の2つのメソッドは、すでにありますが、複数の図形に対応できるように改良しました。　　　　の部分は、すでに作成した部分です。

まずは、Form1.vbのFormBallGameクラスにクラス共通の変数を書きます。各種配列の宣言もここで行います。なお、表示するフォント名は、みなさんのパソコンにインストールされているフォントの名前となります。

List 9 サンプルコード（クラス共通の変数の実装：Form1.vb）

```
Public Class FormBallGame
    ' クラス共通の変数
    Private canvas As Bitmap                ' 画面下の描画領域
    Private balls As Ball()                 ' ボールを管理
    Private kanjis As String()              ' ボールに描く漢字の配列
    Private brushes As Brush()              ' ボールを塗る色の配列
    Private fontName As String = "HG教科書体"    ' 表示する漢字のフォント名
    Private correctText As String = "荻"         ' 正解の文字：1つだけ
    Private mistakeText As String = "萩"         ' 間違いの文字：ボールの個数分、並ぶ
    Private circleText As String = "○"           ' 正解した場合背景の文字を○にする
    Private nowTime As Double = 0           ' 経過時間
```

```
    Private ballCount As Integer = 5 - 1 ' ボールの数 (0から始まるため1つ減らした数)
    Private randomResult As Integer = 0  ' 正解の番号:0～ボールの数のいずれか

    ' ここに [List10] 以降のコードが入る

End Class
```

List10は、上のSelectPictureBoxに円を描く**DrawCircleSelectPictureBox()メソッド**を定義するコードです。　　　　の部分は、自動で記述される部分と、既に実装した部分です。

List 10 サンプルコード（上のSelectPictureBoxに円を描くメソッド：Form1.vb）

```
' 上のSelectPictureBoxに円を描く
Private Sub DrawCircleSelectPictureBox()
    Dim height As Integer = selectPictureBox.Height    ' 高さ
    Dim width As Integer = selectPictureBox.Width      ' 幅
    Dim selectCanvas As Bitmap = New Bitmap(width, height)
    Using g As Graphics = Graphics.FromImage(selectCanvas)
        For i As Integer = 0 To ballCount                                  ❶
            g.FillEllipse(brushes(i), i * height, 0, height, height)       ❷
        Next
        selectPictureBox.Image = selectCanvas
    End Using
End Sub
```

表5-41：List10のコード解説

No.	コード	説明
❶	`For i As Integer = 0 To ballCount`	ボールの個数（ballCount）分ループします。 0から始まる関係で5個のボールを扱う場合、0,1,2,3,4で5個になるため、ballCountはあらかじめ1を引いた数にしています
❷	`g.FillEllipse(brushes(i), i * height, 0, height, height)`	Forループ文の変数の変化を利用してボールを描いています。ボールの幅と高さが同じheightで、書く位置のX座標がheightの倍数になっています。そのように描くことで、X座標の方向に綺麗に並んで表示されます

List11は、下のmainPictureBoxに描画する**DrawMainPictureBox()メソッド**を定義するコードです。DrawMainPictureBox()メソッドの引数をさらに1つ追加し、3つとします。　　　　の部分は、自動で記述される部分と、既に実装した部分です。

List 11 サンプルコード（下のPictureBoxに描画するメソッド：Form1.vb）

```
' 下のPictureBoxに描画する
' [List3]のコードから引数を追加し、それを利用ています。
'   第1引数：ブラシの色
'   第2引数：背景の文字のフォント
'   第3引数：背景の文字
Private Sub DrawMainPictureBox(color As Brush, font As String, text As String,
trueFlag As Boolean)
    Dim height As Integer = mainPictureBox.Height ' 高さ
    Dim width As Integer = mainPictureBox.Width ' 幅
    ' 描画先とする Imageオブジェクトを作成する
    If canvas Is Nothing Then
        canvas = New Bitmap(width, height)
    End If
    Using g As Graphics = Graphics.FromImage(canvas)
        If trueFlag Then
            g.FillRectangle(Drawing.Brushes.LightPink, 0, 0, width, height)
        Else
            g.FillRectangle(Drawing.Brushes.White, 0, 0, width, height)
        End If
        ' 背景に文字列を描画する
        g.DrawString(text,
            New Font(font, height - height / 4),
            color, 0, 0, New StringFormat())
        ' mainPictureBoxに表示する
        mainPictureBox.Image = canvas
    End Using
End Sub
```

表5-42：List11のコード解説

No.	コード	説明
❶	`If canvas Is Nothing Then canvas = New Bitmap(width,height) End If`	複数回、呼ばれることを想定しています。最初の1回は変数canvasがまだありませんので、Nothing*になります。2回目以降に呼ばれたときは、Nothingではないので、canvasの値はそのまま使います。この処理がない場合、毎回新しいインスタンス（新しいキャンバス）を用意してしまうので、以前の描画が消えてしまいます
❷	`If trueFlag Then`	第3引数の値がTrueのときは、正解用に背景をライトピングにします。それ以外のときは白にしています
❸	`g.DrawString(text, New Font(font, height - height / 4), color, 0, 0, New StringFormat())`	引数で指定した文字（Text）と文字の色（color）で文字を描画します。画面中央に綺麗に表示させたい為、フォントサイズを微調整して「height - height / 4」としました

List12は、配列の初期化、画面の初期設定を行うInitGraphics()メソッドメソッドを定義するコードです。

List 12 サンプルコード（配列の初期化、画面の初期設定を行うメソッド：Form1.vb）

```
' 配列の初期化、画面の初期設定を行う
Private Sub InitGraphics()
    brushes = New Brush(ballCount) {}
    kanjis = New String(ballCount) {}
    balls = New Ball(ballCount) {}
    ' ブラシの色の設定
    ' 色の詳細はこちら： https://developer.mozilla.org/en-US/docs/Web/CSS/color_value
    brushes(0) = Drawing.Brushes.LightPink
    brushes(1) = Drawing.Brushes.LightBlue
    brushes(2) = Drawing.Brushes.LightGray
    brushes(3) = Drawing.Brushes.LightCoral
    brushes(4) = Drawing.Brushes.LightGreen
    ' 上のImageオブジェクト
    DrawCircleSelectPictureBox()
    ' 下のImageオブジェクト
    DrawMainPictureBox(Drawing.Brushes.Gray, fontName, correctText, False)
    restartButton.Enabled = False ' 再スタートボタンを操作できないようにする
    textHunt.Text = correctText
End Sub
```

*Nothing　まだまったく何も値が入っていない状態を表す概念。「ナッシング」と呼ぶ。

表5-43：List12のコード解説

No.	コード	説明

❶	`brushes = New Brush(ballCount) {}`
	`kanjis = New String(ballCount) {}`
	`balls = New Ball(ballCount) {}`
		ボールを塗る色（Brush）とボールの上に描く文字列（String）とBallクラスをまとめて扱うための配列の宣言です。それぞれ、ballCountの個数分の入れ物を用意しています。この時点では、入れ物が個数分用意されただけで、中身はまだ入っていません

❷	`brushes(0) = Drawing.Brushes.LightPink`	ボールを塗る色（Brush）のインスタンス（実体）に色を設定しています。配列の宣言でballCount、つまり5個の入れ物を用意したので、0～4の番号が指定できます。Brushes(0)なので、0番目のbrushesにライトピンクを設定しています。なお、Brushクラスに色を塗るときは、「Brushes.色の名前」（色の詳細*）となります。
❸	`DrawMainPictureBox(Drawing.Brushes.Gray, fontName,correctText, False)`	下のMainPictureBoxに描くメソッドに引数を追加して呼んでいます。引数で渡している情報は、灰色、正解の文字列、背景は白（まだ正解ではない）です
❹	`restartButton.Enabled = False`	**Enabledプロパティ**は、Falseに設定するとコントロールが見えているけど操作できない状態になります。元の操作できる状態に戻すにはTrueにします

List13は、ボールのインスタンス作成とランダムにボールを描く**SetStartPosition()メソッド**を定義するコードです。

List 13 サンプルコード（ボールのインスタンス作成とランダムにボールを描くメソッド：Form1.vb）

```
' ボールのインスタンスの作成とランダムな位置にボールを描く
Private Sub SetStartPosition()
    ' 漢字の設定
    For i As Integer = 0 To ballCount
        kanjis(i) = mistakeText ' 間違いの文字をセット
    Next
    randomResult = New Random().Next(ballCount) ' ボールの数分の乱数を取得
    kanjis(randomResult) = correctText ' 正解の文字の文字をセット
    ' ボールクラスのインスタンス作成
    For i As Integer = 0 To ballCount
        balls(i) = New Ball(mainPictureBox, brushes(i), kanjis(i))
    Next
    ' ランダムな位置にボールを描く
    Dim rndXMax As Integer = mainPictureBox.Width
```

*色の詳細　色の詳細は「Colors by Name」(https://developer.mozilla.org/en-US/docs/Web/CSS/color_value)を参照してください。

```
    Dim rndYMax As Integer = mainPictureBox.Height
    SetBalls(New Random().Next(rndXMax), New Random().Next(rndYMax)) ' [List 14で作成]
    ' タイマーをスタートさせる
    nowTime = 0
    Timer1.Start()
End Sub
```

表5-44：List13のコード解説

No.	コード	説明
❶	For i As Integer = 0 To ballCount kanjis(i) = mistakeText Next	文字列の配列(kanjis)の0番目から間違いの文字(mistakeText)を設定しています。まず間違いの文字を全体に設定して、ランダムに正解の文字を1つ入れる方法は、5.4節と同様ですね
❷	randomResult = New Random(). Next(ballCount)	ボールの数の分の範囲の乱数を取得し、randomResultに設定しています。5.4節では、間にRandomクラスのインスタンス変数を用いて2行で書いていましたが、このように1行で書くこともできます
❸	For i As Integer = 0 To ballCount balls(i) = New Ball(mainPictureBox, brushes(i), kanjis(i)) Next	ボールクラスのインスタンスを作成しています。Forループ文を利用して、0番目のインスタンスからBallクラスの引数を4つ伴うコンストラクタを呼んでいます。これにより、ボールクラスのインスタンスの0番目(balls(0))には、下の画面のmainPictureBox、下の画面のcanvas、0番目の色、0番目の漢字の文字列が設定されます。ループ変数を利用しているので、この0の値が0,1,2…とballCountで設定した値まで変化します。
❹	Dim rndXMax As Integer = mainPictureBox.Width Dim rndYMax As Integer = mainPictureBox.Height SetBalls(New Random().Next(rndXMax), New Random().Next(rndYMax))	SetBalls()メソッドは、指定した位置にボールを設定するメソッドです。毎回、異なる位置を基準にしたいので、乱数を渡しています。SetBalls()メソッドの第1引数には、下の画面の横幅を最大値とした範囲で乱数を作成して渡しています。第2引数には、下の画面の縦の長さを最大値とした範囲で乱数を作成して渡しています

List14は、引数の位置を利用してランダムにボールを描くコードです。

List 14 サンプルコード(引数の位置を利用してランダムにボールを描く：Form1.vb)

```
' 引数の位置情報を利用してランダムにボールを描く
Private Sub SetBalls(x As Integer, y As Integer)
    Dim rndXMax As Integer = mainPictureBox.Width
```

```
    Dim rndYMax As Integer = mainPictureBox.Height
    Dim rndX As Integer
    Dim rndY As Integer
    For i As Integer = 0 To ballCount
        rndX = New Random(i * x).Next(rndXMax)
        rndY = New Random(i * y).Next(rndYMax)
        balls(i).DeleteCircle()          ' 以前のボールを削除
        balls(i).PutCircle(rndX, rndY)   ' 新しい位置にボールを描く
    Next
End Sub
```

表5-45：List14のコード解説

No.	コード	説明
❶	rndX = New Random(i * x).Next(rndXMax)	Forループ文を使って、ボールの数分のランダムな値を生成します。Forループ文の中にNew Random().Next(rndXMax)と書いてしまうと、すべてのボールが同じ位置になります。実はRandomは今の時間の情報を基にして値を生成しているため、同じ時間の情報がもとになり同じ値が生成されてしまいます。それを防ぐために、乱数の種をRandomクラスのコンストラクタに指定することができます。ループ変数を利用して、種の値が同じにならないようにしています。乱数の範囲は画面の範囲内にボールが収まるようにしています
❷	balls(i).DeleteCircle()	以前の位置のボールを削除しています。複数のボールがありますが、ボールのインスタンス側が情報を持っているため、処理をお願いする側は、ボールのインスタンスの番号を指定するだけです。このように詳しい処理はクラス側にお任せすることができて、コードが簡単になるのがクラスを使うメリットです
❸	balls(i).PutCircle(rndX, rndY)	❷で計算した新しい位置にボールを描きます

ここまでで、複数のボールに対応した独自のメソッドの処理の実装が完了しました。最後に、Formクラスのイベントハンドラを複数のボールに対応した処理に書き換えれば完成となります。あと一息ですね。　　　　の部分は、自動で記述される部分です。

List 15 サンプルコード（FormBallGameクラスの実装：Form1.vb）

```
Public Class FormBallGame
    '（クラス共通の変数は List 9 に記載済のため省略します）

    '-------------------------------------------------------------------
    ' イベントハンドラ
    '-------------------------------------------------------------------
    ' フォームが起動した時（Load時）、呼ばれるイベントハンドラ
    Private Sub FormBallGame_Load(sender As Object, e As EventArgs) Handles MyBase.Load
        InitGraphics()
        SetStartPosition()
    End Sub

    ' 再スタートボタンが押された時、呼ばれるイベントハンドラ
    Private Sub RestartButton_Click(sender As Object, e As EventArgs) Handles
RestartButton.Click
        InitGraphics()
        SetStartPosition()
    End Sub

    ' 上のピクチャーボックスが押された時、呼ばれるイベントハンドラ
    Private Sub SelectPictureBox_MouseClick(sender As Object,
            e As MouseEventArgs) Handles selectPictureBox.MouseClick
        ' 再スタートボタンが操作可能な場合は何もせずに処理終了
        If (restartButton.Enabled) Then
            Exit Sub
        End If
        ' 押されたX座標で正解判定
        ' <判定> 押されたボタンがマウスの左ボタン？
        If (e.Button = MouseButtons.Left) Then
            ' どの円を選択したかを計算で算出（クリックしたX座標の位置/PictureBoxの横幅）
            Dim selectCircle As Integer = e.X / selectPictureBox.Height
            If (randomResult = selectCircle) Then
                Timer1.Stop()
                DrawMainPictureBox(Drawing.Brushes.Red, fontName, circleText, True)
                restartButton.Enabled = True ' 再スタートボタンを操作可能に
```

中級編 Chapter 5

```
        Else
            DrawMainPictureBox(Drawing.Brushes.Red, fontName, correctText, False)
            ' 移動の割合を減少させる
            For i As Integer = 0 To ballCount
                balls(i).pitch = balls(i).pitch - balls(i).pitch / 2
            Next
            nowTime = nowTime + 10 ' ペナルティー
        End If
    End If
End Sub

' 下のピクチャーボックスが押された時、呼ばれるイベントハンドラ
Private Sub MainPictureBox_MouseClick(sender As Object,
            e As MouseEventArgs) Handles mainPictureBox.MouseClick
    ' 再スタートボタンが操作可能な場合は何もせずに処理終了
    If (restartButton.Enabled) Then
        Exit Sub
    End If
    SetBalls(e.X, e.Y) ' マウスをクリックした位置にボールをセット
End Sub

' タイマーが動いている時、呼ばれるイベントハンドラ
Private Sub Timer1_Tick(sender As Object, e As EventArgs) Handles Timer1.Tick
    For i As Integer = 0 To ballCount
        balls(i).Move()
    Next
    nowTime = nowTime + 0.02
    textTimer.Text = nowTime.ToString("0.00")
End Sub
End Class
```

表5-46：List16のコード解説

No.	コード	説明
❶	`InitGraphics()`	「フォームが起動したとき」と「再スタートボタンが押されたとき」でやりたい処理は「ボールをランダムな位置に置く」ことなので、同じ処理になります。同じ処理を何度も書くと効率が悪いため、サブルーチンにして呼び出しています。「配列の初期化、画面の初期設定を行うメソッド」と「ボールのインスタンスの作成とランダムな位置にボールを描くメソッド」をこの順番で呼び出しています

❷	`If (RestartButton.Enabled) Then`
	`Exit Sub`
	`End If`
		RestartButtonのEnabledプロパティの値がTrueのとき、このメソッドを終了します。メソッドの途中にExit Subを書くとそこでメソッドを終了させることができます。正解判定が出た後、操作できないようにしています。SelectPictureBox_MouseClickイベントハンドラとMainPictureBox_MouseClickイベントハンドラで同じ処理なのですが、メソッドを終了させる処理はサブルーチンでは実現できないため、2か所にそのまま処理を書いています

❸	`If (e.Button = MouseButtons.Left) Then`	マウスのどのボタンを押したかの判定をしています。5.2節の「付箋メモ」で実装しましたね
❹	`Dim selectCircle As Integer = e.X / selectPictureBox.Height`	上のselectPicrureBoxをマウスでクリックしたときの横の位置（X座標）から、どのボールを選択したかを計算で算出します。円なので1つのボールの高さ（Height）と幅が同じです。マウスの位置がボール何個分なのか、という単純な割算で判定できます。詳しくは、次ページで解説します
❺	`If (randomResult = selectCircle) Then`	ランダムで正解に設定した値randomResultと、先ほど計算で算出した選択したボールの番号が一致していれば、正解のボールが選ばれたことになります

❻	`Timer1.Stop()`
	`DrawMainPictureBox(Drawing.Brushes.Red, fontName,circleText, True)`
	`RestartButton.Enabled = True`
		正解した場合の一連の処理です。時間計測を止めます。赤い色で正解を示す円を背景に描きます。第3引数にTrueを渡して、正解の処理を依頼しています

❼	`DrawMainPictureBox(Drawing.Brushes.Red, fontName,correctText, False)`	不正解の場合の処理です。背景を赤で塗った、正解の文字を表示します。第3引数にFalseを渡して不正解の処理を依頼しています
❽	`balls(i).pitch = balls(i).pitch - balls(i).pitch / 2`	Ballクラスのボールの移動の割合（pitch）が公開されているので、直接書き換えます。今の速度の半分になるようにしています。あえて引き算の計算をしているのは、最低でもpitchの値が1になるようにするためです（例：Integer型の演算に関して、1-1/2は1になりますが、1/2は0になります）

❾	`SetBalls(e.X, e.Y)`	マウスをクリックした位置の横の位置(e.X)と縦の位置(e.Y)をSetBalls()メソッドに渡して、その位置を種にしてボールの個数分ランダムにボールを再度、描画します
❿	`balls(i).Move()`	i番目のボールクラスのインスタンスでMov処理を実行しています。これにより、i番目のボールが動く処理が実行されます。ループ文により0番目から順番に実行されます

❹の「Dim selectCircle As Integer = e.X / selectPictureBox.Height」の考え方を図にしてみます。

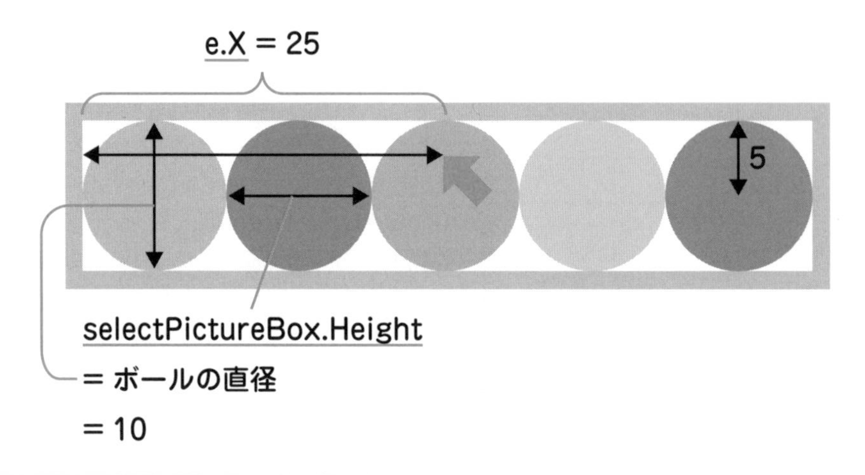

図5-33：ボールの直径の考え方

> ①まず、計算しやすいように、ボールの半径を5とします。
> ②ボールの半径が5の場合、直径は「5×2=10」ですね。
> ③ボール1つの横幅も10です。
> ④マウスのX座標が25の場合、図を見て、3個目のボールだと雰囲気でわかりますね。
> ⑤実際に計算してみると、「selectCircle = e.X / SelectPictureBox.Height」➡「25/10」➡「2」となります（Integer型の計算結果であるため）。
> ⑥Visual Basicの配列の要素(( )の中の数字)は、先頭が0から始まります➡selectCircleは2という値ですが、0,1,2の順で3番目ということになります。

●手順⑨　動かしてみる

ツールバーの［開始］ボタンをクリックして、間違いボール探しゲーム」アプリケーションを実際に動かしてみましょう。正しい動作をしているかどうかを確認するには、手順❶で書いた特徴の通りに動いているかをチェックするとよいですね。

以下の表5-47にチェック項目を挙げますので、同じようにチェックしてみてください。

表5-47：「間違いボール探しゲーム」アプリのチェック項目

「間違いボール探しゲーム」の特徴	実行したときの画面	コメント	チェック結果
開始するとランダムにボールが飛び交っている	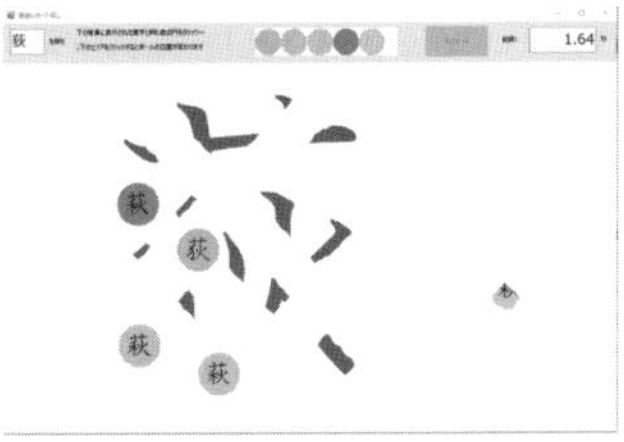	・ボールが5個 ・あまり重なっておらずランダムな位置にある ・いきなりボールがうごきまわっている ・タイマーもカウントされている	OK?
壁に当たると跳ね返る	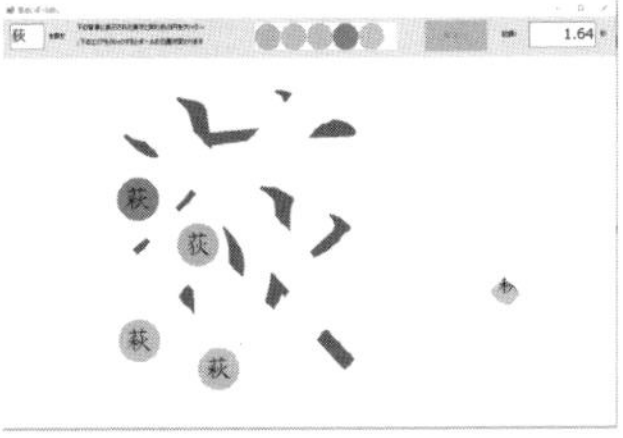	・ボールの動きを見ると壁で跳ね返っている ・タイマーがカウントされている	OK?
発見するまでの秒数がカウントされる	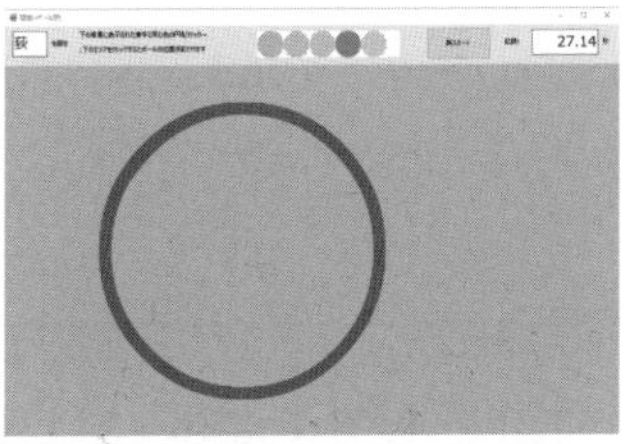	タイマーがカウントされている	OK?
正解の文字の場所がランダムに表示されている	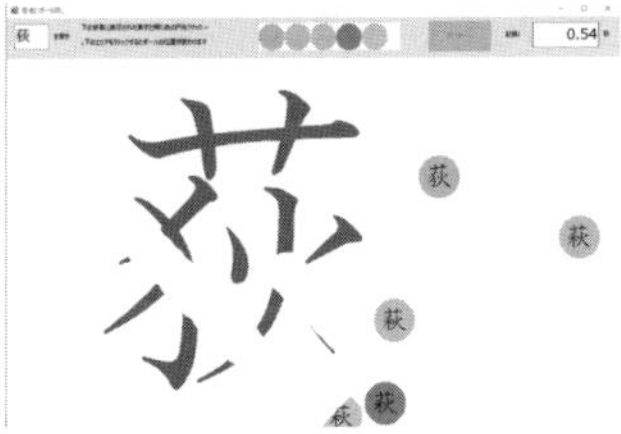	・何度か実行して確認 ・正解の文字の色が毎回異なっている ・ボールの開始位置が毎回異なっている	OK?
飛び交うボールの色と同じ色のボールが画面上部に配置されている	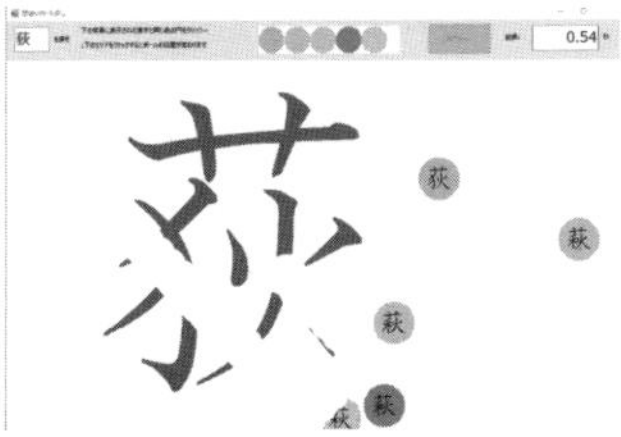	画面上部のボールの色と画面下部のボールの色が同じ	OK?

画面下部の間違った色と同じ色の画面上部のボールをクリックすると、ボールの移動速度が遅くなる		・間違うと背景に赤字で正解の文字が表示される ・画面下部の移動しているボールの移動速度がすべて遅くなる ・5つのボールの移動速度は体感的に同じ ・連続して何度も間違えてもボールは止まらない	OK?
間違ったボールをクリックすると10秒加算される		・タイマーの動作に着目し、画面上部の間違った色のボールをクリック ・感覚的にタイマーの値が10増えている	OK?

いかがでしたでしょうか？　Windowsフォームで図形を描写したり、その図形を動かすことができましたね。
ここまでできるようになってくると、いろいろ改良してみたくなると思います。どんどん改良してみてください。

練習1

正解の文字を「崎」、間違いの文字を「﨑」（右上が「大」ではなく、「立」になっています）にしてみてください（もう一人の作者の宮崎さんにちなんでいます）。

練習2

ボールを7つに増やしてみてください。Form1.vbのballCountを7に変更するだけですと、うまく動作しません。ヒントは、ボールの色の追加すること、画面上部のPictureBoxコントロールの横幅をボール2個分拡張することです。

練習3

Graphics ClassをMSDNで調べたりして、円以外の図形でも試してみてください。まだまだ余裕のある方は、色違いの魚の絵を取り込んでも面白いですね。

Column コード入力中や編集時に使えるショートカットキー②

コード入力中や編集時にコードエディター内で使える主なショートカットキーには、次のようなものがあります。

▼コードエディター内での操作

コマンド	ショートカットキー
IntelliSense候補提示モード	[Ctrl]＋[Alt]＋[Space] キー
IntelliSenseの強制表示	[Ctrl]＋[J] キー
クイックヒントの表示	[Ctrl]＋[K] キー、[I] キー
移動	[Ctrl]＋[,] キー
定義へ移動	[F12] キー
エディターの拡大	[Ctrl]＋[Shift]＋[>] キー
エディターの縮小	[Ctrl]＋[Shift]＋[<] キー
ブロック選択	[Alt] キーを押したままマウスをドラッグ、 [Shift]＋[Alt]＋[方向] キー
行を上へ移動	[Alt]＋[Up] キー
行を下へ移動	[Alt]＋[Down] キー
定義をここに表示	[Alt]＋[F12] キー
[定義をここに表示] ウィンドウを閉じる	[Esc] キー
コメントアウト	[Ctrl]＋[K] キー、[C] キー
コメント解除	[Ctrl]＋[Kキ] キー、[U] キー

8 復習ドリル

7つのアプリケーションを作ったChapter5の理解を深めるためにドリルを用意しました。

●ドリルにチャレンジ！

以下の1～23までの空白部分を埋めてください。

1 以下は、アプリケーションの作成の流れです。

手順❶ 完成イメージを［　　　］に描いて、画面に対する［　　　］を書いてみる。
手順❷ VS Community 2019で、手順①の絵のように［　　　］を作成する。
手順❸ 画面の［　　　］を設定する。
手順❹ ［　　　］を書く。
手順❺ 動かしてみる。
手順❻ ［　　　］する。

2 VS Community 2019で、新しくWindowsフォームアプリケーションを作成するには、［ファイル］メニューから［　　　］を選び、［新しいプロジェクト］ダイアログボックスのテンプレートから［　　　］を選ぶ。

3 時間を数えるために使うコントロールは、［　　　］コントロールを使うとよい。このコントロールで、1秒おきにイベントを発生させたい場合は、Intervalプロパティの値を［　　　］にする。

4 以下は、タイマーをスタートさせるコードです。

```
TimerControl.[　　　]()
```

5 以下は、タイマーを終了させるコードです。

```
TimerControl.[　　　]()
```

6 背景色を設定するコントロールは、ツールボックスのダイアログを展開した中にある［　　　］コントロールを使う。

7 TextBoxコントロールを複数行表示させるには、TextBoxコントロールの［　　　　］プロパティを「True」に設定する。

8 Windowsフォームの外観を変えて付箋紙のようにしたい場合、［　　　　］プロパティを「None」に設定する。

9 Windowsフォームを半透明にしたい場合、［　　　　］プロパティを60～75％くらいに設定する。

10 Windowsフォームを常に一番前に表示したい場合、［　　　　］プロパティを「True」に設定する。

11 キーボードから文字を入力した場合に発生するイベントは、［　　　　］イベント。

12 マウスをクリックした場合に発生するイベントは、［　　　　］イベント。

13 マウスを移動した場合に発生するイベントは、［　　　　］イベント。

14 マウスをダブルクリックした場合に発生するイベントは、［　　　　］イベント。

15 次のコードは、KeyDownイベントで、押されたキーがjキーかどうかを判断するIf文のサンプルコードです。

```
If (e.KeyCode =[　　　　]) Then
End IF
```

16 次のコードは、MouseDownイベントで、押されたボタンがマウスの左ボタンかどうかを判断するIf文のサンプルコードです。

```
If (e.Button =[　　　　]) Then
End If
```

17 次のコードは、色の設定ダイアログを表示するサンプルコードです。

```
ColorDialogFusen.[　　　　]()
```

18 次のコードは、テキストボックスの背景色を色の設定ダイアログで選んだ色に設定するサンプルコードです。

```
TextFusenMemo.BackColor = ColorDialogFusen.[　　　　]
```

19 「C:¥VB2019_Application¥Chapter5-2」に保存した、Fusenアプリケーションの本体（.exeファイル）は、「C:¥VB2019_Application¥Chapter5-2¥Fusen¥［　　　　］¥Fusen.exe」にある。

20 日付を設定したい場合に便利なコントロールは、［　　　　］と［　　　　］の2つがあり、用途により使い分ける。

21 VS Community 2019では、コード以外の物を管理する場合、［　　　　］として管理することができる。

22 Visual Studioでは、オープンソース（OSS）として公開されているライブラリを簡単に探して利用する仕組みが備わっている。それが［　　　　］である。

23 ［　　　　］コントロールは、画面上に通知を行うコントロールである。

復習ドリルの答え

1 順番に、絵、機能、画面、値、コード、修正
2 順番に、新しいプロジェクト、Windowsフォームアプリケーション
3 順番に、Timer、1000
4 Start
5 Stop
6 ColorDialog
7 MultiLine
8 FormBorderStyle
9 Opacity
10 TopMost
11 KeyDown
12 MouseDown
13 MouseMove
14 MouseDoubleClick
15 Keys.Escape
16 MouseButtons.Left
17 ShowDialog
18 Color
19 bin¥Debug
20 順番にDateTimePicker、MonthCalendar
21 リソース
22 NuGet
23 NotifyIcon

イベントハンドラの
作成方法を覚えてる？

中級編　開発環境を使いこなそう！

Chapter 6

デバッグモードで動作を確認する

このChapter6では、デバッグの方法について解説します。自分で書いたプログラムが正しく動作しているかをきちんと確認できること、それが統合開発環境を使う理由の1つです。

このChapterの目標

- ✔ ブレークポイントを理解する。
- ✔ ステップ実行を理解する。
- ✔ ウォッチウィンドウが使えるようになる。
- ✔ エディットコンティニューを理解する。

ブレークポイントの設定

アプリケーションを作っていると、思った通りに動作しないことがあります。こういった場合に便利な機能がデバッグ機能です。本節ではデバッグ機能の基本的な使い方を解説します。まずは、デバッグ機能を使って、操作に慣れていきましょう。

●ブレークポイントって何だろう？

Chapter5でアプリケーションを実際に作成してみましたが、うまく動作したでしょうか？　もしかすると、うまく動作しなかった部分もあるかもしれません。

本書のように、アプリケーションに少しずつ処理を追加していく場合、途中で動作がおかしくなったら、新しく追加した処理に不具合があることがわかります。

このように、プログラムのある部分の処理が正しく行われているか、誤っているかを確認するためには、**デバッグ機能**の**ブレークポイント**を使います。

ブレークポイントは、アプリケーションの実行中に特定の場所で一時的にアプリケーションを止めて、**変数**や**式**などの値を確認したい場合に使う機能です。また、アプリケーションの停止中に、変数や式などの値を任意に変更し、残りの処理を実行させることもできるようになっています。

このブレークポイントの機能により、アプリケーションをどのように実行した結果、おかしな動作をしているのかを確認することができます。

●ブレークポイントを使って動作を確認する

それでは、実際にブレークポイントを使ってみましょう。

まずは、ブレークポイントを設定して、アプリケーションの実行時に動作が一時停止する様子を見ます。Chapter5で作った「今日の占い」アプリケーションの「Form1.vb」をVisual Studio Community 2019（本章では、これ以降、VS Community 2019と略します）で開き、[占う] ボタンをダブルクリックして、ButtonUranaiStart_Click()イベントハンドラの部分を見てください。

このエディタの部分の左側に**グレーの縦長の領域**が確認できると思います。

例えば、「Select Case dateNumber Mod 5」の行の左側のグレー部分をクリックしてみてください。すると次の画面のように、**赤い丸印（グリフ）**が表示されることがわかると思います。これが、ブレークポイントとなります。

なお、ブレークポイントは、[F9] キーを押しても設定できます。

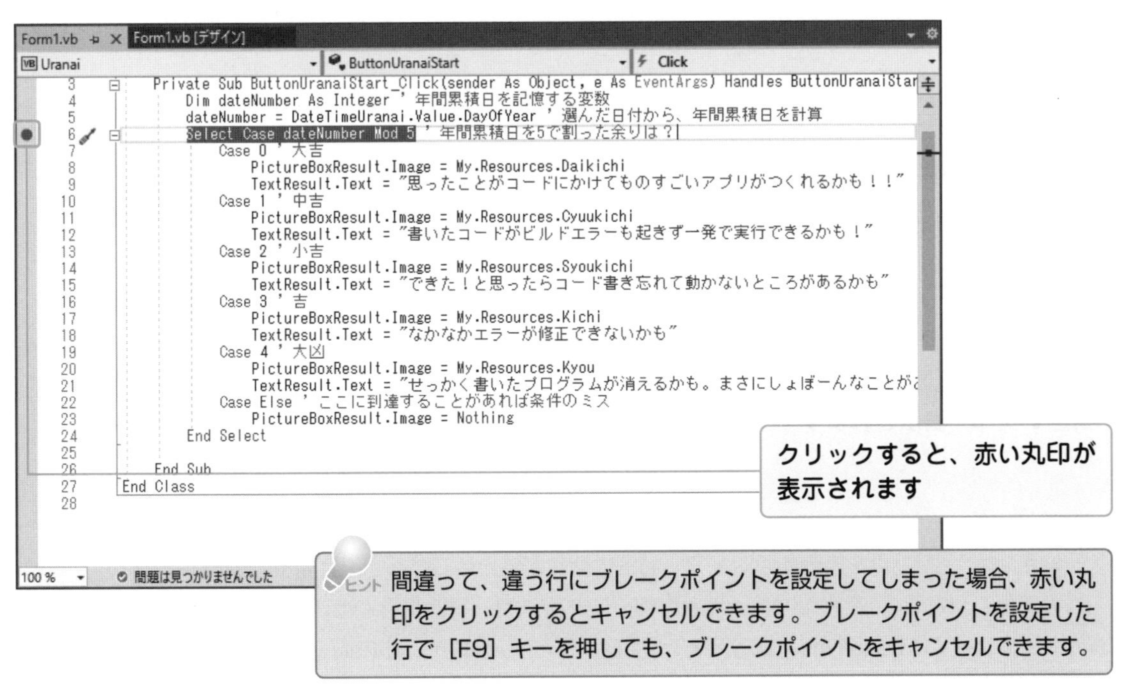

ヒント 間違って、違う行にブレークポイントを設定してしまった場合、赤い丸印をクリックするとキャンセルできます。ブレークポイントを設定した行で [F9] キーを押しても、ブレークポイントをキャンセルできます。

続いて［デバッグ］メニューから［デバッグの開始］を選択するか、あるいはツールバー上の緑の三角形の［開始］ボタンをクリックしてください。「今日の占い」アプリケーションが起動します。

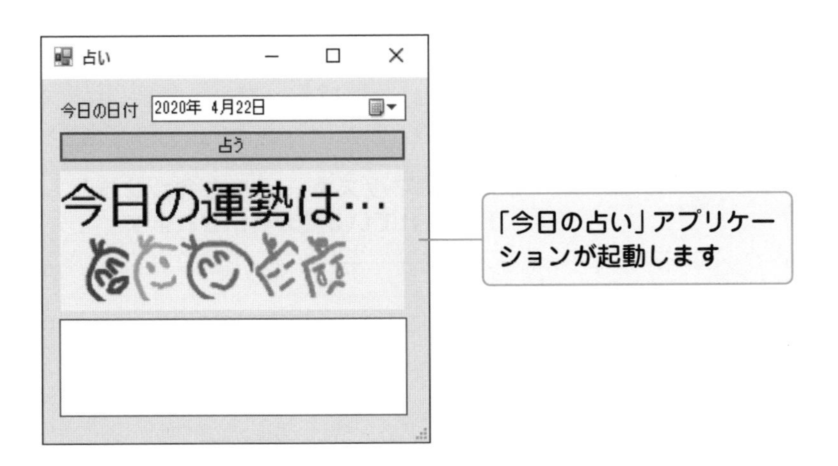

今日の日付で「2020年4月22日」を選択し、［占う］ボタンをクリックしてください。すると、占い結果が

表示されずに、VS Community 2019の画面が表示され、下記のような状態になります。

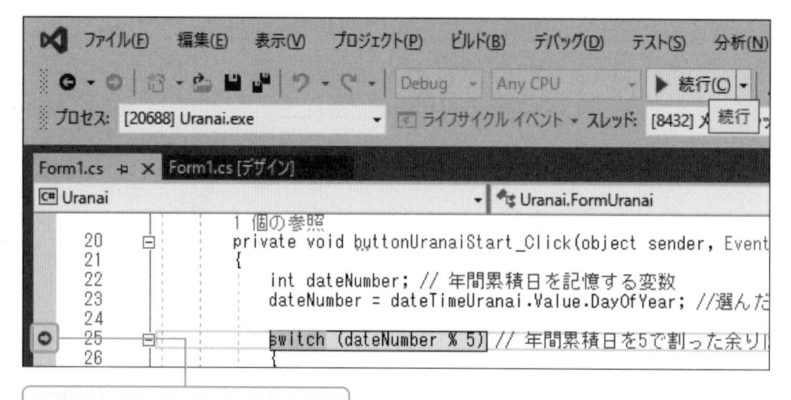

先ほどのブレークポイントの部分には、**黄色い矢印**が表示されています。このとき、「今日の占い」アプリケーションは、占い結果を表示する直前で一時的に動作が停止している状態となっています。

この状態で、例えば、変数dateNumberの部分にマウスカーソルを合わせてみてください。すると、マウスカーソルの近くに**DataTips**と呼ばれる小さなウィンドウが開き、「dateNumber 113」と表示されます。

変数dateNumberには、年間累積日が代入されています。4月22日は、1月1日から数えて113日経過しているので、113という数字になっています。念のために検算してみると、「31+29+31+22=113」ですね。

```
Form1.vb   Form1.vb [デザイン]
Uranai                                  ButtonUranaiStart
 3   Private Sub ButtonUranaiStart_Click(sender As Object, e As
 4       Dim dateNumber As Integer ' 年間累積日を記憶する変数
 5       dateNumber = DateTimeUranai.Value.DayOfYear ' 選んだ日付
 6       Select Case dateNumber Mod 5 ' 年間累積日を5で割った余り
 7           Case 0 ' 大    dateNumber | 113
 8               PictureBoxResult.Image = My.Resources.Daikichi
 9               TextResult.Text = "思ったことがコードにかけても
10           Case 1 ' 中吉
11               PictureBoxResult.Image = My.Resources.Cyuukichi
12               TextResult.Text = "書いたコードがビルドエラーも
```

変数にマウスカーソルを合わせると、代入されている値が表示されます

このようにブレークポイントを使うと、アプリケーションの実行時に任意の場所で一時的に停止し、そのときの変数や式などの値を確認することができます。

また、DataTipsに表示された変数や式などの値を、そのままここで変更することも可能です。

例として、Select~Case文による条件分岐が正しく実行されるかを確認してみましょう。変数dateNumberを5で割って、その余りが0~4以外になることはありえませんが、変数dateNumberを想定

外の値「-1」に設定して、アプリケーションの動作を確認します。

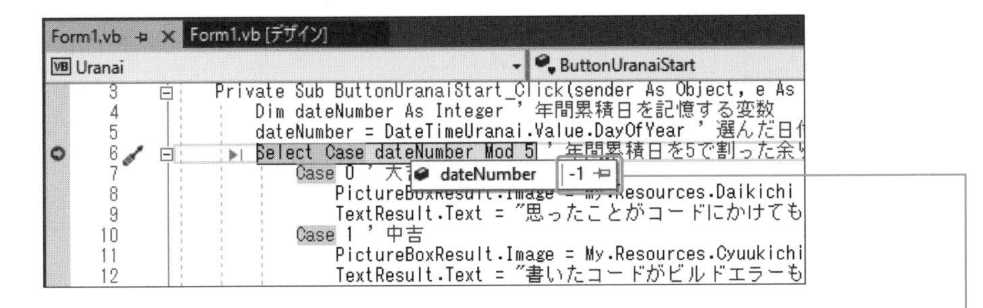

この部分で変数dateNumberの値を直接「-1」に変更できます

では、ブレークポイントで変数の値が本当に変更されたかどうかを確認してみましょう。

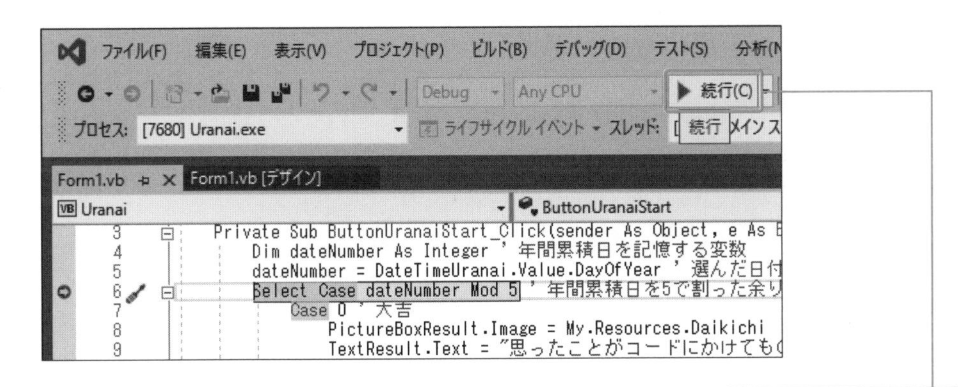

［続行］ボタンをクリックすると、後続の処理が実行されます

すると、変数dateNumberが「-1」の場合の条件分岐が実行されます。変数dateNumberが0〜4以外の場合、Select〜Case文による条件分岐は、次の**default文**を処理します。

```
default: ' ここに到達することがあれば条件のミス
  pictureBoxResult.Image = Nothing
```

default文の結果として、表示する「Image（画像データ）」には**Nothing（何もない）**という値が指定されています。そのため、条件分岐が正しく実行されると、画像データが何も表示されないという結果が予想されます。

また、詳しい結果のtextResult.Textにも値を設定していないため、下のエリアには文字が一切表示されないことが予想されます。それでは、実行結果を確認してみましょう。

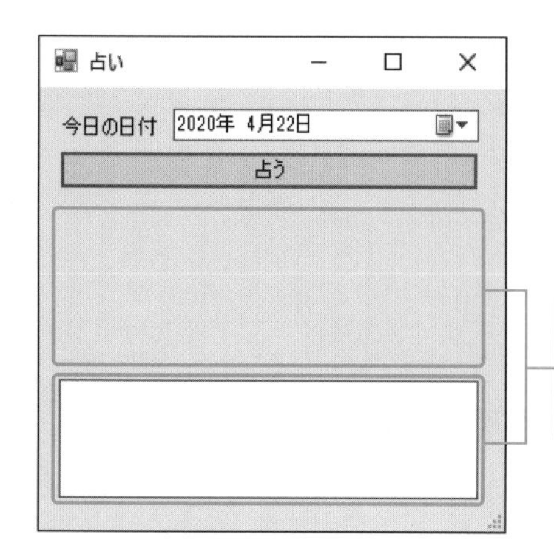

Tips ブレークポイントの付かない場所

ブレークポイントは、実行を停止する場所に設定することができます。このため、空白行やコメントだけの行などには設定できません。ただし、メソッドの終わりのEnd SubやEnd Functionに設定することは可能です。メソッドの戻り値を確認したい場合などに覚えておくと便利です。

まとめ

- **アプリケーションを修復する機能全般を「デバッグ機能」と呼び、一時停止する場所（赤丸を付けた場所）を「ブレークポイント」と言う。**
- **アプリケーションの動作がおかしい場合には、一時的に動作を止めて、変数や式などの値を確認したり、その値を変更したりして、その後の処理を継続することができる。**

用語のまとめ

用語	意味
デバッグ	アプリケーションの動作を一時的に停止し、変数や式などの値を確認したり、変更して続きを実行することにより、アプリケーションの不具合を解決する手助けをしてくれる機能のこと
ブレークポイント	デバッグ機能において、アプリケーションの動作を一時的に停止することを指定した場所

2 ステップ実行の活用

デバッグ時におかしな動作をする部分を発見したものの、はっきりとした場所がわからない場合に、1行ずつ実行して動作を確認することができます。この機能を「ステップ実行」と呼びます。

●ステップ実行って何だろう？

アプリケーションの実行中におかしなデータが表示されるなど、動作が不安定になった場合、**ブレークポイント**で変数や式などの値を確認して、どの場所で間違った処理が行われているかを確認できます。

しかし、ループ処理や条件分岐などの不具合を見つけるために、ブレークポイントを使って変数の値を逐次確認しながら、処理を確認していくのは大変です。

このような場合に利用するのが**ステップ実行**という機能です。ステップ実行は、ブレークポイントで一時的に停止しているアプリケーションのコードを1行ずつ実行していく機能です。

●ステップ実行を使って動作を確認する

では、実際にステップ実行の機能を見ていきましょう。

先ほどと同じ位置にブレークポイントを設定した状態で、「今日の占い」アプリケーションのデバッグを実行してください。今日の日付で「2019年7月2日」を選択し、［占う］ボタンをクリックします。

すると、先ほどと同じ状態で、一時的にアプリケーションが停止します。

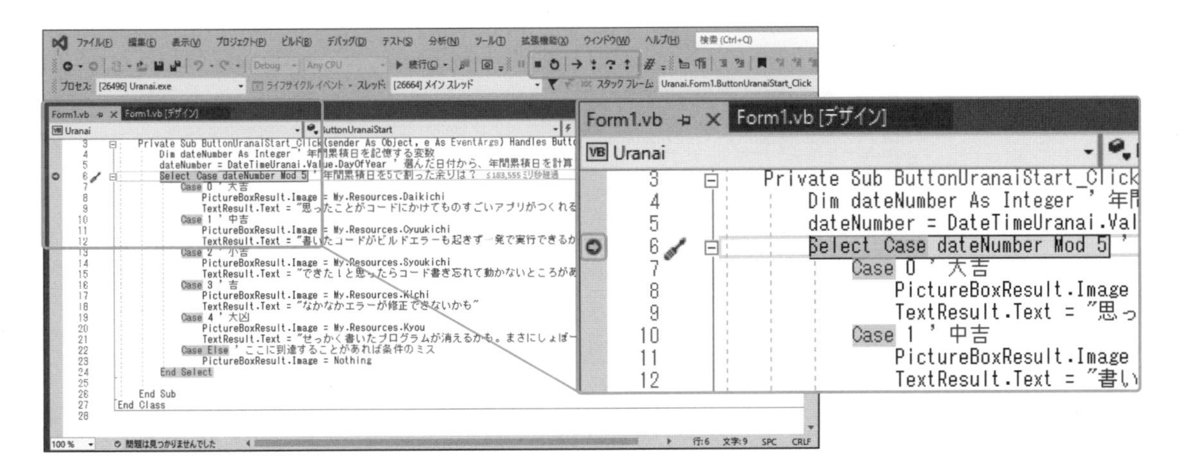

ここで注目してほしいのが、画面右上の四角で囲んだ部分です。以下に拡大してみました。

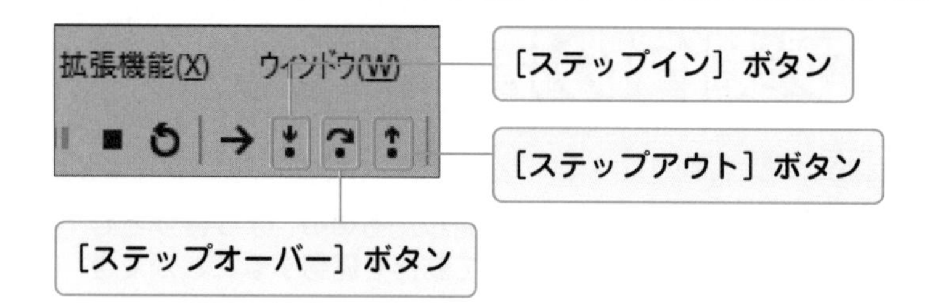

左から **[ステップイン] ボタン**、**[ステップオーバー] ボタン**、**[ステップアウト] ボタン**です。これらのボタンをクリックすることにより、アプリケーションを少しずつ実行することができます。

3つのボタンの動作は、それぞれ下の表6-1のようになります。

表6-1：ステップインボタン、ステップオーバーボタン、ステップアウトボタンの動作

ボタン名	動作
ステップイン	自分で作ったメソッド（関数）を呼び出している部分では、メソッドの中の処理に黄色の矢印が移動します。それ以外の場合では、次の行に黄色の矢印が移動します
ステップオーバー	次の行に黄色の矢印が移動します
ステップアウト	あるメソッド（関数）の残りの処理を実行した後、黄色の矢印がメソッドの呼び出し元で一時停止します

実際に [ステップオーバー] ボタンを1回クリックすると、以下のように実行が1行進みます。

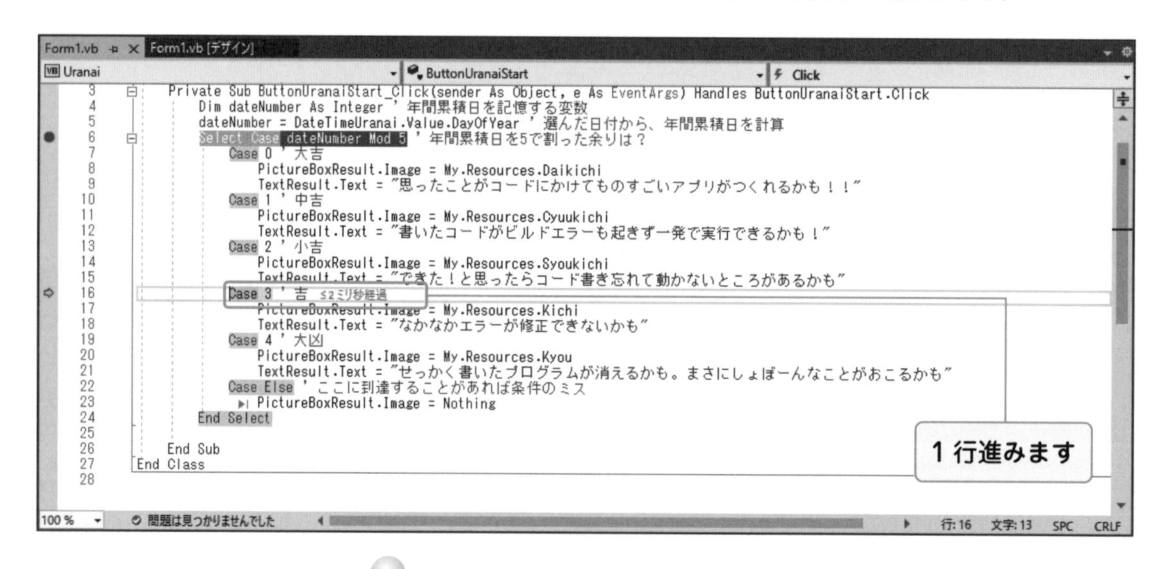

ヒント 1行だけ進んだはずなのに、ずいぶん先に進んだように見えますね。なぜでしょうか？　そのあたりを次のページで解説します。

最初、以下の行でアプリケーションが一時的に停止していました。

```
Select Case dateNumber Mod 5
```

この分岐先は、変数dateNumberを5で割った余りを示す値になります。現在、変数dateNumberの値が113なので、「113÷5 = 22、余り3」となり、黄色い矢印は、分岐先となる「case 3」の行に移動したのです。

textResult.Textの値を取得したい場合など、イコールの左辺の値を取得するには、現時点で実行している黄色い矢印の行の次の行を実行することで、その値を取得できます。

まとめ

◉ **アプリケーションを一時的に停止させて、変数や式の値を確認しただけでは問題がはっきりしない場合、ステップ実行で1行ずつ徐々に実行させることにより、問題点を発見することができる。**

用語のまとめ

用語	意味
ステップ実行	ブレークポイントで一時的に停止しているアプリケーションを一気に再開するのではなく、1行ずつ徐々に実行していく機能

3 ウォッチウィンドウの活用

ここまでアプリケーションを一時的に停止し、変数や式などの値や内容を確認する方法を見てきましたが、ループ処理などで、ある変数の値を定期的に確認したい状況があります。このような場合には、「ウォッチウィンドウ」を利用します。

●ウォッチウィンドウって何だろう？

アプリケーションを実行したときの変数の値を確認したい場合、コード上の変数にマウスカーソルを合わせると、DataTipsにその値が表示されるので、簡単に変数の値を確認できました。

しかし、多件分岐やループ処理など、1回の処理で変数の値が何度も変わる場合や、実行すると値が変わるような場合、毎回変化する変数の値を確認するには、どうすればいいでしょうか？　ステップ実行を行いながら、コード上の変数に毎回マウスカーソルを合わせても確認できますが、操作がとても複雑で面倒になります。

こういった場合に利用できる機能が**ウォッチウィンドウ**です。ウォッチウィンドウは、画面下の通知領域に表示され、変数や式などを評価し、同じ変数や式の値の変化を記録します。

また、ウォッチウィンドウにコード上の変数や式をドラッグして追加することもできます。ウォッチウィンドウに、任意の変数や式を登録すると、ステップ実行などで、実行された結果としての値がどう変更していくかがリアルタイムで表示されます。

●ウォッチウィンドウを使って動作を確認する

では、実際にウォッチウィンドウの機能を見ていきましょう。

先ほどと同じ位置にブレークポイントを設定した状態で、デバッグを実行します。「今日の占い」アプリケーションが起動するので、[占う] ボタンをクリックすると、先ほどと同じ状態で一時的にアプリケーションが停止します。

ここでも変数dateNumberの値を観察してみましょう。

まず、エディタ上のdateNumberを右クリックし、コンテキストメニューから [ウォッチの追加] を選択します。

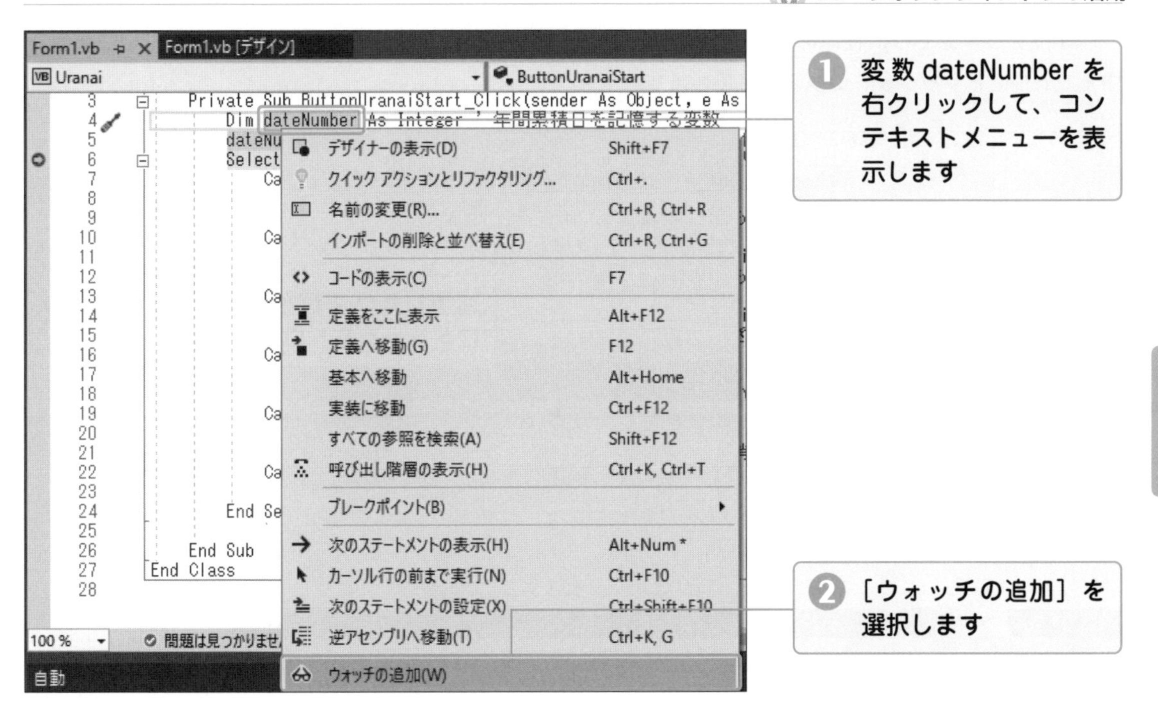

すると、ウォッチウィンドウがポップアップウィンドウとして別ウィンドウに表示されます。

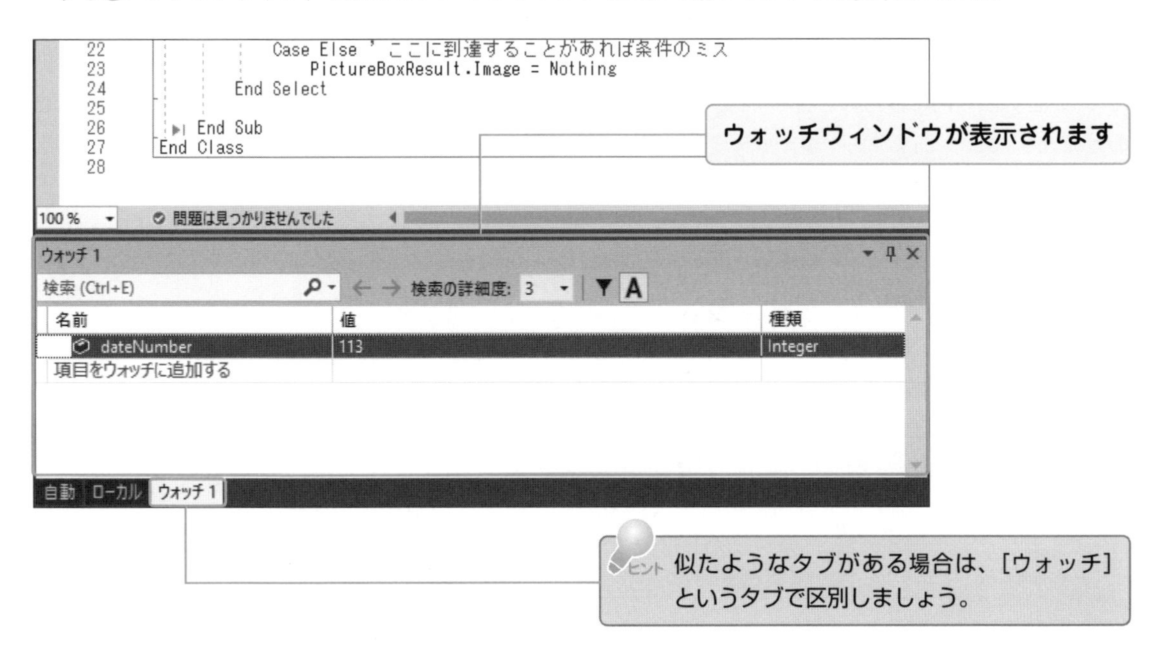

ウォッチウィンドウに変数や式を登録することもできます。ウォッチウィンドウに変数や式を登録すると、ステップ実行などで実行された結果として、変数や式の値がリアルタイムで表示されます。

ウォッチウィンドウに任意の変数を登録するには、コード上の追加したい変数を範囲選択し、ウォッチウィンドウにドラッグ&ドロップで追加します。

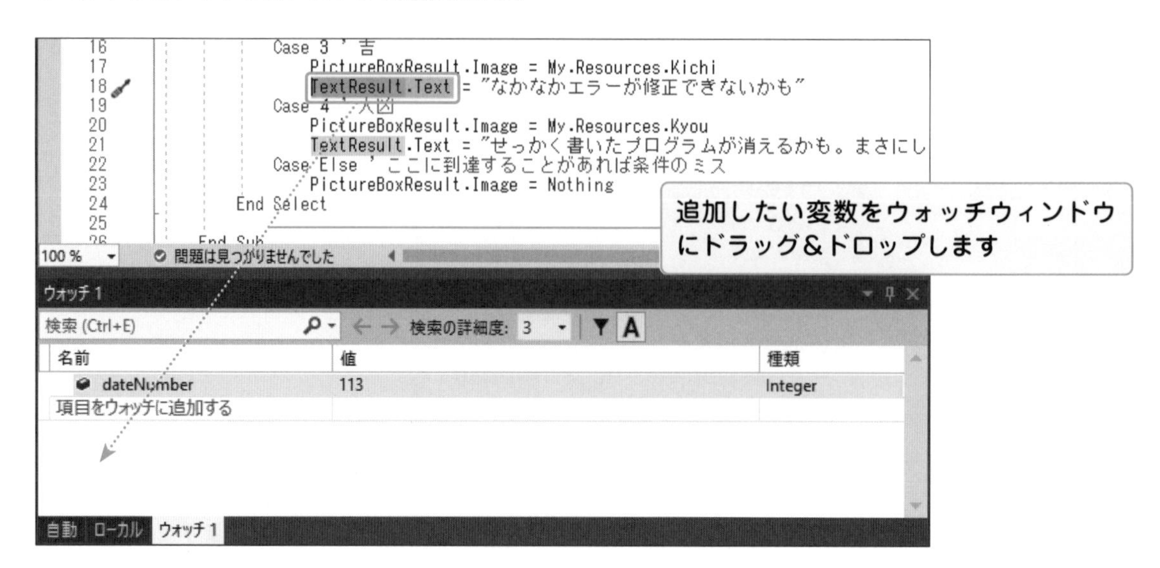

このように、ウォッチウィンドウを使うことで、変数の値がどう変更されていくか、さらにはどの場所で値が変な値になっているのかを確認できます。

なお、ウォッチウィンドウに登録された変数や式は、デバッグが終わってもそのまま残っています。そのため、次回の実行時に今日の日付を「2019年7月2日」に変更し、同じように操作すると、Select~Case文の分岐先が「case 3」になり、ウォッチウィンドウのtextResult.Textの値が「なかなかエラーが修正できないかも」に変わっていることが確認できます。

●クイックウォッチを使って動作を確認する

また、値を詳しく見ることができる**クイックウォッチ**という機能も便利です。

クイックウォッチを利用するには、まず値を表示したい変数や式を右クリックし、コンテキストメニューから［クイックウォッチ］を選択します。

するとクイックウォッチウィンドウが表示され、値の詳細を確認できます。

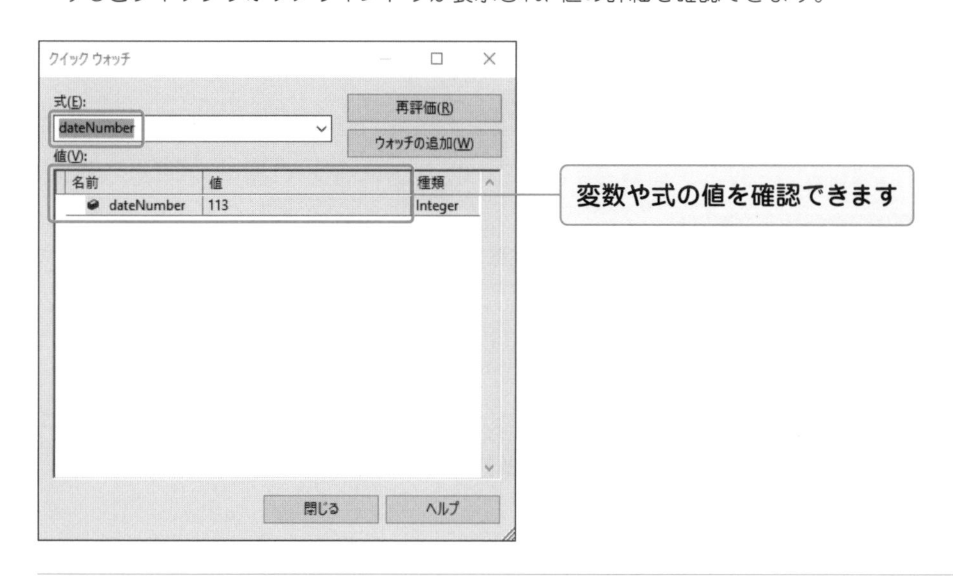

ドット区切りが多く、階層が深いメソッドやプロパティの値を調べる際に便利です。

クイックウォッチウィンドウやウォッチウィンドウでもインテリセンス*が使えます。

この機能を利用して様々なプロパティの値を観察すると、いろいろな発見があり、コードを書く力も養われます。

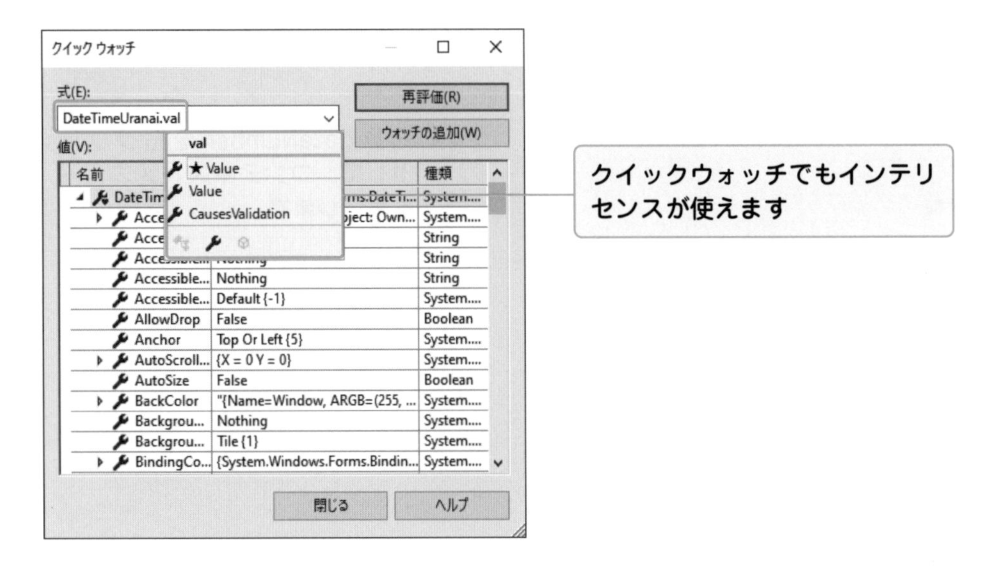

●データヒントを使って動作を確認する

ウォッチウィンドウよりも、手軽にデータを観察できる**データヒント**という機能も便利です。

この機能は、集中して観察したい変数や式を、付箋紙のようにコード上に貼り付けて、コメントも付けて確認できる機能です。デバッグを一度終了しても、次に実行するときには、そのままの状態で使用できます。

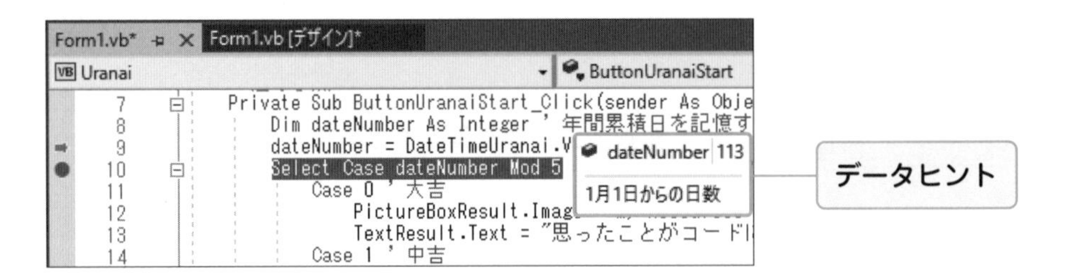

では、このデータヒントの機能を見てみましょう。

デバッグを開始して、変数dateNumberの値が見られる状態にしてください。今日の日付は「2020年5月2日」を選んでください(この操作がわからない方は、以前の解説をもう一度復習してください)。

＊**インテリセンス**　Microsoft社のソフトウェアに搭載されている入力支援機能のこと。

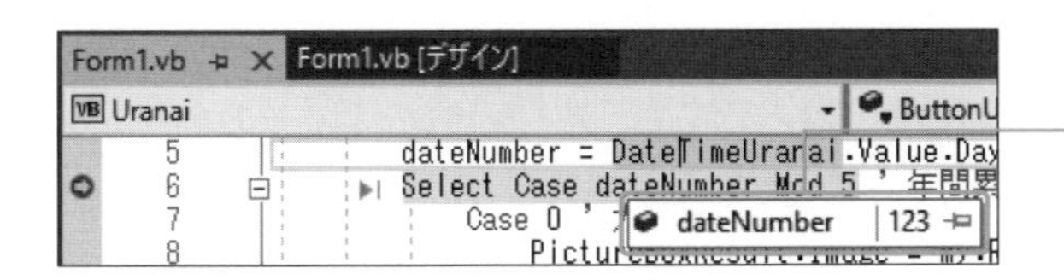

Select ～ Case 文にブレークポイントを設定した後、デバッグを実行して、dateNumber の値を見ている状態です

変数dateNumberの値を表示している**DataTips**の右に、ピンのアイコンがあるので、クリックしてください。

そうすると、次のようにDataTipがコード上に固定されます。

この固定したDataTipのことを**データヒント**と言います。データヒントにカーソルを近づけると、さらにアイコンが表示されます。

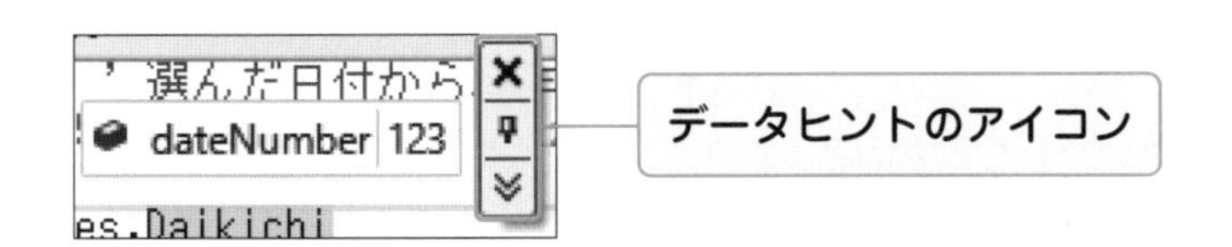

データヒントに表示されているアイコンの意味は、表6-2のようになります。

表6-2：データヒントのアイコン

アイコン	説明	詳細
	閉じる	データヒントを閉じる
	ソースをピン解除	データヒントの位置を自由に動かせるようにする
	展開してコメントを表示	データヒントを展開して専用のコメントを入力する

コメントを入力するには、［展開してコメントを表示］アイコンをクリックして空白の部分にそのままコメントを入力します。

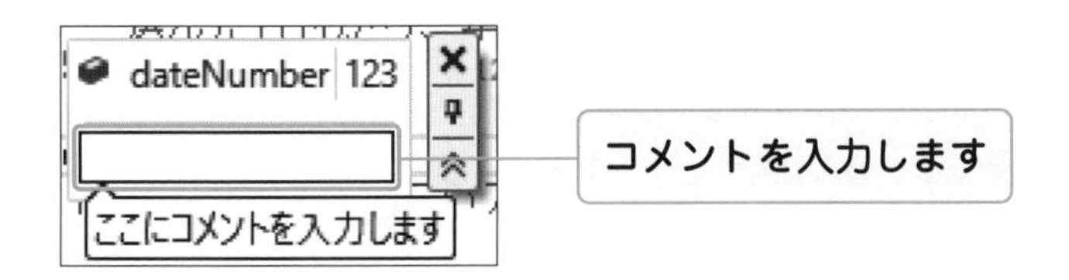

なお、ソースをピン解除した状態だと、ポップアップ表示されているだけなので、VS Community 2019の画面を移動させたり、表示画面をデザイン画面に切り替えるなどしても、データヒントは、そのままポップアップ表示されてしまいます。そのため、ピンをクリックして固定した状態にしましょう。

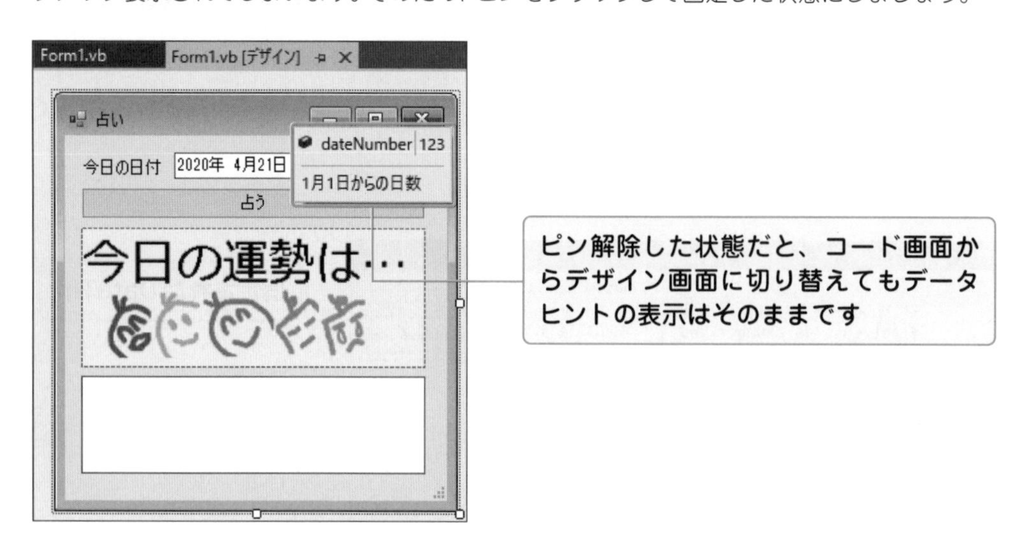

データヒントは、複数設定できます。データヒントを2つ設定してコメントを入力すると、次のようになります。

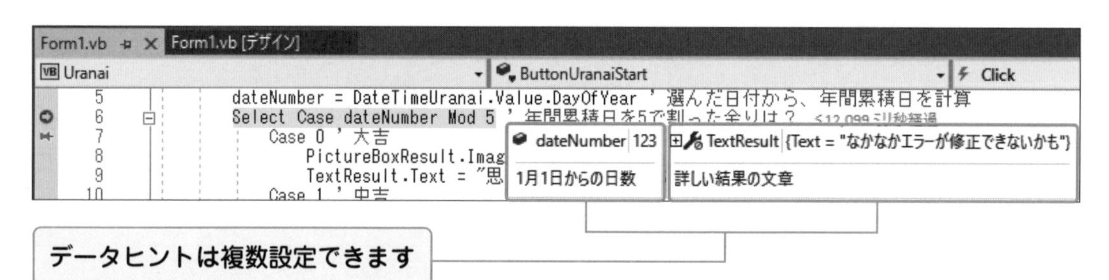

●ビジュアライザーを使って動作を確認する

VS Community 2019の目玉機能の1つに、**ビジュアライザー**があります。ビジュアライザーは、変数や式の形式に応じて、データを表やテキストなどの最適な方法で見ることができる機能です。

この機能を堪能するために、この後のChapter7以降で作成する「簡易家計簿」アプリケーションのデータを表示させてみます。ここでは、「このような機能があるのだな」という気持ちで見てください。

まず、Chapter8で作成する「簡易家計簿」アプリケーションを利用するために、VS Community 2019でソリューションファイルの「MyHousekeepingBook.sln」を読み込み、アプリケーションを起動します。

Form1.vb（一覧画面）のコードの中のLoadData()サブルーチン*の以下の行に注目してください。

```
strData = strLine.Split(delimiter)
```

この行の1つ下の行にブレークポイントを設定してください。そして、「簡易家計簿」アプリケーションに、あらかじめ数件分のデータを入力したら、デバッグを実行します。

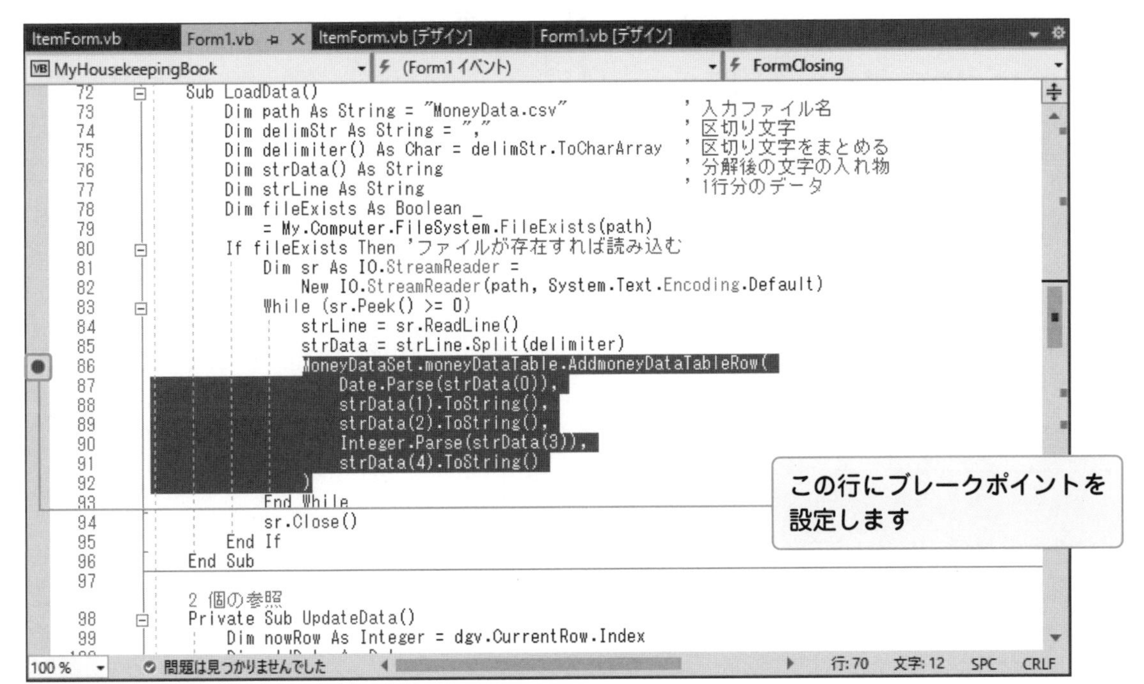

strDataの値を確認してみましょう。▷を展開します。

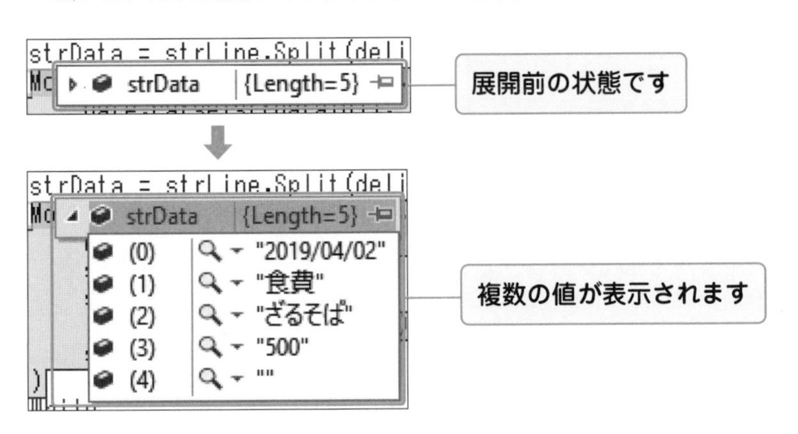

＊LoadData() サブルーチン　CSVファイルがなくなるまで読み込む処理を繰り返すサブルーチン。8.7節を参照。

strDataは、複数の変数を1つにまとめてグループ化した**配列***と呼ばれるもので、その値も複数含まれます。このようにビジュアライザーを使うと、配列のすべての値を一度に見ることができますね。

さらに、虫眼鏡の部分に注目してください。横の▾ボタンを展開し、メニューから［テキストビジュアライザー］を選択します。

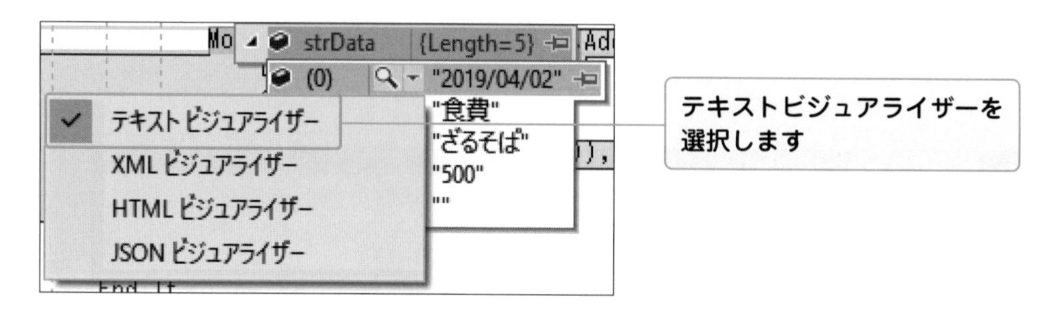

strDataの値が別ウィンドウで表示されました。1行では画面に収まりきらないようなデータをじっくり観察したい場合に便利な機能です。

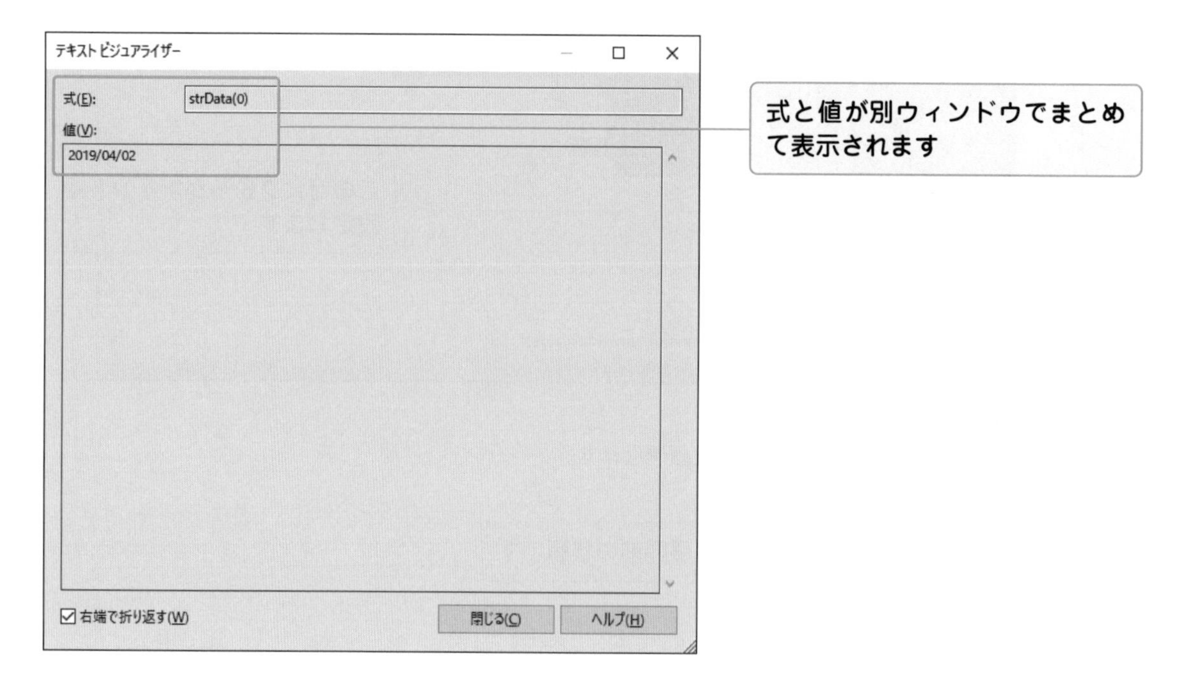

そのまま、［ステップオーバー］ボタンをクリックして、必ずループ処理*を何度か実行してください（ループ処理を行わないと、実行結果が見られません）。MoneyDataSet.moneyDataTable*の値を見てみましょう。虫眼鏡の▾ボタンを展開して、メニューから「DataTable Visualizer」を選んでください。

---

* **ループ処理**　特定の条件が満たされている間は、繰り返し処理を行うこと。8.5節を参照。
* ***MoneyDataSet.moneyDataTable**　データセットに含まれるデータテーブルで、「簡易家計簿」アプリケーションのデータをExcelのような表形式で管理する。7.7節を参照。

```
MoneyDataSet.moneyDataTable.AddmoneyDataTableRow(
    Date.Parse(
    strData(1).ToString(
    strData(2).ToString(
```

▸ MoneyDataSet.moneyDataTable　{moneyDataTable}
✓ DataTable Visualizer

DataTabel Visualizer を選択します

いかがでしょう？　なんと「簡易家計簿」アプリケーションのデータも、このように見ることができます。

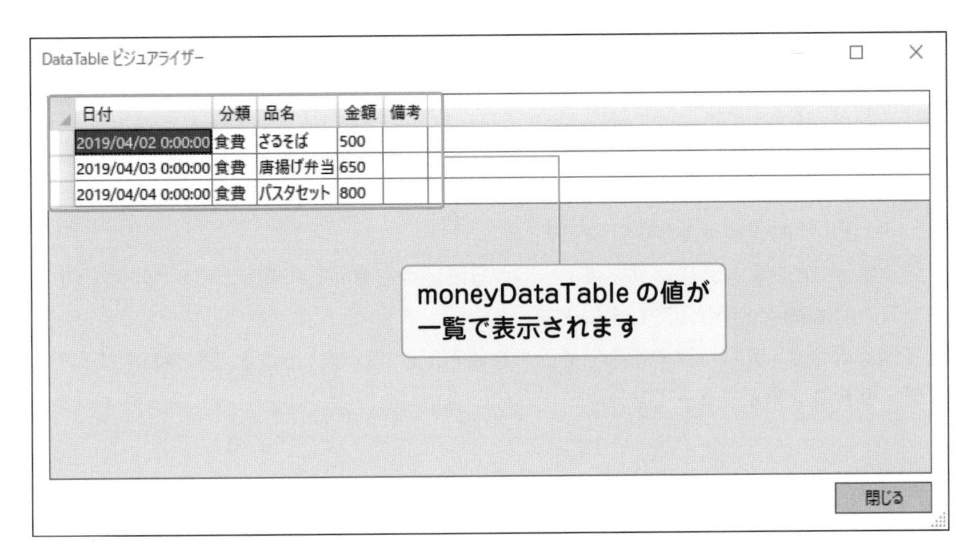

まとめ

- ウォッチウィンドウを使うと、アプリケーションを実行したときに、変数や式の値がどう変化していくかを確認できる。
- クイックウォッチを使うと、変数や式の値を別のウィンドウでまとめて確認できる。
- データヒントを使うと、変数や式の値の表示をコード上に固定でき、コメントを入力することもできる。
- ビジュアライザーを使うと、変数や式の形式に応じて、表やテキストなどでデータを確認できる。

用語のまとめ

用語	意味
ウォッチウィンドウ	変数や式の値の変化を観察しやすいように、同じ値を表示し続けることが可能なウィンドウ。任意の変数や式を追加することもできる

エディットコンティニューの活用

デバッグ機能を使って問題のあるコードが見つかったら、すぐに修正して動作を確認したくなりますね。このときに使える機能が「エディットコンティニュー」です。

●エディットコンティニューって何だろう？

ここまでは、アプリケーションの動作がおかしいときに、どのような問題点があるのかを調べる方法について見てきました。問題点が見つかれば、後はその問題点を修正し、再度デバッグを実行して動作を確認すれば、アプリケーションは正しく動作するようになります。

ただし、問題点が見つかったときに、デバッグを終了してから問題点を修正し、再度デバッグを実行すると特に性能の悪いパソコンでは時間がかかってしまいます。

ちょっとした修正で直る場合は、デバッグ実行中にそのまま修正できてしまえるととても便利です。これを実現する機能が**エディットコンティニュー**です。

●エディットコンティニューでコードを修正する

それでは、実際に「今日の占い」アプリケーションを使ってエディットコンティニューの機能を見ていきましょう。まず、実行する前に、コードに細工をします。もともと「case 0:」と書いてあるコードを「case 10:」に変更します。

```
Case 0 ' 大吉
```

```
Case 10 ' 大吉
```

「Case 0」が存在しない不思議な状況になっています。この状態で一旦、プログラムを保存します。

プログラムの保存方法は、VS Community 2019の［ファイル］メニューa［すべて保存］でしたね（[Ctrl]キー＋［Shift］キー＋［S］キーでも保存できます）。

条件分岐を行うための条件式、

```
Select Case dateNumber Mod 5
```

にブレークポイントを設定した状態で、アプリケーションのデバッグを実行します。

「今日の占い」アプリケーションが起動するので、今日の日付を「2020年5月4」にして［占う］ボタンをクリックしてください（2020年5月4日は、1月1日から数えて125日目となり、5で割り切れるため、余りは0になります）。

［占う］ボタンをクリックすると、次のような状態になります。

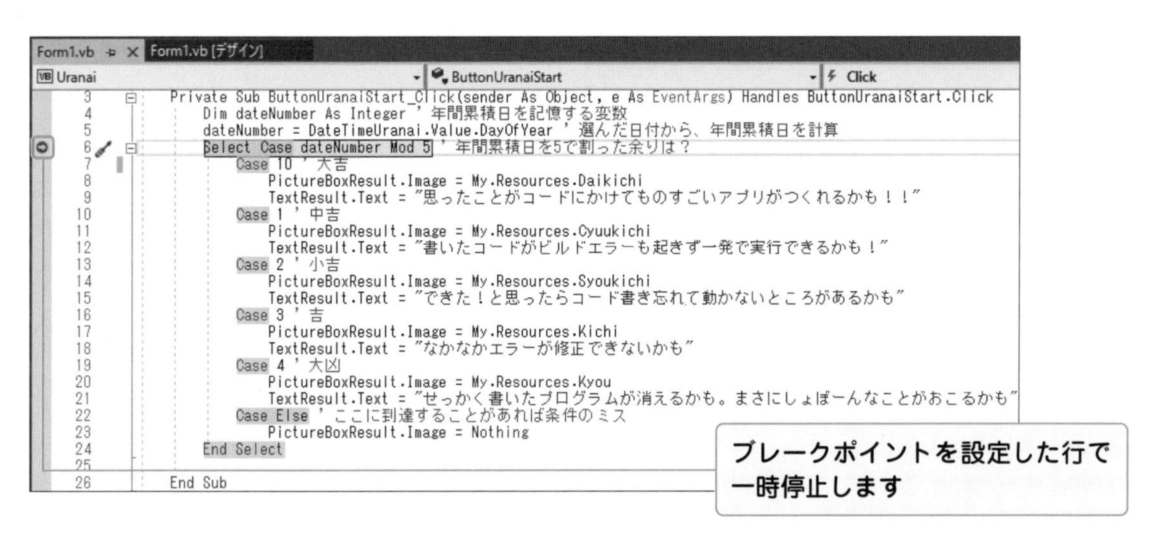

ステップ実行の［ステップオーバー］ボタンをクリックして、次に実行する行を見てみると、「Case 0」がないために「Case Else」の行に移動することがわかります。

前述したように、おかしいコードをデバッグの実行中に見つけた場合、その都度、デバッグを終わらせてから修正し、改めてデバッグを実行すると時間がかかってしまい、大変面倒です。

このような場合、VS Community 2019では、**エディットコンティニュー**を使って一時停止中にそのままコードを修正することができます。「Edit(修正して)Continue(実行を続ける)」という意味です。

コードを修正したら、そのままデバッグを再開します。

それではデバッグの実行前に変更した箇所を、一時停止の状態のまま、修正してみましょう。「Case 10 ' 大吉」を「Case 0 ' 大吉」に修正します。

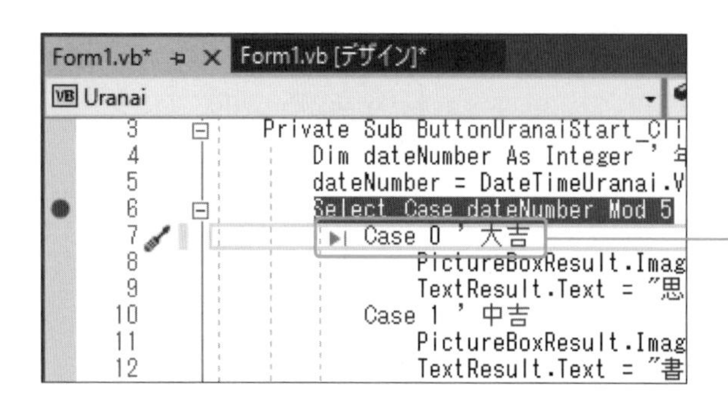

コードの修正後、継続してそのままデバッグを実行できますが、既に条件判定が終わっているため、条件判定前に戻しましょう。

黄色い矢印は、現在実行中の行を指しているのですが、この現在実行中の行をマウスの操作で移動させることができます。

条件判定が行われるブレークポイントの位置まで黄色い矢印を移動してください。

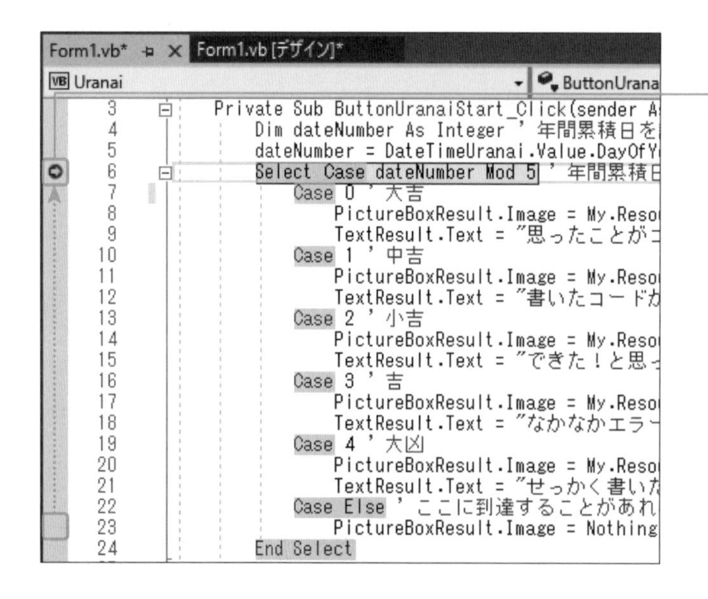

この状態になったら、［ステップオーバー］ボタンをクリックして次の行を実行してみましょう。
すると今度は、修正した「case 0」の行が実行されることが確認できますね。

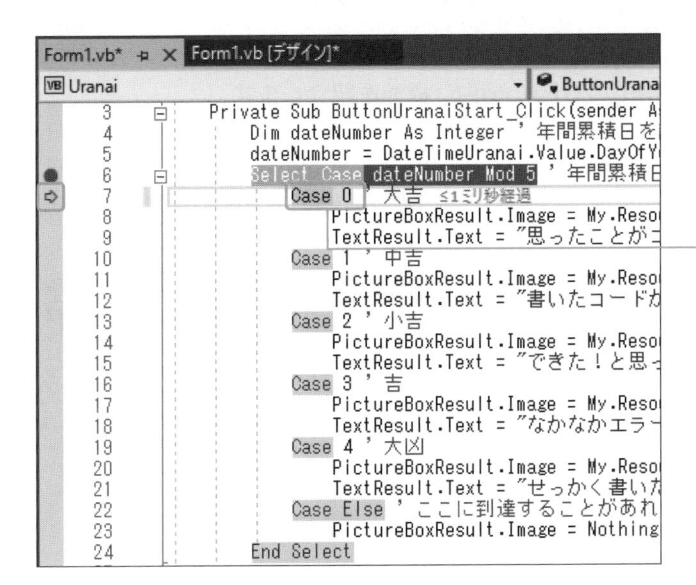

現在実行中の行が「case 0:」の次の行になります

このエディットコンティニューの機能は非常に便利ですので、ぜひ覚えておいて使いこなしてください。
なお、別のメソッドに移動するような無茶なことは基本的にできませんので、ほどほどに検証してみてください。

まとめ

◎ **エディットコンティニューにより、デバッグ実行中に見つけた問題点は、デバッグ実行を行った状態のまま修正することができる。**

用語のまとめ

用語	意味
エディットコンティニュー	デバッグ実行を行った状態のままコードを修正し、デバッグを続ける機能のこと

スクロールバーの活用

最後にVS Community 2019の面白い機能を紹介します。

●便利になったスクロールバー

ソースコードが巨大になった場合、**スクロールバー**を使ってソースコードを上下に移動することがよくあると思います。このスクロールバーの左側に、黄色や緑色の小さな模様が付いているのに気が付いたでしょうか？

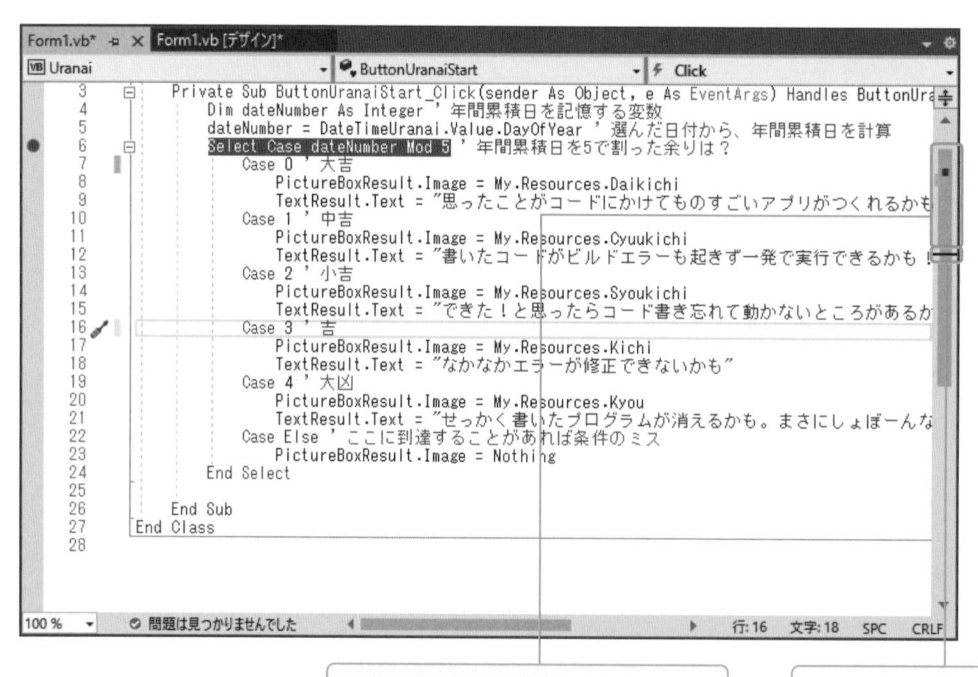

黄色や緑色の模様が付いています

紫色の線も付いています

ちょっと地味ですが、スクロールバーをソースコードの全体になぞらえて、どのあたりの位置に変更があったかを見た目ですぐわかるようにしてあります。

黄色は変更したソースコードで、まだ保存がされていない部分です。緑色は変更したソースコードで、保存済の部分になります。また、紫色の線は現在、カーソルがある位置、つまり今、変更しようとしている部分を示しています。

コードの左側にも付いていますが、全体像としてどのあたりになるかがわかるため、ソースコードが非常に長くなった場合、かなり便利です。

●スクロールバーオプションでコードを確認する

さらに、このスクロールバーの面白い機能を紹介します。スクロールバーを右クリックして、[スクロールバーオプション] を選択してください。

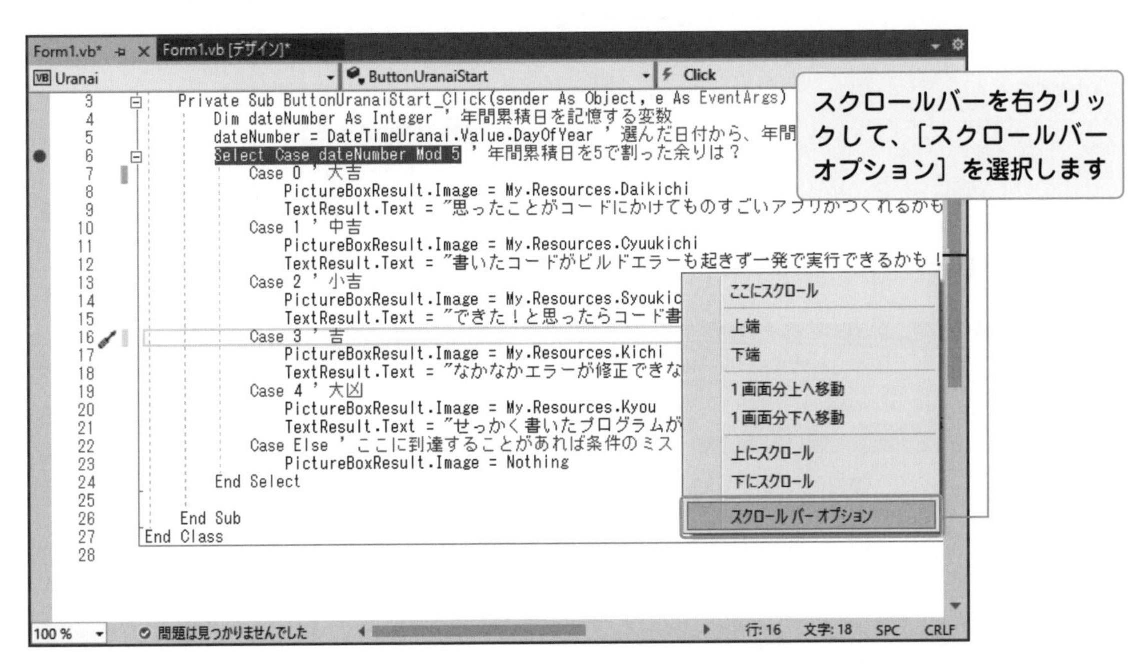

起動したオプションウィンドウの [動作] の項目に注目し、[垂直スクロールバーでのマップモードの使用] を選択してください。さらに、[プレビューツールヒントの表示] にチェックが入っていることを確認し、ソースの概要を [ワイド] に指定してください。

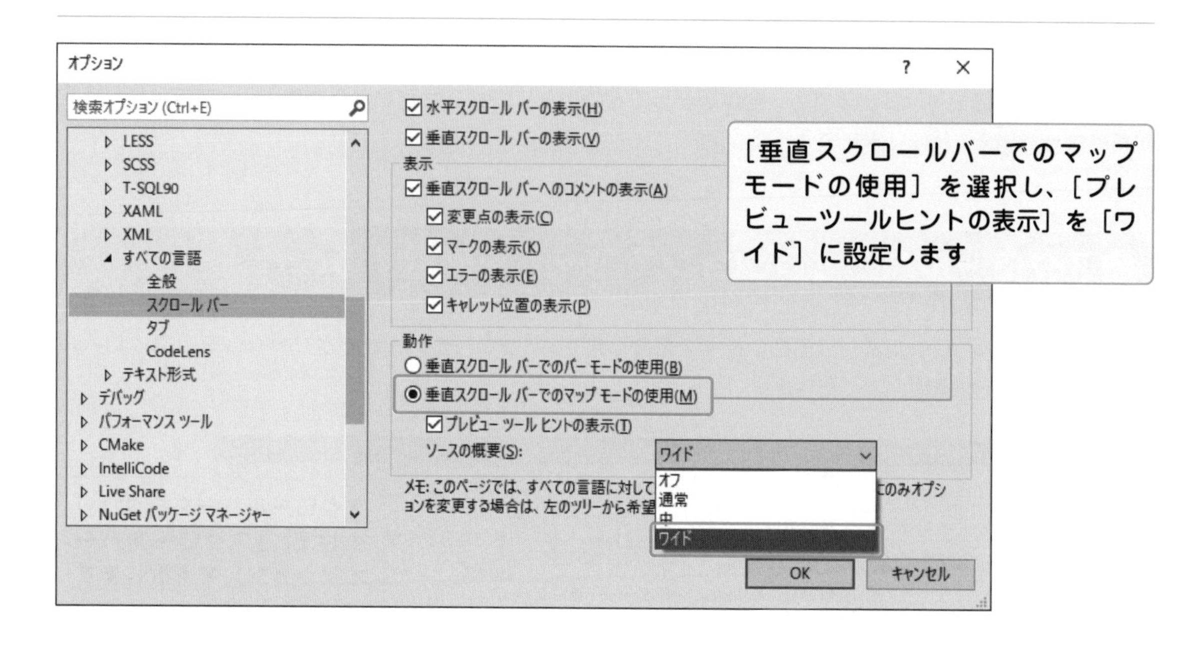

さて、ソースに戻ってみると……おや？　スクロールバーが……！

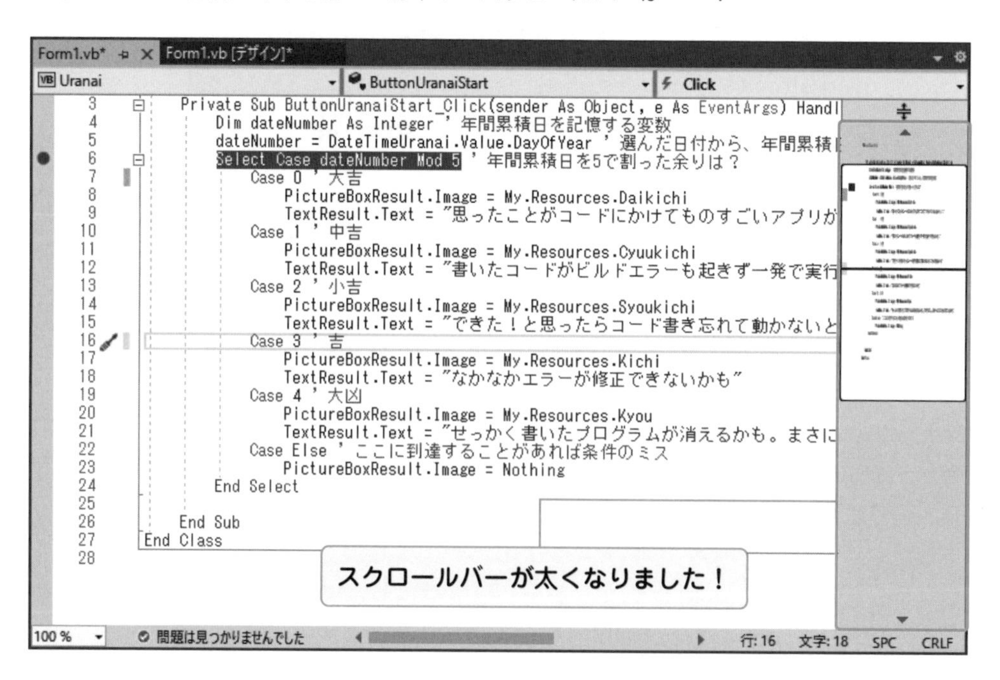

ものすごく太くなって、なんだかごちゃごちゃしています。どういうことかというと、これ、ソースコードがものすごく小さいフォントで表示されているのです。

カーソルを近づけると、そのカーソル付近のソースコードの一部が見えます。

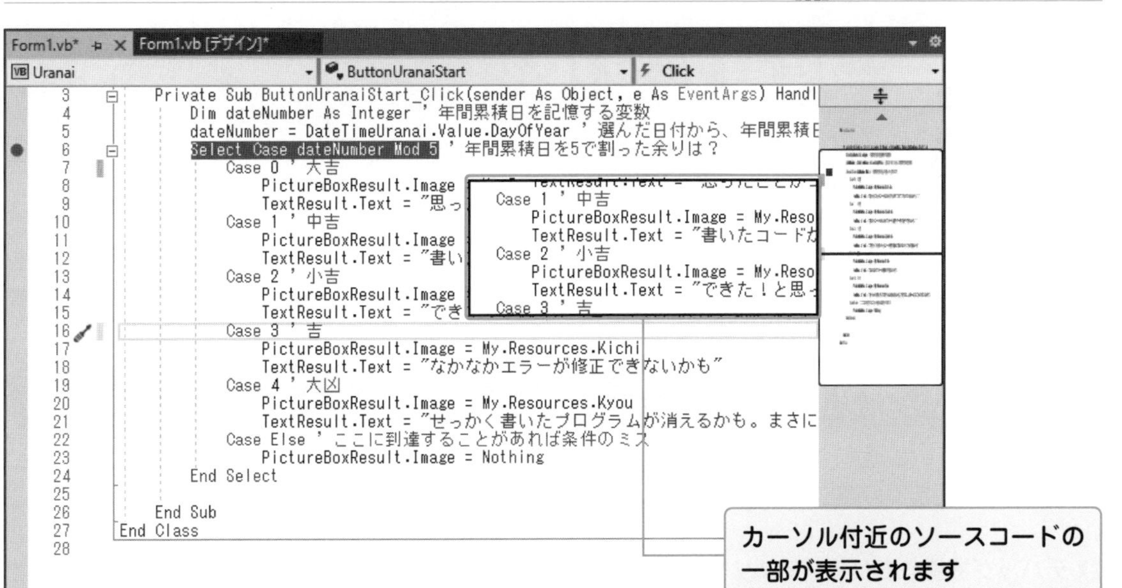

この機能によって、コード全体のどの部分を修正しているかが視覚的にものすごくわかりやすくなりますね。

まとめ

- スクロールバーオプションを使うと、コードの全体像から、どのあたりを修正しているかが視覚的にものすごくわかりやすくなる。

復習ドリル

いかがでしたでしょうか？　デバッグについての理解を深めるためにドリルを用意しました。

●ドリルにチャレンジ！

以下の1～6までの空白部分を埋めてください。

1 デバッグ機能において、アプリケーションの動作を一時的に停止することを指定した場所のことを［　　　　　］と言う。

2 上記の場所で一時的に停止しているアプリケーションを一気に再開するのではなく、一行一行に実行していく機能のことを［　　　　　］と言う。

3 デバッグの際、変数や式の値の変化を見やすいように同じ値を表示し続けることができるウィンドウのことを［　　　　　］と言う。

4 デバッグの際、集中して観察したい変数や式を、付箋紙のようにコード上に貼り付けて手軽に観察できる機能を［　　　　　］と言う。

5 デバッグの際、変数や式の形式に応じて、Textや表などで値をすべて見ることができる機能のことを［　　　　　］と言う。

6 デバッグ実行を行った状態のまま、コードを修正し、デバッグを続ける機能のことを［　　　　　］と言う。

ステップオーバーって何だっけ？

復習ドリルの答え
1 ブレークポイント
2 ステップ実行
3 ウォッチウィンドウ
4 データヒント
5 ビジュアライザー
6 エディットコンティニュー

上級編　本格的なアプリケーションを作ってみよう！

Chapter 7

「簡易家計簿」を作成する（前編）

このChapter7では、本格的なアプリケーションを作成しながら、画面の表示方法やデータセット、サブルーチンの使い方を覚えましょう。

このChapterの目標

- ✔「簡易家計簿」アプリケーションの作成を通して、アプリケーション作成の作法を覚える。
- ✔ フォームから別のフォームを表示する方法を覚える。
- ✔ データを格納するデータセットの仕組みを理解する。
- ✔ 便利なサブルーチンの使い方を覚える。

1 Chapter7のワークフロー

Chapter7〜9にかけて、1つのアプリケーションを作っていきます。ただ、全体像がわからないと途中で道に迷ってしまうため、はじめに全体像を説明します。

●Chapter7〜9の全体像

これからChapter7、Chapter8、Chapter9の3回にわけて、「簡易家計簿」アプリケーションを作成していきます。これらの全体像を、以下の図7-1に示します。

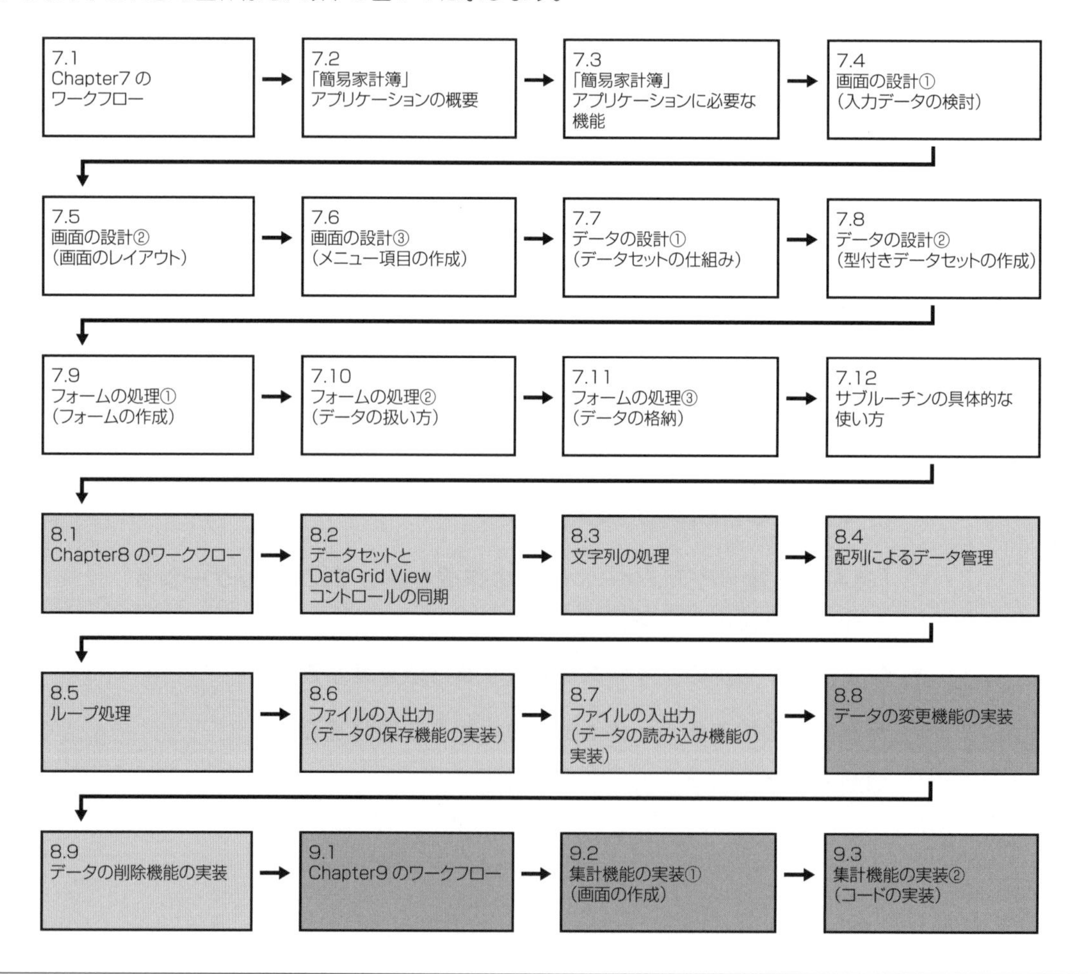

図7-1：Chapter7〜9の全体像

このChapter7では、「前編」として、アプリケーションに必要な機能について説明します。

次のChapter8では、「後編」として、理論の説明をしてから、処理の具体的な実装について説明します。

最後のChapter9では、「応用編」として、ちょっとした機能を追加していきます。

慣れない間は、現在どのあたりの説明をしているのかを図7-1で確認しながら説明を読んでいただくとよいでしょう。

前置きが長くなりましたが、それではVisual Studio Community 2019(本章では、これ以降、VS Community 2019と略します)で「簡易家計簿」アプリケーションを作成していきましょう。

Column 新技術を簡単に紹介②

Visual Studio の新技術について、簡単に紹介いたします。

● WCF (Windows Communication Foundation)

自分以外の遠くにあるオブジェクトと対話する方法を統一し、扱いやすくした技術です。例えば、のろしが上がったら「敵が来た」という合図のように、遠くにいる人に合図を送る場合、送る側と送られる側で取り決めがあると、意思の疎通がはかりやすいですよね。

.NETの世界でも、これまでに様々な方法がありました(具体的には、.NET Remorting、MSMQ、WSE、ASMX、Enterprise Servicesなど)。それぞれ、考え方や作法が異なるので、使う側としてはとても大変だったのですが、WCFによって統一した書き方ができるようになって、楽になりました。

「簡易家計簿」アプリケーションの概要

まずは、「簡易家計簿」アプリケーションの概要を見ていくとともに、こういったアプリケーションをどのように作成していけばよいのかについて考えていきます。

●作成前に準備すること

みなさんは、普段からパソコンで様々なアプリケーションを使用していることと思います。これらのアプリケーションは、何かの**目的**を達成するために作られています。例えば、メールアプリケーション（メーラー）は、友人などとメールの送信や受信を行うために作られています。

ただし、一口にメールの送信・受信と言っていますが、これらをもう少し細かく見てみると、メールの送信という目的を達成するためには、「メールのタイトル」や「宛先」、「本文」の入力、アドレス帳を使った入力、送信時のメールサーバーとの通信など、様々なことが実行されています。ここで達成するための目的をアプリケーションの**機能**と呼びます。

また、その機能を細かく見ていったときの実行する順番や塊（かたまり）を**処理**と呼びます。この処理をVisual Basicで記述することにより、アプリケーションは完成します。つまり、アプリケーションを作成するということは、必要となる**機能**を明確にし、その機能を実現するために必要な**処理**を考え、Visual Basicで記述することになります。

このように機能や処理を考えることを設計と呼び、Visual Basicで記述することを**プログラミング**と呼びます。

このChapter7では、「簡易家計簿」アプリケーションを作っていきます。

ただ、いきなり「簡易家計簿」と言われても、一人ひとり違う機能を思い浮かべると思いますので、本書では次に示すような、一覧画面と登録画面の2つの画面を持つアプリケーションを想定してみます。

登録画面

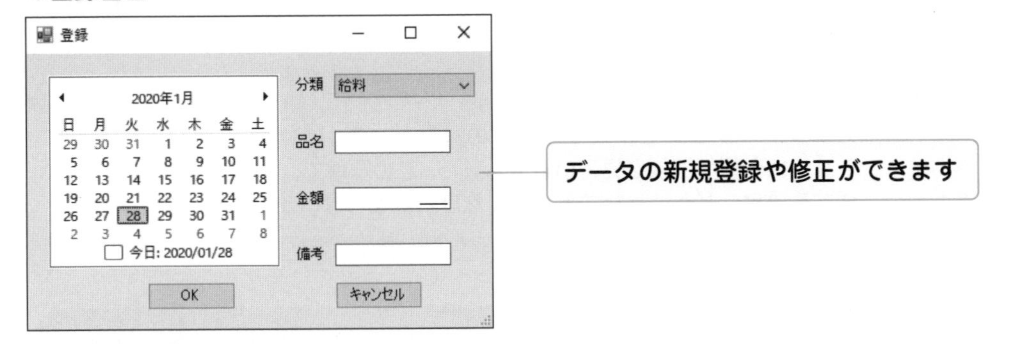

一覧画面（メイン画面）

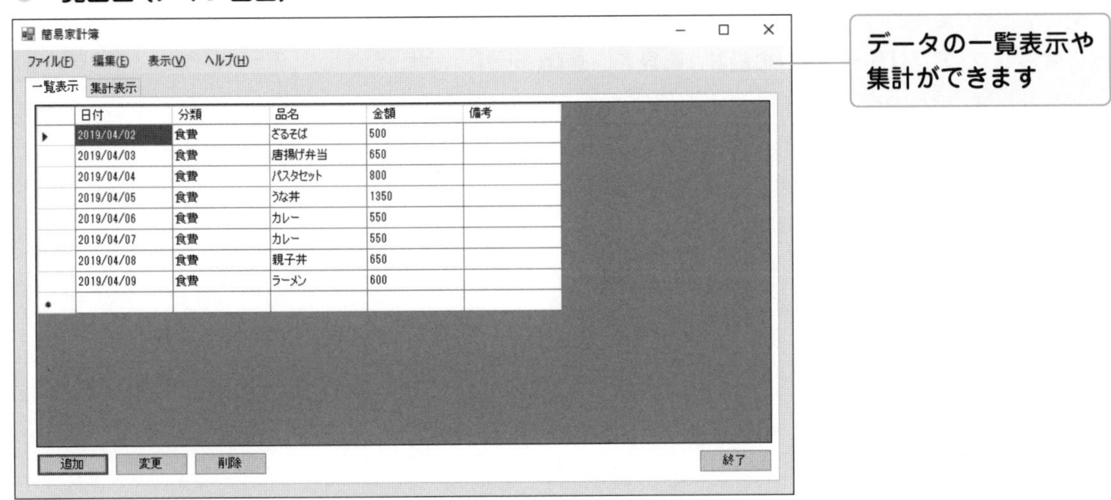

このChapter7で作成するアプリケーションのイメージがつかめましたでしょうか？　それでは、実際に「簡易家計簿」アプリケーションを作成していきましょう。

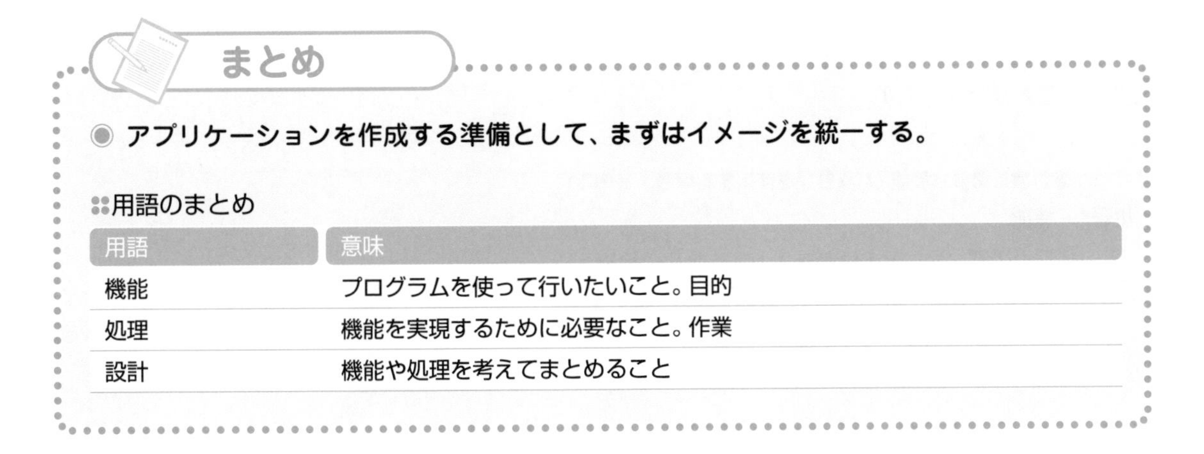

まとめ

◉ **アプリケーションを作成する準備として、まずはイメージを統一する。**

用語のまとめ

用語	意味
機能	プログラムを使って行いたいこと。目的
処理	機能を実現するために必要なこと。作業
設計	機能や処理を考えてまとめること

「簡易家計簿」アプリケーションに必要な機能

アプリケーションを作成する最初の段階として、「簡易家計簿」アプリケーションに必要な機能を見ていきましょう。この課程で、アプリケーションを作成する場合にどういったことを考えなければならないかを理解しましょう。

●必要な機能を考える

前の7.2節で最終的なアプリケーションのイメージをつかんでいただきましたが、このイメージを頭の片隅に残しつつ、**アプリケーションの設計**から見ていきたいと思います。

みなさんは、いろいろな買い物をすると思います。このとき、財布の中にいくら残っているからこの商品は買えるとか、足りないから銀行に行かなければならない、等々を考えていると思います。人によってはそういったお金のやりとりを家計簿という形で記録している人もいると思います。こういった流れを思い浮かべながら、必要な機能を考えてみましょう。

今回は「簡易家計簿」アプリケーションを作成するので、まず家計簿に必要な機能を考えてみます。

表7-1：家計簿に必要な機能

番号	機能
1	日々の買い物の情報をノートなどに記入します
2	日単位や月単位などで、買い物に使った金額と給料等の収入の金額を電卓などで合計し、ノートの下の方に記入します

まずは、このように今行っていることを洗い出します。

次にパソコンを使った場合にどうなるかを考える必要があります。パソコンを使って買い物などの情報を記入するには、データを入力することと、そのデータを表示すること、さらにはデータを保存する機能が必要であることがわかります。

表7-2：家計簿に必要な機能（パソコンを使用する場合・その1）

番号	機能
1	日々の買い物などの情報を入力するための機能
2	入力した情報の確認や、合計を表示するための機能
3	入力した情報を保存する機能

また、せっかくパソコンを使うので、家計簿では電卓を使って行っていた計算をアプリケーションにやってもらいましょう。

表7-3：家計簿に必要な機能（パソコンを使用する場合・その2）

番号	機能
4	入力した情報の合計を計算する機能

単純に家計簿で行っていることを抜き出すと、表7-2の3つの機能が考えられますが、もう少し踏み込んで考えてみましょう。

入力した情報が間違えていたとき、家計簿では記入した内容を消しゴムで消してから書き直すかと思います。そうなると、消しゴムの役割をする機能も必要となりますね。

表7-4：家計簿に必要な機能（パソコンを使用する場合・その3）

番号	機能
5	間違えて入力した買い物の情報を修正・削除する機能

せっかくアプリケーションを作成するわけですから、便利に使うためには、ほかにどんな機能があったらよいか考えてみましょう。

表7-5：家計簿に必要な機能（パソコンを使用する場合・その4）

番号	機能
6	ある月にあるもの（お菓子など）をどれくらい買ったのかを計算する機能

考えればいくつも出てきそうですが、今回はこの辺にしておきましょう。この後、ここで考えた機能を処理に分割していきますが、情報を入力・修正・削除したり、情報を表示したりするためには、多くの場合、画面を使用します。まずはこの画面の設計から行っていきましょう。

まとめ

- **アプリケーションを作成する際は、アプリケーションにどんな機能を持たせるかを考える。**

画面の設計①（入力データの検討）

ここでは画面設計する場合に、どういう情報を入力や表示する必要があるのかについて考えていきます。また、VS Community 2019を使った場合、簡単に画面が作成できることも見ていきましょう。

●ステップ1 入力データを考える

みなさんは、コンビニやスーパーで買い物をすると思います。そのときに、どんな商品をいくつ買おうとして合計がいくらになるのかは、店員さんがレジ（これも1つのアプリケーションです）を使って計算してくれます。このときによく使われている入力装置が、バーコードリーダーです。バーコードリーダーは、商品の値段を間違いなくレジに入力してくれる役割を担っています。

このようにアプリケーションでは、情報の**入力方法**を考えなければなりません。今回、作成する「簡易家計簿」アプリケーションは、パソコンで使うことを想定しています。一般的にパソコンで情報を入力するための機器としては、**キーボード**と**マウス**があります。

また、情報を表示する機器としては**ディスプレイ**があります。このキーボードやマウスを使った情報の入力と、ディスプレイによる画面の表示内容を考えていきます。

まずは、どんな情報を扱うかについて考えてみたいと思います。家計簿なので、

- **品名**
- **入金額**
- **出金額**
- **使用日**

が必要になります。

また、品名にコメントを付ける「備考」や、主食・外食・おやつ等の「分類」などもあると便利に使えますね。

ノートに記帳するだけなら、これだけでよいのですが、アプリケーションではこれらの情報がどういう値を扱うデータなのかについても考える必要があります。

例えば、金額の情報は数字を使いますし、日付の情報は実際に存在する日付を表す形式の情報でなければなりません。これらの情報を扱う画面を登録画面とします。この登録画面で扱う情報をまとめると、表7-6のようになります。

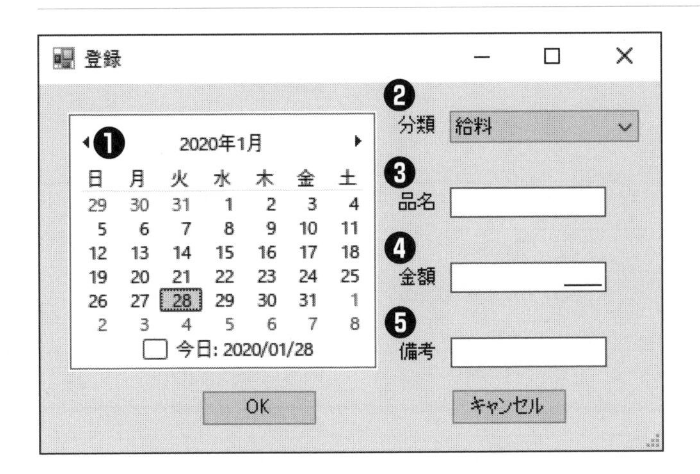

表7-6：**登録画面で扱う情報**

No.	項目名	データ型	使用例
❶	日付	Date型（日付型）	2019年10月1日
❷	分類	String型（文字列型）	給料・外食・おやつ
❸	品名	String型（文字列型）	お菓子
❹	金額	Integer型（整数型）	1000
❺	備考	String型（文字列型）	コメント

これらの情報を画面上でどう入力すればよいのかを考えてみます。VS Community 2019では、非常に多くの**コントロール**と呼ばれる部品が用意されています。この中からそれぞれのデータ型を入力するのに便利なコントロールを探してみましょう。

例えば、日付の場合ですが、TextBoxコントロールを使ってキーボードで日付を入力してもよいのですが、正しい日付のチェックがとても大変です。カレンダーを表示して選択できると便利ですね。こういった場合には**MonthCalendarコントロール***を使うと、カレンダーそのものが表示され、簡単にカレンダーから日付の選択を行うことができます。

さらに「13月32日」のような、おかしな値を入力するというミスもなくなります。

このように提供されているコントロールの中から便利なものを探して使うというのが、VS Community 2019によるプログラミングの基本になります。

登録画面は、以下のコントロールでデータの入力を行うことにします。

* **MonthCalendarコントロール**　ユーザーがビジュアルな表示を使用して日付を選択できるコントロール。

表7-7：登録画面のコントロール

No.	項目名	コントロール名	ツールボックスのアイコン	処理内容
❶	日付	MonthCalendarコントロール	MonthCalendar	カレンダーから日付を入力
❷	分類	ComboBoxコントロール*	ComboBox	一覧から分類を入力
❸	品名	TextBoxコントロール	TextBox	品目を直接入力
❹	金額	MaskedTextBoxコントロール*	MaskedTextBox	お金を直接入力
❺	備考	TextBoxコントロール	TextBox	備考を直接入力
❻	登録	Buttonコントロール	Button	入力内容を決定して保存
❼	キャンセル	Buttonコントロール	Button	入力内容の取り消し

次に入力された情報をどう表示するかを考えてみましょう。一覧でデータを表示するためには、**DataGridViewコントロール***を使います。

また、今回の「簡易家計簿」アプリケーションでは、一覧でデータを表示する一覧画面がメイン画面となります。そのため、この一覧画面にメニューを表示します。

なお、メニューの表示には、**MenuStripコントロール***を使います。

そうなると一覧画面は、DataGridViewとMenuStripの2つのコントロールと、[追加] ボタン、[変更] ボタン、[削除] ボタン、[終了] ボタンなどの4つのButtonコントロールでデータの表示を行うことにします。

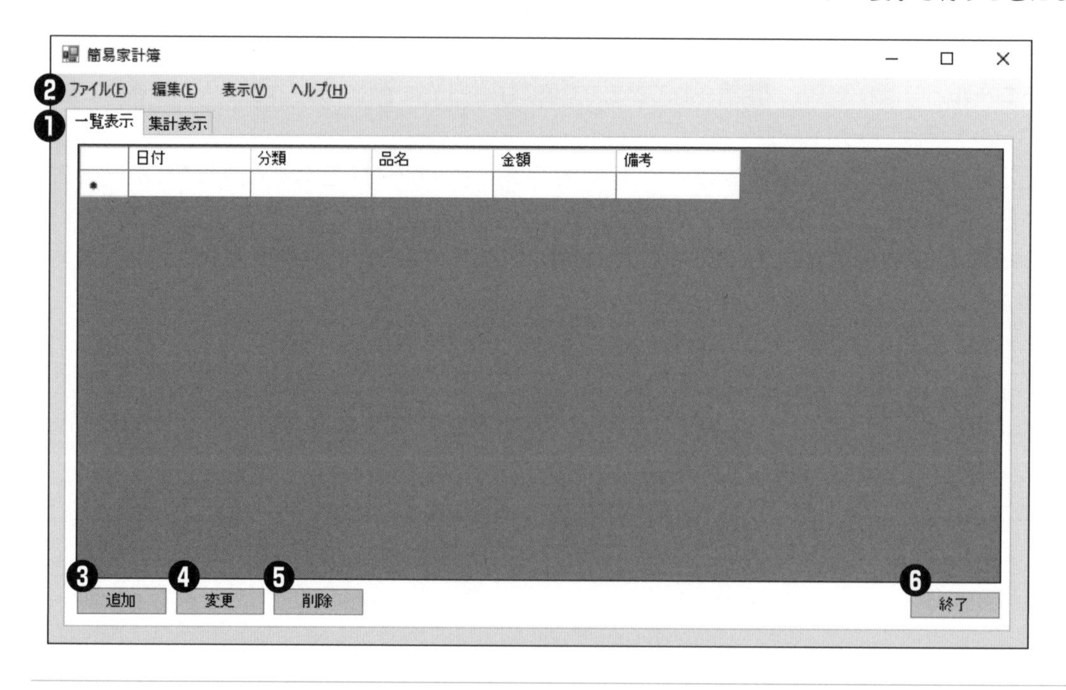

* **ComboBoxコントロール** ユーザーが複数の選択肢から項目を選択するのに使うコントロール。
* **MaskedTextBoxコントロール** テキスト入力に関して数字3桁など、制限を設定できるコントロール。
* **DataGridViewコントロール** データを表示するためのカスタマイズ可能なテーブルを提供するコントロール。
* **MenuStripコントロール** フォームのメニューシステムを提供するコントロール。

表7-8：一覧画面のコントロール

No.	項目名	コントロール名	ツールボックスのアイコン	処理内容
❶	一覧表示	DataGridViewコントロール	DataGridView	一覧でデータを表示する
❷	メニュー	MenuStripコントロール	MenuStrip	メニューを表示する
❸	追加	Buttonコントロール	Button	データを追加する
❹	変更	Buttonコントロール	Button	データを変更する
❺	削除	Buttonコントロール	Button	データを削除する
❻	終了	Buttonコントロール	Button	アプリケーションを終了する

DataGridViewコントロールとMenuStripコントロールの2つは、ツールボックスのコモンコントロールの中にはありません。DataGridViewコントロールはデータの中に、MenuStripコントロールはメニューとツールバーの中にあります。

まとめ

- VS Community 2019を使うと、簡単に画面が作成できる。
- コントロールを画面に配置する前に、画面に必要な機能や値の型などをあらかじめまとめておくと、最適なコントロールが見つけやすくなる。

画面の設計②（画面のレイアウト）

登録画面と一覧画面の2つの画面の機能を設計しましたが、続いてこの2つの画面のレイアウトも考えてみましょう。

●ステップ2 登録画面と一覧画面をレイアウトする

登録画面と一覧画面の2つの画面のレイアウトは、紙に画面のイメージを書いてみるのも1つの方法ですが、VS Community 2019を使う場合、画面へのコントロールの配置が簡単なので、VS Community 2019で画面上に、それぞれのコントロールを貼り付けてみましょう。

VS Community 2019を起動して、新しいプロジェクトを作成してください。テンプレートとプロジェクト名は、次ページの表7-9のように設定します。

1 ［新しいプロジェクトの作成］を選択する

2 ［Windowsフォームアプリケーション］を選択する

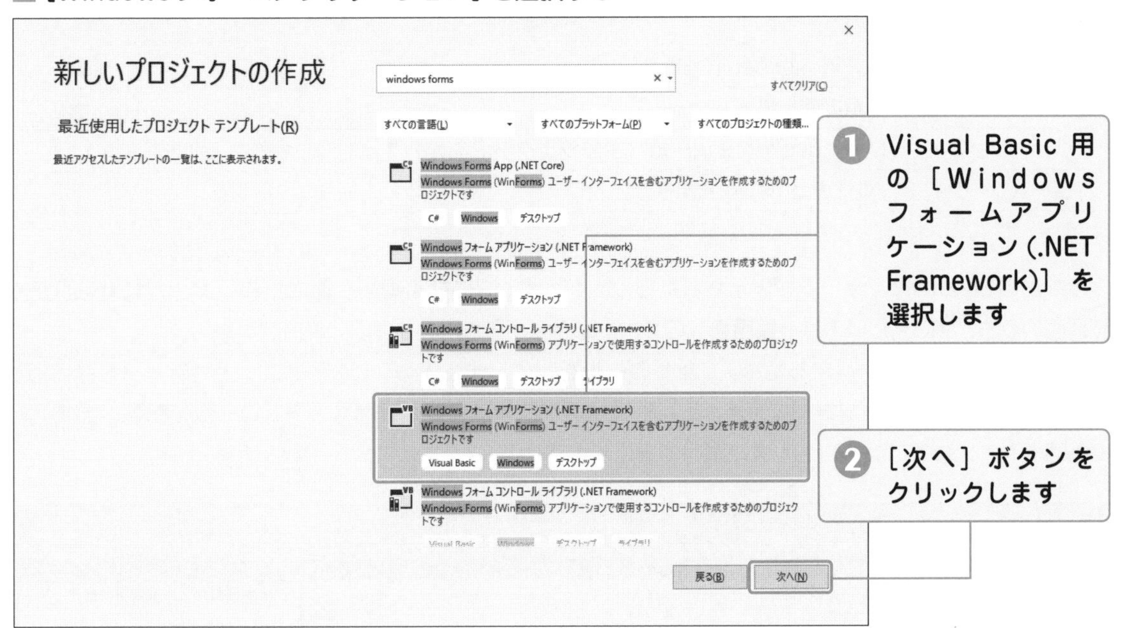

3 プロジェクト名などを設定する

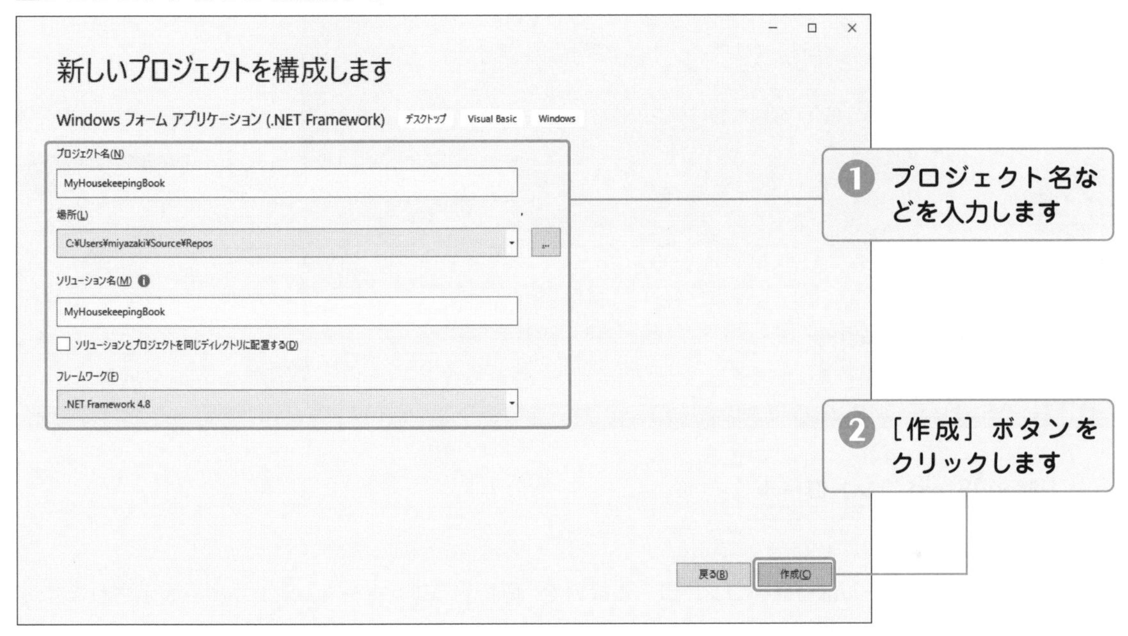

表7-9：テンプレートの種類とプロジェクト名

項目	内容
プロジェクト名	MyHousekeepingBook
場所	任意の保存場所
ソリューション名	MyHousekeepingBook(プロジェクト名を入力すると同じ名前が入力されます)
フレームワーク	.NET Framework 4.8

ひな形のWindowsフォームが表示されたら、まずはメインになる画面を作成しましょう。登録画面と一覧画面のうち、常に見たいのは**一覧画面**なので、一覧画面から作成します。

それでは一覧画面を作成するため、コントロールを配置しましょう。「ステップ1 入力データを考える」で考えた一覧画面のコントロールの表（表7-8）を参考に、表示された画面へコントロールを配置します（下の画面を参考にしてコントロールを配置してみてください）。

MenuStripコントロールは特殊なコントロールなので、画面下のコンポーネントトレイに表示されます。各コントロールのプロパティを下の表のように設定してください。

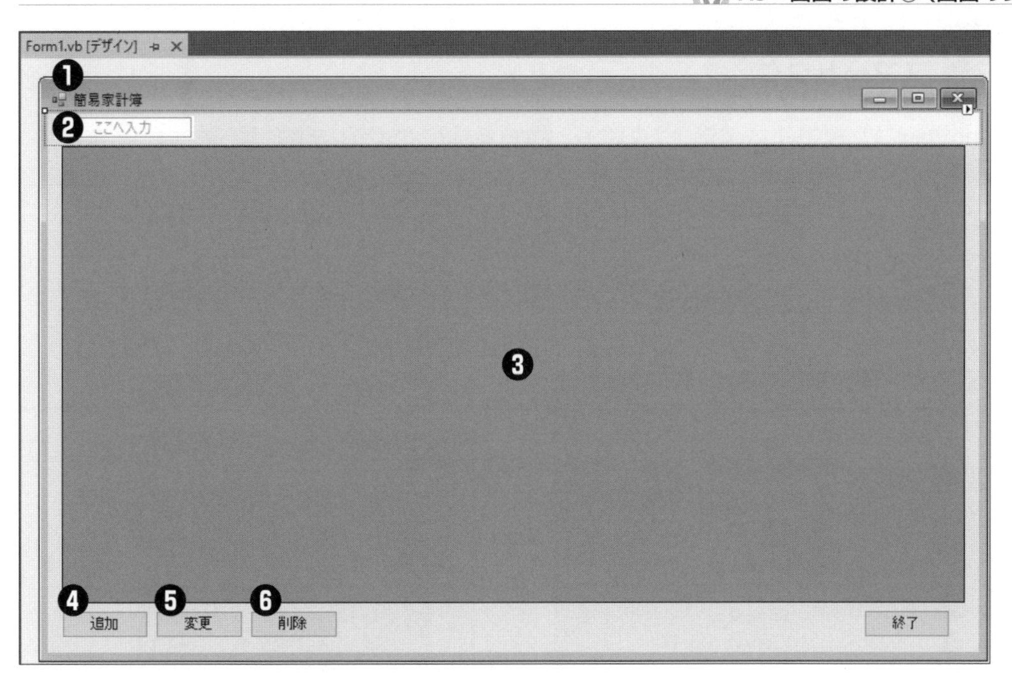

表7-10：一覧画面のプロパティの設定

No.	コントロール名	プロパティ名	設定値
❶	Formコントロール	Textプロパティ	簡易家計簿
❷	MenuStripコントロール	(Name)プロパティ	mainMenu
❸	DataGridViewコントロール	(Name)プロパティ	dgv
❹	Buttonコントロール	(Name)プロパティ	buttonAdd
		Textプロパティ	追加
❺	Buttonコントロール	(Name)プロパテ	buttonChange
		Textプロパティ	変更
❻	Buttonコントロール	(Name)プロパティ	buttonDelete
		Textプロパティ	削除
❼	Buttonコントロール	(Name)プロパティ	buttonEnd
		Textプロパティ	終了

Tips スマートタグ

DataGtidViewコントロールをドラッグ＆ドロップすると、以下のような状態になってちょっと驚きます。これは、スマートタグと呼ばれるもので、そのコントロールでよく使うプロパティや、設定が必須なプロパティの入力を促す機能です。ここでは使用しませんので、たたんでおきましょう。

コントロールの右上の［▼］ボタン（「スマートタググリフ」と言います）をクリックすると、いつでもスマートタグの機能を使うことができます。

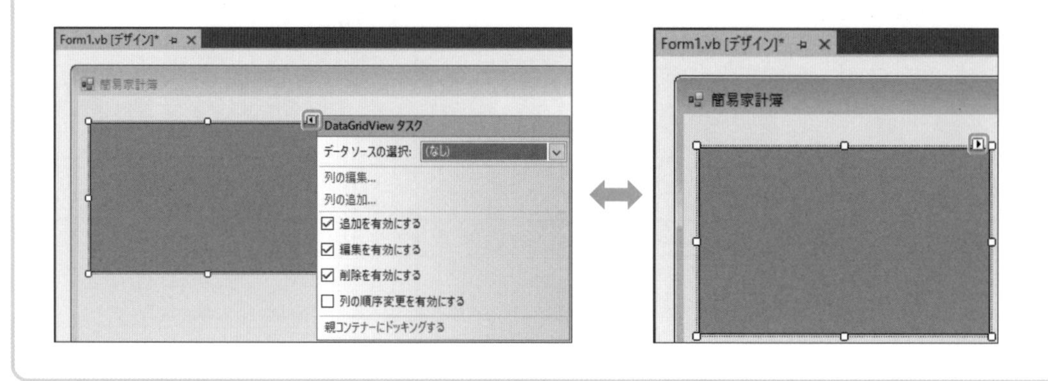

次に、登録画面を作成します。登録画面は、別のWindowsフォームで作成します。そのため、新しいフォームを1つ追加しましょう。

1 Windowsフォームを追加する

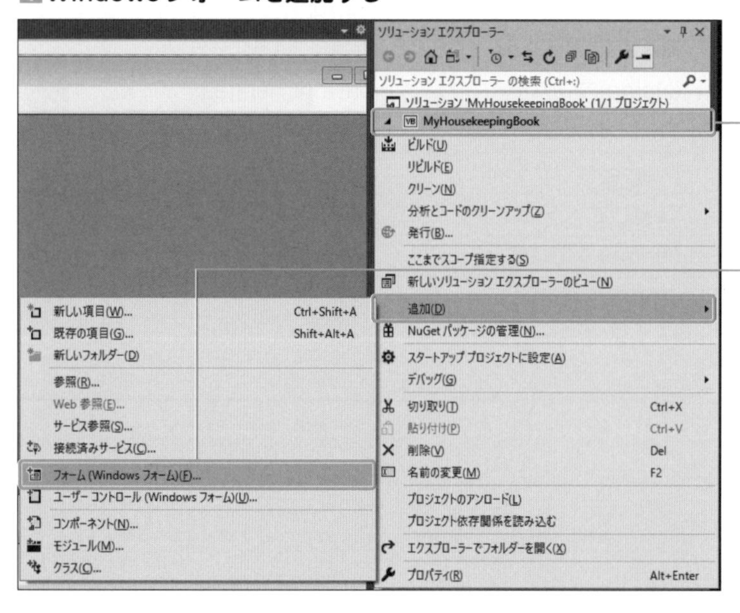

❶ ソリューションエクスプローラーにあるプロジェクトを右クリックします

❷ コンテキストメニューの［追加］から［フォーム］を選択します

ヒント ［プロジェクト］メニューから［Windows フォームの追加］を選ぶ方法もあります。

2 Windowsフォーム名を入力する

3 新しいWindowsフォームが作成された

新しいWindowsフォームが作成されたら、ツールボックスから、コントロールを貼り付けて登録画面をデザインしましょう。

「ステップ1 入力データを考える」で考えた登録画面のコントロールの表を参考に、登録画面にコントロールを配置します。

登録画面の各コントロールのプロパティは、下の表7-11のように設定してください。

ヒント (Name) プロパティは、コードを書く際にコントロール名としてよく使います。名前を見て何のコントロールのどんな機能なのかがわかるように名前を付けましょう。名前の付け方のルールを命名規則と言いますが、先頭にコントロール名の略語を付けるとインテリセンスで見分けやすいため、筆者はこのようなルールで命名しています。

表7-11：登録画面のプロパティの設定

No.	コントロール名	プロパティ名	設定値
❶	Formコントロール	Textプロパティ	登録
		Sizeプロパティ	415, 275
❷	MonthCalendarコントロール	(Name) プロパティ	monCalendar
❸	Labelコントロール	Textプロパティ	分類
❹	Labelコントロール	Textプロパティ	品名
❺	Labelコントロール	Textプロパティ	金額
❻	Labelコントロール	Textプロパティ	備考
❼	ComboBoxコントロール	(Name) プロパティ	cmbCategory
		DropDownStyleプロパティ	DropDownList
❽	TextBoxコントロール	(Name) プロパティ	txtItem
❾	MaskedTextBoxコントロール	(Name) プロパティ	mtxtMoney
❿	TextBoxコントロール	(Name) プロパティ	txtRemarks
⓫	Buttonコントロール	(Name) プロパティ	buttonOK
		Textプロパティ	登録
		DialogResultプロパティ	OK
⓬	Buttonコントロール	(Name) プロパティ	buttonCancel
		Textプロパティ	キャンセル
		DialogResultプロパティ	Cancel

❾の「金額」には、TextBoxコントロールではなく、**MaskedTextBoxコントロール**を使っています。

MaskedTextBoxコントロールには、**Maskプロパティ**があり、入力できる文字を制限することができます。金額の数値だけを入力できるようにするには、以下のように設定します。

1 Maskプロパティを設定する

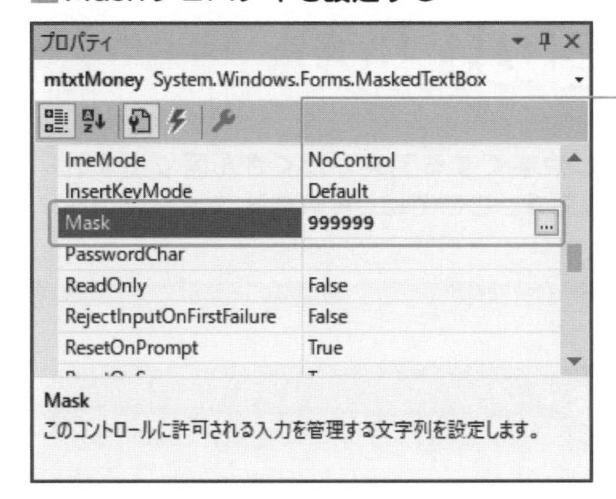

デザイン画面でMaskedTextBoxコントロールを選択し、プロパティウィンドウのMaskプロパティに「999999」と入力します

1つの「9」が1桁の数値を意味します。この場合、6桁の数値まで入力を許可することを表しています。

2 右詰めに設定する

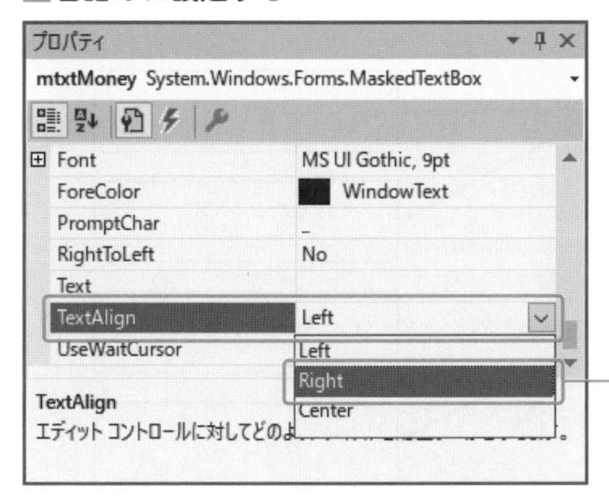

TextAlignプロパティは、表示する値を右詰め、左詰め、センタリングにすることができるプロパティです。

金額を表す数値を右詰めにしたいので、TextAligenプロパティの入力エリアの▽アイコンをクリックして、リストから［Right］を選択します

なお、登録画面は、別画面から操作します。そのため、別画面から操作する必要があるコントロールについては、アクセスレベルをpublicにする必要があります。

値を入力する❷❼❽❾❿を［Ctrl］キーを押しながらマウスでクリックすると、5つのコントロールがまとめて選択状態になります。この状態でプロパティウィンドウの**Modifiersプロパティ***を選び、右側の▽を展開して［Public］を選択します（5つのコントロールとも同じ名前のプロパティなので、まとめて変更できます）。

まとめ

- **プロパティの設定が複雑なコントロールにはスマートタグが用意されていて、よく使う設定や、必須の設定をすぐに設定できる。**

＊Modifiersプロパティ　コントロールなどのオブジェクトの参照範囲レベルを設定するプロパティ。

画面の設計③（メニュー項目の作成）

アプリケーションには、操作をしやすくする工夫がたくさん盛り込まれています。メニューも工夫の1つです。ここでは、実際にメニュー項目を作成してみましょう。

●ステップ3 メニュー項目を作成する

先ほど、一覧画面のデザイン画面にMenuStripコントロールを貼り付けましたが、.NET Frameworkが用意しているコントロールを使えば、アプリケーションのメニューも簡単に作成することができます。

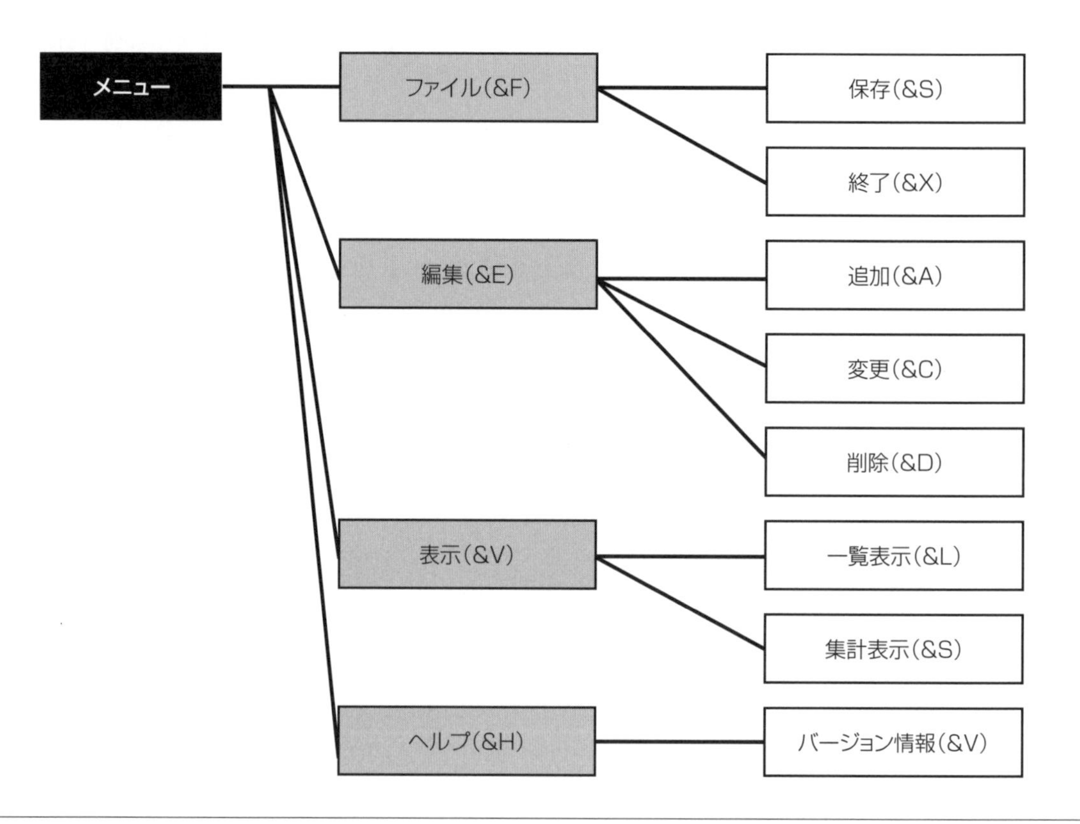

図7-2：作成するメニューのイメージ

それでは、上記のイメージのメニュー画面を作成してみましょう。

1 デザイン画面を表示させる

2 メニューを表示させる位置を選択する

3 メニュー名を入力する

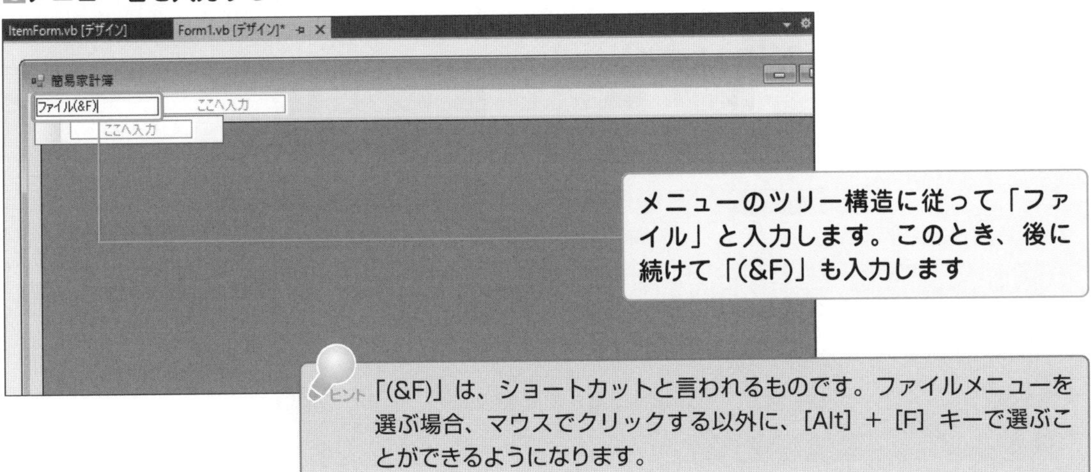

ヒント 「(&F)」は、ショートカットと言われるものです。ファイルメニューを選ぶ場合、マウスでクリックする以外に、[Alt] + [F] キーで選ぶことができるようになります。

4 ［ファイル］メニューの項目を入力する

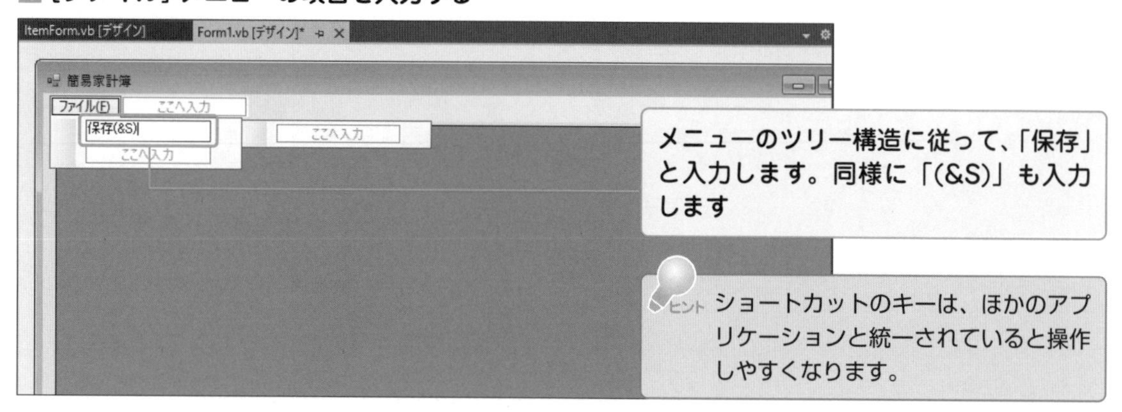

5 メニューに区切り線を入れる

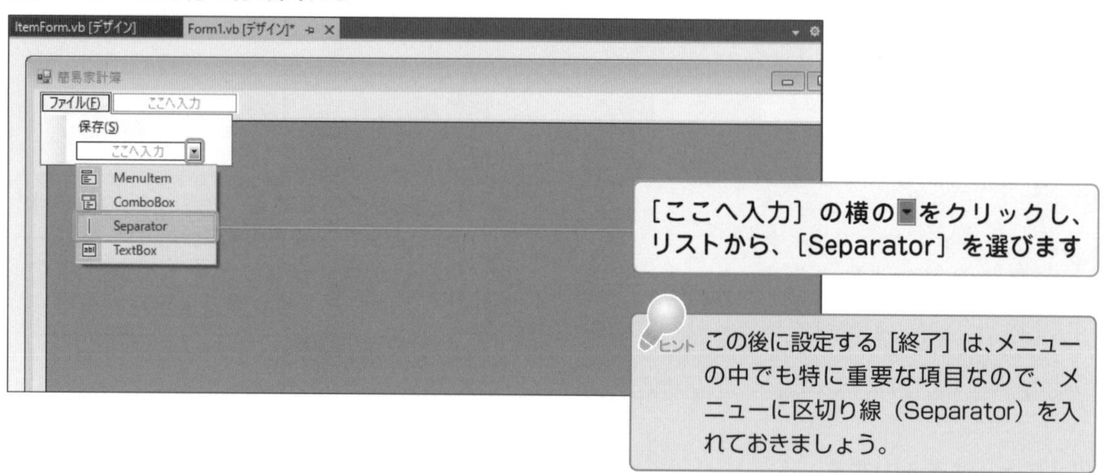

6 ［ファイル］メニューの項目を入力する

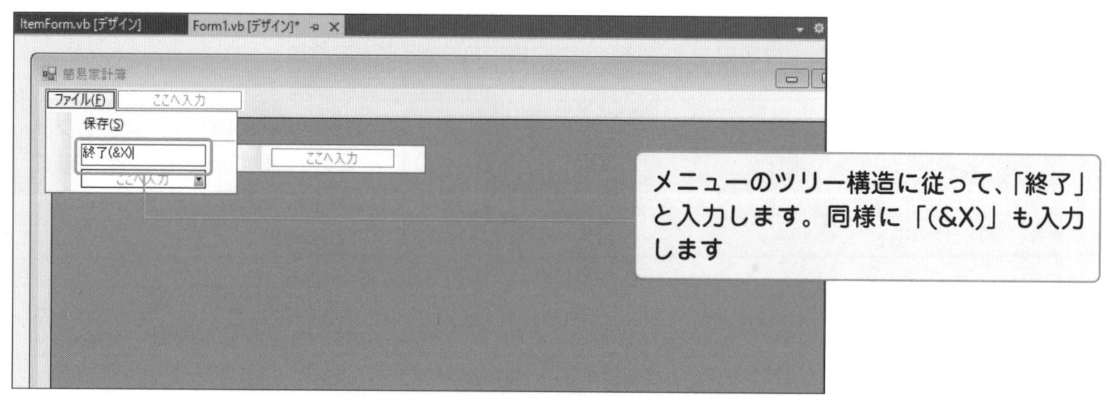

7 メニュー名を入力する

8 ［編集］メニューの項目を入力する

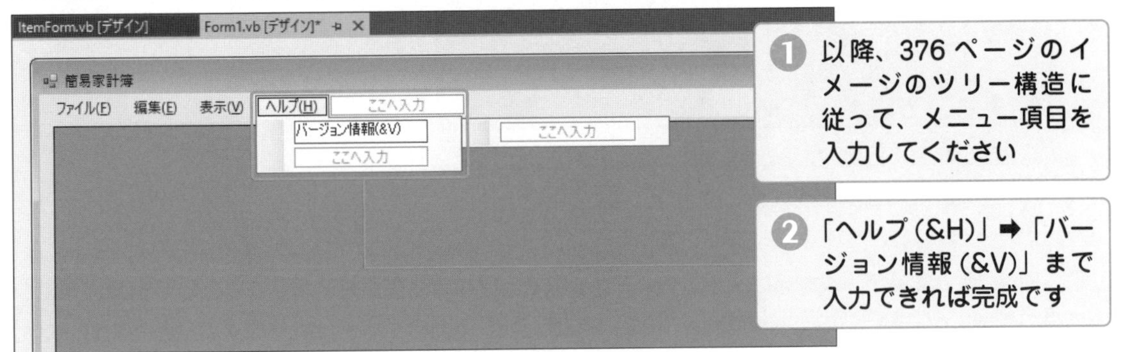

Tips 標準項目の挿入

MenuStripコントロールのスマートタグには、便利な機能が用意されています。スマートタグを展開して、［標準項目の挿入］を選んでみましょう。

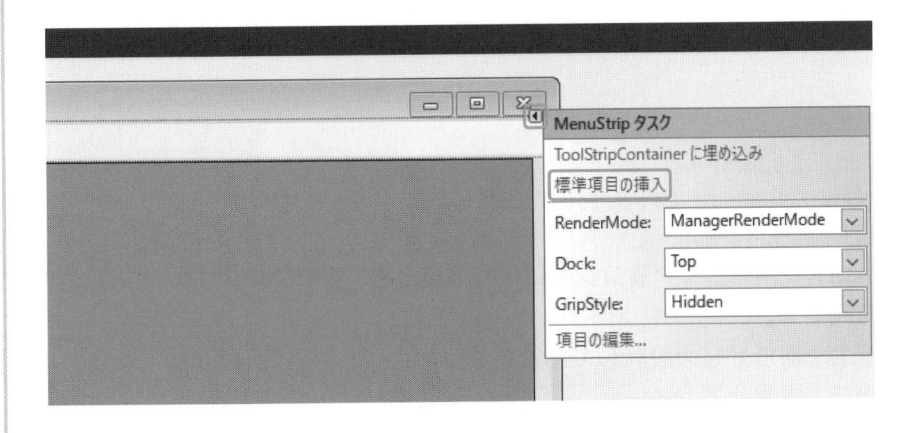

多くのアプリケーションで必要な標準的なメニュー項目が自動的に作成されます。

今回は、このスマートタグは使用していませんが、自動生成された項目のプロパティを見ながら、これ以外にどんな設定ができるのかを学習するとよいでしょう。

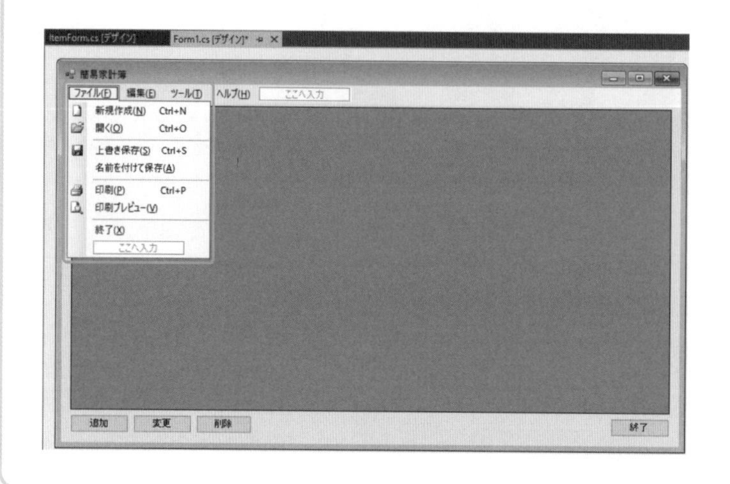

ここでは、入力するデータを元に、アプリケーションでどういった画面を表示するかという画面設計について見てきました。また、VS Community 2019を利用して、画面のイメージを作成することも体感いただけたのではないかと思います。

ここで一度保存しておきましょう。保存の方法は前に学習しましたね。

これで画面はできましたが、入力されたデータはどう扱えばよいのでしょうか？ .NET Frameworkでは、簡単にデータを扱う方法が準備されています。この方法については次の7.7節で解説します。

まとめ

- .NET Frameworkが用意しているコントロールを使うと、簡単にアプリケーションのメニューを作成できる。
- メニューの項目は、あらかじめ設計しておくと（図を描くと）抜け漏れがなくなり、メニュー項目のバランスもよくなる。

Column 起動時の画面を変更する

　プロジェクトを作成したときに、画面が１つ作成されます。この画面がアプリケーション起動時の画面となりますが、後から追加した画面をアプリケーション起動時の画面にしたい場合もあります。

　アプリケーション起動時の画面を変更する手順は、以下の通りです。

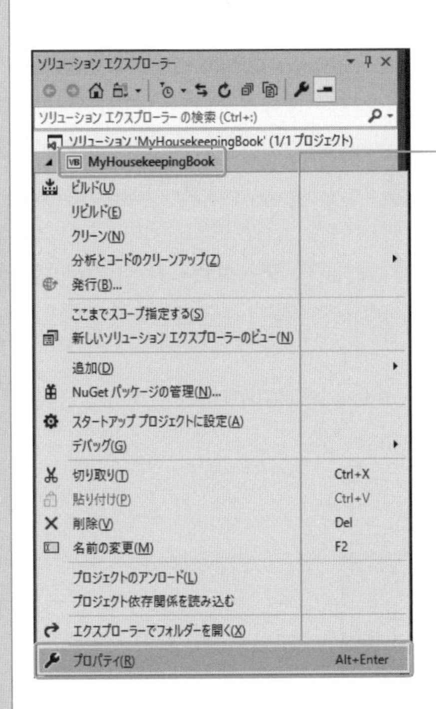

❶ まず、ソリューションエクスプローラーから、プロジェクトを右クリックして、プロパティを選択します（もしくは、[プロジェクト] メニューから [<プロジェクト名> のプロパティ] を選択します）

❷ プロジェクトデザイナーが表示されます。プロジェクトデザイナーの [アプリケーション] タブの [スタートアップフォーム] に表示されている一覧から、起動時の画面にしたいものを選択します。この一覧はフォームの (Name) プロパティに付けた名前になっています

7 データの設計①（データセットの仕組み）

.NET Frameworkでは、簡単に多数のデータを扱う方法として、「データセット」という仕組みがあります。ここでは、データセットを使ったデータの取り扱い方について考えていきます。

●データセットって何だろう？

前の7.6節では、画面設計を行いました。VS Community 2019で作成した画面を使うと、簡単にデータの入力が行えます。ただし、登録画面で追加したデータを一覧画面に反映させたい場合には、このデータを格納する領域が必要です。

データを格納する領域と聞いて、Chapter4で説明した**変数**のことを思い浮かべた方もいるのではないでしょうか？　たしかに、変数を使うのも1つの方法です。ただし、今回のアプリケーションでは、複数件のデータを扱います。大量のデータを扱う場合に、件数分の変数を準備するのはとても大変です。

そこで、.NET Frameworkでは、簡単に複数件のデータを扱う方法として、**データセット**という仕組みがあります。データセットは、下のイラストのように、データを一覧表の形で格納できる変数というようなイメージになります。

変数をたくさん準備しなくても、わかりやすい形でデータをデータセットに格納することが可能です。

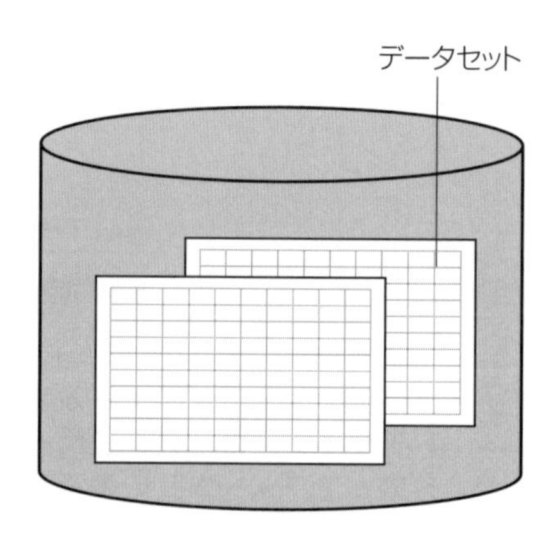

図7-3：データセットのイメージ

データセットの中には、一覧表の形をした変数群が準備されます。この一覧表のことを**データテーブル**と呼びます。また、一覧表の横の並びのことを**行**、もしくは**データロー**と呼びます。また、縦の並びのことを**列**、もしくは**カラム**と呼びます。

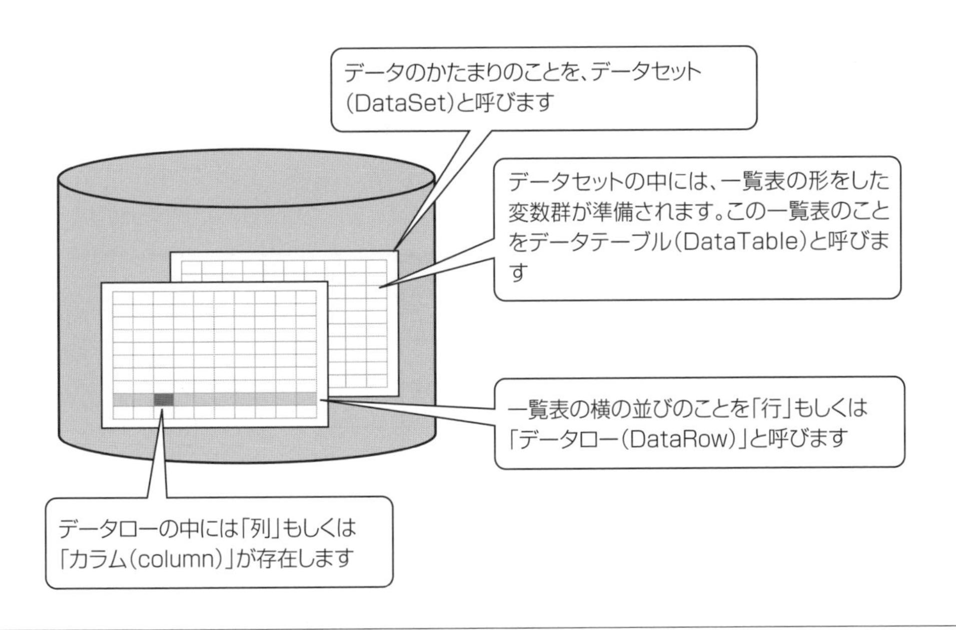

図7-4：データセットの要素

行や列は、それぞれ左上から**0で始まる番号**が割り振られ、この番号によってデータの格納や取り出しが可能です。このデータセットにより、データの集合をよりわかりやすく格納することができるのです。

それぞれの行の0番目の列は「日付」、1番目の列は「金額」というように使いますが、登録画面を作っているときと、一覧画面を作っているときで、この順番を勘違いする場合が考えられます。

列 ↓ 行 →

	0	1	2	3	4	5	6	…	
0									
1									
2									
⋮									

図7-5：行と列の番号

データセットには、この列の順番の間違いを起こしにくくするために、**型付きデータセット**というデータセットの拡張が行えるようになっています。型付きの「型」とは、**データ型**のことで、型付きデータセットを使うことで、間違いなくアプリケーションのデータを扱うことができます。

●データセットと型付きデータセットの違い

データセットは、単なる一覧表で列（カラム）には何でも入れられます。

	0	1	2	3	4	5	6	…	
0									
1									
2									
⋮									

図7-6：データセットのイメージ

一方、型付きデータセットは、列が特定のデータ専用になり、列の名前やデータ型があらかじめ固定されてしまっています。

	日付	分類	品名	金額	…				
	日付型	文字列型	文字列型	整数型					
0									
1									
2									
⋮									

図7-7：型付きデータセットのイメージ

次節では、この型付きデータセットの作成方法について解説します。

まとめ

◉ **大量のデータを効率的に扱うための仕組みとして、データセットがある。**

用語のまとめ

用語	意味
データセット	大量のデータを効率的に扱うための仕組みのこと
型付きデータセット	データセットにあらかじめ列情報などを付加して拡張したもの

Column 新技術を簡単に紹介③

Visual Studioの新技術について、簡単に紹介いたします。

● LINQ

LINQ（リンク）は、データの塊から効率よく必要なデータを取得する技術です。うまく使いこなすと、Loop文が不要になることから、Visual Basicに慣れた人たちの間ではこのLINQがもてはやされています。

本書では、まだまだ難しいということで、これ以上は割愛しますが、興味のある方は、「Visual Basic LINQ」のキーワードで調べてみてください。

データの設計②（型付きデータセットの作成）

大量のデータを効率的に扱うことができるデータセットの作成手順について解説します。

●型付きデータセットを作成する

データセットは、以下の手順で使うことができます。まずはデータセットの定義の部分を作成します。

1 プロジェクトのコンテキストメニューを表示する

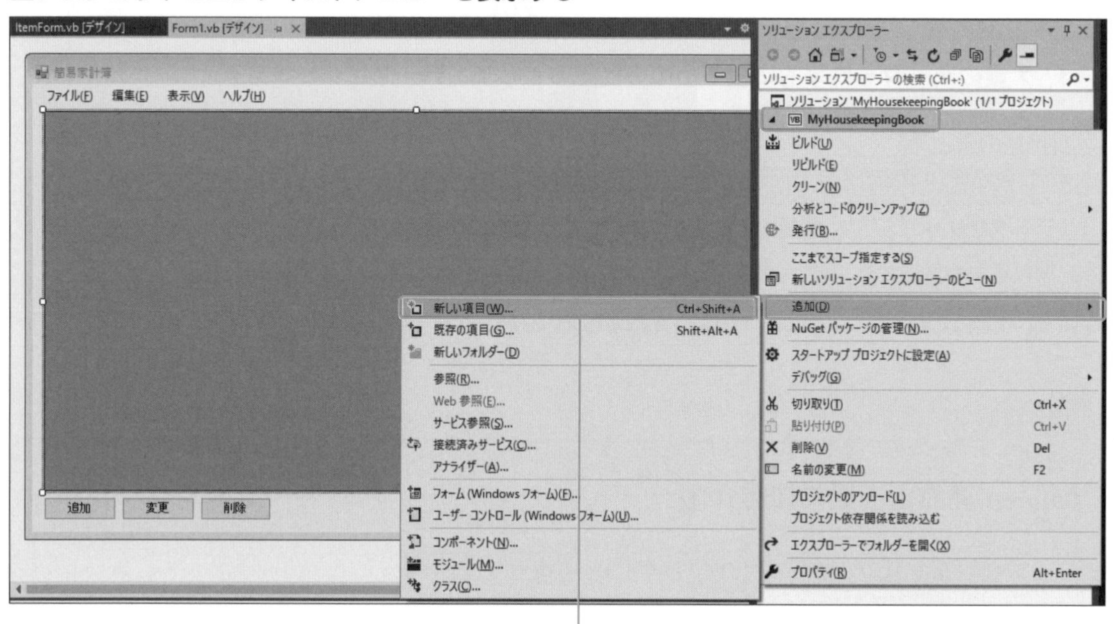

* **コンテキストメニュー**　右クリックした際に出てくるメニューのこと。

2 データセットを選択してファイル名を入力する

3 データセットデザイナーが表示される

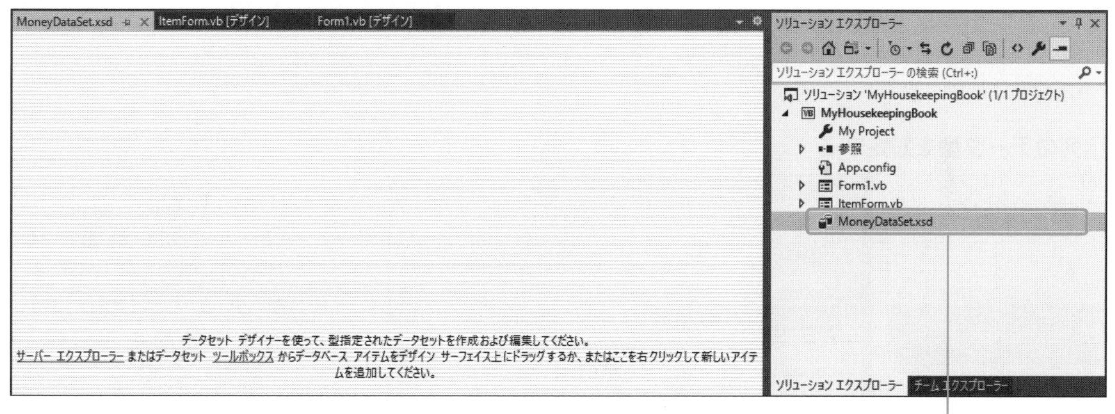

4 DataTableコントロールをドラッグ&ドロップする

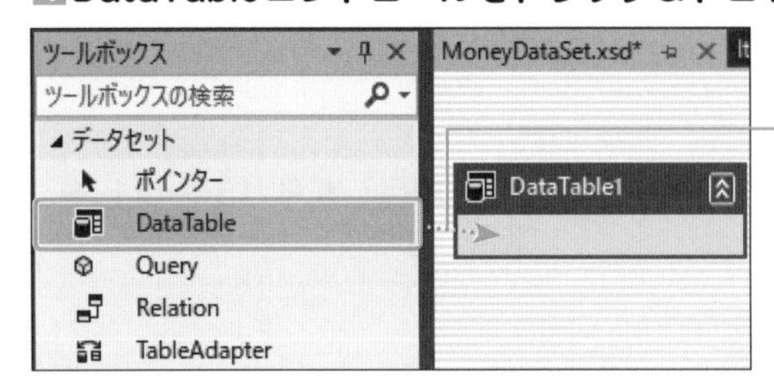

ツールボックスから［DataTable］コントロールを選択し、データセットデザイナーにドラッグ&ドロップします

5 列を追加する

6 列のデータ型を設定する

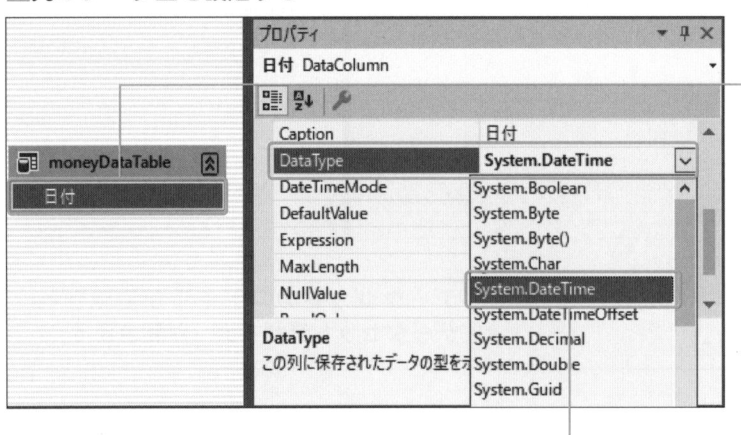

❶［DataTable］コントロールに列が追加されたら、Nameプロパティを使って、Column1という名前を「日付」に変更します

❷ DataTypeプロパティの⌄ボタンをクリックして、列のデータ型をDataTypeプロパティに対応した「System.DateTime」（日付型）に変更します

この後、手順の5と6を必要な列の分だけ繰り返します。型付きデータセットに指定する列は、以下のように設定します。

❶ moneyDataTable
❷ 日付
❸ 分類
❹ 品名
❺ 金額
❻ 備考

表7-12:型付きデータセットに指定する列

No.	コントロール名	プロパティ名	設定値
❶	DataTableコントロール	Nameプロパティ	moneyDataTable
❷	Column(列)コントロール	Nameプロパティ	日付
		DataTypeプロパティ	System.DateTime
❸	Column(列)コントロール	Nameプロパティ	分類
		DataTypeプロパティ	System.String
❹	Column(列)コントロール	Nameプロパティ	品名
		DataTypeプロパティ	System.String
❺	Column(列)コントロール	Nameプロパティ	金額
		DataTypeプロパティ	System.Int32
❻	Column(列)コントロール	Nameプロパティ	備考
		DataTypeプロパティ	System.String

Tips Int32

Int32は、Integer型と同じデータ型です。

次に、データセットを利用する準備を行います。まず、データセットデザイナーから画面デザイナーに表示画面を変えた後、**DataGridViewコントロール**にデータセットを関連付けます。

7 DataGridViewにデータセットを関連付ける

8 列が割り当てられた

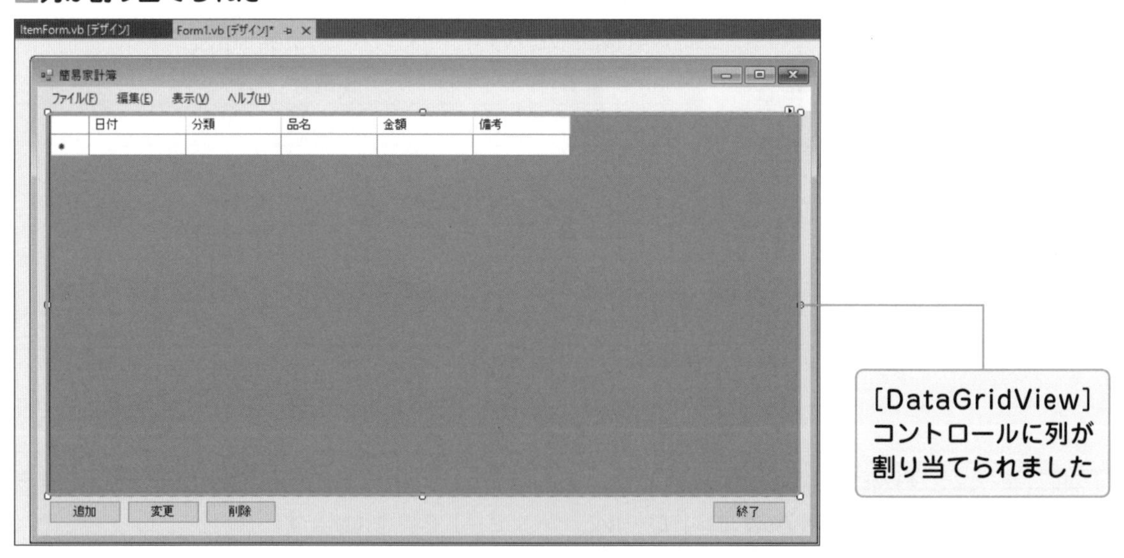

これでDataGridViewコントロールに型付きデータセットが関連付けられ、「日付」「分類」「品名」「金額」「備考」という列が一覧画面に表示されるようになりました。

●データを格納する領域を準備する

登録画面の分類コンボボックスに表示するデータは、以下の画面のように、使用した金額の分類がわかるようにするデータです。表示されていませんが、入金なのか出金なのかのデータも内部的に持っておきます。

次に、登録画面の分類コンボボックスに表示するデータを格納するデータセットを作成します。

1 プロジェクトのコンテキストメニューを表示する

ソリューションエクスプローラーのプロジェクトを右クリックし、コンテキストメニューの［追加］➡［新しい項目］を選択します

2データセットを選択してファイル名を入力する

3データセットデザイナーが表示される

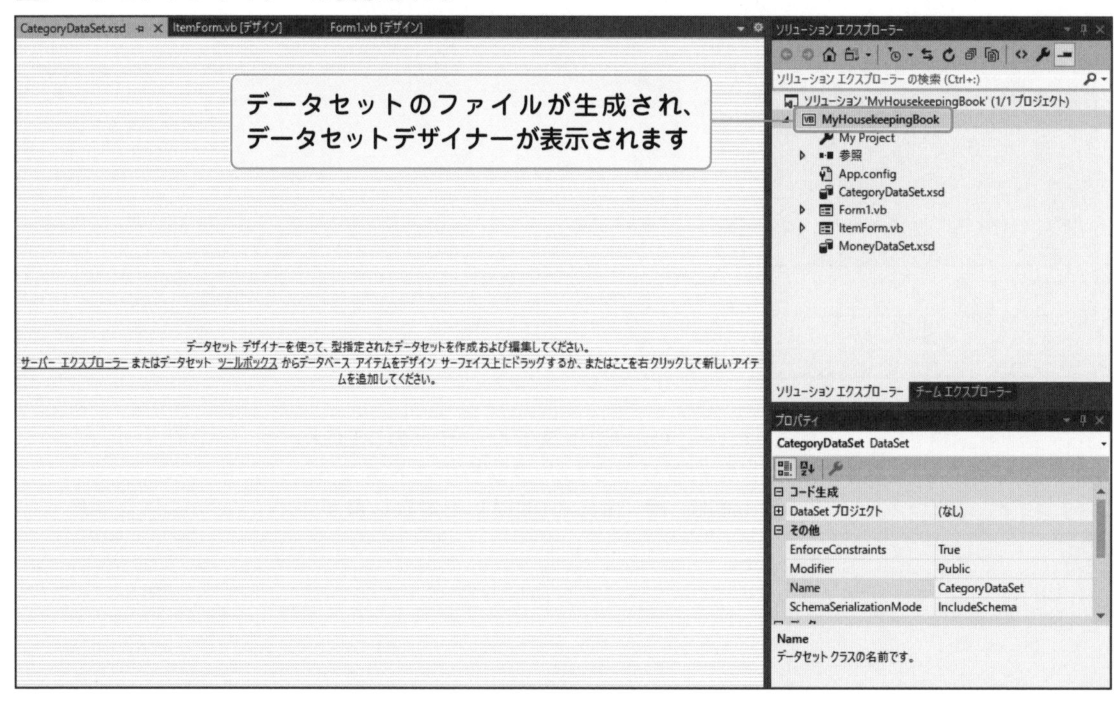

4 DataTableコントロールをドラッグ＆ドロップする

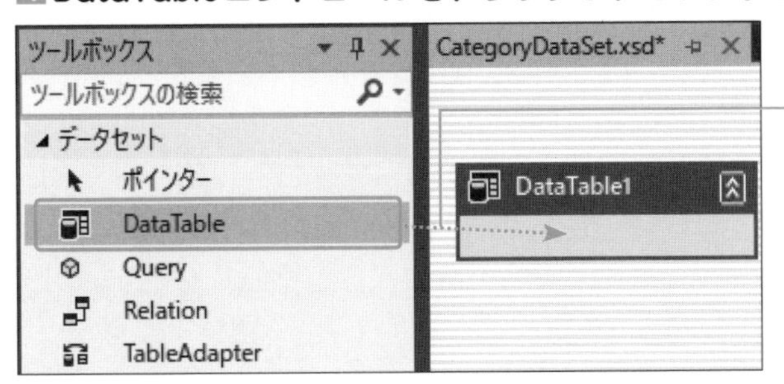

ツールボックスから［DataTable］コントロールを選択し、データセットデザイナーにドラッグ＆ドロップします

5 列を追加する

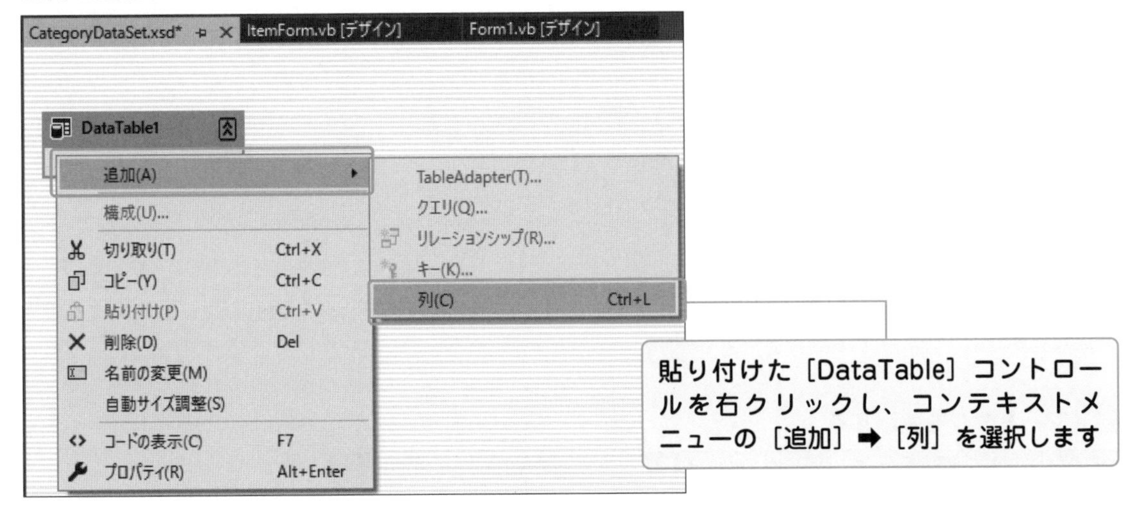

6 列のデータ型を設定する

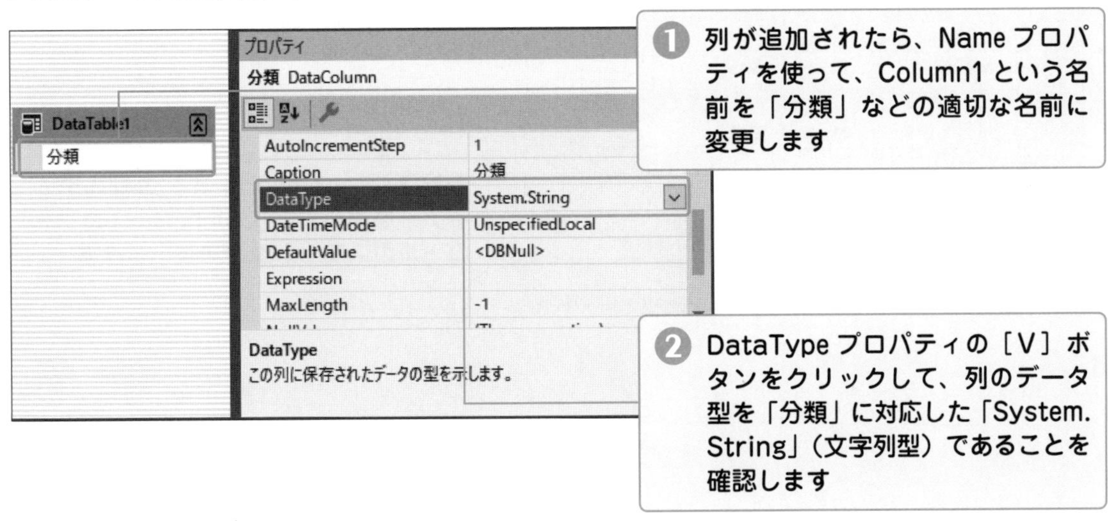

この後、手順の5と6を必要な列の分だけ繰り返します。型付きデータセットに指定する列は、以下のように設定します。

表7-13：型付きデータセットに指定する値

No.	コントロール名	プロパティ名	設定値
❶	DataTableコントロール	Nameプロパティ	CategoryDataTable
❷	Column(列)コントロール	Nameプロパティ	分類
		DataTypeプロパティ	System.String
❸	Column(列)コントロール	Nameプロパティ	入出金分類
		DataTypeプロパティ	System.String

最後の仕上げとして、登録画面の画面デザイナーを表示し、**ComboBoxコントロール**にデータセットを関連付けます。

7スマートタグを表示する

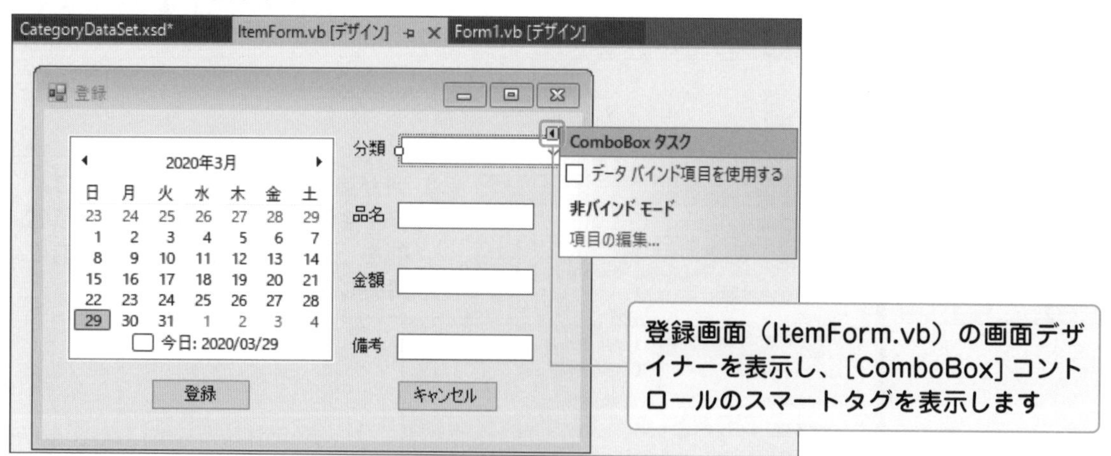

8 [データバインド項目を使用する] をチェックする

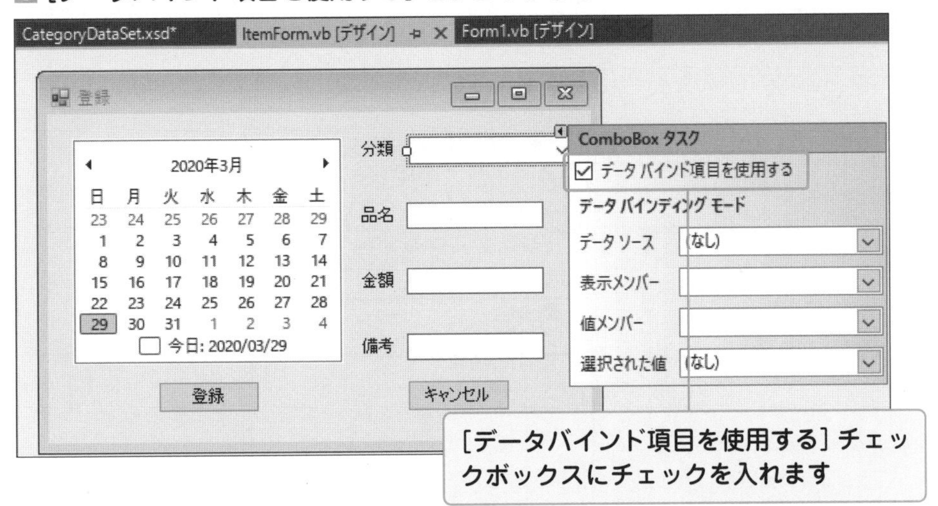

9 [CategoyDataTable] を選択する

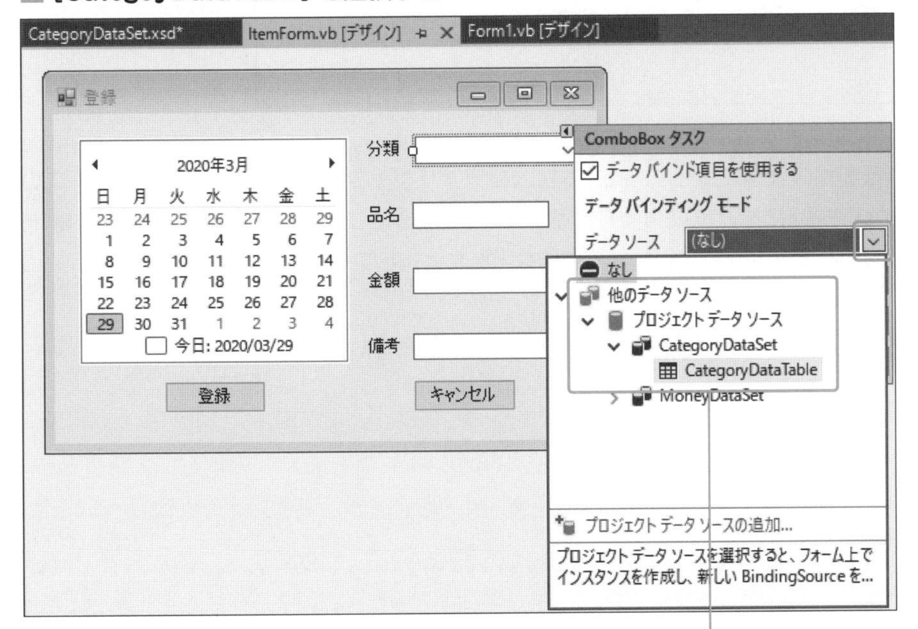

[ComboBox] コントロールの [データソース] コンボボックスの ボタンをクリックし、[他のデータソース] ➡ [プロジェクトデータソース] ➡ [CategoryDataSet] ➡ [CategoyDataTable] を選択します

10 ［分類］を選択する

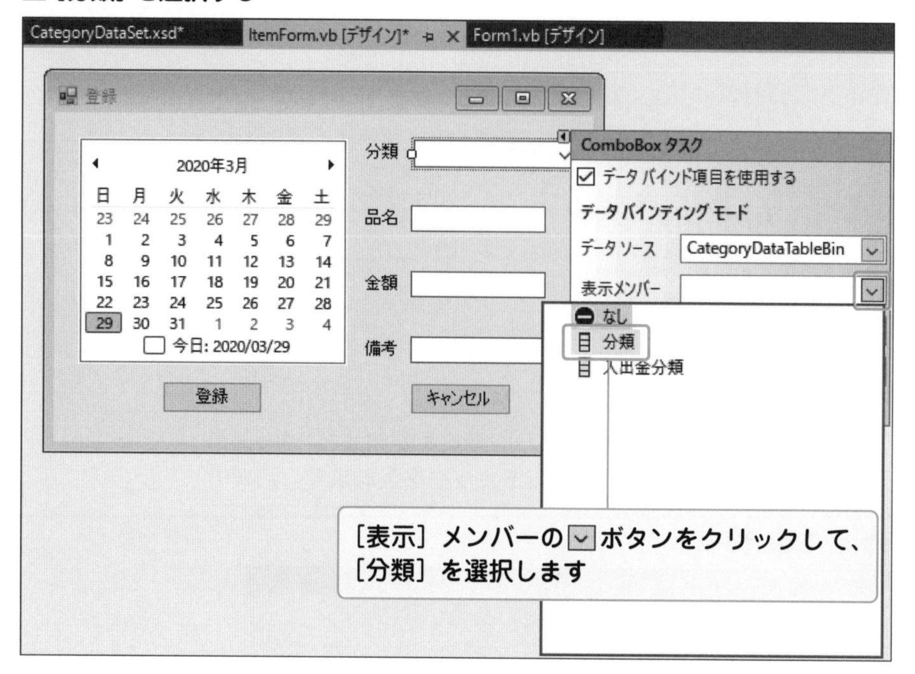

実際にデータを入れる領域の準備ができました。本格的なアプリケーションを作成する場合には、このデータの保持方法についても設計を行うのですが、今回のアプリケーションではそこまで踏み込んでいません。さらに知識を得たい方は、データベースに関する書籍などを参考にしてください。

画面とデータの設計ができたら、いよいよ画面の動きを実装していきましょう。

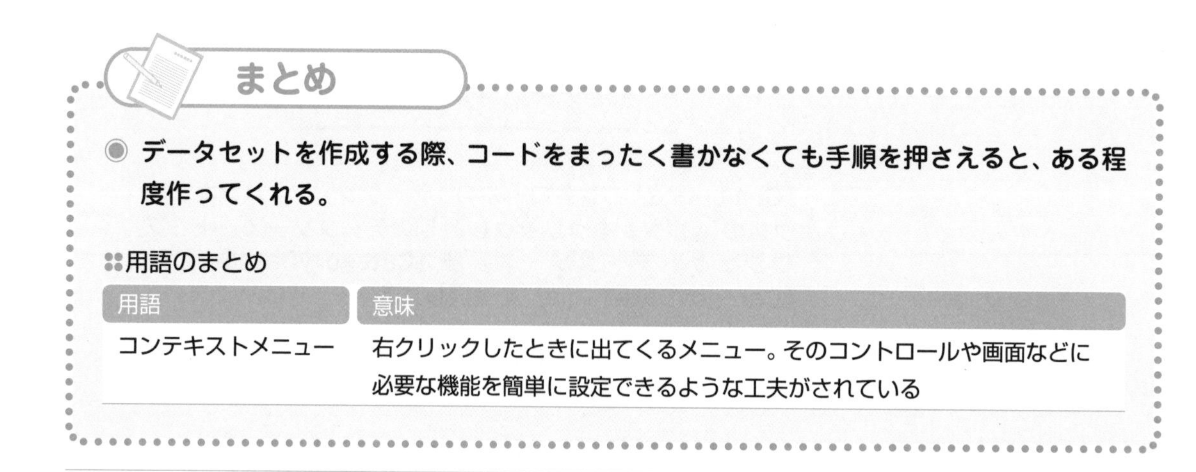

まとめ

◉ **データセットを作成する際、コードをまったく書かなくても手順を押さえると、ある程度作ってくれる。**

用語のまとめ

用語	意味
コンテキストメニュー	右クリックしたときに出てくるメニュー。そのコントロールや画面などに必要な機能を簡単に設定できるような工夫がされている

フォームの処理①（フォームの作成）

プロジェクトを実行すると、プロジェクトを作成したときに作られるフォームが表示されますが、これ以外のフォームを表示するにはどうすればいいでしょうか？　まずはこのフォームの処理について解説します。

●フォームを作成する

今回作成する「簡易家計簿」アプリケーションでは、複数の画面を使用します。一覧画面から起動し、登録画面を補助的に使います。

簡易家計簿

ファイル(F)　編集(E)　表示(V)　ヘルプ(H)

一覧表示　集計表示

	日付	分類	品名	金額	備考
▶	2019/04/02	食費	ざるそば	500	
	2019/04/03	食費	唐揚げ弁当	650	
	2019/04/04	食費	パスタセット	800	
	2019/04/05	食費	うな丼	1350	
	2019/04/06	食費	カレー	550	
	2019/04/07	食費	カレー	550	
	2019/04/08	食費	親子丼	650	
	2019/04/09	食費	ラーメン	600	
*					

追加　変更　削除　終了

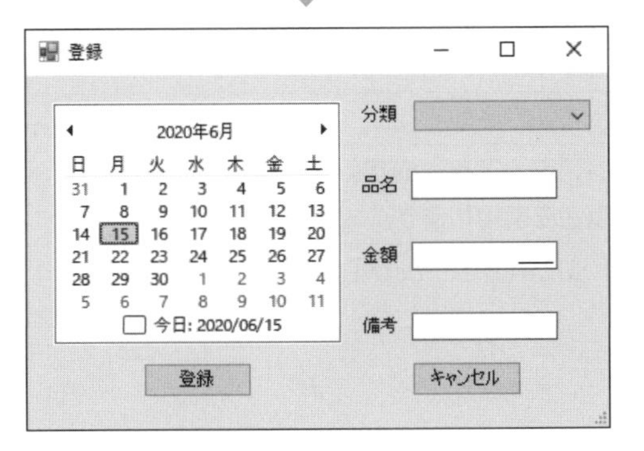

一覧画面の［追加］ボタンをクリックすると登録画面が起動します

起動時に開いた画面から、ほかの画面を表示するには、どうすればよいかを見ていきましょう。

新しいフォームを開く場合には、まずフォームをパソコンのメモリ上に作成します。次に作成したフォームを画面上に表示するという処理を行います。

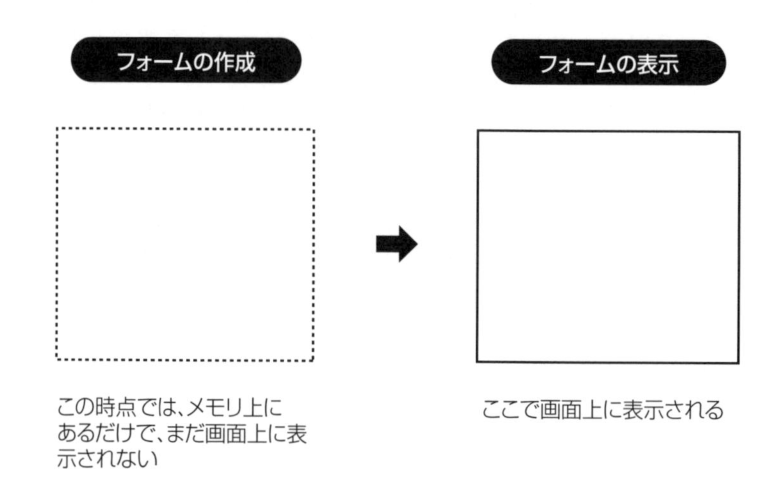

図7-8：フォームの作成と表示

まずは、**フォームの作成方法**を見ていきましょう。

フォームの作成を行うコードを、次に示します。

List 1 サンプルコード（コードの作成の記述例）

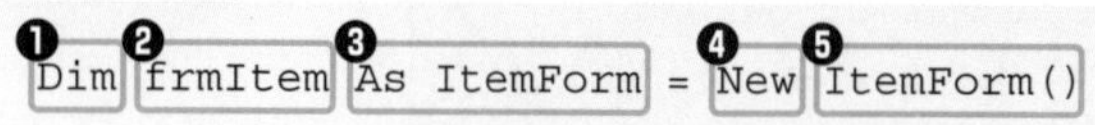

```
Dim frmItem As ItemForm = New ItemForm()
```

左から各項目について説明します。

表7-14：List1のコード解説

No.	コード	内容
❶	`Dim`	変数を宣言するキーワードです
❷	`frmItem`	フォームを格納する変数の名前です
❸	`As ItemForm`	ItemFormクラスであることを示す型の名前です
❹	`New`	次にくるクラス名のクラスのインスタンスを生成するキーワードです。フォームをメモリ上に展開する場合に使用します
❺	`ItemForm()`	フォームを表示する場合に、表示したいフォームの定義が行われているクラス名を指定します

●フォームをモーダル/モードレスで表示する

次に**フォームの表示方法**について見ていきましょう。フォームの表示方法には、2通りあります。ここでは、身近なエクスプローラーを例に、2通りの表示方法を見てみたいと思います。

まず、エクスプローラーのメニューで［表示］メニュー➡［オプション］と選択すると、［フォルダーオプション］ダイアログボックスが表示されます。このダイアログの画面は操作できますが、エクスプローラー自体の操作はできなくなります。このような動きをする画面を**モーダル画面**と言います。

これに対し、［ファイル］メニュー➡［新しいウィンドウを開く］で新しいウィンドウを開いた場合には、2つのエクスプローラーの画面を交互に操作することができます。このような動きをする画面を**モードレス画面**と言います。

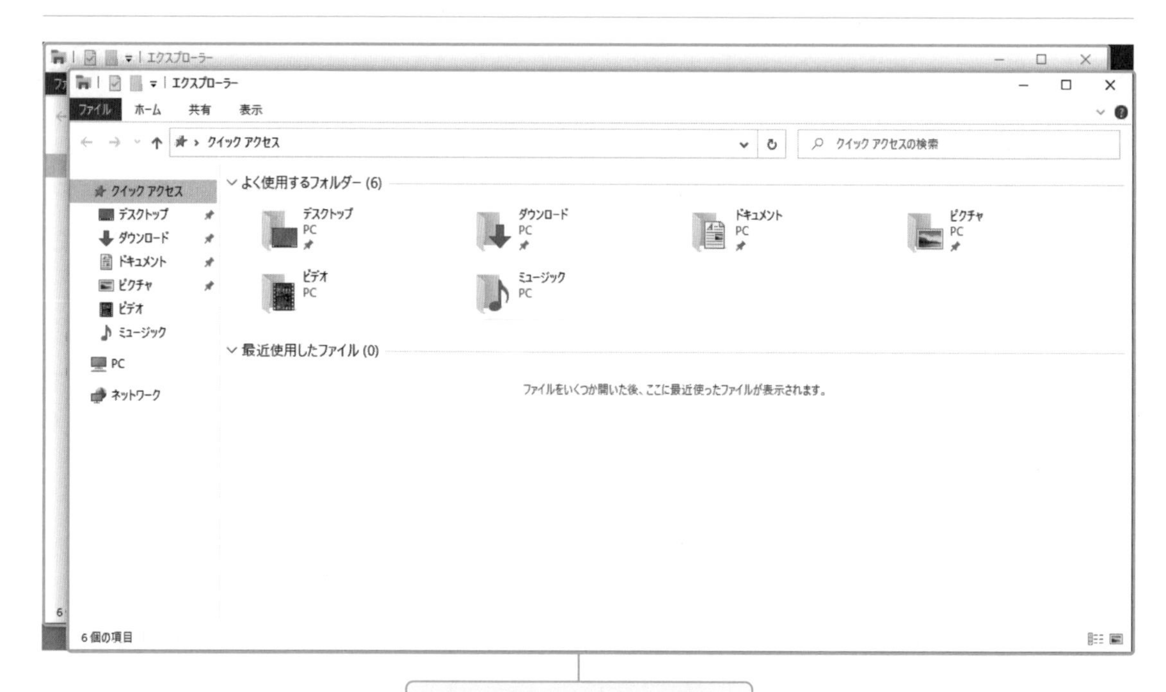

2つの画面とも操作できます

まずは、モーダル画面を開くコードを以下に示します。

List 1 サンプルコード（モーダル画面を開くコードの記述例）

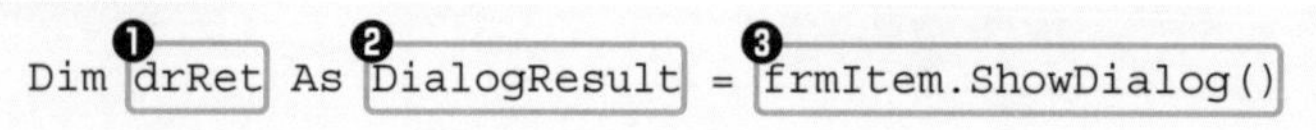

左から各項目について説明します。

表7-15：List1のコード解説

No.	コード	内容
❶	drRet	モーダル画面を閉じたときの情報を格納する変数名です
❷	DialogResult	モーダル画面を開いて、閉じた場合に開いた画面で［OK］ボタンがクリックされて閉じたのか、［キャンセル］ボタンがクリックされて閉じたのか等の処理情報を取得するデータ型（クラス）です
❸	frmItem.ShowDialog()	フォームをモーダル表示するメソッドです。モーダル画面をどのように閉じたか（OK、キャンセル、その他）という戻り値を返します

次に、モードレス画面を開くコードを以下に示します。

List 2 サンプルコード（モードレス画面を開くコードの記述例）

```
❶
frmItem.Show()
```

このコードについて説明します。

表7-16：List2のコード解説

No.	コード	内容
❶	frmItem.Show()	フォームを表示するメソッドです。このメソッドには戻り値はありません

モーダル画面は、呼び出した画面（子画面）での操作結果を知るために、戻り値があります。戻り値を使って呼び出し元の画面（親画面）に操作結果を通知します。モードレス画面は、操作結果を知る必要がないため、戻り値はありません。

●［追加］ボタンで登録画面を開く

今回は、一覧画面から登録画面を開きます。登録画面は長時間、開いている画面ではなく、また、登録画面を使用するときに一覧画面を操作する必要性もあまりないため、モーダル画面にします。

一覧画面（Form1.vb）の［追加］ボタンのイベントハンドラに、登録画面（ItemForm.vb）をモーダル画面で表示する処理を追加します。

1 一覧画面を表示させる

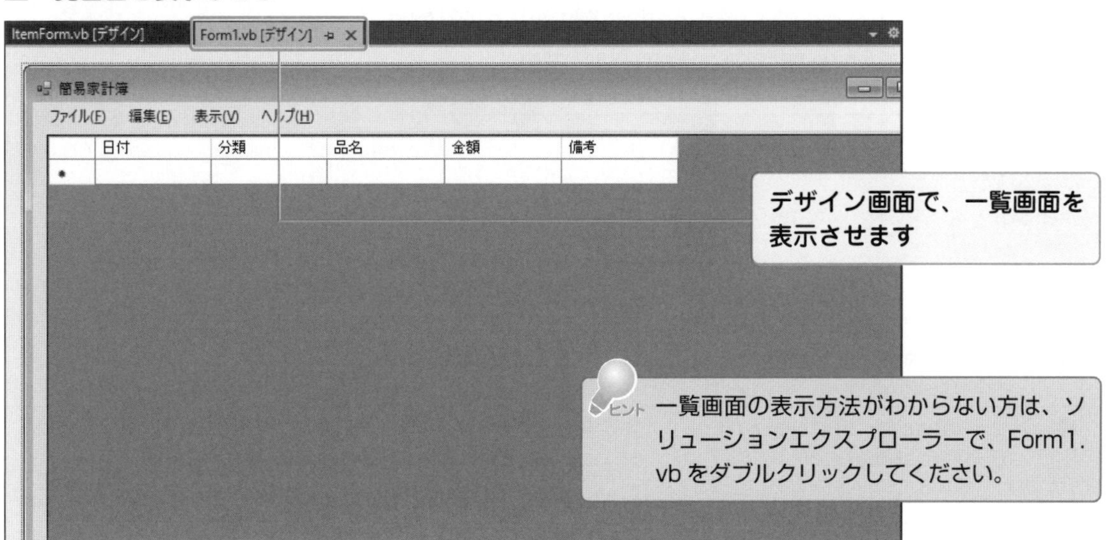

2 [追加] ボタンをダブルクリックする

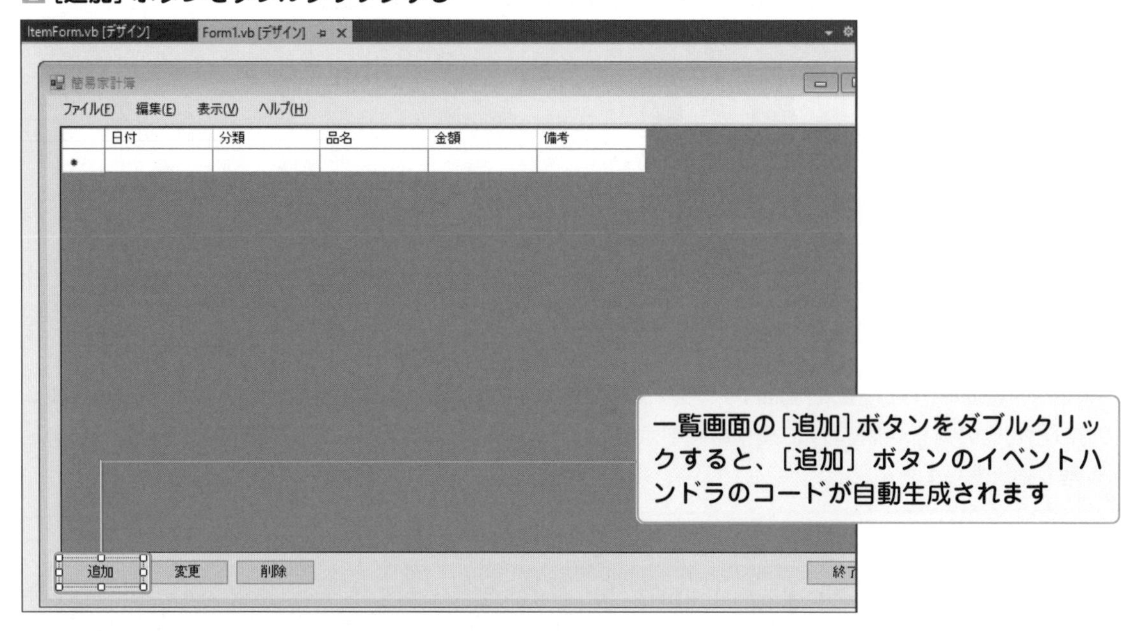

List3は、自動生成された[追加] ボタンのイベントハンドラのコードです。

■■■■の部分は、VS Community 2019が自動で書いてくれるコードです。3行目と4行目に処理を記述してください。

List 3 サンプルコード([追加] ボタンをクリックしたときの処理:Form1.vb)

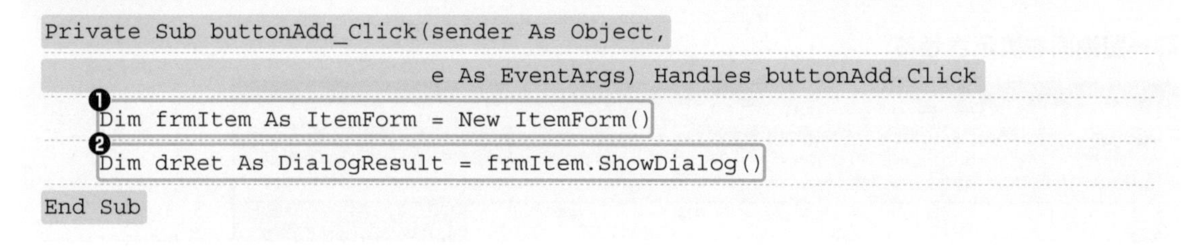

```
Private Sub buttonAdd_Click(sender As Object,
                              e As EventArgs) Handles buttonAdd.Click
    ❶Dim frmItem As ItemForm = New ItemForm()
    ❷Dim drRet As DialogResult = frmItem.ShowDialog()
End Sub
```

ポイントとなる部分を、次の表7-17に示します。

表7-17:List3のコード解説

No.	コード	内容
❶	`Dim frmItem As ItemForm = New ItemForm()`	登録フォームを作成します
❷	`Dim drRet As DialogResult = frmItem.ShowDialog()`	登録画面のフォームをモーダル画面で表示します。Windowsフォームの処理結果(モーダル画面をどのように閉じたか)として、[登録] ボタンは「OK」、[キャンセル] ボタンは「Cancel」が返されます

では、ツールバーの［開始］ボタンをクリックして、動作を確認してみましょう。
実行すると、まず一覧画面が開くと思います。その後、［追加］ボタンをクリックしてください。

Tips ［登録］ボタンと［キャンセル］ボタンについて

登録画面の［登録］ボタン、［キャンセル］ボタンとも処理は書いていません。しかし、どちらのボタンをクリックしても登録画面は閉じます。

これは、Buttonコントロールの**DialogResultプロパティ**を7.5節の374ページの⓫⓬のように設定したため、処理を書かなくても登録画面が閉じるようになっています。

また、List1の変数drRetには、このDialogResultプロパティの値が返されます。つまり、［登録］ボタンがクリックされると"OK"が、［キャンセル］ボタンがクリックされると"Cancel"が返されます。

以下の動作を確認しましょう。

Ⓐ一覧画面の［追加］ボタンをクリックすると、登録画面が開く。
Ⓑ登録画面を開いている間は、一覧画面の操作ができない。
Ⓒ登録画面の［登録］ボタンや［キャンセル］ボタンをクリックすると、登録画面が閉じて一覧画面の操作が可能となる。

なお、登録画面の［登録］ボタンや［キャンセル］ボタンをクリックしても登録画面が閉じない場合、DialogResultプロパティの設定が漏れていますので確認してください。

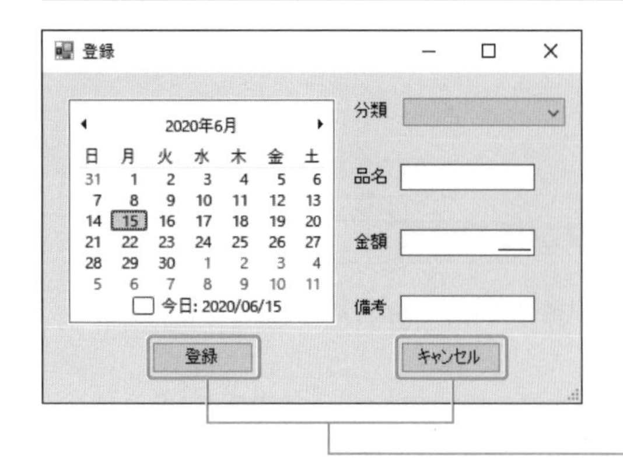

［登録］ボタンや［キャンセル］ボタンをクリックすると、登録画面が閉じます

まとめ

- フォームはモードレス、モーダルの2種類の表示が可能。
- モードレス、モーダルは、目的によって使い分けることが重要。コードも若干異なってくる。

用語のまとめ

用語	意味
モーダル	ほかのウィンドウをアクティブにできなくして、自分のウィンドウだけを操作できるようにする仕組み
モードレス	同時に複数のウィンドウを操作できるようにする仕組み

10 フォームの処理②（データの扱い方）

現時点では、まだ登録画面の「分類」の項目を選択することができません。そのため、型付きデータセットを使って一覧画面のデータを登録画面に渡し、「分類」を選択できるようにします。

●一覧画面の分類データを登録画面に渡す

現時点では、前ページに示したⒶ～Ⓒの動作は実行できますが、登録画面の「分類」の項目を選択できません。

そこで、「分類」を選択できるように、分類データの準備を行います。登録画面を開くたびに、毎回データの準備を行うのは非効率であるため、一覧画面の**型付きデータセット**の中で、データの準備を行います。

まず、ツールボックスの**CategoryDataSetコンポーネント**（7.8節で作った型付きデータセットです）を一覧画面に貼り付けます。

1 CategoryDataSetコンポーネントをドラッグ&ドロップする

2 CategoryDataSet1が表示される

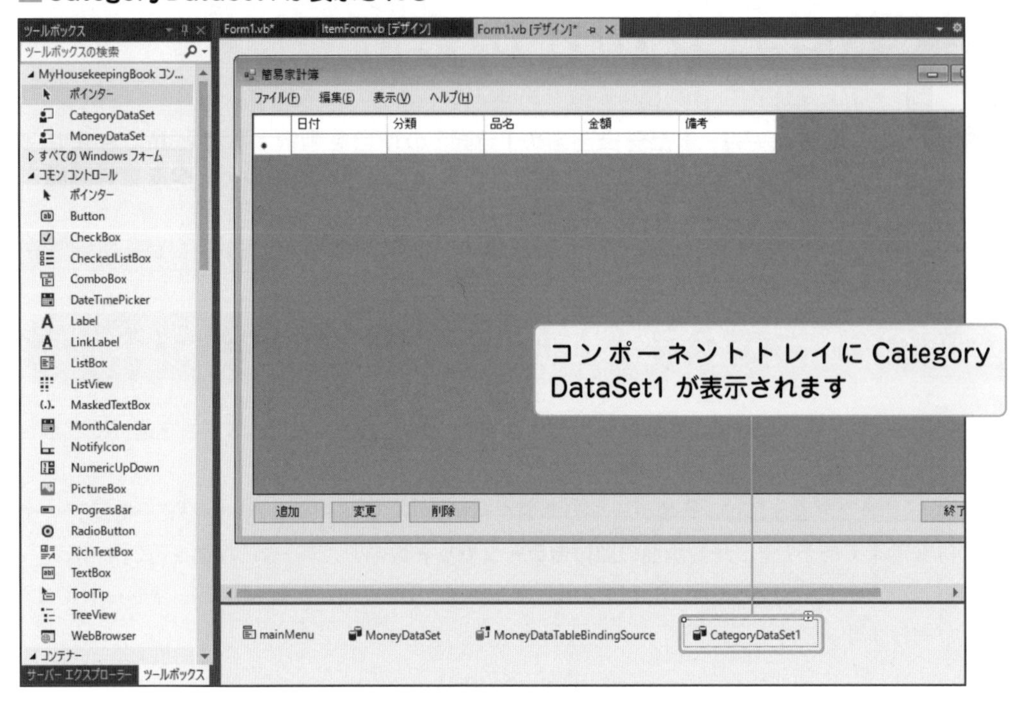

CategoryDataSetコンポーネントを一覧画面に貼り付けると、画面下のコンポーネントトレイにCategoryDataSet1という名前で**インスタンス**が自動的に作成されます。

一覧画面のフォーム上では、何も起こらないのですが、この操作を行うことでCategoryDataSet1というインスタンスが使用できるようになります（逆に言えば、この操作を行わないと、裏でインスタンスが生成されないため、下のList1のコードがエラーになります）。

一覧画面（Form1.vb）の表示時（Loadイベントの実行時）に、このCategoryDataSet1を使った処理が実行されるようにForm1_Loadイベントハンドラを記述します。

コードを表示させるには、デザイン画面の「簡易家計簿」と表示されているバーの部分をダブルクリックしてください。

　　　の部分は、VS Community 2019が自動で書いてくれるコードなので、それ以外の処理の部分を記述します。

List 1 サンプルコード（画面表示時の処理の記述例：Form1.vb）

```
Private Sub Form1_Load(sender As Object, e As EventArgs) Handles MyBase.Load
   ❶
    CategoryDataSet1.CategoryDataTable.AddCategoryDataTableRow("給料", "入金")
    CategoryDataSet1.CategoryDataTable.AddCategoryDataTableRow("食費", "出金")
    CategoryDataSet1.CategoryDataTable.AddCategoryDataTableRow("雑費", "出金")
```

```
    CategoryDataSet1.CategoryDataTable.AddCategoryDataTableRow("住居", "出金")
End Sub
```

ポイントとなる部分を、次の表7-18に示します。

表7-18：List1のコード解説

No.	コード	内容
❶	`CategoryDataSet1.CategoryDataTable.AddCategoryDataTableRow("給料", "入金")`	型付きデータセット（CategoryDataSet1）のデータテーブルに「給料」という分類データを準備する処理を行います

型付きデータセットのCategoryDataSet1は、固定されたデータ型の値を扱います。このため、「給料，入金」などのデータをあらかじめ登録しておきます。CategoryDataSet1にデータを登録するイメージは、次のようになります。

	分類（文字列型）	入出金分類（文字列型）
0	給料	入金
1	食費	出金
2	雑費	出金
3	住居	出金

CategoryDataSet1

CategoryDataTable（CategoryDataSet1の中にあるデータテーブル）

AddCategoryDataTableRow（"給料"，"入金"）でこの2つの値を追加

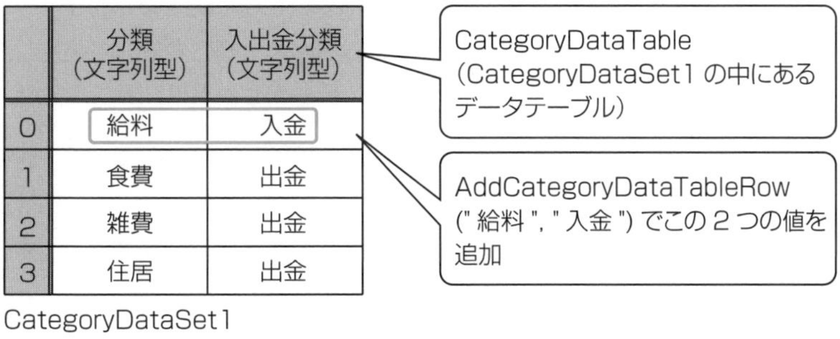

図7-9：CategoryDataSet1にデータを登録するイメージ

さらに、一覧画面の［追加］ボタンをクリックしたときに、準備した分類データを新たに開いた登録画面に渡すようにします。しかし、ShowDialog()メソッドは、登録画面（モーダル画面）をどのように閉じたかという値しか返せないため、一覧画面で準備した分類データを渡せません。どうすればよいのでしょうか？

そこで、一覧画面の型付きデータセットのインスタンス（CategoryDataSet1）を使って、登録画面を開いたときに分類データを渡します。処理の流れは、次のようになります。

手順❶ 登録画面のインスタンス生成時に、必要な情報をパラメータ（設定値）として受け取ります。パラメータは、ここで先ほど分類したデータです。

手順❷ 受け取ったパラメータを、登録画面の分類コンボボックスにひも付いているデータセットに代入します。

［追加］ボタンで呼び出される登録画面の処理は、次のようになります。このコードを登録画面に追加で記述します。

List 2 サンプルコード（ItemFormの処理:ItemForm.vb）

```
Public Sub ❶New(ByVal dsCategory As CategoryDataSet)
    ❷InitializeComponent() ' 初期化処理
    CategoryDataSet.Merge(dsCategory)
End Sub
```

ポイントとなる部分を、次の表7-19に示します。

表7-19：List2のコード解説

No.	コード	内容
❶	New	コンストラクタ*と呼ばれる特殊なメソッドです。自分のクラスがインスタンスとなって呼ばれたとき、自動的に呼ばれるメソッドです。引数の数はいくつあっても大丈夫です。この例では1つの引数を使用します
❷	サブルーチン内のコード	引数（分類のデータセット）の値を、分類コンボボックスにひも付いているデータセットに代入します。データセットは、「=」では代入できないため、Merge()メソッドを利用しています。

次に作成したコンストラクタを使用して、登録画面を表示する処理を記述します。　　　　の部分はすでに記述してある部分です。

List 3 サンプルコード（登録ボタンクリック時の処理：Form1.vb）

```
Private Sub buttonAdd_Click(sender As Object,
                            e As EventArgs) Handles buttonAdd.Click
    Dim frmItem As ItemForm = New ItemForm(CategoryDataSet1)
    Dim drRet As DialogResult = frmItem.ShowDialog()
End Sub
```

List2、List3の処理のイメージは、次の図7-10のようになります（詳しくは、8.2節で解説します）。

*コンストラクタ　オブジェクト（クラスのインスタンス）の生成時に、オブジェクトが扱うデータを初期化するために呼び出される特殊な関数のこと。

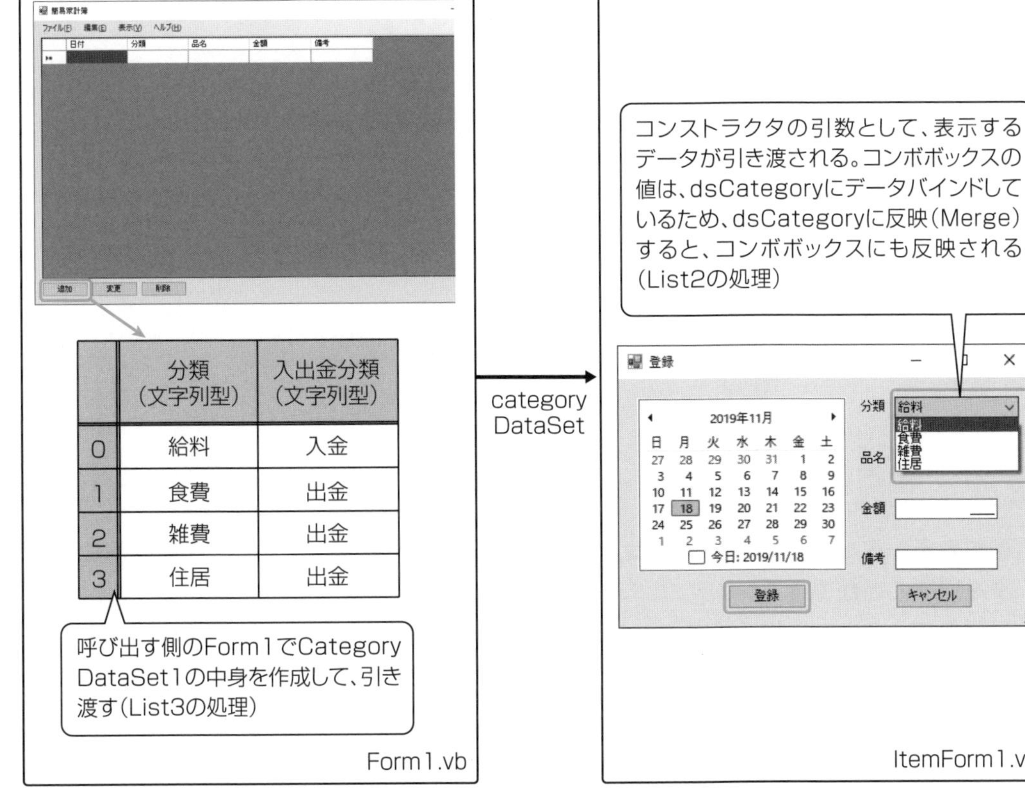

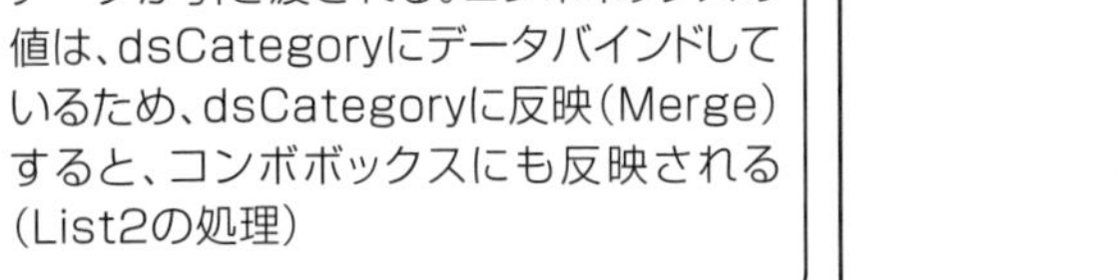

図7-10：追加ボタンをクリックしたときに登録画面を表示する処理

これで、登録画面の分類コンボボックスで「給料」「食費」「雑費」「住居」の4つを選択できるようになりました。

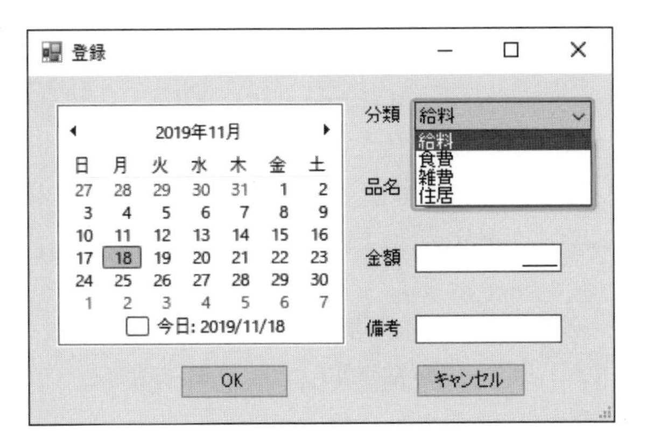

まとめ

- 型付きデータセットのインスタンスを使うと、アプリケーションの異なる画面にデータを渡すことができる。
- 型付きデータセットは、固定されたデータ型の値を扱う。そのため、型付きデータセットを使う場合は、データテーブルでどのようなデータを扱うかをあらかじめ決めておく必要がある。
- コンボボックスに固定の値を設定したい場合、コンボボックスのあるFormのForm_Loadメソッドの中に処理を書くと、いわゆる初期化処理として利用できる。

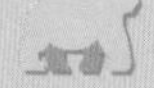

Column 新人クンからの質問（データ型について）

データ型について、新人クンから「最大のデータ型に入れておけば、それで事足りるのでは？」と質問されました。たしかに整数であれば、すべてLong型を使えば考えなくていいので楽ですね。しかし、Long型を使っている間、PCのメモリをInteger型よりも多く使用します。最近ではメモリも大きくなったのですが、その分、アプリケーションを同時にいくつも実行していますよね。その1つ1つがメモリを無駄に消費してしまうことになります。

……ということで、お作法として、必要最小限のデータ型を使うようにしましょう。

そのほか、開発現場で気を付けるデータ型としては、「1.2」などの少数を扱いたいときや、お金などの誤差があっては困るときは、Decimal型を使用します。

フォームの処理③（データの格納）

前節で一覧画面の分類データを登録画面に渡せるようになりましたが、今度は登録画面を閉じたときに、登録したデータを型付きデータセットに追加する方法について説明します。

●データを型付きデータセットに格納する

次に、登録画面で［登録］ボタンをクリックしたときに、入力されたデータを7.8節で作成した**型付きデータセット**に格納する必要があります。このときはどうすればいいのかについて見ていきましょう。

先ほどの一覧画面のコードに、以下のコードを追加します。　　　　の部分は、すでに記述してある部分です。

List 1 サンプルコード（登録画面が閉じたときの処理：Form1.vb）

```
Private Sub buttonAdd_Click(sender As Object,
                            e As EventArgs) Handles buttonAdd.Click
    Dim frmItem As ItemForm = New ItemForm(CategoryDataSet1)
    Dim drRet As DialogResult = frmItem.ShowDialog()

   ❶
    If drRet = DialogResult.OK Then
      ❷
      MoneyDataSet.moneyDataTable.AddmoneyDataTableRow(
           frmItem.monCalendar.SelectionRange.Start(),
           frmItem.cmbCategory.Text,
           frmItem.txtItem.Text,
           Integer.Parse(frmItem.mtxtMoney.Text),
           frmItem.txtRemarks.Text)
    End If
End Sub
```

ポイントとなる部分を、次の表7-20に示します。

表7-20：List1のコード解説

No.	コード	内容
❶	`drRet = DialogResult.OK`	登録画面が［登録］ボタンで閉じられたことを確認します

❷	`MoneyDataSet.moneyDataTable.`
	`AddmoneyDataTableRow(`
	`～`
	`frmItem.txtRemarks.Text)`
		データセットのテーブルの列にデータを追加しています。引数は 追加する行の各列のデータです。今回は登録画面のコントロールの値を取得し、引数に設定しています

これで、登録画面でデータを追加し、一覧画面に表示できるようになりました。しかし、一覧表示を行うDataGridViewコントロールを操作するコードは記述していないのに、なぜ一覧画面にデータが表示されるのでしょうか？　これについては、8.2節で説明します。

Tips 「.」（ドット）区切りの構文の意味

.NET Frameworkが用意してくれているコードを使う場合、**「.」（ドット）**で区切った使い方をしている文があります。意味のあるグループごとにまとまっているものを、順番にたどっていくイメージです。以下のようなイメージでとらえてください。

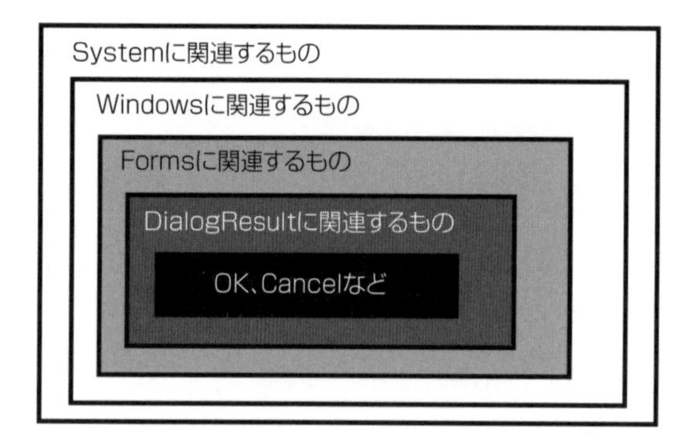

図7-11：Windows.Forms.DialogResult.OKのイメージ

例えば、住所を.NETっぽく書くと、「東京都.江東区.東陽町」となるイメージです。

まとめ

- **型付きデータセットに格納したデータは、アプリケーションの複数の画面で利用できるようになる。**

12 サブルーチンの具体的な使い方

複雑なプログラムをサブルーチン化して、特定の機能ごとにまとめることでプログラムの構造を理解しやすくすることができます。サブルーチンはどういう場合に使うとよいのかを具体的な例で見ていきましょう。

●サブルーチンを実装する

前の7.9節で、一覧画面の［追加］ボタンをクリックしたときに、登録画面を開く処理を実装しました。こういった処理を対応するボタンのイベントハンドラに実装してもよいのですが、画面のボタンだけではなく、メニューからも同じ操作ができると便利です。

では、どのように実装すればよいのでしょうか？　同じコードをメニューとボタンの2ヵ所に実装すればよいのでしょうか？　同じコードを2ヵ所に書いても動作しますが、後で処理を変更する場合に2ヵ所とも修正する必要があります。とても面倒ですね。

こういった場合には、**サブルーチン**を利用します。メニューから［追加］を選択したときのイベントハンドラと、［追加］ボタンをクリックしたときのイベントハンドラから「登録画面を開くサブルーチン」を呼び出します。そして、実際の登録画面を開く処理は、このサブルーチンの中に実装します。

それでは、すでに実装済みの処理をサブルーチンに変更してみましょう。

7.9節で実装したbuttonAdd_Clickイベントハンドラ内の処理を、**AddData() サブルーチン**に実装します。そして、buttonAdd_Clickイベントハンドラそのものは、AddData() サブルーチンを呼び出す処理に変更します。また、［編集］メニューの［追加］からも、AddData() サブルーチンを呼び出すようにします。

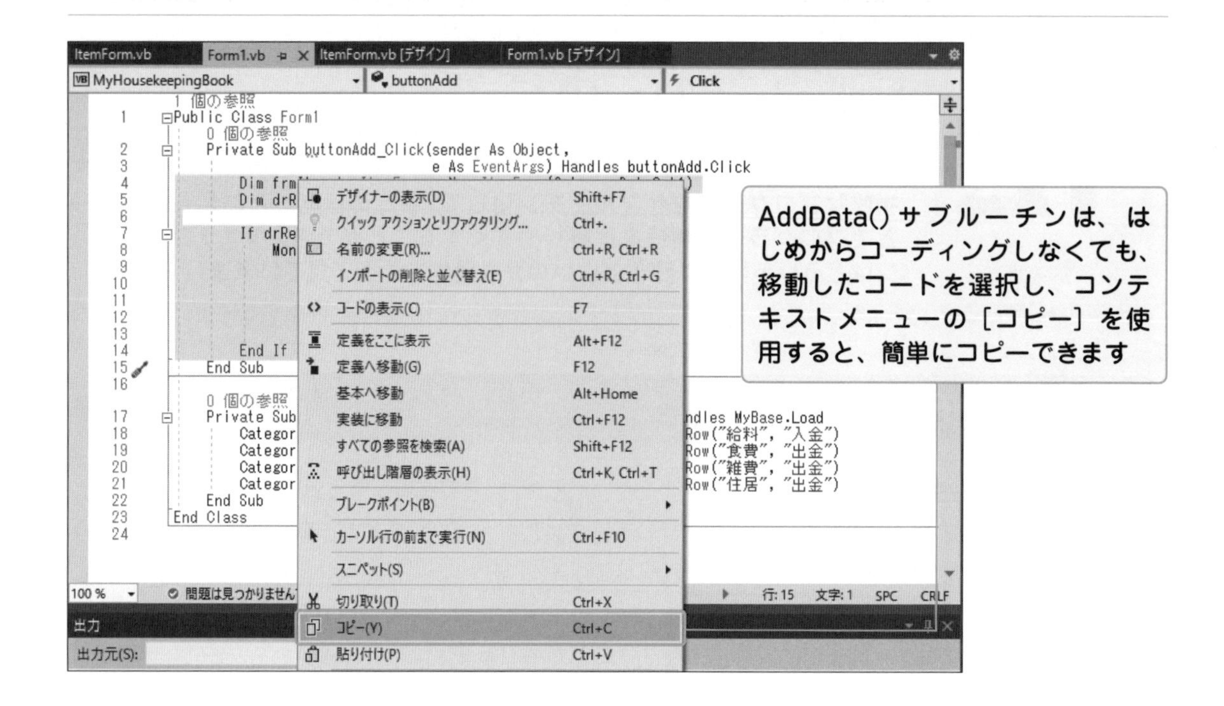

次のList1は、新しく作ったAddData()サブルーチンです。登録画面で［登録］ボタンをクリックしたときに、入力されたデータを型付きデータセットに格納します。

List 1 サンプルコード（AddData()サブルーチンの記述例：Form1.vb）

```
Private Sub AddData()
    Dim frmItem As ItemForm = New ItemForm(CategoryDataSet1)
    Dim drRet As DialogResult = frmItem.ShowDialog()

    If drRet = System.Windows.Forms.DialogResult.OK Then
        MoneyDataSet.moneyDataTable.AddmoneyDataTableRow(
            frmItem.monCalendar.SelectionRange.Start(),
            frmItem.cmbCategory.Text,
            frmItem.txtItem.Text,
            Integer.Parse(frmItem.mtxtMoney.Text),
            frmItem.txtRemarks.Text)
    End If
End Sub
```

List2は、［追加］ボタンをクリックしたときのイベントハンドラ（buttonAdd_Clickイベントハンドラ）です。　　　　の部分は、すでに記述済みのコードです。

List 2 サンプルコード（［追加］ボタンのイベントハンドラ：Form1.vb）

```
Private Sub buttonAdd_Click(sender As Object,
                                e As EventArgs) Handles buttonAdd.Click
    AddData()
End Sub
```

次のList3は、［追加］メニューのイベントハンドラのコードです。　　　　は、自動生成されるコードです。

List 3 サンプルコード（［編集］メニューの［追加］イベントハンドラ：Form1.vb）

```
Private Sub 追加AToolStripMenuItem_Click(sender As Object,
                        e As EventArgs) Handles 追加AToolStripMenuItem.Click
    AddData()
End Sub
```

メニューのイベントハンドラの生成方法については、後ほど解説します。

このように、同じ処理を行うコードをサブルーチン化することによって、同じコードを複数の場所に渡って記述しなくてもよいため、後からの修正が容易で、メンテナンスが楽になります。

●イベントハンドラを実装する

呼び出すメソッド名の**イベントハンドラ**を生成するには、ボタンの場合、デザイン画面でそれぞれのボタンをダブルクリックします。

例えば、［終了］ボタンのイベントハンドラを生成するには、［終了］ボタンをダブルクリックします。

1各イベントハンドラを設定する

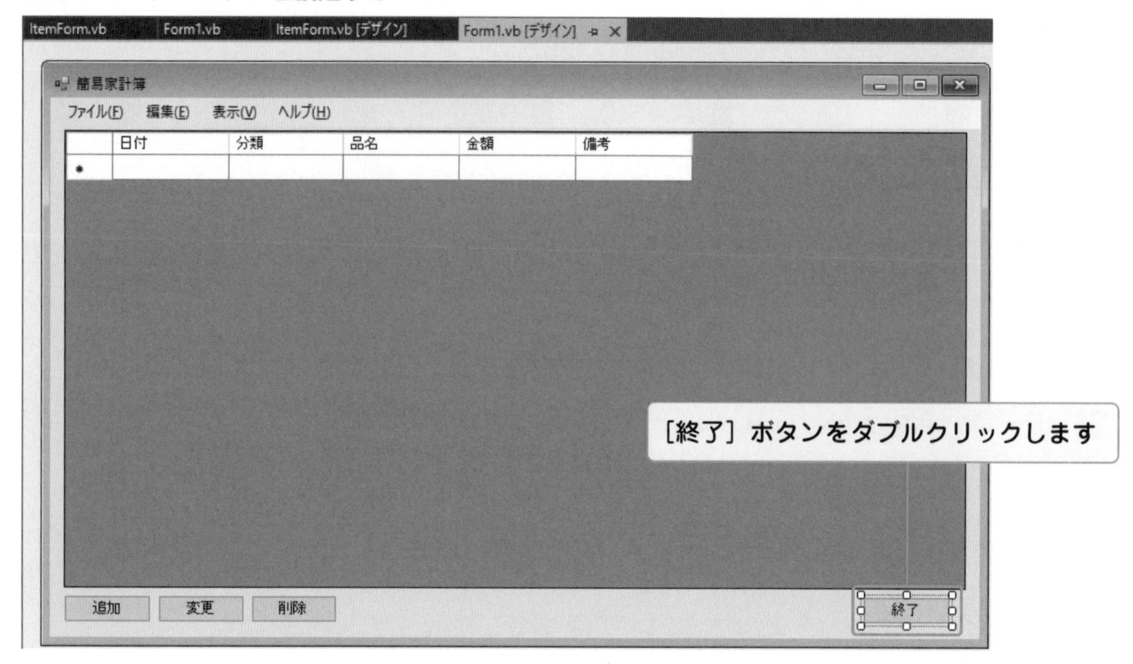

次のList1のように [終了] ボタンをクリックしたときのイベントハンドラが生成されます。　　　　の部分は、自動で生成されるコードです。

List 1 サンプルコード（[終了]ボタンのイベントハンドラ：Form1.vb）

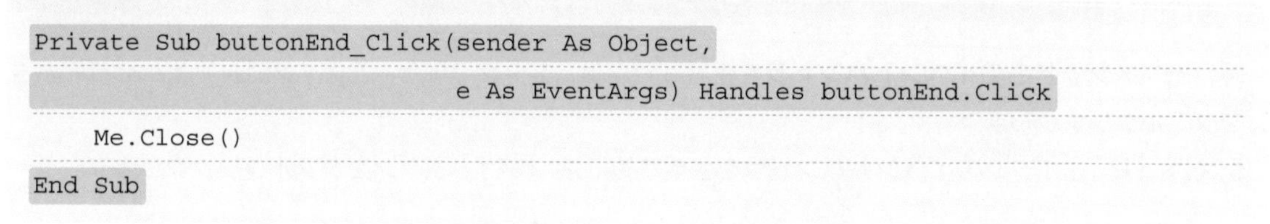

```
Private Sub buttonEnd_Click(sender As Object,
                                e As EventArgs) Handles buttonEnd.Click
    Me.Close()
End Sub
```

また、メニューの場合も、デザイン画面でイベントハンドラを生成したいメニューを表示し、ダブルクリックします。例えば、[終了] メニューのイベントハンドラを生成するには、[終了] メニューをダブルクリックします。

2 各メニューのイベントハンドラを設定する

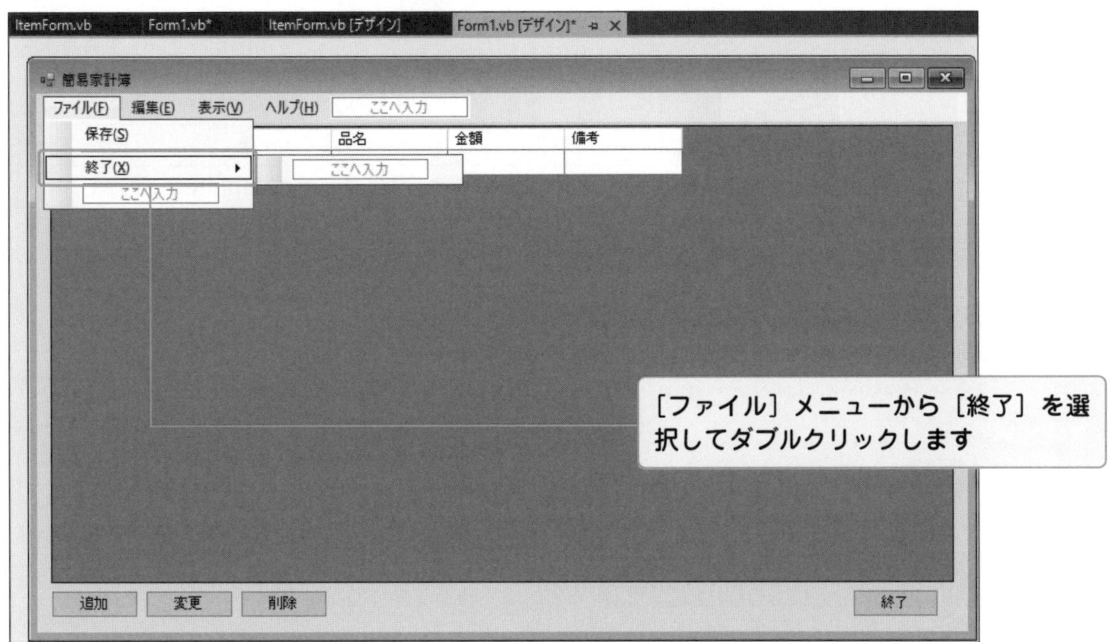

List2の［終了］メニューのイベントハンドラが生成されます。　　　　の部分は、自動で生成されるコードです。

List 2 サンプルコード（[ファイル] メニューの [終了] イベントハンドラ：Form1.vb）

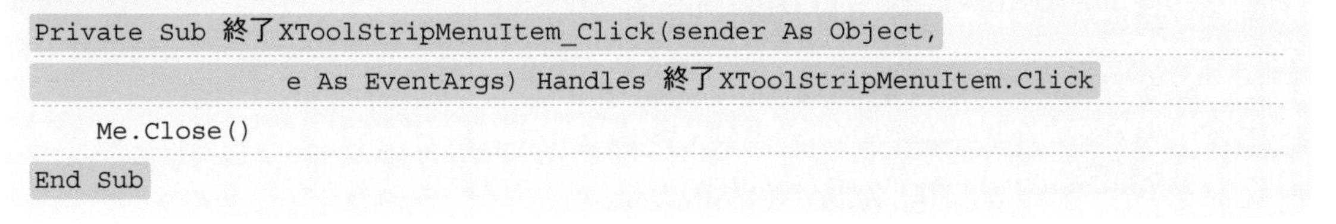

```
Private Sub 終了XToolStripMenuItem_Click(sender As Object,
                    e As EventArgs) Handles 終了XToolStripMenuItem.Click
    Me.Close()
End Sub
```

なお、アプリケーションを終了するコードは1行で済むので、以下のコードを各々実装しましょう。**Meキーワード**は、自分のクラスを表します。

```
Me.Close()
```

ここまでをまとめると、次の表7-21の通りとなります。

表7-21：イベントハンドラで呼び出すサブルーチン

サブルーチン名	呼び出すタイミング（イベントハンドラ名）	呼び出すメソッド名
AddData()	［追加］ボタンのクリック時	buttonAdd_Click()
AddData()	［追加］メニューの選択時	追加AToolStripMenuItem_Click()
終了処理	［終了］ボタンのクリック時	buttonEnd_Click()
終了処理	［終了］メニューの選択時	終了XToolStripMenuItem_Click()

ここまで記述してきたコードの全体像は、次のようになります。

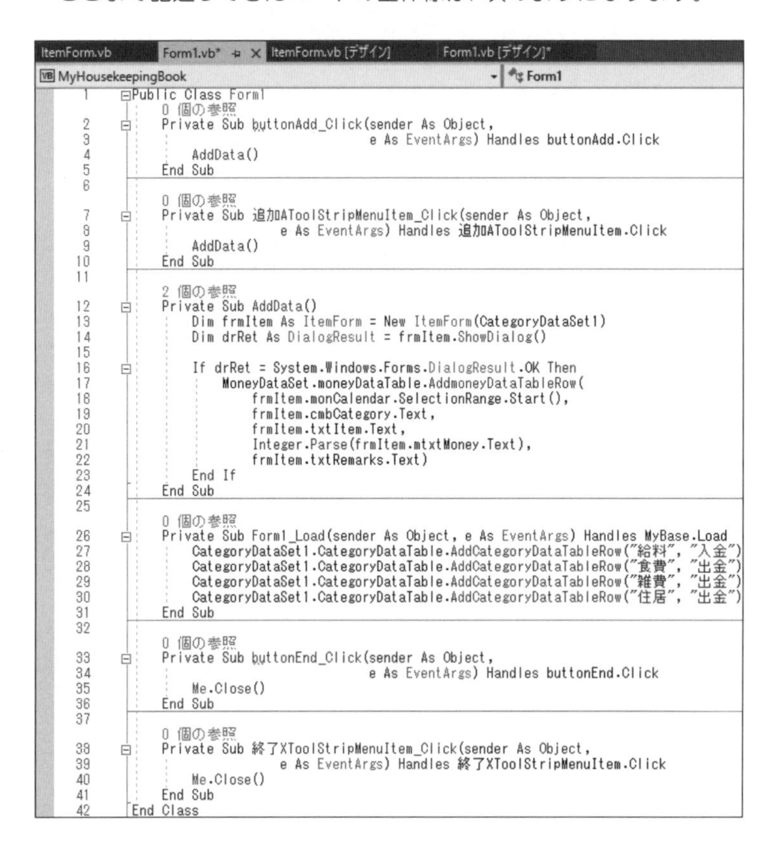


```
1   Public Class Form1
        0 個の参照
2       Private Sub buttonAdd_Click(sender As Object,
3                                   e As EventArgs) Handles buttonAdd.Click
4           AddData()
5       End Sub
6
        0 個の参照
7       Private Sub 追加AToolStripMenuItem_Click(sender As Object,
8                       e As EventArgs) Handles 追加AToolStripMenuItem.Click
9           AddData()
10      End Sub
11
        2 個の参照
12      Private Sub AddData()
13          Dim frmItem As ItemForm = New ItemForm(CategoryDataSet1)
14          Dim drRet As DialogResult = frmItem.ShowDialog()
15
16          If drRet = System.Windows.Forms.DialogResult.OK Then
17              MoneyDataSet.moneyDataTable.AddmoneyDataTableRow(
18                  frmItem.monCalendar.SelectionRange.Start(),
19                  frmItem.cmbCategory.Text,
20                  frmItem.txtItem.Text,
21                  Integer.Parse(frmItem.mtxtMoney.Text),
22                  frmItem.txtRemarks.Text)
23          End If
24      End Sub
25
        0 個の参照
26      Private Sub Form1_Load(sender As Object, e As EventArgs) Handles MyBase.Load
27          CategoryDataSet1.CategoryDataTable.AddCategoryDataTableRow("給料", "入金")
28          CategoryDataSet1.CategoryDataTable.AddCategoryDataTableRow("食費", "出金")
29          CategoryDataSet1.CategoryDataTable.AddCategoryDataTableRow("雑費", "出金")
30          CategoryDataSet1.CategoryDataTable.AddCategoryDataTableRow("住居", "出金")
31      End Sub
32
        0 個の参照
33      Private Sub buttonEnd_Click(sender As Object,
34                                  e As EventArgs) Handles buttonEnd.Click
35          Me.Close()
36      End Sub
37
        0 個の参照
38      Private Sub 終了XToolStripMenuItem_Click(sender As Object,
39                      e As EventArgs) Handles 終了XToolStripMenuItem.Click
40          Me.Close()
41      End Sub
42  End Class
```

Chapter7では、アプリケーションを作成するときの考え方を中心に解説してきました。まだ、この段階では、骨組みが出来上がったレベルです。次のChapter8の「後編」からは、本格的な話に入っていきます。

◎ **サブルーチンをうまく使うと、メニュー、ボタン、フォームのイベントで処理をまとめることができ、保守性も向上する。**

上級編　本格的なアプリケーションを作ってみよう！

Chapter 8

「簡易家計簿」を作成する（後編）

前編では、アプリケーションを作るための考え方を中心に解説していきました。この後編では、本格的なコードの解説が中心となります。

このChapterの目標

- ✔ 多くのデータを一覧表示する方法を覚える。
- ✔ 文字列の処理やCSVファイルを扱う方法を覚える。
- ✔ 配列とループ処理を覚える。
- ✔ ファイルへ入出力する方法を覚える。
- ✔ コンストラクタの使い方を覚える。

Chapter8のワークフロー

「簡易家計簿」アプリケーション作成の前編が終了しました。いかがでしたでしょうか？　まだ難しいと感じられた方は、もう一度、Chapter7に戻って、自信をつけてから先に進んでいただいてもかまいません。

●Chapter7～9の全体像

Chapter8から、ますます内容が難しくなるため、まずは小手慣らしとして概念の説明をしてから、本題のコードの記述に入っていきます。

Chapter8では、今までバラバラに扱ってきたデータをまとめて表示したり、外部に出力したりする方法を学んでいきます。

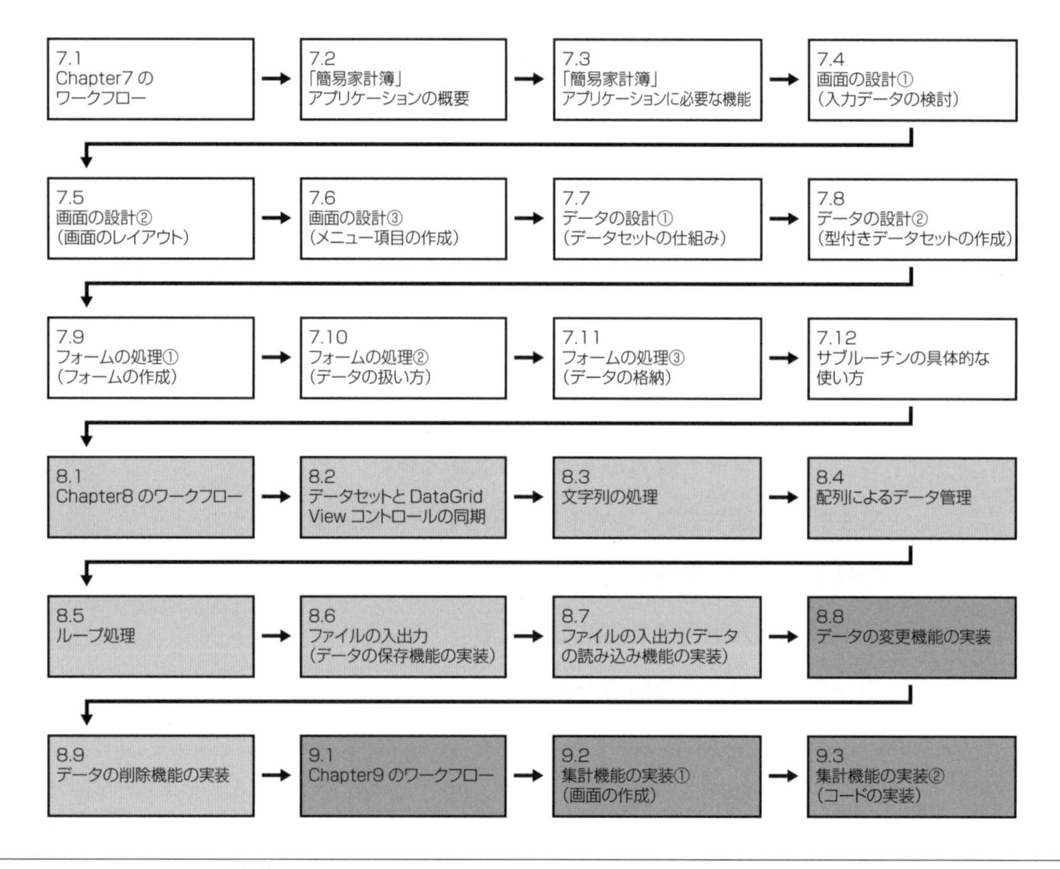

図8-1：Chapter7～9の全体像

データセットとDataGridViewコントロールの同期

7.10節で、データセットにデータを格納したときに、DataGridViewコントロールにもデータが表示されました。本節では、その理由について解説します。

●登録画面のデータが一覧画面に表示される理由

7.10節では、登録画面を表示して［登録］ボタンを押したときに、**データセット**にデータを格納しました。しかし、**DataGridViewコントロール**を操作するコードは、まだ記述していないにも関わらず、なぜDataGridViewコントロールに格納したデータが表示されたのでしょうか？

ここで7.8節でデータセットを作った際に、最後に作成した型付きデータセットとDataGridViewコントロールを関連付けたことを思い出してください（390ページの7～8の手順です）。

DataGridViewコントロールとデータセットは、密接な関係を持っており、データセットのデータを変更したときには、自動的に関連付けられているDataGridViewコントロールの表示内容も変更される機能を持っています。

逆にDataGridViewコントロールでデータを変更したときには、データセットのデータも変更されます。このため、一覧画面を作るときに、表示状態とデータが一致しているかどうかを気にすることなく、プログラムが作成できます。

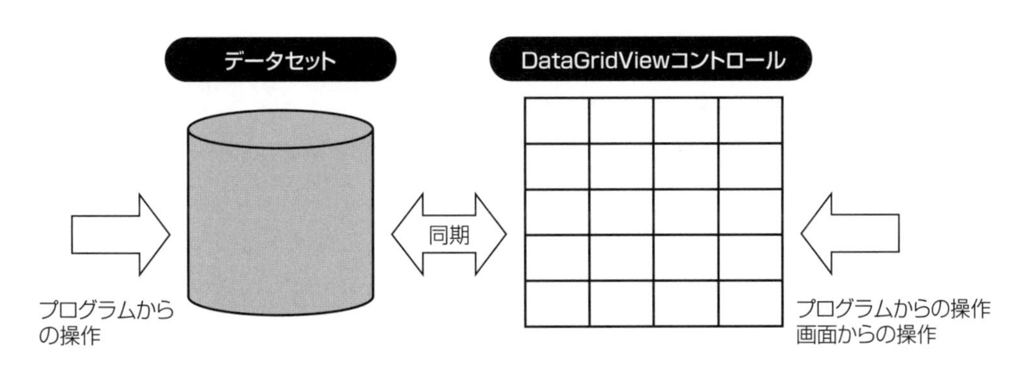

図8-2：データセットとDataGridViewコントロールの同期

また、DataGridViewコントロールのタイトル部分をクリックすると、その列の中でソートされます。

ソートとは、簡単にいうと順番に並べ替えることです。「1,2,3」のように大きくなる順番*、「10,9,8」のように小さくなる順番*、「"バナナ","みかん","リンゴ"」のように、あいうえおの順番*などがあります。

ソート後に、ある行のデータを取得したい場合、データセットからデータを取得するためには、該当するデータを探すコードを書かなければなりませんが、DataGridViewコントロールであれば、「今選択されている行のデータ」という形で簡単に取得することができます。

その理由は、実際にソートされているのはDataGridViewコントロールだけで、データセットの中身はソートされていないからです。このように、使いやすい方法を使って、データを取得・格納することが可能となります。

高機能なDataGridViewコントロールを使うことによって、コードを書いていないのに一覧画面にデータを表示でき、さらには優れた操作性も実現できました。しかし、このプログラムは一度終了してしまうと、せっかく登録したデータが消えてしまうという問題があります。

登録したデータを次回の起動時に利用するためには、データセットのデータを何らかの形で保存する必要があります。そこで、データの保存の機能を実装していきますが、その前に次の8.3節で、データの扱い方と保存方法について解説します。

まとめ

- ◉ **データセットのデータを変更したときには、関連付けられているDataGridViewコントロールの表示内容も自動的に変更される。**
- ◉ **逆にDataGridViewコントロールでデータを変更したときには、データセットのデータも変更される。**

用語のまとめ

用語	意味
DataGridView コントロール	データを表示するコントロール。ソートなど、表示に便利な機能を数多く備えている
データセット	データを保持する仕組み
ソート	データを順番に並べ替えること

* **大きくなる順番**　小さな数字から大きな数字へと並んでいることを「昇順」と言う。
* **小さくなる順番**　大きな数字から小さな数字へと並んでいることを「降順」と言う。
* **あいうえおの順番**　50音順で文字が並んでいるが、この順番も「昇順」になる。

3 文字列の処理

本節では、登録されたデータを保存する方法について解説します。今回は、CSVファイルを使用しますが、保存処理を記述するにあたって知っておいていただきたいことが2つあるので、次の節と合わせて解説します。

●データをCSV形式に変換する

ここまでで、すでに画面の一部を操作できるようになりました。実際にアプリケーションを作っていく上で、実際に目の前で動き出すと嬉しいものです。

ただし、現時点では、「簡易家計簿」アプリケーションを一度終了してしまうと、せっかく登録したデータが消えてしまいます。登録したデータを次回の起動時にも利用するためには、データセットのデータを何らかの形で保存する必要があります。

データの保存の方法には、CSVファイル*を使う方法、XMLファイルを使う方法、データベースを使う方法など、様々な方法があります。ここでは確認のしやすい方法として、CSVファイルを利用します。

CSVファイルは、1行に1件分の情報を記述します。1行の情報の中には複数の項目を含めることができますが、この項目と項目の間には**「,」(カンマ)**を利用して区切ります。

1行目から最終行まで、すべての行で項目数は同じ数になります。

(1行目)	**項目1,項目2,…,項目n***
(2行目)	**項目1,項目2,…,項目n**
	……
(最終行)	**項目1,項目2,…,項目n**

次のList1は、CSVファイルの記述例です。

List 1 サンプルコード（CSVファイルの記述例）

```
2020/04/02, 食費, 1050
2020/04/02, 雑費, 2100
2020/04/02, 雑費, 1100
```

＊**CSVファイル** データを「,」(カンマ)で区切って並べたファイル形式のこと。Comma Separated Valuesの略。
＊**n** nは不特定の数を表す記号。

CSVファイルの形式にするためには、入力された情報を一定の文字列として編集することが必要になります。こういった場合には、以下のようなコードで実現できます。

```
strData = "項目1" + "," + "項目2"
```

何となく、想像がつくのではないでしょうか？　この例では「項目1」と「,」と「項目2」をつなげています。結果として、変数strDataには「項目1,項目2」といった文字列が代入されます。

また、データには、いろいろな種類があることは、4.4節で説明した通りです。文字列型のデータの場合は、単純に「+」でつなげることができますが、それ以外のデータ型の場合にはどうでしょうか？　データ型が異なる場合、コンピューターがそのデータをどう扱えばよいか判断がつきません。

例えば、数値型の「123」と、文字列型の「"123"」を「+」でつなげた場合に、「246」にするべきか、「"123123"」にするべきかは、その状況により変わってきます。

このため、「プログラムでどのようにデータを扱うのか」をコンピューターに指定する必要があります。「データをどう扱えばよいかを指定すること」、具体的には、データをほかのデータ型に変換することを**データ型変換（型変換）**と呼びます。

データ型変換には、いろいろな方法がありますが、ここではあるデータ型を文字列型に変換する方法と、その逆について見ておきましょう。4.4節の「入力データの取り出し方」でも簡単に説明しましたが、復習の意味もかねて見てください。

●ToString()メソッドを使う

まずは、**ToString()メソッド**を使って、あるデータ型を文字列型に変換する方法です。

文法　あるデータ型を文字列型に変換する

```
変換後の変数名 = 変換前の変数名.ToString()
```

Tips　ToStringの意味は？

Stringは「1列に並べる」という意味があります。文字を1列に並べて扱うということから文字列と言うわけです。**To**が付いているので、「文字列にする」というニュアンスですね。

次のList2は、ToString()メソッドを使って、日付型と整数型を文字列型に変換する例です。

List 2 サンプルコード（データ型変換の記述例①）

```
Dim strData As String ' 変換後の値を入れる変数

' 日付型を文字列型に変換する例
Dim dtmEntryDate As Date = Date.Today()
❶ strData = dtmEntryDate.ToString()
❷ MessageBox.Show(strData)

' 整数型を文字列型に変換する例
❸ Dim intDataCount As Integer = 10
❹ strData = intDataCount.ToString()
MessageBox.Show(strData)
```

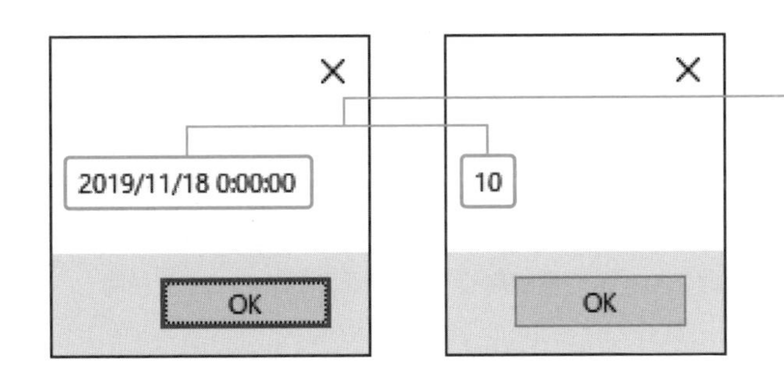

List2の実行例です。ToString()メソッドによって、日付や数値が文字列型のデータとして表示されます

ポイントとなるコードを、次に示します。

表8-1：List2のコード解説

No.	コード	内容
❶	`Dim dtmEntryDate As Date = Date.Today()`	Dim dtmEntryDate As Date dtmEntryDate = Date.Today() と同じです。Date.Today()で今日の日付を取得し、日付型の変数dtmEntryDateに代入します
❷	`strData = dtmEntryDate.ToString()`	日付型の変数dtmEntryDateを文字列型に変換して、変数strDataに代入します
❸	`Dim intDataCount As Integer = 10`	Dim intDataCount As Integer intDataCount = 10 と同じです。数値型の変数intDataCountに10を代入します
❹	`strData = intDataCount.ToString()`	整数型の変数intDataCountを文字列型に変換して、変数strDataに代入します

このようにList2では、ToString()メソッドを使うことによって、変数dtmEntryDateと変数intDataCountを文字列型に変換しています。

なお、日付型の変数にToString()メソッドを使うと、「2020/11/18 0:00:00」のように、日付だけでなく時間のデータも入ってしまうので、年月日だけのデータが欲しい場合は、**ToShortDateString()メソッド**を使います。「2020/11/18」という短い形式の文字列型の日付データが得られます。

●Parse()メソッドを使う

では逆に、文字列をほかのデータ型に変換するにはどうすればよいのでしょうか？　これも4.4節で説明したように、**Parse()メソッド**を使います。

文法　文字列型をあるデータ型に変換する

```
変換後の変数 = データ型名.Parse(変換前の文字列)
```

Tips　Parseの意味は？

Parseは「解析する」という意味です。まず文字列を解析してから、別のデータ型に変換する処理を行ってくれます。自分で別のデータ型に変換する処理をわざわざ書かなくても、.NET Frameworkが用意してくれているものを使うというわけです。

次のList3は、Parse()メソッドを使って、文字列型を日付型と整数型に変換する例です。

List 3　サンプルコード（データ型変換の記述例②）

```
Dim strData As String ' 変換後の値を入れる変数

' 文字列を日付型に変換
strData = "2020/07/07" ' 文字列
Dim dtmEntryDate As Date
dtmEntryDate = Date.Parse(strData)

'文字列を整数型に変換
strData = "1000" ' 文字列
Dim intDataCount As Integer
intDataCount = Integer.Parse(strData)
```

それぞれのデータ型には、Parse()メソッドが用意されています。Parse()メソッドを使うことにより、文字列で表されたデータをほかのデータ型に変換することができます。

次のList4のコードのように、ToString()メソッドやToShortDateString()メソッドを使って、1件のCSVファイルのデータを作成できます。

List 4 サンプルコード（CSVファイルの作成の記述例）

```
Dim strData As String ' 変換後の値を入れる変数

strData = MoneyDataSet1.moneyDataTable(0).日付.ToShortDateString() + "," +
          MoneyDataSet1.moneyDataTable(0).分類 + "," +
          MoneyDataSet1.moneyDataTable(0).品名 + "," +
          MoneyDataSet1.moneyDataTable(0).金額.ToString() + "," +
          MoneyDataSet1.moneyDataTable(0).備考

MessageBox.Show(strData)
```

MoneyDataSet1.moneyDataTable(0)は、データセット内にあるデータテーブルの1行目を表しています。データテーブルの行は、0から始まる番号が割り振られているため、(0)は1行目になります。

なお、「日付」「分類」「品名」「金額」「備考」は、MoneyDataSetを作成する際、日本語で作成した列の名前です。

●CSV形式のデータをデータセットに読み込む

データをCSV形式に変換する方法を見てきましたが、逆にCSVファイルの1件のデータをデータセットに読み込むときには、以下のコードを利用します。

List 5 サンプルコード（CSVファイルの取り込みの記述例）

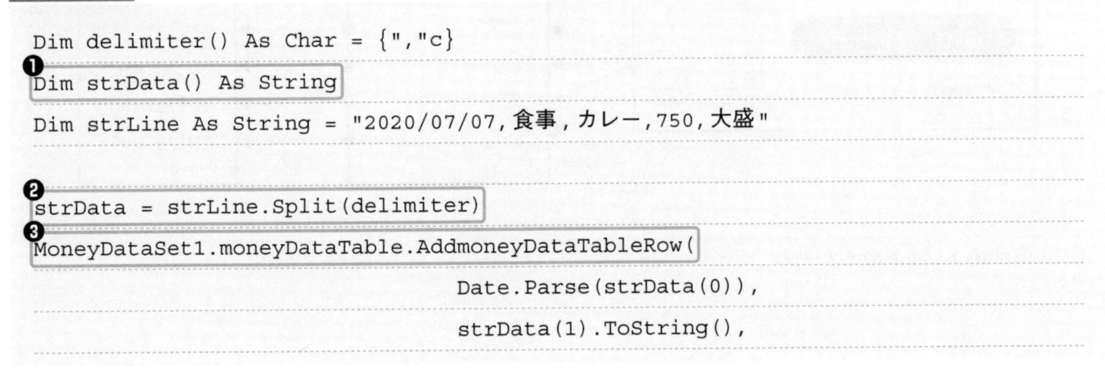

```
Dim delimiter() As Char = {","c}
❶Dim strData() As String
Dim strLine As String = "2020/07/07,食事,カレー,750,大盛"

❷strData = strLine.Split(delimiter)
❸MoneyDataSet1.moneyDataTable.AddmoneyDataTableRow(
                                Date.Parse(strData(0)),
                                strData(1).ToString(),
```

```
                            strData(2).ToString(),
                            Integer.Parse(strData(3)),
                            strData(4).ToString()
                            )
```

ポイントとなるコードを次に示します。

表8-2：List5のコード解説

No.	コード	内容
❶	`Dim strData() As String`	strData()と変数名にカッコを付ける構文は、次の8.4節で解説します
❷	`strData = strLine.Split(delimiter)`	変数delimiterに指定した文字の「,」で変数strLineを分割し、変数strDataに代入します
❸	`MoneyDataSet1.moneyDataTable.AddmoneyDataTableRow( ～ )`	CSVファイルの1行を読み込むと、変数strLineには、「日付」「分類」「品名」「金額」「備考」の値が入ります。この値を分割して、対応する列の値として処理を行います

❸の「MoneyDataSet1.moneyDataTable.AddmoneyDataTableRow()」は、データセットのテーブルの中の列に対して値を追加するという意味です。作成した型付きデータセットは5つの列があるので、「AddmoneyDataTableRow()」の引数は順に、「日付」「分類」「品名」「金額」「備考」を表します。

ここで、❷の補足をしましょう。**Split()メソッド**を使っていますが、このSplit()メソッドは、引数に指定した文字（このケースでは、変数delimiter）で文字データを分割するメソッドです。

CSVファイルは、「,」（カンマ）で区切られた文字列なので、変数delimiterに「,」を指定し、この「,」で文字データを分割しています。

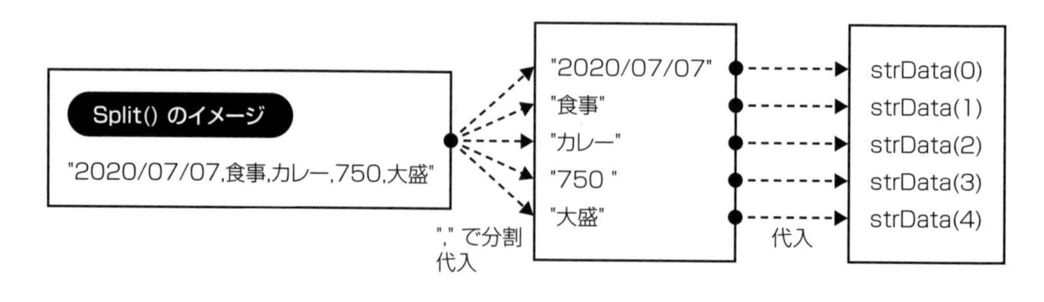

図8-3：Split()メソッドのイメージ

1件のデータをCSV形式のデータに変換する方法と、CSV形式のデータをデータセットに読み込む方法の解説は以上です。

データセットには、複数件のデータを含めることができます。次の8.4節では、この複数件のデータをどう扱えばよいかを見ていきましょう。

まとめ

- データ型を変換することによって、データセットのデータをCSVファイルとして保存できる。
- 異なるデータ型のデータを渡すためには、ToString()メソッドやToShortDateString()メソッド、Parse()メソッドのようにデータ型変換メソッドを使うと便利である。

配列によるデータ管理

複数件のデータを扱う方法について見ていきましょう。ここでは、まず複数件のデータの保持方法である「配列」について解説します。

●配列を使う

8.3節では、データをCSV形式に変換する方法と、CSV形式のデータをデータセットに読み込む方法について見てきましたが、CSVファイルもデータセットもそれぞれ1件のみでなく、複数件のデータを保持できます。この場合に、どのような処理を行えばよいかを解説します。

まずは、基本的な複数件のデータの保持方法である**配列**の仕組みについて見ていきましょう。
例をあげて考えてみます。例えば、1週間に使用した金額の平均値を計算したい場合、どのようにコードを記述すればよいでしょうか？　1つの方法として、次のList1のように**複数の変数**を用意して、「+」で順番に足していく方法があります。

List 1 サンプルコード（1週間に使用した金額の平均値を求める場合の記述例）

```
Dim moneySun As Integer = 1200   ' 日曜日の出費
Dim moneyMon As Integer = 750    ' 月曜日の出費
Dim moneyTue As Integer = 650    ' 火曜日の出費
Dim moneyWed As Integer = 680    ' 水曜日の出費
Dim moneyThu As Integer = 760    ' 木曜日の出費
Dim moneyFri As Integer = 980    ' 金曜日の出費
Dim moneySat As Integer = 1050   ' 土曜日の出費

Dim sum As Integer               ' 一週間の出費合計
Dim average As Double            ' 一週間に使用した金額の平均値。小数以下も扱うデータ型
sum = moneySun + moneyMon + moneyTue + moneyWed _
    + moneyThu + moneyFri + moneySat
average = sum / 7

MessageBox.Show(average.ToString())
```

ただ、このように複数の変数を用意する方法だと、1週間程度のデータなら対応できますが、それ以上の場合には対応が難しくなります。1ヵ月ではどうでしょう？　1年では？　変数を用意するだけでも大変ですね。

このように、複数の変数をまとめて扱いたい場合に使用する仕組みが**配列**です。配列を使うと、複数の同じ意味を持つデータをまとめて管理できます。

変数と配列のイメージは、以下のようになります。

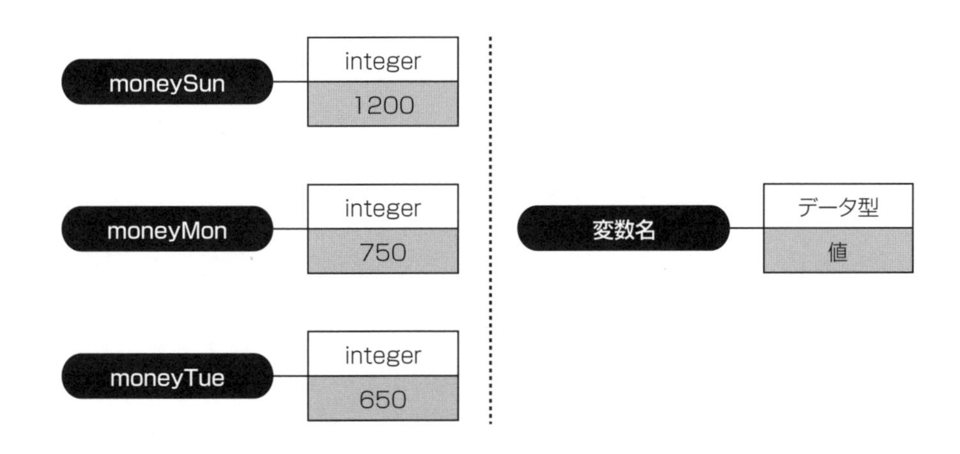

図8-4：変数のイメージ

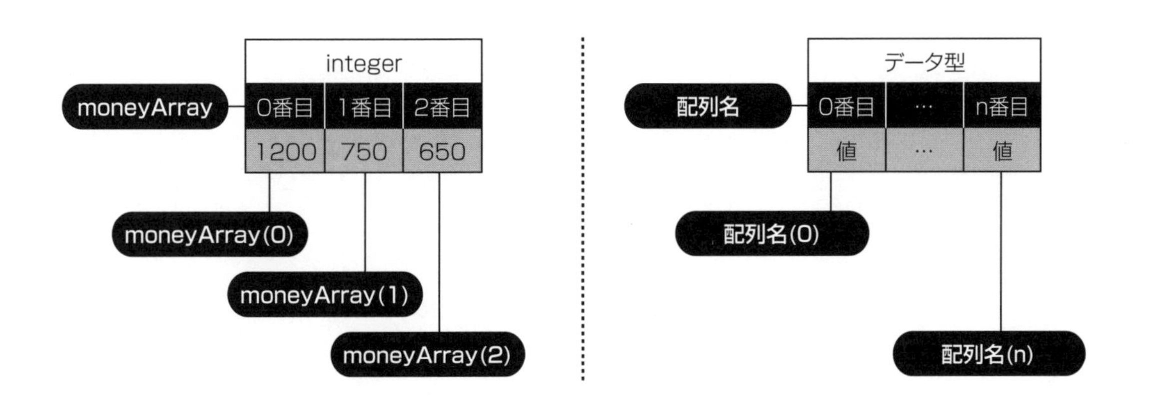

図8-5：配列のイメージ

同じデータ型の入れ物が並んでいるので、その入れ物の中身を示すために、「何番目の入れ物なのか？」がわかるように、( )の中に数値を書きます。この数値は、**添字（そえじ）**といいます。

例えば、配列のmoneyArrayから1200という値を取り出したい場合、0番目の入れ物なので「moneyArray(0)」と書きます。

配列の宣言文は、配列であることがわかるように、次のように宣言します。

文法 **配列を宣言する**

Dim 配列名(配列の数) As データ型名

なお、配列は常に0から開始するので、例えば「moneyArray(2)」の場合、0から2までの3つの変数が使用できるようになります。

次のList2は、配列を使ってList1を書き換えたサンプルコードです。

List 2 サンプルコード(配列の定義の記述例)

❶
```
Dim moneyArray(6) As Integer
moneyArray(0) = 1200     ' 日曜日の出費
moneyArray(1) = 750      ' 月曜日の出費
moneyArray(2) = 650      ' 火曜日の出費
moneyArray(3) = 680      ' 水曜日の出費
moneyArray(4) = 760      ' 木曜日の出費
moneyArray(5) = 980      ' 金曜日の出費
moneyArray(6) = 1050     ' 土曜日の出費

Dim sum As Integer       ' 一週間の出費合計
Dim average As Double    ' 一週間に使用した金額の平均値。小数以下も扱うデータ型
sum = moneyArray(0) _
    + moneyArray(1) _
    + moneyArray(2) _
    + moneyArray(3) _
    + moneyArray(4) _
    + moneyArray(5) _
    + moneyArray(6)
average = sum / 7

MessageBox.Show(average.ToString())
```

ポイントとなるコードを次に示します。

表8-3：List2のコード解説

No.	コード	内容
❶	`Dim moneyArray(6) As Integer`	Integer型のデータを複数格納する配列を定義します。この例の場合は7個のデータを格納します。配列は常に0から開始するので、0〜6の7つの変数が使用できるようになります

ただ単に、変数をまとめるのであれば、せっかくの配列も普通の変数と変わりません。そのため、List2のように、配列を使って平均を求めるコードを書き換えても、あまり便利になったとは言えません。

そこで登場するのが次節で説明するループ処理です。

まとめ

◎ **同じ意味を持つデータを複数扱いたい場合には、変数をたくさん準備するのではなく、配列を使う。**

◎ **配列とループ処理（次節で解説します）を使うことで、簡単に合計や平均を計算できる。**

用語のまとめ

用語	意味
配列	複数の同じ意味を持つデータをまとめて管理するためのデータ型

ループ処理

前節で解説した配列を効率的に処理する「ループ処理」について解説します。

●For～Next文を使う

配列と組み合わせて使うことにより効果を発揮するのが、**ループ処理**です。

.NET Frameworkが用意しているループ処理には、いくつか種類があります。それぞれ代表的なループ文を紹介していきましょう。

1週間分の出費のように、数が限られているデータを1件ずつ処理するには、**For～Next文**を使います。5.4節ですでに解説したように、For～Next文は、指定した回数だけ同じ処理を実行します。

復習をかねて、もう一度、For～Next文の文法を確認してみましょう。

文法　For～Next文（指定した条件の間、処理を繰り返す）

```
For ループカウンタ変数名 As データ型名 = 初期値 To 終了値
    '繰り返す処理
Next
```

For～Next文の処理のイメージは、次の図8-6のようになります。なお、左側の図を簡略化したものが右側の図になります。ポイントは、どちらも**ループカウンタ変数**が指定した初期値から終了判定の値まで内部の処理を繰り返すという点です。

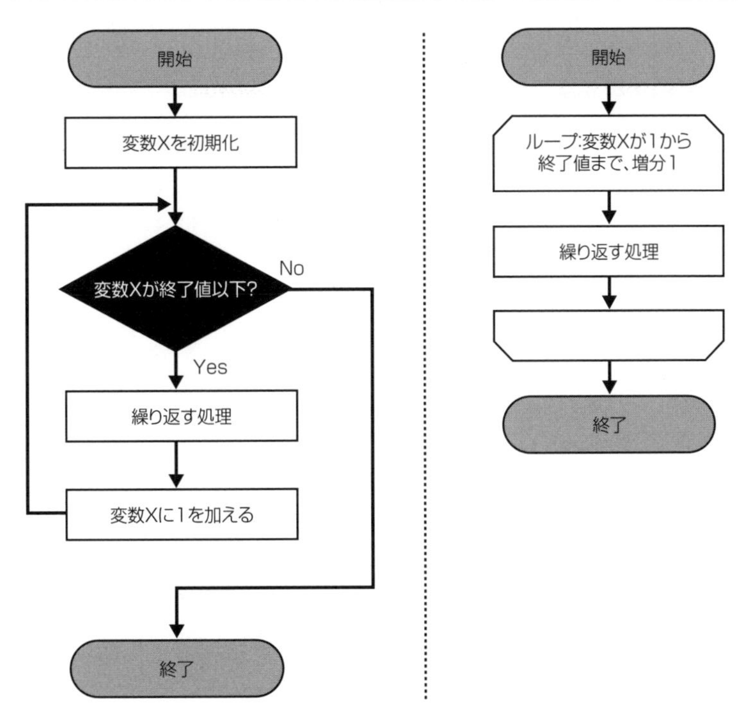

図8-6：For～Next文

For～Next文を使って、1週間に使用した金額の平均値を求めるコードを書き換えると、次のList1のようになります。

List 1 サンプルコード（For～Next文の記述例）

```
Dim moneyArray(6) As Integer

moneyArray(0) = 1200      ' 日曜日の出費
moneyArray(1) = 750       ' 月曜日の出費
moneyArray(2) = 650       ' 火曜日の出費
moneyArray(3) = 680       ' 水曜日の出費
moneyArray(4) = 760       ' 木曜日の出費
moneyArray(5) = 980       ' 金曜日の出費
moneyArray(6) = 1050      ' 土曜日の出費

Dim sum As Integer        ' 一週間の出費合計
Dim average As Double     ' 一週間に使用した金額の平均値。小数以下も扱うデータ型
sum = 0
```

```
For i As Integer = 0 To 6        ❶ For文の中で、変数iの値が0,1,2,3,4,5,6と変化する
    sum = sum + moneyArray(i)    ❷ 変更後の値←（変更前の値＋配列の値）というイメージ
Next
average = sum / 7

MessageBox.Show(average.ToString())
```

ポイントとなるコードを次に示します。

表8-4：List1のコード解説

No.	コード	内容
❶	`For i As Integer = 0 To 6`	For～Next文の中の処理を7回繰り返します。このとき、For～Nextの内部の処理で、ループカウンタ変数iを1回目には0として、2回目には1として取得できます。
❷	`sum = sum + moneyArray(i)`	変更前の変数sumの値に、配列（i番目）の値を加えて、同じ変数sumに代入し、値を更新しています

配列とループ処理を組み合わせると、このようにすっきりと書くことができます。

●Do～Loop While文を使う

Do～Loop文は、指定した条件の間、同じ処理を繰り返します。Do～Loop文には2種類あり、1つはループの始めに条件を判定するもの、もう1つはループの終わりに条件を判定するものです。

今回は、**ループの終わり**に条件判定を行う**Do～Loop While文**を紹介します。

Do～Loop While文の文法は、次の通りです。

文法　Do～Loop While文（指定した条件の間、処理を繰り返す）

```
Do
    '繰り返す処理
Loop While 条件式
```

ループの終わりに条件判定を行うDo～Loop While文のイメージは、図8-7のようになります。なお、左の図を簡略化したものが右の図になります。

ポイントは、どちらも終了値になるまで処理を繰り返し、条件判定は最後に行うという点です。

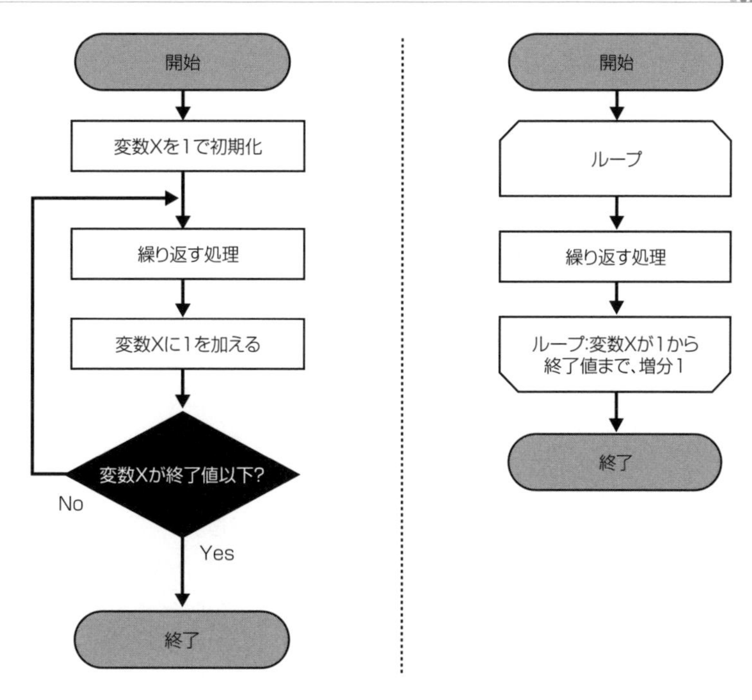

図8-7：Do～Loop While文のループ

次のList2は、変数i（初期値は0）に1を加えていき、その値が3以下の間は、メッセージボックスを表示させる例です。

List 2 サンプルコード（Do～Loop While文の記述例）

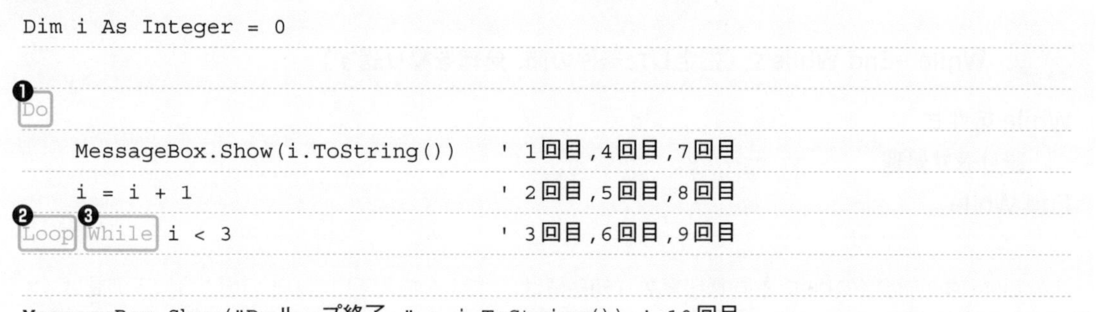

```
Dim i As Integer = 0

❶
Do
    MessageBox.Show(i.ToString())    ' 1回目,4回目,7回目
    i = i + 1                         ' 2回目,5回目,8回目
❷   ❸
Loop While i < 3                      ' 3回目,6回目,9回目

MessageBox.Show("Doループ終了:" + i.ToString()) ' 10回目
```

コメントのn回目は、処理の順番です。デバッグ時にステップ実行するとよくわかりますが、1回目は「メッセージを表示させる処理」、2回目は「変数iに1を加える処理」、3回目は「条件判定を行う処理」で、変数iが3になるまで、計10回の処理を繰り返します。

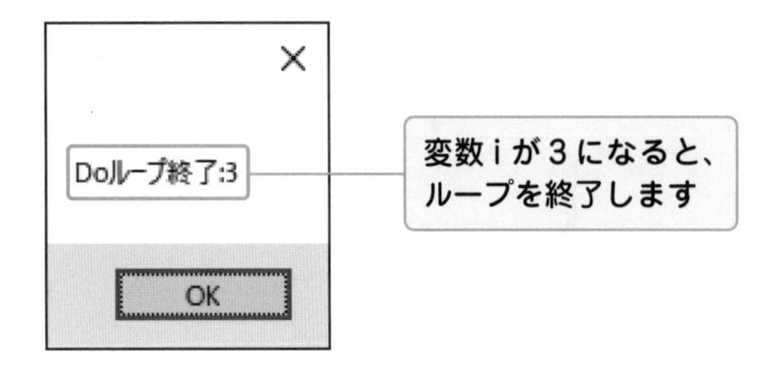

ポイントとなるコードを次に示します。

表8-5：List2のコード解説

No.	コード	内容
❶	`Do`	ここからループ処理が始まることを示します
❷	`Loop`	ループ処理がここまでで終わることを示します
❸	`Loop While i < 3`	ループ処理を終わる条件を示します。この条件式に使用する変数はループ処理の中で変更します

●While～End While文を使う

同じく**指定した条件が満たされている場合**のみ処理を行うループ処理として、**While～End While文**があります。

While～End While文の文法は、次の通りです。

文法　While～End While文（指定した条件の間、処理を繰り返す）

```
While 条件式
  '繰り返す処理
End While
```

次のList3は、先ほどのList2と同様に変数i（初期値は0）に1を加えていき、その値が3以下の間は、メッセージボックスを表示させる例です。

List 3　サンプルコード（While～End While文の記述例）

```
Dim i As Integer = 0

❶While i < 3                         ' 1回目,4回目,7回目,10回目
```

```
    MessageBox.Show(i.ToString())    ' 2回目,5回目,8回目
    i = i + 1                        ' 3回目,6回目,9回目
❷End While

MessageBox.Show("Whileループ終了:" + i.ToString())    ' 11回目
```

コメントのn回目は、処理の順番です。デバッグ時にステップ実行するとよくわかります。

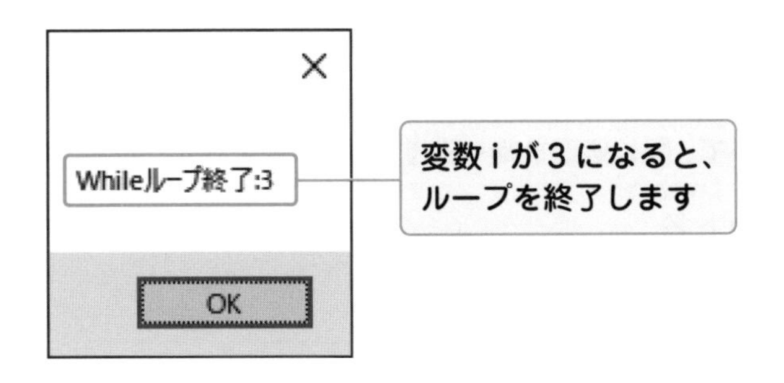

ポイントとなるコードを次に示します。

表8-6：List3のコード解説

No.	コード	内容
❶	While i < 3	ループ処理を終了する条件を示します。この条件式に使用する変数はループ処理の中で変更します
❷	End While	ループ処理がここまでで終わることを示します

List2とList3の例は、そのまま実行するとメッセージボックスが3回ずつ表示されるという点では同じ処理です。ただし、コメントに記した回数に注目してください。これは処理が行われる順番を示しています。

While～End While文は条件によっては1回も処理が行われないですが、Do～Loop While文は最低1回は処理が行われます。

ここまでに解説した3つのループ処理は、処理に応じて使い分けが行われます。

例えば、この後の節では、ファイルの入出力を取り扱います。ファイルはいつ終わりがくるかわかりません。ファイルを1行1行チェックしていき、チェックする行がなくなったら処理を終了するという動作をします。このような場合には、While～End While文が主に使われます。

●For Each～Next文を使う

同じ意味を表す複数のデータを扱う方法として、配列とループ処理について解説しました。

では、**データセット**は、どのように扱えばよいのでしょうか？　データセットも配列と同じような意味合いを持った仕組みです。ですから、ループ処理が必要になる場合も多いはずです。

実際に、.NET Frameworkには、データセット（複数の値を持っているオブジェクト）や配列に含まれる**データ（要素）**を取り出して、同じ処理を繰り返し行うループ処理も用意されています。それが**For Each～Next文**です。

文法　For Each～Next文（配列の要素に対して、同じ処理を繰り返す）

```
For Each 変数名 As データ型名 In データセット名
    '繰り返す処理
Next
```

例えば、「特定のデータテーブル（MoneyDataSet1.moneyDataTable）の品名という列のすべてに"みかん"を代入する」という処理を、For～Next文を使って記述すると、List4のようになります。

この場合、データテーブルの列番号（Rows.Count）が処理の条件となり、0からRows.Count-1までの間*、処理を繰り返します。

List 4　サンプルコード（For～Next文の記述例）

```
For i As Integer = 0 To MoneyDataSet1.moneyDataTable.Rows.Count - 1
    MoneyDataSet1.moneyDataTable(i).品名 = "みかん"
Next
```

For Each～Next文を使って、List5のように記述すると、さらに簡潔なコードにすることが可能です。

List 5　サンプルコード（For Each～Nextループ文の記述例）

```
❶For Each dr As MoneyDataSet.moneyDataTableRow ❷In MoneyDataSet1.moneyDataTable
    ❸dr.品名 = "みかん"
Next
```

ポイントとなるコードを次に示します。

*0からRows.Count-1までの間　データテーブルの総数は、Rows.Count個ある。1ではなく、0からカウントするため、Rows.Countから1を引いた分が今回のデータテーブルの総数となる。

表8-7：List5のコード解説

No.	コード	内容
❶	`For Each dr As MoneyDataSet.moneyDataTableRow`	For Each文内部で使用する変数drを宣言します。DataTableRowの型の変数drを使用するという宣言です
❷	`In MoneyDataSet1.moneyDataTable`	取り出す元となるオブジェクトMoneyDataSet1のmoneyDataTableから要素を取り出します
❸	`dr.品名= "みかん"`	取り出した現在のオブジェクトdrの品名に対して、"みかん"を代入します

このFor Each～Next文は、非常に便利でわかりやすく記述できるため、ぜひ積極的に活用してください。

CSVファイルへ書き込むデータの準備方法と、CSVのデータのデータセットへの取り込み方法、データセット内の複数のデータの扱い方の解説が終わりましたので、次の8.5節では実際にファイルとして「書き込み/取り込み」を行う部分を見ていきましょう。

まとめ

- **For～Next文は、指定した回数だけ同じ処理を繰り返す。**
- **Do～Loop While文は、ループの終わりに条件判定を行う形式のループ処理。最低1回は処理が行われる。**
- **While～End While文は、指定した条件が満たされている場合のみ処理を繰り返す。**
- **For Each～Next文は、データセット（複数の値を持っているオブジェクト）や配列に含まれる要素を取り出して、同じ処理を繰り返す。**

用語のまとめ

用語	意味
ループ処理	繰り返し処理を行うこと

ファイルの入出力①（データの保存機能の実装）

本節と次節で、ファイルの入出力を行う方法について解説します。まず、ファイル出力によるデータの保存機能とともに、オブジェクトの生成についても理解しましょう。

●データの入出力専門のクラス

外部のデータをコンピューターに渡すことを**入力（Input）**、逆にコンピューターのデータを外部に出すことを**出力（Output）**と言います。入力と出力を合わせて入出力と言い、Input,Outputの頭文字を取って**IO**と呼ぶ場合もあります。

アプリケーションでは、データの入出力が必須ですね。

.NET Frameworkが用意しているクラスの中には、データの入出力専門のクラスがあります。

例えば、テキストファイルを書き込む場合は**System.IO名前空間***の**StreamWriterクラス**、テキストファイルを読み込む場合は**StreamReaderクラス**を利用します。

表8-8：.NET Frameworkクラスライブラリの入出力専門のクラス

クラス名	内容
System.IO.StreamWriterクラス	テキストファイルを書き込むクラスです。ファイル名や既存ファイルが存在する場合の追記の有無、文字コードの種類*（通常はShift-JIS）などを指定できます
System.IO.StreamReaderクラス	テキストファイルを読み込むクラスです。ファイル名や文字コードの種類などを指定できます

.NET Frameworkのクラスを使う場合には、まず.NET Frameworkクラスライブラリを使う準備をする必要がありますので、そちらも合わせて解説します。

* **名前空間** .NET Frameworkクラスライブラリには非常に多くのクラスが用意されているため、関連するクラスをまとめた名前空間という概念を利用して管理する。System.IO名前空間には、ファイルの属性と内容を管理するクラスがまとめられている。

* **文字コードの種類** コンピューターで文字を表す方法を「エンコード」と呼び、様々な種類がある。.NETのテクノロジーで扱うエンコード方法と、OSで表示するエンコード方法が異なるため、第3引数まで指定する必要がある。txtファイルであれば、最近の賢いエディタ側で対応してくれるが、CSVファイルをExcelで開いた場合、文字が壊れたような状態（文字化け）になることもある。

●1件分のファイルを出力する

いきなり、データセットの内容をテキストに出力するコードを書くのは難しいので、まずは1件のデータを出力する例から考えます。

アプリケーション内の1件のデータを出力する処理の手順は、以下のようになります。

手順❶ ファイルに出力するので、出力するフォルダーとファイルの名前を決めます。この例では、「C:¥Users¥Win10User¥Documents¥TestFile.txt」にします。

手順❷ ファイルに書き込みます。この例では、「テキストデータ」という値を出力します。

手順❸ 書き込みが終わったので、ファイルを閉じます

ファイルの出力の流れをイラストにすると、次のようになります。

図8-8：ファイルの出力

では、実際にコードを見てみましょう。List1では、**System.IO.StreamWriterクラス**を使い、第1引数には「出力するファイル名」、第2引数には「新規作成か今のファイルに書き加えるか（Falseは新規作成）」、第3引数には「文字コードの種類」を指定しています。

List 1 サンプルコード（ファイル出力の記述例）

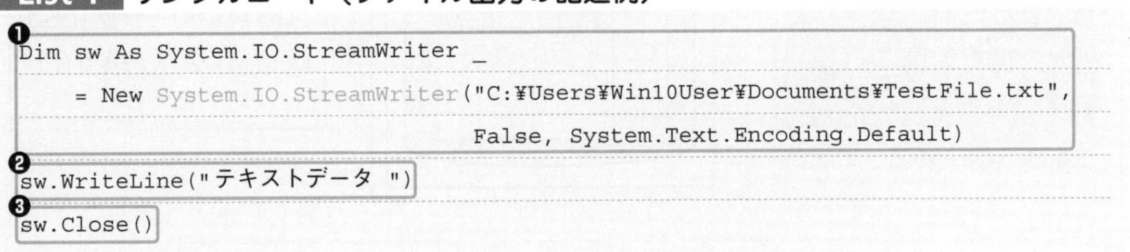

```
❶
Dim sw As System.IO.StreamWriter _
    = New System.IO.StreamWriter("C:¥Users¥Win10User¥Documents¥TestFile.txt",
                                 False, System.Text.Encoding.Default)
❷
sw.WriteLine("テキストデータ ")
❸
sw.Close()
```

ポイントとなるコードを次に示します。

表8-9：List1のコード解説

No.	コード	内容
❶	`Dim sw As System.IO.StreamWriter ～ False, System.Text.Encoding.Default)`	System.IO.StreamWriterクラスを利用してドキュメントフォルダーに「TestFile.txt」という名前のテキストファイルを新しく作成します
❷	`sw.WriteLine("テキストデータ")`	ファイルに「テキストデータ」という文字列を出力します。WriteLineメソッドでは、データの最後に改行が行われます
❸	`sw.Close()`	ファイルへの書き込みを終了し、ファイルを閉じます

Tips　ファイルを出力できるフォルダー

このコードを実際に試す場合は、パスの部分を使用しているユーザーが書き込めるフォルダーに置き換えてください。「Win10User」の部分を使用しているユーザーのユーザー名に置き換えるといいでしょう。

データをファイルに簡単に出力することができました。このコードを応用してみましょう。「簡易家計簿」アプリケーションで生成したデータをテキストファイルに書き出すイメージは、以下のようになります。

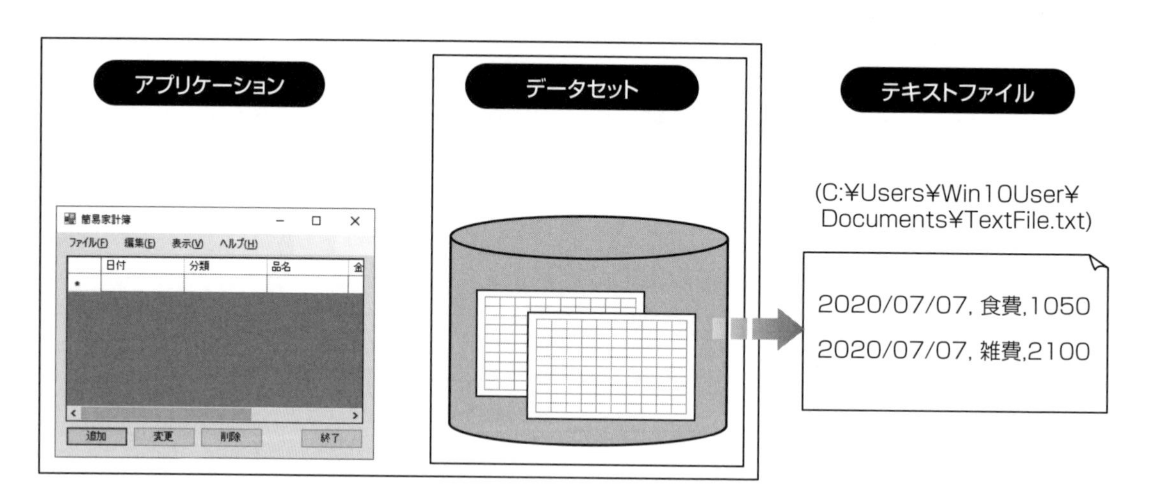

図8-9：データをテキストファイルに書き出す仕組み

●データの保存機能を実装する

8.3節で説明したデータセットにあるデータをCSVファイルとして作成する処理と、前節で説明したデータセットのループ処理を合わせると、以下の手順で家計簿のデータをCSVファイルとして保存できます。

手順❶ 出力するフォルダーとファイルの名前を決めます。
手順❷ データセットのデータテーブルの行数分、以下の③④を繰り返します。
手順❸ 1行分の値を保持する変数に、現在の行のデータを代入します。
手順❹ 1行分の値を保持する変数の値をファイルに書き込みます。
手順❺ 書き込みが終わったら、ファイルを閉じます。

ここからは、これまでの知識を用いて、Chapter7で作成した「簡易家計簿」アプリケーションに続きとなるデータの保存機能を追加していきます。

なお、Chapter7までに実装したアプリケーションを記念に取っておきたい場合は、すべてのファイルを保存した後、一端、VS Community 2019を終了させて、フォルダーごと別フォルダーにコピーするとよいでしょう。「Chapter7」フォルダーに今まで作成したアプリケーションを置き、これから作成するアプリケーションは、「Chapter8」フォルダーに置いておくとわかりやすいですね。

それでは、MyHousekeepingBook.slnファイルをダブルクリックし、VS Community 2019を起動してください。起動したら、ソリューションエクスプローラーから「Form1.vb」を右クリックし、[コードの表示] を選択してください。

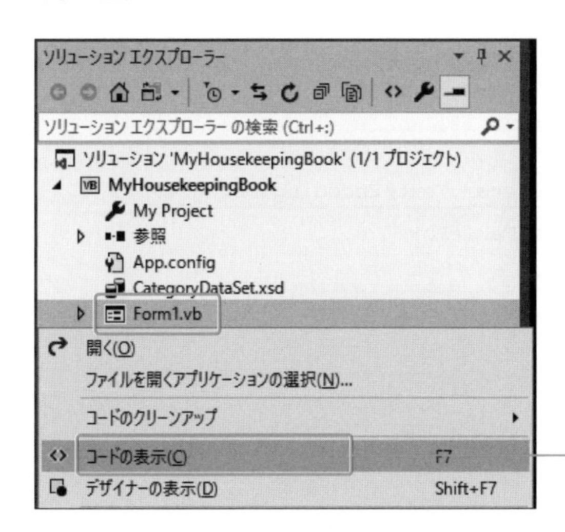

Form1.vb を右クリックし、[コードの表示] を選択します

後で呼び出して使えるように、Form1.vbのForm1クラスに、データを保存する**SaveData()サブルーチン**のコードを書いてみましょう。

SaveData()サブルーチンのコードは、Form1クラスのEnd Classの上の行に記述します。

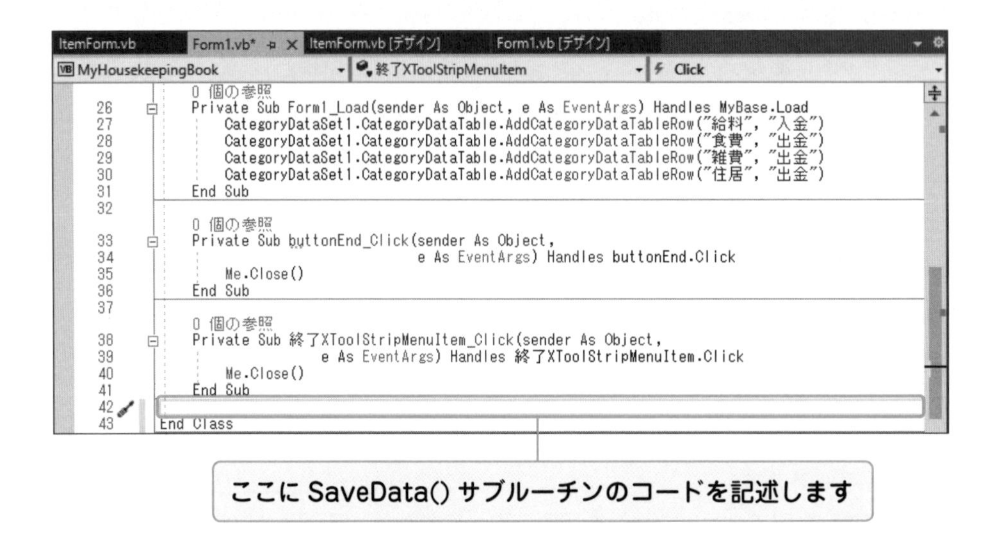

次のList2がSaveData()サブルーチンのコードです。データセットの1行分の値を保持する変数strDataに現在行のデータを代入する処理を全行で行い、それを「MoneyData.csv」という名前のファイルとして出力します。

List 2 サンプルコード（ファイルへ出力する処理の記述例:Form1.vb）

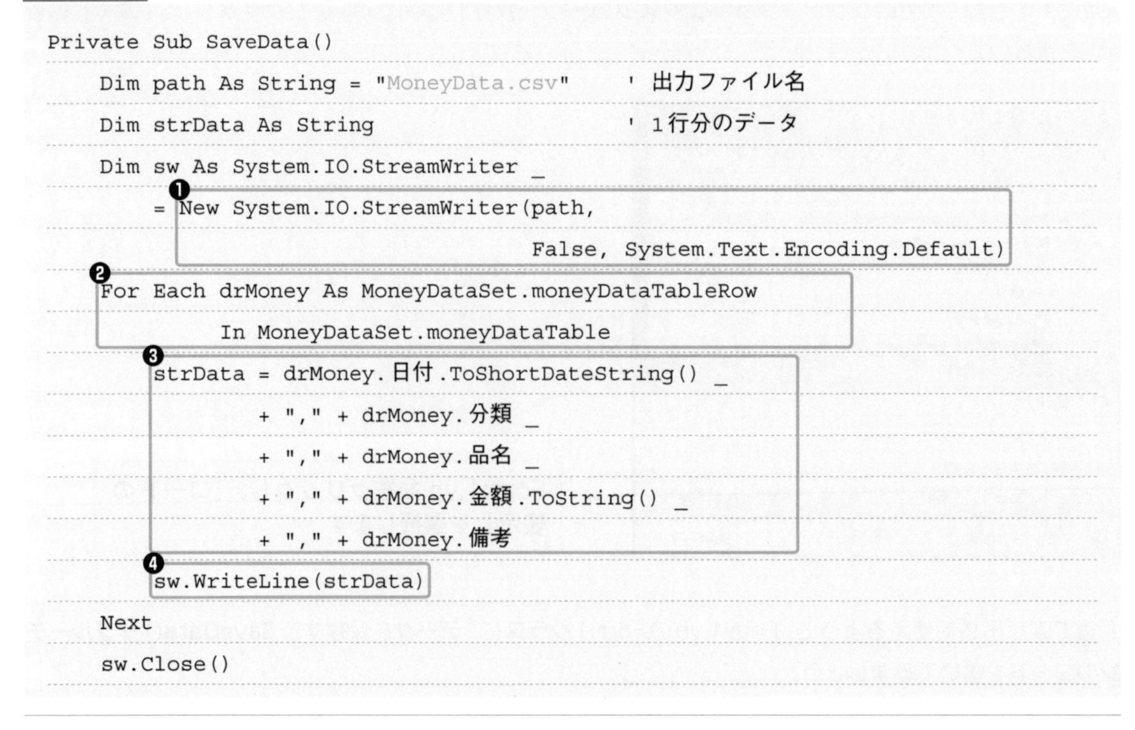

```
Private Sub SaveData()
    Dim path As String = "MoneyData.csv"     ' 出力ファイル名
    Dim strData As String                    ' 1行分のデータ
    Dim sw As System.IO.StreamWriter _
      = New System.IO.StreamWriter(path,                              ❶
                        False, System.Text.Encoding.Default)
    For Each drMoney As MoneyDataSet.moneyDataTableRow                ❷
          In MoneyDataSet.moneyDataTable
        strData = drMoney.日付.ToShortDateString() _                  ❸
              + "," + drMoney.分類 _
              + "," + drMoney.品名 _
              + "," + drMoney.金額.ToString() _
              + "," + drMoney.備考
        sw.WriteLine(strData)                                         ❹
    Next
    sw.Close()
```

```
End Sub
```

ポイントとなるコードを次に示します。

表8-10：List1のコード解説

No.	コード	内容
❶	`New System.IO.StreamWriter(path, False, System.Text.Encoding.Default)`	Newキーワードで、ファイルを作成するクラスのインスタンスを作成します
❷	`For Each drMoney As MoneyDataSet.moneyDataTableRow _ In MoneyDataSet.moneyDataTable`	レコードの数だけループします
❸	`strData = drMoney.日付.ToShortDateString() _ ～ + "," + drMoney.備考`	1行分の値を保持する変数に、現在行のデータを代入します
❹	`sw.WriteLine(strData)`	1行分のデータを出力します

では、データを保存するSaveData()サブルーチンを、どのタイミングで呼び出せばよいのでしょうか。

すでに[保存]メニューを作成してあるので、まず[保存]メニューを選択したときに、イベントハンドラでSaveData()サブルーチンを呼び出すのが基本となります。

ただし、間違えてデータを保存せずに、アプリケーションを終了した場合、せっかく入力したデータが消えてしまいます。そのため、フォーム(アプリケーション)の終了時にも呼び出すようにしておきましょう。

結果的に、作成したSaveData()サブルーチンは、次の2つのイベントハンドラから呼び出されます。

表8-11：イベントハンドラで呼び出すサブルーチン

サブルーチン名	呼び出すタイミング(イベントハンドラ名)	呼び出すメソッド名
SaveData()	[保存]メニューを選択したとき	保存SToolStripMenuItem_Click
SaveData()	フォームの終了時	Form1_FormClosing

メニューのイベントハンドラを生成する手順は、7.6節ですでに解説してあるので、ここではフォームの終了時のイベントハンドラを生成する手順を解説します。

1 デザイン画面を開く

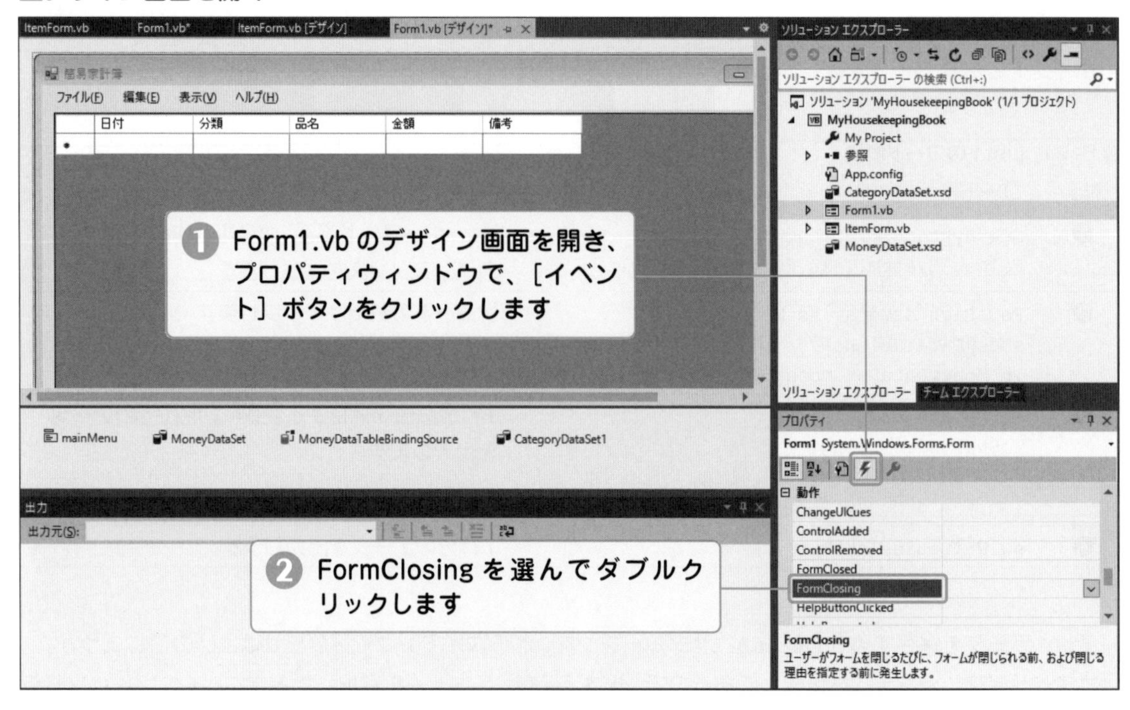

2 イベントハンドラが生成される

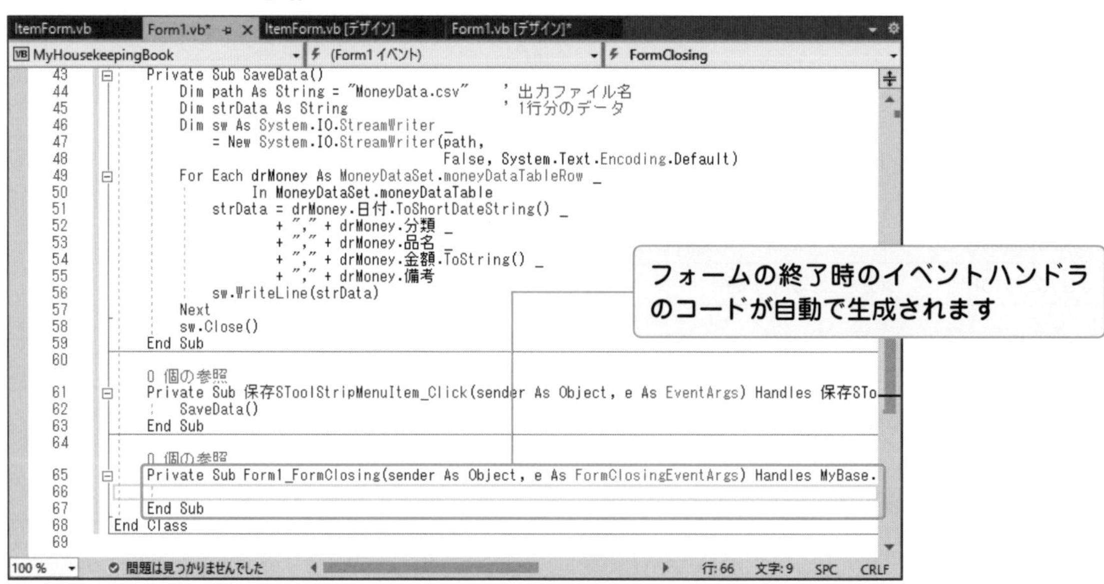

次のList3が生成されたイベントハンドラ（Form1_FormClosing()）です。　　　　の部分は、自動で生成されるコードです。

List 3 サンプルコード（生成されたフォームを閉じる処理のイベントハンドラ）

```
Private Sub Form1_FormClosing(sender As Object,
                                                  e As FormClosingEventArgs) Handles MyBase.FormClosing
        ' ここに処理を書く
End Sub
```

Form1_FormClosing()からSaveData()サブルーチンを呼び出すには、「' ここに処理を書く」の部分に、「SaveData()」を記入します。

同様に［保存］メニューを選択したときのイベントハンドラ（保存SToolStripMenuItem_Click）も生成します。
次のList4が［保存］メニューを選択したときのイベントハンドラ（保存SToolStripMenuItem_Click）です。　　　　の部分は、自動で生成されるコードです。

List 4 サンプルコード（生成された保存処理のイベントハンドラ）

```
Private Sub 保存SToolStripMenuItem_Click(sender As Object,
                                                  e As EventArgs) Handles 保存SToolStripMenuItem.Click
        ' ここに処理を書く
End Sub
```

フォームの終了時のイベントハンドラのコードが自動で生成されます。

保存SToolStripMenuItem_ClickからSaveData()サブルーチンを呼び出す場合も「' ここに処理を書く」の部分に「SaveData()」を記入します。

ここまでコードを書くと、以下のようになります。

▼Form1.vbのコード

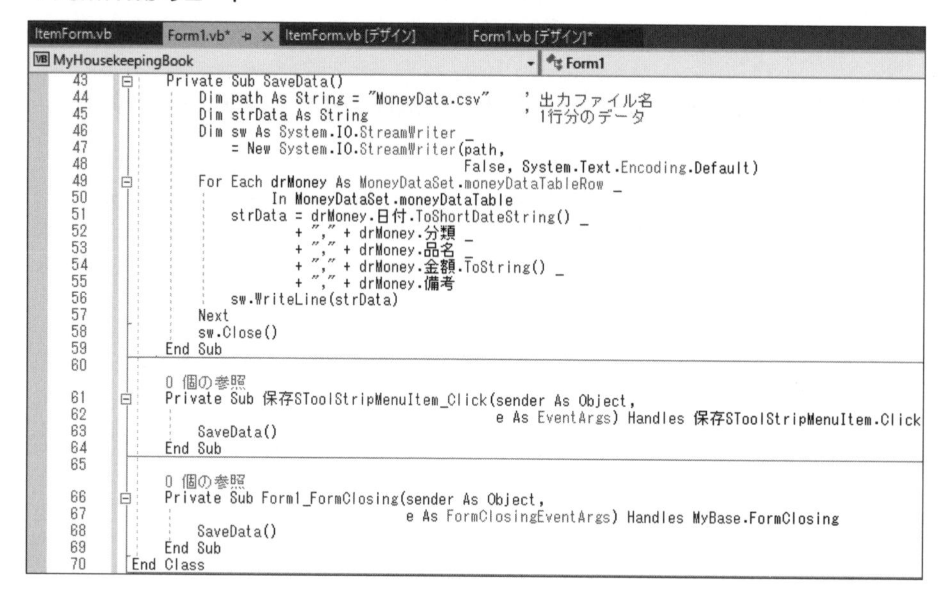

これまでに学習した内容の組み合わせにより、家計簿データをCSVファイルへ出力することができるようになりました。

まとめ

- **ファイルを読み込む処理、ファイルへ出力する処理も.NET Frameworkのクラスライブラリを使えば簡単なコードで書ける。**
- **ファイル入出力は、.NET Frameworkが用意しているSystem.IO名前空間を使う。**
- **テキストファイルを書き込む場合には、System.IO.StreamWriterクラスを使う。**
- **データセットの1件のデータの生成処理と、データセットのループ処理を合わせると、家計簿のデータをCSVファイルに書き込める。**

用語のまとめ

用語	意味
入力	外部のデータをコンピューターに渡すこと。Input
出力	コンピューターのデータを外部に出すこと。Output

ファイルの入出力②（データの読み込み機能の実装）

前節で解説したデータの保存機能と同様に、サブルーチンを使ったデータの読み込み機能について解説します。

●1行分のデータを読み込む

出力したCSVファイルのデータを、「簡易家計簿」アプリケーションに、再度読み込めると便利です。

ただし、CSVファイルの全データをアプリケーションに読み込むコードをいきなり書くのは難しいので、まず、1行分のデータを読み込む例を考えます。

図8-10：**ファイルの入力**

1行分のデータをアプリケーションに読み込む手順、言い換えると、1行分のデータをファイルから入力する手順は、以下のようになります。

手順❶ ファイルから入力するので、入力するフォルダーとファイルの名前を決めます。この例では、「C:¥Users¥Win10User¥Documents¥TestFile.txt」になります。

手順❷ ファイルに読み込みます。この例では、「C:¥Users¥Win10User¥Documents¥TestFile.txt」から1行入力します。

手順❸ 読み込みが終わったので、ファイルを閉じます。

では、実際にコードを見てみましょう。

テキストファイルを読み込む**System.IO.StreamReaderクラス**を使い、第1引数に「入力するファイル名」、第2引数に「文字コードの種類」を指定しています。

List 1 サンプルコード（ファイルの入力の記述例）

```
❶
Dim sr As System.IO.StreamReader _
    = New System.IO.StreamReader("C:¥Users¥Win10User¥Documents¥TestFile.txt",
                                 System.Text.Encoding.Default)
Dim strLine As String
❷
strLine = sr.ReadLine()
❸
sr.Close()
MessageBox.Show(strLine)
```

ポイントとなるコードを次に示します。

表8-12：List1のコード解説

No.	コード	内容
❶	`Dim sr As System.IO.StreamReader ～ System.Text.Encoding.Default)`	System.IO.StreamReaderクラスを利用して、ドキュメントフォルダーの「TestFile.txt」というテキストファイルを読み込みます
❷	`strLine = sr.ReadLine()`	テキストファイルから1行分のデータを読み込み、変数strLineに格納します。データがない場合には""（空の文字列）が返されます
❸	`sr.Close()`	ファイルの読み込みを終了し、ファイルを閉じます

1行分のデータの入力であれば、意外に簡単に実現できます。

●データの読み込み（ロード）機能を実装する

次に、家計簿のデータ（テキストファイル）を**読み込む（ロードする）**機能を実装していきましょう。

テキストファイルを読み込むイメージは、次のようになります。CSVファイルの中に数行のデータがあるというイメージです。

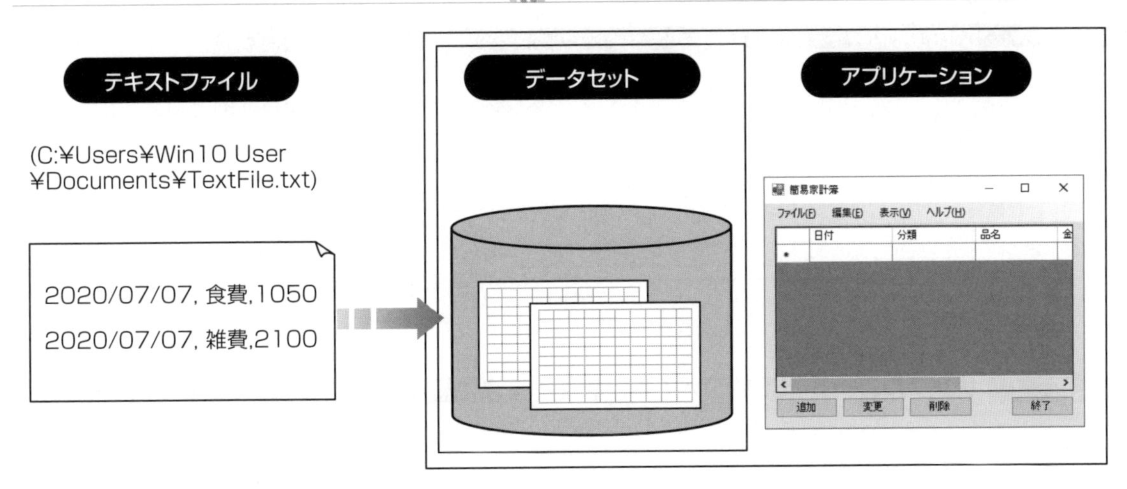

図8-11：テキストファイルを読み込む仕組み

CSVファイルを1行分だけ読み込む処理を、CSVファイルがなくなるまで繰り返せばよさそうです。手順としては、以下のようになります。

手順❶ ファイルの存在を確認します。ファイルが存在するときのみ、以下の❷～❼までを実行します。ファイルが存在しないときは何も処理を行いません。

手順❷ 入力するフォルダーとファイルの名前を決めて、ファイルを読み込むためのStreamReaderクラスからインスタンスを生成します。

手順❸ CSVファイルのデータがある間、以下の❹～❻を繰り返します。

手順❹ 1行分のデータを「,」（カンマ）で区切って、配列に分割します。

手順❺ データセットのデータテーブルの現在行に、分割した値をそれぞれの列のデータ型に変換した上で、代入します。

手順❻ 1行分の値を保持する変数に、現在の行のデータを代入します。

手順❼ 読み込みが終わったら、ファイルを閉じます。

実際にコードで見ると、以下の画面のようになります。後で呼び出して使えるように、Form1.vbのForm1クラスに、データを読み込む**LoadData()サブルーチン**のコードを書きます。

LoadData()サブルーチンのコードは、Form1クラスのEnd Classの上の行に記述します。

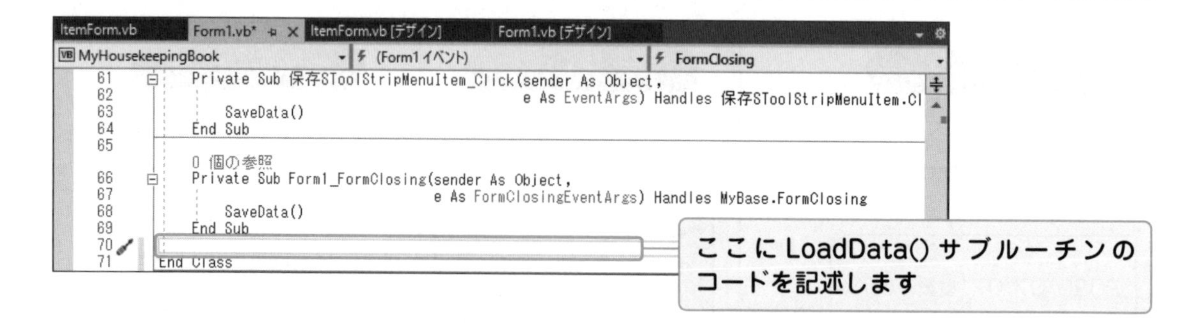

List 2 サンプルコード（CSVファイルがなくなるまで読み込む処理を繰り返す：Form1.vb）

```
Sub LoadData()
    Dim path As String = "MoneyData.csv"                ' 入力ファイル名
    Dim delimStr As String = ","                        ' 区切り文字
    Dim delimiter() As Char = delimStr.ToCharArray      ' 区切り文字をまとめる
    Dim strData() As String                             ' 分解後の文字の入れ物
    Dim strLine As String                               ' 1行分のデータ
❶  Dim fileExists As Boolean _
        = My.Computer.FileSystem.FileExists(path)
    If fileExists Then 'ファイルが存在すれば読み込む
        Dim sr As IO.StreamReader =
❷           New IO.StreamReader(path, System.Text.Encoding.Default)
❸      While (sr.Peek() >= 0)
            strLine = sr.ReadLine()
            strData = strLine.Split(delimiter)
❹           MoneyDataSet.moneyDataTable.AddmoneyDataTableRow(
                Date.Parse(strData(0)),
                strData(1).ToString(),
                strData(2).ToString(),
                Integer.Parse(strData(3)),
                strData(4).ToString()
            )
        End While
❺      sr.Close()
    End If
End Sub
```

ポイントとなるコードを次に示します。

表8-13：List2のコード解説

No.	コード	内容
❶	`Dim fileExists As Boolean = My.Computer.FileSystem.FileExists(path)`	ファイルが存在するかどうかを確認します
❷	`New IO.StreamReader(path, System.Text.Encoding.Default)`	StreamReaderクラスのインスタンスを作成します
❸	`While (sr.Peek() >= 0)`	Peek()は「読み取り可能な文字があるか」を調べてくれるメソッドです。「-1」が返ってくるとファイルにデータがないことになります。また「Peek()の値が0以上」という条件の間、ループします。つまり、ファイルにデータがある間は処理を繰り返します
❹	`MoneyDataSet.moneyDataTable.AddmoneyDataTableRow( ～ )`	データテーブルの列に値を代入します。日付列＝１個目のデータ、…、備考列＝５個目のデータとなります
❺	`sr.Close()`	ファイルを閉じます

LoadData()サブルーチンは、アプリケーションの起動時に自動的に呼び出すようにしておきましょう。この場合、最初に起動する画面のLoadイベントハンドラ（Form1_Load()）が最適です。

Loadイベントハンドラはすでに生成されているため、プロパティウィンドウのLoadをダブルクリックすると、Loadイベントハンドラが表示されます。

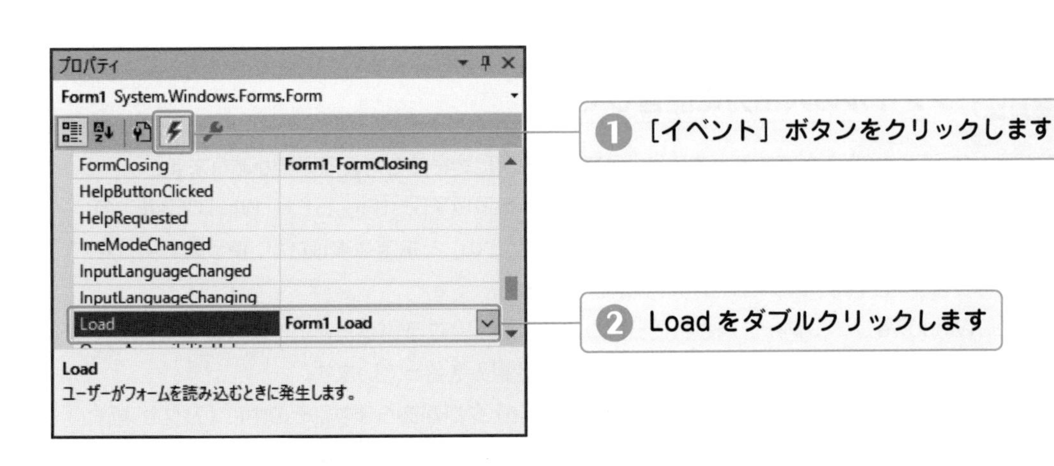

表8-14：イベントハンドラで呼び出すサブルーチン

サブルーチン名	呼び出すタイミング（イベントハンドラ名）	呼び出すメソッド名
LoadData()	フォームの起動時	Form1_Load

7.10節のフォーム処理で、実装した処理の下にLoadData()サブルーチンを呼び出す処理を記述します。実際のコードは、以下の画面のようになります。

```
ItemForm.vb   Form1.vb*   ItemForm.vb [デザイン]   Form1.vb [デザイン]*
MyHousekeepingBook   (Form1 イベント)   Load
26      Private Sub Form1_Load(sender As Object, e As EventArgs) Handles MyBase.Load
27          LoadData()
28          CategoryDataSet1.CategoryDataTable.AddCategoryDataTableRow("給料", "入金")
29          CategoryDataSet1.CategoryDataTable.AddCategoryDataTableRow("食費", "出金")
30          CategoryDataSet1.CategoryDataTable.AddCategoryDataTableRow("雑費", "出金")
31          CategoryDataSet1.CategoryDataTable.AddCategoryDataTableRow("住居", "出金")
32      End Sub
```

ここまでできたら実行してみましょう。「簡易家計簿」アプリケーションが起動したら、何件分かデータを追加し、［保存］メニューを選ぶか、アプリケーションを終了させると、実行ファイルと同じフォルダー内にCSVファイルが作成されていることが確認できます。

パソコンにExcelなどの表計算ソフトが入っている場合、このCSVファイルを表計算ソフトで開いてみると適切に読み込まれることが確認できると思います。

また、「簡易家計簿」アプリケーションを起動したときに、LoadData()サブルーチンによって自動的に保存したデータが読み込まれ、データを追加できることも確認できたかと思います。

このように、ここまでに学習した内容の組み合わせ＋アルファにより、CSVファイルから家計簿のデータを読み込めるようになりました。

このファイルからの読み込み処理のコードは少々難しいのですが、定番的なものなので、頑張って使いこなせるようになってください。

Tips ファイルの入出力に関連して

プログラムからファイルを保存するときには、保存する場所についても考える必要があります。

サンプルコードでは「"C:¥Users¥Win10User¥Documents¥TestFile.txt"」（「Win10User」の部分を使用しているユーザーのユーザー名に置き換えてください）と指定しましたが、使う人によってはエラーとなります。これは、アクセス許可の設定となります。

いきなり、Windowsフォルダーを消されたら困りますよね？　こういったことを防ぐために、ユーザーごとにファイルやフォルダーに対する操作を限定する仕組みを持っています。

何かのファイルのプロパティを見てみると［セキュリティ］タブがあります。その中に［アクセス許可］という項目があり、どのユーザーがどんな操作を行えるかの設定が可能になっています。

まとめ

- テキストファイルを読み込む場合には、System.IO.StreamReaderクラスを使う。
- 1行分のデータの読み込み処理と、データセットのループ処理を合わせると、CSVファイルに書かれた家計簿のデータをアプリケーションに読み込める。

Column 例外とは？

アプリケーションを作成していると、次のようなダイアログボックスが表示されることがあります。

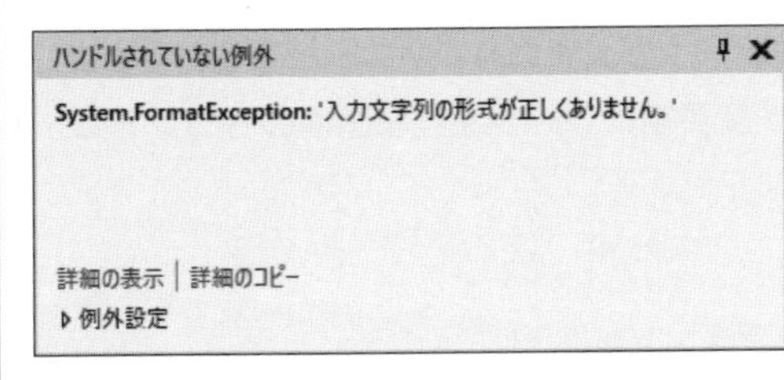

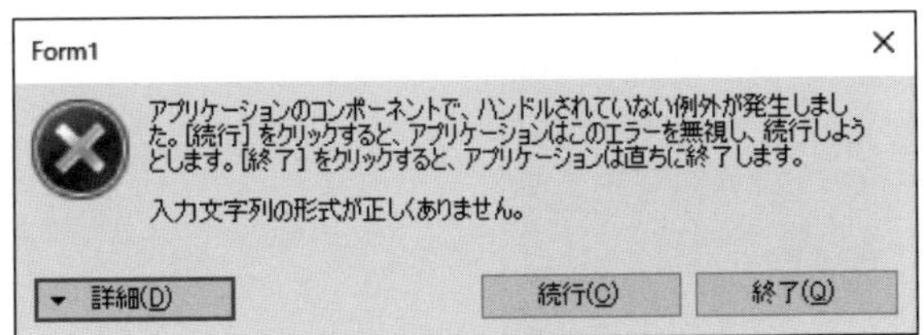

このダイアログが表示された場合、「例外が発生した」といい、.NET Frameworkのクラスライブラリなどが予期せぬ状態になったことを示します。

例えば、4.5節のプログラムで、数字以外を入力した場合に例外が発生します。これは文字通り、例外的な状態となったことを指します。足し算をしようとしているときに、数字以外が入力されることは想定されていないため、一般的には4.6節のように、数字以外が入力されないようなプログラムにします。

ただし、例外を100%発生しないようにするためには、膨大なプログラムコードを書く必要がある場合や、そもそもそのようなプログラムコードを記述できない場合もあります。そのような例外は、そもそも発生しずらいことも多いため、発生しずらい例外については例外発生時にエラーメッセージを表示することも1つの方法です。

本書では扱っていませんが、Try～Catch文を使うと良いので、ご興味のある方は調べてみてください。

8 データの変更機能の実装

一覧画面の［変更］ボタンから登録画面を開く方法について解説します。［追加］ボタンと［変更］ボタンは同じデータを扱い、同じ登録画面を使いますが、この場合にどう実装するかを見ていきましょう。

●データを追加・変更する機能を実装する

一覧画面の［追加］ボタンをクリックすると、登録画面が開きます。また、［変更］ボタンをクリックしても同様に登録画面が開きます。

［追加］ボタンから登録画面を開いたとき、登録画面にはデータが入力されていない状態なのであまり問題はありませんが、［変更］ボタンで登録画面を開く場合は、変更前のデータを登録画面の各コントロールにセットしてあげる必要があります。

▼画面の実行イメージ

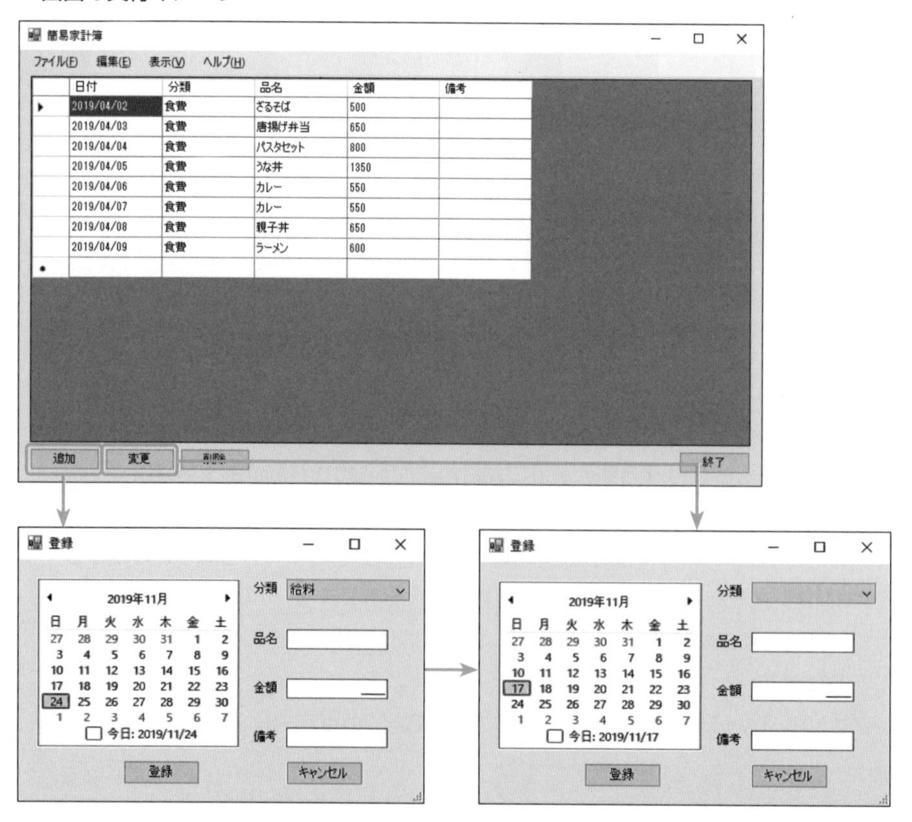

これは、登録画面を［追加］ボタンから開いた場合と、［変更］ボタンから開いた場合で別の処理を行うことで解決できます。しかし、登録画面には［追加］ボタンの処理を行うためのコードをすでに記述しています。このような場合、どうすればよいのでしょうか？

まずは、実際のコードで見てみましょう。登録画面に、List1のコードを追加します（ItemForm.vbのNewメソッドの中に記述します）。

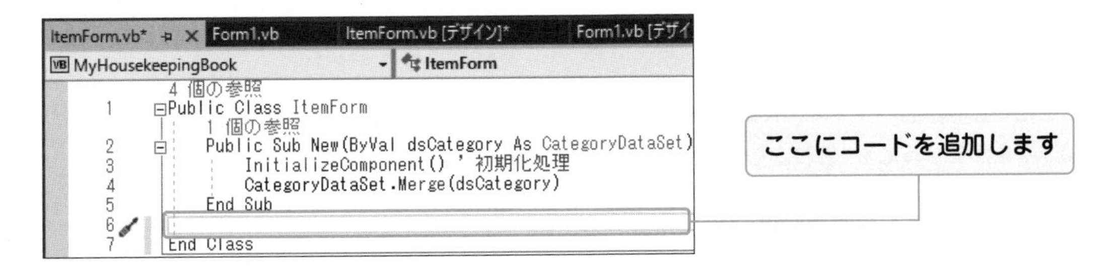

List 1 サンプルコード（Newの処理:ItemForm.vb）

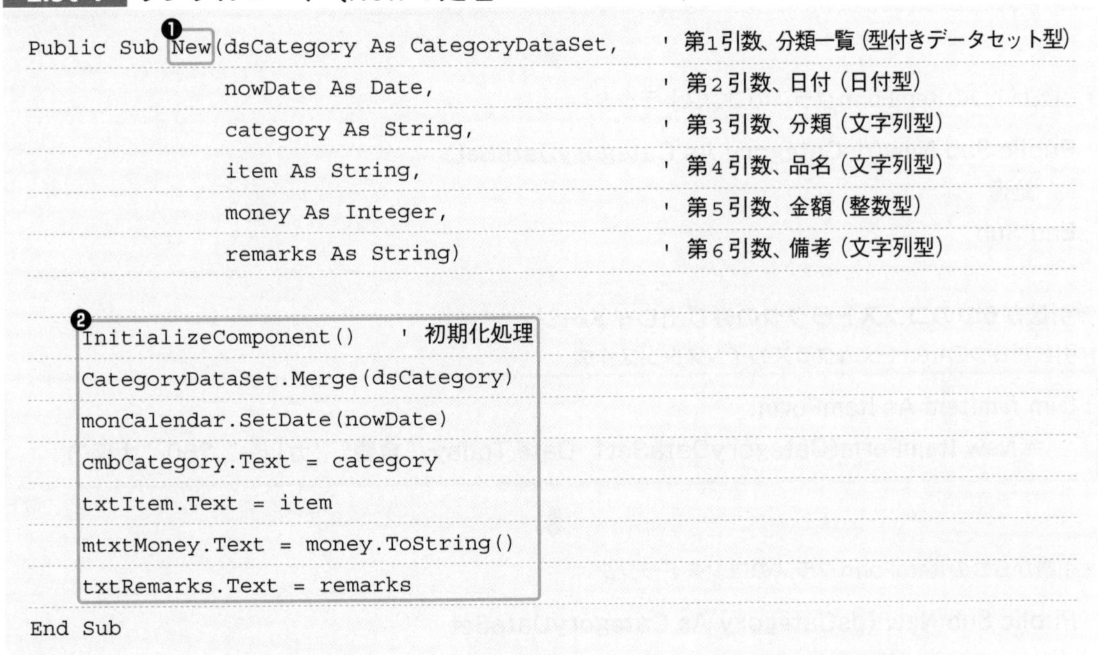

```
Public Sub ❶New(dsCategory As CategoryDataSet,   ' 第1引数、分類一覧（型付きデータセット型）
           nowDate As Date,                      ' 第2引数、日付（日付型）
           category As String,                   ' 第3引数、分類（文字列型）
           item As String,                       ' 第4引数、品名（文字列型）
           money As Integer,                     ' 第5引数、金額（整数型）
           remarks As String)                    ' 第6引数、備考（文字列型）

    ❷InitializeComponent()    ' 初期化処理
    CategoryDataSet.Merge(dsCategory)
    monCalendar.SetDate(nowDate)
    cmbCategory.Text = category
    txtItem.Text = item
    mtxtMoney.Text = money.ToString()
    txtRemarks.Text = remarks
End Sub
```

表8-15：List1のコード解説

No.	コード	内容
❶	New	コンストラクタ*と呼ばれる特殊なメソッドです。引数が異なる場合には、1つのクラスに複数定義しても大丈夫です。このサンプルコードでは、6つの引数を使用します

＊**コンストラクタ**　オブジェクト（クラスのインスタンス）の生成時に、オブジェクトが扱うデータを初期化するために呼び出される特殊なメソッド（関数）のこと。

❷	サブルーチン内のコード	第1引数（分類一覧）の値を、ComboBoxコントロールにひも付いているデータセットに設定します。第2引数（日付）の値を、MonthCalenderコントロールの選択日付を設定するメソッドに設定します。第3引数～第6引数についても、該当するコントロールの表示に関するプロパティに値を代入します。ただし、表示は文字列型のため、データを変換してから設定します

このようなコードを登録画面に追加することにより、呼び出し元からデータを受け取り、画面に表示することが可能となります。

なお、ここで登録画面のソースに**New()メソッド**が2つあることに注目してください。同じ名前のメソッドですが、引数が異なるため、呼び出し時に引数を判断して、呼び出してくれます。

●引数が1つのコンストラクタの呼び出しイメージ

▼引数が1つのItemFormクラスのインスタンス作成

```
Dim frmItem As ItemForm = New ItemForm(CategoryDataSet1)
```

▼引数が1つのItemFormクラスのコンストラクタ

```
Public Sub New(dsCategory As CategoryDataSet)
   '処理
End Sub
```

●引数が6つのコンストラクタの呼び出しイメージ

▼引数が6つのItemFormクラスのインスタンス作成

```
Dim frmItem As ItemForm _
   = New ItemForm(CategoryDataSet1, Date.Today, "食費", "カレー", 750, "大盛")
```

▼引数が6つのItemFormクラスのコンストラクタ

```
Public Sub New (dsCategory As CategoryDataSet,
            nowDate As Date,
            category As String,
            item As String,
            money As Integer,
            remarks As String)
   '処理
End Sub
```

登録画面のコンストラクタは、引数なしで呼ばれると、分類コンボボックスの選択肢がない状態で表示されます。分類コンボボックスには、かならず選択肢を表示したいので、引数なしでのコンストラクタの呼び出しを禁止することができます。

List 2 サンプルコード（Newの処理:ItemForm.vb）

```
Private Sub New()     ❶
End Sub
```

ポイントとなるコードを次に示します。

表8-16：List2のコード解説

No.	コード	内容
❶	New ()	Newという名前のメソッドです。引数はありません

アクセス修飾子を**Private**と指定することにより、呼び出されることを禁止することができます。これによって、引数がない状態での登録画面の呼び出しができなくなり、間違えて分類コンボボックスの内容が表示されないまま呼び出されることを防ぐことができます。

それでは、一覧画面の［変更］ボタンのクリック時の処理を見ていきましょう。処理の内容は、以下の通りです。

- **変更する値を登録画面のインスタンスに渡す。**
- **登録画面で［登録］ボタンをクリックすると、設定した値が一覧画面に反映される。**

なお、実際にコードで表すと、List3のようになります。後で使えるように、Form1.vbのForm1クラスに、**UpdateData()サブルーチン**のコードを書いてみましょう。

List 3 サンプルコード（データを追加・変更する処理：Form1.vb）

```
Private Sub UpdateData()
    Dim nowRow As Integer = dgv.CurrentRow.Index     ❶
    Dim oldDate As Date _
        = Date.Parse(dgv.Rows(nowRow).Cells(0).Value.ToString())     ❷
    Dim oldCategory As String = dgv.Rows(nowRow).Cells(1).Value.ToString()
    Dim oldItem As String = dgv.Rows(nowRow).Cells(2).Value.ToString()
    Dim oldMoney As Integer _
        = Integer.Parse(dgv.Rows(nowRow).Cells(3).Value.ToString())
```

```
    Dim oldRemarks As String = dgv.Rows(nowRow).Cells(4).Value.ToString()
    ❸
    Dim frmItem As ItemForm = New ItemForm(
        CategoryDataSet1, oldDate, oldCategory, oldItem, oldMoney, oldRemarks)
    Dim drRet As DialogResult = frmItem.ShowDialog()
    ❹
    If drRet = DialogResult.OK Then
        ❺
        dgv.Rows(nowRow).Cells(0).Value _
            = frmItem.monCalendar.SelectionRange.Start()
        dgv.Rows(nowRow).Cells(1).Value = frmItem.cmbCategory.Text
        dgv.Rows(nowRow).Cells(2).Value = frmItem.txtItem.Text
        dgv.Rows(nowRow).Cells(3).Value = Integer.Parse(frmItem.mtxtMoney.Text)
        dgv.Rows(nowRow).Cells(4).Value = frmItem.txtRemarks.Text
    End If
End Sub
```

ポイントとなるコードを次に示します。

表8-17：List3のコード解説

No.	コード	内容
❶	`dgv.CurrentRow.Index`	現在選択されているDataGridViewコントロールの行を取得しています
❷	`dgv.Rows(nowRow).Cells(n).Value.ToString()`	変更前のデータは、DataGridViewコントロールから取得しています。❶で取得した行のn番目の列の値を取得・設定しています（nは0から始まります）。例えば、分類列の場合は、「1」になります
❸	`Dim frmItem As ItemForm = New ItemForm(` 〜 `oldRemarks)`	ItemFormクラスのコンストラクタに6つの引数を渡してインスタンスを生成します
❹	`If drRet = DialogResult.OK Then`	登録画面で［登録］ボタン（OKボタン）がクリックされた場合の処理を指定します
❺	`dgv.Rows(nowRow).Cells(0).Value` 〜 `dgv.Rows(nowRow).Cells(4).Value = frmItem.txtRemarks.Text`	DataGridViewコントロールの1列目（日付）から5列目（備考）に値を設定します

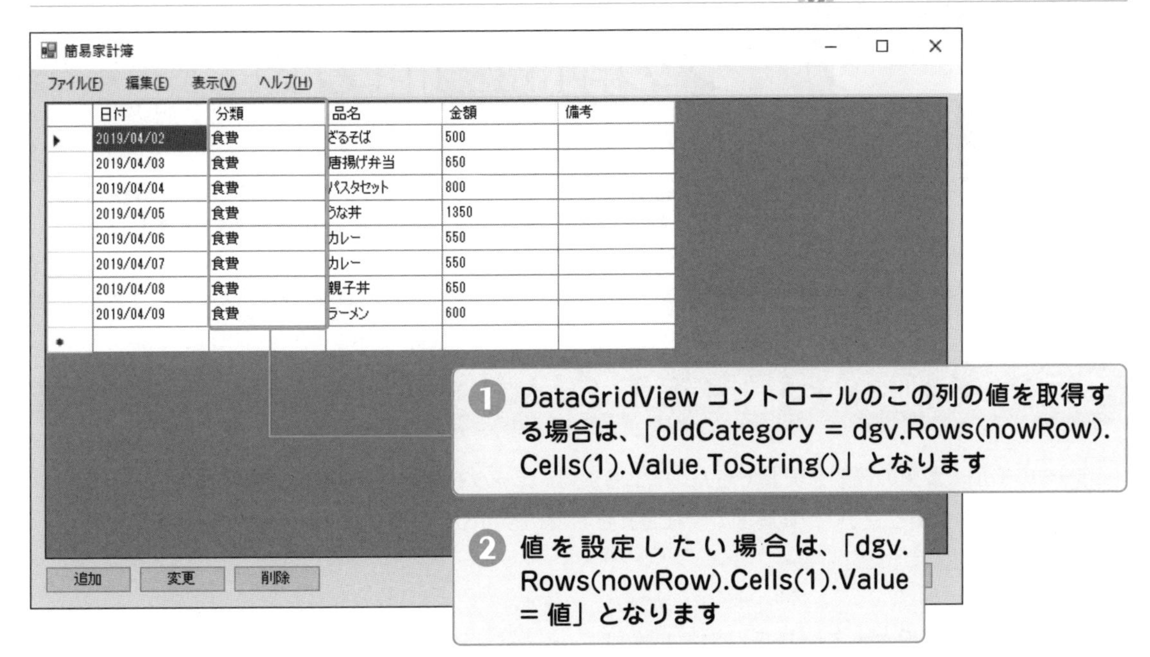

UpdateData()サブルーチンは、[変更]ボタンクリック時と変更メニューの選択時の2つのタイミングで呼び出すようにしておきましょう。

表8-18：イベントハンドラ内に呼び出すサブルーチン

サブルーチン名	呼び出すタイミング（イベントハンドラ名）	呼び出すメソッド名
UpdateData()	[変更]ボタンをクリックしたとき	buttonChange_Click
UpdateData()	[変更]メニューを選択したとき	変更CToolStripMenuItem_Click

実行してみると、次の2つの動作が確認できると思います。

Ⓐ一覧画面の[追加]ボタンをクリックすると、登録画面が空の状態で開きます。登録画面の[登録]ボタンをクリックするとデータが追加されます。

Ⓑ一覧画面の[変更]ボタンをクリックすると、登録画面がDataGridViewでフォーカスのある行のデータが表示された状態で開きます。[登録]ボタンをクリックすると、該当データが変更されます。

まとめ

- 2種類のコンストラクタを使うと、同じ画面を効率よく使用できる。
- 現在選択されている行データも簡単に受け渡すことができる。

データの削除機能の実装

一覧画面の［削除］ボタンからデータを削除する方法について解説します。選択された行を削除する場合にどう実装するかを見ていきましょう。

●データを削除する機能を実装する

データの追加・変更の機能を実装できたので、今度は、データを削除する機能を実装しましょう。データの削除は、追加・変更と違い、一覧画面で現在選択されている行のデータを削除するように実装します。

処理手順は、次のようになります。

手順❶ 現在の選択されている行を取得します。
手順❷ 手順❶で取得した行を削除します。

実際にコードにしてみると、以下のList1のようになります。後で使えるようにForm1.vbのForm1クラスに、**DeleteData()サブルーチン**のコードを書いてみましょう。

List 1 サンプルコード（削除処理：Form1.vb）

```
Private Sub DeleteData()
    Dim nowRow As Integer = dgv.CurrentRow.Index
❶  dgv.Rows.RemoveAt(nowRow)      '現在行を削除
End Sub
```

ポイントとなるコードを次に示します。

表8-19：List1のコード解説

No.	コード	内容
❶	dgv.Rows.RemoveAt(nowRow)	RemoveAt()メソッドで変数nowRowで示されているDataGridViewコントロールの行を削除します

8.2節などで説明したように、DataGridViewコントロールとデータセットは自動的に同期が行われるため、DataGridViewコントロールの方だけを削除すれば問題ありません。

また、DeleteData()サブルーチンは、［削除］ボタンをクリックしたときと、［削除］メニューを選択したときの2つのタイミングで呼び出すようにしておきましょう。

表8-20：イベントハンドラで呼び出すサブルーチン

サブルーチン名	呼び出すタイミング（イベントハンドラ名）	呼び出すメソッド名
DeleteData()	［削除］ボタンをクリックしたとき	buttonDelete_Click
DeleteData()	［削除］メニューを選択したとき	削除DToolStripMenuItem_Click

実行してみると、一覧画面の［削除］ボタンをクリックしたときに、DataGridViewコントロールでフォーカスされている行（現在行）のデータが削除されることを確認できると思います。

ここまでの実装結果は、以下のようなイメージになります。

▼Form1.vbのコード（その①）

ItemForm.vb　Form1.vb　ItemForm.vb [デザイン]　Form1.vb [デザイン]

MyHousekeepingBook　Form1

```
1  Public Class Form1
       0 個の参照
2      Private Sub buttonAdd_Click(sender As Object,
3                                  e As EventArgs) Handles buttonAdd.Click
4          AddData()
5      End Sub
6
       0 個の参照
7      Private Sub 追加AToolStripMenuItem_Click(sender As Object,
8                  e As EventArgs) Handles 追加AToolStripMenuItem.Click
9          AddData()
10     End Sub
11
       2 個の参照
12     Private Sub AddData()
13         Dim frmItem As ItemForm = New ItemForm(CategoryDataSet1)
14         Dim drRet As DialogResult = frmItem.ShowDialog()
15
16         If drRet = DialogResult.OK Then
17             MoneyDataSet.moneyDataTable.AddmoneyDataTableRow(
18                 frmItem.monCalendar.SelectionRange.Start(),
19                 frmItem.cmbCategory.Text,
20                 frmItem.txtItem.Text,
21                 Integer.Parse(frmItem.mtxtMoney.Text),
22                 frmItem.txtRemarks.Text)
23         End If
24     End Sub
25
       0 個の参照
26     Private Sub Form1_Load(sender As Object, e As EventArgs) Handles MyBase.Load
27         LoadData()
28         CategoryDataSet1.CategoryDataTable.AddCategoryDataTableRow("給料", "入金")
29         CategoryDataSet1.CategoryDataTable.AddCategoryDataTableRow("食費", "出金")
30         CategoryDataSet1.CategoryDataTable.AddCategoryDataTableRow("雑費", "出金")
31         CategoryDataSet1.CategoryDataTable.AddCategoryDataTableRow("住居", "出金")
32     End Sub
33
       0 個の参照
34     Private Sub buttonEnd_Click(sender As Object,
35                                 e As EventArgs) Handles buttonEnd.Click
36         Me.Close()
37     End Sub
38
       0 個の参照
39     Private Sub 終了XToolStripMenuItem_Click(sender As Object,
40                 e As EventArgs) Handles 終了XToolStripMenuItem.Click
41         Me.Close()
42     End Sub
```

▼Form1.vbのコード（その②）

```
ItemForm.vb | Form1.vb | ItemForm.vb [デザイン] | Form1.vb [デザイン]
MyHousekeepingBook | Form1
44      Private Sub SaveData()
45          Dim path As String = "MoneyData.csv"     ' 出力ファイル名
46          Dim strData As String                    ' 1行分のデータ
47          Dim sw As System.IO.StreamWriter _
48              = New System.IO.StreamWriter(path,
49                                  False, System.Text.Encoding.Default)
50          For Each drMoney As MoneyDataSet.moneyDataTableRow _
51                  In MoneyDataSet.moneyDataTable
52              strData = drMoney.日付.ToShortDateString() _
53                      + "," + drMoney.分類 _
54                      + "," + drMoney.品名 _
55                      + "," + drMoney.金額.ToString() _
56                      + "," + drMoney.備考
57              sw.WriteLine(strData)
58          Next
59          sw.Close()
60      End Sub
61
        0 個の参照
62      Private Sub 保存SToolStripMenuItem_Click(sender As Object,
63                                  e As EventArgs) Handles 保存SToolStripMenuItem.Click
64          SaveData()
65      End Sub
66
        0 個の参照
67      Private Sub Form1_FormClosing(sender As Object,
68                              e As FormClosingEventArgs) Handles MyBase.FormClosing
69          SaveData()
70      End Sub
71
        1 個の参照
72      Sub LoadData()
73          Dim path As String = "MoneyData.csv"            ' 入力ファイル名
74          Dim delimStr As String = ","                    ' 区切り文字
75          Dim delimiter() As Char = delimStr.ToCharArray  ' 区切り文字をまとめる
76          Dim strData() As String                         ' 分解後の文字の入れ物
77          Dim strLine As String                           ' 1行分のデータ
78          Dim fileExists As Boolean _
79              = My.Computer.FileSystem.FileExists(path)
80          If fileExists Then 'ファイルが存在すれば読み込む
81              Dim sr As IO.StreamReader =
82                  New IO.StreamReader(path, System.Text.Encoding.Default)
83              While (sr.Peek() >= 0)
84                  strLine = sr.ReadLine()
85                  strData = strLine.Split(delimiter)
86                  MoneyDataSet.moneyDataTable.AddmoneyDataTableRow(
87                      Date.Parse(strData(0)),
88                      strData(1).ToString(),
89                      strData(2).ToString(),
90                      Integer.Parse(strData(3)),
91                      strData(4).ToString()
92                  )
93              End While
94              sr.Close()
95          End If
96      End Sub
```

▼Form1.vbのコード (その③)

```
ItemForm.vb   Form1.vb*   ItemForm.vb [デザイン]   Form1.vb [デザイン]*
MyHousekeepingBook   Form1
 98     Private Sub UpdateData()
 99         Dim nowRow As Integer = dgv.CurrentRow.Index
100         Dim oldDate As Date _
101             = Date.Parse(dgv.Rows(nowRow).Cells(0).Value.ToString())
102         Dim oldCategory As String = dgv.Rows(nowRow).Cells(1).Value.ToString()
103         Dim oldItem As String = dgv.Rows(nowRow).Cells(2).Value.ToString()
104         Dim oldMoney As Integer _
105             = Integer.Parse(dgv.Rows(nowRow).Cells(3).Value.ToString())
106         Dim oldRemarks As String = dgv.Rows(nowRow).Cells(4).Value.ToString()
107         Dim frmItem As ItemForm = New ItemForm(
108             CategoryDataSet1, oldDate, oldCategory, oldItem, oldMoney, oldRemarks)
109         Dim drRet As DialogResult = frmItem.ShowDialog()
110         If drRet = DialogResult.OK Then
111             dgv.Rows(nowRow).Cells(0).Value _
112                 = frmItem.monCalendar.SelectionRange.Start()
113             dgv.Rows(nowRow).Cells(1).Value = frmItem.cmbCategory.Text
114             dgv.Rows(nowRow).Cells(2).Value = frmItem.txtItem.Text
115             dgv.Rows(nowRow).Cells(3).Value = Integer.Parse(frmItem.mtxtMoney.Text)
116             dgv.Rows(nowRow).Cells(4).Value = frmItem.txtRemarks.Text
117         End If
118     End Sub
119
        0 個の参照
120     Private Sub buttonChange_Click(sender As Object, e As EventArgs) Handles buttonChange.Click
121         UpdateData()
122     End Sub
123
        0 個の参照
124     Private Sub 変更CToolStripMenuItem_Click(sender As Object,
125                                         e As EventArgs) Handles 変更CToolStripMenuItem.Click
126         UpdateData()
127     End Sub
128
        2 個の参照
129     Private Sub DeleteData()
130         Dim nowRow As Integer = dgv.CurrentRow.Index
131         dgv.Rows.RemoveAt(nowRow)    '現在行を削除
132     End Sub
133
        0 個の参照
134     Private Sub buttonDelete_Click(sender As Object, e As EventArgs) Handles buttonDelete.Click
135         DeleteData()
136     End Sub
137
        0 個の参照
138     Private Sub 削除DToolStripMenuItem_Click(sender As Object,
139                                         e As EventArgs) Handles 削除DToolStripMenuItem.Click
140         DeleteData()
141     End Sub
142 End Class
```

▼ItemForm.vbのコード

```
ItemForm.vb*   Form1.vb*   ItemForm.vb [デザイン]*   Form1.vb [デザイ
MyHousekeepingBook   Ite
 1  Public Class ItemForm
        1 個の参照
 2      Public Sub New(ByVal dsCategory As CategoryDataSet)
 3          InitializeComponent() ' 初期化処理
 4          CategoryDataSet.Merge(dsCategory)
 5      End Sub
 6
        1 個の参照
 7      Public Sub New(dsCategory As CategoryDataSet,
 8                     nowDate As Date,
 9                     category As String,
10                     item As String,
11                     money As Integer,
12                     remarks As String)
13
14          InitializeComponent()   ' 初期化処理
15          CategoryDataSet.Merge(dsCategory)
16          monCalendar.SetDate(nowDate)
17          cmbCategory.Text = category
18          txtItem.Text = item
19          mtxtMoney.Text = money.ToString()
20          txtRemarks.Text = remarks
21      End Sub
22
        0 個の参照
23      Private Sub New()
24      End Sub
25  End Class
```

上級編 Chapter 8

まとめ

- データを削除したい場合には、DataGridViewコントロールのRemoveAt()メソッドを使う。
- 8.2節で解説した通り、データセットとの同期も自動的に行われる。

Column Nullを許すデータ型

通常、Visual Basicで使うデータ型は、入れられる値が決まっていて、Integer型であれば、0, 100といった整数値しか入れることができませんし、Boolean型であれば、True, Falseといった2つの値しか入れることができません。

ところが、データベースの世界では「まだまったく何も値が入っていない状態」を示すためにNull（ヌル）という概念があります。Visual Basic 2008から、そのあたりのわだかまりを解消するために、Nullを指定できるデータ型が用意されました。そのデータ型は、「Null許容値型」といいます。

Null許容値型の宣言には、いろいろな方法があるのですが、最も簡単なのが、以下のようにデータ型の部分に「?」を付けて表現する方法です。

```
Dim flag As Boolean?
Dim count As Integer?
```

覚え方としては、「なんだか頼りなさそうな型の指定だな～」と、イメージしていただければよいかと思います。(^-^)

Visual Basicの世界は、奥が深いですね(^～^;)

上級編　本格的なアプリケーションを作ってみよう！

Chapter 9

「簡易家計簿」を作成する（応用編）

Chapter7～8で作成した「簡易家計簿」アプリケーションにさらに機能を加えてみましょう。

このChapterの目標

✔ 集計機能を追加する。

1 Chapter9のワークフロー

Chapter7～8で作成した「簡易家計簿」アプリケーションに、応用編として金額の集計機能を実装します。その流れを見ていきます。

●Chapter7～9の全体像

Chapter7～8は、いかがだったでしょうか？　かなり難しかったかと思いますが、1度だけではなく、何度もコードを書いていくと、徐々に実力が身についていきますので頑張ってください。

このChapter9では、応用編として、アプリケーションに入力してある金額を日ごとに集計する機能を実装します。

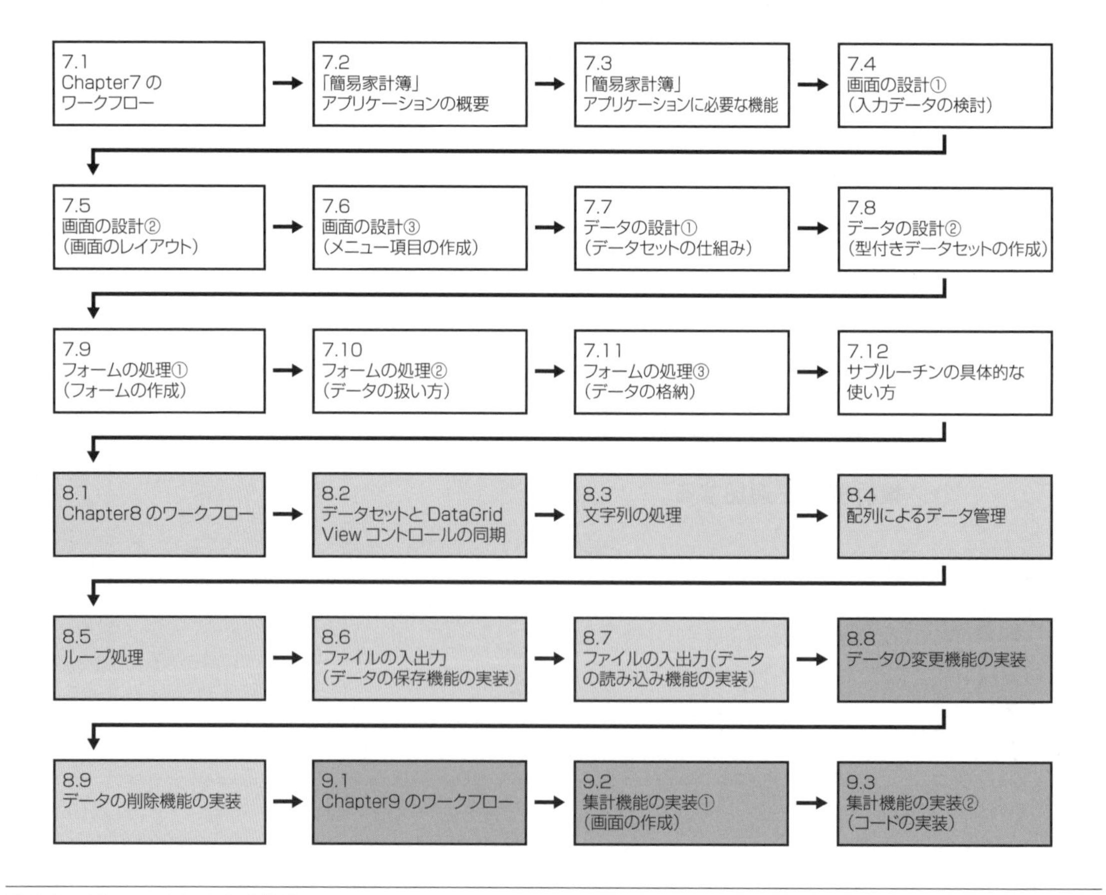

図9-1：Chapter7～9の全体像

集計機能の実装①（画面の作成）

本節では金額を集計し、タブを使ってそれを一覧画面に表示させる方法について見ていきましょう。この機能は、これまで学んできた内容で実装できます。

●データの集計機能を実装する

「簡易家計簿」アプリケーションには、日付と金額のデータが入力されていますが、その金額を日付ごとに集計し、画面にまとめて表示できたら便利です。その機能を実装していきます。

まず、金額を集計したデータを作成する必要がありますが、そのデータは一覧画面のデータをループ処理で日付ごとに加算して作成します。この金額を加算する処理は、集計用の**型付きデータセット**を新たに作成して、その中で実行させます。また、一覧画面と集計の画面を切り替える仕組みとして、今回はタブを使用します。タブ機能は、**TabControlコントロール**を使用することで実現できます。

データの集計機能を実装する手順は、以下の通りです。

手順❶ 集計データを格納する型付きデータセットを作成する。
手順❷ 一覧画面に［TabControl］コントロールを設定する。
手順❸ ［TabControl］コントロールの2つのタブに名前を設定する。
手順❹ 集計表示タブの画面をデザインする。
手順❺ 金額を日付ごとに集計するコードを実装する。

それでは、最初に金額を集計したデータを格納する型付きデータセットを作成しましょう。

●型付きデータセットを作成する

1 プロジェクトのコンテキストメニューを表示する

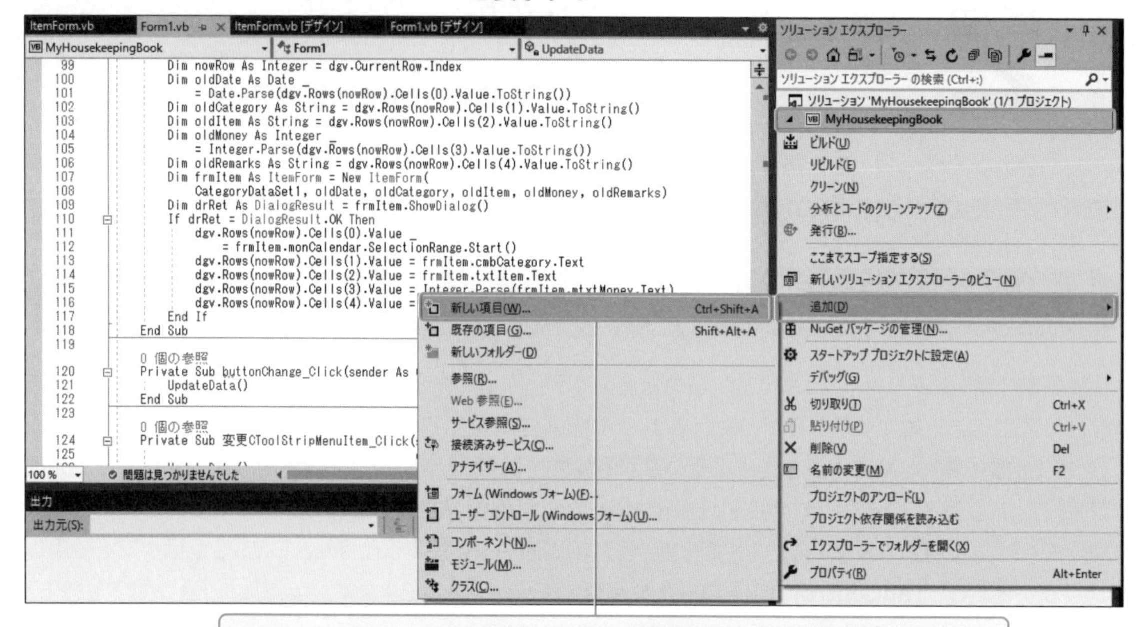

2 ［データセット］を選択してファイル名を入力する

3 データセットデザイナーが表示される

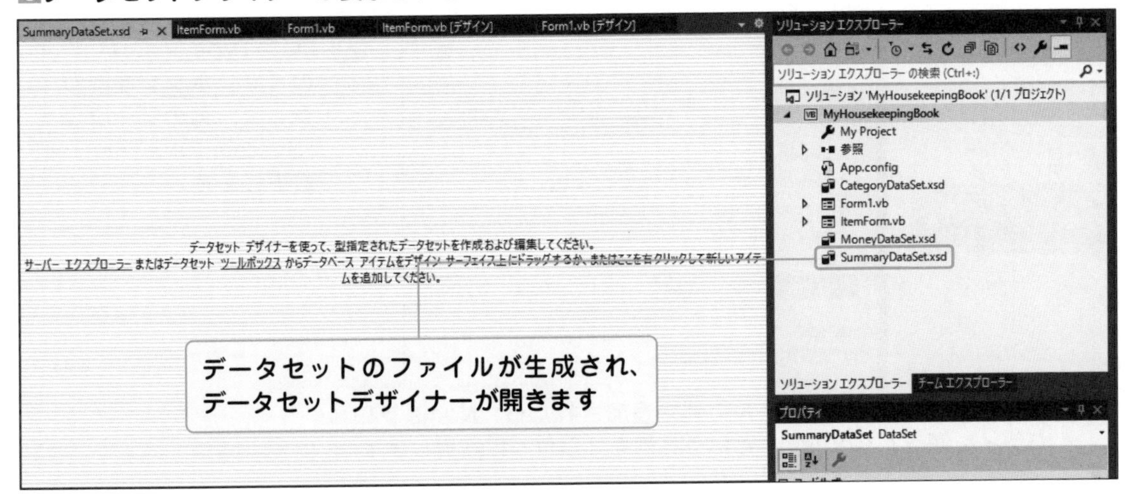

4 DataTableコントロールをドラッグ＆ドロップする

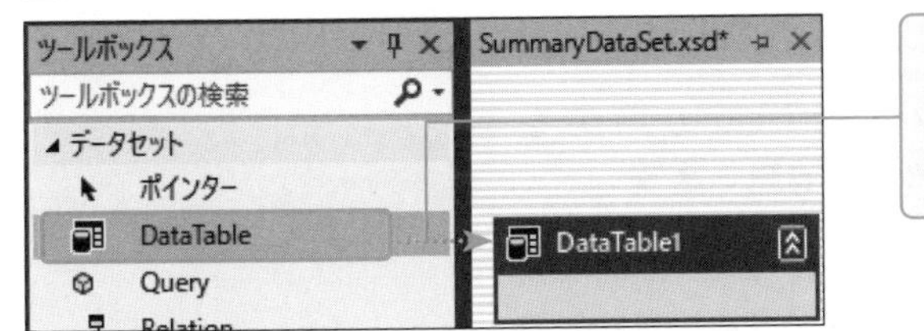

ツールボックスから［DataTable］コントロールを選択し、データセットデザイナーにドラッグ＆ドロップします

5 列を追加する

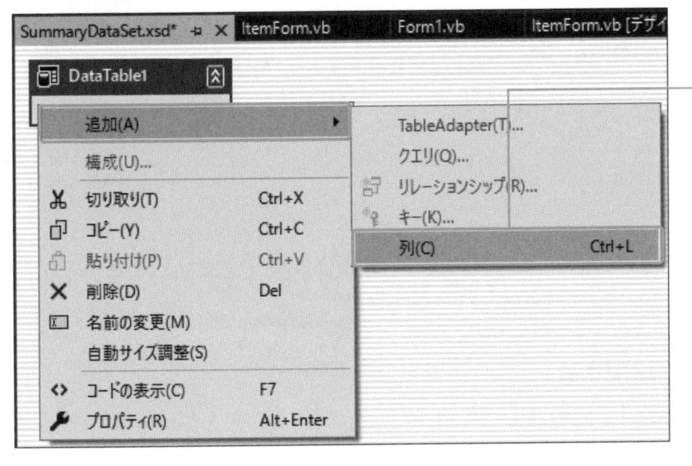

貼り付けた［DataTable］コントロールを右クリックし、コンテキストメニューの［追加］➡［列］を選択します

6 列のデータ型を設定する

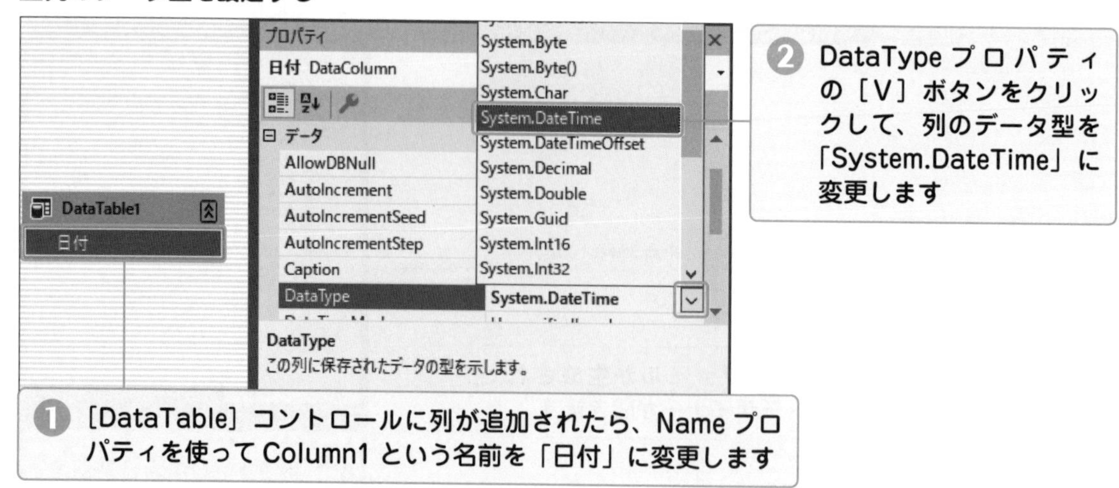

ほかの列も次の表9-1のように実装してみましょう。また、DataTableコントロールの名前もNameプロパティを使って「SumDataTable」に変更します。

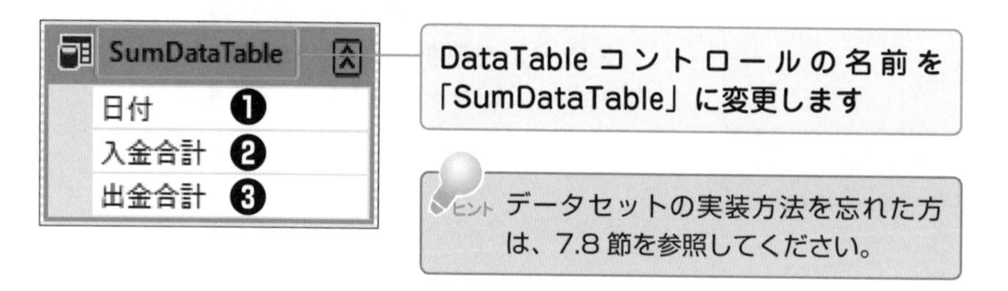

表9-1：SumDataTable（型付きデータセット）に指定する列

No.	Nameプロパティ	DataTypeプロパティ
❶	日付	System.DateTime
❷	入金合計	System.Int32
❸	出金合計	System.Int32

集計したデータを格納する型付きデータセットが作成できたので、一覧画面にデータセットを貼り付けて利用するための準備も行います。

●一覧画面にDataTableコントロールを設定する

データの集計は、一覧画面のフォーム（Form1.vb）を使いたいのですが、データの入力画面と集計画面はできれば別々にして見られるようにしたいところです。この要件を満たすために、**TabControlコントロール**を用いて画面を切り替えられるようにします。

TabControlコントロールは、複数のタブを表示します。タブには、画像データやその他のコントロールを表示できます。

7 画面の下半分を大きく開ける

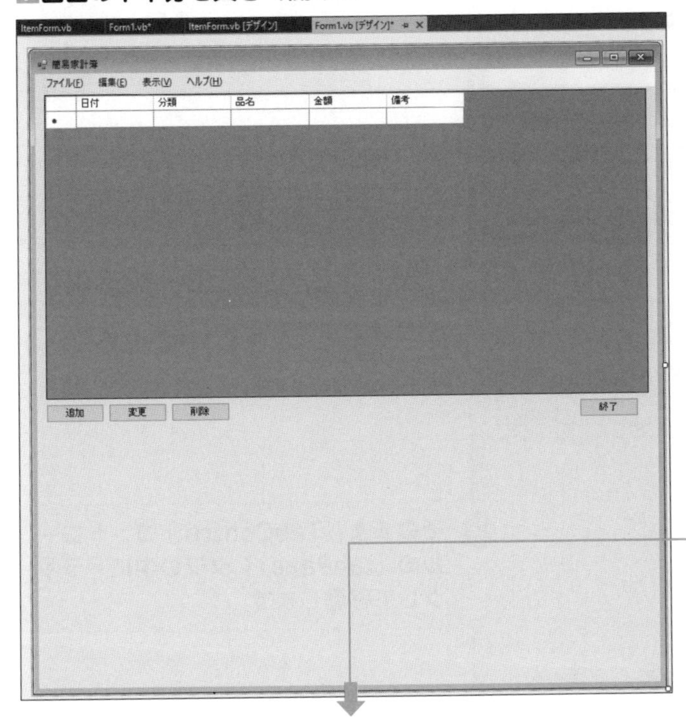

画面の下半分を、今の画面サイズの倍くらいを目安に拡大します

8 TabControlコントロールを設定する

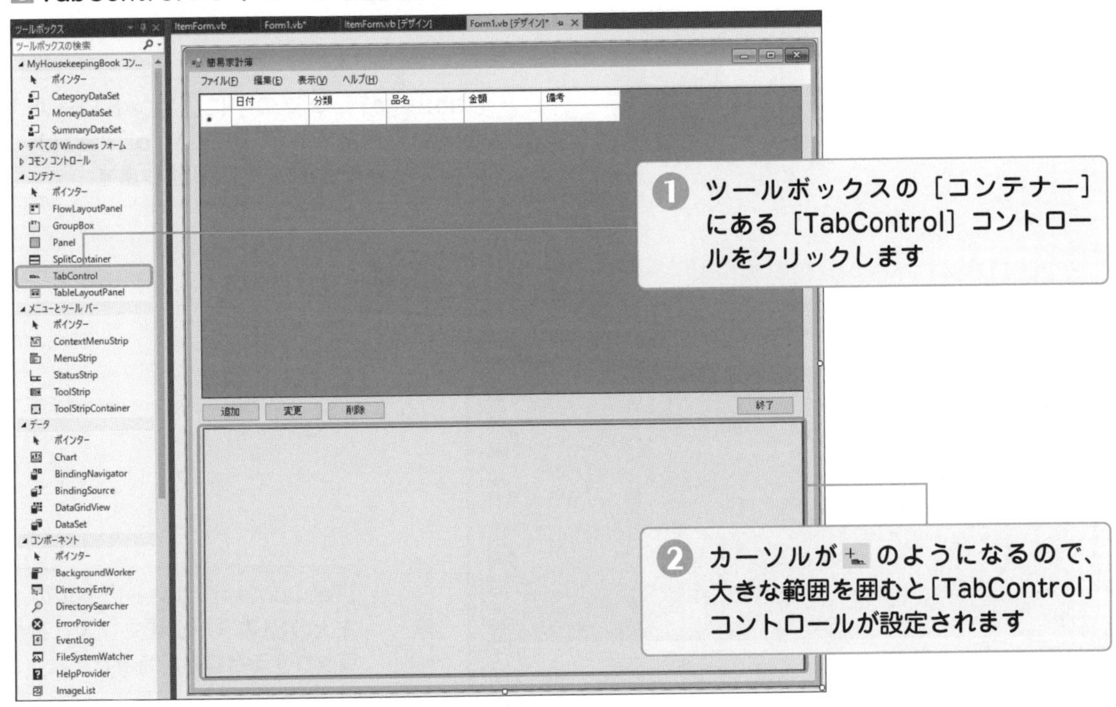

❶ ツールボックスの［コンテナー］にある［TabControl］コントロールをクリックします

❷ カーソルが のようになるので、大きな範囲を囲むと［TabControl］コントロールが設定されます

9 DataGridViewコントロールとボタンをTabControlコントロールの中へ移動する

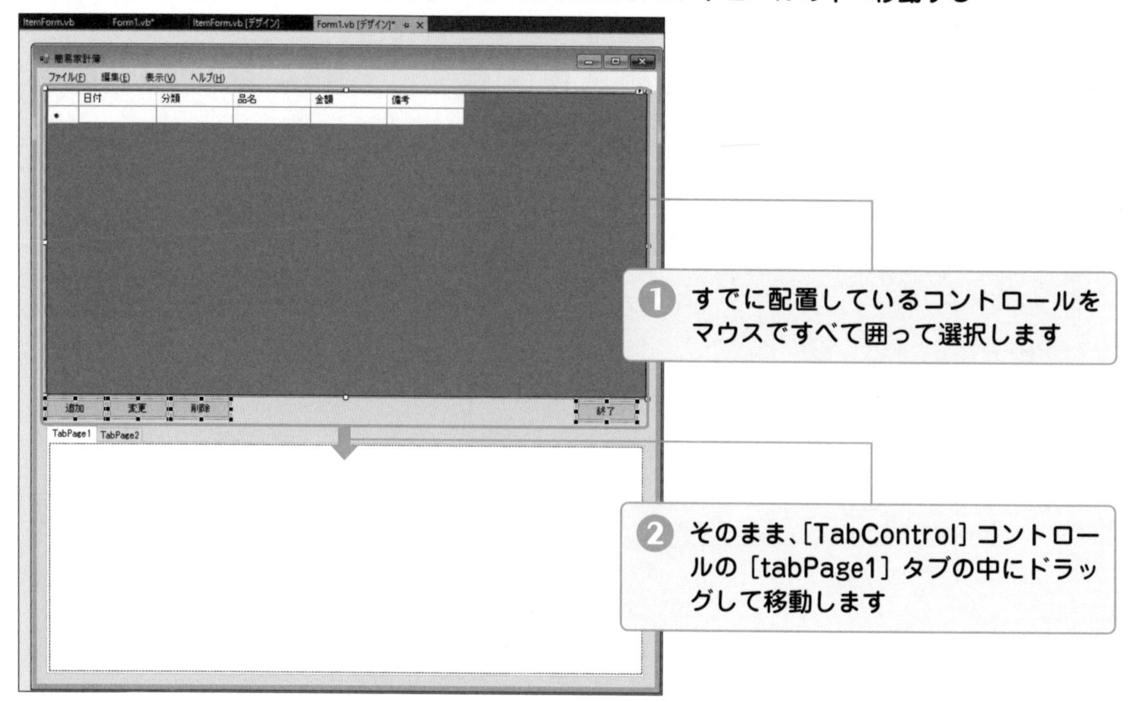

10 TabControlコントロールを移動する

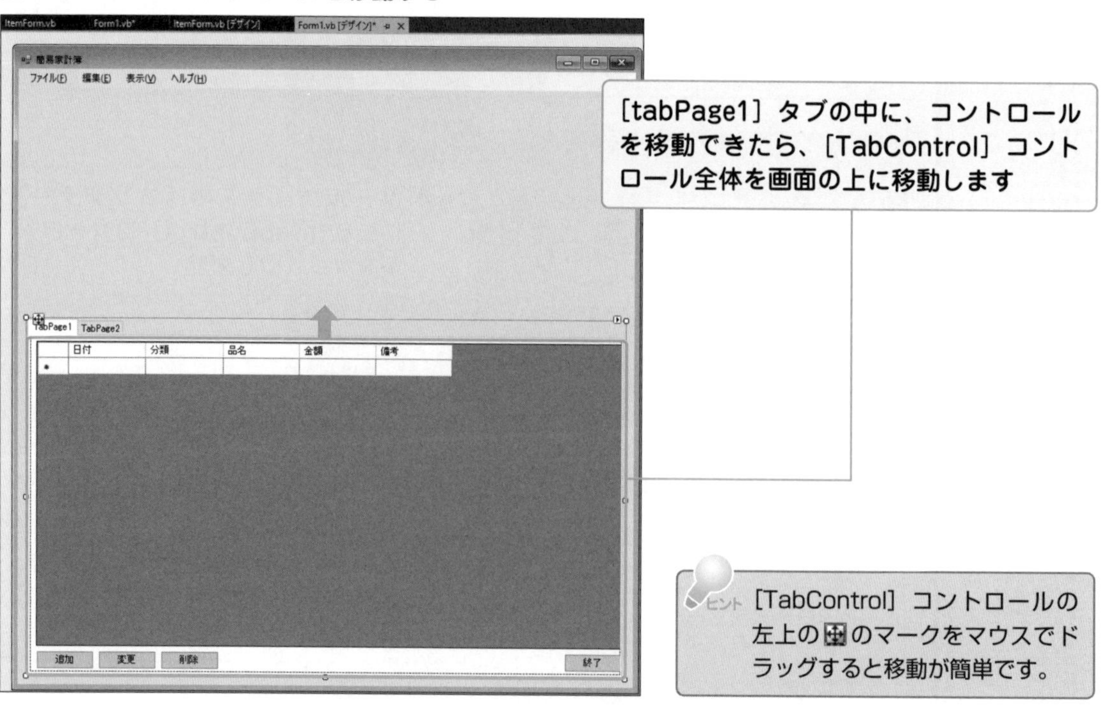

ヒント [TabControl] コントロールの左上の ✥ のマークをマウスでドラッグすると移動が簡単です。

11 一覧画面のフォームの大きさを調整する

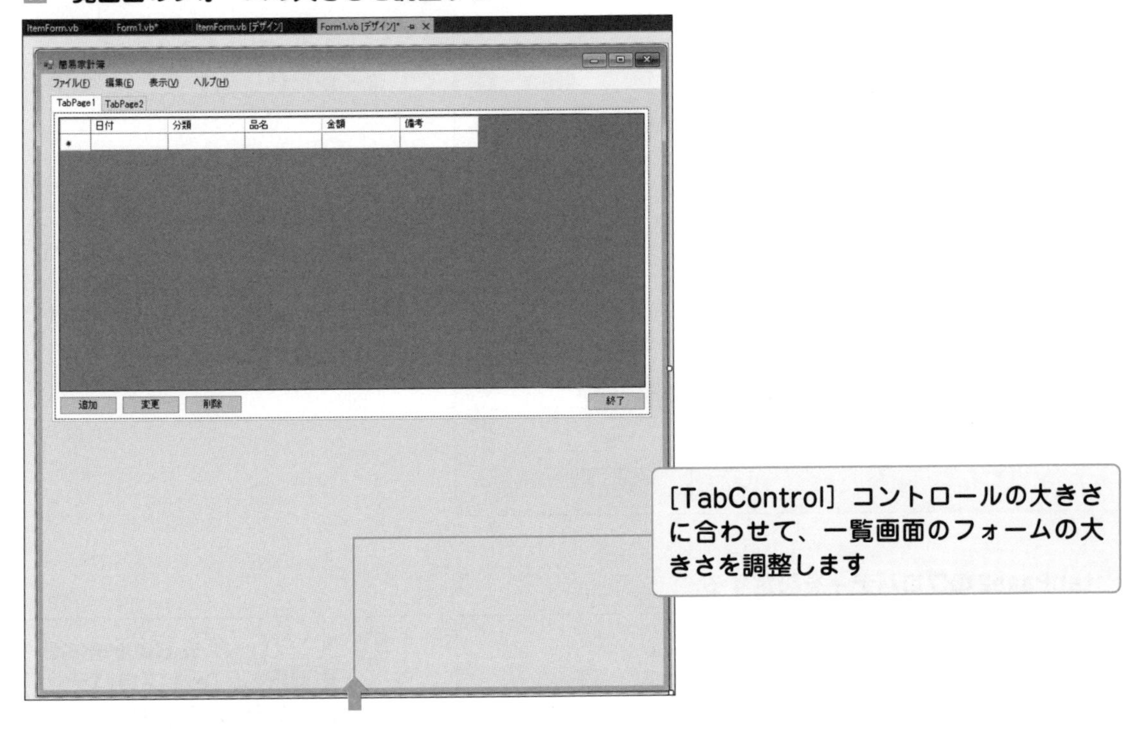

●2つのタブに名前を設定する

次にタブに名前を設定します。

12 tabPage1 のプロパティを設定する

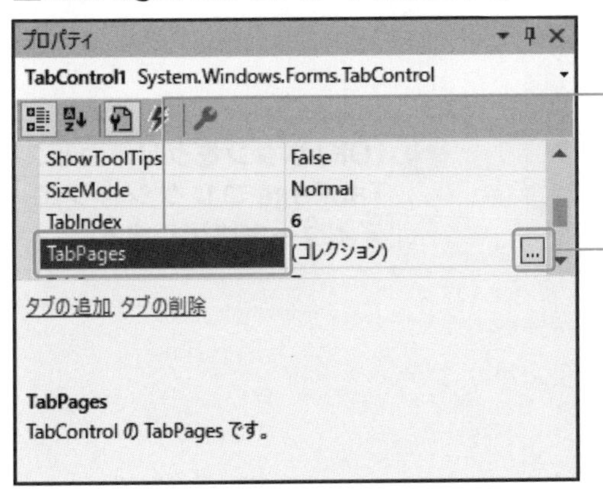

13 コレクションエディターが起動する

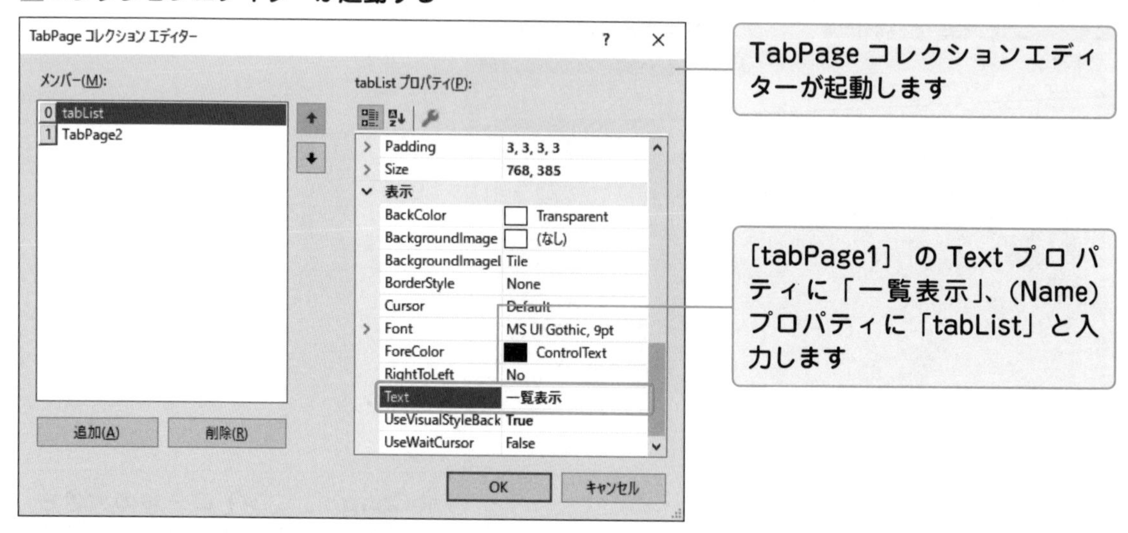

14 tabPage2 のプロパティを設定する

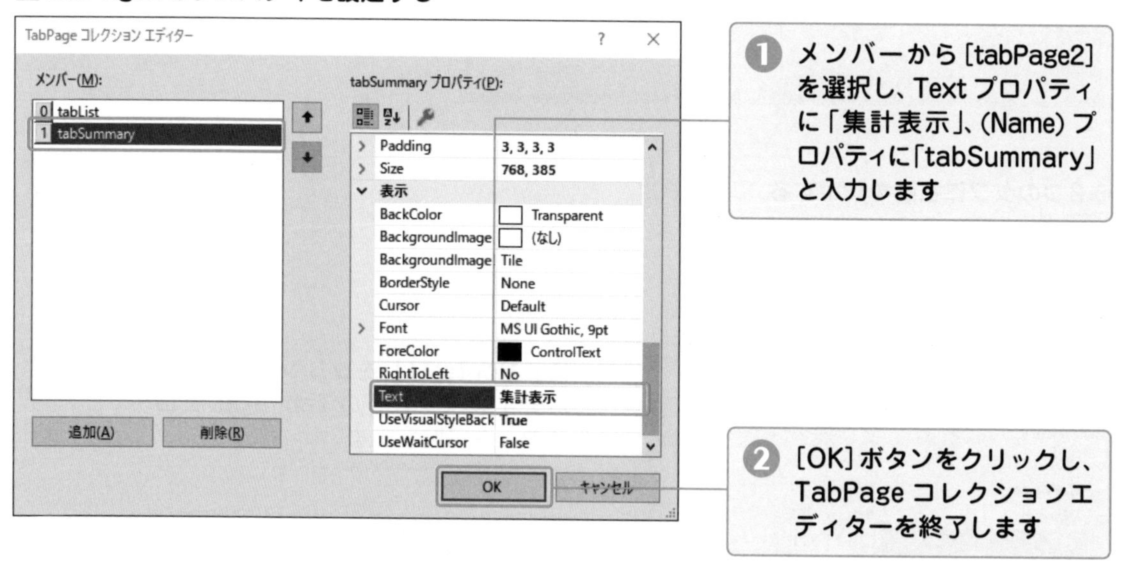

⑮タブが完成した

●集計表示タブの画面をデザインする

続いて［集計表示］タブをデザインします。

⑯［集計表示］タブをデザインする

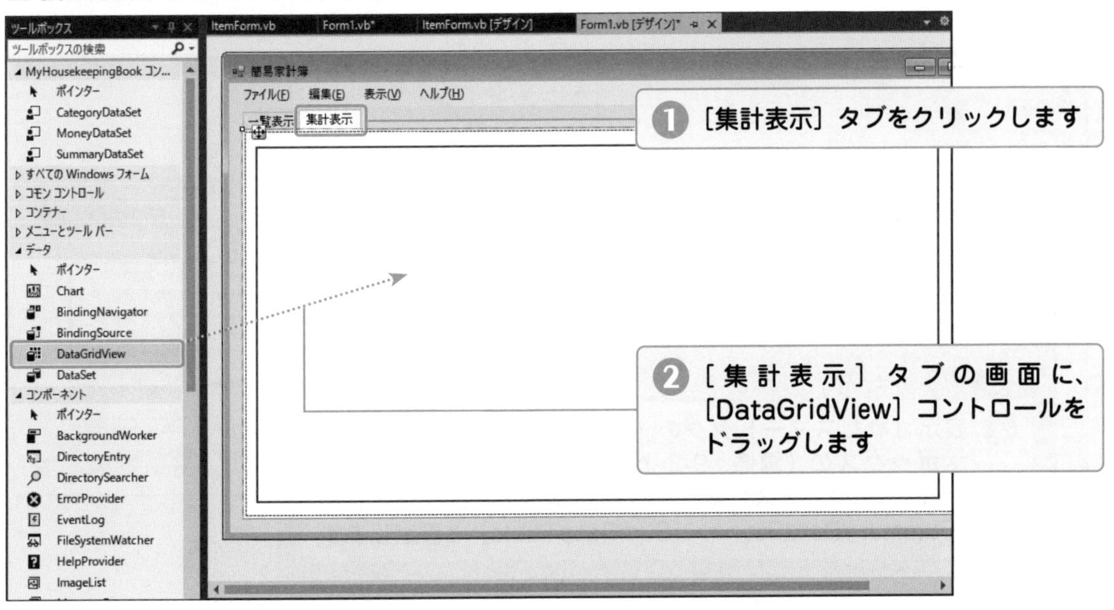

⑰DataGridViewコントロールをデザインする

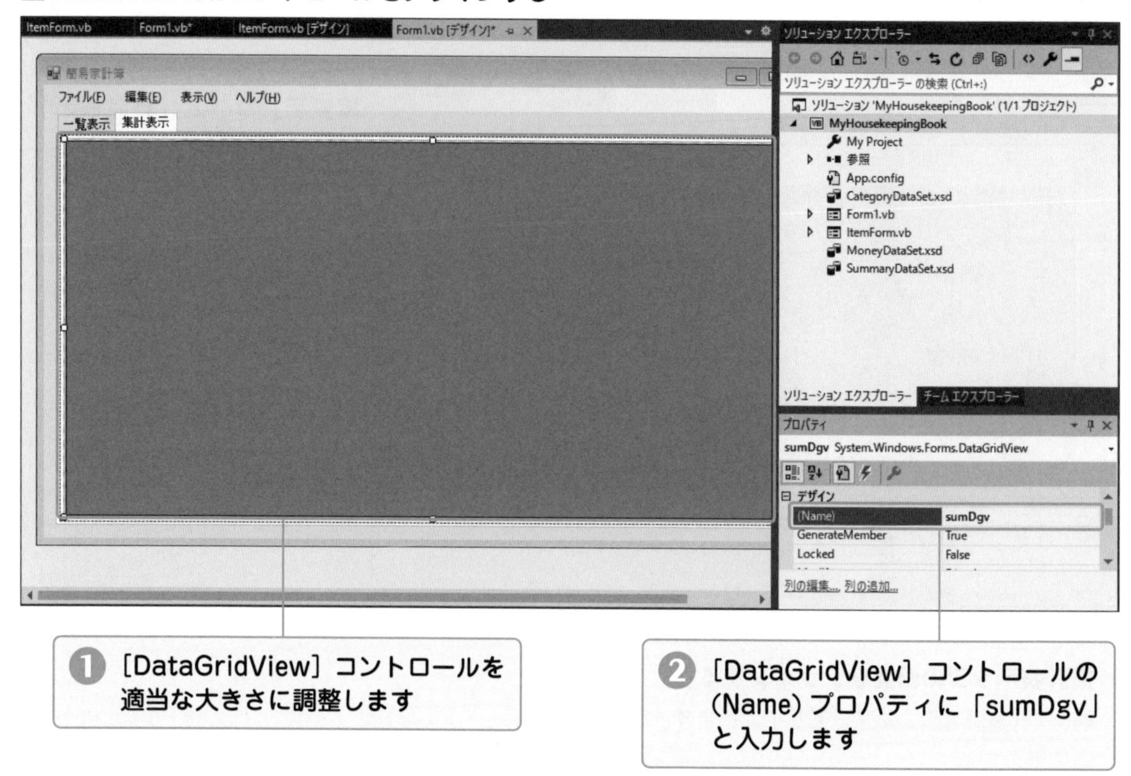

⑱データセットを設定する

19 ［集計表示］タブのデザインが完成した

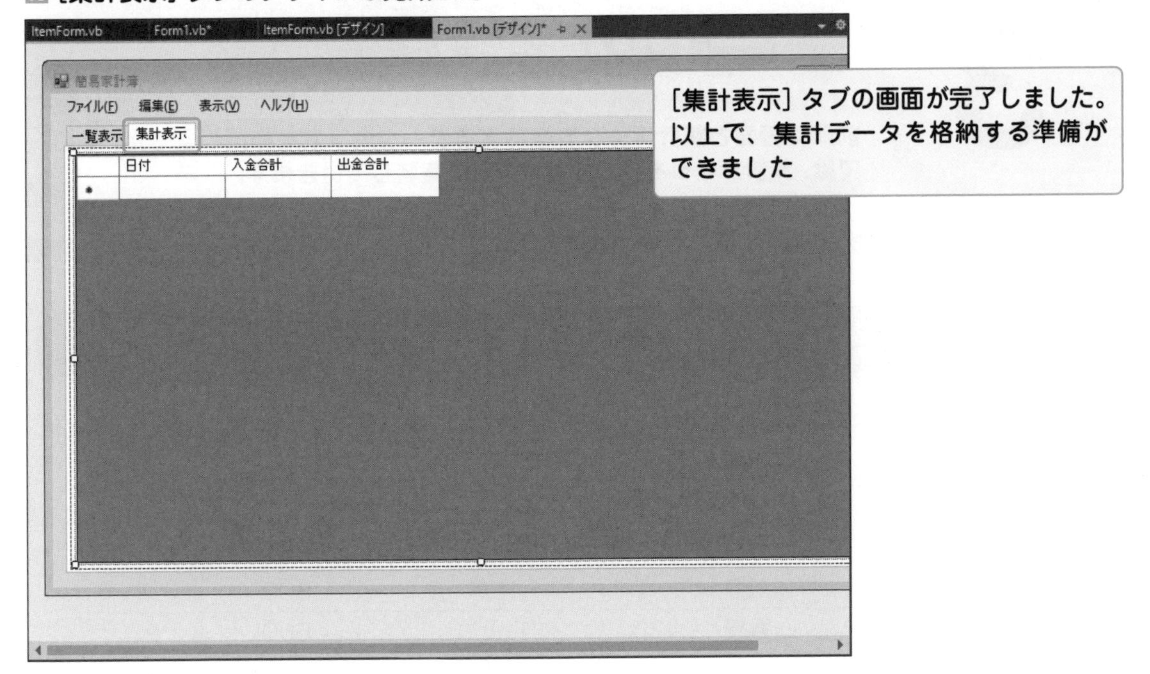

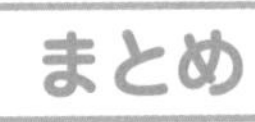

まとめ

- 基本的に、アプリケーションの作成では、処理を考え、画面をデザインし、コードを書くという手順は変わらない。

3 集計機能の実装②（コードの実装）

前節で画面と集計データを格納するデータセットを作成しました。本節では、集計データを作成するコードを実装していきます。

●金額を日付ごとに集計するコードを実装する

データを集計するコードを実装します。まずは、集計する方法をイメージでつかんでみましょう。例えば、このような一覧データがあったとします。

No.	日付	分類	品目	金額
1	2020/04/01	雑費	外食費	800
2	2020/04/02	食費	コンビニ	500
3	2020/04/02	食費	外食費	700
4	2020/04/03	雑費	日用品	600

データを1件ずつ見ていきましょう。

1件目の「2020/04/01 雑費 外食費 800」と2件目の「2020/04/02 食費 コンビニ 500」は、集計データのデータセットに同じ日付のデータがないので、単純に出金合計としてデータセットに追加すればいいですね。

No.	日付	出金合計
1	2020/04/01	800
2	2020/04/02	500

3件目の「2020/04/02 食費 外食費 700」を見たとき、もうすでに集計データには、2件目の2020/04/02のデータがあります。

このような場合には、集計データのデータセットに追加するのではなく、2020/04/02の集計データの出金合計に一覧データの金額を加算しなければなりません。

No.	日付	出金合計
1	2020/04/01	800
2&3	2020/04/02	500 + 700 = 1200

4件目の「2020/04/03 日用品 600」は、同じ日付がないので、1件目と同様にそのまま追加すればいいですね。イメージ的に考えると、このようになります。

No.	日付	出金合計
1	2020/04/01	800
2&3	2020/04/02	1200
4	2020/04/03	600

ここでは、1件目・4件目と、2件目&3件目の2パターンの処理が行われていることがわかります。2パターンの処理の内容は、

①データセットにデータを追加する。
②データセットの該当日付の出金合計にデータを加算する。

という形になります。また、この2パターンを判断する条件は、

集計データに該当日付のデータが存在するかどうか？

になります。これらの処理を実行するCalcSummary()サブルーチンを実際にコードにすると、次のList1のようになります。

List 1 サンプルコード（データを集計する処理：Form1.vb）

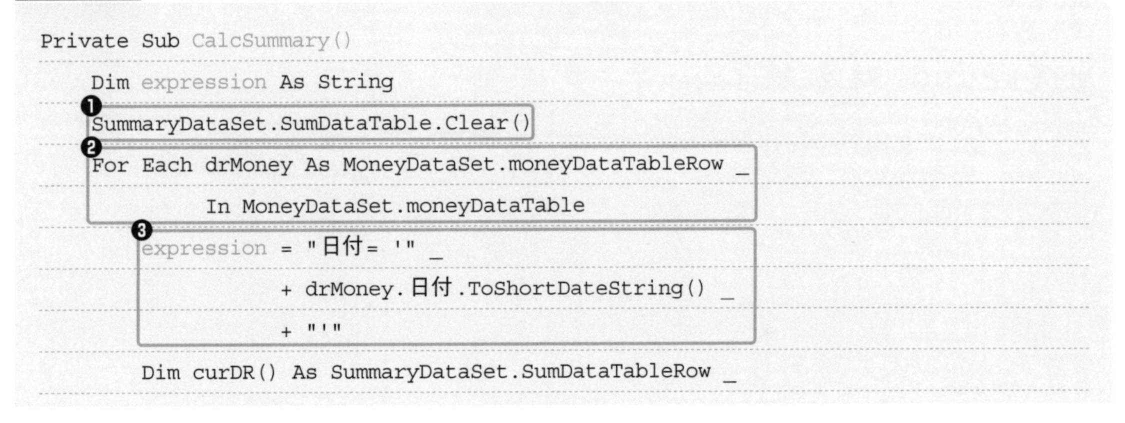

```
Private Sub CalcSummary()
    Dim expression As String
    ❶SummaryDataSet.SumDataTable.Clear()
    ❷For Each drMoney As MoneyDataSet.moneyDataTableRow _
            In MoneyDataSet.moneyDataTable
        ❸expression = "日付= '" _
                + drMoney.日付.ToShortDateString() _
                + "'"
        Dim curDR() As SummaryDataSet.SumDataTableRow _
```

```
            = CType(SummaryDataSet.SumDataTable.Select(expression),
                    SummaryDataSet.SumDataTableRow())
        If curDR.Length = 0 Then
            If (CType(CategoryDataSet1.CategoryDataTable.Select _
                ("分類='" & drMoney.分類 & "'"),
                CategoryDataSet.CategoryDataTableRow())(0).入出金分類 = "入金") Then
                SummaryDataSet.SumDataTable.AddSumDataTableRow(
                    drMoney.日付, drMoney.金額, 0)
            ElseIf (CType(CategoryDataSet1.CategoryDataTable.Select _
                ("分類='" & drMoney.分類 & "'"),
                CategoryDataSet.CategoryDataTableRow())(0).入出金分類 = "出金") Then
                SummaryDataSet.SumDataTable.AddSumDataTableRow(
                    drMoney.日付, 0, drMoney.金額)
            End If
        Else
            If (CType(CategoryDataSet1.CategoryDataTable.Select _
                ("分類='" & drMoney.分類 & "'"),
                CategoryDataSet.CategoryDataTableRow())(0).入出金分類 = "入金") Then
                curDR(0).入金合計 += drMoney.金額
            ElseIf (CType(CategoryDataSet1.CategoryDataTable.Select _
                ("分類='" & drMoney.分類 & "'"),
                CategoryDataSet.CategoryDataTableRow())(0).入出金分類 = "出金") Then
                curDR(0).出金合計 += drMoney.金額
            End If
        End If
    Next
End Sub
```

ポイントとなるコードを次に示します。

表9-2：List1のコード解説

No.	コード	内容
❶	`SummaryDataSet.SumDataTable.Clear()`	集計用データセットのデータテーブルをClear()メソッドでまっさらに初期化しています
❷	`For Each drMoney As MoneyDataSet.moneyDataTableRow In MoneyDataSet.moneyDataTable`	一覧表示のデータセット(MoneyDataSet)のテーブルのレコード数だけループします
❸	`expression = "日付= '" _ + drMoney.日付.ToShortDateString() _ + "'"`	"日付 = '2019/04/07' "という検索文字列を作成します。「列名 = '値'」がお約束です
❹	`SummaryDataSet.SumDataTable.Select(expression)`	集計用データセットのデータテーブルから現在処理している日付のデータを検索しています
❺	`CType(●, ▼)`	●のデータ型を▼のデータ型に変更しています。Integer型などの一般的なデータ型でない場合は、CType関数を用いてデータを変換します
❻	`If curDR.Length = 0 Then`	❹で見つかったデータの件数を確認しています。0件ならば集計用データセット(SummaryDataSet)のデータテーブルに該当日付のデータがまだないということになります

どうですか？　これまで学習した内容に、データセットからデータを検索するという処理を付け加えるだけで実装できました。

なお、CalcSummary()サブルーチンは、［集計表示］タブに切り替えたときに呼び出します。tabControl1のSelectedIndexChangedイベントのイベントハンドラで、CalcSummary()サブルーチンを呼び出します。

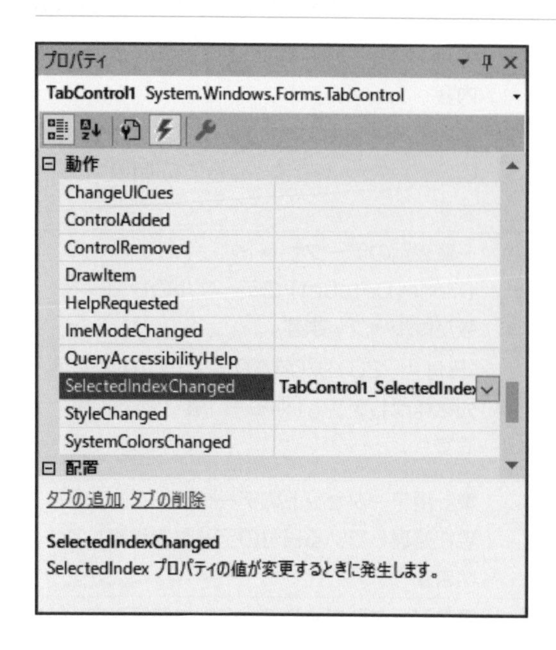

表9-3：イベントハンドラで呼び出すサブルーチン

サブルーチン名	呼び出すタイミング（イベントハンドラ名）	呼び出すメソッド名
CalcSummary()	［集計表示］タブに切り替えたとき	TabControl1_SelectedIndexChanged()

CalcSummary()サブルーチンを呼び出すコードは、List2のようになります。　　　　の部分は、自動で生成されるコードです。

List 2 サンプルコード（CalcSummary()サブルーチンを呼び出すコード）

```
Private Sub TabControl1_SelectedIndexChanged(sender As Object,
                                e As EventArgs) Handles TabControl1.SelectedIndexChanged
    CalcSummary()
End Sub
```

あわせて［表示］メニューを選択したときの処理も付け加えておきましょう。

［表示］メニューの選択時は、これまでの［追加］ボタンと［追加］メニューの場合と異なり、タブをクリックしたときと同様の画面の切り替えを行う必要があります。

TabControl1.SelectedTabで、画面切り替えを行うことができますが、注意したい点があります。それは、TabControl1.SelectedTabを変更したときに、tabControl1.SelectedIndexの値も変わり、イベントハンドラ（TabControl1_SelectedIndexChanged）が動作します。

そのため、［表示］メニュー選択時のイベントハンドラでは、ここで作成したCalcSummary()サブルーチンを呼び出す必要はありません。

ということで、以下のイベントハンドラを実装してください。

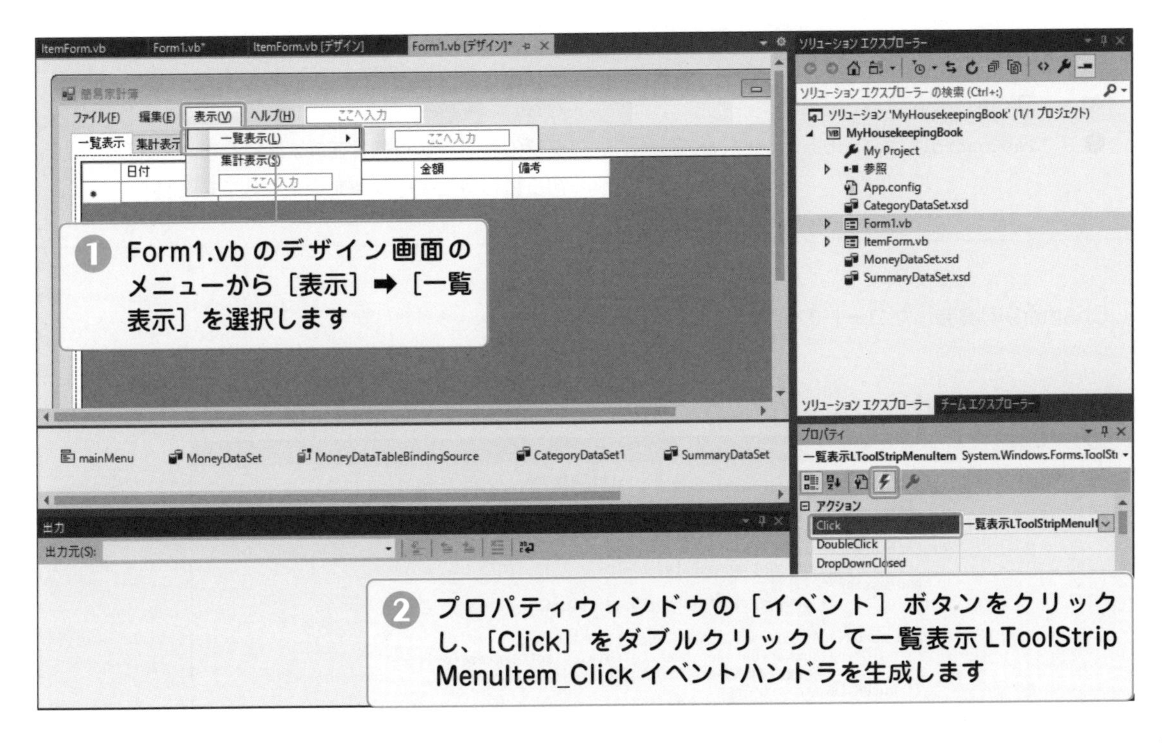

同じく［表示］メニュー➡［集計表示］から、集計表示SToolStripMenuItem_Clickイベントハンドラを生成します。

2つのイベントハンドラを生成したら、次のList3のサンプルコードを実装してください。　　　　　の部分は、自動で生成されるコードです。

List 3 サンプルコード（一覧表示タブと集計表示タブの画面を切り替える）

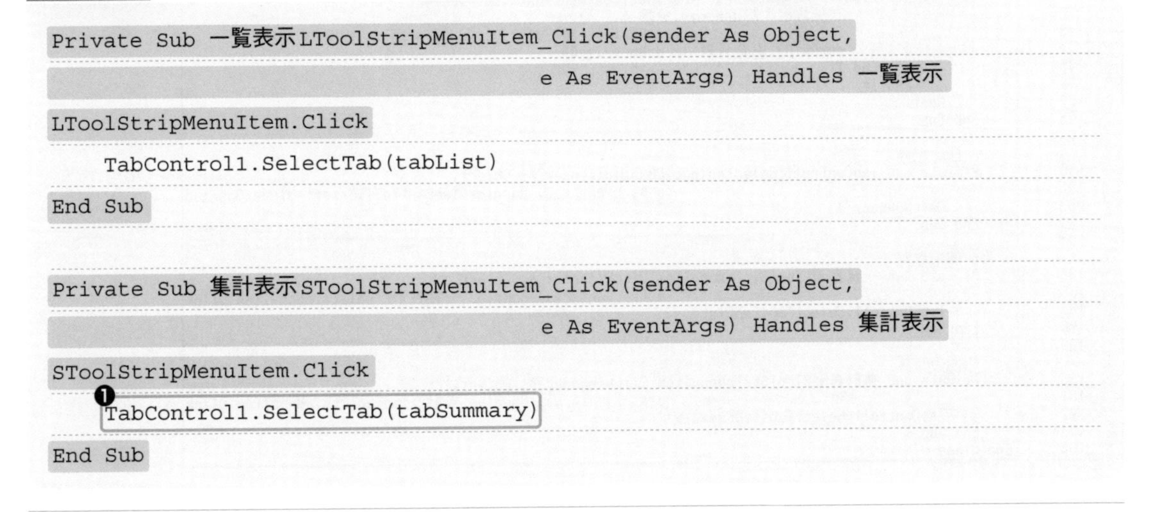

```
Private Sub 一覧表示LToolStripMenuItem_Click(sender As Object,
                                        e As EventArgs) Handles 一覧表示
LToolStripMenuItem.Click
    TabControl1.SelectTab(tabList)
End Sub

Private Sub 集計表示SToolStripMenuItem_Click(sender As Object,
                                        e As EventArgs) Handles 集計表示
SToolStripMenuItem.Click
❶  TabControl1.SelectTab(tabSummary)
End Sub
```

ポイントとなるコードを次に示します。

表9-4：List3のコード解説

No.	コード	内容
❶	`TabControl1.SelectTab(tabSummary)`	タブの表示を切り替えます。このとき、タブの表示が切り替わったイベントも発生しますので注意してください

Chapter9で実装したコードの全容は、以下のようになります。

▼Form1.vbのコード

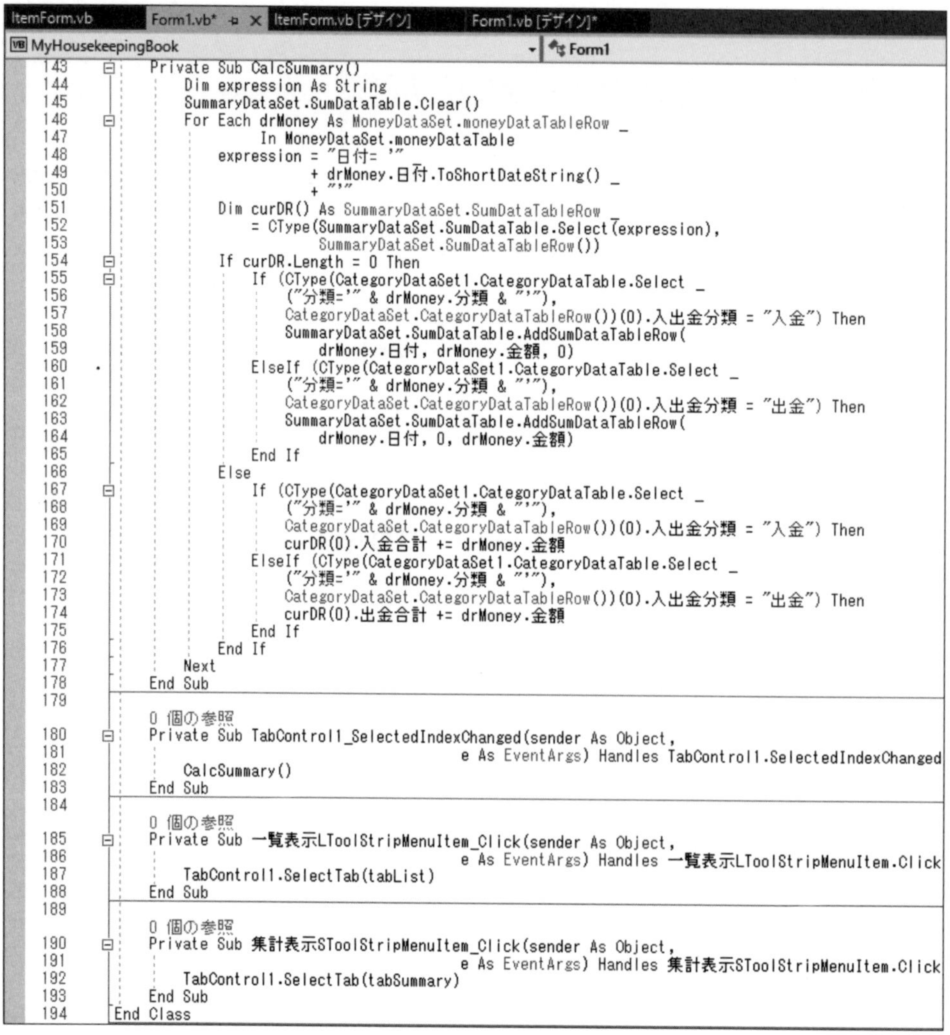

```
ItemForm.vb | Form1.vb* | ItemForm.vb [デザイン] | Form1.vb [デザイン]*
MyHousekeepingBook | Form1
143     Private Sub CalcSummary()
144         Dim expression As String
145         SummaryDataSet.SumDataTable.Clear()
146         For Each drMoney As MoneyDataSet.moneyDataTableRow _
147                 In MoneyDataSet.moneyDataTable
148             expression = "日付= '"
149                     + drMoney.日付.ToShortDateString() _
150                     + "'"
151             Dim curDR() As SummaryDataSet.SumDataTableRow _
152                 = CType(SummaryDataSet.SumDataTable.Select(expression),
153                     SummaryDataSet.SumDataTableRow())
154             If curDR.Length = 0 Then
155                 If (CType(CategoryDataSet1.CategoryDataTable.Select _
156                     ("分類='" & drMoney.分類 & "'"),
157                     CategoryDataSet.CategoryDataTableRow())(0).入出金分類 = "入金") Then
158                     SummaryDataSet.SumDataTable.AddSumDataTableRow(
159                         drMoney.日付, drMoney.金額, 0)
160                 ElseIf (CType(CategoryDataSet1.CategoryDataTable.Select _
161                     ("分類='" & drMoney.分類 & "'"),
162                     CategoryDataSet.CategoryDataTableRow())(0).入出金分類 = "出金") Then
163                     SummaryDataSet.SumDataTable.AddSumDataTableRow(
164                         drMoney.日付, 0, drMoney.金額)
165                 End If
166             Else
167                 If (CType(CategoryDataSet1.CategoryDataTable.Select _
168                     ("分類='" & drMoney.分類 & "'"),
169                     CategoryDataSet.CategoryDataTableRow())(0).入出金分類 = "入金") Then
170                     curDR(0).入金合計 += drMoney.金額
171                 ElseIf (CType(CategoryDataSet1.CategoryDataTable.Select _
172                     ("分類='" & drMoney.分類 & "'"),
173                     CategoryDataSet.CategoryDataTableRow())(0).入出金分類 = "出金") Then
174                     curDR(0).出金合計 += drMoney.金額
175                 End If
176             End If
177         Next
178     End Sub
179
        0 個の参照
180     Private Sub TabControl1_SelectedIndexChanged(sender As Object,
181                                     e As EventArgs) Handles TabControl1.SelectedIndexChanged
182         CalcSummary()
183     End Sub
184
        0 個の参照
185     Private Sub 一覧表示LToolStripMenuItem_Click(sender As Object,
186                                     e As EventArgs) Handles 一覧表示LToolStripMenuItem.Click
187         TabControl1.SelectTab(tabList)
188     End Sub
189
        0 個の参照
190     Private Sub 集計表示SToolStripMenuItem_Click(sender As Object,
191                                     e As EventArgs) Handles 集計表示SToolStripMenuItem.Click
192         TabControl1.SelectTab(tabSummary)
193     End Sub
194 End Class
```

これで「簡易家計簿」アプリケーションの完成です。

ただし、基本的な機能しか備わっていないため、みなさんで必要な機能を工夫しながら追加し、より使いやすいものに変更していってください。

例えば、Form1画面を見やすくするために以下の設定をすると、画面を大きく表示したときに全体の値が見やすくなります（Chapter5の応用）。

表9-5：コントロールとプロパティの設定

コントロール	プロパティの種類	プロパティの値
dgv	Anchor	Top、Bottom、Left、Right
buttonAdd、buttonChange、buttonDelete	Anchor	Bottom、Left
buttonEnd	Anchor	Bottom、Right
sumDgv	Dock	Fill

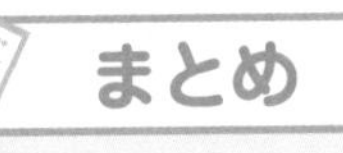

まとめ

◉ **一見難しそうな、集計処理の実装も比較的簡単なコードで作成できる。**

Column 新技術を簡単に紹介④

Visual Studioの新技術について、簡単に紹介いたします。

●ジェネリック

引数に値ではなく、データ型を渡すことができる仕組みです。データ型を指定することで、その型を束にして扱いやすくしたものです。引数と区別するために、データ型は、(Of 型名)で指定します。

例えば、次のコードでは、Max関数にInteger型と、引数1、10を指定します。

```
Dim max1 As Integer = Max(Of Integer)(1,10) ' Max関数は別途定義していると仮定します。
```

Chapter 10

最後に

　ここまでプログラミングをされてきて、いかがでしたか？アプリケーション作成の流れについて、何となく理解いただけたのではないかと思います。この後は、みなさんの考えたアプリケーションを作成してみてください。

このChapterの目標

- ✔ ヘルプを活用する。
- ✔ Microsoft社のサイトを活用する。
- ✔ フォーラムを活用する。
- ✔ コミュニティを活用する。

もし、わからないことがあった場合は？

ここではアプリケーションを作成していく過程でわからないことが発生した場合や、さらに学習を進めるための参考情報を記載します。

●ヘルプを活用する

わからないことが出てきた場合には、まずは**ヘルプ**を活用してください。

昔はヘルプの内容が少なかったため、よくわからないということも多々ありましたが、.NET Frameworkでは、ヘルプがかなり充実し、サンプルコードなども多く載っています。

1 調べたい部分をクリックする

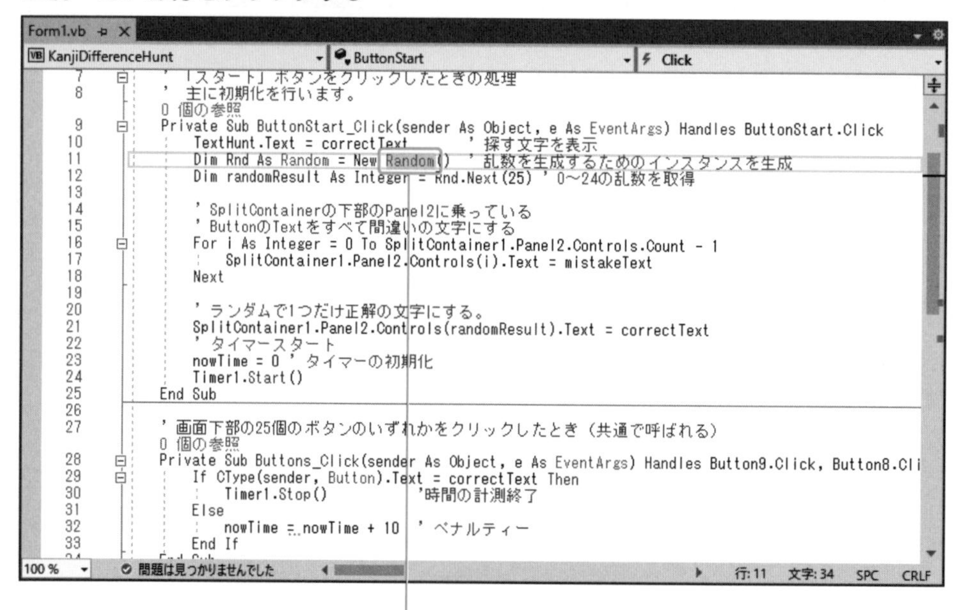

コードを表示して、調べたい部分をクリックし、カーソルが点滅している状態で、［F1］キーを押します

2 ブラウザーが起動する

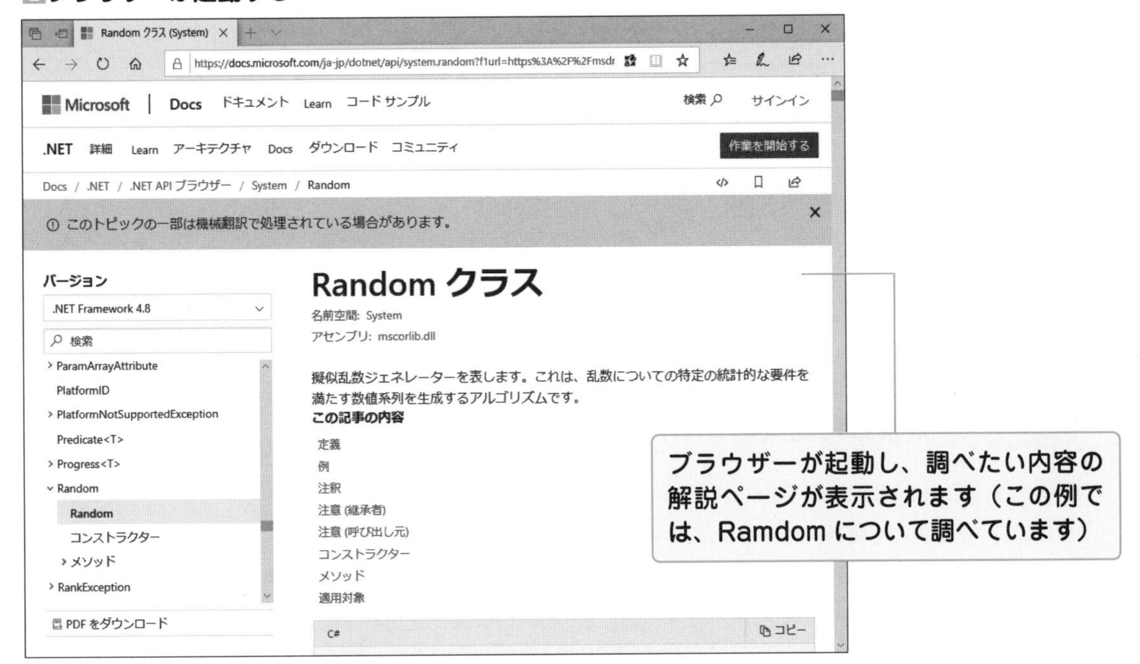

インターネット上の検索サイトを利用する方法もあります。

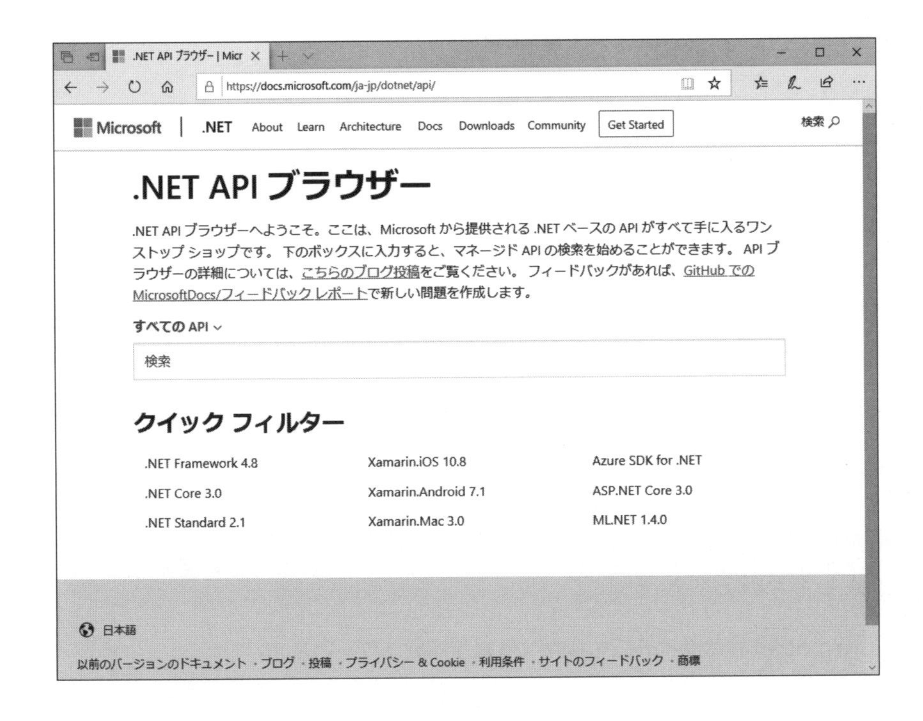

▼.NET APIブラウザー

https://docs.microsoft.com/ja-jp/dotnet/api/

例えば、Googleを利用して、DateGridViewコントロールを検索する場合には、下記のように検索することにより、.NET APIブラウザーの中からのみ検索することが可能となります（□は半角スペースです）。この検索方法は、Yahoo!やBing等一般的な検索サイトで使用可能です。

DataGridView□site:docs.microsoft.com/ja-jp/dotnet/api/

Tips 検索した結果の.NET Frameworkのバージョンに注意

例えば、「DataGridView site:docs.microsoft.com/ja-jp/dotnet/api/」というキーワードで検索した場合、基本的には最新バージョンのドキュメントがヒットするようです。

最新バージョンでは実装されているが、過去のバージョンで実装されていない場合など、過去のバージョンのドキュメントを参照する場合には、画面上からバージョンを選択することで参照可能です。

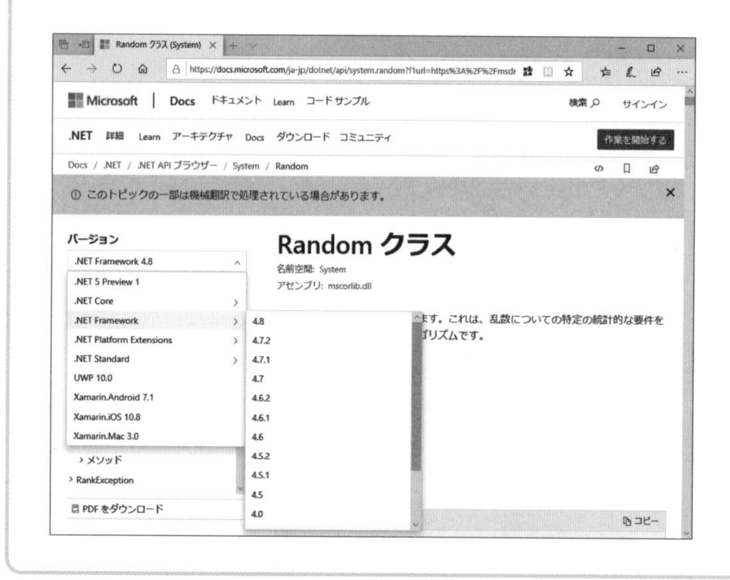

●Microsoft社のサイトを活用する

MSDNホームページなど、Microsoft社のサイトにも様々な情報が掲載されています。
こういう情報を活用することで、わからない点を解決できたり、新たな知識を身に付けたりできます。

▼Microsoft Developer

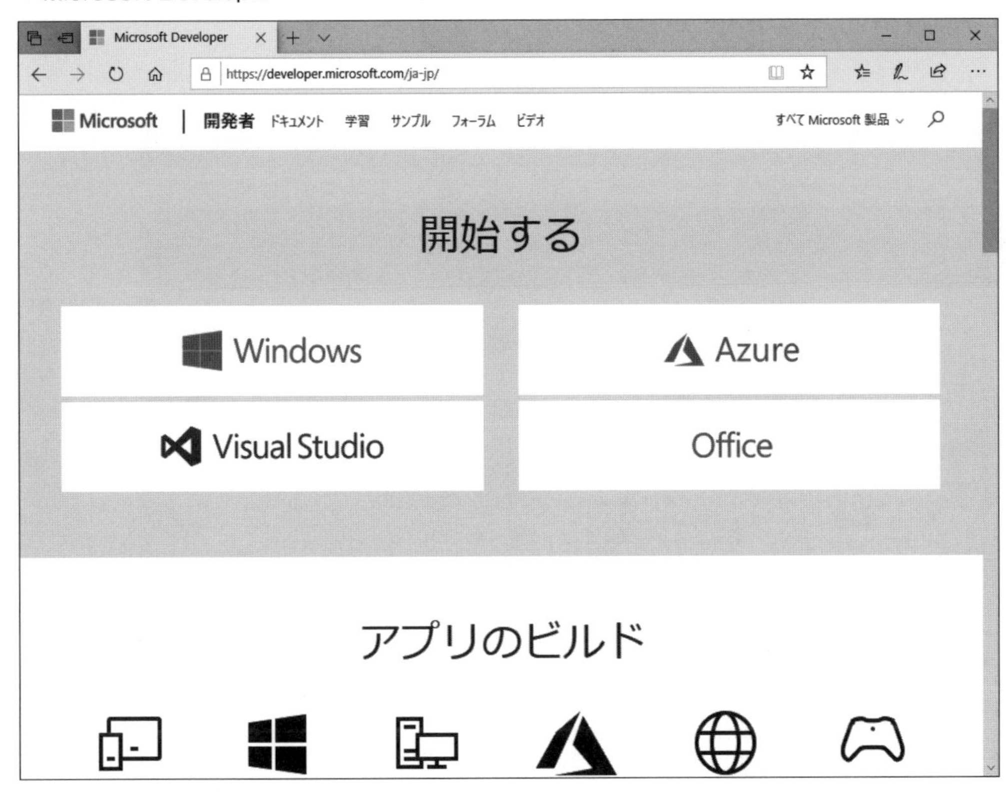

▼Microsoft Developer

https://developer.microsoft.com/ja-jp/

　また、無償のセミナーの開催も行われています。ぜひ活用して、さらなる学習の手助けにしてみてはいかがでしょうか？

●Microsoft社提供のフォーラムを活用する

　疑問点の解決は、まずはヘルプやライブラリを探してみることが基本となりますが、探しても見つからないことについては、ほかの開発者に聞いてみましょう。**MSDNフォーラム**という形で、Microsoft社が掲示板を用意してくれています。

　こちらには多くの開発者が集まっているので、質問をしてみるのもいいでしょう。ただし、掲示板で回答をくれる人も、ボランティアで参加しています。このため、回答を強要したり、回答を急かしたりしないようにすることがマナーです。

また、回答されやすい質問の仕方もあるので、ほかの人の質問などを見て、どう質問するのがよいのかを参考にしてみるとよいでしょう。

▼MSDNフォーラム

▼MSDNフォーラム

https://social.msdn.microsoft.com/Forums/ja-JP/home

●コミュニティを活用する

ここまでは、Microsoft社が提供している情報でしたが、このほかにもコミュニティと言う形で、**Japan Xamarin User Group**、**Japan Azure User Group**、**Windows 女子部**などの有志の開発者によるサイトがあります。こういったサイトでも掲示板が提供され、勉強会なども実施されているので、ぜひ活用してみてください。

勉強会の後には懇親会も行われることがあり（人によっては懇親会がメイン？）、こういった場で質問に回答してくれた人にお礼を言うなどして、知り合いの輪を広げるのもよいですね。

▼Japan Xamarin User Group

▼Japan Xamarin User Group

http://jxug.org/

▼Japan Azure User Group

▼Japan Azure User Group

http://r.jazug.jp/

▼Windows 女子部

▼Windows 女子部

```
https://www.facebook.com/groups/WindowsGirls/
```

こちら以外にも多くのコミュニティが存在するので、自分にあったところを探してみるといいでしょう。

料理でも音楽でも、まず最初は、うまい人の真似をすることで、少しずつ覚えていきます。プログラムも同じで、いろんな人のコードを見ることで勉強になり、いろいろなことが覚えられます。

Visual Basicには、まだ本書では解説していない文法などがたくさんありますが、「楽しいな！」と感じていただければ、あれこれ調べて、ドンドンいろんなことが覚えられると思います。

●次のステップへ（著者のオススメ本の紹介）

著者が新人クンの講師をしているときに、よく聞かれる質問に以下の2つがあります。

質問1

本書『作って覚えるVisual Basic 2019デスクトップアプリ入門』を読んだ後、もう少しVisual Basicの勉強をしたいのですが、たくさんの本の中から、自分に合った本を選ぶコツはありますか？

あくまで著者の経験に基づくものですが、自分に合った本を選ぶコツはあります。

ループ文など、同じテーマに絞って複数の本を読む比べると良いでしょう。その中で「解説がわかりやすい」「納得できる」という本が見つかると思います。

本書では文法についてあまり体系的にはふれていませんでしたが、以下のキーワードが重要です。

①制御文
②配列
③クラス、インターフェース、継承、構造体
④ジェネリック
⑤コレクション
⑥LINQ
⑦例外

質問2

どのような本を読むとよいですか？　オススメはありますか？

実際にはプログラム経験やレベルによってオススメしたい本が異なるので、独断でまとめてみました。以下がその表になります。

ほかの言語の経験あり

推薦本の名前	書影	著者	出版社	発売日	推薦理由
Visual Basicの絵本		アンク	翔泳社	2011/4/8	絵本シリーズ。絵が多用されていてイメージしやすい。絵が嫌いではない方向けです
基礎 Visual Basic 2019		羽山博	インプレス	2019/9/25	しっかりと基礎を固めたい方向けです。
わかりすぎるVisual Basic 2013の教科書		中島省吾	エスシーシー	2014/3/1	オブジェクト指向をわかりやすく説明しています。
ひと目でわかるVisualBasic 2013/2012 アプリケーション開発入門		池谷京子	日経BP社	2014/9/4	「社員情報管理アプリケーション」を作成しながら、VisualBasic 2013/2012によるデスクトップアプリケーションの開発手法が学べます

Visual Basicを1年以上経験

推薦本の名前	書影	著者	出版社	発売日	推薦理由
Visual Basic 2019逆引き大全 555の極意		増田智明 国本温子	秀和システム	2020/7/1	実際にVisual Basicを書いていて、こんなことがしたいけど、どんなコードを書けばいい？という時にかなりお世話になる本です

独習Visual Basic 2010		矢嶋聡	翔泳社	2011/9/16	範囲が広く、Visual Basicを自分で学んで修行をしたい方向け。ただし、3世代前のものなのでストアアプリなど最新の情報はありません
VisualBasic 2019 パーフェクトマスター		金城俊哉	秀和システム	2019/10/19	Windowsストアアプリの開発からWPFアプリケーションの作成まで解説されていて、取り扱う範囲がかなり広いです
はじめてのASP.NETWebフォームアプリ開発 Visual Basic対応 第2版		WINGSプロジェクト 土井毅	秀和システム	2019/11/12	Visual BasicでWebアプリケーションを開発するための入門書です

Visual Basicを極めたい！

推薦本の名前	書影	著者	出版社	発売日	推薦理由
Visual Basic 2010逆引き大全 至高の技データベース＋印刷/帳票編		増田智明 池谷京子	秀和システム	2011/9/26	セキュリティの技などVisual Basicを使用する上で様々な技を解説している本。データベース、印刷、帳票関連の技も豊富に載っています
Visual Basicテクニックバイブル Visual Studio 2012対応		高橋広樹	技術評論社	2013/6/26	開発の肝となるデータ、ダイアログ、メニュー、画像/グラフ、コンテナ、コンポーネント、印刷コントロールを使いこなす本です
ひと目でわかるVisual Basic 2017 データベース開発入門		ファンテック株式会社	日経BP社	2017/11/6	SQL Server 2016を使用したデータベースシステムを開発するための本です

独習ASP.NET 第5版		山田祥寛	翔泳社	2016/1/22	Visual Basicを使ってWebアプリケーションを作成できるようになる本です

●あとがきにかえて

後まで読んでいただき、ありがとうございました。いかがでしたでしょうか。Visual Studio Community 2019に慣れていただけましたでしょうか？

本書は、はじめてプログラムに挑戦する方や、統合開発環境のVisual Studio Community 2019をはじめて触る方を対象にしているので、特に「楽しむ」ということを意識しながら執筆しました。何より「楽しい」と感じてもらうことで、自然とプログラミングの方法を覚えていただけると思っております。

まだちょっと「自信がない」と思われる方は、Chapter4以降のアプリケーションを何度か作成してみてください。設計図だけ見て、後のコードは自分だけで書けるようになると、さらに面白くなってくると思います。

また、ツールボックスにあるコントロールを少し変えてみると、いろんな発見があって面白いものです。例えば、TextBoxコントロールを別のコントロールに変えてみたりすると、勉強になります。

Chapter5で作成した「今日の占い」アプリケーションだと、ボタンのイラストを描いて、Buttonコントロールのlmageプロパティで設定すれば、カラフルなオリジナルのボタンにすることもできますね。

このように自分で考えて、アプリケーションにいろいろと改良を加えると、プログラミングはますます面白くなってきます。

Chapter5～Chapter9のアプリケーションの説明では、頭の中で考えていく過程を追って解説しました。人によって違いが出てくる部分ですが、自分でプログラミングする際には参考にしてください。

これらのアプリケーションには簡単な機能しかありませんので、ぜひ楽しみながら、自分で改良してオリジナルのアプリケーションを作成してみてください。ブログなどで発表していただくのも面白いですね！

INDEX 索引

E

F

G

H

I

J

K

L

M

N

O

P

R

S

T

V

W

X

Y

あ行

か行

さ行

た行

な行

は行

ま行

や行

ら行

● 著者略歴

荻原 裕之（おぎわら ひろゆき）

1968年生まれ。京都コンピュータ学院・情報科学科卒。学生時代にBASIC、QuickBasicを使ってプログラムを行ったことが切っ掛けとなり、プログラマーの道へ進む。1992年、日立ソフトウェアエンジニアリング株式会社に入社。会社独自のプログラム言語の開発に携わる。その後は、C++、VBなどの開発を得て、.NETの教育、開発標準化、開発支援、.NETよろず相談等に携わる。2006年、米国Microsoftと米国Accentureの合弁会社であるAvanade.Incの日本法人、アバナード株式会社に入社。Microsoft系テクノロジーのITコンサルタントとして.NET案件の開発支援などを100件以上行った経験を持つ。その中で新入社員への教育も担当し、「作って覚える」シリーズのテキストを用いてC#のトレーニングも行っている。新人に言われて感動した言葉は「プログラミングの良さは自分の成長を直に実感できる点」。趣味は、ダイエット、カラオケ、卓球、フットサル、スキー、テニス、マイクロソフトグッズ集め、開発関連の本の読書。最近は電子書籍がお気に入り。

宮崎 昭世（みやざき あきよ）

1971年生まれ。ハンドル名は「こぐま」。金沢工業大学・工学部電子工学科卒。1994年、日立ソフトウェアエンジニアリング株式会社に入社。その後、日立グループ内の会社統合などを経て、現在は株式会社 日立製作所に所属。まだドラッグ＆ドロップで画面のデザインができない頃のWindowsアプリケーションやC言語で作っていた初期のWebアプリケーションの時代からプログラミングを始める。その後、VB5/VB6やASPなどの開発を経て、.NETの教育、開発標準化、開発支援などに従事。現在はマイクロソフト技術全般に関する開発支援などに従事する。REMIX TokyoやXMLコンソーシアム等での講演も行う。趣味は、スキー、弓道（休眠中）。

● special thanks

指定障害者支援施設 わかふじ寮

http://wakafuji.or.jp

※本書の内容につきまして、わかふじ寮にお問い合わせいただくことは、御遠慮ください。

指定障害者支援施設わかふじ寮

わかふじ寮の製品は主に聴覚に障害があるスタッフが真心込めて作り出す、人の温もりが感じられる商品です。家具、クラフト、北海道新得町が発祥のフロアカーリング、ウェス、ペットのおやつ、看板、パンなど多種に展開しており、店頭販売やネットショップ運営会社様等で販売を行っています。また、直接わかふじ寮でのご注文、お問い合わせも受け付けております。

http://wakafuji.or.jp

㊞指定障害者支援施設わかふじ寮
TEL:0156-64-5001 FAX:0156-64-5522

撮影	福島 有伸（有限会社スタジオキャロット）
本文イラスト	株式会社明昌堂 いらすとや
カバーデザイン	成田 英夫（1839DESIGN）

作って覚える Visual Basic 2019 デスクトップアプリ入門

発行日 2020年 7月26日 第1版第1刷

著 者 荻原 裕之／宮崎 昭世

発行者 斉藤 和邦

発行所 株式会社 秀和システム

〒135-0016

東京都江東区東陽2-4-2 新宮ビル2F

Tel 03-6264-3105（販売） Fax 03-6264-3094

印刷所 日経印刷株式会社 Printed in Japan

ISBN978-4-7980-5900-6 C3055

定価はカバーに表示してあります。

乱丁本・落丁本はお取りかえいたします。

本書に関するご質問については、ご質問の内容と住所、氏名、電話番号を明記のうえ、当社編集部宛FAXまたは書面にてお送りください。お電話によるご質問は受け付けておりませんのであらかじめご了承ください。